Motorrad-Reparaturanleitung Band 5323

In diesem Buch werden die Yamaha-Modelle der MT-09-Serie der Modelljahre 2014 bis 2020 behandelt:*

- *MT-09 Basismodelle von 2014 bis 2020*
- *XSR Sondermodelle von 2016 bis 2021**
- *Tracer 900 Sport-Tourer von 2015 bis 2020*

Es handelt sich um die Modelle, welche in Deutschland, Österreich und der Schweiz angeboten wurden.

YAMAHA
MT-09
Tracer 900
XSR 900

Yamaha MT-09, MT-09A
Mj. 2014 bis 2016

Yamaha MT-09
Mj. 2017 bis 2020

Yamaha MT-09 Street Rally
Mj. 2014 bis 2016

Yamaha MT-09 Tracer
Mj. 2015 bis 2017

Yamaha MT-09 Sport Tracker
Mj. 2015, 2016

Yamaha MT-09 SP
Mj. 2018 bis 2020

Yamaha Tracer 900
Mj. 2018 bis 2020

Yamaha XSR 900
Mj. 2016 bis 2021

Yamaha XSR 900 60th Anniversary
Mj. 2016

Yamaha Tracer 900 GT
Mj. 2018 bis 2020

Yamaha XSR 900 Abarth
im Mj. 2017

verlag

* = von der XSR 900 wurden für 2021 noch Fahrzeuge produziert mit dem Stand der Technik des Modeljahres 2020

Impressum

Impressum

ISBN 978-3-7168-2321-7

Motorrad-Reparaturanleitung Band 5323

Redaktion und Gestaltung: Schermer Verlag GmbH, D-70563 Stuttgart

Mitarbeiter dieser Ausgabe: Bernd Burbulla (Daten- und Technikrecherche), Horst Liebermann (Technik), Helmut Mader (Technik-Beratung), Axel Schermer, Franz Josef Schermer (Fotos und Texte), Dipl. Ing. (FH) Helmut Städele (Elektrik, Elektronik)

Zeichnungen: Daniel Horvat, Wolf Kurz, Tomoko Wakayama

Für diese Motorrad-Reparaturanleitung wurden unter anderem Bilder, Texte und Daten aus den Archiven von Yamaha, der Bucheli Verlags AG (Schweiz), dem Motorbuch Verlag und dem Schermer Verlag verwendet.

Ein ganz spezieller Dank geht an den Motorradbetrieb Walz in D-70567 Stuttgart-Möhringen (Steffen, Edgar und Christof Walz) sowie Joachim Weber und Stefan Gutknecht-Stöhr vom Yamaha-Center in D-64291 Darmstadt, die uns bei Zerlegung und Zusammenbau der MT-09, Tracer 900 und XSR 900 über alle Maßen geholfen und viele Tipps gegeben haben zur Vermeidung kleiner und großer Probleme im täglichen Umgang mit den Maschinen – und die wir gerne weitergeben an unsere Leser.

Satz und Layout: Schermer Verlag GmbH
Lektorat: Myrta Baumberger
Druck und Bindung: PBtisk a.s. Pribram
Printed in Czech Republic

Sie finden uns im Internet unter www.motorbuch.de und www.bucheli-verlag.de

1. Auflage 2023

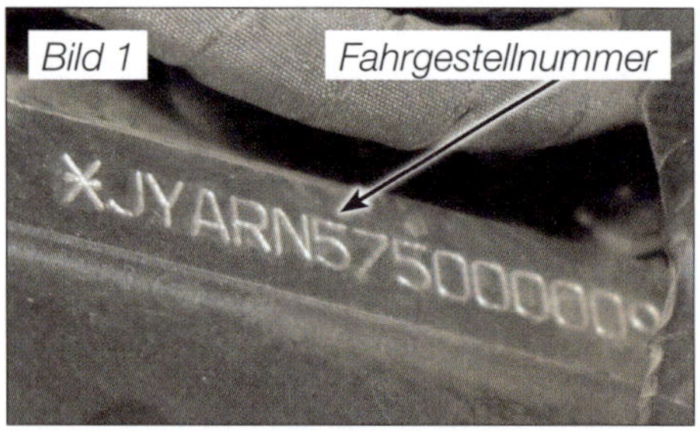

Bild 1 Fahrgestellnummer

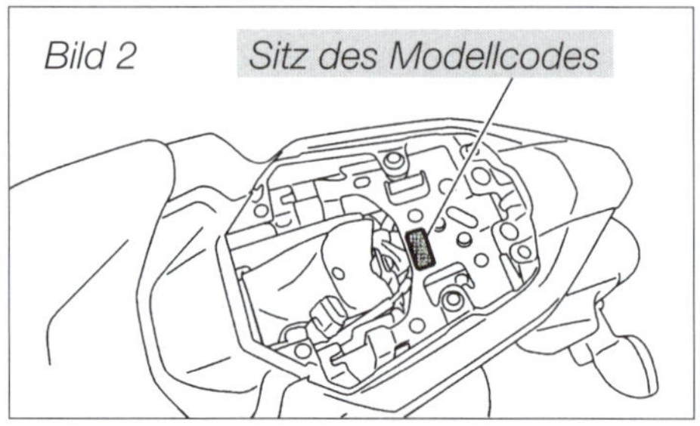
Bild 2 Sitz des Modellcodes

Bild 3

Wichtige Informationen zu »Ersatzteile und Werkzeug kaufen«

Die Informationen in diesem Buch zu Werkzeugen, Maßen und Fahrzeugteilen, wie z. B. Reifen, Zündkerzen, Öl, Ölfilter, etc. entsprechen dem Stand der Technik zum Redaktionsschluss dieses Buchs zum Ende 2022. Wenn Sie für eine Yamaha MT-09, Tracer 900 oder XSR Ersatzteile oder Werkzeugteile kaufen, beachten Sie bitte Folgendes:

- Legen Sie dem Ersatzteilverkäufer beim Yamaha- oder Zubehörhändler die Fahrgestellnummer Ihrer Maschine vor. Diese ist im Kfz-Schein, Kfz-Brief oder »Zulassungsbescheinigung 1« vermerkt.
- Bild 1: Die Fahrgestellnummer der Maschine ist rechts vorne auf dem Lenkkopfrohr eingestanzt, sie muss mit der in den Papieren übereinstimmen.
- Bild 2: Auf dem Rahmen unter dem Beifahrersitz ist ein Kleber angebracht, auf dem der interne Modellcode und die Farbe vermerkt sind. Auch diese Informationen braucht der Ersatzteilverkäufer.
- Bevor Sie Werkzeugteile kaufen, vermessen Sie die Köpfe der Schrauben und Muttern, welche bearbeitet werden sollen. Bitte beachten Sie dazu das Kapitel 2 »Werkstatt«.

Warum dieses Buch wichtig ist

Als Yamaha im Jahr 2014 die MT-09 präsentierte, war die Überraschung groß, denn sie hatte einen Dreizylindermotor im Gegensatz zu den bisher aus Japan gewohnten Zwei- und Vierzylindern. Das Marketingkonzept ging auf, weil Yamaha sich nicht nur gegenüber den anderen drei japanischen Marken bewusst abgrenzte, sondern auch an die eigene Historie erinnerte: Dreizylinder gab es von Yamaha mit XS 750 von 1977 bis 1979 und XS 850 von 1980 bis 1982.

In diesem Buch beschäftigen wir uns mit den drei Modelllinien MT-09 von 2014 bis 2020, den XSR Sondermodellen von 2016 bis 2021 und den Tracer Sport-Tourern von 2015 bis 2020. Alle haben den soundmäßig so genialen Dreizylindermotor. Weiterhin glänzen sie durch super Handling und ein wirklich gutes Fahrwerk.

Die Yamahas unseres Buchs sind als zuverlässige Maschinen bekannt. Störungen können jedoch dann auftreten, wenn sie in die Jahre gekommen sind und viele Kilometer auf dem Buckel haben. Lösungsansätze für Probleme aller Art bietet diese Motorrad-Reparaturanleitung in Bild und Text ebenso wie viele Tipps, die man kennen sollte, um die Dreizylinder zuverlässig am Laufen zu halten.

Doch diese Reparaturanleitung will mehr sein als nur ein Buch, das man nur dann zur Hand nimmt, wenn etwas kaputt ist. Wenn Sie sich dieses Buch gekauft haben, um Ihr Motorrad besser kennen zu lernen und zu erfahren, was in ihm steckt, ist das gut so. Dieses Buch kann helfen, die komplexe Mechanik dieser Maschinen begreifen zu können und bietet auch sinnvollen Lesestoff, der Ihnen hilft, Ihr Motorrad besser zu verstehen. Denn ein Fahrer, der sein Motorrad versteht, geht sorgsamer damit um. Was hilft, Probleme schon im Ansatz zu erkennen oder gar nicht erst auftreten zu lassen.

Auf Zerlegung und Zusammenbau des Motors wird in diesem Buch bewusst verzichtet, weil eine Operation am offenen Dreizylinder den Umfang dieses Buches bei Weitem sprengen würde.

MT-09 Basismaschine

XSR 900 Sondermodell

Tracer 900 GT Sport-Tourer

Wir geben den guten Ratschlag, dass größere Arbeiten an Motor und Getriebe den Yamaha-Händlern und -Spezialisten vorbehalten bleiben sollten, weil diese in Technik-Lehrgängen bei den Importeuren speziell geschult wurden.

Der Spagat zwischen allgemein verständlicher Technik und stimmiger Anleitung zum Selbstschrauben bestimmt also den Inhalt dieses Buches. In diesem Sinne wünschen wir Ihnen, lieber Leser, viel Spaß bei der Lektüre – und hoffen gleichzeitig, dass Sie keinen Ärger mit Ihrer Maschine haben. Sollte dennoch ein Problem auftreten, kann Ihnen dieses Buch bei der Reparatur helfen.

Einige Grundsätze zu diesem Buch:

- Die Lektüre dieses Buchs kann weder eine Lehre zum Motorradmechaniker noch mehrjährige Praxis im Kfz-Handwerk ersetzen.
- Interessierte Laien sollten sich vor allem die Pflege- und Wartungstipps zu Herzen nehmen, denn gute Pflege erhält den Wert des Motorrads und sorgt dafür, dass man es besser kennen lernt.
- Die Anwendung der im Buch beschriebenen Arbeitsschritte setzt einiges an gutem Werkzeug voraus. Deswegen behandeln wir dieses Thema sehr ausführlich im Kapitel 2 »Werkstatt«.
- Inhalte wie beispielsweise Ventile einstellen, Kupplung reparieren, Radlager erneuern oder Arbeiten an den Bremsen erfordern umfangreiches Basisfachwissen, teure Werkzeuge und sehr genaues Arbeiten.
- An sicherheitsrelevanten Baugruppen wie Radaufhängung und Bremse darf nur arbeiten, wer sein Handwerk wirklich beherrscht, was nur für ausgebildete Mechaniker gilt. Für alle anderen heißt es: Geben Sie Ihr Motorrad zum Yamaha-Händler, dort arbeiten geschulte Fachleute.

In diesem Sinne wünsche ich Ihnen allzeit gute und sichere Fahrt, sei es mit einer Yamaha MT-09, XSR oder einer Tracer 900.

Herzlichst, Ihr
F. J. Schermer
(verantwortlicher Redakteur)

Wenn in diesem Buch von »Fahrern« die Rede ist, meinen wir natürlich auch die weiblichen Leser. Der leichteren Lesbarkeit halber beschränken wir uns jedoch auf die allgemeine (männliche) Form.

Inhalt

Folgende Symbole verdienen während der Arbeiten besondere Beachtung:

Sichtprüfung:
Teil genau ansehen, besonders beachten

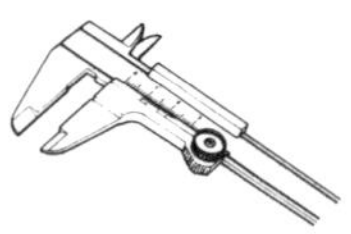

Messen:
Messschieber oder anderes Messwerkzeug nötig

Achtung:
Besondere Vorsicht geboten, Sicherheitshinweise beachten

Tipp:
Wertvoller Hinweis für einfacheres Schrauben

Hörprüfung:
Bei Prüfung genau hinhören

Folgende Symbole verdeutlichen den Schwierigkeitsgrad der Arbeiten:

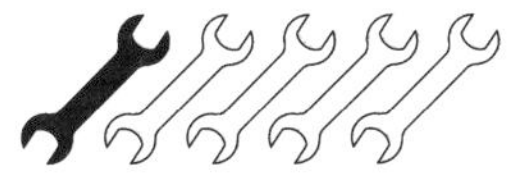

Ein Schlüssel:
Einfache Arbeit, erweitertes Bordwerkzeug reicht aus

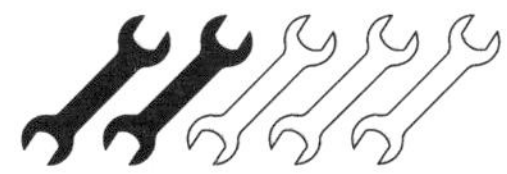

Zwei Schlüssel:
Anspruchsvolle Arbeit, extra Werkzeug notwendig

Drei Schlüssel:
Gutes Werkzeug und Spezialkenntnisse erforderlich

Vier Schlüssel:
Spezialwerkzeug und sehr gute handwerkliche Fertigkeit gefragt

Fünf Schlüssel:
Spezialwerkzeug und meisterliche Fertigkeiten notwendig: Fachwerkstatt!

Wartung · Pflege · Licht

In diesem Kapitel: Inspektionen · Wartungs- und Inspektionsintervalle · Regelmäßige Kontrollen von Beleuchtung, Reifen, Bremsen, Ölstand und Kühlflüssigkeit · Seitenständerschalter prüfen und wechseln · Licht einstellen.

Inspektionen

In der Tabelle auf der rechten Seite sind die von Yamaha vorgeschriebenen Inspektionsintervalle aufgelistet. Abhängig von den gefahrenen Kilometern oder Zeit (»Jahresinspektion«) werden Motor und Fahrwerk durchgesehen, verschlissene Teile ersetzt. Zu »verschlissene Teile« gehören zum Beispiel Motoröl mit Ölfilter und, je nach Abnutzungsgrad, auch Bremsbeläge, Reifen oder die Antriebskette.

Innerhalb der ersten 24 Monate ab Kauf sollten alle Inspektionen von einem autorisierten Yamaha-Händler durchgeführt und im Wartungsheft abgestempelt werden, damit die Ansprüche auf Garantie und Kulanz gegenüber Importeur und Hersteller erhalten bleiben. Wer nach der zweijährigen Garantiezeit die Wartungsarbeiten an seiner Maschine selbst machen möchte, erhält in diesem Buch die nötigen Basisinformationen.

Die vorgeschriebenen Wartungsintervalle müssen bei normaler Fahrweise und Belastung nicht immer ganz genau eingehalten werden. Wenn das Motorrad gut gepflegt wird, dann kann z. B. eine während einer Urlaubsfahrt fällig werdende »große Inspektion« durchaus um 1000 bis 2000 Kilometer hinausgeschoben werden – wobei es generell besser ist, eine anstehende Inspektion rechtzeitig *vor* einer längeren Urlaubsfahrt durchzuführen.

Für alle kleinen wie großen Wartungsarbeiten gilt: Nur mit gutem Werkzeug in den entsprechenden Größen mit dem Schrauben anfangen. Lesen Sie vor Beginn aller Arbeiten das betreffende Kapitel komplett durch, um die benötigten Werkzeuge und den Zeitaufwand abschätzen zu können.

Reparaturauftrag geben

Wenn Ihre Maschine eine Störung hat und Sie zum Auffinden und Beheben des Fehlers weder technische Fertigkeiten noch Spezialwerkzeuge haben, dann ist es zu empfehlen, die Fehlersuche und auch die Behebung beim Yamaha-Händler gezielt in Auftrag zu geben.

Ein »gezielter Auftrag« an den Händler sollte klar sein und schriftlich erfolgen, das Problem in kurzen Worten schildern und eine finanzielle Obergrenze enthalten.

Beispiel: »Motor stottert beim Beschleunigen und geht bei Kolonnenfahrt öfter aus. Wenn die Reparatur 120 Euro übersteigen sollte, rufen Sie mich bitte an«.

Regelmäßige Prüfpunkte der Fahrsicherheit und Maschinentechnik		
Beleuchtung, Signalanlage, Notaus	vor und während der Fahrt immer wieder prüfen	
Reifenprofil, Luftdruck	vor jeder Fahrt, bei jedem Tanken	siehe Kapitel 1, 4
Hand- und Fußbremse	vor jeder Fahrt und während der Fahrt	siehe Kapitel 1, 6
Warn- u. Kontrollleuchten, Instrumente	vor und während der Fahrt immer wieder prüfen	
Lenkung, Federung und Dämpfung	mindestens einmal wöchentlich und nach Gefühl beim Fahren	
Kupplung	vor jeder Fahrt und während der Fahrt	siehe Kapitel 1, 3
Schaltung	vor jeder Fahrt und während der Fahrt	siehe Kapitel 1, 4
Motoröl	Stand prüfen bei jedem zweiten Tanken	siehe Kapitel 1, 11
Batterie	Wartung/Laden wichtig vor der Saison	siehe Kapitel 23

Wartungs- und Inspektionstabelle

In der letzten Spalte der Tabelle stehen Verweise zu den entsprechenden Kapiteln:

■ Bei »Erneuern«, z. B. beim »Ölwechsel«, kommen bei 1000 km, bei 10 000 km und dann alle weitere 10 000 km oder einmal im Jahr neues Öl und ein neuer Ölfilter in den Motor.

■ »Prüfen/Einstellen« bedeutet zum Beispiel beim Punkt »Ventilspiel« alle 40 000 km neben der Prüfung des vorgeschriebenen Ventilspiels auch gegebenenfalls eine Neueinstellung. Weil dazu die Nockenwellen ausgebaut werden müssen, ist diese Arbeit sehr zeit- und arbeitsintensiv; ein hohes fachliches Können ist eine wichtige Grundlage. Deswegen empfehlen wir schon an dieser Stelle allen Lesern, die weder die nötigen Werkzeuge noch fachliches Können haben, diese Arbeit in der Yamaha-Fachwerkstatt durchführen zu lassen.

■ Yamaha empfiehlt, die offen laufende Hinterrad-Antriebskette alle 1000 km zu reinigen, zu schmieren sowie die Kettenspannung zu prüfen und ggf. zu korrigieren. »Alle 1000 km« ist variabel zu sehen, denn bei schlechtem Wetter oder Fahren in staubigen und schmutzigen Gegenden ist das Reinigen und Schmieren der Kette alle 300 bis 500 km nötig; während bei Schönwetterbetrieb und sanfter Fahrweise die Kette nur alle 1500 bis 2000 km gepflegt werden muss.

■ Über die Einhaltung der vorgeschriebenen Wartungspunkte hinaus sollten die Gelenke der Hand- und Fußhebel regelmäßig mit einigen Tropfen Öl bedacht werden.

Regelmäßige Kontrollen

Links auf dieser Seite steht eine Tabelle mit der alles aussagenden Überschrift »Regelmäßige Prüfpunkte der Fahrsicherheit und Maschinentechnik«. Daraus geht hervor, was an der Maschine einmal am Tag bevor man losfährt, während der Fahrt, beim Tanken und mindestens einmal die Woche alles geprüft werden sollte.

Beleuchtung, Fahrwerk

Werfen Sie vor jeder Fahrt einen Blick auf die Beleuchtung und betätigen Sie dabei auch beide Bremsen: Leuchtet das Bremslicht auf, brennen alle Kontrolllampen, hupt die Hupe

Wartungs- und Inspektionsintervalle MT-09, Tracer, XSR der Modelljahre 2014 bis 2020

Bauteil / Intervall	bei 1000 km	bei 10000 km	bei 20000 km	bei 30000 km	bei 40000 km	jedes Jahr	siehe Kapitel
Baugruppe 1: Elektrik, Beleuchtung							
Hand- und Fußbremslichtschalter	prüfen	prüfen	prüfen	prüfen	prüfen	prüfen	1, 6
Scheinwerfereinstellung	prüfen	prüfen	prüfen	prüfen	prüfen	prüfen	1
Leuchten, Blinker, Schalter	prüfen	prüfen	prüfen	prüfen	prüfen	prüfen	1, 30
Fehlercodes, Fehlerspeicher (ab Mj. 2017)	auslesen	auslesen	auslesen	auslesen	auslesen	auslesen	1, 17, 26
Baugruppe 2: Motor, Kühlung							
Motoröl	erneuern	erneuern	erneuern	erneuern	erneuern	erneuern	1, 11
Ölfilter	erneuern	–	erneuern	–	erneuern	–	11
	Redaktionelle Empfehlung: Ölfilter bei jedem Ölwechsel erneuern						
Ventilspiel	–	–	–	–	prüfen	–	22
Zündkerzen	–	prüfen, reinigen	erneuern	prüfen, reinigen	erneuern	–	15, 16
Luftfilter	–	reinigen	reinigen	reinigen	erneuern	–	19
Drosselklappen-Synchronisierung	prüfen	prüfen	prüfen	prüfen	prüfen	prüfen	17
Sekundärluftsystem	–	prüfen	prüfen	prüfen	prüfen	prüfen	19
Gaszugspiel	–	prüfen	prüfen	prüfen	prüfen	prüfen	18
Gasgriff, Gasgriffgehäuse	–	schmieren	schmieren	schmieren	schmieren	schmieren	18
Kühlerschläuche, Kühlflüssigkeit	–	prüfen	prüfen	prüfen	prüfen	–	1,12
	Kühlflüssigkeit alle 3 Jahre erneuern						
Leerlaufdrehzahl (ab Mj. 2017)	prüfen	prüfen	prüfen	prüfen	prüfen	prüfen	1, 17
Auspuff (ab Mj. 2017)	prüfen	prüfen	prüfen	prüfen	prüfen	–	20
Aktivkohle-Behälter (ab Mj. 2017)	–	–	prüfen	–	prüfen	–	3
Baugruppe 3: Kupplung, Getriebe, Kette							
Kupplung, Kupplungsspiel	prüfen	prüfen	prüfen	prüfen	prüfen	–	13
Hinterrad-Antriebskette	Alle 1000 km Kette reinigen und schmieren, Kettendurchhang (Kettenspannung) prüfen, ggf. einstellen						7
Baugruppe 4: Räder, Reifen							
Reifenzustand, Luftdruck	–	prüfen	prüfen	prüfen	prüfen	prüfen	1, 4
Räder, Radlager	–	prüfen	prüfen	prüfen	prüfen	–	5
Baugruppe 5: Bremsen							
Bremsbeläge	prüfen	prüfen	prüfen	prüfen	prüfen	prüfen	1, 6
Stand der Bremsflüssigkeit	prüfen	prüfen	prüfen	prüfen	prüfen	prüfen	1, 6
	Bremsflüssigkeit spätestens alle 2 Jahre erneuern						
Bremsleitungen, Bremsschläuche, Anschlüsse	prüfen	prüfen	prüfen	prüfen	prüfen	–	6
	Bremsschläuche alle 4 Jahre erneuern						
Baugruppe 6: Federung							
Lenkung, Lenkkopflager	prüfen	prüfen	schmieren	prüfen	schmieren	–	8
	Lenkkopflager alle 20000 km zerlegen, reinigen und mit säurefreiem Kfz-Lagerfett (Lithiumseifenfett) schmieren						
Telegabel	prüfen	prüfen	prüfen	prüfen	prüfen	–	9
	Redaktionelle Empfehlung: Gabelöl alle 2 Jahre oder 40.000 km erneuern						
Federbein	–	prüfen	prüfen	prüfen	prüfen	–	10
Federbeinumlenkung	–	prüfen	prüfen	prüfen	prüfen	–	10
Baugruppe 7: Rahmen, Seitenständer							
Schwinge, Schwingenlager	–	prüfen	prüfen	prüfen	prüfen	–	10
	Schwingenlager alle 50.000 km mit säurefreiem Kfz-Lagerfett (Lithiumseifenfett) schmieren						
Fahrgestellschrauben, Muttern	–	prüfen	prüfen	prüfen	prüfen	prüfen	31
Seitenständer, Seitenständerschalter	prüfen	prüfen, schmieren	prüfen, schmieren	prüfen, schmieren	prüfen, schmieren	prüfen, schmieren	1
Baugruppe 8: Ausstattung, Schläuche, Kabel							
Benzinleitungen	–	prüfen	prüfen	prüfen	prüfen	prüfen	3, 17
Kabel der Motor- und Bordelektrik	–	prüfen	prüfen	prüfen	prüfen	prüfen	16, 17, 26, 27
Lagerbolzen von Hand-, Fußbrems-, Kupplungs- und Schalthebel	–	schmieren	schmieren	schmieren	schmieren	schmieren	1
Bewegliche Bauteile und Seilzüge	–	schmieren	schmieren	schmieren	schmieren	schmieren	1, 18

Sichtprüfung Messen

Bilder 1 und 2: Stand der Bremsflüssigkeit regelmäßig prüfen.

Bilder 3 und 4: Falls der Motorölstand nahe an die untere Markierung oder darunter absinkt, muss Öl nachgefüllt werden. Den Verschlussstopfen der Öleinfüllöffnung mit der Hand festziehen, keine Zange benutzen. O-Ring muss in Ordnung sein.

(»Signalhorn«), geht die Lenkung nach beiden Seiten bis zum Anschlag gleichmäßig leicht, federn Vorder- und Hinterrad leicht ein und gedämpft aus? Bei einem gut gepflegten Motorrad kann man davon ausgehen, dass alles in Ordnung ist; bei einem eher schlecht gewarteten Motorrad quietscht möglicherweise etwas. Gehen Sie der Sache auf den Grund!

Reifen: Einmal die Woche, spätestens alle 500 Kilometer, einen Blick auf die Reifen werfen: Profil ok? Klemmen Steine im Profil? Ist die Ventilkappe vorhanden, sitzt sie fest?

Luftdruck bei kalten Reifen prüfen. Sie dürfen von einer Kurzstreckenfahrt zur Tankstelle nur handwarm sein: 2,5 bar im Vorderrad und 2,9 bar im Hinterrad lauten die vorgeschriebenen Luftdruckwerte (siehe auch Kapitel 4 »Reifen«).

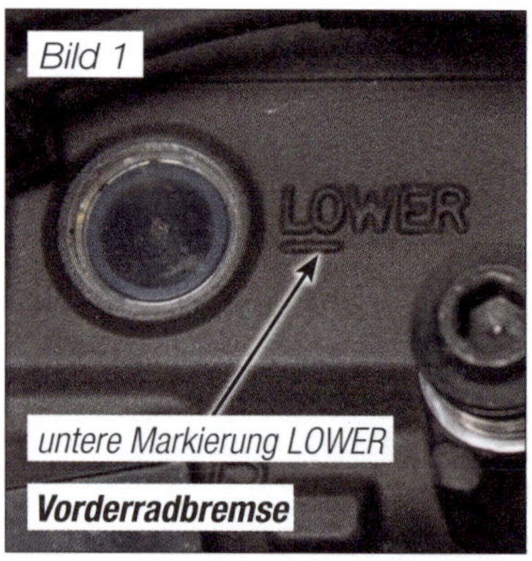

Bremsen

Dem vorderen Vorratsbehälter für die Bremsflüssigkeit (Bild 1) täglich, dem hinteren (Bild 2) mindestens einmal pro Woche einen Blick schenken: Sinkt der Pegelstand im Behälter unter die Mitte in Richtung »LOWER« ab, wird es Zeit, nach der Dicke der Bremsbeläge zu sehen. **Wichtig:** Wenn die Bremsflüssigkeit in den Behältern dunkel wird, ist sie alt und muss schleunigst erneuert werden.

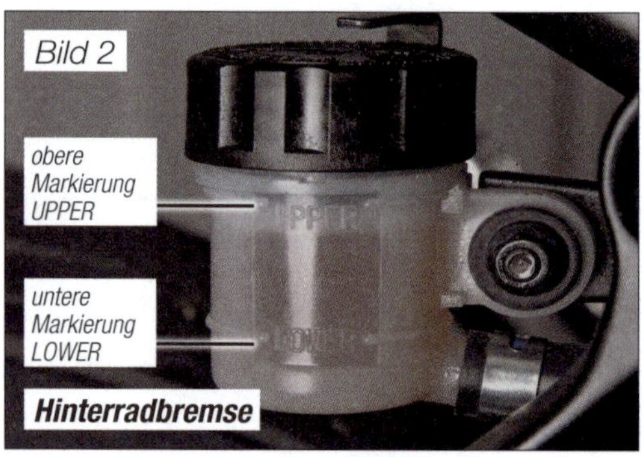

Achtung: Arbeiten an den hydraulischen Scheibenbremsen dürfen aus Sicherheitsgründen nur von ausgebildeten Mechanikern durchgeführt werden, die sehr gute technische Kenntnisse, handwerkliche Fertigkeiten und passende Werkzeuge haben. Bei allen Fragen zur Bremsanlage gilt: Zuerst den Yamaha-Händler um Rat fragen, dieser ist immer aktuell und bestens informiert.

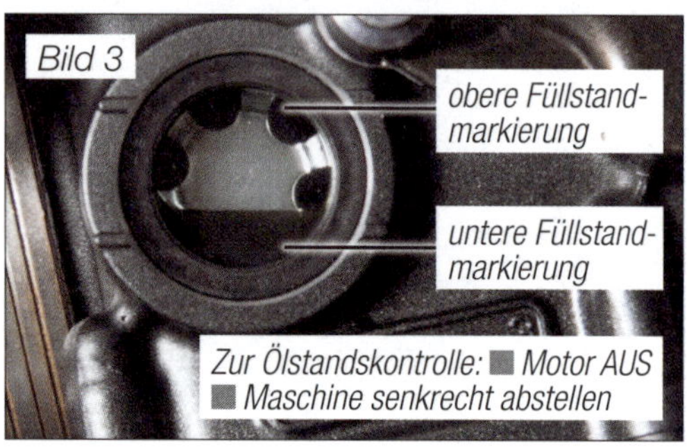

Motorölstand

Den Ölstand nicht vor dem Start des Motors bei kaltem Motor kontrollieren, sondern erst dann, wenn der Motor mindestens 10 Minuten gelaufen und warm ist.

- Zum korrekten Prüfen des Ölstands den Motor abschalten und mindestens zwei Minuten warten, bis das Öl von oben im Motor nach unten in die Ölwanne abgelaufen ist.
- Motorrad in die Senkrechte bringen und den Ölstand im Schauglas (Bild 3) begutachten: Er sollte sich zwischen den Markierungen befinden. Mehr zum Thema Motoröl finden Sie im Kapitel 11 »Schmiersystem«.

Kühlflüssigkeit

Bilder 5a und 5b: Der Ausgleichsbehälter des Kühlsystems ist rechts vorne unten neben dem Motor angebaut. Der Pegelstand der Kühlflüssigkeit muss zwischen beiden Markierungen sein:

- obere Markierung »FULL« = voll
- untere Markierung »LOW« = niedrig

Beachten: Der Stand der Kühlflüssigkeit im Ausgleichsbehälter ist bei heißem Motor etwas höher als bei kaltem. Wenn der Pegelstand der Kühlflüssigkeit dauernd unter der unteren Markierung ist oder überhaupt keine Kühlflüssigkeit mehr zu sehen ist, stimmt etwas nicht: Entweder ist die Kühlflüssigkeit schon zu lange drin und ein Teil davon ist verdunstet oder das Kühlsystem hat ein Leck. Bevor aber der komplette Kühlkreislauf umgekrempelt wird, zuerst den Ausgleichsbehälter mit Kühlflüssigkeit bis zur oberen Markierungslinie auffüllen, weiterfahren und in kurzen Abständen beobachten, wo das Zeug bleibt.

Falls Sie unterwegs Kühlmittelverlust feststellen und deswegen Kühlmittel kaufen und auffüllen müssen, achten Sie darauf, dass dieses für Aluminiummotoren und Alukühler geeignet ist. Dies gilt naürlich auch beim Erneuern der Kühlflüssigkeit alle drei Jahre (siehe dazu Kapitel 12).

Tipp: Falls nur eine kleine Menge Kühlmittel fehlt, können Sie auch destilliertes Wasser auffüllen. Füllen Sie kein Leitungswasser ein, denn das ist kalkhaltig – und eben dieser Kalk setzt sich im Kühlsystem an den Wänden ab und mindert deswegen die Kühlleistung des Systems.

Einfüllen von Kühlmittel: Auf dem Stutzen des Ausgleichsbehälters ist ein schwarzer Gummideckel, diesen abziehen (Bilder 5b und 5c).

Achtung: Kühlflüssigkeit hinterlässt hässliche Flecken, es darf nichts danebenchwappen! Bild 5d: Deswegen entweder einen Schlauch oder Trichter zum Einfüllen benutzen. Bild 5b: Gummideckel sicher aufdrücken! Mehr zum Thema »Kühlkreislauf und Kühlmittel« erfahren Sie in Kapitel 12 »Kühlsystem«.

Seitenständerschalter prüfen

Der Seitenständerschalter sitzt vor dem Seitenständergelenk (Bilder 6a und 6b). Wenn er defekt ist, verhindert er entweder das Starten des Motors, oder im anderen Extremfall wird ein Wegfahren der Maschine mit ausgeklapptem Seitenständer ermöglicht – und das ist gefährlich. Der Seitenständerschalter wird folgendermaßen auf einwandfreie Funktion geprüft:

- Motor mit ***aus**geklapptem* Seitenständer (Bild 6a) und eingelegtem Leerlauf starten.
- Kupplung ziehen und einen Gang einlegen: Motor muss ausgehen.

Umkehrprobe:

- Motor mit ***hoch**geklapptem* Seitenständer (Bild 6b) und eingelegtem Leerlauf starten.
- Kupplung ziehen, Gang einlegen.
- Kupplung gezogen halten, Seitenständer ausklappen (Bild 6a): Motor muss ***aus**gehen*.

Hat der Seitenständerschalter diese Tests bestanden, ist er technisch und elektrisch in Ordnung. **Wichtig:** Wenn sich aber mit ausgeklapptem Seitenständer der Gang einlegen lässt und man womöglich sogar losfahren kann, muss der Seitenständerschalter erneuert werden.

Seitenständerschalter erneuern

1. Motor ist <u>*AUS*</u>geschaltet und der Seitenständer ist ausgeklappt (Bild 6a).
2. Zum Auffinden des Steckers des vom Seitenständerschalter zum Kabelbaum führenden Kabels einfach das Kabel nach oben verfolgen.
2.1. Stecker trennen.
3. Bild 6a: Befestigungsschrauben des Seitenständerschalters lösen, ausdrehen, Schalter abnehmen.
4. Beim Befestigen des neuen Seitenständerschalters an die Gewinde der Schrauben etwas Loctite 243 »mittelfest« geben, eindrehen und mit 4,3 Nm festziehen.
5. Kabel exakt wie das alte am Rahmen verlegen, sichern und den Stecker zum Kabelbaum zusammenstecken.

Bilder 5a, 5b, 5c: Rechts vorne unten neben dem Motor ist der Ausgleichsbehälter des Kühlsystems. Der Stand der Kühlflüssigkeit sollte bei warmem Motor zwischen den Markierungen »FULL« und »LOW« sein.

Bild 5d: Einfüllen von Kühlflüssigkeit.

Bilder 6a und 6b: Vor dem Gelenk des Seitenständers ist der Seitenständerschalter angebracht. Er muss regelmäßig auf Funktion überprüft werden. Der Stift im Schalter muss sich leicht bewegen lassen.

Bild 5a

Bild 5b
Die Gummikappe muss fest auf dem Einfüllstutzen des Kühlflüssigkeitsbehälters sitzen

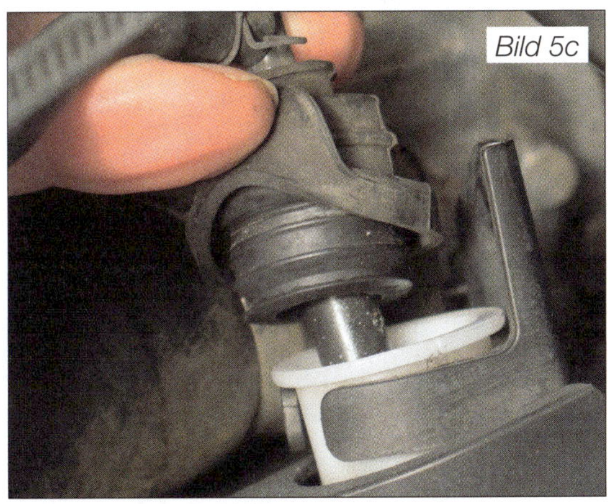
Bild 5c

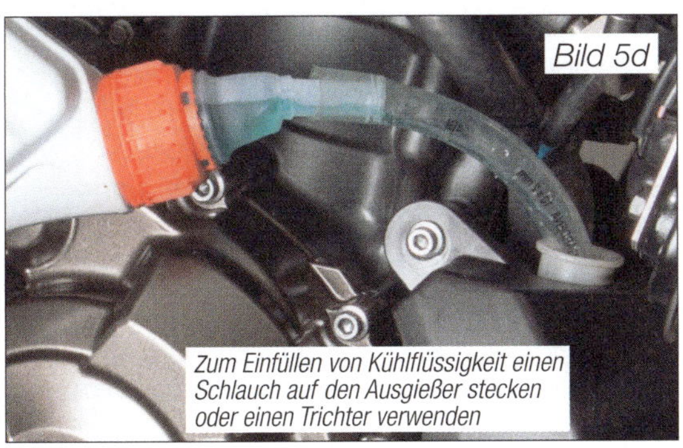
Bild 5d
Zum Einfüllen von Kühlflüssigkeit einen Schlauch auf den Ausgießer stecken oder einen Trichter verwenden

Bild 6a
Seitenständer ist AUSgeklappt in »Parkposition«, der Stift ist in den Schalter eingefahren

Bild 6b
Seitenständer ist HOCHgeklappt in »Fahr-Position«, der Stift ragt aus dem Schalter heraus. Prüfung: Mit einem Finger eindrücken und durch Federdruck ausschnappen lassen – der Stift muss sich leicht bewegen.

Sichtprüfung | Messen

Bild 1a

Bilder 1a und 1b: Einsteller bearbeiten mit Schraubenzieher oder Fingern.

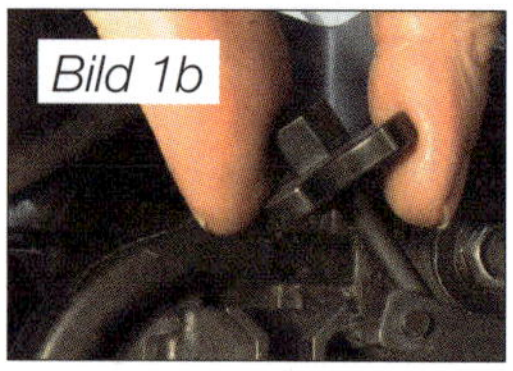

Bild 1b

Licht, Lampen, LEDs

Lampen mit Glühfaden: Wenn eine Lampe nicht leuchtet, weil ihr Glühfaden »durchgebrannt« ist, muss eine neue Lampe eingebaut werden. Herkömmliche Lampen mit Glühfaden sind eingebaut bei den MT-09 der Modelljahre 2014 bis 2016 und den XSR-Modellen:

- Fernlicht/Abblendlicht.... H4 12 Volt 60/55 Watt
- Standlichtlampe ....12 Volt 5 Watt
- Blinklampen ....12 Volt 10 Watt
- Kennzeichenleuchte ....12 Volt 5 Watt

LEDs: In die späteren Modelle der MT-09 und in die Tracer sind an vielen Stellen LEDs eingebaut, die theoretisch nie kaputt gehen, denn sie haben eine vom Hersteller versprochene Lebensdauer von 10 000 Stunden.

Welche Leuchten und Leuchtmittel an welchen Modellen verbaut sind, finden Sie im Kapitel 30 »Technische Daten 4: Leuchten, Lampen, LEDs«.

Reservelampen

Für die Bauteile, in denen keine LEDs verbaut sind, sollte man Reservelampen mitführen, damit man beim Ausfall einer Lampe eine neue einbauen kann. ■ Diese Reservelampen in eine mit Schaumstoff gepolsterte kleine Box packen und unter der Sitzbank verstauen (oder im Tankrucksack, sofern man einen montiert hat, das Teil ist wirklich sehr praktisch!).

Scheinwerfereinstellung

Werkzeug: Zur Einstellung wird entweder ein mittelgroßer, langer Kreuzschlitz-Schraubenzieher wie der in Bild 1a benötigt oder man erreicht den Einsteller mit den Fingern (Bild 1b).

Prüfung: Prüfung und eventeulle Einstellung des Scheinwerfers müssen bei korrektem Reifenluftdruck vorgenommen werden. Besonders die Zuladung mit zwei Personen und viel Gepäck hat wesentlichen Einfluss auf die Leuchtweite, weil die Maschine hinten tiefer in die Federung sinkt als vorne. Vor einer Urlaubsfahrt sollte die Leuchtweite mit der Urlaubs-Beladung kontrolliert und ggf. angepasst werden, um eine Blendung des Gegenverkehrs zu vermeiden.

⚠ Bitte beachten Sie, dass sowohl bei der Prüfung als auch der Einstellung der Motor laufen sollte, damit das Licht hell leuchtet – und das geht nur in einer gut gelüfteten Garage oder Werkstatt. Sehr gut zu Prüfung und Einstellung des Scheinwerfers eignet sich ein Parkhaus mit »schummeriger« Beleuchtung.

Fachbegriffe und Auswirkungen: »Vertikale Einstellung«. Lichtstrahl leuchtet nach unten oder oben, die Straße wird nicht richtig ausgeleuchtet.

Auswirkungen:

■ **Zu *niedrig* eingestellter Lichtstrahl:** Der Fahrer verliert entscheidende Meter an Sichtweite.

■ **Zu *hoch* eingestellter Lichtstrahl:** Das Motorrad wird zum gefährlichen Blender für den Gegenverkehr und das vorausfahrende Auto.

Bild 2

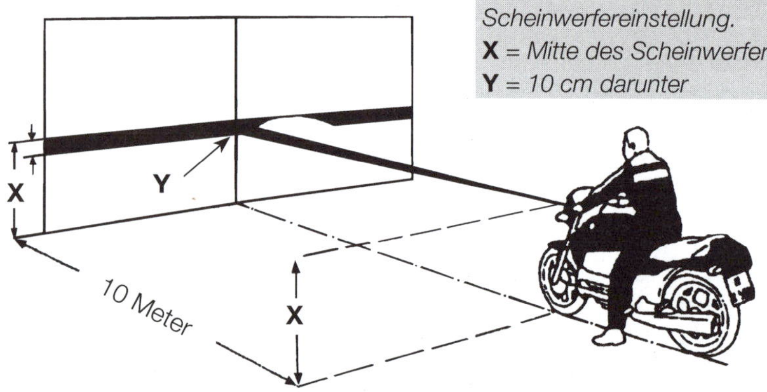

Bild 2: Schemazeichnung zur Scheinwerfereinstellung.
***X** = Mitte des Scheinwerfers*
***Y** = 10 cm darunter*

Sicherheitshinweise ⚠ Achtung und 👁 Tipps

☞ Wenn Sie an einer roten Ampel zufällig vor einem Schaufenster stehen und Ihr Spiegelbild darin betrachten, betätigen Sie abwechselnd die Hand- und Fußbremse und checken das Bremslicht.

⚠ Wenn Lampen ersetzt werden, müssen grundsätzlich Motor und Zündung ausgeschaltet sein! Dies gilt auch für alle anderen Arbeiten an der Lichtanlage.

⚠ Brennende Halogenlampen werden bis einschließlich Metallsockel sehr heiß. Bevor eine Lampe herausgenommen wird, immer sicherstellen, dass sie genügend abgekühlt ist.

☞ Beim Einbau einer Lampe unbedingt Folgendes beachten:

■ Steckkontakte und Glaskörper einer Lampe nicht mit bloßen Fingern anfassen! Sonst setzen sich Hautfette ab und brennen sich ins Glas ein, was Leuchtkraft und Lebensdauer mindert.

■ Lampe immer nur mit einem sauberen Lappen in die Hand nehmen.

■ Schmutz oder Fingerabdrücke mit Spiritus und fusselfreiem Tuch abwischen!

☞ Halten Sie die Gläser der Lampen sauber und fettfrei.

Eine Reinigung unterwegs an der Tankstelle mit Wasser und Schwamm wirkt Wunder und sichert die volle Leuchtkraft des Scheinwerfers. Bei Reisen in ferne Länder und entlegene Gebiete nehmen Sie genügend Reservelampen mit. H4-Lampen gibt es nicht überall.

»Horizontale Einstellung«: Der Lichtstrahl scheint mehr oder weniger stark nach rechts oder links, Straßenoberfläche und Straßenrand werden mehr oder weniger hell ausgeleuchtet. **Auswirkungen:** ■ **Zu *weit nach links* eingestellter Lichtstrahl:** Der Gegenverkehr kann geblendet werden.
■ **Zu *weit nach rechts* eingestellter Lichtstrahl:** Die Straße vor der Maschine wird zu wenig ausgeleuchtet, der Straßengraben dafür umso mehr (»Das Licht schielt«).

Scheinwerfereinstellung prüfen, korrigieren

1. Motorrad mit sitzendem Fahrer (85 kg) in 10 Metern Abstand vor einer Wand aufstellen. Boden eben, Maschine steht senkrecht auf den Rädern, der Fahrer stützt sich mit den Füßen leicht auf dem Boden ab.
2. Abstand vom Boden bis zur Mitte des Scheinwerfers messen. Maß mit einem Kreidekreuz auf die Wand übertragen.
3. Bild 2: Darunter ein weiteres Kreuz im Abstand von 10 cm anzeichnen.
4. Motor starten, Abblendlicht einschalten. Bild 2: Die Hell-/Dunkelgrenze soll in der Mitte des unteren Kreuzes beginnen, bis zur Höhe des oberen Kreuzes nach rechts ansteigen und dann wieder abfallen.
5. Modellspezifische Einstellungen siehe Bilder 3 bis 12.

MT-09 Modelle der Modelljahre 2014 bis 2016

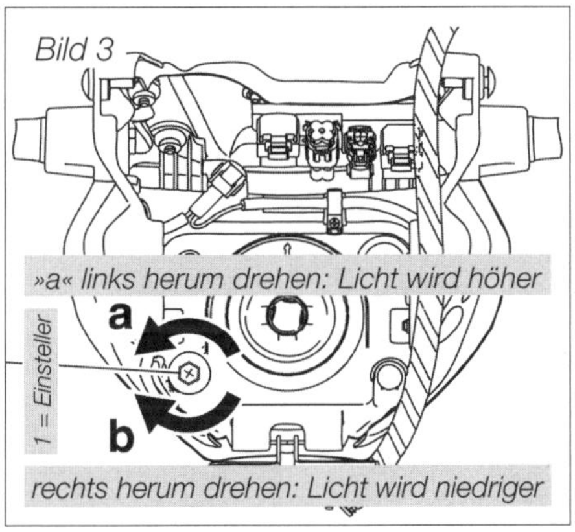

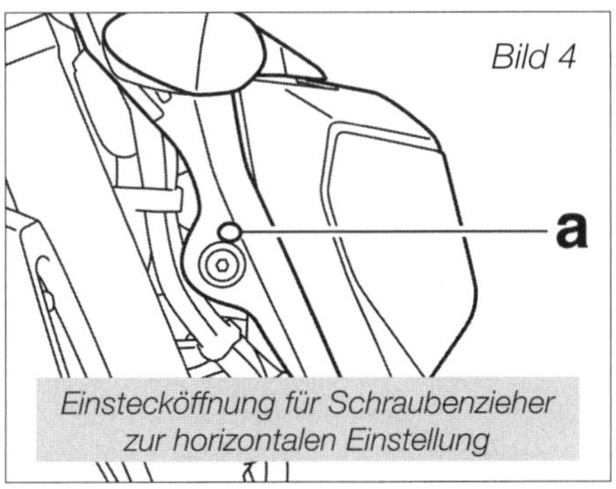

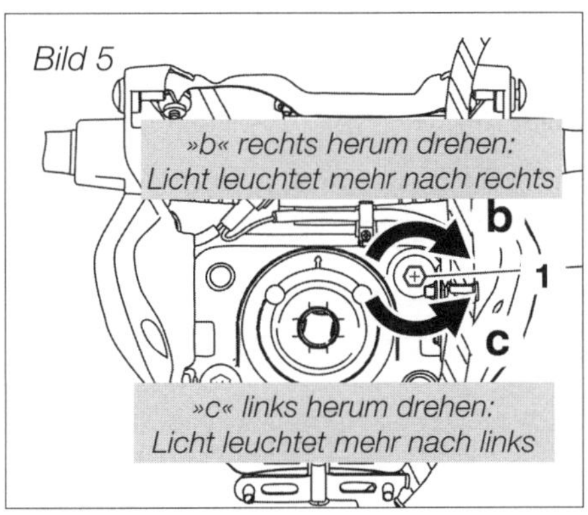

MT-09 und MT-09 SP der Modelljahre 2017 bis 2020

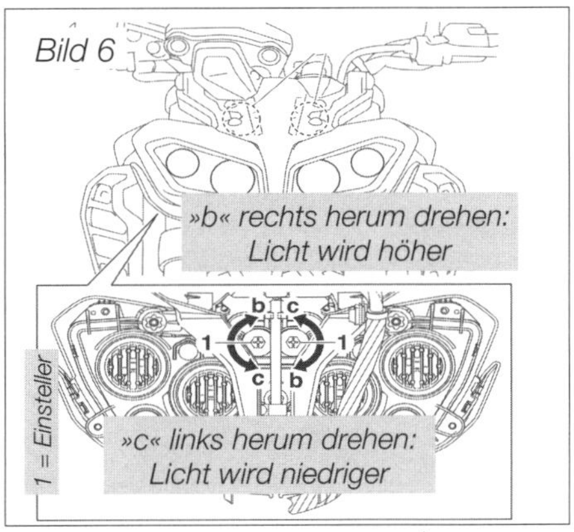

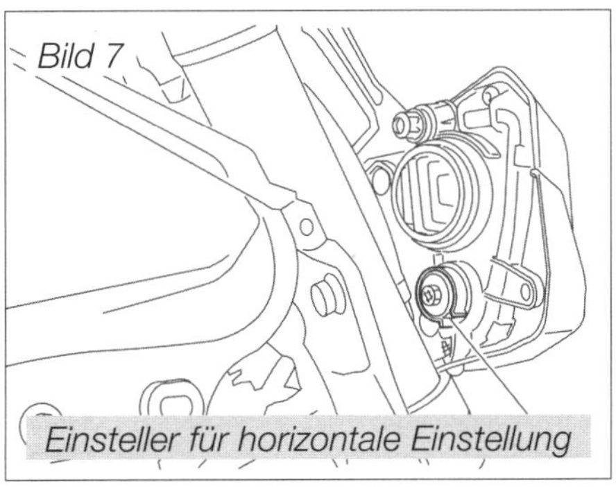

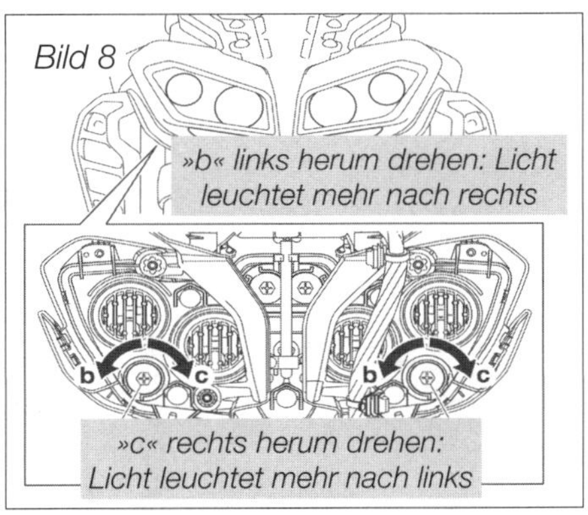

Tracer-Modelle der Mj. 2015 bis 2020

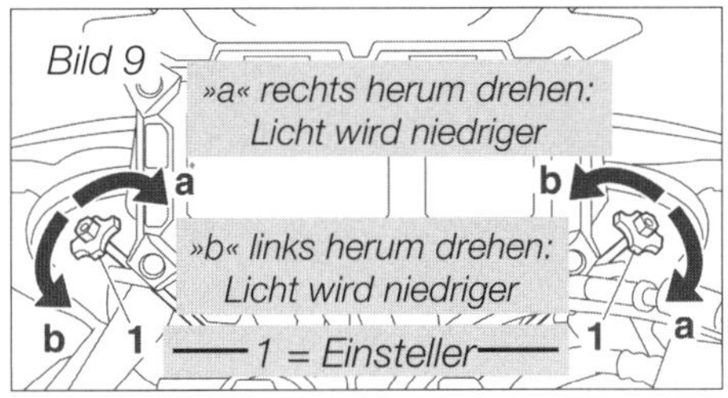

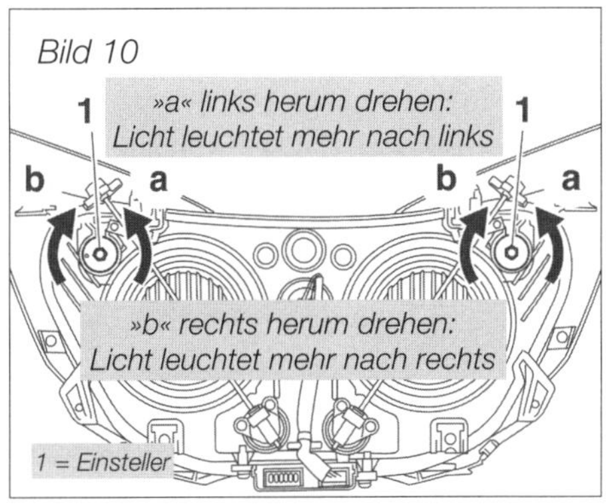

XSR Modelle der Modelljahre 2016 bis 2020 (2021)

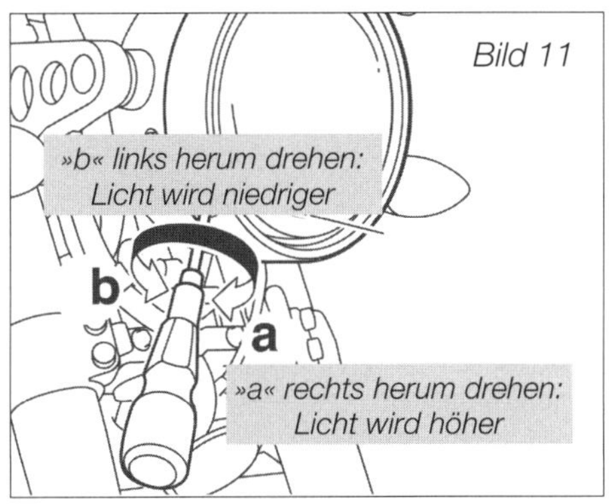

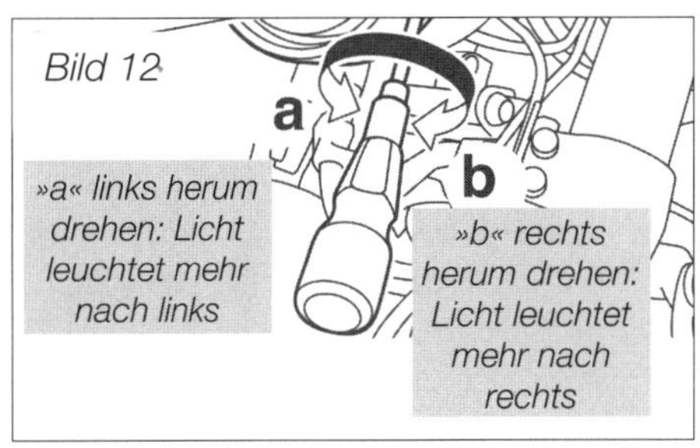

Werkstatt

In diesem Kapitel: Werkzeug · Bordwerkzeug · Werkzeug für die Hobby-Werkstatt · Werkzeugwagen und Hebebühne · Aufbockhilfen · Ölen, Fetten, Kleben · Anziehdrehmomente.

Bild 1 ganz rechts: Beispielhaftes Werkzeugsortiment für die Hobbywerkstatt. Teilebezeichnungen siehe nächste Seite unten.

Bild 2 unten: Digitaler Messschieber (A), Mikrometer oder Bügelmessschraube (B), Fühlerlehren (C).

Bild 3: Besteckkasten als Kleinteileablage.

Werkzeug

Der erste Grundsatz für alle Werkzeugteile in der Hobbywerkstatt sowie im ergänzten Bordwerkzeug heißt: Nur mit gutem Werkzeug kann man gute Arbeit machen! Vermurkste Schrauben und Muttern und hässliche Kratzer im Umfeld von Schraubverbindungen, die im Gebrauch von schlechtem Werkzeugs ihre Ursache haben, sind schlimm anzusehen. Ganz zu schweigen von Verletzungen, die man sich zuziehen kann, wenn man mit schlechtem Werkzeug arbeitet.

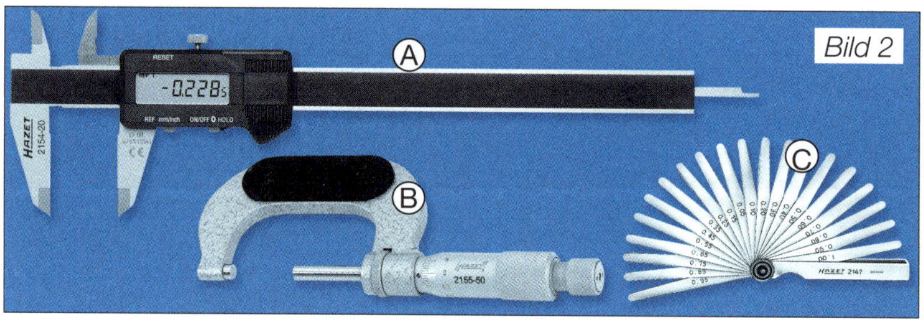

Bild 2

Sicherheitshinweise ⚠ Achtung und ☞ Tipps

⚠ Werkzeug nicht im Baumarkt kaufen, auch wenn dessen Sonderangebot noch so verlockend ist! Baumarkt-Werkzeug ist meist nicht sehr gut und in vielen Fällen sogar gefährlich, wenn es aus minderwertigem Material besteht und deswegen bruchgefährdet ist.

☞ Ein Blick ins Internet rentiert sich bei der Werkzeugrecherche. Qualitätswerkzeug ist im Internet zum Beispiel unter *www.hazet.de* zu sehen. Hazet ist einer der bekanntesten deutschen Hersteller von Kraftfahrzeug-Qualitätswerkzeugen.

☞ Im Haushaltswarengeschäft (z. B. bei IKEA) gibt es für kleines Geld Besteckablagen für Schubladenkästen in verschiedenen Unterteilungen. Diese eignen sich ganz hervorragend als Schrauben- und Kleinteileablage (Bild 3).

☞ Wenn teure Spezialwerkzeuge benötigt werden, bei der Werkstatt um die Ecke nachfragen, ob man gegen ein hinterlegtes Pfand und einen Obolus in die Trinkgeldkasse das Werkzeug geliehen bekommt.

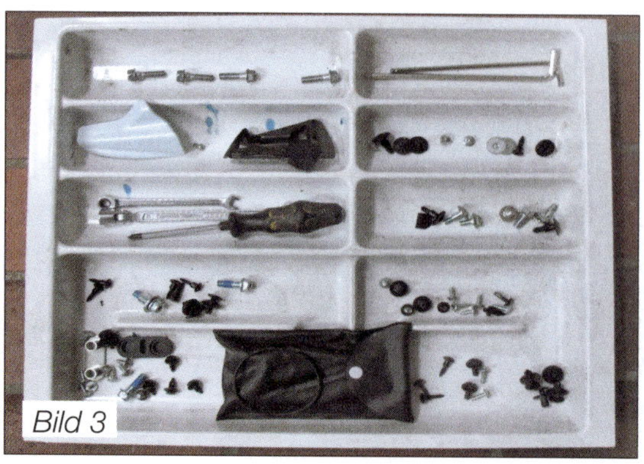
Bild 3

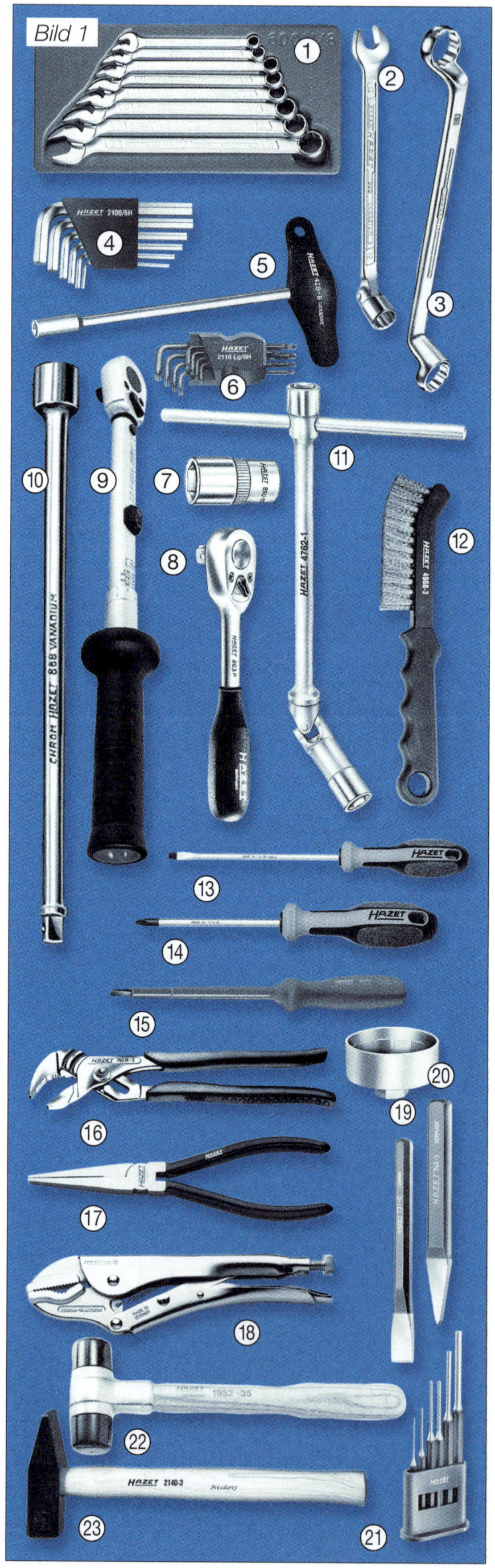

Bild 1

Inbus- und 6-Kant-Werkzeug: An den Maschinen unseres Buchs sind viele Inbusschrauben verbaut, man braucht also Inbusschlüssel in allen gängigen Größen.

Für Sechskant-Schrauben und Muttern nimmt man am besten 6-Kant-Nüsse; die mit 12-Kant sind nicht so gut geeignet, weil sie leichter abrutschen. Auch werden Gabel- und Ringschlüssel gebraucht, denn nicht an alle Schrauben und Muttern kommt man mit Nüssen ran.

Schlüsselweite: Das Kürzel für »Schlüsselweite« ist »SW«. SW 12 bedeutet also, dass dieser Schlüssel für einen Schraubenkopf oder eine Mutter mit 12 mm bestimmt ist. M8-Schrauben und Muttern brauchen einen 12er- oder 13er-Schlüssel; M6 einen 8er- oder 10er-Schlüssel.

Schraubenzieher: Zu dem normgerecht als »Schraubendreher« bezeichneten Werkzeug sagen wir hier in diesem Buch »Schraubenzieher«. Das ist nach DIN- oder ISO-Norm fachlich nicht korrekt, aber unter Motorradfahrern üblich.

Bordwerkzeug

Bild 4: Das serienmäßige Bordwerkzeug umfasst sehr wenig Teile. Man sollte also weiteres Werkzeug dabei haben, damit man bei einem Plattfuß nicht hilflos dasteht; das kann schon bei einer 150 km langen Sonntagstour nervig sein.

Reifendruckprüfer: Bitte verwenden Sie KEIN Plastikteil aus dem Baumarkt, sondern ein Präzisionsmessgerät (Bild 5). Das beste Gerät ist vom deutschen Hersteller Flaig, es hat ein stabiles Alu-Gehäuse.

Bild 6: Immer dabei haben sollte man das Reifen-Flickzeug »REP & AIR« für Schlauchlosreifen vom Hersteller »TIP TOP«. Ein unterwegs eingefangenes Loch im Reifen kann damit zur Not repariert werden. Im Reparaturset sind zwei CO_2-Kartuschen und ein Adapterstück, womit der Reifen mit Druckluft befüllt werden kann. Natürlich muss umgehend danach der vorgeschrieben Reifenluftdruck eingestellt werden – man muss also sofort die nächstbeste Tankstelle ansteuern und korrekten Luftdruck auf den geflickten Reifen geben.

Ein dringendes Bordwerkzeug-Thema ist die Mitnahme von Werkzeug zur Radmontage. Auf Drehmomentschlüssel kann

Teilebezeichnungen in Bild 1 links: Satz Ring-Maulschlüssel (1), Maul-Steckschlüssel (2), Doppelringschlüssel (3), Satz Inbusschlüssel (4), Sechskant-Steckschlüssel mit Querknauf (5), Satz Torx-Schlüssel (6), Steckschlüsselnuss mit Innensechskant (7), Umschaltknarre (8), Drehmomentschlüssel (9), Verlängerung (10), Zündkerzenschlüssel (11), Bremssattelbürste mit Messingborsten (12), Schlitz-Schraubenzieher (13), Kreuzschlitz-Schraubenzieher (14), Elektriker-Schraubenzieher (15), Universalzange (16), Flachzange (17), Gripzange (18), Flachmeißel (19), Kreuzmeißel (20), Satz Splinttreiber (21), Kunststoffhammer (22), Schlosserhammer (23).

Die Bilder 4, 5 und 6 rechts auf dieser Seite sind im Text besprochen.

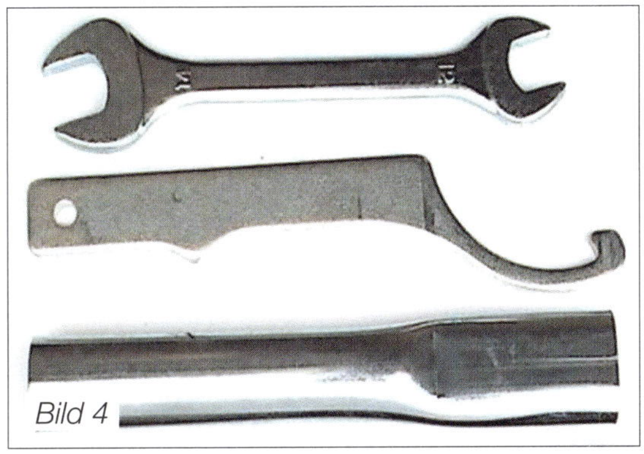
Bild 4

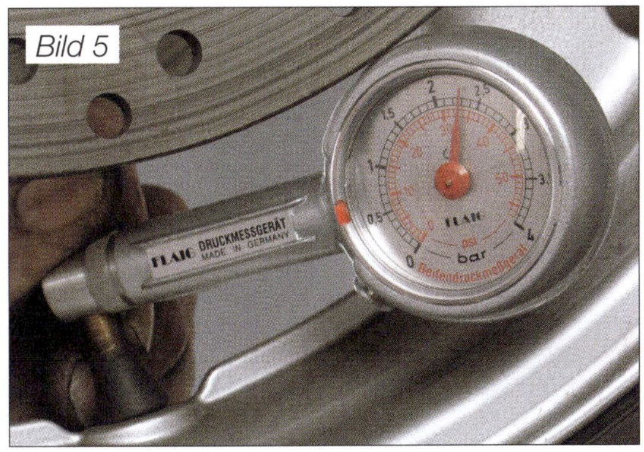

Bild 5

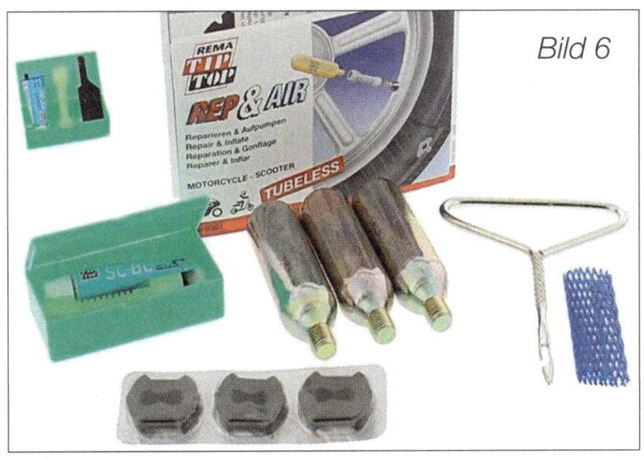

Bild 6

Bilder 7 und 7a: Inbusschlüssel mit kugeligem Ende sind eine gute Empfehlung.

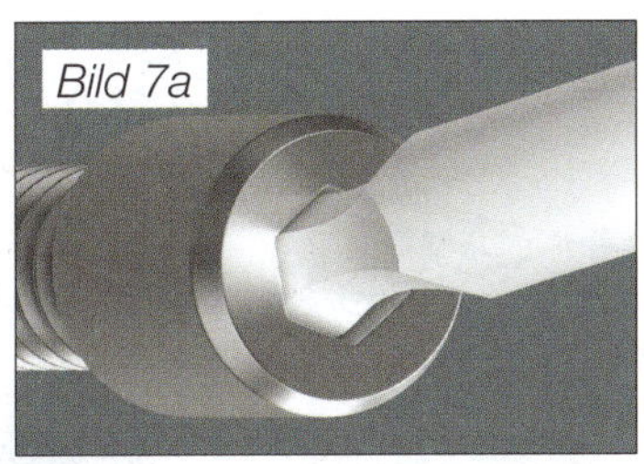
Bild 7a

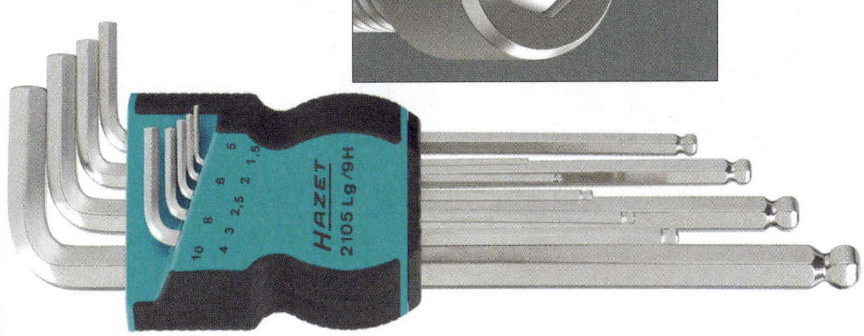

Bild 7

Sichtprüfung Messen

man verzichten. Aber einen Zettel, auf dem die Anziehdrehmomente aller Schrauben und Muttern bei der Rädermontage notiert sind, ist wichtig. Denn der ADAC-Notdienst, oder die Werkstatt mit dem Reifendienst, von denen man im Fall eines Reifenschadens Hilfe erwartet, wird keinesfalls fachgerecht montieren, wenn er die vorgeschriebenen Anziehdrehmomente nicht kennt! Das hat etwas mit »Betriebshaftung« zu tun und wird streng beachtet.

Die nötigen Räderwerkzeuge finden Sie auf dieser Seite unten reduziert auf die Mitnahme in der MT-09 sowie im Kapitel »Räder«. Am besten verstaut man zusätzliches Werkzeug im untersten Fach des Tankrucksacks – sofern man einen solchen montiert hat, er ist keinesfalls altmodisch, sondern wirklich sehr praktisch!

Bordwerkzeug und Anziehdrehmomente für eine Vorder- und Hinterradmontage unterwegs

Bauteile und Werkzeug

Schraube ABS-Sensor	Inbusnuss SW 5
Schrauben Bremssättel an Gabelbeine:	Sechskantnuss SW 12
Achsklemmschraube	Inbusnuss SW 6
Achskopf vorne	Inbusnuss SW 19
Hinterachsmutter	Sechskantnuss SW 27
Rätsche oder Knebel für die Nüsse	
Einstellschrauben und Kontermuttern zur Kettenspannung	Gabelschlüssel SW 12
Kleiner Kunststoff- oder Gummihammer	
Schmutzlappen, kleine Dose Ölspray	

Anziehdrehmomente

Schrauben ABS-Sensoren	7 Nm
Vorderachse	65 Nm
Vorderachs-Klemmschraube M8	23 Nm
Schrauben Bremssättel an Gabelbeine	35 Nm
Hinterachsmutter	150 Nm
Kettenspannerschrauben, Muttern	16 Nm

Bild 8: Der fahr- und faltbare Werkstattwagen »Assistent« ist seit vielen Jahren ein Klassiker in den Werkstätten von Hobby- und Profischraubern.

Bild 8

Werkzeug für die Hobbywerkstatt

- Batterieladegerät 12 Volt
- Digitales Multimeter und Prüflampe
- Isolierter Seitenschneider (»Elektro-Knipser«)
- Ölauffangwanne mit Öltank für den Ölwechsel
- Drehmomentschlüssel: Ein großer mit Einstellbereich 40 bis 250 Nm und ein kleiner mit 5 bis 40 Nm
- Flachspitzzange klein und Seitenschneider
- Messing- und Stahldrahtbürste
- Fächer-Fühlerlehre von 0,05 bis 1,0 mm
- Messschieber, Messbereich bis 250 mm
- Schlosserhammer mit 250 Gramm und einen Kunststoff- oder Gummihammer
- Satz Durchschläge (»Splint-Austreiber«)
- Kupferpaste für Auspuffverbindungen
- Silikondichtpaste für Gehäusedichtflächen
- HeliCoil-Gewindereparatur M5, M6, M8, M10. Für ganz harte Fälle gibt es HeliCoil auch für die Reparatur von Zündkerzengewinden.
- Elektrische Heizplatte mit 25 cm Durchmesser oder einen starken Werkstatt-Heißluftföhn
- Druckluft-Kompressor, Druck bis 8 bar, mit Druckluftpistole und Reifenfüllmanometer
- Schleifbock: Er ist immer dann nützlich, wenn man seine Bohrer schleifen muss (und sich dann auch am Funkenflug freut)

Werkzeugwagen, Hebebühne

Als Ablage beim Schrauben direkt am Motorrad benutzen wir einen Besteckkasten (Bild 3). Darin lassen sich die momentan benötigten Werkzeuge sowie die abgebauten Kleinteile wunderbar ablegen. Besteckkästen gibt es für kleines Geld in jedem Haushaltswarenladen (bei Ikea sind sie besonders billig!). Man kann auch ausgespülte Joghurt-Becher sammeln, um darin Muttern, Schrauben und Kleinteile nach Baugruppen geordnet abzulegen.

Werkzeug muss nicht nur vorhanden, sondern auch auffindbar sein. Und weil es mit der Ordnung immer so eine Sache ist, empfehlen wir, das meist benötigte Werkzeug im falt- und fahrbaren Hazet-Werkzeugwagen »Assistent« aufzubewahren. Dieser ist innen größer, als er von außen aussieht. Aufgezogen ist er etwas mehr als einen Meter hoch, zusammengeschoben kaum noch die Hälfte (Bild 8).

Perfekt ist eine Hebebühne. Sie erleichtert alle Schraubarbeiten am Motorrad, denn man kann die Maschine in die gewünschte Arbeitshöhe bringen, muss sich nicht bücken. Klar braucht man dazu in der Garage etwas mehr Platz als beim Bodenknie-Arbeitsplatz, aber gelenkschonend ist eine Hebebühne allemal. Preiswerte Hebebühnen gibt es in den Shops der Motorrad-Zubehörketten (siehe dazu *www.kern-stabi.de*).

Aufbockhilfen

Zum Aus- und Einbau der Räder oder auch »nur« zum ordentlichen Schmieren und Spannen der Kette muss man die Maschine ordentlich aufbocken. Im Kapitel »Räder« zeigen wir supergute Montageständer für Front und Heck.

Ölen, Fetten, Kleben

Ölen: Wenn Schrauben und Muttern montiert werden, immer einen Tropfen Öl auf/in ihre Gewinde und Anlageflächen geben. Wenn blanke Bauteile miteinander verschraubt werden, sollte man vorher die Kontaktflächen beider Teile mit etwas Fett einschmieren. So rosten sie nicht fest, das Fett zwischen den Passflächen verhindert das Eindringen von Feuchtigkeit.

Fetten: Schmierfett ist neben Öl ein weiteres wichtiges Grundhilfsmittel in der Motorradwerkstatt. Motorrad-Schmierfett muss salzwasserresistent sein. Wir brauchen in unserer kleinen Motorradwerkstatt zwei Fettarten:

- »Schweres Fett« ist für langsam drehende Bauteile wie Lenkkopf- und Schwingenlager, Gelenkbolzen von Fußrasten, Schalt- und Bremshebel. Man spürt beim Reiben zwischen den Fingern, dass das schwere Fett steifer ist als leichtes Wälzlagerfett, weswegen es nicht für Schnelldrehbauteile wie Radlager geeignet ist.
- »Leichtes Wälzlagerfett« ist für schnell drehende Bauteile wie Radlager oder Radlager-Simmerringe beim Radeinbau. Wie die Bezeichnung »leicht« schon sagt, ist das Fett »leicht« und damit besonders geschmeidig. Wenn man es zwischen den Fingern verreibt, wird es extrem glitischig. Man spürt während des Reibens quasi den Schmierfilm, und danach lässt sich das Fett kaum von der Haut abwaschen.

Kleben: Bild 10 zeigt wichtige Werkstatthilfsmittel, die in der Bildunterschrift erklärt sind. Zu den nötigen Werkstatthilfsmitteln gehört vor allem die flüssige Schraubensicherung »Loctite«. Im Internet unter *www.loctite.de* findet man Produktbeschreibungen und Anwendungsgrundlagen.

Hinweis: Am meisten gebraucht wird »Loctite 243 mittelfest«. Den Superklebstoff »Loctite 2701 hochfest« findet man oft in Werkstätten, er wird aber bei den Maschinen unseres Buchs nirgendwo gebraucht.

Anziehdrehmomente

Um eine notwendige Verbindungs-Haltekraft ausüben zu können, muss eine Schraube (Mutter) in dem ihr zugeordneten Innengewinde (Außengewinde) mit einem bestimmten Anziehdrehmoment festgezogen werden. Nur damit ist garantiert, dass die durch die Schraube (Mutter) zueinander verspannten Bauteile ausreichend fest sind und sich die Schraubverbindung nicht von alleine löst, wie das z. B. durch Vibrationen passieren kann.

- Werden Schrauben/Muttern zu leicht angezogen, besteht die Gefahr, dass sich die Schraubverbindung lockert.
- Werden Schrauben/Muttern zu fest angezogen, werden ihre Gegengewinde »weich«; gefühlt ist die Schraubverbindung »fest«. Spätestens im Betrieb lockert sie sich und fällt ab.
- Werden Schrauben/Muttern bei der Montage zu fest angezogen, reißen oder brechen dabei aber (noch) nicht, sondern spätestens im Betrieb.

Im Kapitel »Anziehdrehmomente« gibt es weitere Informationen zu diesem Thema.

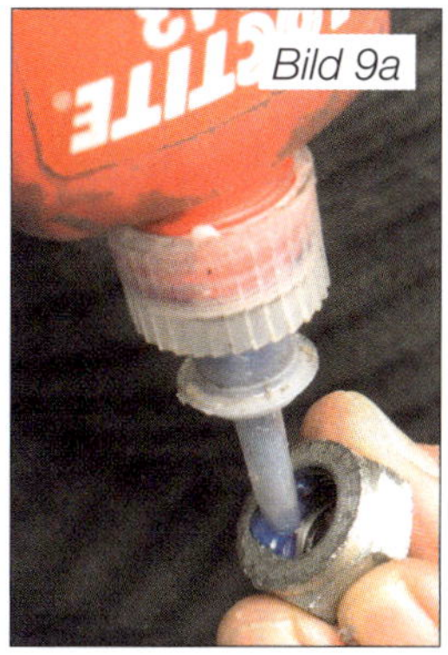
Bild 9a

Bilder 9a und 9b: Flüssige Gewindesicherung sparsam in die Mutter bzw. auf das Gewinde der Schraube geben.

Bild 9b

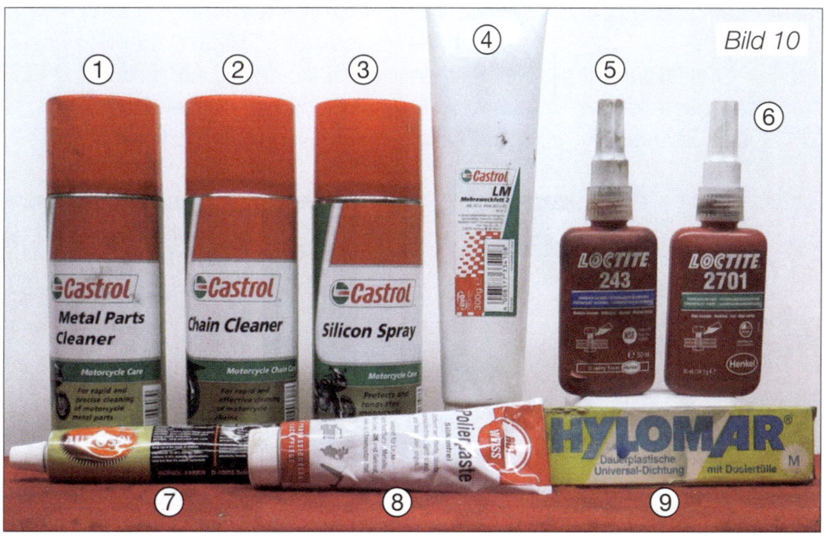

Bild 10

Wichtige Hilfsmittel in Bild 10: Bremsen- und Metallreiniger (1), Kettenreiniger für O- und X-Ring-Ketten (2), Silikon-Kontaktspray (3), Fett für Lager und Simmerringe (4), Schraubensicherung 243 »mittelfest« (5) und 2701 »hochfest« (6), Chrom- (7) und Lackpolitur (8), Dichtmasse (9).

Spiegel · Tank · Verkleidung

In diesem Kapitel: Spiegel einstellen und befestigen · Tank ab- und aufbauen · Tipps für Arbeiten an der Verkleidung · Tankverkleidung · Nippel, Buchsen, Zapfen · Verkleidungsteile.

Zu diesem Kapitel

Bild 1: Die Rückspiegel sind in Handbrems- und Kupplungsarmatur eingeschraubt.

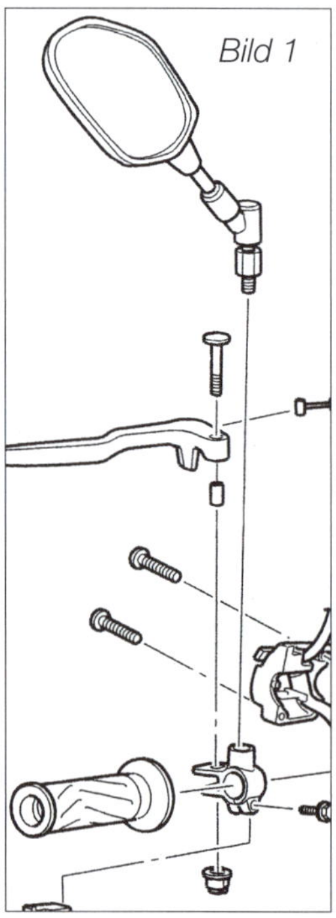

Bewusst praxisgerecht haben wir dieses Kapitel mit drei verschiedenen Themen gestaltet:

■ Zuerst kümmern wir uns um den Umgang mit den Rückblickspiegeln, die beim Einparken in die Laternengarage oder beim Ausparken von derselben öfter mal Schleifkontakt mit der Hauswand bekommen, sich deswegen verstellen und oft auch in der Verschraubung lösen.

■ Dann bauen wir den Benzintank ab und wieder auf, weil dieser zu den meisten Servicearbeiten am Motor schrauberisch angefasst werden muss.

■ Die bunten Verkleidungsteile an den Maschinen unseres Buchs sehen in angebautem Zustand gut aus. Aber wie sie fachgerecht (!) und zerstörungsfrei (!!) ab- und angebaut werden können, erschließt sich nicht wirklich auf den ersten Blick. Und genau das versuchen wir zu erklären.

Rückblickspiegel

Der linke Spiegel ist an der Kupplungsarmatur verschraubt, der rechte an der Bremsarmatur.

1. Bild 2: Das Gewindestück hat ein Außengewinde und ist damit in die jeweilige Armatur eingeschraubt.

2. Bilder 2 und 3: Unter der Abdeckkappe verbirgt sich eine verstemmte Mutter auf einem weiteren Gewindebolzen. Diese Mutter ist nur so weit festgezogen, dass diese Verschraubung ein »schwergängiges Scharnier« bildet. Bei einem Vollkontakt zur Hauswand löst sich keine Verschraubung und es bricht auch nichts ab, sondern der ganze Rückblickspiegel verdreht sich im Haltestück und kann dann leicht wieder in optimale Sichtstellung gebracht werden.

Bilder 2 und 3: Schraubstellen am Spiegelarm.

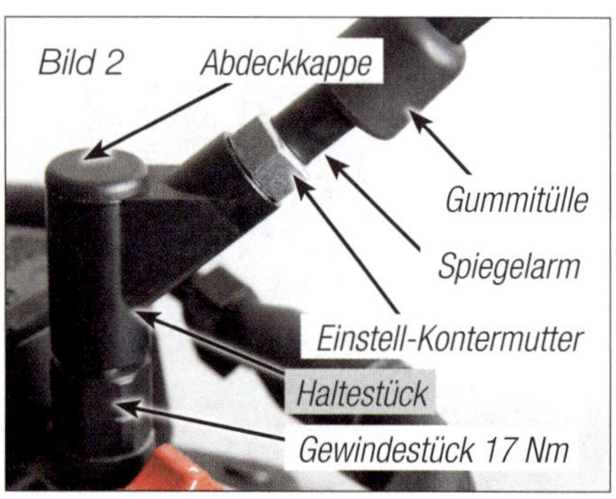

Beachten: Die verstemmte Mutter im Spiegelgelenk (Bild 3) muss »gut« festgezogen sein (aber bloß nicht »bombenfest«), damit sich der Spiegel durch den Druck des Fahrtwindes nicht nach hinten verdrehen kann.

■ Wenn dieses Gelenk zu locker ist, die Mutter mit einer passenden Nuss gefühlvoll festziehen.

3. Überdies kann jeder Spiegel an zwei Schraubstellen eingestellt werden:

3.1. Bilder 2 und 3: Unter der am Spiegelarm montierten Gummitülle ist eine Einstell-Kontermutter zu finden. Über sie wird die Neigung des Spiegels zur Senkrechten eingestellt:

■ Gummitülle abschieben, Einstell-Kontermutter lösen, Spiegel in Position bringen und festhalten, Mutter »gut handfest« anziehen, Gummitülle aufschieben.

Tipp 1: Bild 2: Noch einmal zur Befestigung des Haltestücks: Wenn das Innengewinde im Aluminium der Hebelarmatur verschlissen oder gar ausgerissen ist, kann man es mit Heli-Coil reparieren.

Tipp 2: Wenn das Gewinde noch »halbgut« ist und man kein HeliCoil hat, kann man sich helfen, indem man das untere Außengewinde des Haltestücks gut reinigt, mit zwei Tropfen Loctite 243 »mittelfest« beträufelt und in das Innnegewinde einklebt.

Tank ab- und aufbauen

⚠ Bei Montage des Tanks nicht rauchen, keine offenen Flammen und kein Funkenflug in weitem Umkreis der Schraubstelle!

Wenn am Tank montiert wird, soll er möglichst leer sein; nicht nur weil er weniger wiegt, sondern weil beim Herumwerken weniger Sprit ausläuft. Wenn ein Tank abgebaut werden muss, in dem sich noch mehr als fünf Liter Sprit befinden, sollte man vor der Demontage den Sprit abpumpen.

Bei den drei Modellgruppen unseres Buchs (MT-09, Tracer und XSR) sind verschiedene Verkleidungsteile um den Tank herum angebaut: Lufthutzen links und rechts, Tankabdeckungen oben; vordere Tankabdeckungen, vordere Seitenabdeckungen, Seitenverkleidungen links und rechts; obere, linke und rechte Tankabdeckungen. Diese Bauteile müssen abgebaut werden, weil der Tank zum Abbau allseitig freigelegt sein muss. Entsprechende Explosionszeichnungen gibt es auf den übernächsten Seiten dieses Kapitels unter »Verkleidung«; dort finden Sie auch wichtige Schrauber- und Montagetipps. Bitte sehen Sie dort nach.

Bevor wir den Tank abschrauben, erklären wir, wie die unter dem Tank angebrachte Benzinschlauchkupplung, welche den Benzinschlauch mit der im Tank eingebauten Benzinpumpe und der Einspritzanlage verbindet, montiert wird.
■ Bild 4: Abdeckung der Schlauchkupplung nach oben schieben.
■ Bilder 4 und 4a: Die beiden seitlich im äußeren Kupplungsstück zu sehenden Knöpfe fest eindrücken und gleichzeitig das äußere Kupplungsstück vom Stutzen abziehen.

■ Bild 5: Die beiden Enden »a« der Abdeckung in Richtung »b« drücken und gleichzeitig nach oben in Richtung »c« schieben.
■ Bild 5a: Jetzt kann die Schlauchkupplung vom Stutzen abgezogen werden.

Wenn man mit der Verkleidungsmontage beginnt, sollte der Motor kalt und AUSgeschaltet sein: Zündung AUS, Zündschlüssel am besten abziehen.
■ Sozius- und Fahrersitz abbauen. Die Verkleidungsteile um den Tank herum abbauen wie im Text weiter vorne und weiter hinten beschrieben.
■ Bild 6: Vordere Tankhalteschrauben links und rechts lösen und ausdrehen.
■ Bild 7: Hintere Tankhalteschrauben zum Rahmen hin lösen und ausdrehen.
■ Bild 8: Tank vorne hochheben und mit einem Holzstück so unterbauen, dass er mit dem Vorderteil möglichst weit nach oben »stehen« bleibt so gut es geht.
⚠ Achten Sie darauf, dass die unter dem Tank angebrachten Schläuche und Kabel nicht unter Spannung stehen!

⚠ Achten Sie weiterhin darauf, dass die beiden schwarzen Schläuche für »Tankbelüftung« und »Überlauf«, die vom Tankboden nach unten führen, nicht aus der Maschine herausgezogen werden, denn man bringt sie kaum mehr hinein!
■ Bilder 9, 10: Der Schlauch »Tankbelüftung« ist auf dem Stutzen in Fahrtrichtung rechts, also zur Mitte der Maschinen hin. Er hat eine gelbe Markierung (siehe linken Kreis in Bild 10).

Bilder 4, 4a: Benzinschlauchkupplung der Modelljahre 2014 und 2015.

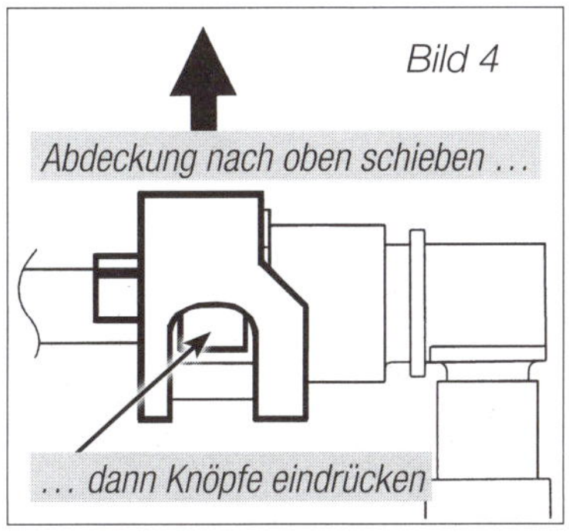

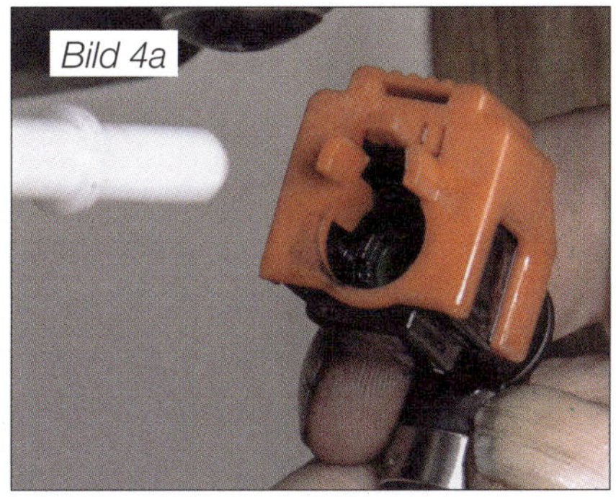

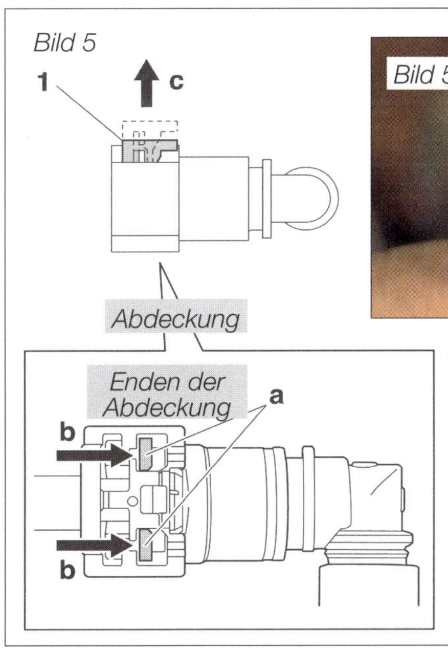

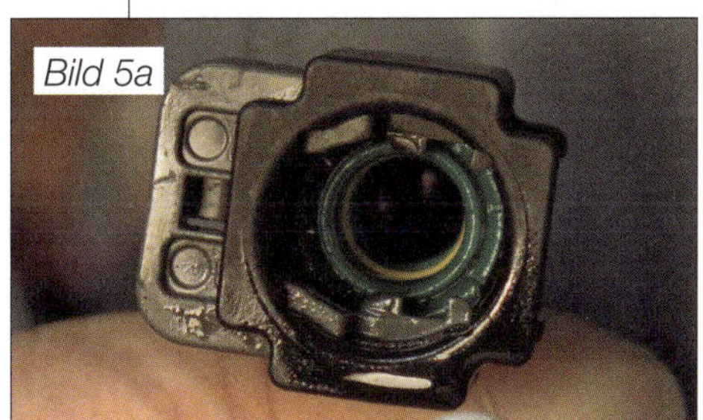

Bilder 5, 5a: Benzinschlauchkupplung der Modelljahre 2016 bis 2020.

Bilder 6, 7, 8: Abbau des Benzintanks und hölzerne Montagehilfe zur Abstützung.

Sichtprüfung Messen

■ Bilder 9, 10: Der Schlauch »Überlauf« ist auf dem Stutzen in Fahrtrichtung links, also zur linken Seite der Maschinen hin. Er hat eine weiße Markierung (siehe rechtes Oval in Bild 10).
Bild 9: Nun werden die beiden Schläuche für »Tankbelüftung« und »Überlauf« von ihren Stutzen abgezogen. Und das geht so:
■ Bild 10, rechts Oval: Mit einer Flachzange die beiden Enden der Schlauchklemme zusammendrücken, damit sich die Schlauchklemme ringsum gleichmäßig vom Schlauch löst.
■ Die Zange weiterhin gedrückt halten und die so gelöste Schlauchklemme auf dem Schlauch vom Stutzen weg nach unten abschieben.

■ Bild 11: Nun sitzt der Schlauch noch auf dem Stutzen, aber er muss ganz ab: Einen breiten Flachschraubenzieher am oberen Ende des Schlauches ansetzen, gegen den Tankboden drehen und mit dieser »Hebelunterstützung« den Schlauch vom Stutzen abschieben.
■ Bild 14: Nun wird der Stecker von Benzinpumpe und Benzinstandgeber ausgezogen: Die Verriegelung seitlich am Stecker eindrücken und sie somit lösen, halten und gleichzeitig den Stecker von seiner Steckdose abziehen.
■ Lappen unter den Tank legen.
■ Benzinschlauchkupplung abziehen wie es eine Seite weiter vorne im Text beschrieben und in den Bildern 4 bis 5a und 12 und 13 gezeigt ist.
■ Tank nach oben abnehmen. Den Tank so lagern, dass der Stutzen der Benzinpumpe nicht belastet wird und nirgends auch nur ein Tropfen Benzin ausläuft!
■ Wenn doch: Ausgelaufenes Benzin sofort aufputzen!

Anbau in umgekehrter Reihenfolge des Abbaus. Besonders darauf achten, dass…:
■ … die Benzinschlauchkupplung auf dem Stutzen fest sitzt, es muss leise »klicken«, und die Abdeckung aufgeschoben ist (Bilder 4 und 5);
■ … der Stecker für Benzinpumpe und Benzinstandgeber richtig eingesteckt ist (Bild 14);
■ … Belüftungs- und Ablaufschlauch ordentlich auf ihren Stutzen sitzen (Bilder 9 und 10),
■ … die Schlauchklemmen korrekt angebracht sind (Bild 10) …
■ … und die Schläuche knickfrei nach unten führen (siehe dazu Bilder 16 und 17).

Bilder 9, 10, 11: Lage und Montage der Schläuche für Belüftung und Überlauf.

Bild 9

Bild 10

Bild 11

Bilder 12, 13: Benzinschlauchkupplungen abgezogen.
Bild 14: Stecker der Benzinpumpe ausziehen und einstecken.

Bild 12

Bild 13

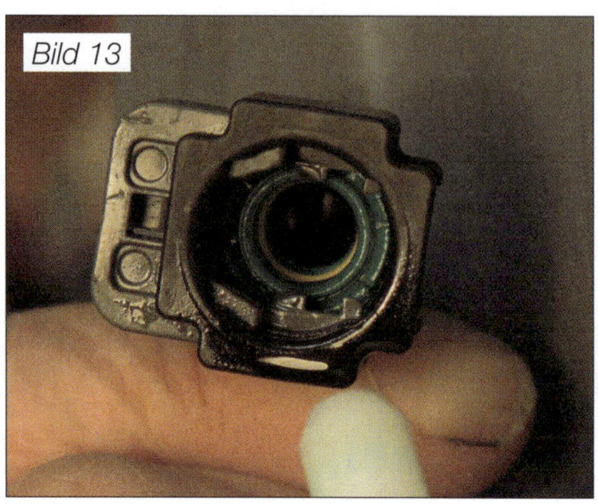

Bild 14

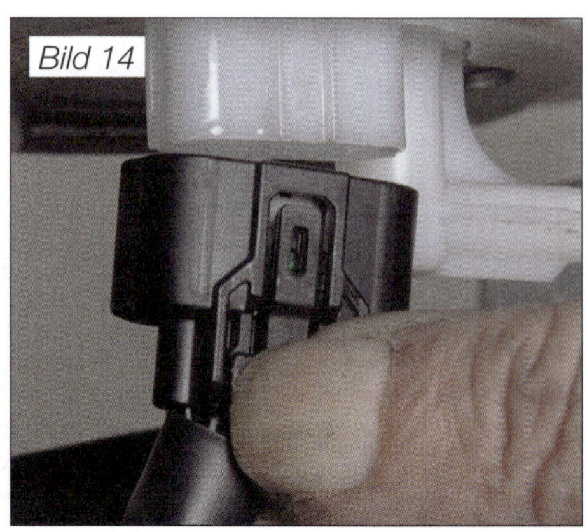

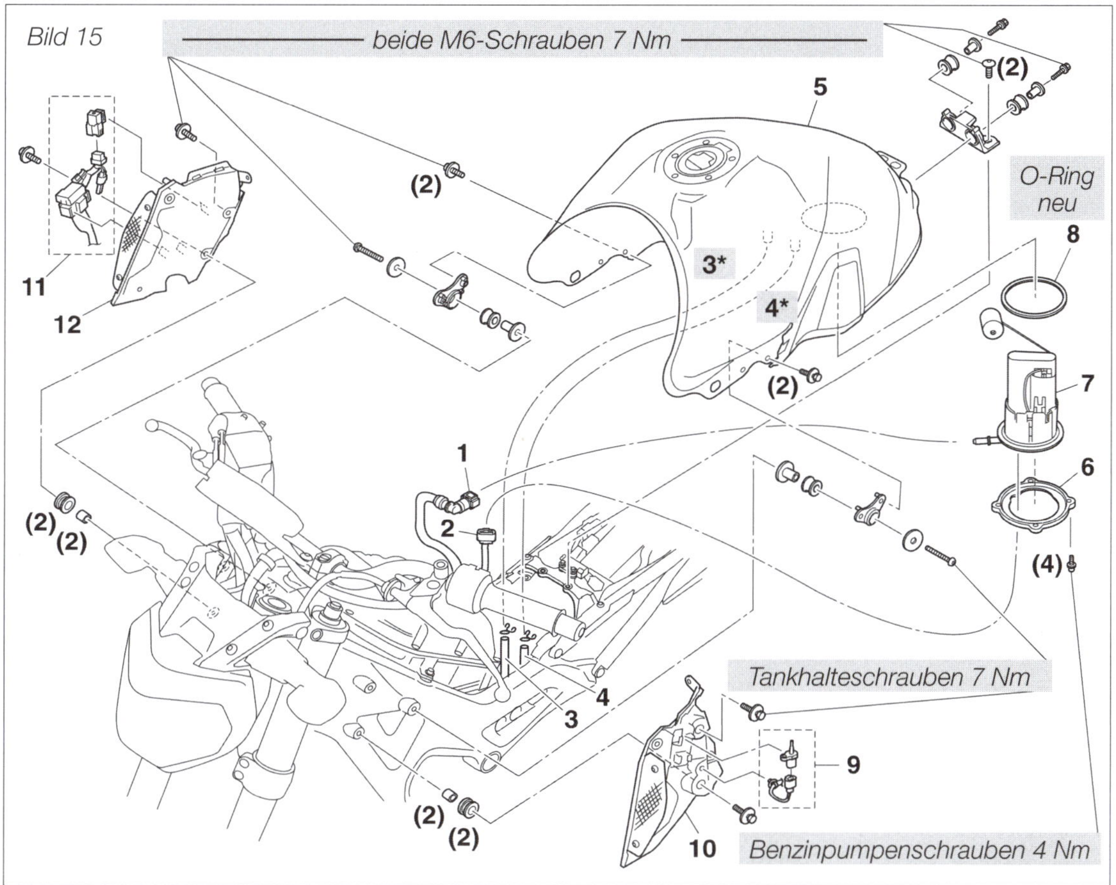

Bauteile im Bild 15

Teil 1 = Schlauchkupplung
Teil 2 = Benzinpumpenstecker
Teil 3 = Tankbelüftungsschlauch
Teil 4 = Überlaufschlauch
Teil 5 = Tank
Teil 6 = Benzinpumpenhalterung
Teil 7 = Benzinpumpe
Teil 8 = Dichtung
Teil 9 = Kabelbaum links
Teil 10 = Lufthutzenhalterung links
Teil 11 = Kabelbaum rechts
Teil 12 = Lufthutzenhalterung rechts

(2) und (4) meint die Anzahl gleicher Bauteile

»« Schläuche »3« und »4« auf knickfreie Verlegung achten*

Verkleidung

MT-09 und XSR 900 sind typische Naked Bikes mit wenigen Verkleidungsteilen. Aber an den sportlichen Reisemaschinen MT-09 Tracer, Tracer 900 und Tracer 900 GT sind viel mehr angebaut, die zu den Wartungsarbeiten am Motor abgebaut werden müssen. Bitte beachten Sie bei Ab- und Anbau aller Verkleidungsteile folgende Punkte:

■ Kein Verkleidungsteil mit Gewalt abziehen oder einstecken – vor allem mit dem Alter spröde gewordener Kunststoff bricht leicht!

■ Merken Sie sich gut, wie Sie die Verkleidungsteile abgebaut haben. Sie werden in umgekehrter Reihenfolge wieder angebaut. Weiter hinten in diesem Kapitel haben wir verschiedene Explosionszeichnungen abgedruckt, die dabei helfen, die richtigen Positionen zu finden.

■ Legen Sie abgebaute Verkleidungsteile auf sauberen Lappen ab.

■ Platzieren Sie abgeschraubte Verkleidungsteile außerhalb jeglicher Fußreichweite, denn man tritt während des Schraubens an der Maschine rasch auf ein am Boden liegendes Bauteil. Im Extremfall bricht es, garantiert zerkratzt es, und das ist ziemlich ärgerlich.

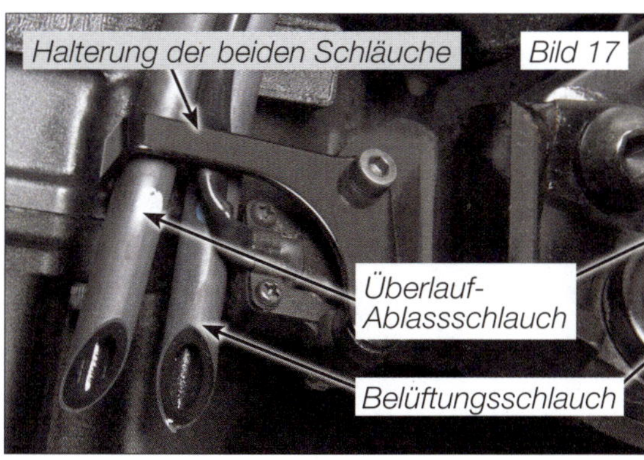

Bilder 16 und 17: Verlegung der vom Tank weg nach unten führenden Schläuche für Überlauf und Belüftung.

■ Beim Abbau des Tanks darauf achten, dass diese Schläuche in Position bleiben und nicht nach oben herausgezogen werden.

Bild 16a: Ab Modelljahr 2017 ist ein Aktivkohle-Behälter unter dem Tank eingebaut.

Sichtprüfung Messen

■ Schrauben Sie immer mit exakt passenden Werkzeugen – wenn Sie nicht passende oder billige Werkzeuge nehmen, werden die Schraubenköpfe beschädigt und sehen dann vermurkst und somit wüst aus.

■ Bilder 18 und 19: Zur Verbindung von zwei Verkleidungsteilen werden Klemmenmuttern auf das eine Teil aufgesteckt und vom anderen Verkleidungsteil kommt eine Schraube dazu.

■ Bei der Montage im Yamaha-Werk werden die Verkleidungsschrauben »trocken« eingeschraubt, also ohne Öl. Empfehlung: Gönnen Sie allen Verkleidungsschrauben beim Einschrauben ein paar Tropfen frisches Öl.

■ Achten Sie beim An- und Zusammenbau der Verkleidung darauf, dass keine Kabel, Stecker oder Bowdenzüge eingeklemmt werden. Wenn es doch passiert, nehmen Sie das Verkleidungsteil wieder ab und verlegen Kabel, Stecker oder Bowdenzüge sauber und klemmfrei.

■ Bild 22: Wenn bei einer der sportlichen MT-09 Tracer, Tracer 900 oder Tracer 900 GT anlässlich einer intensiven Putzaktion die Frontscheibe abgebaut und danach wieder angeschraubt wird, ziehen Sie die Schrauben mit viel Gefühl an! Denn wenn sie zu fest angezogen werden, dann besteht die Gefahr, dass die Verkleidungsscheibe reißt: Das Anziehdrehmoment beträgt nur 0,5 Nm.

Bilder 18 und 19: Klemmenmuttern aus Blech mit Gewinde werden auf Kunststoffteile aufgesteckt und von der Gegenseite verschraubt, das sorgt für eine stabile Verbindung.

Bild 18

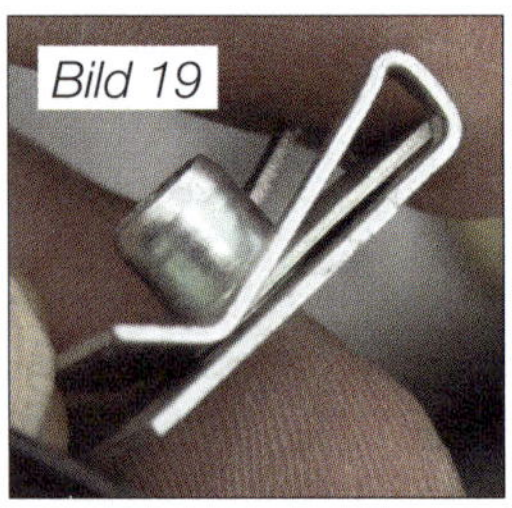
Bild 19

Bilder 19a bis 20c: Im Lauftext sind die zu den Bildern gehörenden Arbeitsschritte zur Bedienung der Verbindungsnippel beschrieben.

■ Aus den Bildern und Zeichnungen geht hervor, wie die Teile gelöst und befestigt werden.

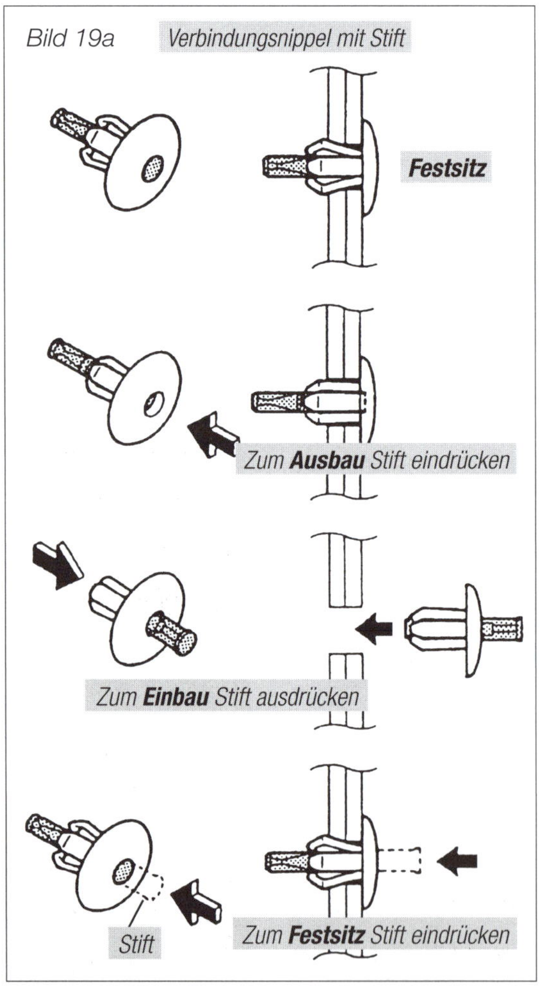

Bild 19a Verbindungsnippel mit Stift

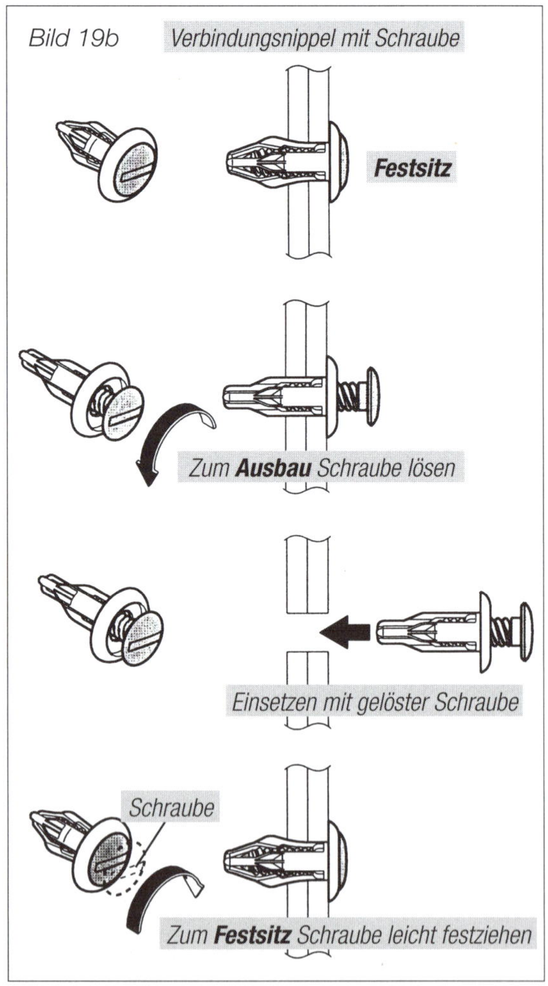

Bild 19b Verbindungsnippel mit Schraube

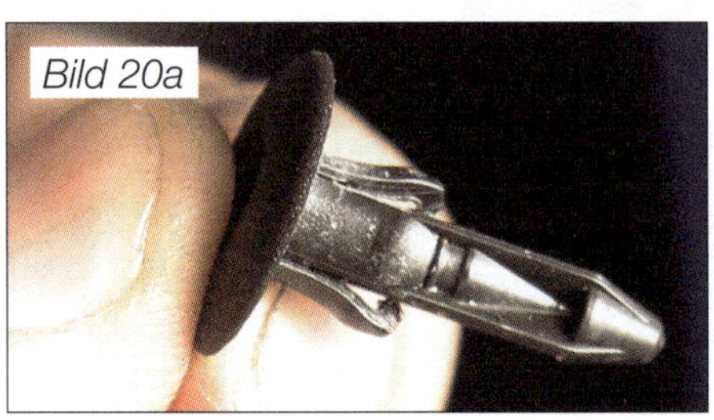
Bild 20a

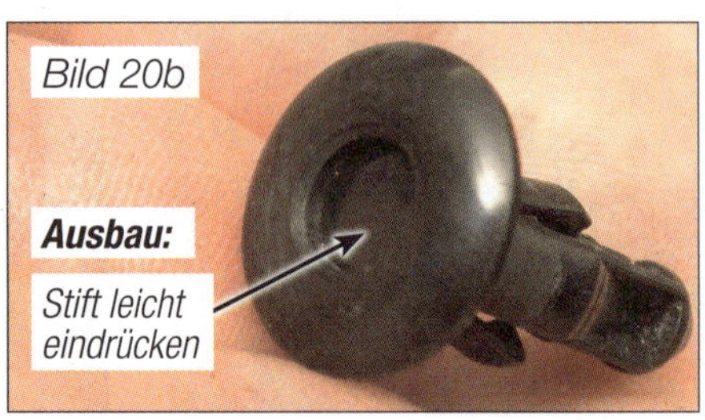

Bild 20b

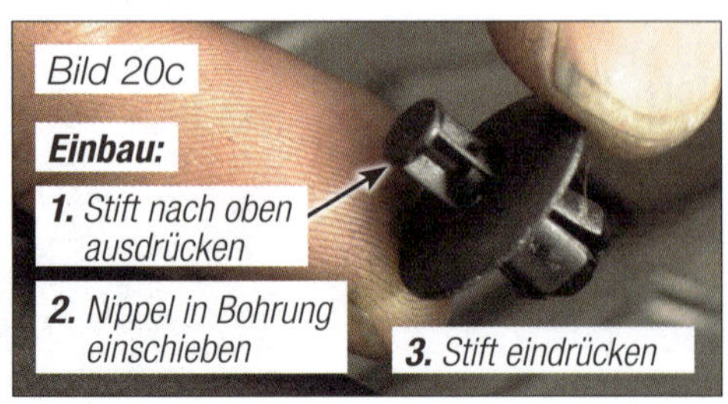

Bild 20c

Nippel, Buchsen, Zapfen

Bilder 19a bis 20c: An verschiedenen Stellen der Verkleidung sind Verbindungsnippel aus Kunststoff eingesetzt, sie haben die Aufgabe, leichtere Verkleidungsbauteile zusammenzuhalten. In der Mitte haben sie entweder einen Stift oder eine Schraube.

Wenn man bei einem Verkleidungsabbau nicht weiß, wie die Dinger funktionieren und fröhlich pfeifend aufs Geratewohl an ihnen herumdrückt, bricht man leicht überstehende Teile ab – der Verbindungsnippel ist kaputt, aber immer noch nicht draußen und das Pfeifen weicht einem kräftigen Schimpfwort. Dabei ist ihre Bedienung sehr einfach.

Verbindungsnippel mit Stift:

■ **Lösen:** Mit einem spitzen Dorn in der Mitte leicht eindrücken, der Stift schnappt ein, der Verbindungsnippel ist entspannt und kann jetzt herausgezogen werden.

■ **Befestigen:**

1. Ausgebauten Verbindungsnippel mit eingedrücktem Stift zwischen zwei Finger nehmen, mit dem Daumen der anderen Hand den Stift zur Oberseite durchschieben, es klickt zweimal.

2. Verbindungsnippel in die Befestigungsbohrung einsetzen, Stift bündig einschieben: Wenn es fühl- und hörbar klickt, ist er richtig befestigt.

Verbindungsnippel mit Stift pflegen

Weil diese Verbindungsnippel die Teile nur zusammenhalten, aber nicht fest verspannen, sind sie während der Fahrt ziemlichen Vibrationen ausgesetzt. Wenn sie ausgebaut sind, sollten sie gepflegt werden, damit der innere Stift mit den Zacken (Bild 20a) seine Freigängigkeit behält.

1. Verbindungsnippel mit einer Bürste in heißem Wasser reinigen.

2. Zwei Tropfen Silikonpaste auf einen spitzen Schraubenzieher nehmen und in den Verbindungsnippel einbringen.

3. Stift einige Male hin und her bewegen, damit wird das Silikonfett gleichmäßig verteilt, und die Sache ist fertig.

Verbindungsnippel mit Schraube: Zur Montage muss die Schraube in der Mitte nicht ausgeschraubt werden. Es genügt, sie einige Umdrehungen links herum auszudrehen; das entspannt den Nippel und er kann jetzt aus seiner Bohrung herausgezogen werden. Zum Einbau bleibt die Schraube ausgedreht, der Nippel wird in die Bohrungen der zu verbindenden Bauteile eingeschoben, die Schraube gefühlvoll festgezogen.

Buchsen und Zapfen

Bilder 21a und 21b: Kleine Gummibuchsen gibt es an verschiedenen Verkleidungsteilen. In sie greifen Zapfen ein, die an den gegenüberliegenden Verkleidungsteilen angebracht sind. Mit den Jahren werden die Gummibuchsen spröde, brechen auf und gehen verloren. Dem kann man vorbeugen, wenn man sie vor einer Montage mit etwas Silikonpaste einstreicht, dann bleiben sie flexibel und weich.

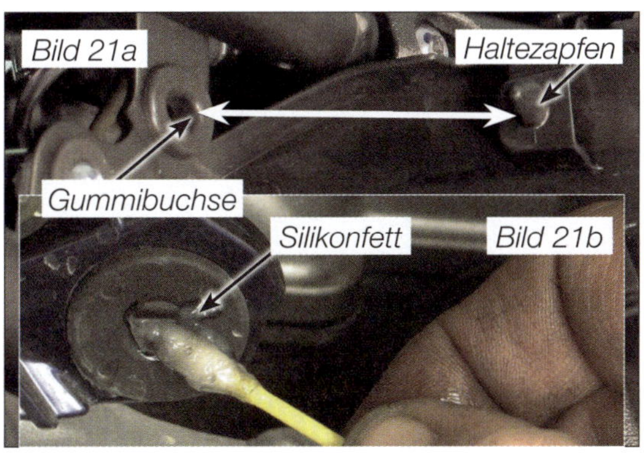

Bilder 21a und 21b: In Gummibuchsen werden kleine Haltezapfen an Verkleidungsteilen eingesteckt, z. B. bei der Tankverkleidung. Bei der Montage etwas Silikonfett an den Zapfen geben, dann rutscht er leichter in die Buchse. Das Silikon pflegt überdies auch die Gummibuchse.

Bild 22: MT-09 Tracer der Modelljahre 2015 bis 2017. Die Explosionszeichnung zeigt die Frontverkleidung mit Halterung, das Instrument und den Scheinwerfer. Bei Tracer 900 und Tracer 900 GT der Mj. 2018 bis 2020 sind die Bauteile und ihre Einbaulagen nahezu identisch.

Bauteile im Bild 22

Teil 1 = Verkleidungsscheibe
Teil 2 = Abdeckung vorne
Teil 3 = Stütze
Teil 4 = Innenabdeckung
Teil 5 = Stecker Standlicht
Teil 6 = Stecker Scheinwerfer
Teil 7 = Scheinwerfer
Teile 8 = Stecker Instrumenteneinheit
Teil 9 = Instrumenteneinheit
Teil 10 = Stecker Nebenverbraucher-Anschlussbuchse
Teil 11 = Nebenverbraucher-Anschlussbuchse

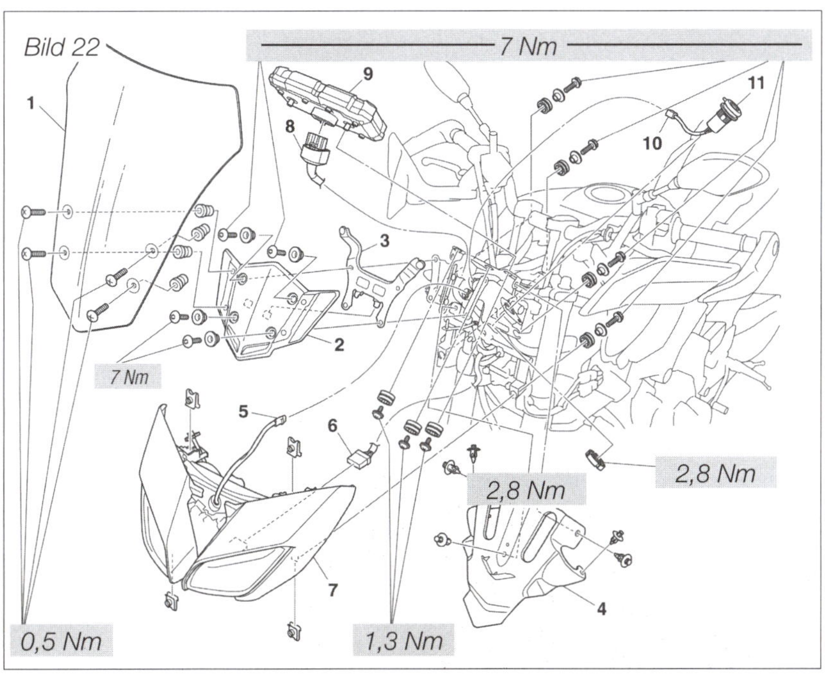

Sichtprüfung

Messen

Bild 23: MT-09 in den Mj. 2014 bis 2016.

Bilder 24, 25: XSR 900, XSR 900 60th Anniversary und XSR 900 Abarth in den Mj. 2016 bis 2021. Die Explosionszeichnungen zeigen die Frontlampe mit Kabelsteckern, den Lampenhaltern und den seitlichen Abdeckungen.

■ Bitte beachten im Bild 25: Das Bauteil 4 »Ansauglufttemperatur-Sensor« muss immer frei sein!

Bild 26: Das Sondermodell XSR 900 Abarth des Modelljahres 2017 hat eine kleine Verkleidung über der Lampe.

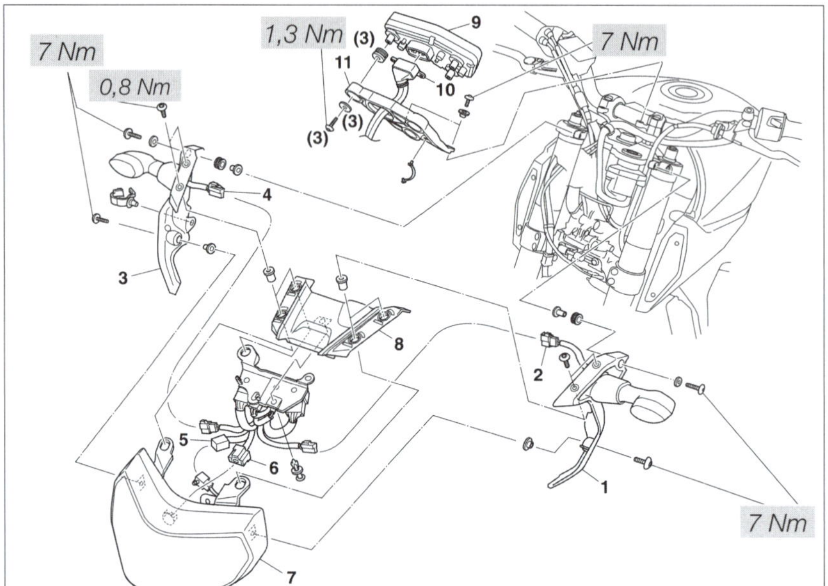

Bild 23

Bauteile im Bild 23

Teile 1, 3 = Scheinwerfer-Seitenabdeckungen links und rechts
Teile 2, 4 = Stecker Blinker links und rechts
Teil 5 = Stecker für Standlicht
Teil 6 = Stecker für Scheinwerfer
Teil 7 = Scheinwerfer
Teile 8 = Scheinwerfer-abdeckung
Teil 9 = Instrumenten-einheit
Teil 10 = Stecker Instru-menteneinheit
Teil 11 = Halter Instrumen-teneinheit

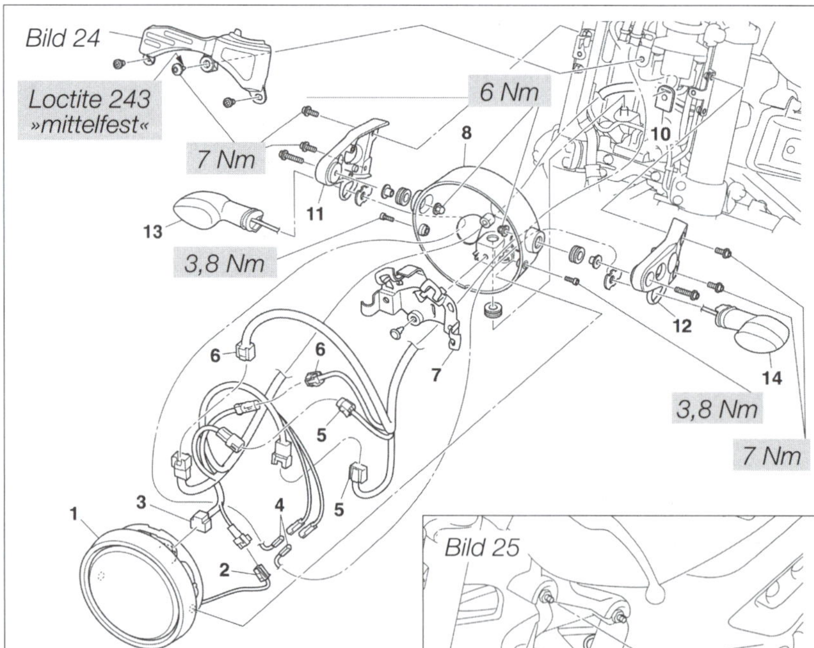

Bild 24

Bauteile im Bild 24

Teil 1 = Scheinwerfer-einsatz
Teil 2 = Stecker für Standlicht
Teil 3 = Stecker für Scheinwerfer
Teil 4 = Stecker für Blinker
Teile 5, 6 = Stecker für Lenkerarmaturen
Teil 7 = Halter für Stecker
Teil 8 = Scheinwerfer-topf
Teil 9 = Abdeckung Zündschloss
Teil 10 = Gummi-abdeckung
Teile 11, 12 = Halterungen Scheinwerfer
Teile 13, 14 = Blinker

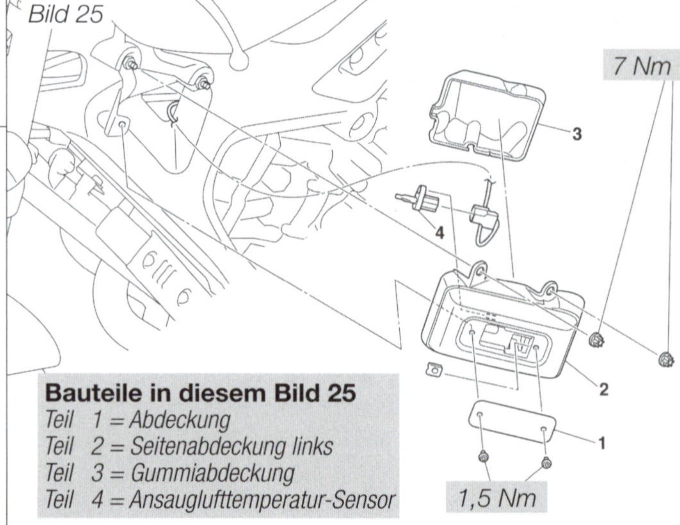

Bild 25

Bauteile in diesem Bild 25

Teil 1 = Abdeckung
Teil 2 = Seitenabdeckung links
Teil 3 = Gummiabdeckung
Teil 4 = Ansauglufttemperatur-Sensor

Bild 26

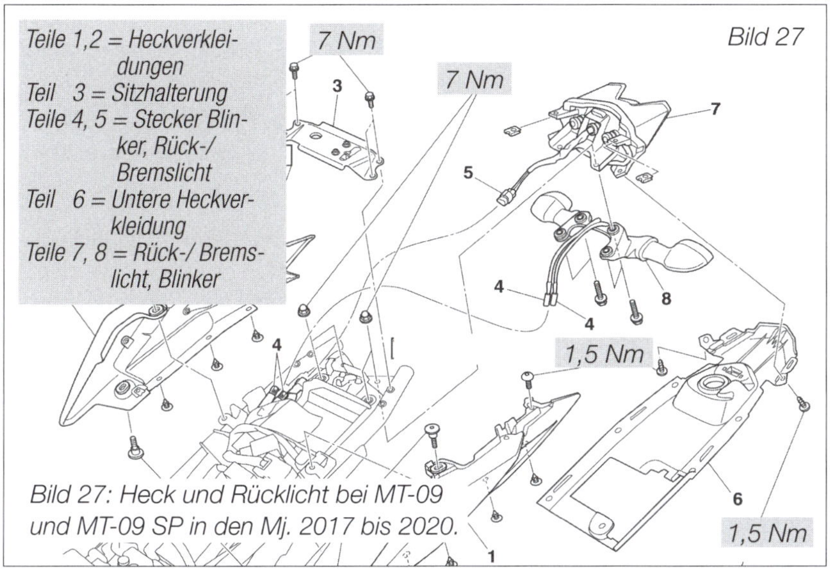

Bild 27: Heck und Rücklicht bei MT-09 und MT-09 SP in den Mj. 2017 bis 2020.

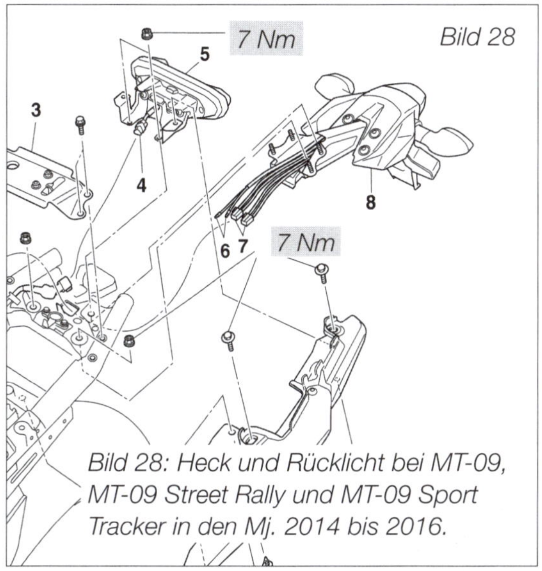

Bild 28: Heck und Rücklicht bei MT-09, MT-09 Street Rally und MT-09 Sport Tracker in den Mj. 2014 bis 2016.

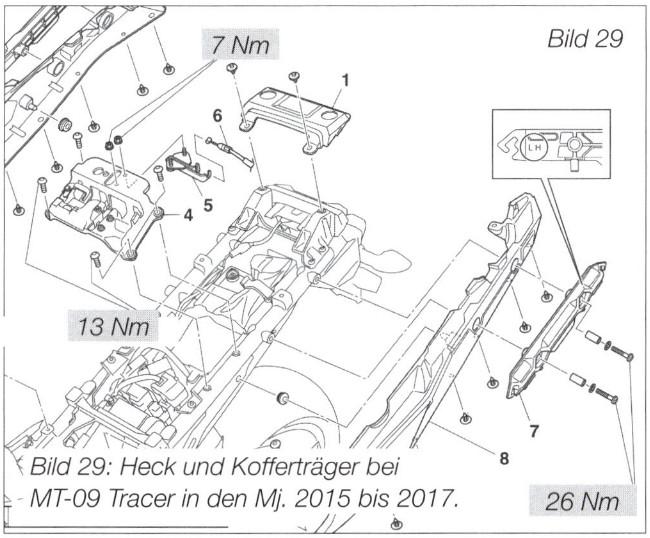

Bild 29: Heck und Kofferträger bei MT-09 Tracer in den Mj. 2015 bis 2017.

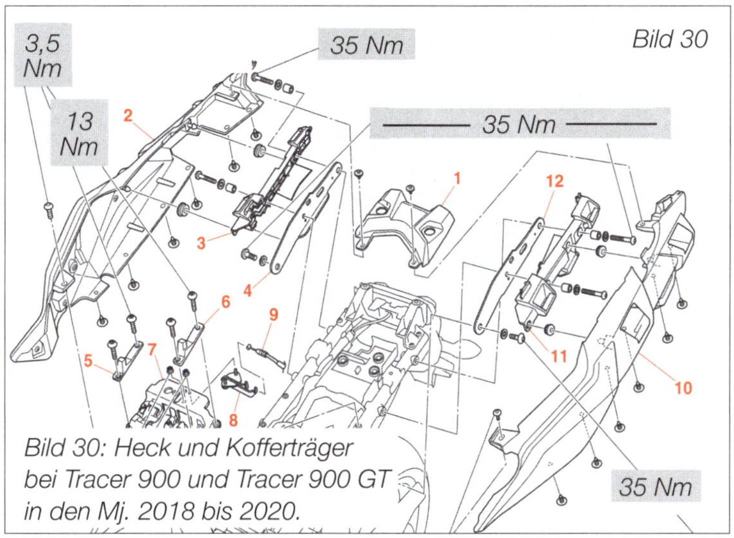

Bild 30: Heck und Kofferträger bei Tracer 900 und Tracer 900 GT in den Mj. 2018 bis 2020.

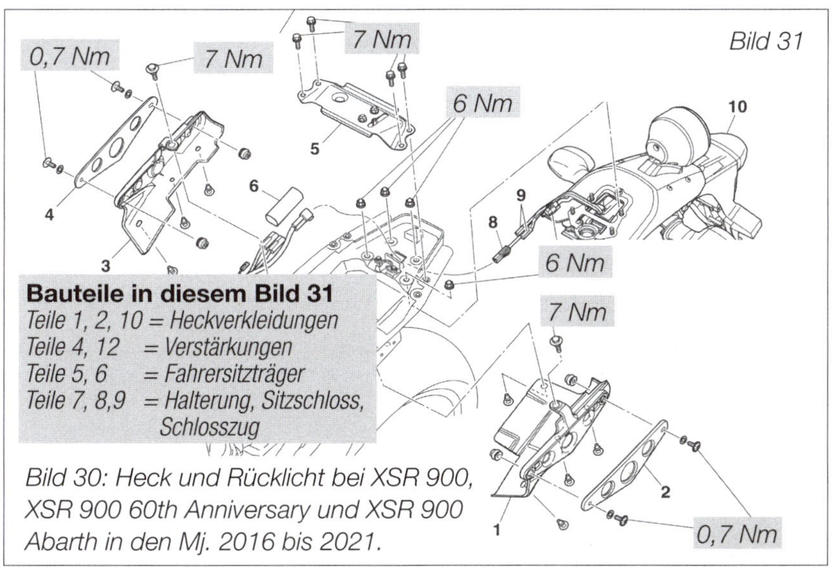

Bild 30: Heck und Rücklicht bei XSR 900, XSR 900 60th Anniversary und XSR 900 Abarth in den Mj. 2016 bis 2021.

Bauteile im Bild 28

Teile 1, 2 = Heckverkleidungen
Teil 3 = Sitzhalterung
Teile 4, 5, 6, 8 = Stecker Rück-/Bremslicht, Kennzeichenbeleuchtung, Blinker
Teile 8 = Kotflügel, Kennzeichenbeleuchtung, Blinker

Bauteile im Bild 29

Teile 1, 3, 8 = Heckverkleidungen
Teile 2, 7 = Kofferträger
Teile 4, 5, 6 = Halterung, Sitzschloss, Schlosszug

Bauteile im Bild 30

Teile 1, 2, 10 = Heckverkleidungen
Teile 3, 11 = Kofferträger
Teile 4, 12 = Verstärkungen
Teile 5, 6 = Fahrersitzträger
Teile 7, 8, 9 = Halterung, Sitzschloss, Schlosszug

Reifen

In diesem Kapitel: Räder und Reifen · Luftdruck · Verschleiß · Profiltiefe · Was auf dem Reifen steht · Nachrüstreifen · Reifenlebensdauer, Reifenalter · Montage und Auswuchtung · Adressen Reifenhersteller und Importeure.

Räder und Reifen

Räder: Gegossene Leichtmetallräder mit zehn Speichen, schlauchlose Reifen.

Bild 1: Auf diesem Fahrbild ist gut zu sehen, wie klein die Aufstandsflächen der Reifen sind, nämlich gerade mal so groß wie die Hand eines Erwachsenen.

Felgen- und Reifengrößen

- Vorderrad-Felge 17 M/C x MT 3.50
- Vorderrad-Reifen 120/70 ZR17 M/C (58W) TL
- Hinterrad-Felge 17 M/C x MT 5.50
- Hinterrad-Reifen 180/55 ZR17 M/C (73W) TL

Serienmäßige Reifen

Bridgestone oder Dunlop in der Erstausrüstung aller Modelle unseres Buchs siehe Kapitel 30 »Technische Daten 1: Modelle, Maße, Einstellwerte«.

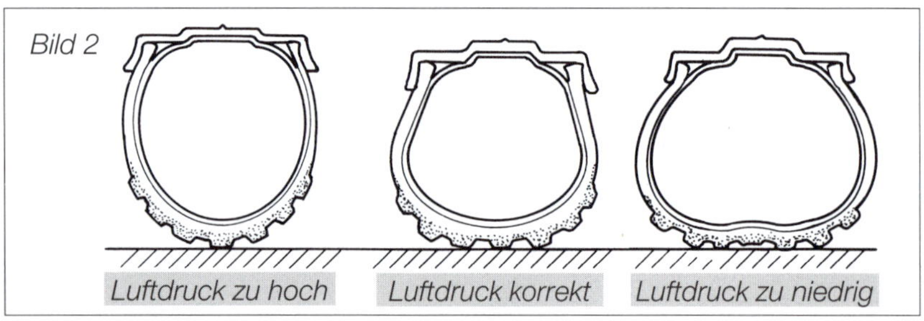

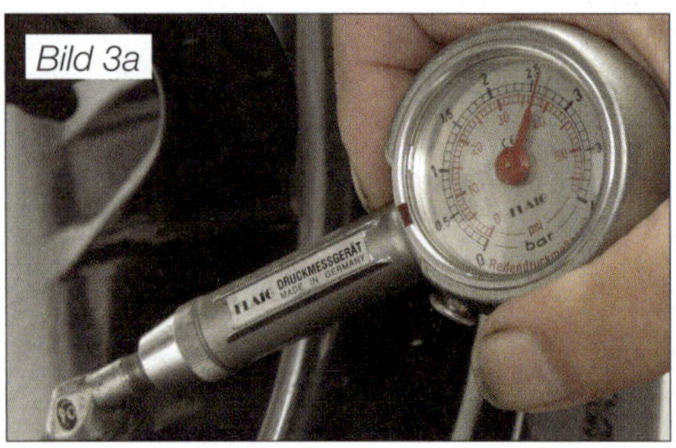

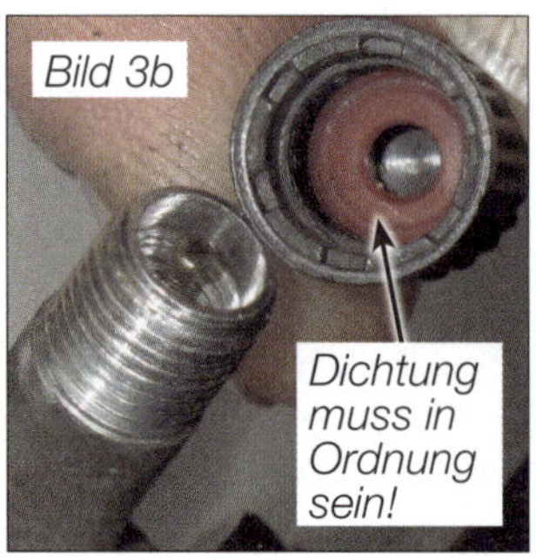

Mindestprofiltiefe

Yamaha empfiehlt vorne und hinten eine Profiltiefe von mindestens 1,6 mm. Dies entspricht dem in Europa vorgeschriebenen Wert. Dazu mehr im Kapitelabschnitt »Reifenverschleiß«.

Reifenluftdruck

Achten Sie immer auf korrekten Reifenluftdruck. Dieser soll bei kalten Reifen gemessen werden (maximal handwarm, 30 °C). Die angegebenen Werte gelten für solo, mit Sozius, mit Zuladung:

Vorderradreifen .... 2,5 bar
Hinterradreifen .... 2,9 bar

Luftdruckkontrolle

Der Reifenluftdruck sollte mindestens alle zwei Wochen geprüft (Bild 3a) und ggf. korrigiert werden. Immer gut schließende Ventilkappen mit einwandfreier Gummidichtung verwenden (Bild 3b). Wenn keine Kappe aufgeschraubt ist, kann Schmutz in das Ventil hineinkommen. Auch kann sich der Ventileinsatz bei hohen Geschwindigkeiten öffnen, dann entweicht Luft – und das ist lebensgefährlich!

Reifendruckprüfer: Verlassen Sie sich bei der Kontrolle des Reifenluftdrucks nicht unbedingt auf die Angabe auf der Tankstellengerätskala, sondern besorgen Sie sich einen ordentlichen Reifendruckprüfer und führen diesen im Motorrad mit.

⚠ **Achtung:** Kaufen Sie KEIN billiges Plastikteil im Baumarkt, sondern ein Präzisionsmessgerät. Sehr gut ist das Druckmessgerät mit stabilem Alugehäuse vom deutschen Hersteller Flaig (Bild 3a). Erhältlich ist es in gut sortierten Motorrad- und Zubehörläden.

Reifenverschleiß

Reifen sind Verschleißteile: Die Oberfläche (»Lauffläche«) des Reifens wird mit fortschreitender km-Leistung immer dünner, die Rillen (»Profilrillen«) immer niedriger.

Mindestprofiltiefe: Der Gesetzgeber schreibt vorne und hinten eine Mindestprofiltiefe von

Bild 2: So wirken sich verschiedene Luftdrücke auf die Form des Reifens aus.
Bild 3a: Luftdruck bei kaltem Reifen prüfen, vorgeschriebene Werte beachten!
Bild 3b: Auf das Reifenventil gehört eine Schraubkappe mit einwandfreier Dichtung.

1,6 mm vor, das ist europäischer Standard und deckt sich mit der Empfehlung von Yamaha.

Profiltiefe: In einige Hauptprofilrillen sind Verschleißanzeiger eingearbeitet; ihre Lage ist außen am Profilrand mit TWI bezeichnet (Oval in Bild 5). »TWI« ist die Abkürzung von »Tread Wear Indicator«. Einige Hersteller haben auch nur ein kleines Dreieck angebracht. Bei der deutschen Traditionsmarke Metzeler ist es ein Elefant (Bild 5).

Ein TWI markiert an der Seitenwand eine Hauptprofilrille, in der diese Erhebungen eingearbeitet sind. **Wichtig:** Die TWI-Erhebungen sind entweder 0,8 mm oder 1,6 mm hoch:

- 0,8 mm entspricht der in Amerika vorgeschriebenen Mindestprofiltiefe.
- 1,6 mm ist die europaweit gesetzlich vorgeschriebene Mindestprofiltiefe.

Gemessen wird die tatsächliche Profiltiefe <u>neben</u> einer TWI-Erhebung (Bild 6). Noch einmal: Europaweit gesetzlich vorgeschrieben ist eine Mindestprofiltiefe von 1,6 mm.
Wichtig 1: Wenn bei einer Polizeikontrolle die Profiltiefe gemessen wird und sie beträgt an einer Stelle des Reifens weniger als 1,6 mm (wobei die anderen Messstellen noch mehr Profiltiefe haben können!), wird es ungemütlich, denn zu den 60 Euro Bußgeld gibt es für den Fahrer auch einen Punkt in Flensburg auf's Konto. Im Zweifelsfall kann das Motorrad sogar am Ort der Kontrolle stillgelegt werden!

Wichtig 2: Weiterhin informiert die Polizei das zuständige Landratsamt und dieses verlangt eine Beseitigung der Mängel innerhalb von zwei Wochen. Wird der Nachweis der »Mängelbeseitigung« nicht erbracht, wird das Motorrad von der Behörde zwangsweise stillgelegt.

Was auf dem Reifen steht

Beispielhafte Reifenbezeichnungen (Bild 4)

- Vorderreifen: 120/70 ZR17 M/C (58W) TL
- Hinterreifen: 180/55 ZR17 M/C (73W) TL

Zahlen und Buchstaben bedeuten:

- **120** bzw. **180** = Reifenbreite in mm
- **/70** bzw. **/55** = Querschnittsverhältnis Höhe zu Breite = 70 : 120 bzw. 55 : 180
  Der **Vorderreifen** ist 84 mm hoch, dieses Maß entspricht 70% von 120 mm
  Der **Hinterreifen** ist 99 mm hoch, dieses Maß entspricht 55% von 180 mm
- **ZR** oder **R** = Reifen in Radialbauweise.
  Ob **ZR** oder **R** hat folgenden Grund: **ZR** ist die frühere Reifenbezeichnung, **R** die neuere. Es kann also anstatt **ZR** auch nur **R** auf dem Reifen stehen.
- **17** = das ist der Felgendurchmesser in Zoll (1 Zoll = 25,4 mm; 17 Zoll = 431,8 mm)
- **M/C** = steht für »Motorcycle Tire« (= Motorradreifen)
- **58** bzw. **73** = Tragfähigkeitsindex (Loadindex): Der 58er-Vorderreifen darf maximal mit 236 kg belastet werden, der 73er-Hinterreifen mit 365 kg
- **W** = Symbol für zugelassene Höchstgeschwindigkeit, auch Speed-Index genannt, das »W« steht für »bis 270 km/h«. Der Speed-Index muss in jedem Fall höher sein als das Motor-

Aktuelle Reifenfreigaben: Auf *www.reifen-freigaben.de* finden Sie alle nötigen Serviceinformationen wie Profile, Größen und Freigaben zu Reifen aller Marken für die Yamaha-Modelle unseres Buchs.

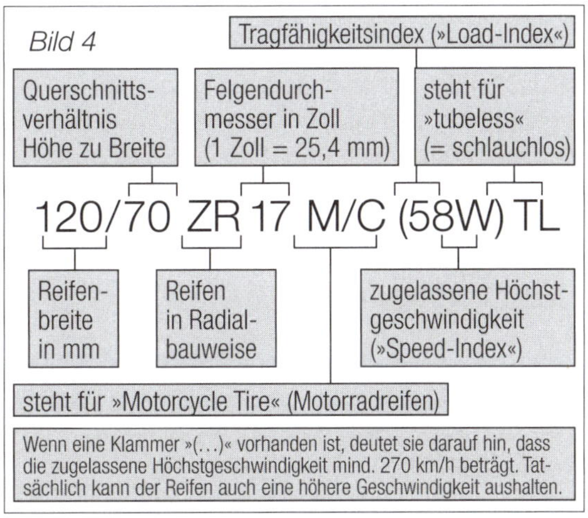

Bild 4: Reifenbezeichnung und Detailerklärungen.

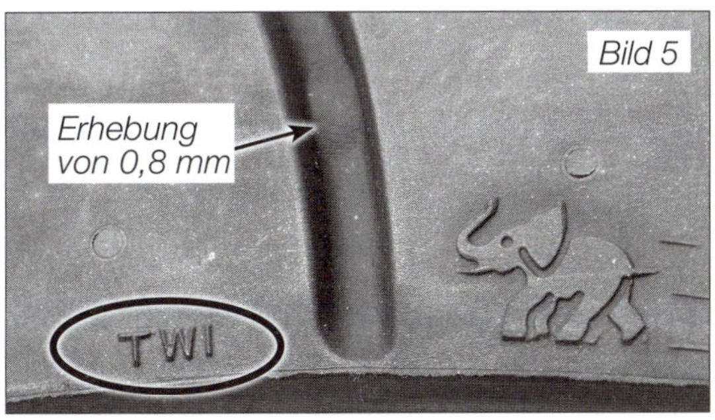

Bild 5: Verschleißanzeiger in der Profilrille, TWI-Kennzeichnung am Rand des Profils.

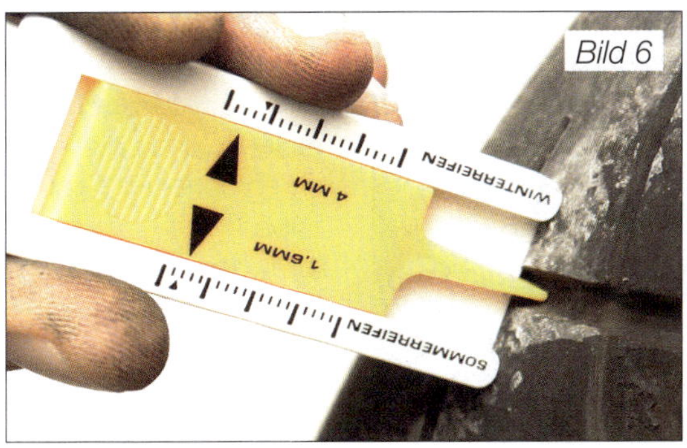

Bild 6: Dieser Reifen hat noch 2 mm Profil und sollte bald erneuert werden.

Sichtprüfung

Messen

Achtung: Wenn Sie Reifen anderer Hersteller, mit anderen Profilen oder anderen Dimensionen als den serienmäßigen montieren wollen, klären Sie beim Yamaha-Händler unbedingt *vor* Kauf und Montage der Reifen, ob diese montiert und gefahren werden dürfen. Auch zum Thema »Eintrag neuer Reifen in die Fahrzeugpapiere« gilt es einiges zu beachten.

Bild 7: Laufrichtungspfeil auf dem Reifen weist auf die Drehrichtung des Reifens hin, und so muss er auch auf die Felge aufgezogen sein.

Bild 8: Dieser Reifen wurde in der 8. Kalenderwoche 2015 gefertigt.

rad schnell ist (damit ist gemeint: »Was an Höchstgeschwindigkeit im Kraftfahrzeugbrief eingetragen ist«).

- **TL** = tubeless = schlauchloser Reifen
- **TT** = Tube Type = Reifen mit Schlauch

Achtung: Bei den Maschinen unseres Buchs dürfen nur Reifen mit der Bezeichnung »TL« (tubeless) aufgezogen werden. Im Umkehrschluss bedeutet dies, dass ein Reifen mit der Bezeichung »TT« (= Tube Type, übersetzt »Schlauchreifen«) weder mit noch ohne Schlauch montiert werden darf.

Laufrichtungspfeil

Bild 7: Auf einer Seitenwand des Reifens ist entweder einer oder sind mehrere Laufrichtungspfeile aufgeprägt. Diese weisen auf die Drehrichtung des Reifens hin: Der Reifen muss grundsätzlich in der auf dem Reifen angegebenen Drehrichtung montiert werden, sonst verschlechtern sich Abrieb- und Fahrverhalten. Weiterhin kann ein falsch montierter Reifen unter extremen Einsatzbedingungen beschädigt werden.

Nachrüstreifen

Zum Redaktionsschluss dieses Buchs* sind nur Reifen in den serienmäßigen Größen zugelassen:

- vorne 120/70 ZR17 M/C (58W) TL
- hinten 180/55 ZR17 M/C (73W) TL

Zu den serienmäßigen Reifen und solchen anderer Hersteller als den Erstausrüstern Bridgestone und Dunlop beachten Sie bitte den Textkasten links. Reifenmarken und ihre Adressen finden Sie im Textkasten auf der rechten Seite. Wenn Sie für Ihre Maschine neue Reifen auswählen, schauen Sie auf den Internetseiten der Reifenhersteller nach, welche Reifen im aktuellen Angebot sind. Immer gut über Bereifungsmöglichkeiten informiert sind die Yamaha-Motorradhändler. Verfolgen Sie zum Thema »neue Reifen« auch die Motorrad-Fachpresse.

Bei Nachrüstreifen unbedingt beachten:

- Sie müssen die entsprechende Größe haben.
- Vorder- und Hinterradreifen müssen von einem Hersteller sein und vom Profil her zusammenpassen.
- Die Bezeichnungen für Tragkraft und Geschwindigkeitsklasse müssen passen: 58W vorne und 73W hinten.

Produktionsdatum

Auf einer Seitenwand ist die DOT-Buchstabenkombination einvulkanisiert, danach eine vierstellige Zahl ohne Punkt und Komma (Oval in Bild 8), diese steht für die Produktionswoche und das Produktionsjahr. In unserem Beispiel bedeutet »0815« die 8. Kalenderwoche des Jahres 2015.

Herstellergarantie

Für neue Reifen garantiert jeder Reifenhersteller die von ihm zugesagten Qualitätseigenschaften für den Zeitraum von mindestens fünf Jahren. Ein neuer Reifen, der laut Produktionscode vor drei Jahren produziert wurde, gilt als »frisch«. Dazu gibt es die folgende offizielle, gemeinsame Erklärung aller namhaften Hersteller von Motorradreifen: *»Ein bis zu maximal 5 Jahren sachgemäß gelagerter Reifen entspricht der Spezifikation eines Neureifens und ist in seiner Verwendungstauglichkeit und Qualität nicht beeinträchtigt und damit neuwertig. Daraus ergibt sich jedoch nicht zwangsläufig, dass Reifen, welche älter als 5 Jahre sind und immer sachgemäß gelagert wurden, nicht mehr verkehrssicher sind oder irgendwelchen qualitativen Einschränkungen unterliegen«.*

Reifen länger als fünf Jahre fahren?

Wenn ein neuer Reifen montiert wird, der vor vier Jahren und elf Monaten produziert wurde, ist er in einem Monat fünf Jahre alt (logisch!). Wenn dieser Reifen regelmäßig gefahren wird, bleibt er »frisch«, denn durch die Walkarbeit des Reifens während des Fahrens laufen in seinem Inneren chemische Prozesse ab, die dem Reifen seine zugesicherten Eigenschaften erhalten.

Gebrauchte Reifen

Wenn ein Reifen auf einer Maschine, die regelmäßig gefahren wird, zwar noch genügend Profil hat, aber langsam »blank« wird und älter als fünf Jahre ist, sollte er baldmöglichst erneuert werden. Dies zu wissen ist besonders wichtig beim Kauf einer gebrauchten Maschine.

Fazit: Weil Reifen so ziemlich die wichtigsten Fahrwerksbauteile sind, empfehlen wir, auf sie sehr zu achten – und im Zweifelsfall lieber neue Reifen aufzuziehen, als mit alten zu fahren!

Reifenmontage, Auswuchten

Reifenmontage: Die Montage neuer Reifen sollte beim Motorrad- oder Reifenhändler erfolgen, denn mit normalen Reifenmontiereisen lassen sich Schlauchlosreifen weder ab- noch aufziehen. Eine Fachwerkstatt hat auch elektronische Auswuchtmaschinen, und man kann sich als Kunde darauf verlassen, dass die Auswuchtung fachgerecht durchgeführt wird.

Unwucht, Auswuchtgewichte

Ein Rad mit einem neu montierten Reifen muss ausgewuchtet werden, damit das Rad auch wirklich »rund« läuft. Wenn es nicht (oder nicht gut) ausgewuchtet ist, beginnt es ab 60 bis 80 km/h zu »hüpfen«. Ein unwuchtiges und deswegen hüpfendes Rad stört das Fahrverhalten, Telegabel und Stoßdämpfer verschleißen rasch. Schlechte Wuchtung führt im Extremfall dazu, dass das Rad während der Fahrt den Bodenkontakt verliert!

Bild 9: Die leichteste Stelle des Reifens wurde im Werk mit einem Farbpunkt markiert, dieser muss beim Ventil stehen. Beim Auswuchten werden gegenüber der schwersten Stelle des Reifens entsprechende Gewichte auf der Felge aufgeklebt. Diese Auswuchtgewichte werden an der Mittelrippe der Felge angebracht. Wenn flache Klebegewichte verwendet werden, soll man diese auf beiden Seiten der Felge gleichmäßig anbringen.

Wichtig:* *80 Gramm Auswuchtgewicht pro Rad nicht überschreiten!

Rad selbst auswuchten?

Zum statischen Auswuchten muss das Rad ausgebaut und in einen Zentrierständer eingehängt werden. Dann bringt man es in eine leichte Drehung und lässt es so lange laufen, bis es sich »auspendelt« – die schwerste Stelle bleibt unten stehen. Auf der gegenüberliegenden Seite der Felge klebt man entsprechende Auswuchtgewichte auf. Diese Gewichte kann man beim Yamaha-, Motorrad- oder Reifenhändler kaufen. Doch wie schon vorne im Text gesagt: Es ist das Beste, das Rad dynamisch auf einer Auswuchtmaschine wuchten zu lassen. Reifenmontage und Auswuchtung machen sowohl Yamaha-Händler als auch freie Motorrad- und Reifenhändler zu moderaten Preisen.

Reifenschäden

Es kann selbst auf gut ausgebauten Straßen zu Reifenschäden (»Plattfuß«) kommen. In Kapitel 2 »Werkstatt« zeigen wir ein »Reifen-Reparaturset« von Tip-Top, das man immer dabei haben sollte, es ist klein und passt zum Bordwerkzeug.

Unbedingt beachten: Ein »geflickter« Reifen ist nur ein Notbehelf, man darf maximal 80 km/h fahren, Reifen muss umgehend erneuert werden. ***Wichtig:* *Mit einem geflickten Reifen muss man äußerst vorsichtig fahren und weder einen Sozius noch Gepäck zuladen.***

Reifenfreigaben von Yamaha: Auf der Internetseite des europäischen Yamaha-Importeurs finden Sie generelle Informationen zu Reifenfreigaben: *www.yamaha-motor.eu/de/services/freigaben_gutachten/index.aspx*

Bild 9: Im Werk wurde die leichteste Stelle des Reifens mit einem Farbpunkt markiert. Bei Montage des Reifens muss dieser Punkt in unmittelbarer Nähe zum Ventil platziert werden.

Reifenhersteller und Reifenimporteure in D, A, CH*

Avon
- **Cooper Tire & Rubber Company Deutschland GmbH**
  Otto-Hahn-Straße 46, D-63303 Dreieich
  www.avonreifen.com
- **Autoplus GmbH**
  Erdbergstr. 189 – 193, A-1030 Wien
  www.avon.at
- **Cooper Avon (Suisse SA)** Urs Gohl
  Ribistrasse 26, CH-4466 Ormalingen
  www.avontyres.com

Bridgestone
- **Bridgestone Deutschland GmbH**
  Justus-von-Liebig-Straße 1
  D-61352 Bad Homburg v.d.H.
  www.bridgestone-mc.de
- **Bridgestone Austria GmbH**
  Maria-Jakobi-Gasse 1, A-1030 Wien
  www.bridgestone.at
- **Bridgestone Schweiz AG**
  Bodenäckerstrasse 1
  CH-8957 Spreitenbach
  www.bridgestone.ch

Continental
- **D und A: Continental Reifen Deutschland GmbH**
  Business Unit Motorcycle Tyres
  Continentalstraße 3 – 5
  D-34497 Korbach
  www.conti-moto.de
- **Semperit Reifen Ges.m.b.H.**
  Triester Straße 14
  A-2351 Wiener Neudorf
  www.conti-moto.de
- **Continental Suisse SA**
  Lerzenstrasse 19, CH-8953 Dietikon
  www.continental-reifen.ch

Dunlop
- **Goodyear Dunlop Tires Germany GmbH**
  Dunlopstraße 2, D-63450 Hanau
  www.dunlop.eu
- **Goodyear Dunlop Tires Austria GmbH**
  Pottendorfer Straße 25, A-1120 Wien
  www.dunlop.eu
- **Goodyear Dunlop Tires Suisse SA**
  Industriestrasse 21, CH-8604 Volketswil
  www.dunlop.eu

Heidenau
- **Reifenwerk Heidenau GmbH & Co. KG**
  Hauptstraße 44, D-01809 Heidenau
  www.reifenwerk-heidenau.de
- **RBT Reifen und Kfz GmbH**
  Goethegasse 61, A-2340 Mödling
  www.rbt-reifen.at

Maxxis
- **D und A: Maxxis International GmbH**
  Kaddenbusch 31, D-25578 Dägeling
  www.maxxis.de
- **Profi Pneu AG**
  Gewerbestrasse 6, CH-4553 Subingen
  www.profipneu.ch

Metzeler
- **Pirelli Deutschland AG Metzeler Motorradreifen**
  Brabanter Straße 4, D-80805 München
  www.metzeler.de
- **Metzeler Motorradreifen**
  Salzburger Straße 196, A-4600 Wels
  www.metzelermoto.at

- **Hostettler AG Pneuservice**
  Haldenmattstrasse 3, CH-6210 Sursee
  www.pneu-service.ch

Michelin
- **Michelin Reifenwerke AG & Co. KGaA**
  Michelinstraße 4, D-76185 Karlsruhe
  www.motorrad.michelin.de
- **Michelin Verkaufsgesellschaft**
  Römerweg 8, A-4844 Regan
  www.michelin.at
- **Michelin Suisse S.A.**
  Route de Jo Siffert 36, CH-1762 Givisiez
  www.michelin.ch

Pirelli
- **Pirelli Deutschland AG Pirelli Motorradreifen**
  Brabanter Straße 4, D-80805 München
  www.pirellimoto.de
- **Pirelli GmbH**
  Lemböckgasse 47a, A-1230 Wien
  www.pirelli.at
- **Pirelli Tyre (Suisse) SA**
  St. Jakobs-Strasse 54, CH-4052 Basel
  www.pirelli.ch

* = Stand der Recherche zum Redaktionsschluss dieses Buchs im April 2023

Sichtprüfung · Messen

Bilder 1, 2, 3 und 4: Weil MT-09 und XSR keine Mittelständer haben, muss man sie zur Radmontage aufbocken.

Bild 5: Ein Holz unterm Rad erleichtert den Aus- und Einbau.

Räder

In diesem Kapitel: Zum Radaus- und -einbau benötigtes Werkzeug · Anziehdrehmomente · Trick mit dem Holzklotz · Vorderrad aus-/einbauen · Bauteile reinigen, prüfen · Hinterrad aus-/einbauen · Radlager, Räder und Radachsen prüfen, vermessen · Radlager wechseln · Bremsscheiben und ABS-Sensorring ab- und anbauen.

Werkzeuge zur Radmontage

Montageständer, Bilder 1 bis 4: Weil MT-09 und XSR serienmäßig nur einen Seitenständer haben, werden zum Aus- und Einbau der Räder Front- und Heckmontageständer benötigt. Die Tracer-Modelle haben Mittelständer. Zur Vorderradmontage empfehlen wir, die Maschine darauf aufzubocken und vorne zusätzlich einen Frontmontageständer zu benutzen.

Bild 1

Bitte achten Sie darauf, dass der Ständer passende Aufnahmen für die Unterseite der Gabelfäuste hat (siehe Bild 2), damit die Maschine darauf sicher steht.

Werkzeug für Vorder- und Hinterradmontage

Drehmomentschlüssel	groß und klein
Schraube ABS-Sensor	Inbusnuss SW 5
Schrauben Bremssättel an Gabelbeine	Sechskantnuss SW 12
Achsklemmschraube	Inbusnuss SW 6
Achskopf vorne	Inbusnuss SW 19
Gummiflitschen zum Weghängen der Bremssättel	
Hinterachsmutter	Sechskantnuss SW 27
Einstell- und Kontermuttern zur Kettenspannung	2 x Gabelschlüssel SW 12

Anziehdrehmomente

Schrauben ABS-Sensoren	7 Nm
Vorderachse	65 Nm
Vorderachs-Klemmschraube M8	23 Nm
Schrauben Bremssättel an Gabelbeine	35 Nm
Hinterachsmutter	150 Nm
Kettenspannerschrauben und Kontermuttern	16 Nm

Der Trick mit dem Holzklotz (Bild 5)
Wird der Aus- und Einbau eines Rades alleine bewerkstelligt, gelingt es oftmals nur schwer, alle Teile zum Einschub der Achse in Position zu bringen, man bräuchte drei oder vier Hände. Organisieren Sie sich vor dem Radausbau einen Holzklotz, der so dick ist, dass er (bei aufgebockter Maschine) »saugend« zwischen Rad und Boden passt. Dann knallt das Rad nicht herunter, wenn die Achse ausgezogen wird, und lässt sich viel

Bild 2

Bild 3
Bild 4

Bild 5

Sicherheitshinweise ⚠ Achtung und ☞ Tipps für dieses Kapitel

⚠ Handbremshebel bzw. Fußbremshebel nicht betätigen, wenn die Bremssättel abgeschraubt sind! Sonst rutschen die Bremsklötze in die Zange und man kann sie nicht mehr montieren.

☞ Lappen so dick um den Gasgriff wickeln, dass er den Handbremshebel blockiert.

⚠ Nach jeder Radmontage alle Schrauben und Muttern nochmals auf Festsitz kontrollieren! Ganz penible Menschen machen mit einem lösungsmittelechten Stift deutliche Farbmarkierungen an die Schraubenköpfe und Muttern, die mit dem richtigen Drehmomentwert angezogen sind.

⚠ Niemals versuchen, krumme Räder oder krumme Achsen gerade zu richten, sondern Neuteile verwenden.

⚠ Nach der Radmontage alles überschüssige Fett von den Radsimmerringen abwischen, damit es nicht auf die Bremsscheiben gelangt!

⚠ Vor der ersten Fahrt die Bremsklötze durch Pumpen am Bremshebel in drucksichere Position bringen.

einfacher wieder einbauen. Besonders beim Hinterradwechsel, wo Bremssattelhalter, Rad, Distanzbuchse und Achse gleichzeitig in Position gebracht werden müssen, erleichtert ein solcher Holzklotz die Arbeit.

Vorderrad aus- und einbauen

Vorderrad ausbauen

1. Bild 8: Bei ABS-Maschinen den ABS-Sensor ausbauen. Schraube lösen, ausdrehen, Sensor unter leichtem Drehen ausziehen. Den Sensor mit einem Kabelbinder seitlich nach oben so weghängen, dass er bei der Radmontage nicht stört. Kabel nicht knicken!

2. Maschine auf Front- und Heckmontageständer aufbocken, wie in Bildern 1 bis 4 gezeigt.

3. Bild 9: Bremssättel abschrauben und nach hinten von den Bremsscheiben abziehen.

3.1. Bild 10: Nach rechts und links mit Gepäckgummis außerhalb des Rades weghängen.

■ Bremsschläuche dabei nur so wenig wie nötig verdrehen und nicht knicken!

4. Kreis in Bild 11: Achsklemmschraube in der linken Gabelfaust lösen und mindestens zwei Umdrehungen aufdrehen.

5. Bild 5: Spätestens jetzt Holz unter den Vorderradreifen schichten, bis der Reifen aufsitzt.

6. Bild 12: Achse am Achskopf rechts lösen, evtl. eine Rohrverlängerung zu Hilfe nehmen.

6.1. Achse ganz ausschrauben, unter gleichzeitigem Drehen und Ziehen ausziehen.

■ Rad dabei mit einer Hand etwas hochhalten.

7. Achse ganz herausziehen. Bild 13: Rad ablassen und nach vorne herausrollen.

8. Distanzbuchsen rechts und links entnehmen, Rad nach vorne herausnehmen.

Bauteile reinigen, prüfen

1. Bild 14: Distanzbuchsen und Achse mit Ölspray und Lappen säubern. Sind alle Oberflächen

Bilder 6, 7, 8: Vorderrad links und rechts. ABS-Sensor hinter der rechten Achsfaust.

Bilder 9, 10, 11, 12: Ausbau des Vorderrads siehe Text.

Bild 6

Bild 7

Bild 8

Bild 9

Bild 10

Bild 11

Bild 12

Sichtprüfung Messen

Bild 13: Rad nach vorne ausrollen.

Bilder 17, 18, 19: Radlager zur Deckung mit der Gabelfaust bringen, Distanzbuchsen einsetzen, Achse von links einschieben.

Bild 13

und Gewinde einwandfrei in Ordnung?

1.1. Gabelfäuste mit Ölspray reinigen. Prüfen, ob die Gewinde der Klemmschraube in linker und Achsgewinde in rechter Gabelfaust in Ordnung sind.

2. Radlager prüfen: Zeigefinger in den Innenring des Lagers stecken und drehen. Man spürt mit dieser »Fingerprobe«, wie das Lager läuft.

■ Laufen die Lager gleichmäßig und spielfrei, ohne Knacken und Rubbeln, sind sie in Ordnung.

■ Defekte Lager haben Spiel, laufen schwergängig oder ungleichmäßig und müssen ersetzt

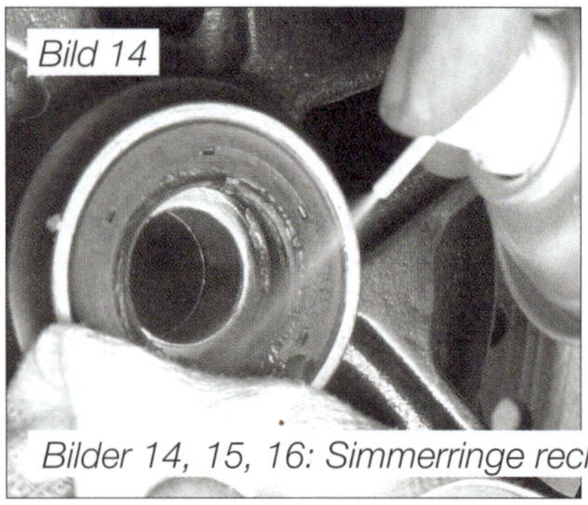
Bild 14

Bild 15

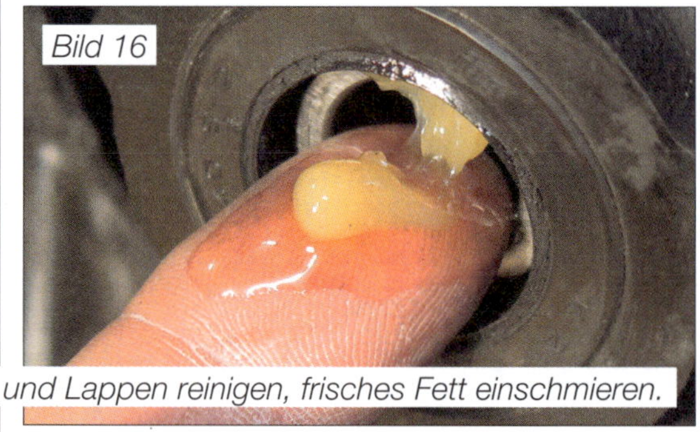
Bild 16

Bilder 14, 15, 16: Simmerringe rechts und links in der Radnabe mit Ölspray und Lappen reinigen, frisches Fett einschmieren.

Bild 17

Bild 18

Bild 19

werden. Wie das gemacht wird, erklären wir weiter hinten in diesem Kapitel.

3. Bilder 14, 15, 16: Radlager-Simmerringe rechts und links mit Ölspray reinigen. Einen Finger voll Wälzlagerfett in und hinter die Simmerringe und auf die Distanzbuchsen schmieren.

4. Bremssättel mit Bremsenreiniger säubern.

Dicke der Bremsbeläge kontrollieren (siehe dazu auch Kapitel 6 »Bremsen«).

5. Befestigungsschrauben der Bremssättel mit Messingbürste und Lappen reinigen und leicht einölen. In Reichweite auf den Kopf stellen, sie werden gleich gebraucht!

Vorderrad einbauen

1. Rad von vorne in die Telegabel einführen.

■ Rad richtig herum einbauen: Die Drehrichtung des Rads ist durch den ABS-Sensorring auf der rechten Seite vorgegeben.

2. Rad anheben, Hölzer unter den Reifen schichten, Rad in die Gabel einrollen.

2.1. Bild 18: Distanzbuchsen rechts und links in die Simmerringe einsetzen.

3. Bilder 17, 19: Radlager mit den Gabelfäusten in Flucht bringen. Gefettete Achse von links einführen, durchschieben und in das Gewinde in der rechten Gabelfaust eindrehen.

4. Bild 23: Achse mit 65 Nm festziehen.

■ Achsklemmschraube noch nicht festziehen.

5. Bremsscheiben reinigen mit Bremsenreiniger und sauberen Lappen. Bremssättel auf Bremsscheiben schieben, Schrauben eindrehen, mit 35 Nm festziehen.

6. Jetzt das Motorrad vom Frontmontageständer abbocken, senkrecht stellen und mit nicht betätigter Vorderradbremse einige Male kräftig ein- und ausfedern.

■ Dadurch »setzt« sich die Achse in der linken Gabelfaust. Mögliche Verspannungen der Gabelbeine zueinander werden ausgeglichen bzw. vermieden.

7. Bild 21: Erst jetzt die Achsklemmschraube in der linken Gabelfaust mit 23 Nm festziehen.

8. Maschine wieder auf den Frontmontageständer aufbocken. Bremse einige Male betätigen, damit sich die Bremsbeläge an die Scheibe anlegen. Bremse lösen, Rad durchdrehen und prüfen, ob es leicht und frei läuft.

9. Maschine vom Frontmontageständer abbocken. ABS-Sensor einbauen, Schraube eindrehen und mit 7 Nm festziehen.

Wichtig: Überschüssiges Fett von Simmerringen, Achse und den anderen Schraubstellen gut abwischen.

Bilder 20 bis 23: Festziehen der Schraubverbindungen an Vorderachse, ABS-Sensor und Bremssätteln.

■ Bitte unbedingt einen Drehmomentschlüssel benutzen!

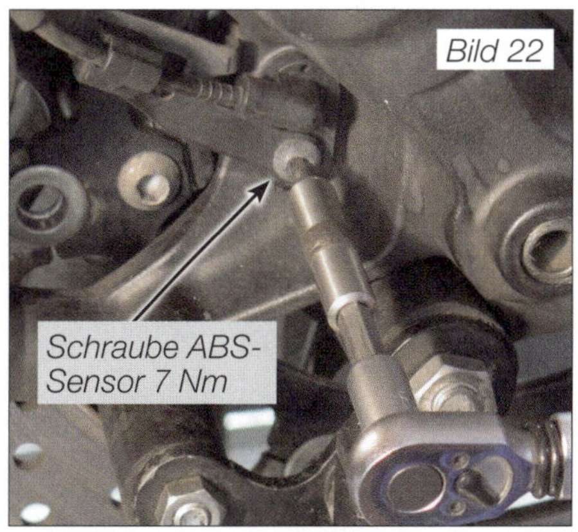

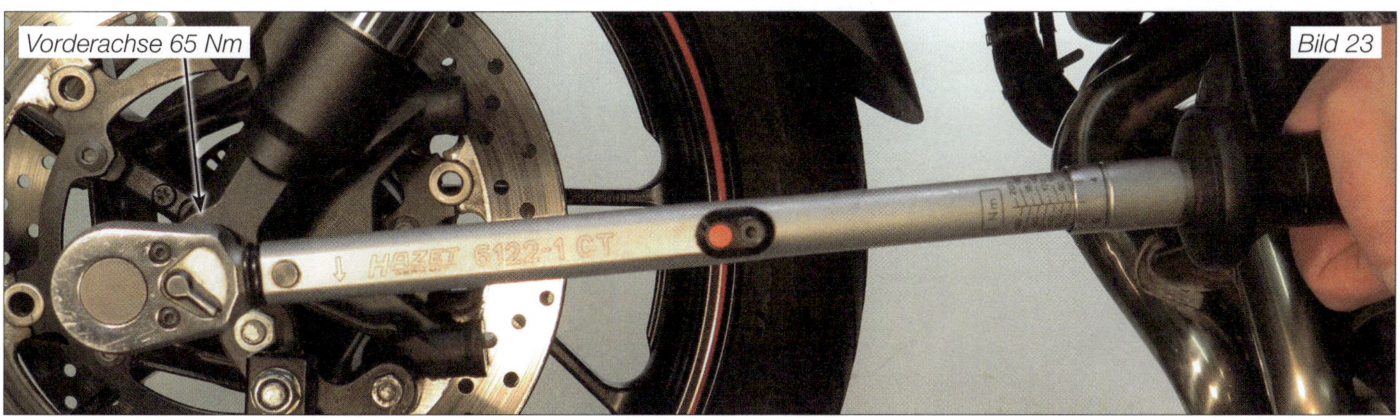

Sichtprüfung Messen

Bilder 24 bis 35 siehe Texte in den Bildern und Lauftext.

Hinterrad aus- und einbauen

Hinterrad ausbauen

Anmerkung 1: Der hintere Bremssattel braucht zum Aus- und Einbau des Rads nicht abgeschraubt zu werden.

Anmerkung 2: Wenn die Maschine ordentlich aufgebockt ist, also entweder auf einem Heckmontageständer oder dem Mittelständer (bei den Tracer-Modellen) legen Sie zur Montagehilfe Hölzer unter den Reifen; siehe dazu am Anfang des Kapitels.

1. Bild 26: Bei ABS-Maschinen den ABS-Sensor ausbauen: Schraube lösen und ausdrehen,

Bilder 24 und 25: Korrekt eingebautes Hinterrad von links und rechts

Bilder 26 und 27: ABS-Sensor ausbauen und nach vorne wegstecken

Sensor unter leichtem Drehen ausziehen und so nach vorne weghängen, dass er und sein Kabel beim weiteren Radausbau nicht stören.

2. Achsmutter mit Sechskantnuss lösen und abschrauben.

Tipp: Damit sich die Achse nicht mitdreht, achten Sie darauf, dass die Achse ganz durchgesteckt bleibt, der Achskopf auf der rechten Seite in seiner Position zur Anlage der Achsaufnahme bleibt (Bild 25) und so die Achse am Drehen gehindert wird.

3. Bild 29: Mutter, Scheibe und linke Achsauf-

Bilder 28 und 29: Eine richtig lange Rohrverlängerung hilft beim Öffnen der Hinterachsmutter ungemein

nahme abnehmen. Gleich einen Blick auf die Gewinde von Achse und Mutter wagen: Alles in Ordnung?

4. Mit einem Handballen auf das jetzt freigelegte Achsgewinde drücken und so versuchen die Achse nach rechts auszudrücken. Dabei das Rad mit der anderen Hand oben anpacken und etwas hin und her kippeln.

Anmerkung: Wenn die Achse fest sitzt und sich nicht ausdrücken lässt, etwas Allzwecköl an die Kontaktstellen geben. Mit einem Gummi- oder Kunststoffhammer nachhelfen. Bloß KEINEN STAHLhammer benutzen!

5. Bild 30: Achse rechts am Kopf packen, weiterhin am Rad wackeln und dabei die Achse ganz ausziehen.

5.1. Bild 31: Holz unter dem Rad wegnehmen, Rad ablassen und nach vorne schieben.

6. Bild 32: Lappen auf das Ende der Schwinge legen, Kette vom Kettenrad nach links herunternehmen und auf dem Lappen ablegen.

7. Rad nach hinten ziehen. Beachten, dass die Bremsscheibe aus dem Bremssattel herausgleitet und dieser nicht innen an der Felge anschlägt.

7.1. Bremssattelhalter vom innen in der Schwinge angebrachten Widerlager (Bild 35) abziehen, nach oben abnehmen und mit dem Bremssattel nach rechts ablegen. Lappen unterlegen!

8. Rad nach hinten rollen. Bild 34: Buchsen aus den Simmerringen ziehen.

8.1. Rad nach hinten herausnehmen.

Wichtig: Wenn das Hinterrad zum Reifenwechsel gebracht wird, unbedingt Folgendes tun:

■ Bild 33: Kettenblattträger abziehen. Auf die Distanzbuchse im Lager des Kettenblattträgers achten. Diese sitzt normalerweise fest im Lager – was noch lange nicht heißt, dass sie immer fest sitzt! Sollte die Distanzbuchse herausfallen, achtlos zur Seite gelegt und vergessen werden beim Radeinbau, werden nach dem Einbau des Rads und dem Festziehen der Achsmutter die Radlager innerhalb weniger Kilometer total zerstört!

Bauteile reinigen, prüfen: Wie im Kapitelteil »Vorderrad« beschrieben mit Ölspray, sauberen Lappen und supergutem Kfz-Fett.

Zusätzlich für das Hinterrad:

1. Bild 33: Ruckdämpfergummis herausnehmen und auf Verschleiß prüfen. Gut reinigen und mit etwas Silikonfett einreiben, das hält sie geschmeidig.

2. Kettenblattträger außen und innen und auch das Kettenrad selbst gründlich mit Ölspray reinigen, mit einem sauberem Lappen trocken putzen.

3. Lager im Kettenblattträger kontrollieren, ob es in Ordnung ist (»Fingerprobe« wie bei den Radlagern beschrieben, siehe weiter vorne und hinten).

3.1. Bild 33: Wenn sie herausgenommen wurde: Distanzbuchse in das Lager einsetzen.

Bild 30

Bild 31

Bild 32

Bild 33

Bild 34

Bild 35

Bilder 36 bis 40: Die einzelnen Arbeitsschritte sind im Lauftext erklärt.
■ Besonders darauf achten, dass die Bremsscheibe richtig zwischen den Bremsklötzen ist.

4. Achse, Mutter und Achsaufnahmen reinigen und leicht einfetten.

Hinterrad einbauen

1. Bild 33: Ruckdämpfergummis in die Hinterradnabe einsetzen. Kettenblattträger montieren.
■ Noch einmal der Hinweis, dass die Distanzbuchse im Lager des Kettenblattträgers eingebaut sein muss (siehe Bild 33).
2. Bild 35: Jetzt die hintere Bremse in ungefähre Montageposition bringen, den Vorsprung unten am Widerlager in die Nut einsetzen und das ganze Bauteil eng an die Schwinge anlegen.

Bild 36

Bild 37

3. Bild 36: Rad von hinten in die Schwinge einfädeln und zwar senkrecht und gleichzeitig schräg nach links, sodass der Reifen vorne an der Bremse vorbeigeht und sich das Rad in die Schwinge ohne großen Widerstand einführen lässt.
4. Bild 38: Buchsen in Simmerringe rechts und links einsetzen.
5. Bild 37: Jetzt das Rad möglichst senkrecht und gerade stellen und die Bremsscheibe in den Bremssattel zwischen die Bremsklötze einführen.
6. Rad weiter nach vorne schieben bis ganz nach vorne.
7. Bild 31: Kette auf Kettenrad legen, Rad zurückziehen und hochheben, Hölzer unterlegen. Jetzt sollten die Hinterachslager auf Höhe der Schwingenaugen sein, das Rad sollte also in ungefährer Montageposition stehen.
8. Rechte Seite: Bremssattelhalter zwischen Rad und Schwinge ausrichten.
Kontrollieren, ob die Bremsscheibe zwischen den Bremsklötzen gleitet!
Bremssattelhalter und Widerlager auf Schwingenarm ausrichten.
9. Rechte Achsaufnahme auf die gereinigte und leicht eingefettete Achse schieben.
9.1. Radlager, Bremssattelhalter und die Achs-Langlöcher in der Schwinge zueinander ausrichten.
9.2. Achse von rechts ansetzen, einschieben, dabei das Rad etwas hin- und herkippeln, Achse ganz durchschieben, bis das Gewinde links herausragt.
10. Bild 29: Achsaufnahme links aufschieben, Scheibe aufschieben, Mutter aufdrehen.
10.1. Das Rad so weit es geht nach vorne gegen die Köpfe der Kettenspannschrauben drücken.
Tipp: Einen mittelgroßen Schraubenzieher zwischen Kette und Kettenblatt einstecken (wie in Bild 39), das Rad etwas rückwärts drehen: Die Kette spannt sich und zieht durch diese Blockade das Rad mit der Achse nach vorne.
10.2. Hinterachsmutter handfest anziehen.
11. Kettenspannung kontrollieren, ggf. einstellen.
Dabei auch die Kette prüfen: Bei Bedarf Kette reinigen und schmieren (siehe dazu auch Kapitel 7 »Kette«).
12. Bild 40: Achsmutter mit 150 Nm festziehen. Den zuvor eingesteckten Schraubenzieher (Bild 39) aus dem Kettentrieb herausnehmen.
13. Bremse einige Male betätigen, damit sich die Bremsbeläge an der Bremsscheibe anlegen.
14. Bremse lösen, Rad drehen und prüfen, ob es leicht und frei läuft. Überschüssiges Fett von der Außenseite der Simmerringe und den anderen Schraubstellen abwischen.

Bild 38

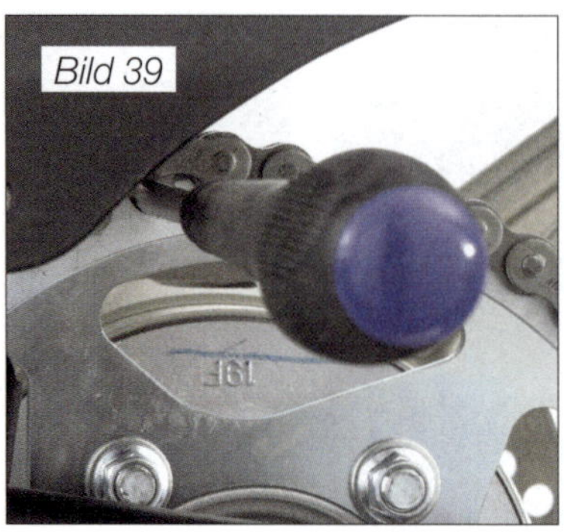
Bild 39

Bild 40

Radlager wechseln

Speziell bei älteren Maschinen sollte man bei einer Radmontage die Radlager prüfen: Wie das mit einem Finger geht siehe unten.

Neue Radlager kaufen

- Originale Kugellager sind erste Wahl, diese sind beidseitig abgedeckt und brauchen vor dem Einbau nicht mit Fett eingeschmiert zu werden.
- Sind keine Originallager verfügbar, kann man auch Nachrüstlager verwenden; diese sollten ebenfalls beidseitig abgedeckt sein.
- Gibt es auch diese nicht und es muss auf Nachrüstlager mit nur einer Abdeckscheibe zurückgegriffen werden, muss die offene Lagerseite gut mit Wälzlagerfett gefüllt werden.

Spezialwerkzeuge

Zum Ausbau der alten Radlager empfiehlt sich ein handelsübliches Lagerausbauwerkzeug (Bild 41). Wenn man ein solches Werkzeug nicht hat und die Lager »kalt« ausschlägt (Bild 51), ist die Gefahr groß, dass die zwischen den Radlagern eingebaute Distanzhülse an ihren Anlageflächen und Kanten beschädigt wird, weil die Hülse zum Ausschlagen der Radlager (wie in Bild 47 gezeigt) in der engen Radnabe nicht weit genug zur Seite gerückt werden kann.

Deswegen sollte man Lager »warm« wechseln, wie wir es nachstehend beschreiben. Zum Einbau neuer Lager und Simmerringe benötigt man nicht zwingend Spezialwerkzeuge, Nüsse in passender Größe können auch verwendet werden.

Lager warm wechseln

Beim warmen Wechseln wird die Radnabe auf 80 bis 120 °C erhitzt. Dazu benötigt man eine Heizplatte sowie verschiedene Dorne und Nüsse (Bilder 44 bis 49). Man kann die Radnabe auch mit einem Heißluftföhn anwärmen. **Sehr wichtig: Unbedingt hitzefeste Handschuhe tragen!**

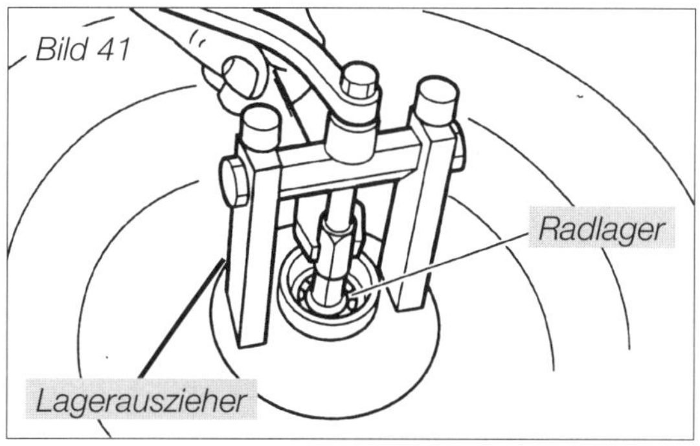

Bild 41: Spezialwerkzeug zum Ausbau von Radlagern.

Radlager, Räder und Radachsen prüfen

Radlager prüfen

Zeigefinger in den Innenring des Lagers führen und diesen drehen. Lagerspiel, ungleichmäßiger Lauf und Schwergängigkeit lassen sich so erfühlen.

Läuft das Lager spielfrei und gleichmäßig, ohne Knacken und Rubbeln, ist alles o.k. Wenn die Lager beschädigt sind, also »Luft« haben oder laut und knackend laufen, müssen sie erneuert werden.

Rad auf Rundlauf prüfen

1. Rad in Zentrierständer einhängen. Wenn keiner zur Verfügung steht:

- Radachse in einen Schraubstock spannen und Messuhrhalter auf der Werkbank befestigen.

Oder eingebaut prüfen:

- Messuhr an Gabelholm (Vorderrad) oder Hinterradschwinge (Hinterrad) befestigen.

2. Felgenrand putzen, mit Allzweckspray einsprühen, Messspitze der Messuhr anführen:

- Zum Messen des Höhenschlags innen am Felgenhorn auf der bearbeiteten Fläche (Bild 42).
- Zum Messen des Seitenschlags außen am Felgenhorn (muss unbeschädigt sein, Bild 42).

3. Verschleißgrenzen: Axialschlag 0,5 mm, Radialschlag 1,0 mm.

Radachse auf Schlag prüfen: Radachse in Prismenblöcke legen (Bild 43), Achsschlag mit Messuhr feststellen, Verschleißgrenze 0,2 mm.

Beachten: Der tatsächliche Schlag ist nur halb so groß wie der von Messuhr angezeigte Wert.

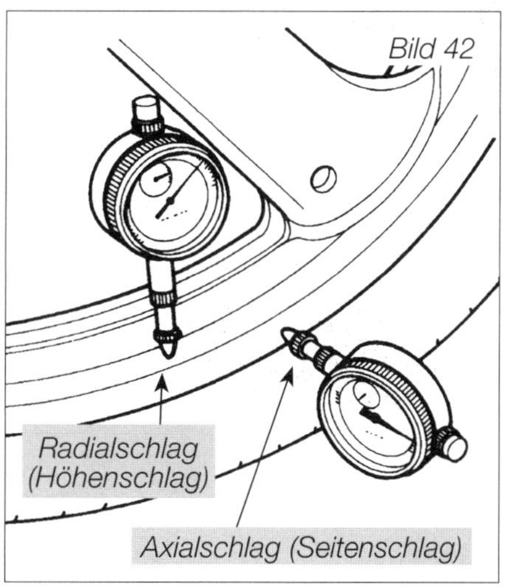

Bild 42: Vermessen des Rads auf Seiten- und Höhenschlag.

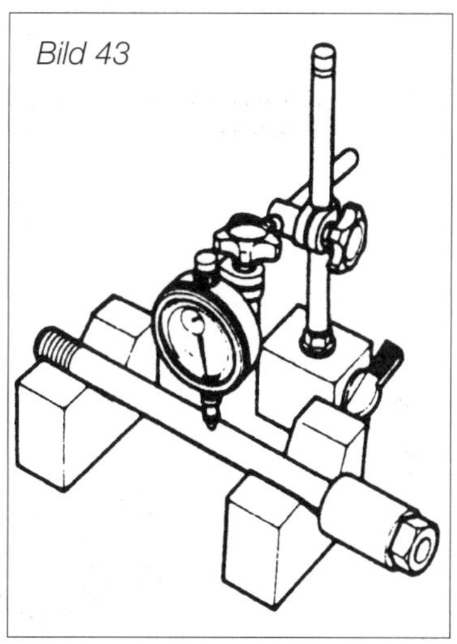

Bild 43: Vermessen der Radachse.

Bild 44: Zum warmen Wechsel der Radlager benötigte Werkzeuge und Hilfsmittel.

Bild 45: Radnabe auf maximal 120 °C erwärmen.

Bild 46: Aushebeln der Radlager-Simmerringe mit einem breiten Schraubenzieher.

Bilder 47, 48, 49: Arbeitsschritte zum Wechsel der Radlager und Simmerringe.

Bremsscheiben und ABS-Sensorring abbauen

Zum Wechsel der Radlager die Bremsscheiben und den ABS-Sensorring abbauen.

1. Drehrichtung der Bremsscheiben mit einem dicken Filzstift zeichnen.

2. Schrauben der Bremsscheiben und des ABS-Sensorrings sind mit Loctite »mittelfest« eingeklebt, weswegen sie schwer herausgehen. Vor dem Ansetzen des Schlüssels die Schrauben am Kopf mit einem Heißluftföhn anwärmen, das löst die Verklebung.

3. Mit einem exakt passenden Inbusschlüssel die Schrauben über Kreuz lösen und ausdrehen. Bremsscheibe abnehmen.

4. Auch den ABS-Sensorring abschrauben.

5. Bild 46: Simmerringe mit Reifenmontiereisen oder breitem Schraubenzieher ausheben.

6. Bild 44: Rad mit der Nabe auf die kalte Heizplatte legen, Schalter auf mittlere Stufe stellen.

7. Bild 45: Heizplatte und Radnabe zusammen langsam aufheizen bis mindestens 80 °C, aber nicht wärmer als 120 °C, sonst verbrennt nicht nur der Lack am Rad, sondern es kann sich auch die Lagerbohrung verziehen.

8. Rad von der Heizplatte nehmen, die Lager fallen jetzt fast schon von alleine heraus. Wenn nicht, mit einem dünnen Dorn und leichten Hammerschlägen nachhelfen (Bild 47).

9. Radnabe und besonders die Lagersitze gut reinigen und auf Beschädigungen untersuchen.

Radlager einbauen

1. Radnabe auf der Heizplatte auf 80 bis 120 °C anwärmen.

Bild 44

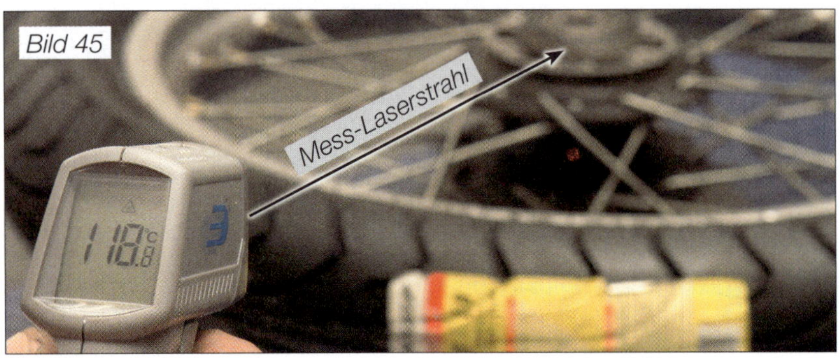

Bild 45

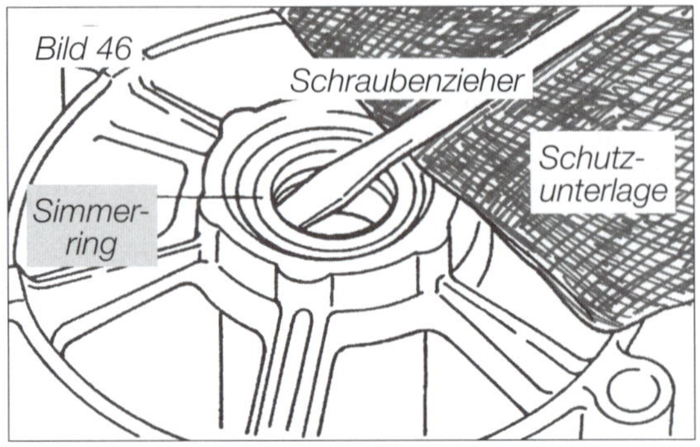

Bild 46

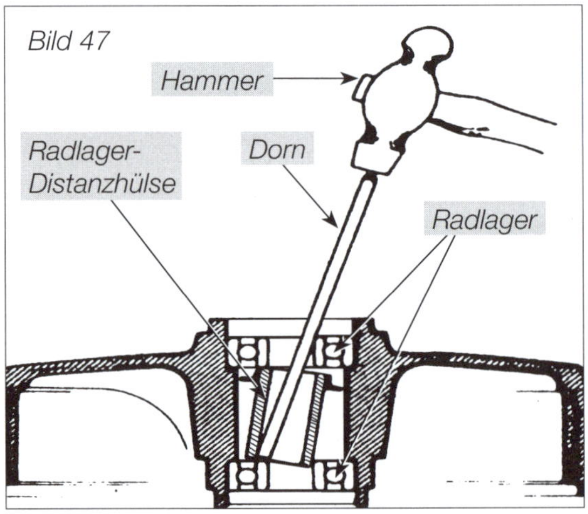

Bild 47

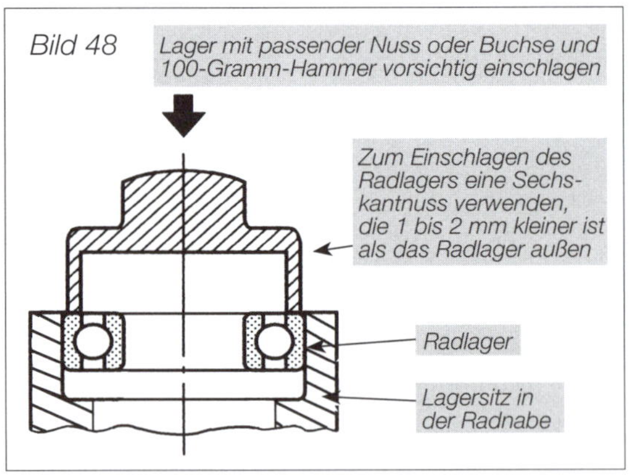

Bild 48

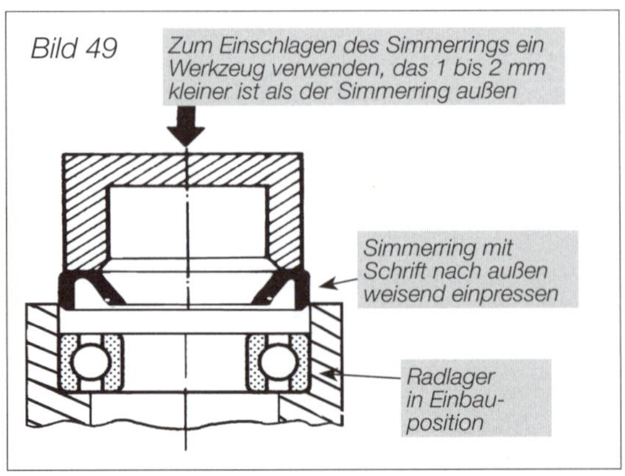

Bild 49

2. Lager mit der Aufschrift nach außen weisend einbauen: In den erwärmten Lagersitz einschieben, es fällt fast von alleine hinein.
2.1. Bild 48: Mit einer passenden Nuss, deren Außendurchmesser ca. 1 bis 2 mm geringer ist als der Durchmesser des Lagers (bzw. Passbohrung), und einem 100-Gramm-Hammer Schritt für Schritt sanft nachklopfen, bis das Lager im Grund der Passbohrung aufsitzt.
■ Wenn keine passende Nuss vorhanden ist: Einen mittelgroßen Dorn nehmen und diesen unbedingt am Lageraußenring ansetzen – NIEMALS am Lagerinnenring!
2.2. Rad umdrehen.
3. Radlager-Distanzhülse einsetzen.
3.1. Lager auf der anderen Seite einschieben und mit passender Nuss (Bild 48) und Hammer oder Dorn am Lageraußenring sanft nachklopfen.
4. Jetzt einen Zeigefinger durch eines der beiden Radlager stecken und die Fingerkuppe innen an der Distanzhülse anlegen: Leicht drücken und dabei prüfen, ob die Distanzhülse zwischen den Lagerinnenringen fluchtet, nicht zu viel Spiel hat und auch nicht zu fest sitzt.
Wichtig: Die Distanzhülse muss satt zwischen den Lagerinnenringen sitzen, sie darf sich nur ganz leicht seitlich bewegen!
5. Bild 49: Neuen Simmerring etwas mit Silikon oder Vaseline bestreichen, dann zentrisch an der Radnabe ansetzen und mit einer Nuss einschlagen, deren Außendurchmesser ca. 1 bis 2 mm geringer ist als der Durchmesser des Simmerrings bzw. der Passbohrung.
5.1. Simmerring nur so weit eintreiben, bis sich seine Oberfläche mit der Radnabe deckt, NICHT bis auf das Lager drücken!

Wichtig bei ABS: Wenn neue Radlager eingebaut worden sind, sollte man nach dem Einbau des Rads den Abstand zwischen dem an der Radnabe befestigten Sensorring und dem ABS-Sensor messen.
Bild 50: Der Abstand muss am Vorderrad 1,0 bis 1,8 mm betragen, am Hinterrad 0,7 bis 1,4 mm. Liegt das Spaltmaß außerhalb der genannten Werte, kommen als Ursache falsch montierte Radlager und/oder ein fehlerhaft montierter Sensorring in Frage. Nachsehen und richtig machen!

Bremsscheiben und ABS-Sensorring
1. Radnabe, Bremsscheiben, ABS-Sensorring und Schrauben reinigen.
Wichtig: Yamaha schreibt vor, neue Bremsscheiben-Schrauben zu verwenden.
2. Loctite »mittelfest« auf die Gewinde der Schrauben auftragen.
3. Schrauben eindrehen und über Kreuz in mehreren kleinen Schritten gleichmäßig festziehen:
■ Bremsscheibenschrauben am Vorderrad 18 Nm
■ Bremsscheibenschrauben am Hinterrad 30 Nm
■ Schrauben des ABS Sensorrings an Vorder- und Hinterrad 8 Nm
Wichtig: Vor dem Radeinbau die Bremsscheiben mit Bremsenreiniger und sauberen Lappen reinigen.

Bild 50: Spaltmaß ABS-Sensor zum Sensorring.

Bilder 51 und 52: Explosionszeichnungen Vorder- und Hinterrad.

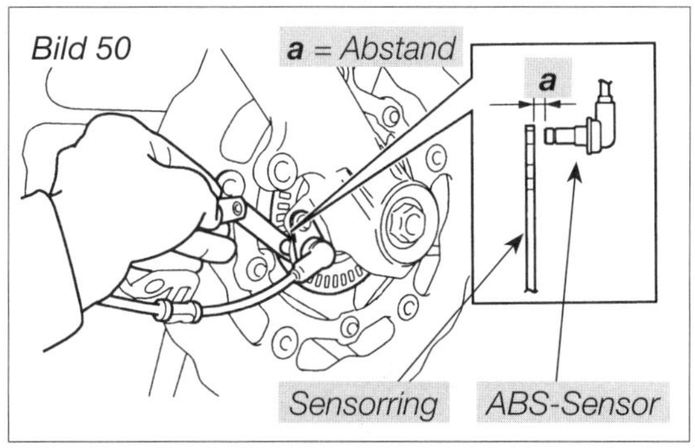

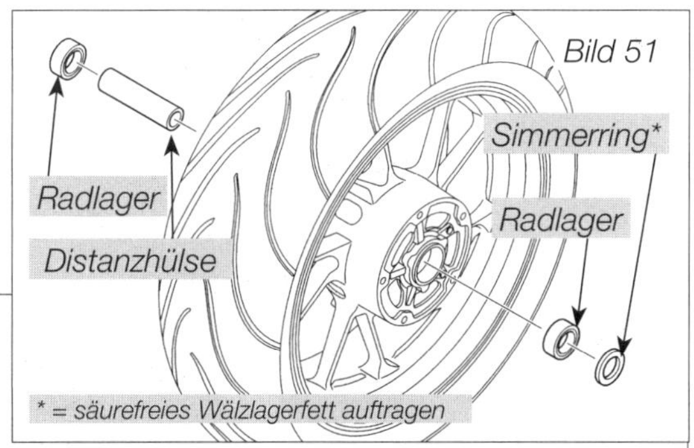

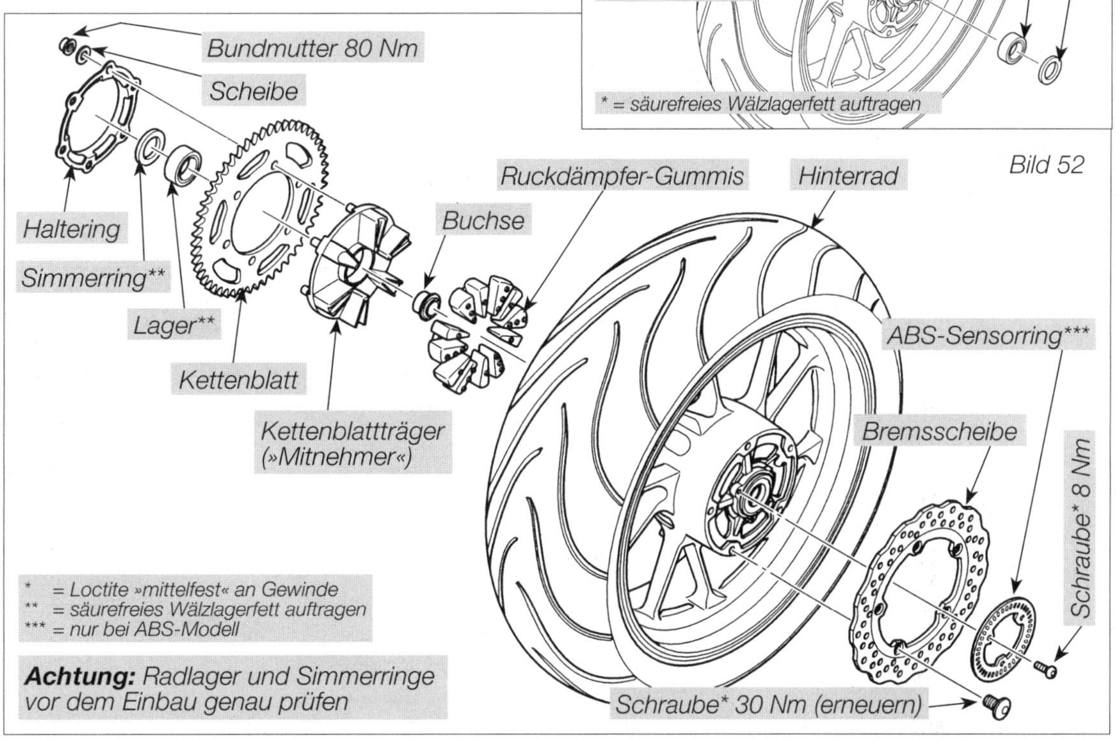

Bilder 1, 2 und 3: Hier die Bremsen der Modelle unseres Buchs. Vorne gibt es zwei Festsättel mit vier Bremskolben in zwei unterschiedlichen Größen (siehe A und B sowie den zugehörigen Lauftext); hinten ist es ein Einkolben-Schwimmsattel. ABS ist serienmäßig. Nur 2014/2015 gab es die MT-09 ohne ABS.

Bremsen

In diesem Kapitel: Technische Daten · Werkzeug, Anziehdrehmomente · Bremsanlage prüfen · Vordere und hintere Bremsklötze wechseln · Bremspedalhöhe einstellen · Bremsflüssigkeit wechseln, Bremse entlüften · Bremssättel und Bremspumpen zerlegen und zusammenbauen · Bremslichtschalter · Stahlflexleitungen · Probleme mit dem ABS? · Lage der ABS-Bauteilstecker.

Technische Daten

Bremse vorne: Bremsscheiben Ø 298 mm, gelocht, halbschwimmend gelagert. Zwei Festsättel, radial verschraubt (Bilder 1 und 2). Jeder Sattel hat vier Bremskolben (Bild 2): Zwei Kolben mit Ø 30 mm (»A« in Bildern 1 und 2) und zwei Kolben mit Ø 27 mm (»B« in Bildern 1 und 2). Handbremspumpe mit Kolben Ø 15 mm.

Bremse hinten: Bremsscheibe Ø 245 mm, gelocht. Schwimmsattel, ein Kolben Ø 38 mm. Fußbremspumpe mit Kolben Ø 12,5 mm.

Bremsflüssigkeit: Empfohlen wird DOT 4. Auch verwendet werden können DOT 3/4 oder die höherwertige DOT 5.1.

■ Nicht verwedet werden darf DOT 5.0.

Werkzeug, Anziehdrehmomente

Werkzeug für die Vorderradbremse

Schrauben im Deckel des Bremsflüssigkeitsbehälters ...... Kreuzschlitzschraubenzieher
Schraube ABS-Sensor .... Inbusnuss SW 5
Bremssattelschrauben ...... Sechskantnuss SW 12
Entlüfternippel .... Ringschlüssel SW 7
Schrauben Bremsscheiben .... Inbusnuss SW 5
Zange für Sicherungssplinte, Kleiner Durchschlag für Bremsklotz-Haltestift, 100-Gramm-Hammer

Anziehdrehmomente Vorderradbremse

Schraube ABS-Sensor .... 7 Nm
Bundschrauben M10 Bremssattel an Gabeltauchrohr .... 35 Nm
Entlüfternippel M8 im Bremssattel............... 5 Nm
Inbusschrauben M6 Bremsscheiben an Radnabe.. 18 Nm
■ *Schrauben erneuern plus Loctite »mittelfest«.*
Hohlschrauben M10 Bremsleitungen an Bremssättel, Bremspumpe, ABS-Einheit .... 30 Nm
■ *Neue Dichtscheiben verwenden.*

Werkzeug für die Hinterradbremse

Schraube ABS-Sensor .... Inbusnuss SW 5
Hintere Bremssattelschraube.... Inbusnuss SW 6
Vordere Bremssattelschraube (das ist der Gleitstift) .... Sechskantnuss SW 12
Entlüfternippel .... Ringschlüssel SW 7

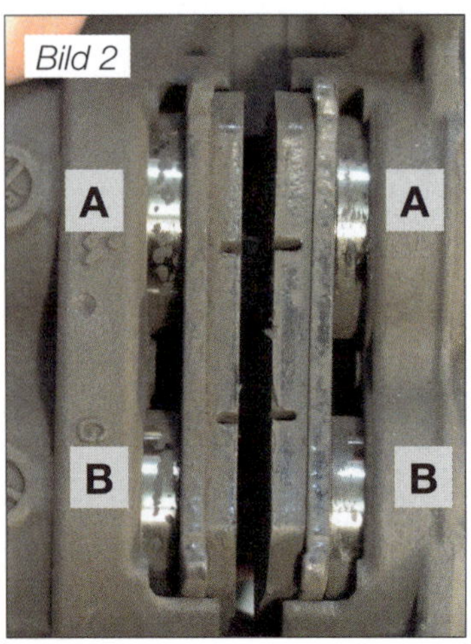

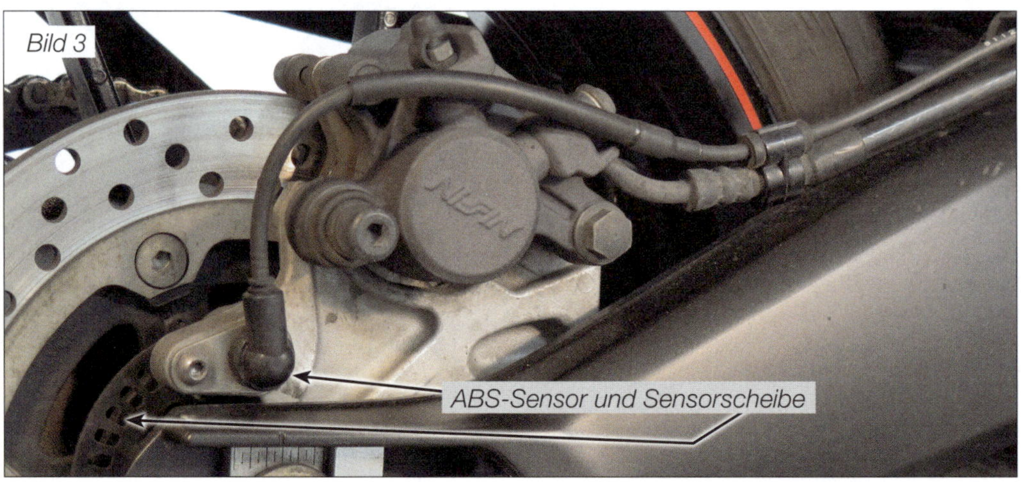

Schrauben Bremsscheibe an Radnabe.. Torx T40
Bremsklotz-Haltestift .... Inbus SW 5
Schlitzschraubenzieher für die Kontermadenschraube des Bremsklotz-Haltestifts

Anziehdrehmomente Hinterradbremse
Schraube ABS-Sensor .... 7 Nm
Hintere Bremssattelschraube .... 22 Nm
■ *plus Loctite »mittelfest« auf Gewinde*
■ *Silikonfett auf die Gleitfläche auftragen.*
Vordere Bremssattelschraube (Gleitstift) .... 27 Nm
■ *Silikonfett auf die Gleitfläche auftragen.*
Bremsklotz-Haltestift M10 .... 17 Nm
Kontermadenschraube M10 .... 2,5 Nm
Entlüfternippel M8 im Bremssattel .... 5 Nm
Inbus M8 Bremsscheibe an Radnabe .... 30 Nm
■ *Schrauben erneuern plus Loctite »mittelfest«.*
Hohlschrauben M10 an Bremsleitungen, Bremssattel, Bremspumpe, ABS-Einheit .... 30 Nm
■ *Neue Dichtscheiben verwenden.*

Bremsanlage

Einem Motorrad kann man einen defekten Auspuff oder ein durchgebranntes Blinkerlämpchen für kurze Zeit zugestehen, doch bei den Bremsen gibt es keine Kompromisse: 100 Prozent Leistungsfähigkeit und Betriebssicherheit der Bremsanlage müssen auf jedem Meter Fahrstrecke zur Verfügung stehen.

Schrauberqualifikation
1. Am Anfang dieses Kapitels beschreiben wir wichtige Kontroll- und Wartungsarbeiten wie den Stand der Bremsflüssigkeit prüfen und korrigieren sowie die Prüfung der Bremsanlage, das kann man selbst machen.
2. Zum Wechsel der Bremsklötze sollen die Bremssättel abgebaut, gereinigt und wieder angebaut werden. Dazu ist eine gewisse Schrauberqualifikation nötig. Auf dieser Stufe ist auch

Bild 4: Professionelles Bremsflüssigkeitswechsel- und Entlüftungsgerät von Lucas/Schüller.

Bild 5: Farbmarkierung an einer mit dem richtigen Drehmomentwert angezogenen Schraube.

Sicherheitshinweise Achtung und Tipps für dieses Kapitel

Tipp: Im Motorrad-Zubehörhandel sowie im Kfz-Werkzeughandel gibt es empfehlenswerte Bremsentlüftungs-Vakuumpumpen (Bild 4), mit denen man ohne Kontakt zur Bremsflüssigkeit und ohne Gefahr des Verschüttens die Bremsen entlüften bzw. Bremsflüssigkeit wechseln kann.

Achtung: Nach jeder Bremssattelmontage Schrauben und Muttern nochmals auf Festsitz kontrollieren! Ganz penible Menschen setzen Farbmarkierungen an die Schraubenköpfe und Muttern (Bild 5), die sie mit dem richtigen Drehmomentwert angezogen haben.

Tipp: Gebirgstouren mit Passabfahrten, Reisen in besonders staubige Gebiete oder Rennstreckenfahrten bedeuten extreme Belastungen für die Bremsen. Der Verschleiß der Bremsbeläge ist dabei sehr hoch. Bevor Sie mit der Maschine in den Jahresurlaub, auf Passtour oder auf die Rennstrecke fahren, rechtzeitig vorher einen umfangreichen Check der Bremsanlage machen (lassen).

Achtung: Bremsflüssigkeit ist giftig. Hautkontakt vermeiden. Nicht in die Augen, nicht in die Atemwege, nicht auf die Schleimhäute kommen lassen. Nicht trinken! Immer nur geeignete Gefäße verwenden. Bremsflüssigkeit umweltgerecht beseitigen (am besten bei einer Entsorgungsstelle abgeben).

Achtung: Wenn ein Bremsflüssigkeitsbehälter offen ist, unbedingt darauf achten, dass kein Schmutz in den Behälter und in die Bremsflüssigkeit gelangt.

Achtung: Bremshebel bei abgebautem Bremssattel oder ausgebauten Belägen nicht betätigen! Sonst fahren die Kolben ungehindert aus und müssen mühsam wieder in den Sattel gedrückt werden. Wenn sie aus ihren Bohrungen im Bremssattel herausrutschen, verursacht das eine üble Bremsflüssigkeitssauerei!

Achtung: Bremsenreiniger ist meist in Spraydosen erhältlich und ziemlich aggressiv. Nur im Freien oder in gut gelüfteten Werkstatträumen verwenden. Nicht rauchen! Nicht auf die Haut, in die Augen oder Atemwege sprühen! Einatmen vermeiden!
■ Zur Reinigung von Bremsenbauteilen ausschließlich Bremsenreiniger oder Aceton verwenden, KEIN Benzin, Dieselöl, Motorenöl oder Ölspray!
■ Bremsenreiniger sparsam und ganz gezielt einsetzen, Sprühkopf direkt auf die zu reinigende Stelle richten und nicht länger als zwei Sekunden betätigen.
■ Teile nach Besprühen mit Bremsenreiniger sofort mit weichem, nicht fusselndem Lappen durchputzen.
■ Druckluft bei Reinigung und anderen Arbeiten am Bremssattel nur sehr sparsam und gezielt einsetzen.

Achtung: Nicht mit scharfkantigen Gegenständen wie Schraubenzieher oder Schraubenschlüssel im Bremssattel herumwerken, damit können die Gleitflächen der Bremskolben zerkratzt werden!

Achtung: Niemals unterschiedlich dicke Bremsbeläge oder solche von verschiedenen Herstellern in einem Bremssattel verwenden! Niemals einen neuen und einen alten Belag in einen Sattel einsetzen!

Tipp: Riefige Bremsscheiben, die noch nicht ihre Minimaldicke erreicht haben, können nachgeschliffen werden. Solche

Bild 4

Bild 5

Arbeiten erledigen Spezialbetriebe (»Schleiferei«) zu einem Preis von 50 bis 75 Euro pro Bremsscheibe. Neue Bremsscheiben kosten ca. 100 Euro hinten und 140 Euro vorne.

Achtung: Beim Zerlegen des Bremssattels bzw. Ausblasen der Bremskolben: Luftdruck vorsichtig dosieren, damit die Bremskolben nicht unkontrolliert herausschießen!

Sichtprüfung Messen

Bilder 6, 7 und 8: Bremssättel vorne und hinten mit Teilebezeichnungen und Anziehdrehmomentwerten.

ein Wechsel der Bremsflüssigkeit sowie der Bremsscheiben zu sehen.

3. Meisterliche Kenntnisse sind nötig bei Reparaturen von Bremssätteln und Bremspumpen.

Aus 1., 2. und 3. folgt: Wer seine eigenen Schrauberkenntnisse als »nicht besonders gut« einstuft, sollte Wartungs- und Reparaturarbeiten an der Bremsanlage einer Yamaha-Motorradwerkstatt überlassen, was ganz besonders für die Maschinen mit ABS gilt. Jeder Yamaha-Vertragshändler verfügt über spezielle Prüf- und Einstellgeräte. Die Mechaniker wurden beim Yamaha-Importeur auf Wartung und Reparatur der ABS-Bremsanlage geschult.

Spezielle Wartungsintervalle

1. Yamaha schreibt vor, dass die Bremsflüssigkeit alle zwei Jahre erneuert werden muss. Das ist gängige Praxis bei allen Marken, egal aus welchem Land sie kommen, wieviel Hubraum und Leistung sie haben. Eine spezielle Yamaha-Vorschrift ist jedoch, die Bremsschläuche alle vier Jahre zu erneuern. Wir gehen weiter hinten auf dieses Thema ein.

Ratschlag: Verlassen Sie sich auf den Rat Ihres Yamaha-Mechanikers, denn dieser kann aufgrund einer Begutachtung der Bremsen und Bremsleitungen entscheiden, ob ein Erneuern der Bremsleitungen nötig ist oder nicht. Und wir sagen schon hier, dass solche Arbeiten von einem Profimechaniker vorgenommen werden müssen.

2. Wenn bei einem Sturz oder Unfall die Bremspumpen und/oder ihre Bremsflüssigkeits-Vorratsbehälter so zerstört wurden, dass Schmutz hineingekommen ist, muss die Bremsanlage komplett zerlegt, gereinigt und mit neuen Dichtringen bestückt werden.

2.1. Dies ist auch dann nötig, wenn eine Maschine sehr lange Zeit abgestellt war und die Bremskolben festsitzen.

3. In die Bremssättel sollen nur originale Yamaha-Bremsklötze eingebaut werden; was ganz besonders für Maschinen mit ABS gilt.

3.1. Wenn Sie neue Bremsklötze benötigen, legen Sie dem Yamaha-Händler den Kfz-Schein (Zulassungsbescheinigung Teil 1) vor, damit er anhand von Fahrgestellnummer und Modelljahr die passenden Ersatzteile liefern kann.

Bremsanlage prüfen

1. Alle Bremsschläuche und Bremsleitungen auf Risse, Knicke und Scheuerstellen überprüfen.

2. Alle Hydraulikanschlüsse der Bremsleitungen sowie die Bremspumpen und Radbremssättel müssen in einwandfreiem Zustand sein, also staubtrocken.

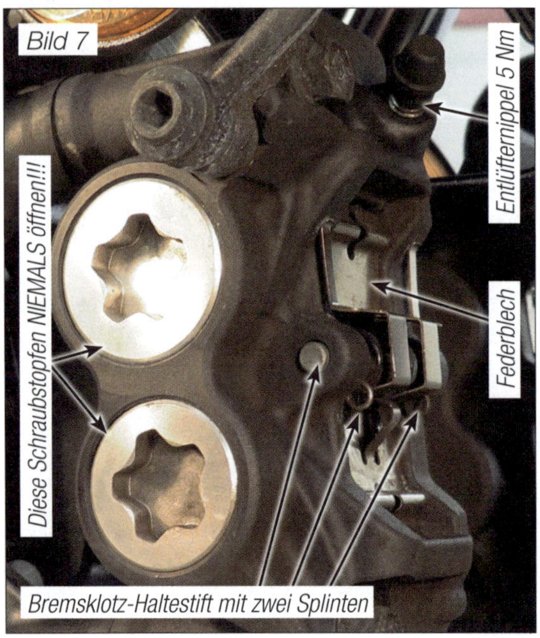

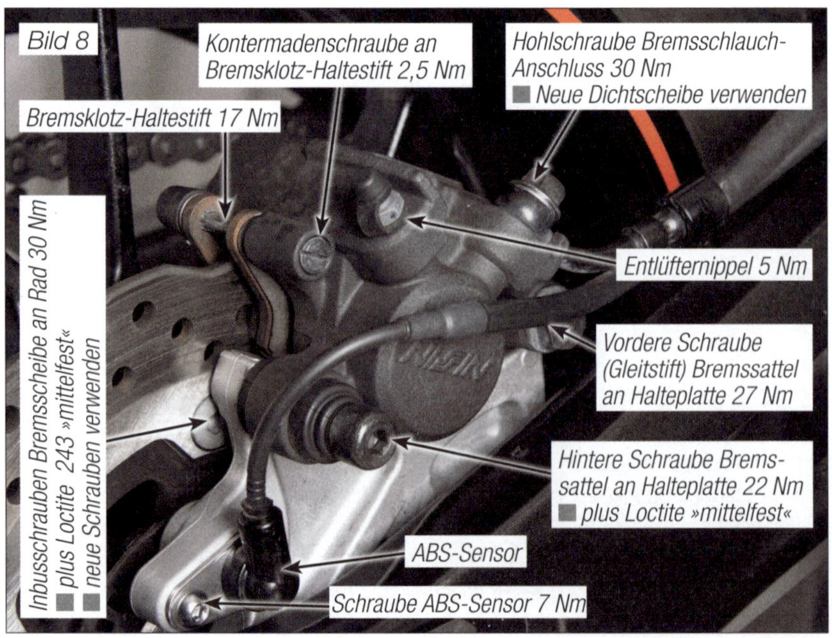

3. Verglaste, riefige und abgenutzte Bremsbeläge reduzieren die Bremswirkung, deshalb rechtzeitig durch Neuteile ersetzen.
4. Verschmierte Bremsscheiben nur mit Bremsenreiniger und sauberen Lappen reinigen.
5. Bild 9: Ältere Bremsscheiben haben Riefen, die man beim Drüberfahren mit dem Fingernagel spürt. Bis zu einer gewissen Tiefe ist das ganz normal. Wenn der Nagel von Riefe zu Riefe deutlich stolpert, ist die Bremsscheibe verschlissen.
6. Bild 9: Weisen die Bremsscheiben im Übergang zur Fläche, die nicht vom Bremsbelag berührt wird, also außen am Rand und innen zu den Befestigungsbohrungen hin, tiefe Riefen oder Absätze auf, dann sind sie verschlissen und müssen erneuert werden.
7. Bild 10: Dicke der Bremsscheiben mit Mikrometer an mehreren Punkten messen, die Verschleißgrenzen betragen vorne 4,0 mm und hinten 4,5 mm.
8. Seitlicher Verzug (Schlag) der Bremsscheiben mit Messuhr ermitteln. Er sollte möglichst nicht messbar sein, darf jedoch vorne bis zu 0,10 mm und hinten bis zu 0,15 mm betragen.
9. Bei ABS-Maschinen: Die von den vorderen und hinteren Raddrehzahl-ABS-Sensoren wegführenden Kabel müssen sicher in ihren Halteklemmen und Halterungen sitzen.

Verschleiß der Bremsbeläge prüfen

Zur Kontrolle der Bremsbelagdicke entlang der Bremsscheibe in den Bremssattel reinschauen, eine Taschenlampe zu Hilfe nehmen.

Bild 11: An den vorderen Bremsbelägen sind außen »Verschleißanzeiger« angebracht. Wenn diese Verschleißanzeiger die Bremsscheibe fast berühren, ist der Bremsbelag noch ca. 1 mm dick – und es ist höchste Zeit für den Einbau neuer Bremsklötze.

Bild 12: In die hinteren Bremsbeläge sind Verschleißnuten eingearbeitet: Wenn die Bremsbeläge bis zu den Nuten abgefahren sind, dann sind sie nur noch ca. 1 mm dick.

Wichtig 1: Wenn einer der beiden Bremsbeläge pro Bremssattel stärker verschlissen ist als der andere, müssen beide Bremsklötze erneuert werden: Niemals einen neuen und einen gebrauchten Bremsklotz einsetzen.

Wichtig 2: Wenn ein Bremsbelag viel stärker verschlissen ist als der andere (oder gar schräg), liegt ein Fehler in der Bremsanlage vor, wie z. B. Schmutz in der Bremsflüssigkeit, nicht mehr freigängige Bremskolben durch defekte Kolbenmanschetten. Ein solcher Fehler muss umgehend behoben werden.

Bremsflüssigkeit

Bei Betätigung des Bremshebels wird vom Kolben im Hauptbremszylinder Druck auf die Bremsflüssigkeit aufgebaut, der auf die Kolben in den Bremssätteln übertragen wird: Die Kolben fahren aus ihren Bohrungen und pressen die Beläge gegen die rotierenden Bremsscheiben, eine Reibkraft wird aufgebaut und das Rad bremst ab.

Bild 9: Eine alte Bremsscheibe mit deutlichen Gebrauchsspuren und eine nachgeschliffene mit schön glatter Oberfläche.

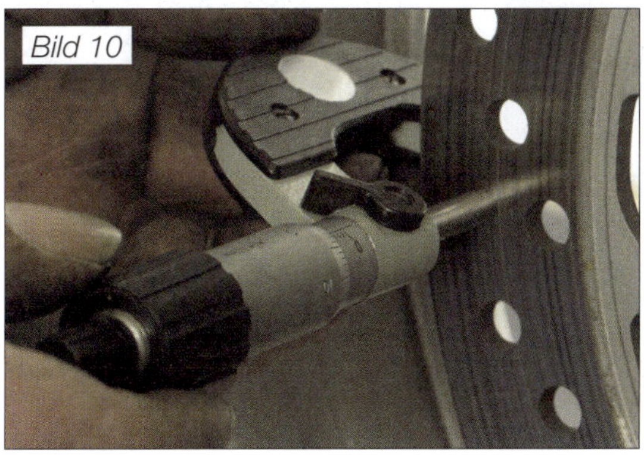

Bild 10: Dicke der Bremsscheiben mit einer Bügelmessschraube an mehreren Stellen messen.
■ Verschleißgrenze vorne 4,0 mm, hinten 4,5 mm.
■ Neue Bremsscheibe vorne 4,5 mm, hinten 5,0 mm.

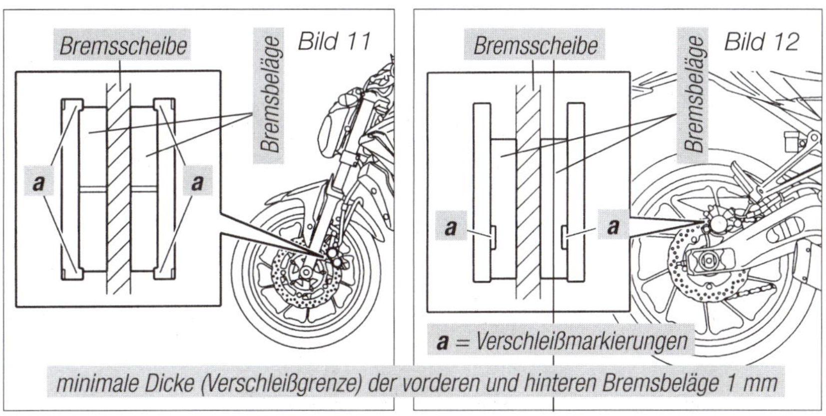

Bilder 11 und 12: Verschleißmarkierungen an den Bremsbelägen.

Sichtprüfung Messen

Bilder 13a bis 17 siehe Lauftext.

Der Bremsflüssigkeits-Füllstand im Vorratsbehälter dient auch als Verschleißindikator für die Bremsbeläge. Dahinter steckt folgende Logik: Wenn die Bremsbeläge verschleißen, wandern die Kolben weiter aus ihren Bohrungen im Bremssattel, dabei läuft Bremsflüssigkeit aus dem Flüssigkeitsbehälter nach. Daher lässt ein niedriges Flüssigkeitsniveau auf verschlissene Bremsbeläge schließen – natürlich aber nur, wenn der Pegelstand nicht zwischendurch verändert wurde.

Bild 13a

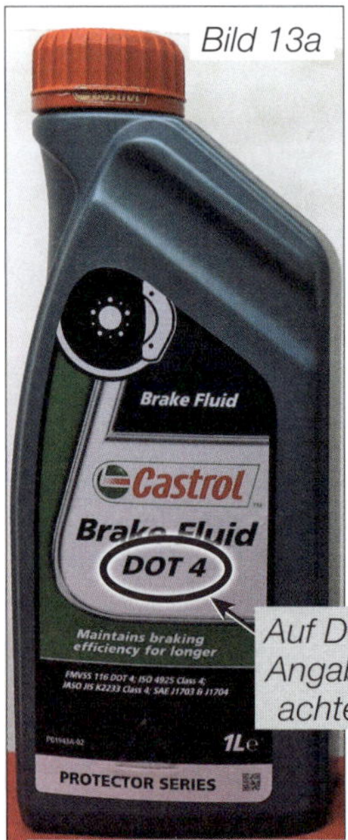

Bild 13b

Bremsflüssigkeit gibt es in unterschiedlich großen Gebinden.

Bild 14

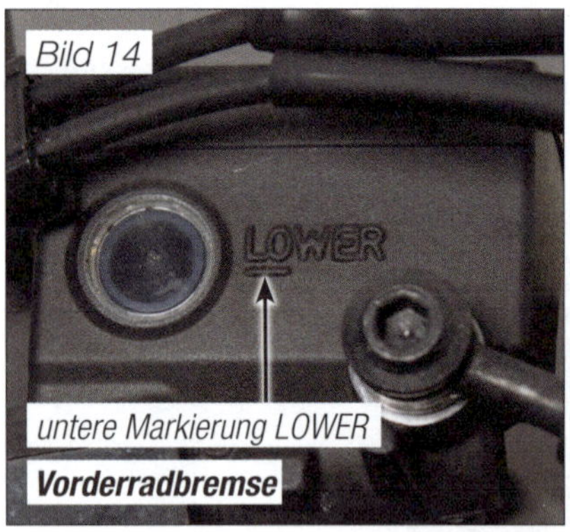

Bild 15

Bild 16

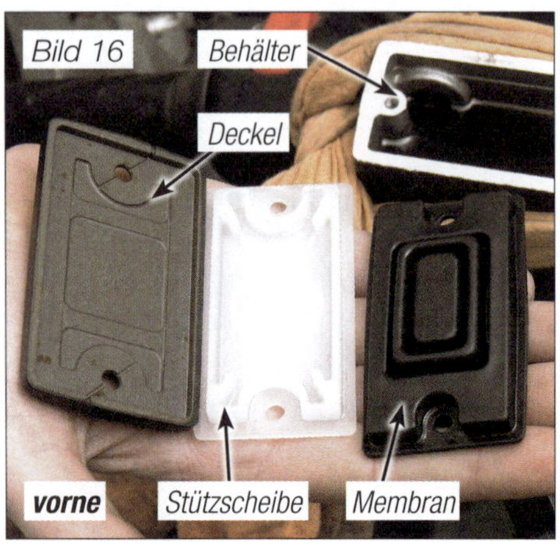

Bild 17

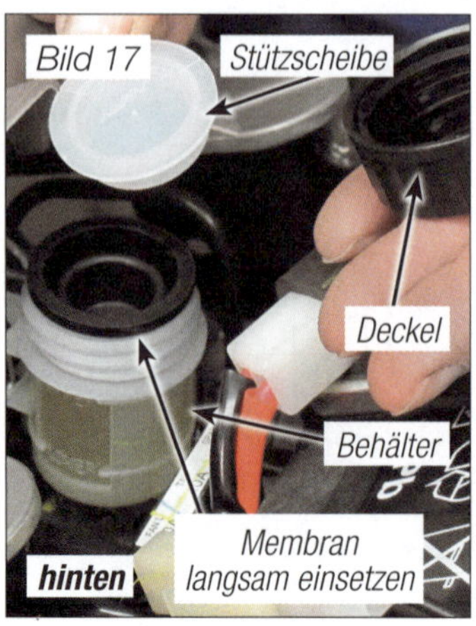

Bilder 14 und 15: Der Bremsflüssigkeitsstand sollte regelmäßig überprüft werden. Bild 13a: Vorgeschrieben ist Bremsflüssigkeit in der Qualität DOT 4.

Für die Bremsflüssigkeit gilt:

- Keine Flüssigkeiten anderer Art verwenden oder dazumischen.
- Nie ältere Bremsflüssigkeitsreste verwenden.
- Möglichst immer Bremsflüssigkeit aus einer neuen, ungeöffneten Dose benutzen.
- Keinesfalls dürfen Verunreinigungen, Schmutz oder Wasser in den Behälter gelangen.
- Bremsflüssigkeit verhält sich hygroskopisch, sie zieht Wasser aus der Luft an, wodurch der Siedepunkt sinkt – deswegen muss Bremsflüssigkeit spätestens alle zwei Jahre gewechselt werden.
- Bremsflüssigkeit gibt es in kleinen, preiswerten Gebinden. Wenn ein Wechsel der Bremsflüssigkeit ansteht, wird ungefähr ein halber Liter benötigt.

Bremsflüssigkeit kontrollieren, auffüllen

1. Motorrad steht senk- und waagerecht auf ebenem Untergrund. Lenker so drehen, dass der vordere Bremsflüssigkeitsbehälter waagerecht steht.
2. Bilder 14 und 15: Der Bremsflüssigkeitsstand lässt sich durch das »Auge« in der vorderen Wandung des Bremsflüssigkeitsbehälters und hinten am transparenten Behälter ablesen.

- Er muss über LOWER stehen, darf jedoch UPPER nicht überschreiten.

3. Der hintere Bremsflüssigkeitsbehälter ist unterhalb des Fahrersitzes, hinter dem Sozius-Fußrastenausleger angeschraubt.
4. Wenn Bremsflüssigkeit aufgefüllt werden muss:
4.1. Behälter vor dem Öffnen mit saugfähigem Lappen umwickeln, um Schäden an Lackteilen durch eventuell ausschwappende Bremsflüssigkeit zu vermeiden.
4.2. Bild 16: Bei der Vorderradbremse die Schrauben im Deckel in mehreren Schritten abwechselnd lösen und ausschrauben, Deckel abnehmen.
4.3. Bild 17: Bei der Hinterradbremse muss man den Behälter abschrauben, damit man den Deckel abschrauben kann. Behälter sicher in einer Hand halten, Deckel mit der anderen Hand öffnen, abschrauben.
4.4. Bilder 16 und 17: Stützscheibe und Membran langsam herausnehmen. Bremsflüssigkeit bis über LOWER auffüllen.

- Vorne bis zum oberen Rand des Schauauges.
- Hinten bis maximal UPPER (Bild 15).

5. Bilder 16 und 17: Membran, Stützscheibe, Deckel und Rand des Bremsflüssigkeitsbehälters

reinigen, Membran in korrekte Form bringen.
6. Membran langsam einsetzen, dann Stützscheibe aufsetzen.
6.1. Vorderradbremse: Deckel aufsetzen, Schrauben eindrehen und in drei Schritten rechts-links-rechts-links bis auf 2 Nm festziehen.
6.2. Hinterradbremse: Deckel aufdrehen und »gut handfest« anziehen. Behälter anschrauben.
■ Eventuell ausgespritzte oder übergelaufene Bremsflüssigkeit mit Bremsenreiniger abspülen, anschließend gut trocken wischen.

Vordere Bremsklötze wechseln

Neue Bremsklötze kaufen
Am Vorderrad sind zwei Bremssättel mit je zwei Bremsklötzen montiert. »Ein Satz Bremsklötze« enthält zwei Bremsklötze für einen Bremssattel. Für eine Neubestückung der vorderen Doppelscheiben-Bremse benötigt man also zwei Sätze neuer Bremsklötze.

Wichtig: Neue Bremsbeläge müssen eingefahren werden. Die ersten 100 bis 150 Kilometer nach Möglichkeit sanft verzögern und der Bremse nicht die maximale Leistung abfordern.

Achtung: Bremssattel und besonders den Bremsbelagschacht im Bremssattel nur mit Bremsenreiniger reinigen, keinesfalls mit Ölspray. Siehe dazu auch Tipps und Warnhinweise am Anfang dieses Kapitels.

Achtung: Beim Wechsel der vorderen und hinteren Bremsklötze gilt: Wenn die Bremskolben zurückgedrückt werden, um Platz für neue und dickere Bremsklötze zu schaffen, steigt der Flüssigkeitsstand im Bremsflüssigkeits-Vorratsbehälter. Deswegen den Stand im Behälter im Auge behalten. Steigt dieser bis zur Oberkante, mit einer kleinen Spritze etwas Bremsflüssigkeit absaugen.

Hinweis: Zum Wechsel der Bremsklötze muss der Bremssattel zwar nicht unbedingt abgebaut werden, aber weil die abgefahrenen Bremsbeläge im Bremssattel durch »Bremsenstaub« viel Schmutz hinterlassen haben, zeigen wir den Abbau der Bremssättel und ihre Reinigung vor dem Einbau der neuen Bremsklötze.

Alte Bremsklötze ausbauen
Zur Montage an der Vorderradbremse sollte die Maschine vorne und hinten auf Montageständer aufgebockt sein; siehe dazu auch Kapitel 5 »Räder« und Kapitel 7 »Kette«. Bei ABS-Maschinen beachten: Als Erstes den ABS-Sensor ausbauen!
1. Bild 19: Beide Splinte aus dem Bremsklotz-Haltestift herausziehen.
2. Bild 20: Den Bremsklotz-Haltestift mit einem dünnen Durchschlag nach hinten ausklopfen.
2.1. Bild 21: Belagfeder abnehmen.
3. Bild 22: Bremsklötze herausziehen.
4. Bild 18: Schrauben der Bremssattelbefestigung lösen und ausdrehen, Bremssattel von der Scheibe ziehen und fest in der Hand halten.

Bilder 18 bis 22 siehe Lauftext.

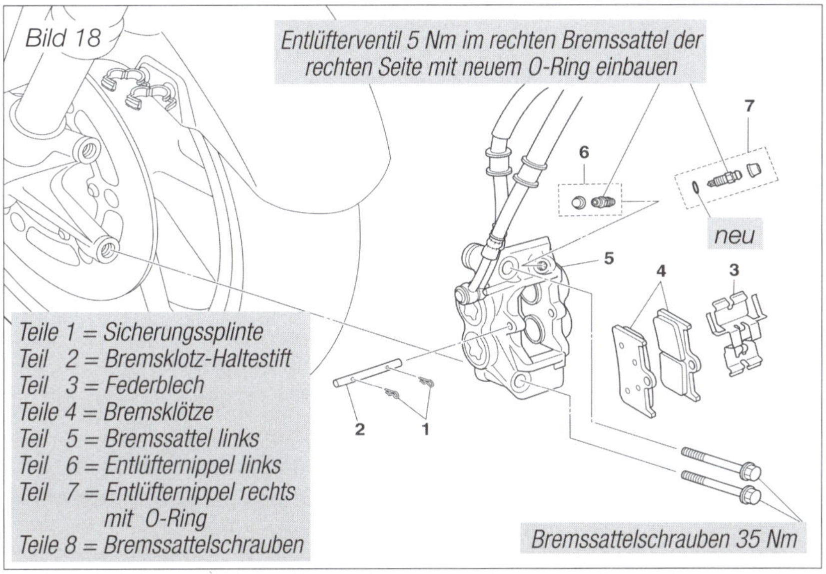

Bild 18

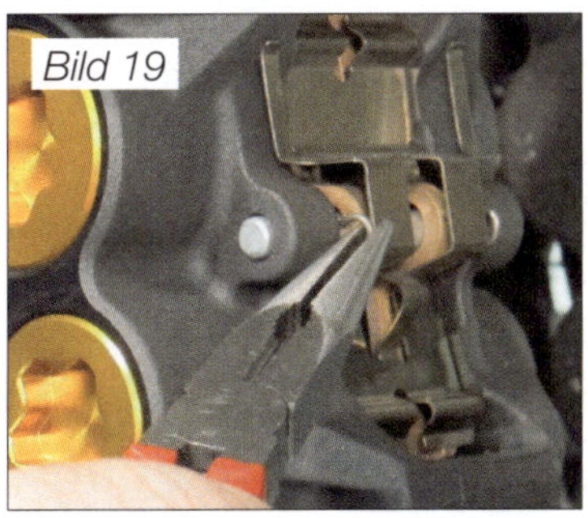
Bild 19

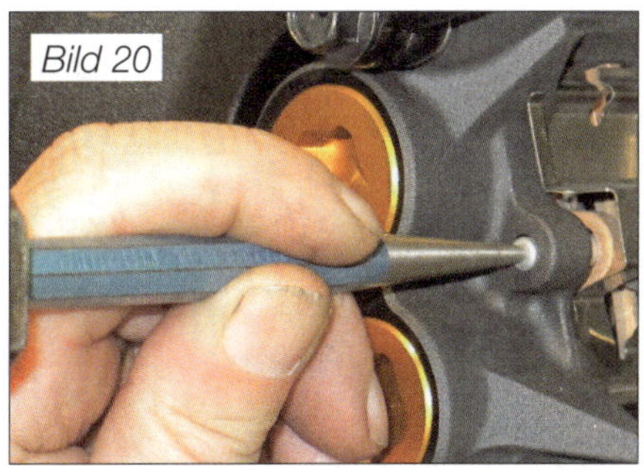
Bild 20

Bild 21

Bild 22

Bremssattel reinigen und prüfen

1. Bremssattel außen und innen, die Belagfeder, die Bremsbelag-Haltestifte und die Sicherungssplinte mit Bremsenreiniger reinigen und mit einem sauberem Lappen trockenputzen.

■ Hartnäckige Ablagerungen mit einer Messingbürste oder harten Zahnbürste entfernen.

2. Bremsklotz-Haltestift und Splinte mit einer Messingbürste reinigen.

Neue Bremsklötze einbauen

1. Vor dem Einbau der neuen Bremsklötze müssen die Bremskolben zurückgedrückt werden, damit zwischen den neuen Bremsklötzen genügend Platz ist für die Bremsscheibe: Dazu die alten Bremsklötze auf die Bremskolben setzen und mit einem kräftigen Daumendruck die Bremskolben zurückdrücken.

Wichtig: Das muss mit bloßer Handkraft gehen, KEINE Zange zu Hilfe nehmen! Den Stand der Bremsflüssigkeit im Vorratsbehälter im Auge behalten!

2. Neue Bremsklötze zum Einbau vorbereiten: Wenn Nachrüst-Bremsklötze eingebaut werden, deren Trägerplatte nicht mit einer Kupferschicht überzogen, sondern aus blankem Stahl sind: Trägerplatte dünn mit Kupferpaste bestreichen, so werden Korrosion und Quietschen verhindert.

■ **NICHTS auf den Bremsbelag schmieren!**

3. Neue Bremsklötze einbauen:

Bilder 23 bis 26: Zum Wechsel der vorderen Bremsklötze den Bremssattel abbauen und gut reinigen mit Bremsenreiniger, Bürste (eine alte Zahnbürste benutzen) und mit sauberen Lappen trocken putzen.

Bild 23

3.1. Einen neuen Bremsklotz nach dem anderen mit der Belagseite zueinander (also zur Bremsscheibe hin!) in den Schacht einschieben.

3.2. Bild 21: Belagfeder aufsetzen, die Pfeilmarkierung muss in Raddrehrichtung weisen.

3.3. Bremsklotz-Haltestift durch die Bohrungen von Bremssattel und Bremsklötzen führen, mit leichtem Druck ganz einschieben.

3.4. Bild 19: Splinte einbauen.

Bremssattel anbauen

1. Bremsscheiben mit Bremsenreiniger und sauberem Lappen reinigen.

2. Schrauben mit einer Messingbürste reinigen. Einen kleinen Tropfen Öl auf ihre Gewinde und die Anlageflächen geben.

3. Mit einem Finger zwischen die Bremsbeläge greifen und diese auseinanderdrücken, den Bremssattel auf Bremsscheibe schieben, beide Schrauben eindrehen und mit 35 Nm festziehen.

4. Durch mehrmaliges Pumpen am Handbremshebel die neuen Bremsklötze an die Bremsscheiben anlegen.

5. Stand der Bremsflüssigkeit prüfen und ggf. bis zum Sollstand auffüllen.

6. Rad von Hand durchdrehen und prüfen, ob es frei läuft oder etwas schleift. Bremshebel einige Male betätigen, loslassen, Rad drehen: Alles o.k.?

7. ABS-Sensor in Bohrung einschieben, Schraube eindrehen und mit 7 Nm festziehen.

Hintere Bremsklötze wechseln

Zum optimalen Wechsel der hinteren Bremsbeläge ist es gut, wenn das Hinterrad ausgebaut ist (siehe Kapitel 5 »Räder«). Wenn es eingebaut ist, kann man den hinteren Bremssattel besser bearbeiten und so beschreiben wir es jetzt.

1. Bilder 28a, 28b und 28c: Kontermadenschraube ausschrauben. Bremsklotz-Haltestift lösen, aber noch nicht ausschrauben.

2. Bild 31: Hintere Bremssattel-Befestigungs-

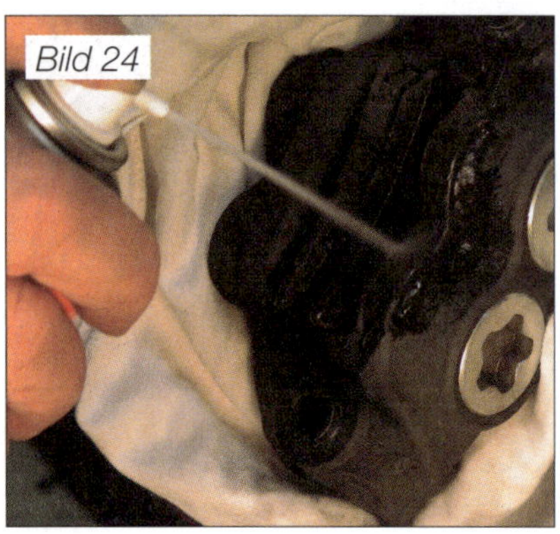

Bild 24

Bild 25

Bild 26

schraube ausschrauben.
3. Bremssattel hochschwenken.
4. Bild 29: Bremsklotz-Haltestift ausschrauben, dabei die Bremsklötze an ihren Enden mit dem Daumen etwas nach oben drücken.
5. Bild 30: Bremsklötze nach hinten aus dem Bremssattel herausziehen.
6. Bremssattel außen und innen mit Bremsenreiniger und sauberem Lappen reinigen. Bremsklotz-Haltestift und Bremssattelhalter mit einer kleinen Messingbürste reinigen.
7. Den äußeren alten Bremsklotz einsetzen. Mit einem Handballen fest den Bremssattel gegen die Bremsscheibe drücken, so wird der Bremskolben zurückgedrückt und Platz geschaffen für die neuen Bremsklötze.

Neue Bremsklötze einbauen
Bild 27: Bei den neuen Bremsklötzen sollten Hitzeschutzbleche und Zwischenlagen dabei sein. Wenn nicht: Die Teile von den alten Bremsklötzen abbauen und auf die neuen aufbauen.
1. Zuerst sicherstellen, dass die Feder innen-oben im Bremssattel richtig sitzt (Kreis in Bild 33).
2. Bild 31: Zuerst den äußeren Bremsklotz einsetzen. Darauf achten, dass seine Vorderseite im vorderen Anlageblech sitzt (Kreis in Bild 34, Pfeile in den Bildern 34, 35, 36).
3. Dann den zweiten Bremsklotz einsetzen, auch seine Vorderseite muss in das Anlageblech eingesetzt werden.
4. Bremssattel nach unten schwenken.
4.1. Bremsklotz-Haltestift eindrehen, aber noch nicht festziehen.
4.2. Bild 37: Einen kleinen Tropfen Loctite 243 »mittelfest« auf das gereinigte Gewinde der hinteren Bremssattel-Befestigungsschraube auftragen, Schraube eindrehen und mit 22 Nm festziehen.
5. Bremsklotz-Haltestift mit 17 Nm festziehen.
5.1. Bilder 28b und 28a: Kontermadenschraube eindrehen und mit 2,5 Nm festziehen.

Bauteile in Bild 27
Teil 1 = Kontermadenschraube
Teil 2 = Bremsklotz-Haltestift
Teil 3 = Bremssattel
Teile 4 = Bremsklötze
Teile 5 = Hitzeschutzbleche
Teile 6 = isolierende Zwischenlagen
Teil 7 = Feder innen-oben im Bremssattel
Teil 8 = Entlüfternippel mit Abdeckkappe

Bild 27

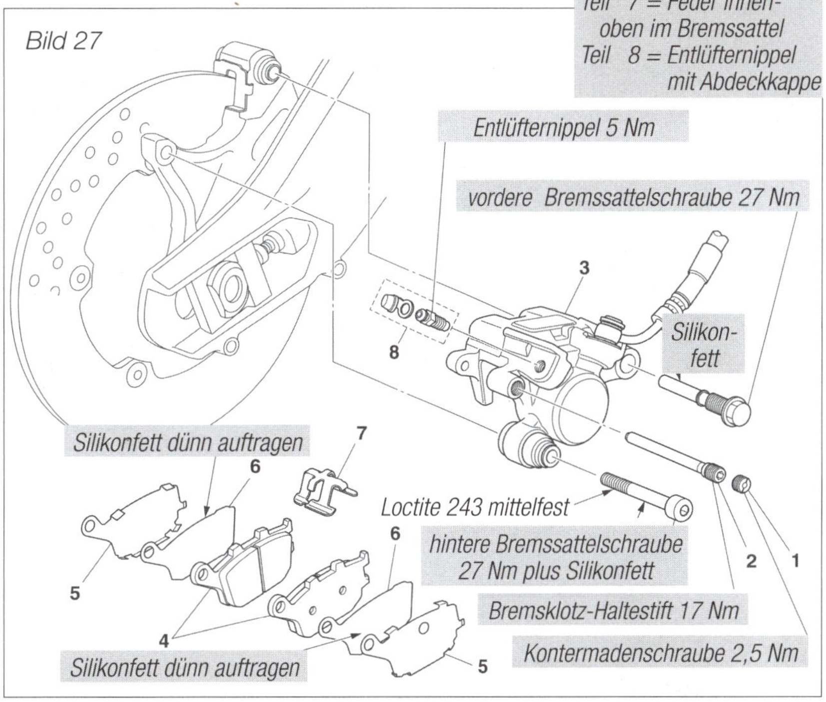

Bild 28a

Bild 28b

Bild 28c

Zum Wechsel der hinteren Bremsbeläge zuerst die Kontermadenschraube ausdrehen, dann den Bremsklotz-Haltestift...

Bild 29

Bild 30

Bild 31

...ausbauen. Jetzt die Bremsklötze ausziehen. Hintere Bremssattelschraube ausbauen, Bremssattel hochklappen.

6. Bremsbeläge durch Pumpen am Fußbremshebel an die Bremsscheibe anlegen.
7. Stand der Bremsflüssigkeit im Vorratsbehälter prüfen, ggf. etwas absaugen oder auffüllen.

Bild 32

Bild 33

Bild 34

Bild 35

Bild 36

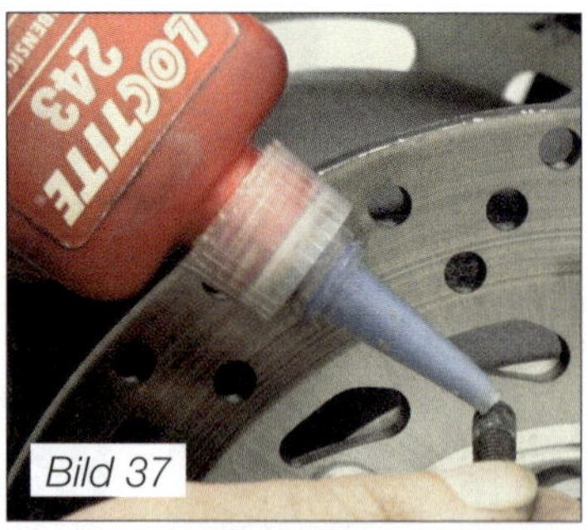

Bild 37

Bild 38: Wenn der Bremssattel nicht mehr leicht gleitet, Halter vom Bremssattel abziehen, Führungsstifte und Buchsen reinigen, mit Silikonfett einfetten.

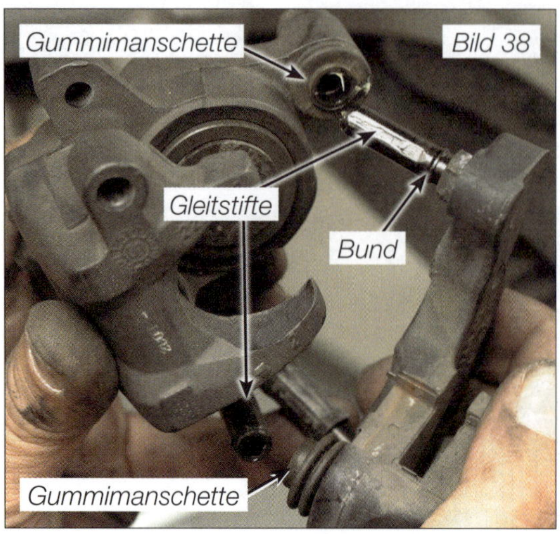

Bild 38

8. Rad von Hand durchdrehen und prüfen, ob es frei läuft oder etwas schleift. Ganz leichte Schleifgeräusche können zu hören sein, das ist normal. Fußbremshebel zwei-, dreimal betätigen, loslassen und Rad drehen: Alles in Ordnung?

Hinweis zum hinteren Bremssattel: Es ist ein so genannter »Einkolben-Gleitsattel«, der auf den beiden Stiften (Schrauben), mit denen er am Bremssattel-Halter befestigt ist, gleitet. Bitte kontrollieren Sie, ob die Gummimanschetten auf den Bünden der Stifte korrekt sitzen und der Bremssattel darauf auch leicht gleitet. Falls nicht, siehe Bild 38: Bremssattel von den Stiften abziehen, alles reinigen, mit Silikonfett einschmieren und wieder zusammenbauen.

Bremspedalhöhe

Von vorne betrachtet soll sich der Fußbremshebel auf Höhe des Schalthebels befinden. An einer gepflegten Maschine ist die Einstellung nicht verändert, aber je nach Alter der Maschine und/oder Schrauberintensität kann eine Einstellung bzw. Nachjustierung nötig sein.
1. Bilder 39a und 39b: Die Kontermutter auf der Druckstange lösen und zwei bis drei Umdrehungen hochdrehen.
2. Druckstange langsam drehen, bis die richtige Bremspedalhöhe eingestellt ist.
3. Kontermutter »gut handfest« festziehen (das entspricht den vorgeschriebenen 18 Nm).
■ Dabei die Druckstange am Sechskant mit einem passenden Schlüssel gegenhalten!

Bremsflüssigkeit wechseln

Spätestens nach zwei Jahren muss die Bremsflüssigkeit erneuert werden, weil: Je älter Bremsflüssigkeit wird, desto mehr Wasser nimmt sie aus der Luft auf. Ihre Temperaturstabilität sinkt, sie beginnt früher zu kochen – und wenn die Bremsflüssigkeit mit Wasser versetzt ist, bilden sich bei Hitze Dampfblasen in ihr.

Dann besteht die Gefahr, dass die Bremsen bei extremem Einsatz, etwa bei Passabfahrten oder Rennstreckenbetrieb, plötzlich versagen, weil Dampfblasen im Hydrauliksystem komprimierbar sind und nicht druckstabil. Der vom Bremshebel aufgebaute Druck kann somit nicht an die Bremskolben weitergegeben werden, der Bremshebel fällt regelrecht durch und die Bremse versagt.

Schnelle oder pässebegeisterte Fahrer wechseln die Bremsflüssigkeit alle 12 Monate, weil bei solchen Fahrten die Bremsflüssigkeit besonders stark belastet wird durch den ständigen Wechsel von Erhitzen und Abkühlen.

Bremsflüssigkeit wechseln, Bremsen entlüften

Bilder 40a und 40 b: Der folgende Text gilt für das Entlüften der vorderen und hinteren Bremse mit einfachen Mitteln; die Arbeitsschritte sind gleich. Vorne zuerst den rechten Bremssattel, dann den linken entlüften.

Wichtig 1: Bei Maschinen mit ABS sollen Entlüftung und Wechsel der Bremsflüssigkeit nur mit einem Profigerät (Bild 4) durchgeführt werden. Aber auch zum professionellen Entlüften einer Bremsanlage ohne ABS empfehlen wir ein solches Profi-Unterdruckgerät.

Wichtig 2: Yamaha empfiehlt, nach der Entlüftung und dem Wechsel der Bremsflüssigkeit einen Funktionstest des Hydroaggregats und des ABS-Steuergeräts (Bild 54) durchzuführen. Dazu werden das Spezialwerkzeug »Prüfstecker-Adapter« (Nr. 90890-03149) benötigt sowie ein Laptop mit entsprechender Yamaha-Software. Wie schon mehrfach in diesem Buch gesagt, gibt es diese nur beim Yamaha-Händler, weswegen wir mit allem Nachdruck empfehlen, die Sache beim Yamaha-Händler machen zu lassen.

1. Deckel vom Bremsfüssigkeits-Vorratsbehälter abschrauben, Stützscheibe und Membran herausziehen.
2. Alte Bremsflüssigkeit aus dem Behälter absaugen, z. B. mit einer Einwegspritze.
2.1. Bremsflüssigkeits-Vorratsbehälter innen und Dichtflächen mit sauberem Lappen reinigen.
3. Frische Bremsflüssigkeit einfüllen und zwar ganz langsam.
4. Am Bremssattel die Gummikappe vom Entlüfternippel abziehen.
4.1. Bilder 40a und 40b: Einen exakt passenden Sechskant-Ringschlüssel auf das Sechskant des Entlüfternippels aufstecken.
4.2. Einen passenden durchsichtigen Schlauch über den Entlüfternippel stülpen. Dessen anderes Ende in einem Auffanggefäß enden lassen.
5. Etwas Bremsflüssigkeit in das Gefäß geben, Schlauchende in die Bremsflüssigkeit eintauchen.
5.1. Bild 40b: Das Auffanggefäß so aufhängen, dass das Niveau der Bremsflüssigkeit höher steht als der Entlüfternippel am Bremssattel.
6. Bremshebel/Bremspedal ein paar Mal anziehen bzw. runterdrücken, bis Widerstand spürbar ist. Schön langsam pumpen und den Hebel/das Pedal zwischendurch immer einige Sekunden in Ruhestellung lassen, damit Bremsflüssigkeit luftfrei nachlaufen kann.
7. Hebel/Pedal betätigen und am Widerstandspunkt gezogen/gedrückt halten.
8. Entlüfternippel 1/4 bis 1/3 Umdrehung öffnen, Hebel bzw. Bremspedal ganz durchziehen/durchdrücken: Bremsflüssigkeit kommt jetzt durch den Schlauch, sie ist durchsetzt mit Luftbläschen: Entlüfternippel schließen.
9. Hebel langsam (!) wieder loslassen. Dann wieder einige Male pumpen, Hebel in Druckposition halten, Entlüfternippel aufdrehen und schließen.
10. Schritte 6. bis 9. so lange wiederholen, bis nur noch saubere Bremsflüssigkeit ohne Luftbläschen aus dem Schlauch kommt.

Bremsscheiben ab- und anschrauben
Im Kapitel 6 »Räder« ist das Ab- und Anschrauben der Bremsscheiben in Bild und Text erklärt.

Bilder 39a und 39b: Einstellung der Bremspedalhöhe an der Druckstange.

Bilder 40a und 40b: Systemanordnung für die Bremsentlüftung »per Hand« mit Glas, durchsichtigem Schlauch und Ringschlüssel.

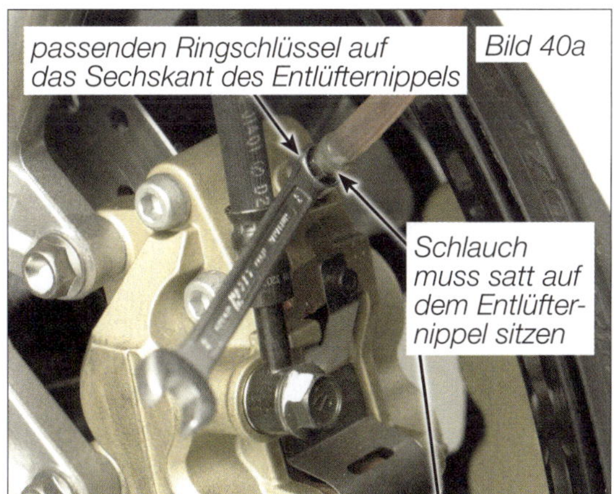

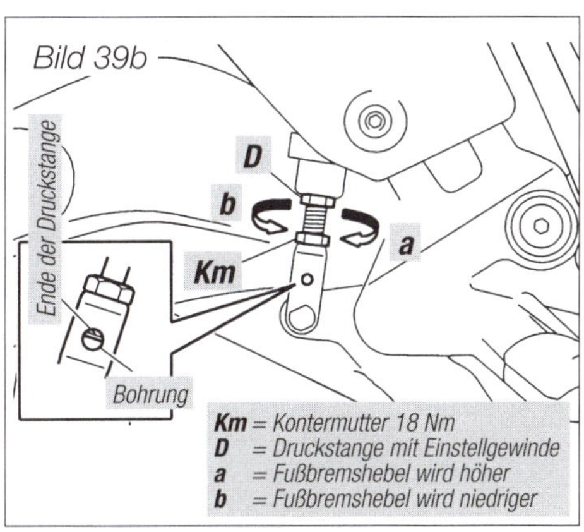

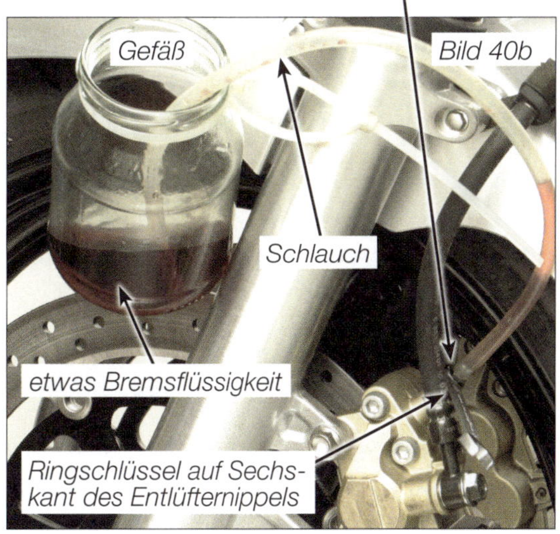

Sichtprüfung Messen

10.1. Dazwischen immer wieder nachsehen, ob im Vorratsbehälter noch genügend Bremsflüssigkeit ist. Der Pegelstand darf nicht unter die Minimum-Marke fallen. Rechtzeitig nachfüllen, damit keine Luft ins System gelangt.
11. Tritt am Entlüftungsschlauch nur frische Bremsflüssigkeit ohne Luftbläschen aus, Bremshebel nochmals durchziehen/durchdrücken. Entlüfternippel festdrehen mit 5 Nm.
11.1. Bremsflüssigkeit aus Entlüfternippel trocken tupfen, etwas Silikonfett daran geben, Gummikappe auf Entlüfternippel aufdrücken.
12. Abschließend den Bremsflüssigkeitsstand prüfen und ggf. bis zur Markierung auffüllen.

Bremssättel und Bremspumpen

Falls Dreck in die Bremsanlage gekommen ist, wie z. B. bei einem Sturz, bei dem Teile der Bremsanlage zerstört wurden, muss die Bremse geöffnet, gereinigt und mit neuen Manschetten und Dichtringen bestückt werden.

Bei einem alten, schlecht gewarteten oder lange gestandenen Motorrad kann es vorkommen, dass die Bremskolben durch starken Schmutz festsitzen, die Kolbenmanschetten undicht sind und deswegen die Bremse nicht mehr einwandfrei funktioniert.

Bremspumpen und Bremssättel kann man in Bremsenbetrieben überholen lassen. Dazu gibt es beim Yamaha-Händler Dichtungskits (»Brake Repair Kit«). Allerdings sind oft neue Bremspumpen und Bremssättel die bessere Empfehlung als zweifelhaft überholte oder gebrauchte Teile!

Beachten: Arbeiten an Bremssätteln und Bremspumpen setzen meisterliche Fähigkeiten und reichlich Motorraderfahrung voraus. Wenn Technik-Laien Probleme mit der Bremsanlage haben, sollen sie

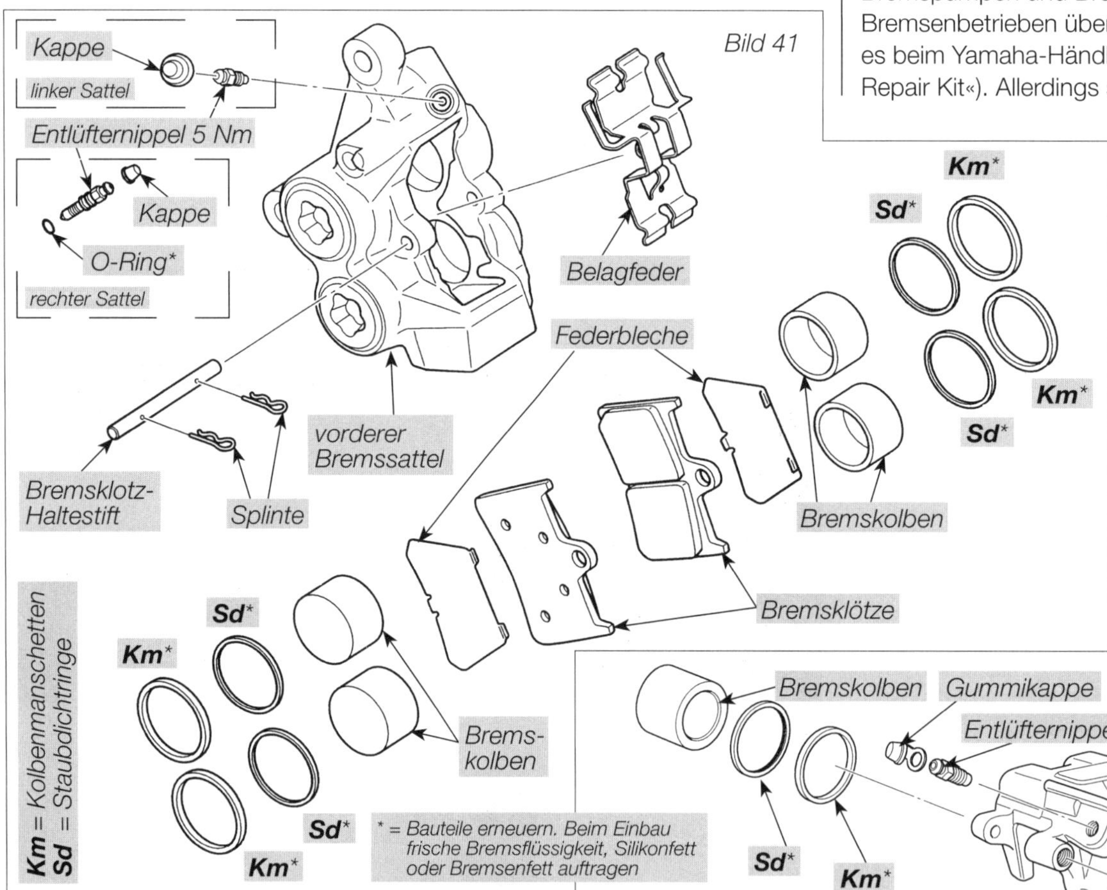

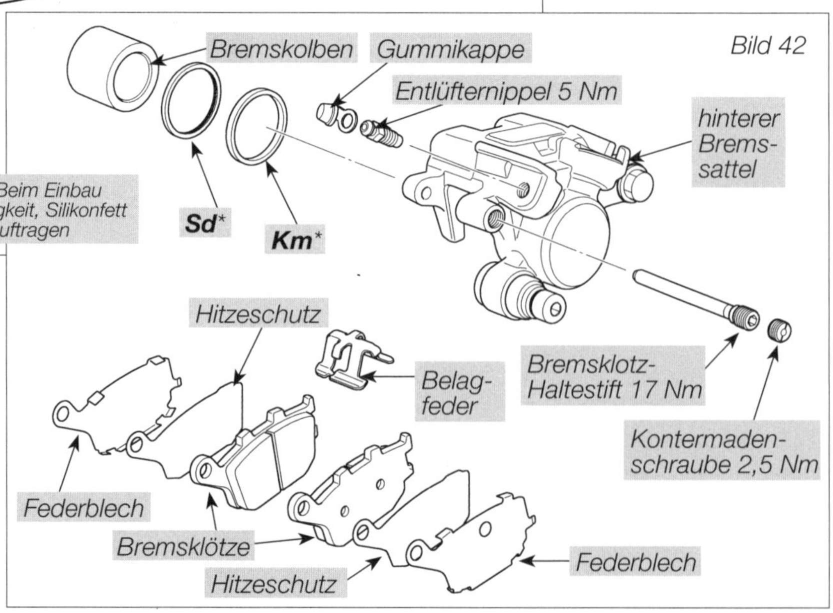

Bilder 41 und 42: Explosionszeichnungen des vorderen linken und hinteren Bremssattels mit Anbauteilen. Speziell beachten:

- *Neue Kolbenmanschetten (**Km**) und Staubdichtringe (**Sd**) einbauen.*
- *Zum Einbau die Kolbenmanschetten mit frischer Bremsflüssigkeit und die Staubdichtringe leicht mit Silikonfett oder Bremsenfett einreiben.*

zuerst zum Yamaha-Händler gehen, bevor sie sich selbst an die Reparatur machen.

Schon beim Lösen der Bremsschlauchanschlüsse und später auch beim Zerlegen der Bremssättel und Bremspumpen muss man reichlich frische Lappen haben und unterlegen. Übergelaufene Bremsflüssigkeit muss man umgehend mit warmem Wasser neutralisieren und aufputzen, sonst gibt es hässliche Flecke, wenn die Bremsflüssigkeit antrocknet.

Wichtig: Beim Anbringen der Bremsschläuche unbedingt neue Dichtscheiben verwenden, diese also rechtzeitig zusammen mit den anderen benötigten Ersatzteilen vor Beginn der Arbeiten kaufen.

Vorbereitungen zum Zerlegen der Bremssättel und Bremspumpen

1. Bremsklötze ausbauen.
2. Hohlschraube des Bremsschlauchs von Bremssattel/Bremspumpe öffnen, solange die Bauteile noch angebaut sind.
3. Lappen bereithalten. Ausgelaufene Bremsflüssigkeit sofort aufputzen.

Bremssattel zerlegen

1. Bremssattel abschrauben. Beim hinteren Bremssattel den Bremssattelhalter abbauen.
2. Bild 44: Bremskolben herausdrücken:
2.1. Lappen über Bremskolben legen.
2.2. Bild 44: Ein Stück Holz auf den Bremskolben in den Bremssattel einlegen.
2.3. Bremssattel auf eine feste Holzunterlage legen, Bremskolben weisen nach unten.
2.4. Druckluft in die Bremsflüssigkeits-Zulaufbohrung oder in die Bohrung des Entlüfternippels blasen, dabei die offene Bohrung fest zuhalten (!), Bremskolben wird dadurch ausgestoßen.

Achtung: Vorsicht beim Umgang mit Druckluft! Luftdruck vorsichtig dosieren, damit die Bremskolben nicht herausschießen! Finger aus dem Bremssattel nehmen, um Verletzungen zu vermeiden.

3. Staubdichtringe und Kolbenmanschetten mit einem kleinen, stumpfen Schraubenzieher heraushebeln.
Wichtig: Ausgebaute Staubdichtringe und Kolbenmanschetten soll man nicht wieder verwenden, Neuteile also rechtzeitig vor Beginn der Arbeiten besorgen!
4. Ausgebaute Kolben, Kolbenbohrungen und Dichtringnuten reinigen. Nicht beschädigen!

Bauteile des Bremssattels prüfen

1. Bremskolben und zugehörige Bohrungen im Bremssattel dürfen keine Riefen, Kratzer, Rostnarben oder sonstige Beschädigungen aufweisen. Wenn doch, erneuern.
2. Festsitzenden Dreck mit reichlich Bremsenreiniger und rauem Lappen abrubbeln.
Wichtig: Weder Bremskolben noch Kolbenbohrungen mit Schmirgelpapier bearbeiten!
3. Es gibt keine festen Verschleißmaße für die Bohrungen in den Bremssätteln und Bremszylindern sowie deren Bremskolben. Wenn Präzisionsmessgeräte zur Verfügung stehen, kann man das Spiel zwischen Bremskolben (Außendurchmesser) und Gehäusebohrung (Innendurchmesser) messen. Anhaltswert: Das Spiel darf rund 1/10 mm betragen.
4. Wenn Staubdichtringe und Kolbenmanschetten in einer Notsituation beim Zusammenbau

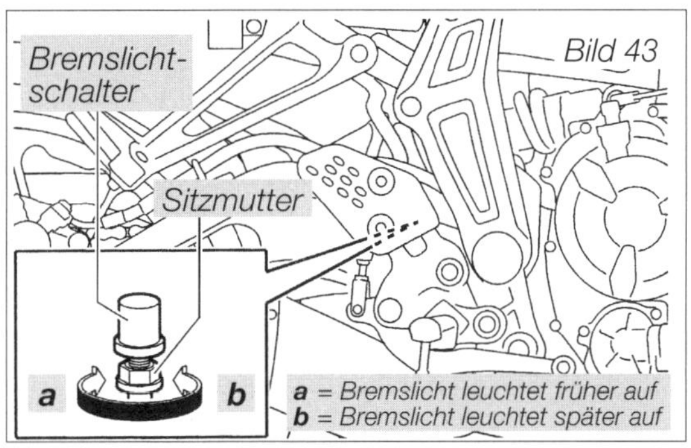

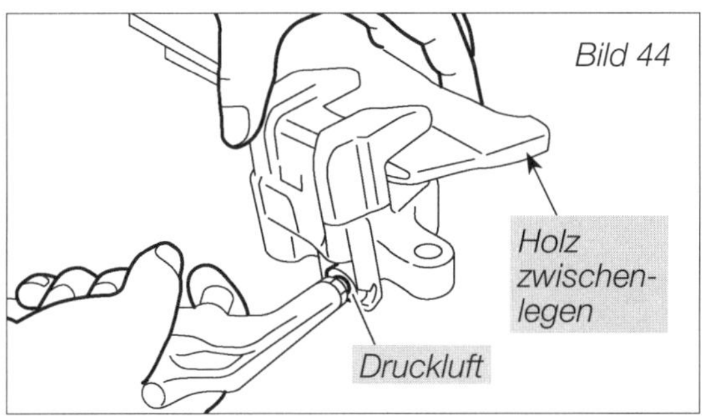

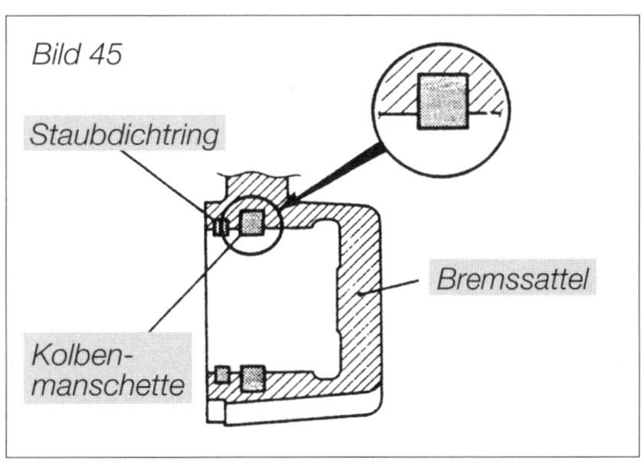

Bremslichtschalter prüfen und einstellen
Bild 43: Der Bremslichtschalter sitzt hinter der rechten Fußrastenplatte und ist nicht besonders gut erreichbar. Er wird von einer Feder auf Zug betätigt, die auf der einen Seite am Fußhebel und auf der anderen Seite am Zugstück des Bremslichtschalters eingehängt ist: Bei halb bis zwei Drittel gedrücktem Bremspedal muss das Bremslicht aufleuchten.

Einstellung des Bremslichtschalters korrigieren:
1. Sitzmutter mit der Hand entsprechend aus- oder eindrehen.
Wichtig: Das Gehäuse des Bremslichtschalters dabei unbedingt mit der anderen Hand gegenhalten, damit er sich nicht mitdreht.
2. Bremslichtschalter wird durch Verdrehen der Sitzmutter nach unten oder oben verschoben und schaltet dadurch früher oder später das Bremslicht ein und wieder aus.

Achtung: Nie den Bremslichtschalter als Ganzes verdrehen! Sonst bricht die Feder ab und das Anschlusskabel verdrillt sich.

Bild 43: Einstellung des Hinterrad-Bremslichtschalters.

Bild 44: Ausdrücken des Bremskolbens mit Hilfe von Druckluft.

Bild 45: Beim Einbau neuer Kolbenmanschetten und Staubdichtringe darauf achten, dass diese sich wenig verformen und satt in ihre Nuten eingesetzt werden.

wieder verwendet werden müssen: Ganz genau ansehen, sie müssen in jedem Fall in einwandfreiem Zustand sein, also »wie neu«.

Bremssattel zusammenbauen

Umgekehrt zur Zerlegung. Speziell beachten:
1. Sauberkeit der Nuten für Bremsmanschetten und Dichtringe in jedem Winkel kontrollieren, bevor die neuen Dichtringe eingesetzt werden!
2. Manschetten und Dichtringe vor dem Einsetzen mit frischer Bremsflüssigkeit, reinem Silikonfett oder Bremsenfett einschmieren.
3. Bild 45: Kolbenmanschetten und Staubdichtringe sorgfältig in ihre Nuten einsetzen.
4. Bremskolben mit der geschlossenen Seite nach innen (= offene Seite nach außen!) an der Bohrung ansetzen und ganz tief eindrücken.
5. Staubdichtringe und Kolbenmanschetten dürfen sich beim Einsetzen der Kolben nicht umwenden und nicht »angeschnitten« werden!
6. Prüfen Sie beim hinteren Bremssattel auch die Gummimanschetten und Bremssattel-Gleitstifte. Wenn der Bremssattel zerlegt ist, alle Manschetten prüfen auf Risse und poröse Stellen. Im Zweifelsfall erneuern! **Hinweis:** Beim Zusammenbau etwas reines Silikonfett in die Manschetten geben.

Bremspumpe zerlegen

Wenn schon die Bremssättel zerlegt werden müssen, sollte man bei dieser Gelegenheit auch die Bremspumpen zerlegen und die Bremsschläuche reinigen. Denn wenn Schmutz in die Bremsanlage gelangt ist, sitzt dieser auch in den Bremspumpen und den Schläuchen.

1. Bremsflüssigkeit absaugen. Die Schlauchanschlüsse trennen, den Bremshebel abschrauben.
■ Hintere Bremspumpe, Bild 39b: Gelenkstift (Bolzen) von Gabelkopf und Bremshebel ausbauen, Bremspumpe abnehmen.
2. Staubschutzbalg aus der Bremspumpe vorsichtig herausziehen.
3. Seegerring ausbauen: Kolben gegen Feder drücken, der Seegerring wird so entlastet und kann ausgebaut werden.
4. Kolben und Feder entnehmen.

Bremspumpe kontrollieren

Hierfür gelten die gleichen Punkte wie im Text weiter vorne »Bauteile des Bremssattels prüfen«.

Bremspumpe zusammenbauen

1. Die konische Feder mit dem großem Durchmesser nach innen einsetzen.
2. Kolbensatz in Pumpe eindrücken, Seegerring einbauen, Staubschutzbalg einschieben.
3. Pumpe am Lenker anbringen:
3.1. Bild 49: Kontaktfläche (»Stoßfläche«) von Bremszylinder und Halteschale ist oben – die Kennzeichnung »UP« muss nach oben weisen.
3.2. Bild 49: Auf dem Lenker ist eine Körnermarkierung angebracht, die sich mit der Trennfläche der Klemmenhalbschale decken soll.
3.3. Zwischen Klemmenhalbschale und Lenkerarmatur soll der Abstand mindestens 11 mm betragen.
3.4. Obere Schraube zuerst festziehen, dann untere, beide mit 10 Nm.
3.5. Bremshebel anbringen: Gelenkstelle einfetten, Bremshebel in Einbaustellung einsetzen, Gelenkbolzen eindrehen, leicht anziehen, Kontermutter aufdrehen und mit 6 Nm festziehen.
4. Bremsschlauchverbindungen mit neuen Dichtscheiben installieren. Ggf. Bremslichtschalter anbringen, Kabel für Bremslicht aufstecken.

Bilder 46 und 47: Explosionszeichnungen der vorderen und hinteren Bremspumpe mit Teilebezeichnungen und Anziehdrehmomentwerten.

Bild 46

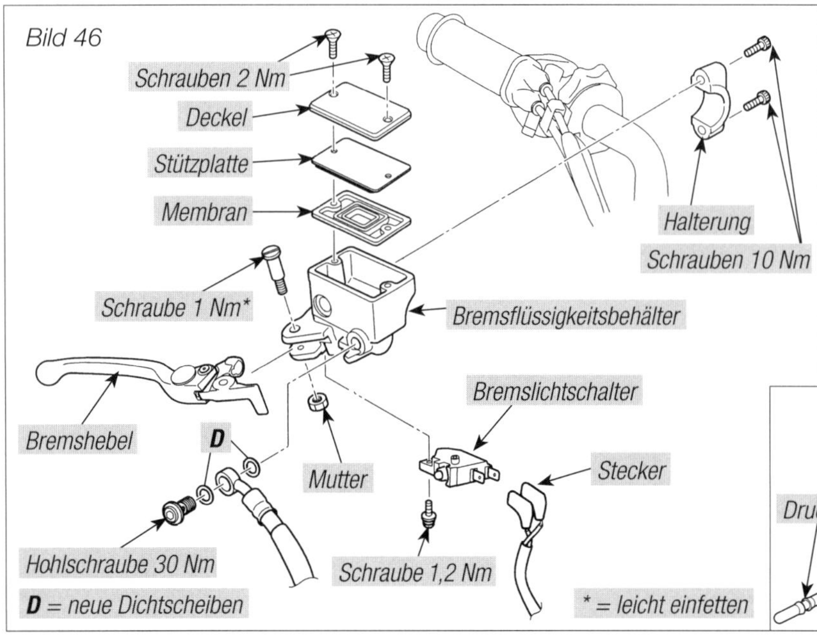

Bild 47

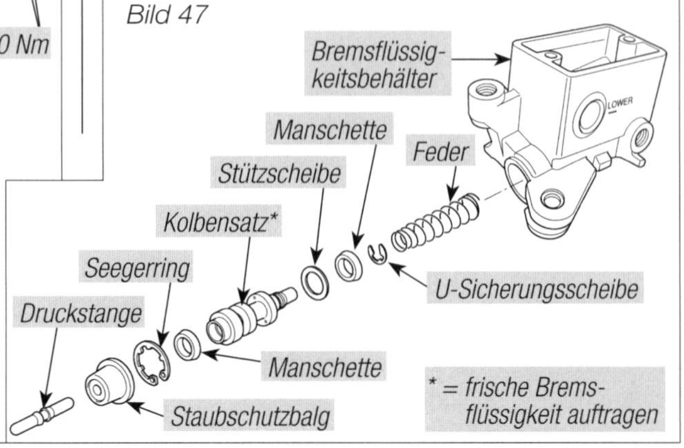

4.1. Bild 50: Bremsschlauch so montieren, dass der Bremsschlauch im Winkel von 23 bis 33 Grad zum Deckel des Bremsflüssigkeitsbehälters steht.
5. Befüllen und Entlüften der Bremshydraulik siehe Text weiter vorne in diesem Kapitel.

Stahlflexleitungen

Ein Wort zuvor: Wenn bei Maschinen andere Bremsleitungen angebracht werden sollen, sollte man nur solche mit einer ABE (Allgemeine Betriebs Erlaubnis) montieren. Das gilt für Maschinen ohne und mit ABS.

Die serienmäßigen Bremsleitungen sind aus Kautschuk und sollen laut Yamaha alle vier Jahre erneuert werden, weil sie durch den ständigen Kontakt mit Bremsflüssigkeit porös (»weich«) werden. Man spürt das am Druckpunkt des Bremshebels, der mit der Zeit schwammig wird. Wenn also die Gummibremsleitungen erneuert werden müssen, was mit erheblichen Material- und Arbeitskosten verbunden ist, bietet sich ein Umbau auf Stahlflexleitungen an.

Eine Stahlflexleitung besteht aus einem Teflonschlauch, der mit einem flexiblen Geflecht aus Edelstahl ummantelt ist. Der Teflonschlauch übernimmt den Flüssigkeitstransport, während die Drahtumflechtung die Druckkräfte aufnimmt. Teflon altert nicht, weil es (im Gegensatz zu Gummi) weder Luft noch Wasser aufnimmt. Neben dem Vorteil der Alterungsbeständigkeit dehnt sich eine Stahlflexleitung unter Bremsdruck nicht aus, die Bremse spricht direkter an. Sportlich ambitionierte Motorradfahrer schwören auf den Einsatz von Stahlflexleitungen.

Qualitativ hochwertige Stahlflexleitungen sind zusätzlich mit einem Kunststoffüberzug versehen, der andere Teile des Motorrads wie z. B. Gabel und Verkleidung vor Beschädigung schützt. Denn das äußere, sehr harte Edelstahlgewebe neigt im Laufe der Zeit durch die Bewegungen des Fahrzeugs dazu, sich in weichere Teile, an denen es auf- oder anliegt, einzuarbeiten wie ein Sägeblatt; es kann auch der Stahlflexschlauch selbst beschädigt werden.

Der Kunststoffüberzug wird in verschiedenen Farben angeboten, so dass man seinem Motorrad über die Bremsleitungen einen zusätzlichen individuellen Farbtouch geben kann. Stahlflexleitungen sind beim Yamaha-Händler und im Zubehörhandel erhältlich.

Nachstehend Tipps zum Anbau:
- Die Leitungen müssen so angebaut werden, dass sie nirgendwo an einem Bauteil scheuern oder gar geknickt werden.
- Es empfiehlt sich, die Stahlflexleitungen mit Kabelbindern zu fixieren. Dabei dürfen die Kabelbinder nicht zu fest angezogen werden.
- Im Bereich der Telegabel ist es besonders wichtig, den Einfederweg und den Negativfederweg zu berücksichtigen: Die Bremsleitungen müssen beim vollen Eintauchen der Gabel und beim vollständigen Ausfedern genügend Spiel haben, sie dürfen dabei keinesfalls spannen, also auf Zug belastet werden. Sonst können Beschädigun-

Bild 48: Explosionszeichnung der hinteren Bremspumpe mit Teilebezeichnungen.

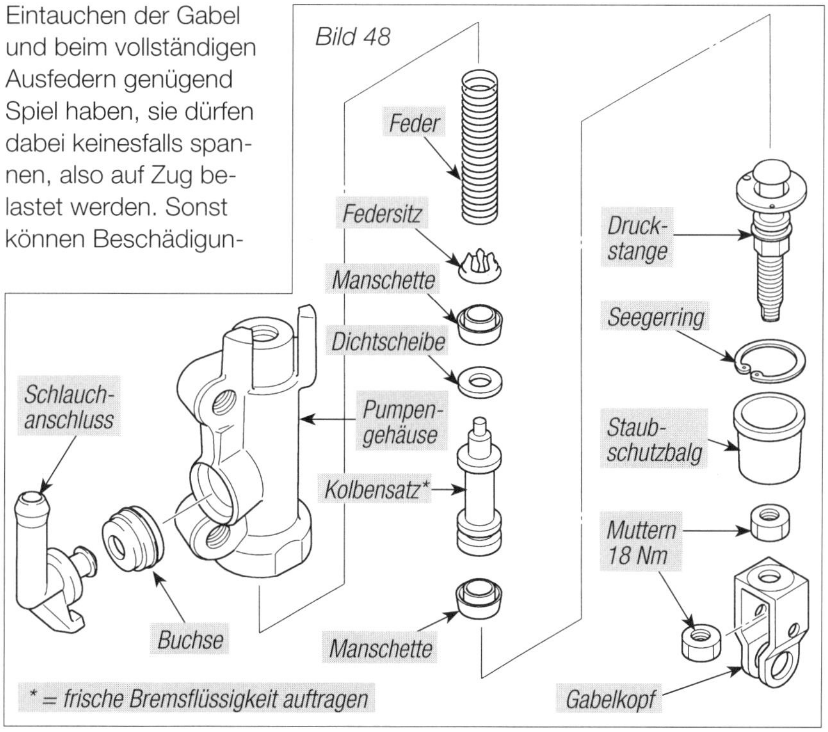

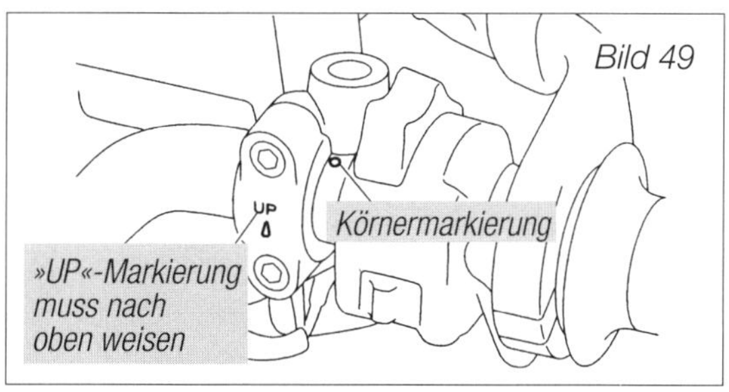

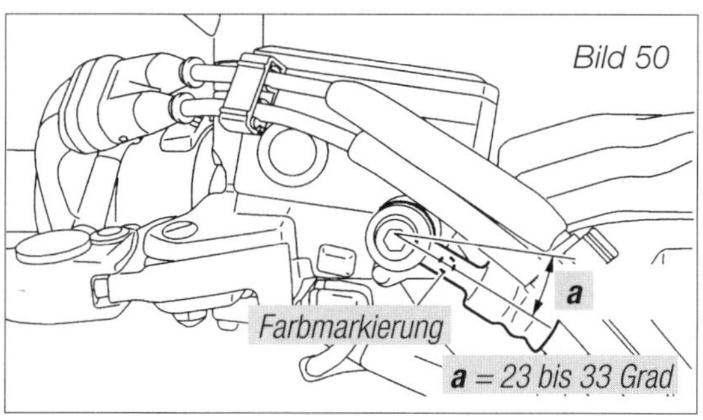

Bilder 49 und 50: Bei Montage der vorderen Bremspumpe auf die Markierungen an Lenker, Klemmhalbschale und Bremsschlauchanschluss achten.

Sichtprüfung Messen

Bild 51: Kompletter Stahlflex-Kit von Goodridge mit neuen Hohlschrauben und Dichtringen.

gen an der Leitung auftreten, der Schlauch kann an der Anschlussstelle abknicken; im schlimmsten Fall bricht der Ringanschluss (»Fitting«, Bild 52) ab.

Bremsleitungen abbauen

1. Bremsflüssigkeit aus dem Bremsflüssigkeitsbehälter absaugen.

2. Einen Schlauch auf den Entlüfternippel am Bremssattel schieben, das andere Ende in einen geeigneten Behälter stecken, Entlüfternippel öffnen und die restliche Flüssigkeit abpumpen oder durch die Schwerkraft ablaufen lassen (Aufbau siehe Texte und Bilder »Bremse entlüften« weiter vorne in diesem Kapitel).

3. Die Hohlschrauben der Bremsleitungen am Bremssattel abschrauben und die restliche Flüssigkeit in einen geeigneten Behälter abfließen lassen. Reichlich Lappen bereithalten!

4. Obere Hohlschraube der Bremsleitung lösen und herausdrehen. Alle Befestigungsstellen der Bremsleitungen an der unterer Gabelbrücke und den Gabelbeinen abschrauben.

5. Alle Anschlüsse sauber putzen, dazu Bremsenreiniger verwenden und nicht fusselnde Lappen.

■ Falls Bremsflüssigkeit auf Bauteile gelangt ist, diese mit Bremsenreiniger und reichlich lauwarmem Wasser, in das ein Schuss Spüli oder Pril gegeben wurde, abspülen und trocken putzen.

Bremsleitungen anbauen

Bei qualitativ hochwertigen Stahlflex-Bremsleitungen sind neue Anschluss-Hohlschrauben und neue Alu- oder Kupferdichtringe dabei. Sollten diese wider Erwarten nicht dabei sein, kaufen Sie neue Dichtringe. Vergleichen Sie die Dicke der neuen Stahlflex-Anschlüsse mit denen der alten Leitungen und beachten Sie, dass die neuen Hohlschrauben weder zu kurz noch zu lang sein dürfen.

1. Neue Stahlflexleitungen mit den alten Gummileitungen auf Länge, Anschlüsse und Winkel der Ringanschlüsse vergleichen: Dazu beide Leitungen auf einer (sauberen!) Werkbank gestreckt parallel zueinander auslegen.

2. Halterungen von den alten Gummileitungen abbauen, an die Stahlflexleitungen anbringen.

3. Stahlflexleitungen zuerst ohne Schrauben von Hand an oberen Anschluss der Handbremspumpe und unteren am Bremssattel anlegen. Die Anschlüsse müssen wie von selbst anliegen!

3.1. Falls nicht: Den Ringanschluss in einen Schraubstock mit glatten Backen spannen, Schutzbacken verwenden – und die Presshülse mit einer Wasserpumpenzange vorsichtig (!) etwas verdrehen.

4. Leitungen mit den neuen Hohlschrauben und neuen Dichtringen provisorisch befestigen.

■ Hohlschrauben noch nicht festziehen!

5. Halterungen der Bremsleitungen anschrauben und kontrollieren, ob die Leitungen an jeder Stelle spannungsfrei verlegt sind.

6. Gabel und Schwinge einfedern, die Leitungen beobachten, sind sie überall scheuerfrei, knickfrei

Bild 51

und nicht verdreht? Wenn nicht, korrigieren.
7. Hohlschrauben langsam handfest anziehen. Dabei die Ringanschlüsse auf Position festhalten.
8. Hohlschrauben mit dem vom Hersteller vorgeschriebenen Anziehdrehmoment festziehen.
■ Jetzt die Verlegung der Bremsleitung nochmals kontrollieren.
9. Nun die Bremsflüssigkeitsbehälter mit frischer Bremsflüssigkeit befüllen, langsam durchpumpen oder durch die Schwerkraft nach unten durchlaufen lassen.
9.1. Der Entlüfternippel unten am Bremssattel muss offen sein, das Schlauchende muss in ein geeignetes Gefäß eingesteckt sein.
Wichtig: Einen Bremssattel nach dem anderen füllen, also nicht beide gleichzeitig offen haben!
10. Wenn die Bremsanlage mit genügend Bremsflüssigkeit befüllt ist, muss sie entlüftet werden (siehe dazu Text weiter vorne in diesem Kapitel »Bremsanlage entlüften«).
■ Umbau der hinteren Bremsanlage analog zur vorderen.

Wichtig 1: Stahlflex-Bremsleitungen werden meist mit einem Teilegutachten ausgeliefert. Der fachgerechte Anbau muss von einem Gutachter abgenommen und in die Fahrzeugpapiere eingetragen werden (Dekra, KÜS, TÜV). Die Eintragung entfällt, wenn den Bremsleitungen eine ABE beiliegt.

Wichtig 2: Mit einer auf Stahlflexleitungen umgebauten Bremse muss man sich einige Zeit vertraut machen, denn die Bremse spricht schneller an, sie packt unmittelbar voll zu. Dieser Umbau wurde mit Goodridge-Stahlflexleitungen durchgeführt (Goodridge Deutschland, Talstraße 227, D-67434 Neustadt, *www.goodridge.de).*

Probleme mit dem ABS?

Bei einem Ausfall des ABS bleibt die Bremswirkung selbst erhalten; die Bremsen funktionieren dann wie eine normale Bremse ohne ABS. Wenn das ABS nicht funktioniert, wird dies durch konstantes Leuchten oder Blinken der ABS-Anzeige (Bild 55) während der Fahrt im Cockpit angezeigt. Beim Anhalten der Maschine geht die Lampe nicht aus. Um festzustellen, ob die Lampe fehlerhaft arbeitet oder ein echtes Problem mit dem ABS vorliegt, gehen Sie folgendermaßen vor:
1. Wenn die ABS-Lampe während der Fahrt aufleuchtet, halten Sie an und schalten den Motor aus, indem die Zündung am Zündschlüssel AUSgeschaltet wird. Zündschlüssel abziehen.
2. Nach einer Pause von etwas mehr als einer Minute den Motor starten und losfahren.
3. Wenn die ABS-Anzeige weiter leuchtet und nicht ausgeht, funktioniert das ABS nicht.
4. Zu den Sicherungen für ABS-Motor, ABS-Magnetventil und für ABS-Steuergerät ECU und ihrer Einbaulage siehe Kapitel 25 »Sicherungen · Relais« und 26 »Elektrische Bauteile«. Auf der nächsten Doppelseite sind Schaubilder und Zeichnungen, in denen die Lage der ABS-Bauteile und der zugehörigen Kabelstecker an den verschiedenen Modellen gezeigt wird.
■ Wenn das ABS nicht funktioniert, zuerst prüfen, ob diese Sicherungen durchgebrannt oder ihre Steckverbindungen korrodiert sind: Defekte Sicherung erneuern, Korrosion mit feinem Schmirgelpapier und Kontaktspray beseitigen. Den Stecker mit leichter Pressluft ausblasen.
5. Bild 56: Prüfen Sie auch den Luftspalt zwischen ABS-Sensor und Sensorring. Er muss beim Vorderrad 0,5 bis 1,3 mm betragen und beim Hinterrad 0,7 bis 1,5 mm.
6. Alle Sensoren müssen sauber sein, ihre Kabelstecker ebenso.
7. Der große Zentralstecker muss sicher in das ABS-Steuergerät eingesteckt sein.
8. Batterie muss ok sein, ihre Spannung muss mindestens 12,6 Volt (oder mehr) betragen!

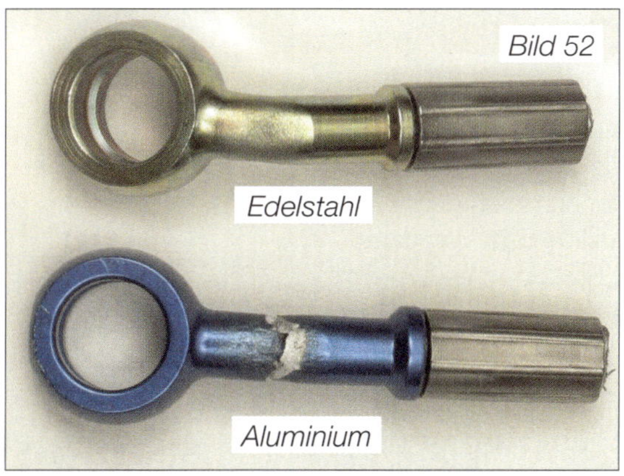

Bild 52: Kaufen Sie Stahlflexleitungen mit Edelstahl-Ringanschlüssen, denn diese sind aufgrund ihrer höheren Elastizität widerstandsfähiger gegen Verbiegung.

Im Gegensatz dazu bricht ein Ringanschluss aus Aluminium schon bei geringer Biegung, wie es z. B. bei einem Sturz vorkommen kann, spröde ab.

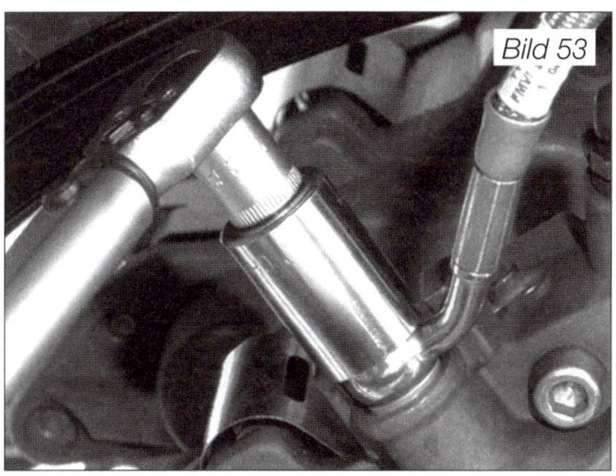

Bild 53: Hohlschrauben mit dem vom Hersteller vorgeschriebenen Drehmoment anziehen. Dieses ist im Beipackzettel vermerkt.

Kabel an den ABS-Sensoren: Die korrekte Verlegung der ABS-Sensorkabel muss geprüft werden, wenn das ABS unterwegs ausfällt. Denn es kann durchaus sein, dass während einer Schraubaktion im Bereich der Räder durch grobes Herumwerken an Sensoren und Kabeln ein Wackelkontakt entstanden ist, ein Kabel innerhalb der Isolierung abgedrückt oder gerissen ist.

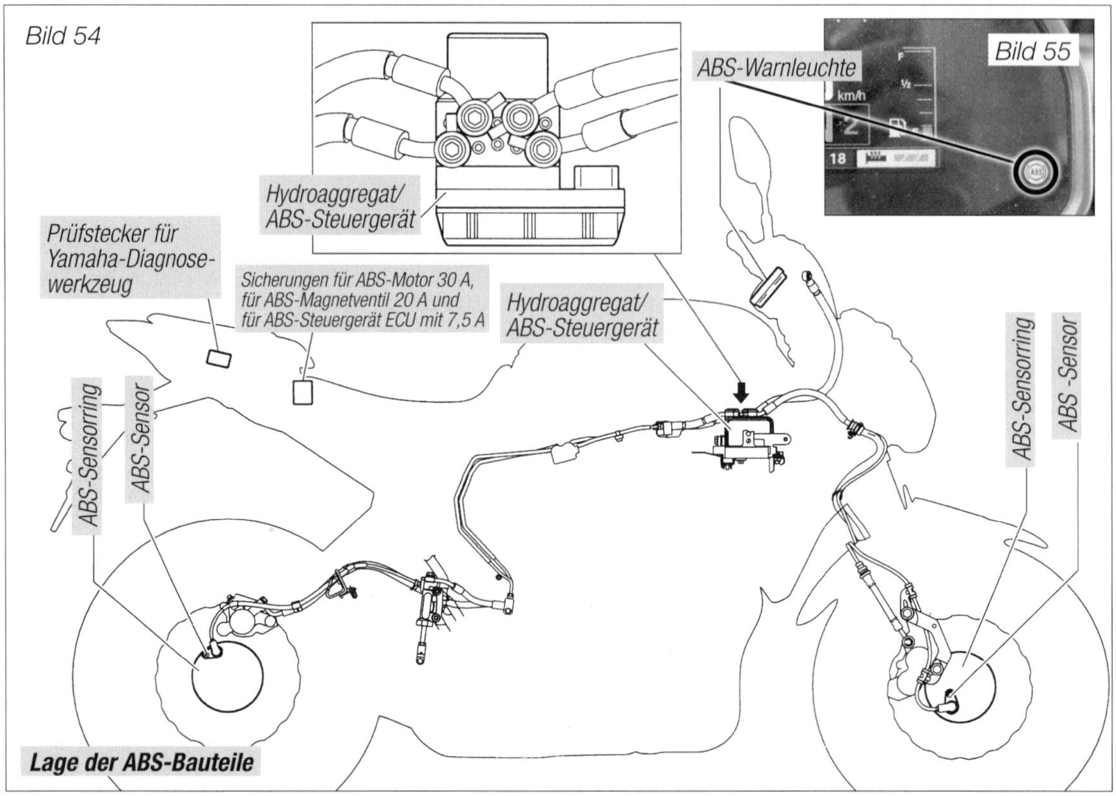

Bild 54

Bild 55

Lage der ABS-Bauteile

Ein letzter Tipp: An verschiedenen Stellen des Buchs wurde schon über die Zündschlüssel berichtet, zur Serienausstattung gehören zwei schwarze und ein roter Zündschlüssel. Wenn Sie probehalber den roten Zündschlüssel benutzen, kann es sein, dass das ABS-Problem damit verschwindet.

Wort zum Schluss: Wenn das ABS nach Beachtung unserer »Hausmann-Schraubertipps« doch nicht funktioniert, bleibt nur noch der Gang zum Yamaha-Händler, der mit seinem Werkstatt-Computer Fehler auslesen, Fehlerquellen eingrenzen und Fehler beheben kann.

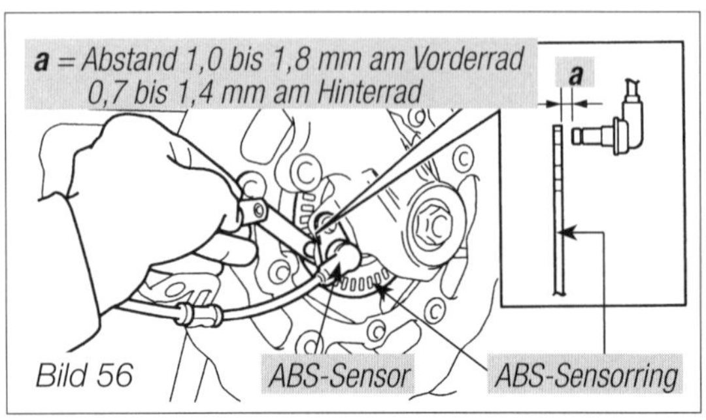

Bild 56

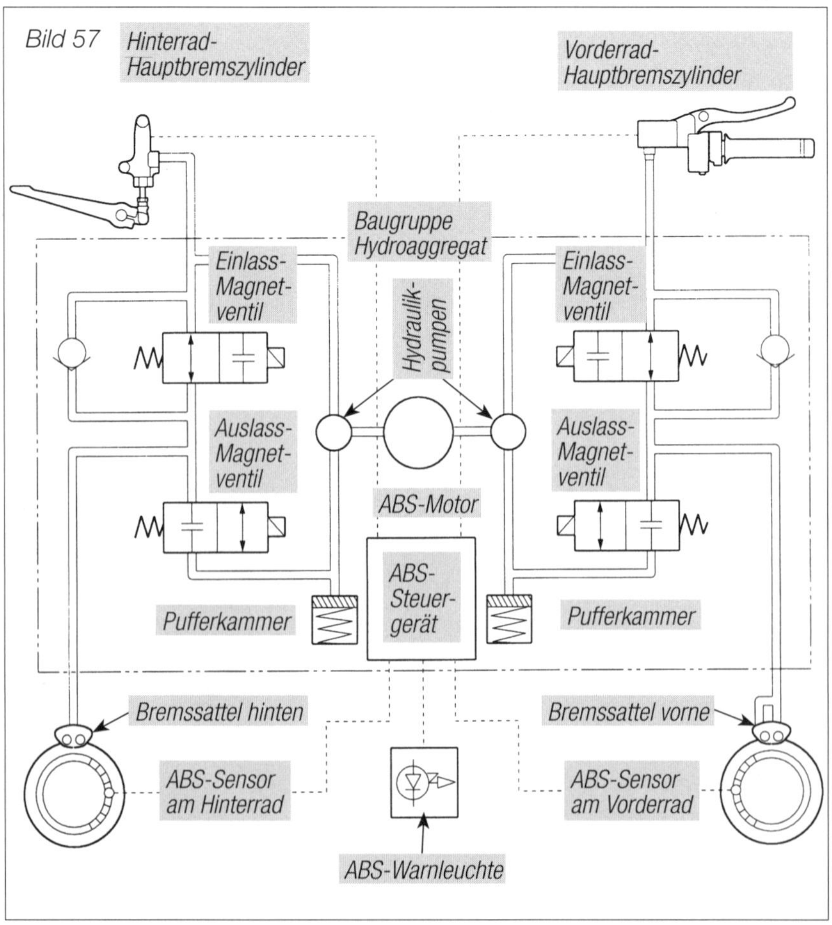

Bild 57

Bilder 54 bis 60: In den Schaubildern und Zeichnungen wird die Lage der ABS-Bauteile und der zugehörigen Kabelstecker an den verschiedenen Modellen gezeigt.

Bild 58

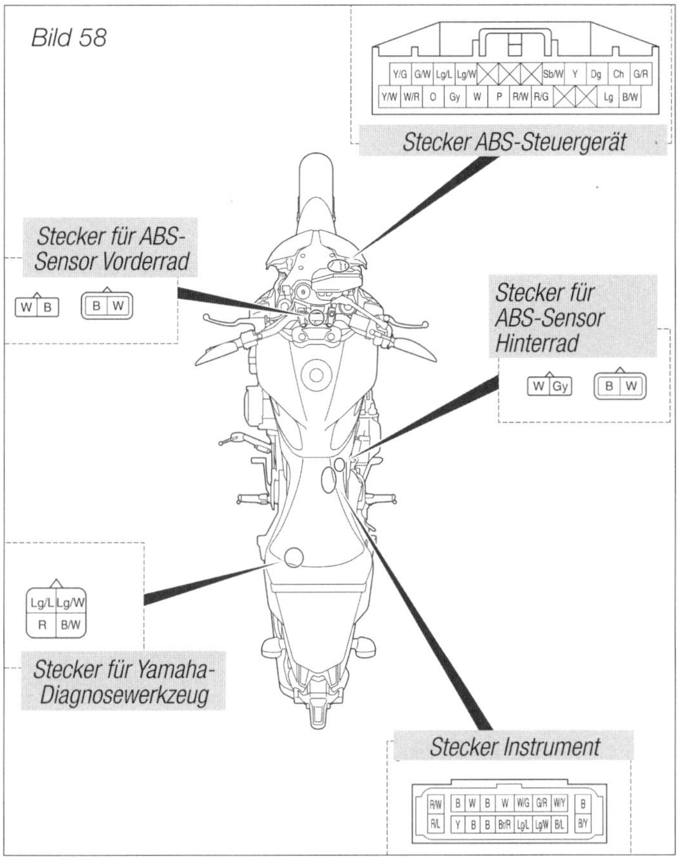

Bild 58 gilt für folgende Maschinen:

MT-09A Mj. 2014, 2015
MT-09 Mj. 2016
MT-09 Mj. 2017, 2018, 2019, 2020
MT-09 Street Rally Mj. 2014, 2015, 2016
MT-09 Sport Tracker Mj. 2015, 2016
MT-09 SP Mj. 2018, 2019, 2020
XSR 900 Mj. 2016, 2017, 2018, 2019, 2020, 2021
XSR 900 60th Anniversary Mj. 2016
XSR 900 Abarth Mj. 2017

Bild 59 gilt für folgende Maschinen:

MT-09 Tracer Mj. 2015, 2016, 2017
Tracer 900 Mj. 2018, 2019, 2020

Bild 60 gilt für folgende Maschine:

Tracer 900 GT Mj. 2018, 2019, 2020

Kabelfarben in der ABS-Elektronik

B	= schwarz
Ch	= schokobraun
Dg	= dunkelgrün
Gy	= grau
Lg	= hellgrün
O	= orange
P	= rosa
R	= rot
W	= weiß
Y	= gelb
B/L	= schwarz/blau
B/W	= schwarz/weiß
B/Y	= schwarz/gelb
Br/R	= braun/rot
G/B	= grün/schswarz
G/R	= grün/rot
G/W	= grün/weiß
Lg/L	= hellgrün/blau
Lg/W	= hellgrün/weiß
R/G	= rot/grün
R/L	= rot/blau
R/W	= rot/weiß
Sb/W	= himmelblau/weiß
W/B	= weiß/schwarz
W/G	= weiß/grün
W/L	= weiß/blau
W/R	= weiß/rot
Y/G	= gelb/grün
Y/W	= gelb/weiß

Bild 59

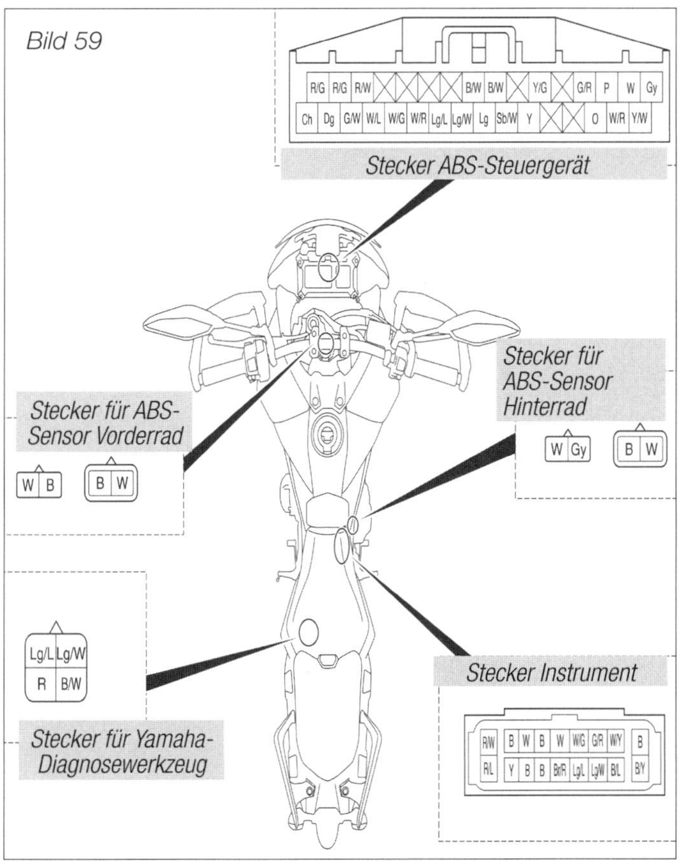

Bild 60

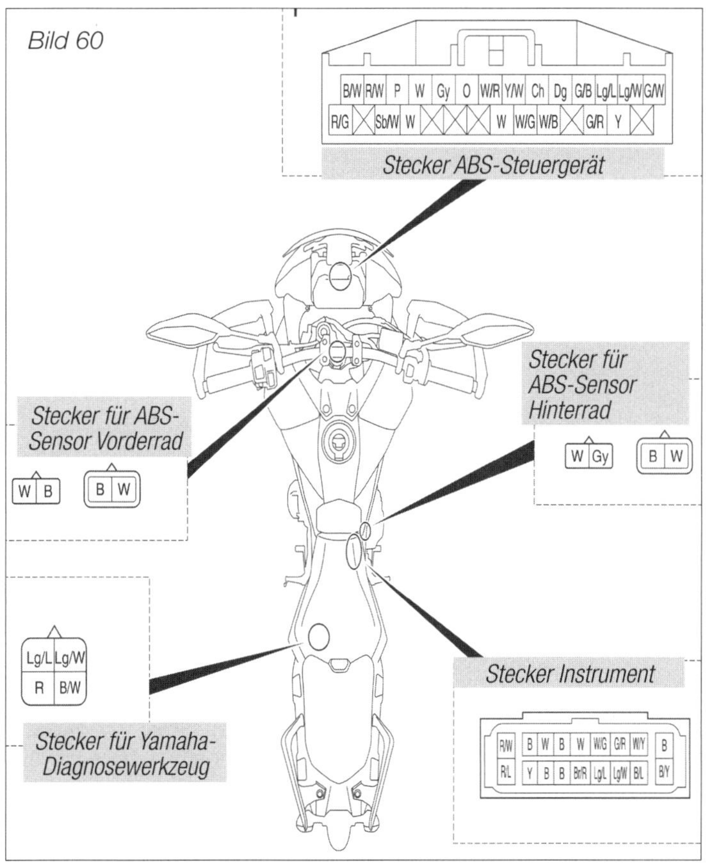

Kette

Bild 1: Aufbau einer Hinterrad-Antriebskette (Enuma) mit O- oder X-Ringen zwischen den Laschen. Eine X-Ring-Kette ist teurer als eine O-Ring-Kette, hält aber länger.

In diesem Kapitel: Werkzeug, Anziehdrehmomente · Hinterrad-Antriebskette · Kette reinigen, kontrollieren, schmieren · Kettenspannung prüfen, messen, einstellen · Kettenverschleiß · Neue Kette kaufen · Neue Kette montieren.

Werkzeug, Anziehdrehmomente

Werkzeug zum Kette spannen

Hinterachsmutter .... Nuss SW 27
Kettenspannschrauben (»Einstellschrauben«) .... Gabelschlüssel SW 12
Kontermuttern für Kettenspannschrauben .... Gabelschlüssel SW 12
Mittelgroßer Drehmomentschlüssel für die Hinterachsmutter
Kettenfluchttester »Laser Cat« (Bilder 3, 8a, 8b)

Anziehdrehmomente beim Kette spannen

Hinterachsmutter .... 150 Nm
Kettenspannschrauben (»Einstellschrauben«) und ihre Bund-Kontermuttern .... 16 Nm

Werkzeug zum Kette wechseln

Klemmschraube M6 kleiner Schalthebel auf der Schaltwelle .... Inbusnuss SW 5
Schrauben M6 Ritzelabdeckung Inbusnuss SW 5
Bundmuttern M10 Kettenrad an Kettenradträger .... Nuss SW 17
Anmerkung: Es können auch Muttern mit SW 14, 15 oder 16 montiert sein. Bitte messen Sie vor der Montage die Schlüsselweite und benutzen Sie eine exakt passende 6-kant-Nuss.
Ritzelmutter .... Nuss SW 30
Zum Bearbeiten der Sicherungsdellen im Bund der Ritzelmutter:
- 125-Gramm-Stahlhammer
- Zum Öffnen einen dünnen Durchschlag
- Zum Sichern einen kleinen Meißel

Mittelgroßer Drehmomentschlüssel für die Hinterachsmutter
Kleiner Drehmomentschlüssel für die Klemmschraube M6 des kleinen Schalthebels auf der Schaltwelle
Kettenfluchttester »Laser Cat« (Bilder 3, 8a, 8b)

Bild 1

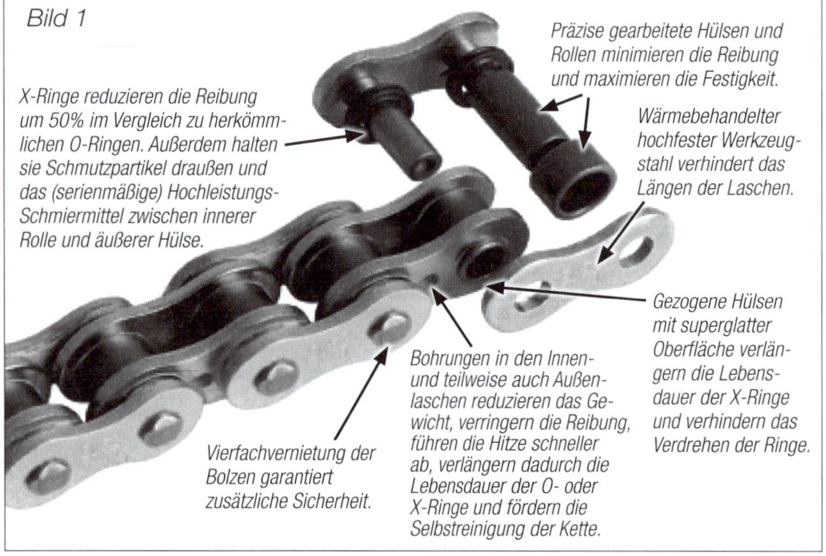

Sicherheitshinweise Achtung und Tipps für dieses Kapitel

Bei allen Arbeiten an der Kette gilt:
- Motor ist ausgeschaltet, Zündschlüssel am besten abgezogen.
- Leerlauf einlegen.
- Maschine auf Heckmontageständer aufbocken, so lässt sich besser daran arbeiten, als wenn sie schräg nach links geneigt auf dem Seitenständer abgestellt ist.

Im vorderen Bereich der Kette unter der Abdeckung sammelt sich abgeschleudertes Kettenfett vermischt mit Straßendreck, das mit der Zeit zu festen Klumpen zusammenbäckt. Es ist bei jeder größeren Reinigung der Maschine mit Kettenpflege zu empfehlen, die vordere Kettenritzelabdeckung und den Kettenschutz komplett abzubauen und den darin sitzenden Dreck herauszuputzen.

Beim Aufflexen der Kette unbedingt beachten:
- Schutzbrille aufsetzen.
- Genügend Sicherheitsabstand zu Behältern mit brennbaren Flüssigkeiten oder Materialien einhalten (eventuell abgebauten Tank weit weg legen!).
- Weiter Abstand von der Schleifstelle zu brennbaren Materialien – auch Sägespäne gehören dazu, nicht nur offenes Waschbenzin!
- Schild gegen den von der Schleifstelle ausgehenden Funkenflug aufstellen, speziell gegen Lack- und Verkleidungsteile, damit diese durch Funkenflug oder herumfliegende Teile der aufgeflexten Kette nicht beschädigt werden.

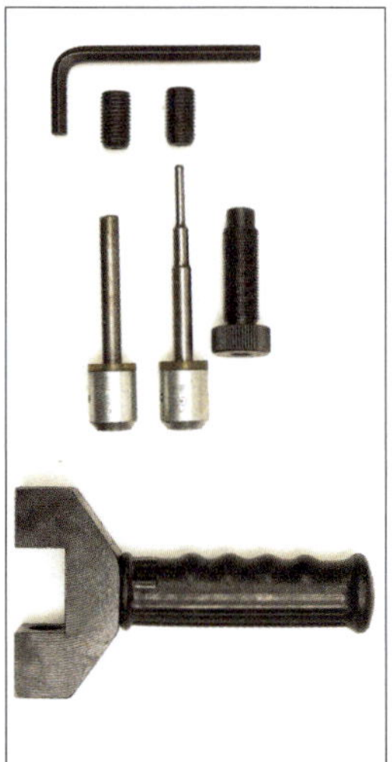
Bild 2: Spezialwerkzeug zur Kettenmontage.

Von der Kettenmarke Enuma (Importeur alpha Technik, *www.alphatechnik.de*) gibt es Ersatzketten, Kettenräder und Ritzel in Erstausrüstungsqualität. Ebenfalls von Enuma gibt es ein qualitativ hochwertiges Spezialwerkzeug zum Trennen und Vernieten von Ketten, es nennt sich »Roller Chain Cutter/Reviter« (Bild 2). Wir verwenden es in diesem Kapitel bei der Kettenmontage. Enuma-Produkte sind ausschließlich im Motorrad-Fachhandel erhältlich.

Anziehdrehmomente beim Kette wechseln

Schrauben M6 Ritzelabdeckung .... 8 Nm
Ritzelmutter .... 95 Nm
Inbus-Klemmschraube M6 im kleinen
Schalthebel auf der Schaltwelle .... 14 Nm
Bundmuttern M10 auf Stehbolzen hinteres
Kettenrad an Kettenradnabe................ 80 Nm
Hinterachsmutter.................................. 150 Nm
Kettenspannschrauben (»Einstellschrauben«)
und ihre Kontermuttern........................ 16 Nm

Tipp: Damit nach dem Spannen der Kette die Kettenflucht stimmt, empfehlen wir das kleine, pfiffige Spezialwerkzeug namens »Laser CAT« (*www.profi-products.de*). Bilder 3, 8a, 8b: Damit kann die Kettenflucht schon während des Spannvorgangs exakt überprüft und eingestellt werden, weil eine exakte Kettenflucht die wichtigste Voraussetzung dafür ist, dass das Hinterrad in Flucht zum Vorderrad montiert ist und beide Räder exakt in einer Spur laufen.

Maschine richtig aufbocken

Einen serienmäßigen Mittelständer haben die Modelle Tracer 900. Keinen Mittelständer haben MT-09 und XSR, sondern nur einen Seitenständer. Wenn die Maschine auf dem Seitenständer abgestellt ist, lässt sich nicht ordentlich an der Kette arbeiten. Schon so »einfache« Arbeiten wie Reinigen und Schmieren der Kette sind ziemlich nervig; ganz zu schweigen vom Prüfen und Messen der Kettenspannung und dem Spannen der Kette. Deswegen ist es ist ratsam, die Maschine zu allen Arbeiten an der Kette auf einen Heckmontageständer wie in Bild 5 aufzubocken. Bild 4: An beiden Enden der Schwinge sind Einschraubgewinde für die Ständerhalterungen vorhanden.

Wenn eine Tracer zu Kettenarbeiten auf dem Mittelständer aufgebockt wird, empfehlen wir den Ständer zum Vorderrad mit einem Riemen zu verspannen (wie in Bild 6), das sichert die Maschine gegen Umfallen, wenn mal grob herumgewerkelt wird.

Hinterrad-Antriebskette

- **Kette bei den Modellen MT-09 und XSR:**
  DID 525V10, Länge 110 Rollen

- **Kette bei den Tracer-Modellen:**
  DID 525V11, Länge 118 Rollen

Unterschiedliche Längen: Die Modelle MT-09 und XSR haben einen Radstand von 1440 mm, während die Tracer-Modelle mit 1500 mm einen um 60 mm längeren Radstand haben (es ist eine längere Schwinge eingebaut) und deswegen die Kette länger ist.

Beide Ketten sind Rollenketten mit X-Ringen zwischen den Laschen. Die DID 525V11 der Tracer ist etwas stärker (»zugfester«) als die DID 525V10 bei MT-09 und XSR.

Kettenräder, Übersetzung

Alle Modelle unseres Buchs haben vorne ein Ritzel mit 16 Zähne und hinten ein Kettenrad mit 43 Zähnen (Kurzform »Z 43/16«). Die Endübersetzung (»Sekundärübersetzung«) ist 2,688 (die technische Angabe lautet »i_{sec} = 2,688«).

Bild 3: Mit dem Kettenfluchttester »Laser-CAT« kann man während des Spannens der Kette und danach prüfen, ob die Kettenflucht zum vorderen Kettenritzel in Ordnung ist. Wenn »ja«, ist gesichert, dass das Hinterrad in Flucht zum Vorderrad läuft – das ist eine wichtige Voraussetzung für eine gute und sichere Straßenlage!

Bilder 4 und 5: Heckmontageständer.

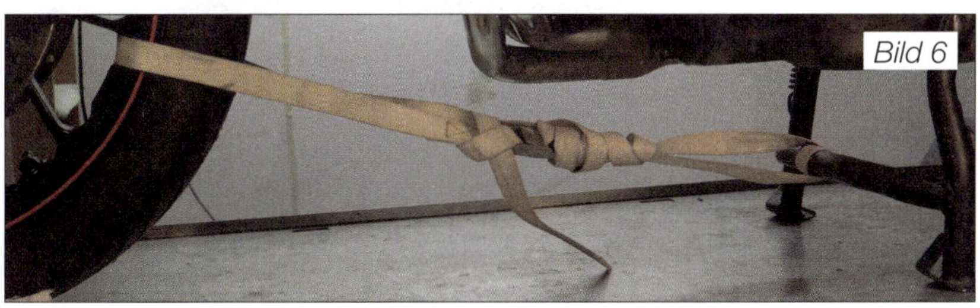

Bild 6: Ein Riemen zwischen Mittelständer und Vorderrad sichert die Maschine.

Sichtprüfung · Messen

*Bilder 7a, 7b, 9a und 9b: Der Kettendurchhang wird gemessen vom Punkt **A** am Ende des unteren Kettenschleifschutzes auf die Mitte eines Kettenbolzens, dazu wird die Kette nach oben gedrückt und nach unten gezogen.*

Bilder 7a und 7b: Zur Prüfung der Kettenspannung von Hand und »auf die Schnelle« die Kette einige Male nach oben und unten drücken und das Maß schätzen.

Bilder 8a und 8b: Mit dem Kettenfluchttester »Laser-CAT« kann man prüfen, ob die Kettenflucht zum vorderen Kettenritzel in Ordnung ist. Siehe dazu auch Bild 3.

Bilder 9a und 9b: Messen der Kettenspannung mithilfe eines Maßstabs:
- *Kette nach oben drücken, Maß nehmen (ca. 38 mm in Bild 9a).*
- *Kette nach unten ziehen, Maß nehmen (ca. 86 mm in Bild 9b).*
- *Die Differenz (ca. 48 mm) ist der Kettendurchhang.*

Lebensdauer, Prüfintervalle

Die Baugruppe »Hinterradantrieb« umfasst die Hinterrad-Antriebskette, das vordere Kettenritzel am Getriebeausgang und das Kettenblatt am Hinterrad. Diese Bauteile können bei normaler Belastung und guter Pflege eine Lebensdauer von rund 40 000 km erreichen. Entscheidend dabei ist, dass der Hinterradantrieb gut und richtig gepflegt wird, wozu ganz besonders die richtige Kettenspannung gehört.

Laut Yamaha-Wartungsplan soll die Kette alle 1000 km geprüft, gereinigt und geschmiert werden. Falls es notwendig ist, soll die Kettenspannung eingestellt werden. Bei Fahrten durch staubige Gebiete oder bei schlechtem Wetter sollte man schon alle 250 bis 300 km nach der Kette schauen. Erfahrungswerte nennen eher »2000 Kilometer« als Prüf-, Reinigungs-und Schmierintervall.

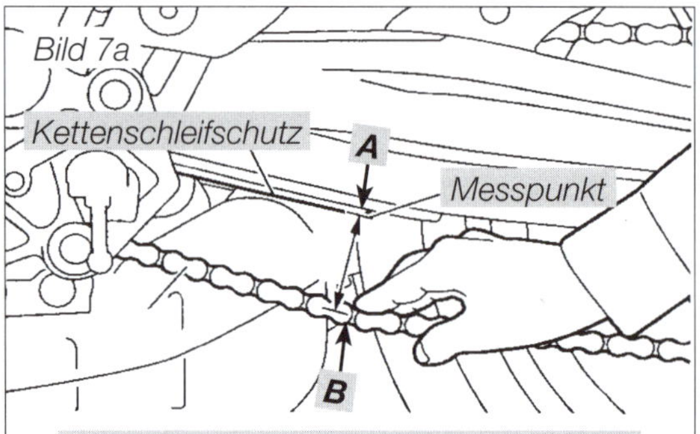

Bild 7a
Maß **A** zu **B** ist das freie Spiel der Kette

Bild 7b

Kettenspannung

Maß der Kettenspannung

Bilder 7a, 7b, 9a, 9b: Das von Yamaha vorgeschriebene Maß für das freie Spiel der Kette am unteren Kettentrum beträgt:
- MT-9 und XSR-Modelle .... 5 bis 15 mm
- Tracer-Modelle .... 35 bis 45 mm

Die Maschine muss zum Messen des Kettendurchhangs auf dem Seitenständer stehen oder auf dem Heckmontageständer.

Wichtig 1: Wenn die Kette zu lose ist und gespannt werden muss, Sie aber keinen Maßstab zur Verfügung haben, um den tatsächlichen Kettendurchhang exakt messen zu können, dann prüfen Sie die Kettenspannung nach Gefühl. Packen Sie das untere Kettentrum an der Messstelle fest an (Bilder 7a und 7b) und drücken und

Bild 8a

Bild 8b

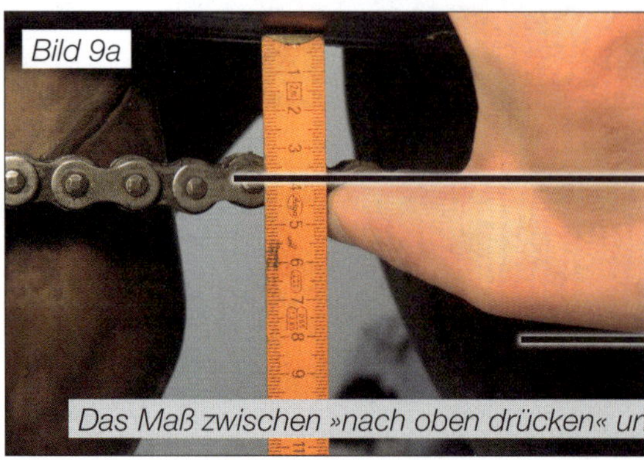
Bild 9a

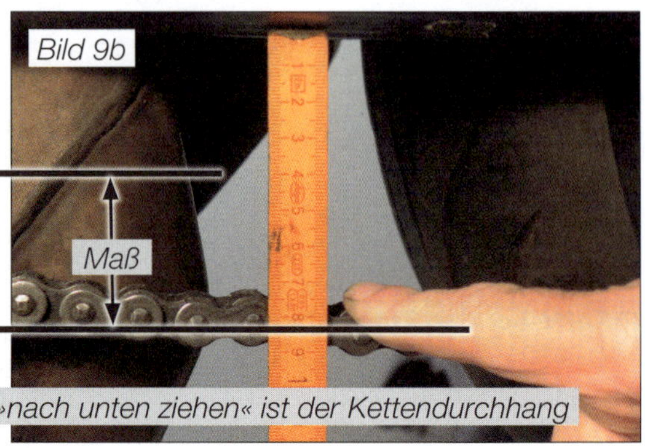

Bild 9b

Das Maß zwischen »nach oben drücken« und »nach unten ziehen« ist der Kettendurchhang ziehen Sie die Kette fest nach oben und unten; sie muss sich nach oben und unten entsprechend frei bewegen lassen.

Wichtig 2: Spannen Sie in keinem Fall die Kette zu fest, so dass sie zu »stramm« ist – denn bei einer zu fest gespannten Kette mit zu geringem Durchhang besteht die Gefahr, dass die Kugellager in der Kettenblattnabe am Hinterrad und im Getriebeausgang (»Getriebe-Abtriebslager«) zu stark belastet werden und nach kurzer Zeit defekt sind. Deswegen: Mit einem Maßstab messen (Bilder 9a und 9b) und den Kettendurchhang möglichst genau einstellen!

Wichtig 3: Noch eine Anmerkung zur Yamaha-Angabe «5 bis 15 mm« bei den MT-09 und XSR-Modellen: Nur 5 mm Kettendurchhang ist zu wenig, weil die Kette dann zu stramm ist. Stellen Sie auf 10 bis 15 mm ein!

Kettenspannung messen

1. Motor ist abgeschaltet, Leerlauf eingelegt, Maschine steht auf Heckmontageständer.
2. Hinterrad mit einer Hand langsam drehen und gleichzeitig mit der anderen Hand die Kette am unteren Kettentrum wippend leicht nach oben drücken, so wird die straffste Stelle gesucht (denn eine Kette verzieht sich im Laufe ihres Lebens unregelmäßig).
3. Ohne Heckmontageständer: Motor AUS, Leerlauf eingelegt, Maschine langsam einige Meter nach vorne schieben und dabei gleichzeitig während des Schiebens mit der Hand die straffste Stelle der Kette suchen.
■ Die straffste Stelle ist die Messstelle.
4. Bilder 9a und 9b: Mit Montageständer.
4.1. Hinterrad steht. Maßstab an die Unterkante der Schwinge ansetzen.
4.2. Bild 9a: Kette mit kräftigem Daumendruck nach oben drücken. Maß nehmen auf der Mitte des jetzt obersten Kettenbolzens.
4.3. Bild 9b: Kette mit kräftigem Zug nach unten ziehen. Maß nehmen auf der Mitte des vorhin schon bestimmten Kettenbolzens.
4.4. Bild 9b: Die Maßdifferenz zwischen »nach oben drücken« und »nach unten ziehen« ist der Kettendurchhang.

Kettenspannung einstellen

1. Bild 10: Hinterachsmutter mindestens zwei Umdrehungen lösen, damit die Hinterachse lose ist und sich leicht verschieben lässt.
2. Bilder 11 und 12: Kontermuttern der Kettenspannschrauben lösen (»entkontern«).
3. Kette spannen: Zum Spannen der Kette die Kettenspannschrauben links herum gedreht, also gegen die Achsaufnahmen (Bid 13). Nur in Vierteldrehungen rechte – linke – rechte – linke Kettenspannschraube, bis die Kette korrekten Durchhang hat.

Bild 10: Hinterachsmutter mindestens zwei Umdrehungen lösen.

Bilder 11 und 12: Zur Bearbeitung der Kontermuttern und Kettenspannschrauben werden zwei 12er-Gabelschlüssel benötigt.

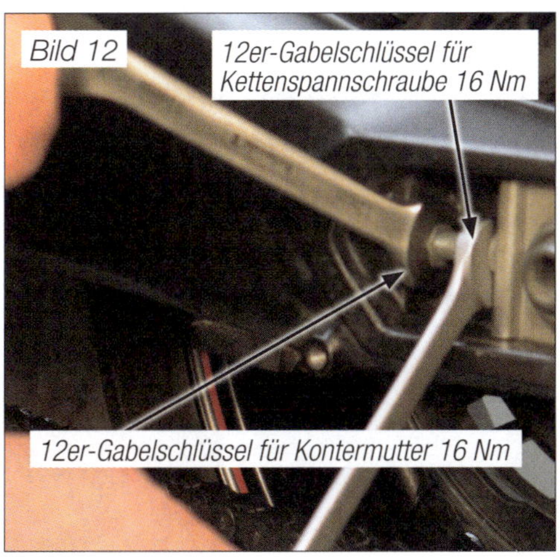

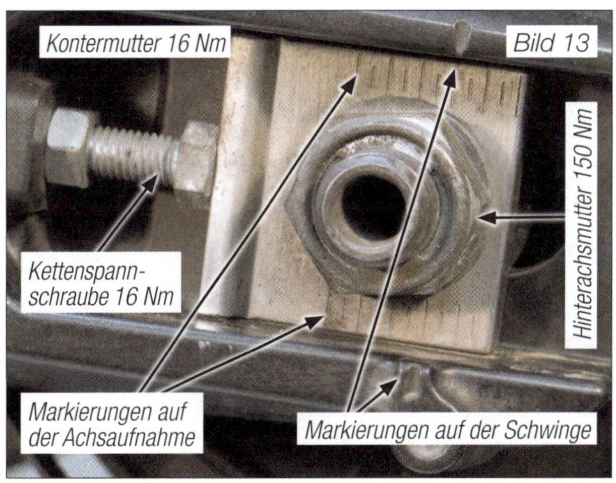

Bild 13: Wenn man das Spezialwerkzeug »Laser Cat« nicht hat, kann man sich an den Markierungen auf der Schwinge und den Gegenmarkierungen auf den Achsaufnahmen orientieren. Sie müssen rechts und links gleich sein.

3.1. Bild 13: Zur korrekten Spurhaltung des Hinterrads empfehlen wir das Spezialwerkzeug »LaserCat« (siehe Bilder 3, 8a und 8b) oder Sie orientieren sich an den Markierungen außen auf der Schwinge und den Gegenmarkierungen auf den Achsaufnahmen.

4. Wenn der Kettendurchhang stimmt, das Rad nach vorne drücken, festhalten und die Hinterachsmutter mit 150 Nm festziehen.

5. Bilder 12 und 13: Kettenspannschrauben »gut handfest« (16 Nm) gegen die Achsaufnahmen festdrehen.

6. Bilder 12 und 13: Kontermuttern mit 16 Nm gegen die Schwinge festziehen. Dabei die Kettenspannschrauben unbedingt mit einem Gabelschlüssel in der korrekt eingestellten Position gegenhalten.

■ Kettendurchhang erneut prüfen.

Bilder 14a und 14b: Empfehlenswerte HKS-Schmiermittel.

Bild 14a

Bild 14b

Kette reinigen und schmieren

Welches Kettenschmiermittel wählen?

Zur Schmierung der Kette eignet sich dickes Motoren- oder Getriebeöl (SAE 80). Üblich ist ein Kettenspray (Bild 23), wie man es überall kaufen kann. Es gibt auch Kettenfett in der Dose, das mit einem Pinsel oder einer Flasche mit Auslaufpipette Rolle für Rolle aufgebracht wird. Zwar dauert dies länger als das Einsprühen mit Kettenspray, aber ein solches Kettenschmiermittel ist preiswert und überaus effektiv.

Beispielhaft erwähnen wir die »HKS – Hochleistungs-Ketten-Schmiere« (Bilder 14a und 14b) von Ing. Czech (*www.hks-czech.de*). Das ist ein synthetisches Schmiermittel, ein zähes Gemisch von Flüssig- und Festschmierstoffen. HKS bildet auf der Kette einen nahezu dauerhaft wasserfesten Schmierfilm ähnlich einer Kunststoffversiegelung. Man kann es »Tropfen für Tropfen« mit einer Plastikflasche aufbringen (Bild 14b) oder »auf die Schnelle« mit einer Sprühdose (Bild 14a in der Mitte und Bild 23). Vor dem Einfetten der Kette muss diese sehr sauber und auch trocken sein. HKS bietet dazu spezielle Reiniger an; siehe beide Dosen links in Bild 14a.

Welches Reinigungsmittel nehmen?

Benutzen Sie kein allzu scharfes Reinigungsmittel, wie z. B. einen hochaggressiv fettlösenden Metall-Teilereiniger, weil ein solches die X-Ringe in der Kette zerstört, sie platzen auf und fallen ab. Benutzen Sie spezielles Ketten-Reinigungs-

Bild 15: Fester Schmutz im Bereich des vorderen Kettenritzels.

Bild 16: Abschrauben des kleinen Schalthebels.

Bild 17: Kettenschleifschutz über dem vorderen Ritzel.

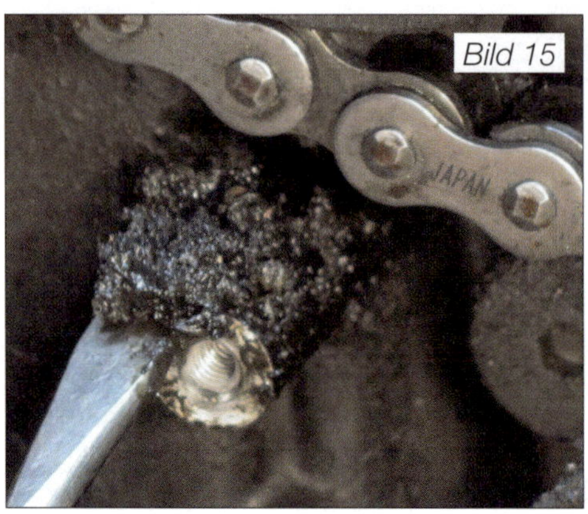

Bild 15

Bild 16

Bild 17

mittel (wie z. B. das von HKS im Bild 14a) oder ein anderes einer bekannten Motorradpflege-Marke (Bild 18a, hier ist es von »Enuma«). Übrigens kann man auch Dieseltreibstoff zur Reinigung der Kette benutzen. Bitte beachten Sie die Entsorgungsvorschriften.

Wichtig: Zwischen Kette und Reifen ein Stück feste Pappe einstecken, damit keine Reinigungsmittel, abgeputzter Dreck und Kettenfett auf den Reifen gelangen.

1. Zu einer intensiven Reinigung des Kettenantriebs sollte man die Abdeckung über dem Kettenritzel abbauen, damit man den Dreck, der sich über die Zeit im Bereich des vorderen Kettenritzels angesammelt hat, ausputzen kann (Bild 15).
2. Dazu muss die Schaltstange abgebaut werden und zwar am kleinen Schalthebel oben an der Schaltwelle (Bild 16); Kugelkopf und Schaltstange bleiben also unberührt.
2.1. Bild 16: Inbus-Klemmschraube des kleinen Schalthebels lösen und ausdrehen. Nun den kleinen Schalthebel von seiner Feinverzahnung der Schaltwelle abziehen. Die Schaltstange nach hinten zur Seite räumen
3. Schrauben der Ritzelabdeckung lösen und ausdrehen, Deckel abnehmen.
3.1. Bild 17: Den halbrunden Kettenschleifschutz ausbauen.
4. Bilder 18a und 18b: Kette mit Kettenreiniger und einem hartem Pinsel reinigen, mit nicht fusselndem Lappen sauber abputzen und einige Minuten lang trocknen lassen.

Kette kontrollieren

1. Kette sorgfältig Glied für Glied auf lockere Nieten, beschädigte Rollen, trockene, rostige, geknickte und verklemmte Glieder (Bild 21), übermäßige Abnutzung und fehlende O/X-Ringe überprüfen.
2. Kettenräder auf übermäßig abgenutzte, z. B. spitz zulaufende, abgebrochene oder beschädigte Zähne kontrollieren (Bilder 20, 21, 22).
3. Muttern am hinteren Kettenrad und am vorderen Kettenritzel an der Getriebewelle auf festen Sitz prüfen. Im Normalfall lösen sich diese Schraubverbindungen nicht. »Normalfall« bedeutet: Kettenritzel und Kettenrad sind noch serienmäßig (Erstausrüstung) oder beim letzten Wechsel von Kette und Kettenrädern wurde korrekt gearbeitet.
4. Bild 19: Prüfen, ob der Kettenschleifschutz auf dem linken Schwingenarm genügend dick,

Bild 18a

Bild 18b

Bilder 18a und 18b: Kette intensiv reinigen.

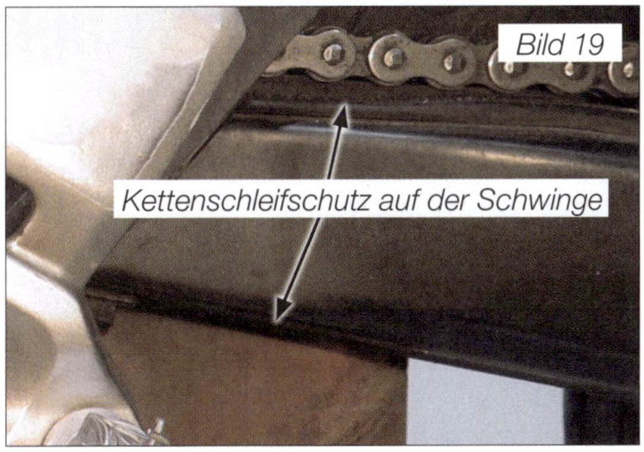

Bild 19

Bild 19: Der Kettenschleifschutz muss genügend dick sein.

Bild 20

Bild 21

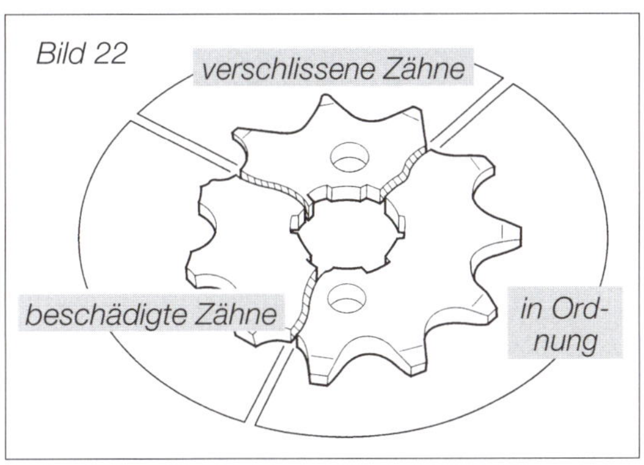

Bild 22

Bilder 20, 21, 22: Verschleißbilder von Kettenrad, Kettenritzel und Kette.

an keiner Stelle durchgeschliffen und richtig befestigt ist. Wenn er beschädigt ist, erneuern, sonst besteht die Gefahr, dass die Kette die Schwinge an- oder sogar durchschleift!

Kette schmieren: Kette muss trocken sein und frei von Rückständen des Reinigungsmittels.

■ Bild 23: Schmiermittel immer *von innen* auf die Kette zwischen Rollen und Kettenräder sowie sparsam und gezielt auf die O/X-Ringe zwischen den Laschen auftragen.

■ Alles Schmiermittel, das rechts und links auf die Außenseite der Kette gekommen ist, gut abwischen, an diesen Stellen schmiert es nichts, sondern fliegt beim Fahren von der Kette weg und versaut die Maschine.

■ Nach dem Schmieren nicht gleich losfahren, sondern einige Minuten warten, denn die im Kettenschmiermittel enthaltenen Lösungsmittel müssen sich erst noch verflüchtigen.

Kettenverschleiß

Bilder 20, 21, 22: Das Lebensende der Kette deutet sich an, wenn die Zähne der Kettenräder stark verschlissen sind und übermäßig »spitz« werden und sich die Kette hinten am hinteren Kettenrad mit den Fingern mehr als eine halbe Zahnhöhe vom Kettenrad abheben lässt. Ein weiteres Indiz ist auch, wenn die Hinterradachse schon sehr weit hinten steht und die Kettenspann-Möglichkeit damit nahezu erschöpft ist.

Verschleißmaß der Kette

Bild 24: Das »Verschleißmaß der Kette« wird gemessen von der Mitte eines beliebig ausgewählten Bolzens, welcher als der erste bezeichnet wird (»*1*« in Bild 24), dann von diesem bis zum 16. Bolzen abzählen, in dessen Mitte der zweite Maßpunkt liegt: Maximal zulässig sind 239,3 mm.

Kettenverschleiß messen

1. Hinterachsmutter lösen und mindestens zwei Umdrehungen aufdrehen.

2. Bilder 12 und 13: Kontermuttern von den Kettenspannschrauben lösen (»entkontern«).

2.1. Kettenspannschrauben so weit gegen die Achsaufnahmen drehen, bis die Kette straff gespannt ist: Abwechselnd rechte Schraube – linke Schraube – rechte Schraube um maximal 1/4 Umdrehung drehen.

■ Kettenspannschrauben mit Gefühl drehen, dabei aber die Kette nicht überdehnen!

3. Bild 24: Wenn die Kette straff gespannt ist, an einer beliebiger Stelle der Kette 16 Bolzen abzählen und Maß nehmen von Mitte Bolzen 1 bis zur Mitte Bolzen 16.

3.1. Messung an zwei weiteren Stellen der Kette wiederholen.

4. Ergebnis werten: Beträgt das Maß mehr als 239,3 mm, ist die Kette verschlissen und muss erneuert werden.

Kette wechseln

Wenn eine neue Kette montiert werden soll, müssen auch Ritzel und Kettenblatt erneuert werden, weil bei normalem Verschleiß Kettenräder und Kette zugleich verschlissen sind.

Wichtig 1: Nie Neu- und Altteile kombinieren, sie nutzen sich gegenseitig extrem schnell ab.

Wichtig 2: Wenn man einen billigen No-Name-Kettensatz montiert, verschleißen die Kettenräder schneller als die Kette. Deswegen raten wir dazu,

Bild 23: Kettenfett immer von innen auf die Kette aufsprühen. Vor dem Losfahren eine kleine Weile warten, weil sich das im Kettenfett enthaltene Lösungsmittel verflüchtigen muss.

Bild 24

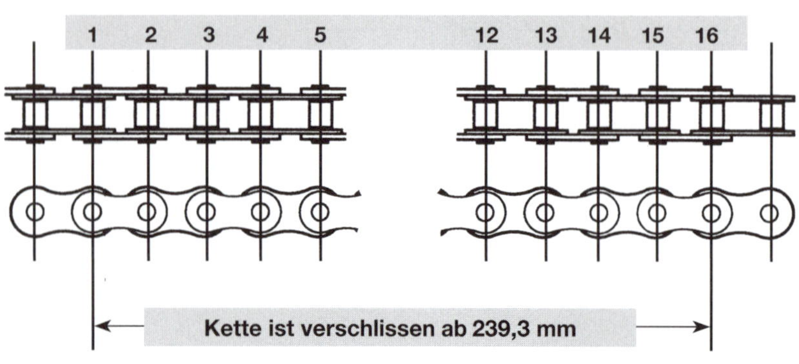

Bild 24: Das Verschleißmaß der Kette wird über 16 Bolzen gemessen.

einen originalen Kettensatz oder einen qualitativ hochwertigen Nachrüst-Kettensatz zu montieren.

Neue Kette kaufen

Als Ersatzkette ist eine **offene Kette mit Nietglied** üblich. Zum Vernieten ist ein Spezialwerkzeug erforderlich (siehe Bilder 2 und 27). Bei einem neuen Kettensatz sind immer neue O- oder X-Ringe und ein neues Nietglied (»Kettenschloss«) dabei (Bilder 36 und 37). Niemals alte O- oder X-Ringe oder gar gebrauchte Laschen bei der Montage einer neuen Kette verwenden! ■ **Kaufen Sie in keinem Fall eine Billigkette mit Federclipschloss!**

Bei Montage einer neuen offenen Kette müssen die Bolzenüberstände des Nietglieds vernietet werden. Wenn man kein Spezialwerkzeug hat, muss man dieses »freihändig« machen: Dazu ist eine geübte Hand nötig, die den Hammer zielsicher führt, was nicht jedermanns Sache ist. Deswegen ist der Gebrauch eines Vernietwerkzeugs allemal die bessere Wahl!

Hinweis: Wenn man kein Kettentrenn-Verniet-werkzeug hat, kann man die alte Kette an den Gliederplatten oder Nietköpfen mit einer Flex durch- bzw. aufschleifen (»aufflexen«, siehe dazu Bilder 25a und 25b). Nach dem Abschleifen

Bild 25a
Bild 25b

Bild 26

Bilder 25a, 25b und 26: Abschleifen der Nietköpfe und Ausdrücken eines Bolzens.

Bild 27

Bild 27: Mit diesem Kombiwerkzeug wird eine alte Kette entnietet und eine neue vernietet.

Bild 28: Lösen der Verstemmung im Rand der Ritzelmutter.

Bild 29: Mit einem Schlagschrauber lässt sich die Ritzelmutter leicht öffnen.

Bild 30: Zum Öffnen der Ritzelmutter ein Rohr aufstecken, das bringt einen langen Hebelarm.

Bild 31: Zum Öffnen der Ritzelmutter das Hinterrad blockieren.

eines Kettenglied-Nietkopfs drückt man den abgeschliffenen Bolzen aus, dazu nimmt man am besten einen Kettenbolzen-Ausdrücker (siehe Bild 26). Wenn man so ein Spezialwerkzeug auch nicht hat, kann man den abgeschliffenen Bolzen mit einem kleinen Durchschlag ausklöppeln.

Alte Kette demontieren

Als Erstes müssen die Verschraubungen von Ritzel und Kettenrad gelöst werden. Dazu das Motorrad auf einem Heckmontageständer standsicher aufbocken.

1. Kettenschutz abbauen.

2. Schaltstange abbauen und zwar am kleinen Schalthebel oben an der Schaltwelle; die Verschraubungen der Kugelköpfe und der Schaltstange bleiben also unberührt.

3. Bild 16: Inbus-Klemmschraube des kleinen Schalthebels lösen und ausdrehen, den kleinen Schalthebel von seiner Feinverzahnung der Schaltwelle abziehen und die Schaltstange nach hinten zur Seite räumen

3.1. Schrauben der Ritzelabdeckung lösen und ausdrehen, Deckel abnehmen.

3.2. Bild 17: Den halbrunden Kettenschleifschutz ausbauen.

4. Bild 28: Ritzelmutter entstemmen: Stemmstellen im Rand der Mutter mit einem kleinen Durchschlag vorsichtig nach außen aufklöppeln.

5. Ritzelmutter öffnen.

Wichtig: NICHT versuchen, die Ritzelmutter mit einem Gabelschlüssel zu öffnen, das geht schief und ist sehr gefährlich, was Verletzungen angeht!

5.1. Bild 29: Ritzelmutter mit einem Schlagschrauber öffnen, aber noch nicht abdrehen.

6. Bilder 30 und 31: Wenn Sie keinen Schlagschrauber haben, muss man die Ritzelmutter mit Nuss und Knebel beschrauben.

■ Bild 31: Vorher einen Hammerstiel über der Schwinge quer durch das Rad stecken und das Rad so hindrehen, dass der Hammerstiel eine Radspeiche gegen die Schwinge blockiert.

Achtung: Der Hammerstiel darf nicht auf die Bremsleitung drücken!

6.1. Das Hinterrad mit einer Hand in Fahr-Drehrichtung auf Druck zum Hammerstiel und der Schwinge halten und noch zusätzlich durch Druck auf den Fußbremshebel blockieren (dazu braucht man eine/n Helfer/in!).

6.2. Bild 31: Eine 30er-Nuss auf die Ritzelmutter aufsetzen, kurze Verlängerung mit Knebel aufstecken und auf die eine Seite des Knebels ein längeres Rohr aufschieben: Jetzt die Ritzelmutter lösen, aber noch nicht abschrauben.

Tipp: Weil die Ritzelmutter sehr fest sitzt, ein langes Rohr auf den Knebel aufsetzen, das hilft ungemein, siehe Bild 30.

7. Am Hinterrad alle Kettenrad-Befestigungsmuttern lösen, aber noch nicht abschrauben.

Alte Kette, Ritzel und Kettenrad abbauen

1. Jetzt wird die Kette mit dem Kettentrennwerkzeug durchtrennt.

1.1. Bild 33: Nietglied suchen.

1.2. Bild 34: Kettentrenner auf der Kette genau über dem auszutreibenden Bolzen ansetzen, Gewindebuchse mit einer Zange gegen die Kette festziehen, Austreibdorn einschieben, Kettentrenner mit einer Hand festhalten.

2. Bilder 34 und 35: Hammer in die andere Hand nehmen und kräftig auf den Austreibdorn klopfen: Der Bolzen wird so entnietet und durchgeschoben, die alte Kette ist jetzt offen.

3. Kette von den Kettenrädern abziehen.

4. Ritzelmutter abdrehen, Scheibe abnehmen, Kettenritzel von der Getriebewelle abziehen.

5. Hinterrad ausbauen. Kettenrad-Befestigungsmuttern abdrehen. Scheiben, Haltering und Kettenrad abziehen.

Neues Ritzel und Kettenrad montieren

Yamaha schreibt vor, eine neue Ritzelmutter zu verwenden. Sofern Gewinde, Einschlageinsatz und Sechskant der alten Mutter noch technisch einwandfrei sind, kann diese ein zweites Mal verwendet werden.

1. Getriebewelle mit Bremsenreiniger reinigen, trocknen lassen und mit frischem Motoröl leicht einschmieren.

2. Neues Kettenritzel mit der Aufschrift nach außen auf die Getriebewelle schieben.

3. Scheibe mit »OUT« nach außen aufschieben.

4. Mutter handfest aufdrehen.

5. Neues Kettenrad auf Hinterrad aufbauen: Kontaktflächen und Gewinde der Stehbolzen am Kettenradträger gut reinigen und mit frischem Motoröl leicht einschmieren, neues Kettenrad, Haltering und Scheiben aufsetzen, Befestigungsmuttern aufdrehen und handfest anziehen.

6. Hinterrad einbauen (siehe Kapitel 5): Achs-

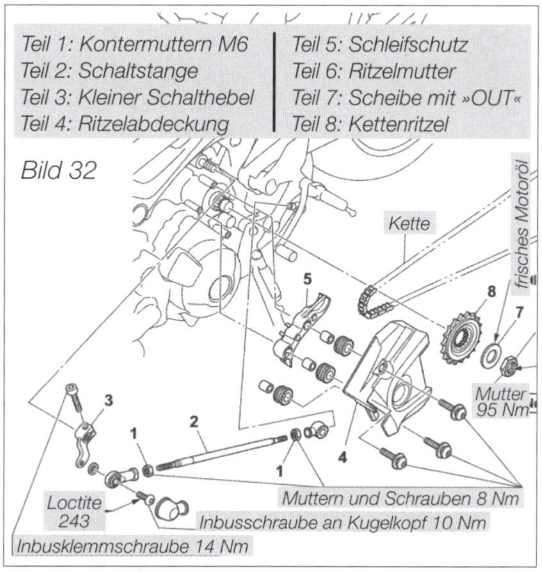

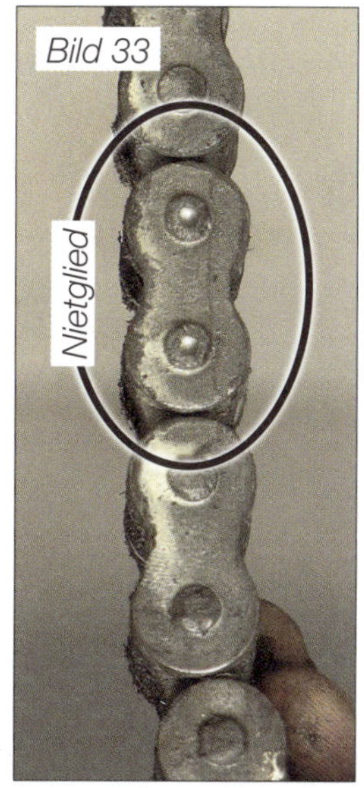

Bild 32: Explosionszeichnung der vorderen Kettenritzel-Baugruppe. Bild 33: Die Kette lässt sich am Nietglied am einfachsten öffnen.

Bilder 34 und 35: Trennen der Kette durch Ausnieten eines Bolzens. Dabei muss man den Hauptkörper des Kettentrenn-Vernietwerkzeugs sehr fest in der Hand halten und mit dem Hammer gezielte und kräftige Schläge auf den Kopf des Austreibdorns geben. Ein wenig Übung und sicherer Werkzeuggebrauch gehört schon dazu!

Bilder 36 bis 42 zeigen das Montieren einer neuen Kette. Im Lauftext sind die zu den Bildern gehörenden Arbeitsschritte nummeriert beschrieben.

Bild 36

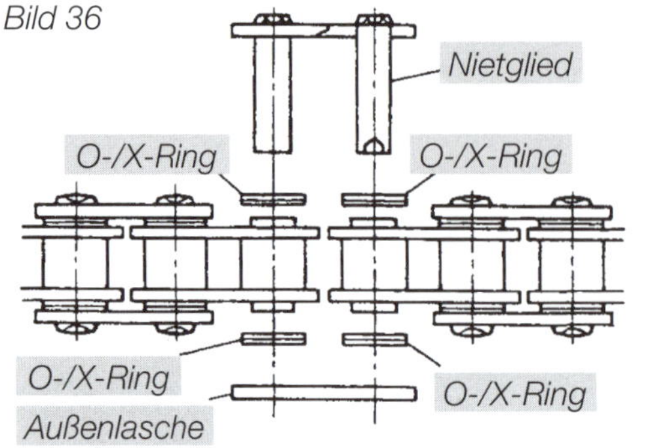

Bild 37 alte Kette durch Ausdrücken eines Nietbolzens getrennt

neue Kette mit X-Ringen und Kettenschloss

Bild 38

Bild 39

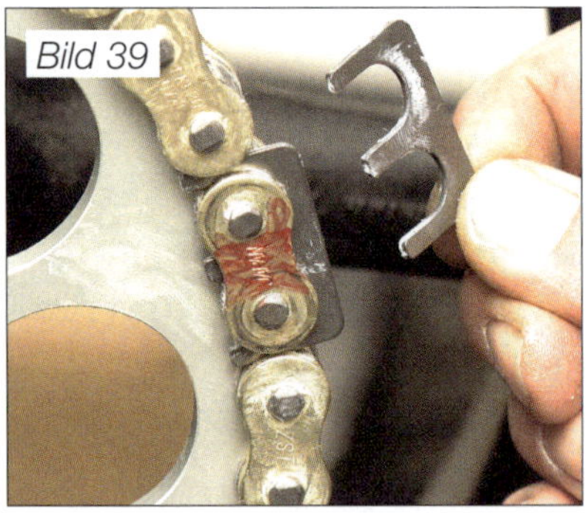

Bild 40

Bild 41

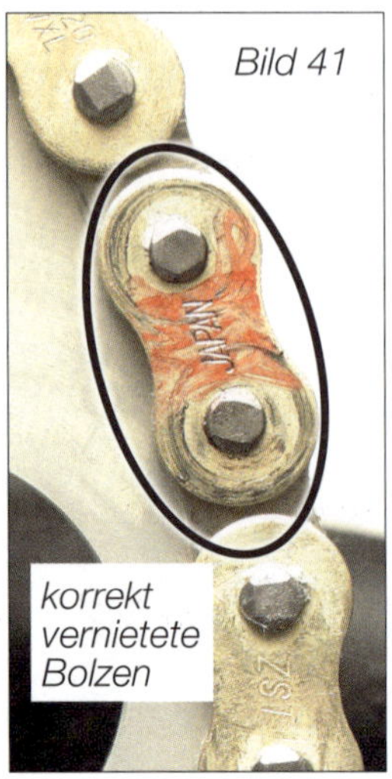

mutter lose aufdrehen, nicht festziehen. Auf beiden Kettenspannern die Kontermuttern entkontern und die Einstellmuttern weit zurückdrehen und das Hinterrad weit nach vorne schieben.

Neue Kette montieren

1. Neue Kette auf die Kettenräder aufziehen.
2. Nietglied gut mit Kettenfett einfetten, neue O-/X-Ringe aufschieben (Bilder 36, 37, 38).
2.1. Kettenenden auf dem hinteren Teil des Kettenrads platzieren, mit den Fingern bis ganz nach unten in die Zahngründe drücken, Nietglied in die offenen Enden der Kette von hinten einschieben.

Unbedingt darauf achten, dass die Kette sicher auf den Kettenrädern aufsitzt.

2.2. Neue O-/X-Ringe auf die überstehenden Bolzen des montierten Nietglieds aufsetzen.
3. Kettenlasche auf beiden Bolzen ansetzen und mit dem Kettenwerkzeug um ca. 2 mm aufpressen, bis die Kettenlasche bündig zu beiden Köpfen der Bolzenüberstände sitzt.
4. Bild 39: Auf beiden Seiten des Nietglieds die Abstandslehren einstecken, damit werden die O-/X-Ringe fixiert. Dann die Kettenlasche mit dem Kettenwerkzeug so weit aufpressen, dass sich die Abstandslehren gerade eben noch leicht bewegen lassen.
4.1. Kettenwerkzeug abbauen. Jetzt wird der Überstand beider Nietbolzen gemessen.
■ Bild 42: Er muss 1,2 bis 1,4 mm betragen.
Wichtig: Bei Nachrüstketten ohne beigelegte Abstandslehren ist das exakte Maß für den Überstand der Nietbolzen im Beipackzettel der neuen Kette vermerkt!
Bild 42: Weitere wichtige Montagemaße sind:
■ Ø des Nietkopfs nach der Vernietung.
■ Innenmaß von Außenlasche zu Außenlasche des Nietglieds.
5. Wenn die Maße stimmen, kann das Nietglied

Bild 42

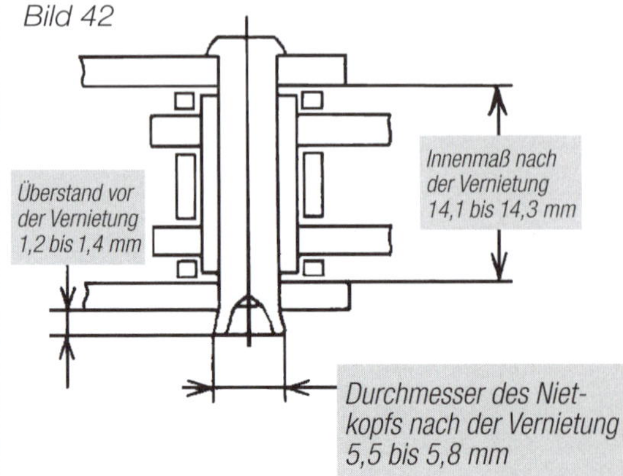

vernietet werden: Kettenwerkzeug ansetzen, Gewindebuchse mit Zange gleichmäßig auf die Bolzen pressen.

5.1. Bilder 40 und 41: Einen Bolzenüberstand nach dem anderen mit dem Nietwerkzeug vernieten.

6. Kettenwerkzeug abbauen, Vernietung kontrollieren (siehe Bilder 41 und 42).

6.1. Wenn ok, Abstandslehren herausziehen.

Endmontage

1. Bild 44: Ritzelmutter mit 95 Nm festziehen, dabei das Hinterrad mit der Bremse blockieren.

1.1. Bild 44: Wenn die Bremskraft nicht ausreicht, bis die Mutter so fest angezogen ist, dass der Drehmomentschlüssel knackt: Einen Hammerstiel unter der Schwinge durchstecken, an Schwingenunterseite und einer Radspeiche anlegen und somit das Hinterrad blockieren.

2. Bild 48: Mit kleinem Meißel oder dünnem Durchschlag den Rand der Ritzelmutter in zwei gegenüberliegende Nuten der Getriebewelle verstemmen.

3. Bild 45: Kettenblattmuttern schrittweise und über Kreuz bis auf 80 Nm festziehen.

4. Kette spannen (siehe Kapitelabsatz weiter vorne) und Hinterachsmutter festziehen mit 150 Nm.

5. Bilder 17 und 32: Halbmondförmigen Kettenschleifschutz, Ritzelabdeckung, Schaltstange und Kettenabdeckung montieren.

6. Alles Fett, das rechts und links außen auf der Kette ist, mit einem Lappen abwischen, denn es schmiert nicht, sondern wird abgeschleudert und versaut die Maschine (bzw. die Rückseite der Beifahrer-Jacke!).

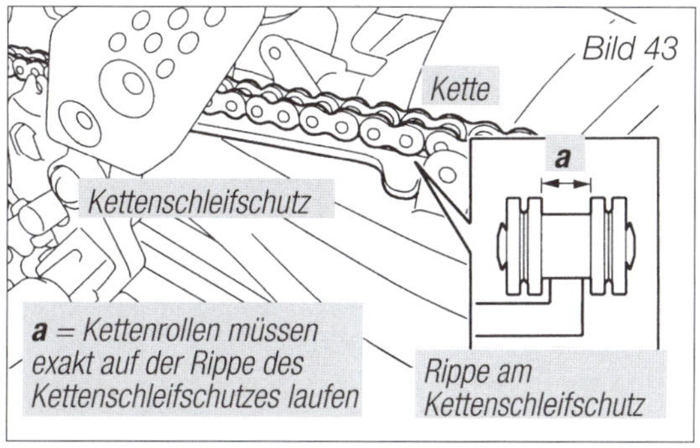

Bild 43: Rollen müssen auf der Rippe des Kettenschleifschutzes laufen.

Bilder 44 bis 48: Festziehen der Ritzelmutter und Kettenblattmuttern. Einklöppeln des Mutternrands in zwei Nuten der Getriebewelle.

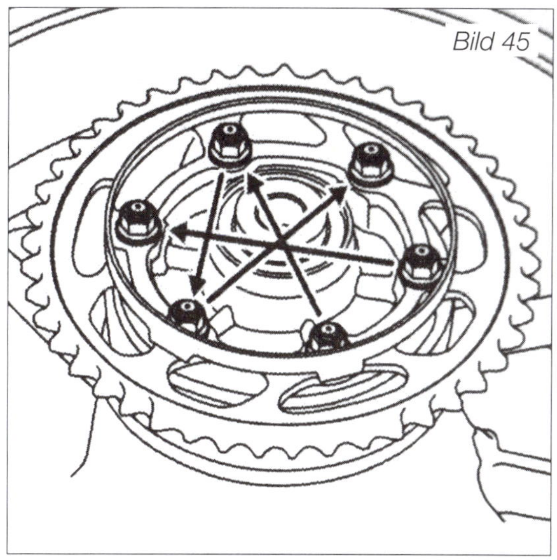

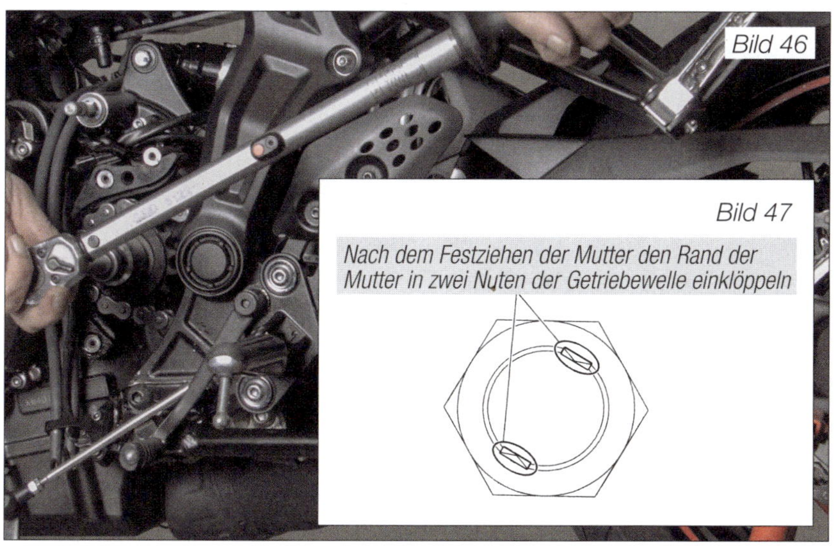

Lenkung

In diesem Kapitel: Lenklagerung · Lenklagerung prüfen · Lenklagerung einstellen · Lenklager schmieren · Lenklager erneuern.

Lenklagerung

Bilder 4 und 5: Die Baugruppe »Lenklagerung« setzt sich zusammen aus dem oberen und unteren Lenklager (es sind Kugellager), dem mit der unteren Gabelbrücke fest verbundenen Lenkschaftrohr, den beiden Nutmuttern zur Einstellung der Lenklager sowie dem rahmenfesten Lenkkopf. Laut Wartungsplan muss die Lenklagerung bei jeder Inspektion überprüft und ggf. eingestellt werden. Alle 20 000 km soll sie gereinigt und geschmiert werden, wozu sie zerlegt werden muss.

Ein geübter Mechaniker benötigt für Zerlegung, Reinigung, Fettung und Zusammenbau der Lenkung ca. 1,5 Stunden. Langzeiterfahrungen von Yamaha-Spezialisten zeigen, dass Zerlegung, Reinigung und Einfettung der Lenklager bei Maschinen, die überwiegend bei schönem Wetter gefahren werden, nicht alle 20 000 km nötig ist, weil die Lenklager gegen das Eindringen von Schmutz und Staub gut geschützt sind. Im Zweifelsfall lassen Sie die Lenkung von einem versierten Mechaniker überprüfen, dieser spürt trockene Lager beim Hin- und Herbewegen der Lenkung.

Lenklagerung prüfen

Die Lenklagerung muss immer so eingestellt sein, dass leichtes Schwenken und sicheres Fahren gewährleistet sind. Wenn die Maschine in lang gezogenen Kurven nicht mehr die gewohnt saubere Linie halten will (sofern die Reifen in Ordnung sind und der Luftdruck stimmt!) und es beim kurzen Anziehen der vorderen Bremse in der Lenkung knackt, sind dies deutliche Zeichen für zu viel Spiel in der Lenklagerung.

■ Eine zu lockere Einstellung der Lenklagerung führt zu instabilem Fahrverhalten bei niedrigen Geschwindigkeiten und zu Flattern des Vorderrads bei höheren Geschwindigkeiten.

■ Eine zu straffe Einstellung der Lenklagerung verursacht Pendelbewegungen bei niedrigen und hohen Geschwindigkeiten und erschwert Lenkbewegungen.

Lenklager-Einstellung püfen

Wenn festgestellt wird, dass die Lenklagerung eingestellt werden muss, ist das Lagerspiel in der Regel nicht zu gering, sondern zu groß, weil sich Lager mit der Zeit »setzen«. Außerdem sind alle Lagerbauteile einem gewissen Verschleiß unterworfen und bekommen mit der Zeit »Luft« zueinander.

Prüfmethode A (Bild 1): Wenn die Maschine einen Mittelständer hat, wie die Tracer-Modelle unseres Buchs, sie darauf aufbocken und einen Helfer weit hinten auf den Soziussitz setzen, damit das Hinterrad Bodenkontakt bekommt, das Vorderrad frei ist und die Lenkung frei beweglich ist.

Wenn sie keinen Mittelständer hat, wie MT-09 und XSR, muss man sie vorne an einem Werkstattkran so aufhängen, dass die Lenkung frei beweglich ist.

1. Lenkung von Anschlag zu Anschlag schwenken und dabei auf ungleichmäßige Bewegung, Rastung oder Knacken im Bereich des oberen und unteren Lenklagers achten. Seilzüge und Kabel dürfen den Lenkeinschlag nicht behindern.

2. Gleichzeitig fühlen, spüren und hören: Die Lenkung muss sich gleichmäßig und geräuschlos von Anschlag zu Anschlag bewegen lassen.

3. Rastet die Lenkung in einer Stellung (meist der Mittelstellung) ein, sind die Lenklager defekt, weil sich die Kugeln in die Lagerschalen eingedrückt haben. Dann müssen das obere und untere Lenklager erneuert werden.

4. Bild 1: Bei gerader Radstellung beide Gabelholme unten packen und ruckartig nach vorne und hinten bewegen. Wenn die Lenklagerung Luft hat, spürt man das deutlich. Die Lenklager sind dann meistens (noch) nicht defekt und die Luft kann durch Nachstellung beseitigt werden.

Prüfmethode B (Bild 2): Das Motorrad steht abgebockt auf den Rädern, der Seitenstäner ist eingeklappt. Der Mechaniker steht links daneben und hält die Maschine senkrecht.

1. Rechte Hand betätigt die Vorderradbremse.

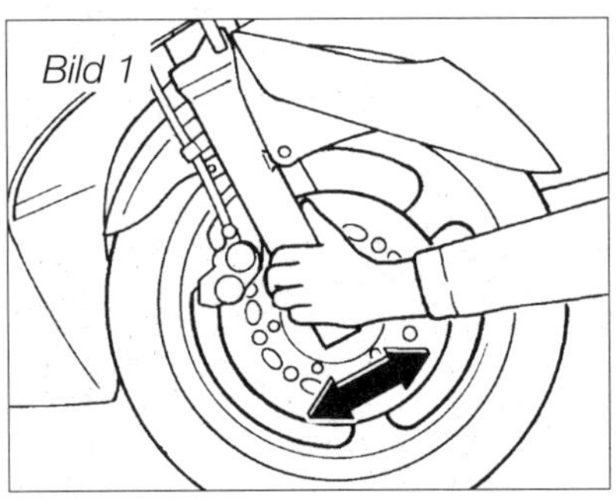

Bild 1: Prüfen der Lenklagerung durch Hin- und Herrütteln der Telegabel.

■ Das Motorrad muss so aufgebockt oder an einem Werkstattkran aufgehängt sein, dass die Lenkung frei ist und das Vorderrad keinen Bodenkontakt hat.

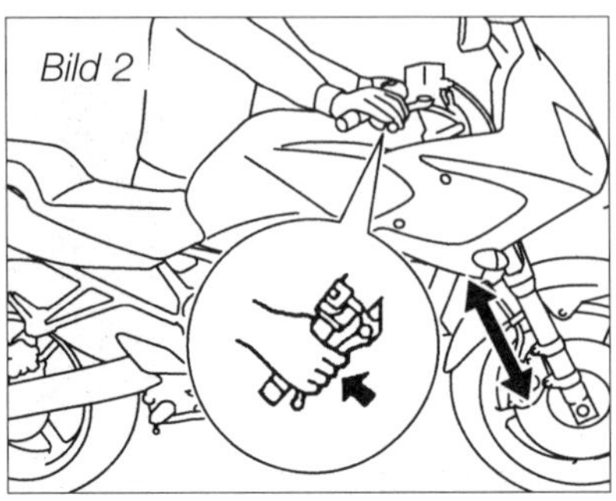

Bild 2: Prüfen der Lenklagerung bei abgebocktem Motorrad.

■ Vorderradbremse betätigen, Zeigefinger und Daumen der linken Hand an Lenkkopf und obere Gabelbrücke, einige Male kräftig einfedern, eventuelles Spiel ist zu spüren.

2. Daumen der linken Hand liegt auf der linken Seite der oberen Gabelbrücke, Zeigefinger am Rahmen in Höhe des oberen Lenkkopflagers.
3. Maschine mit gezogener Bremse mehrmals kräftig nach vorne stoßen und zurückziehen.
■ Wenn die Lenklagerung Luft hat, spürt man es in Daumen und Zeigefinger der linken Hand. Es muss dabei nicht unbedingt hörbar knacken!

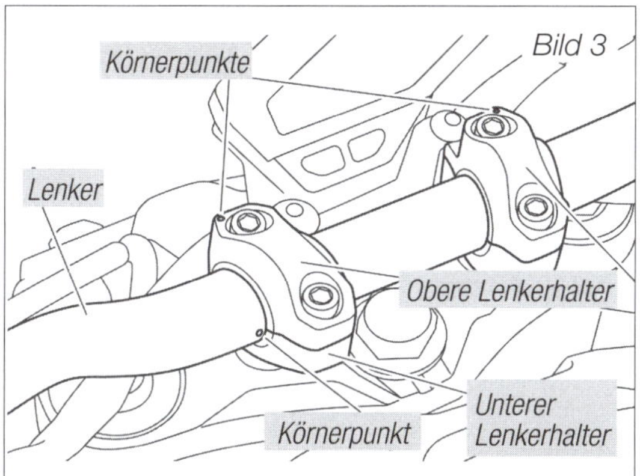

Körnerpunkt muss mit Oberkante des unteren Lenkerkerhalters fluchten

Lenklagerung einstellen

Zuerst muss man den Tank abbauen, weil zum Abbau der oberen Gaelbrücke verschiedene Elektrostecker abgezogen werden müssen (siehe Bild 6). Zum vorschriftsmäßigen Einstellen der Lenklagerung braucht man folgende Yamaha-Spezialwerkzeuge: Zum Bearbeiten der Nutmut-

Bild 3: Detailzeichnung und Schraubstellen der Lenkerbefestigung.

Bild 4: Obere Gabelbrücke mit Lenkschaft-Kopfmutter und unterer Nutmutter.

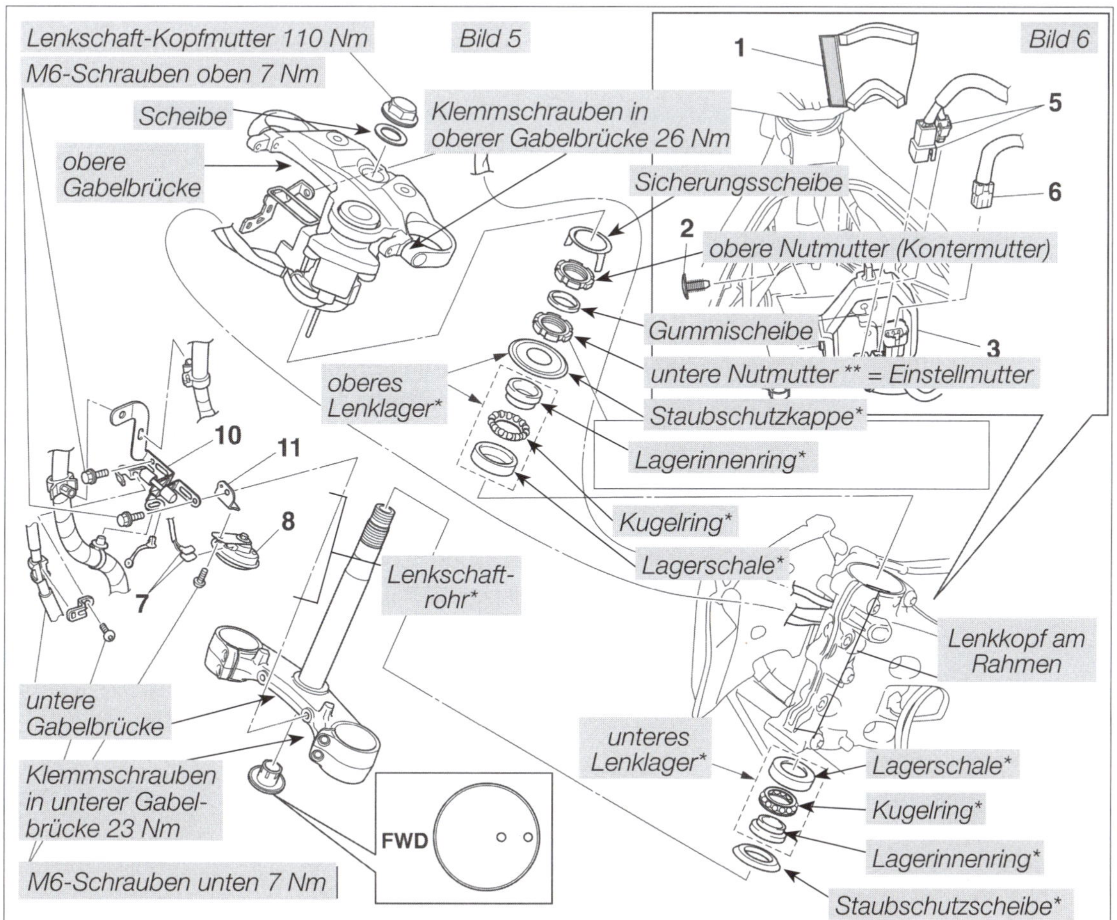

* = schweres Kfz-Wälzlagerfett verwenden
** = Anziehvorschrift: 1. Voranzug bis auf 52 Nm; 2. wieder lösen; 3. mit Endanzug 18 Nm festziehen

Bilder 5 und 6: Explosionszeichnung der Lenklagerung und die Stecker der Elektrik im Bereich hinter dem Lenkkopf, die abgezogen werden müssen zum Abbau der oberen Gabelbrücke.

Bauteile in den Bildern 5 und 6

Teil 1 = Schutz
Teil 2 = Niet
Teil 3 = Steckverbinder Abdeckung
Teil 5 = Steckverbinder Zündschloss
Teil 6 = Steckverbinder Wegfahrsperre
Teil 7 = Kabelbaum
Teile 8 = Stecker Hupe
Teil 9 = Hupe
Teil 10 = Bremsschlauch
Teil 11 = Halter Hupe
FWD = Stopfen mit Bohrungen in Fahrtrichtung

Sichtprüfung Messen

tern die Spezialwerkzeuge »Lenkmutterschlüssel« (Nr. 90890-01403); dieser hat eine Vierkantaufnahme für einen Drehmomentschlüssel. Als zweiter Spezialschlüssel wird gebraucht der »Ringmutterschlüssel« (Nr. 90890-01268). In den Bildern sind beide Schlüssel in Aktion zu sehen.

1. Der Tank ist schon abgebaut. Nun das Motorrad so aufbocken, dass sich der Vorderbau frei bewegen kann.
2. Bild 3: Lenker abbauen. Klemmschrauben lösen und ausschrauben. Lenker mit einer Hand halten, Lenkerhalter abnehmen, Lenker aus den Aufnahmen nehmen und nach vorne ablegen.
3. Bild 4: Lenkung nach links bis zum Lenkanschlag drehen. Lenkschaft-Kopfmutter lösen und abdrehen, Scheibe herausnehmen.
4. Standrohr-Klemmschrauben rechts und links in der oberen Gabelbrücke lösen und mindestens zwei Umdrehungen aufdrehen.
5. Jetzt die obere Gabelbrücke abbauen (das Zündschloss bleibt montiert): Mit einem Plastikhammer leichte Schläge von unten auf die Gabelbrücke geben und sie nach oben abtreiben.
6. Obere Gabelbrücke nach vorne ablegen.
7. Bild 7: Sicherungsscheibe abnehmen.
8. Bild 8: Mit dem Ringmutterschlüssel die untere Einstellmutter festhalten und mit dem Lenkmutterschlüssel die obere Kontermutter lösen und abschrauben, Gummischeibe abnehmen.

Jetzt beginnt die Nachstellung:

1. Bild 9: Einstellmutter mit Lenkmutter- und Drehmomentschlüssel auf 52 Nm festziehen.
1.1. Lenkung einige Male bis zum Anschlag hin und her bewegen.
2. Einstellmutter etwas lösen.
2.1. Endgültig mit 18 Nm festziehen.

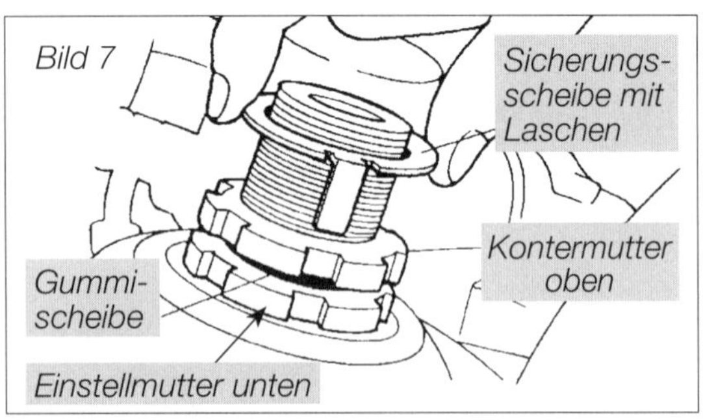

Bild 7

Bild 7: Muttern und Scheiben oben auf dem Lenkschaftrohr.

3. Gummischeibe aufsetzen. Kontermutter mit der Hand aufdrehen.
3.1. Mit dem Lenkmutterschlüssel die untere Nutmutter verdrehsicher festhalten und mit dem Ringmutterschlüssel die Kontermutter festziehen auf »gut handfest«, bis sich die Nuten von Konter- und Einstellmutter decken (wie in Bild 7).
4. Bild 7: Sicherungsscheibe aufstecken, ihre Laschen müssen leicht in die Nuten gleiten.
■ Wenn eine neue Sicherungsscheibe verwendet wird, ihre Laschen in die Nuten einbiegen.
5. Gabelbrücke aufstecken, Scheibe aufschieben, Lenkschaft-Kopfmutter aufdrehen und »gut handfest« anziehen.
6. Schraubverbindungen in folgender Reihenfolge festziehen:
■ Standrohr-Klemmschrauben rechts und links in der oberen Gabelbrücke mit 26 Nm.
■ Lenkschaft-Kopfmutter mit 110 Nm: Dazu die Lenkung nach rechts bis voll an den Lenkanschlag drehen.
7. Lenker in seine Lagerböcke einsetzen.
7.1. Bild 3: Obere Lenkerhalter mit den Körnerpunkten nach vorne weisend aufsetzen, Schrauben lose eindrehen.
7.2. Bild 3: Körnerpunkt links hinten am Lenker auf die Trennfuge ausrichten.
7.3. Festziehen: Vordere Schrauben auf 22 Nm, dann die hinteren ebenfalls mit 22 Nm.
8. Jetzt die Lenkung einige Male hin und her schwenken und dabei prüfen, ob sie sich leicht und ohne zu »sperren« bewegen lässt.

Lenklager reinigen und schmieren

Untere Gabelbrücke mit Lenkschaftrohr ausbauen

1. Maschine so aufbocken oder an einem Werkstattkran aufhängen, dass der Vorderbau frei ist.
1.1. Je nach Modell müssen ab- und ausgebaut werden: Tank, Scheinwerfer, Instrument, Vorderrad, Kotflügel, Bremssättel (Bremsschläuche an die Bremssättel angeschraubt lassen!), Hupe, Gabelbeine.
2. Lenker und obere Gabelbrücke abbauen wie vorne beschrieben. Bild 8: Obere Kontermutter lösen und abschrauben, Gummischeibe abnehmen.
3. Mit der einen Hand unter die untere Gabelbrücke greifen und

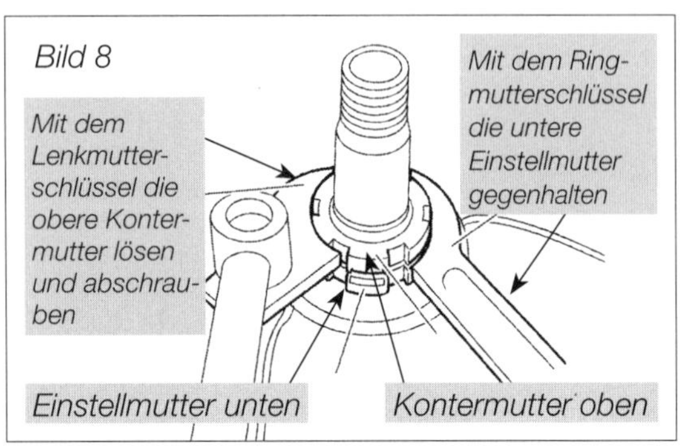

Bild 8

Bild 8: Entkontern von Einstell- und Kontermutter.

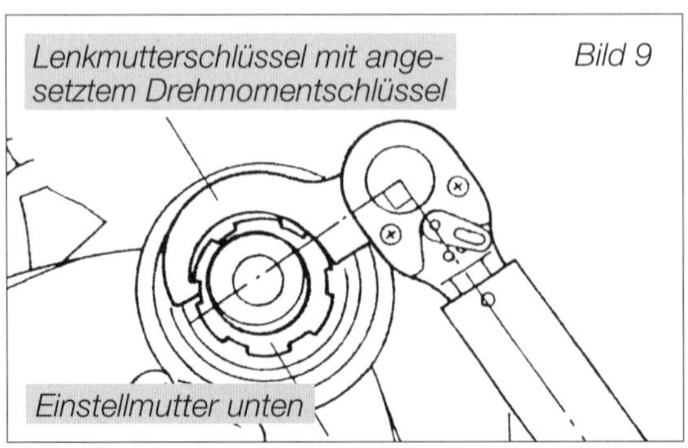

Bild 9

Bild 9: Festziehen der Lenklager-Einstellmutter nach Yamaha-Vorschrift mit Spezialwerkzeug und Drehmomentschlüssel.

sie nach oben halten, mit der anderen Hand die Einstellmutter ganz abdrehen. Staubschutzkappe abnehmen.

4. Untere Gabelbrücke mit dem Lenkschaftrohr nach unten herausziehen.

5. Lagerinnenring und Kugelring oben herausnehmen, unteren Kugelring abziehen.

6. Lagerbauteile und Lagerstellen gut mit Waschbenzin oder Petroleum reinigen.

Zerlegte Lenkkopflager prüfen

1. Lager begutachten: Sie dürfen nicht beschädigt, eingelaufen, punktuell eingedrückt oder anderweitig beschädigt sein (Korrosion).

1.1. Wenn die Laufbahn der Lagerkugeln in den Lagerschalen matt ist, ist dies ein Zeichen für Verschleiß der Hartschicht: Die Lager müssen erneuert werden.

2. Lagersitzringe und Lagerinnenringe müssen fest und spielfrei in ihren Passbohrungen oben und unten im Rahmen bzw. auf dem Lenkschaftrohr sitzen.

3. Alle Lagerkugeln müssen rund sein und dürfen weder flache Stellen, Vertiefungen (»Krater«), Materialausbrüche, eingelaufene oder eingeschlagene Stellen haben.

4. Die Kugelkäfige müssen zur Gänze vorhanden sein, dürfen nirgendwo ausgebrochen oder gerissen sein und müssen alle Kugeln so halten, dass diese sich leicht bewegen, aber nicht herausfallen können.

Lenkkopflager fetten und einbauen

1. Alle Lagerbauteile satt mit schwerem Kfz-Wälzlagerfett einfetten.

2. Unteren Kugelring auf das Lenkschaftrohr auffädeln und auf den Lagerring setzen.

2.1. Lenkschaftrohr von unten in Rahmenkopf einführen und mit der Hand nach oben halten.

3. Oberen Kugelring einsetzen, Lagerinnenring auf Lenkschaftrohr schieben, Staubschutzkappe aufsetzen, eingeölte Einstellmutter aufschrauben und handfest anziehen.

4. Lenkkopflager einstellen und obere Gabelbrücke aufbauen siehe Text weiter vorne.

4.1. Abgebaute Teile ein- bzw. anbauen.

Lenklager erneuern

Lager ausbauen

Die Lenkung ist zerlegt wie schon beschrieben.

1. Der untere Innenring sitzt mit Presssitz sehr fest auf dem Lenkschaftrohr. Bauteil fettfrei reinigen.

1.1. Den Innenring ganz gezielt ringsum mit einem Heißluftföhn anwärmen.

2. Bild 10: Untere Gabelbrücke auf einer stabilen Holzunterlage ablegen und den Innenring mit Hammer und Meißel in kleinen Schritten ringsum von seinem Sitz treiben.

3. Bild 11: Obere und untere Lagerschale mit einem langen Dorn und einem Stahlhammer mit leichten Schlägen über Kreuz aus den Sitzbohrungen im Rahmen treiben.

■ **Vorher** mit einem Heißluftföhn, auf dessen Spitze eine flache Düse aufgesteckt ist, die Außenseiten des Lenkkopfrohrs am Rahmen im Bereich der Lagersitze ringsum gleichmäßig erwärmen (max. 80 °C): Die Lagerschalen lassen sich so leichter austreiben als bei kaltem Rahmen.

4. Alle Lagerstellen penibel reinigen, kontrollieren: Sie dürfen keine mechanischen oder korrosionsbedingten Schäden oder Verformungen haben.

Lager einbauen

1. Die neuen Lagerschalen eine Stunde lang ins Tiefkühlfach legen; sie ziehen sich in der Kälte zusammen.

2. Mit dem Heißluftföhn (oder auf der Heizplatte oder im Ölbad) den unteren Lagerinnenring so weit erwärmen, dass man ihn gerade eben nicht mehr in die Hand nehmen kann. »Spuckprobe« machen, es zischt bei ca. 100 °C.

⚠ **Nur mit Hitzeschutz-Handschuhen anfassen!**

3. Staubschutzscheibe über Lenkschaftrohr bis ganz nach unten schieben, satt aufsetzen.

4. Erwärmten unteren Lagerring auf das Lenkschaftrohr auffädeln, nach unten auf seinen Sitz schieben. Bild 12: Mit passendem Rohrstück und kurzen Hammerschlägen satt aufdrücken.

5. Kurz bevor die Lagerschalen aus dem Kühlschrank geholt werden, die Außenseiten des Lenkkopfs am Rahmen im Bereich der Lagersitze ringsum gleichmäßig erwärmen (max. 80 °C).

6. Jetzt die eiskalten Lagerschalen oben in den Lagersitz einfallen lassen, bzw. von unten nach oben einschieben und in Position drücken.

■ Mit einem einfachen »Spezialwerkzeug« die Lagerschalen in ihrem Sitz halten: Eine M16-Gewindestange durch den Lenkkopf führen, oben und unten je eine Karosseriescheibe auf die Lagerschalen setzen und mit zwei Muttern »handfest« gegeneinander festziehen.

■ Gewindestange erst dann entfernen, wenn Lagerschalen und Lenkkopf gleiche Temperatur haben und die Lagerschalen fest sitzen.

7. Untere Gabelbrücke einbauen, Lenkung zusammenbauen siehe »Lenkkopflager fetten« vorne in diesem Kapitel und »Telegabel« Kapitel 9.

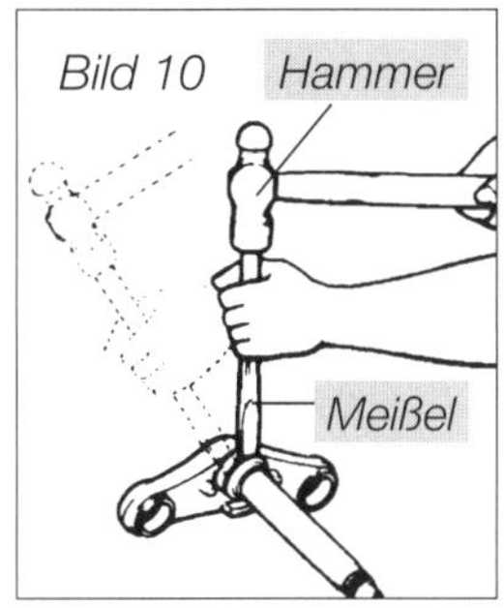

Bild 10: Unteren Innenring mit Meißel vom Lenkschaftrohr abtreiben.

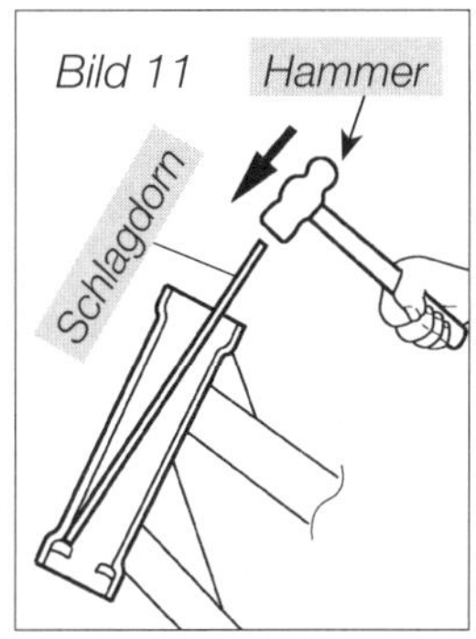

Bild 11: Austreiben der Lagerschalen über Kreuz.

Bild 12: Unteren Innenring mit einem passenden Rohrstück auf seinen Sitz treiben.

Telegabel

In diesem Kapitel: Telegabel, Einstellungen von Federvorspannung und Dämpfung · Gabelöl, Füllmengen, Ölstände · Spezialwerkzeuge · Gabelbeine aus- und einbauen · Gabelöl wechseln · Neue Simmerringe einbauen · Gabelbein zerlegen, prüfen und zusammenbauen · Explosionszeichnung Telegabel · Wichtige Adressen.

Telegabel, Einstellungen

Konstruktion der Telegabel: Upside-down-Telegabel. Oberflächen der Tauchrohre hartverchromt

Gabeltauchrohr .... Ø 41 mm
Federweg .... 137 mm
Maximal zulässiger Schlag .... 0,2 mm
Gabelöl .... Yamaha-Gabelöl »01« oder SAE 5

Einstellung der Telegabel: In der grau unterlegten Liste auf der nächsten Seite sind die Modelle unseres Buchs aufgeführt und die Einstellmöglichkeiten ihrer Telegabeln. Weitere, ins Detail gehende Informationen zu den Einstellmöglichkeiten finden Sie im Kapitel 30 »Technische Daten 1: Modelle, Maße, Einstellwerte«. Dort sind auch alle Maßangaben für Federlängen, Dämpferöl-Füllmengen, Luftpolster und die Verschleißmaße zu finden.

In die Modelle unseres Buchs sind fünf verschiedene Gabelbeine eingebaut. Welche Einstellung der Federvorspannung und Dämpfung Sie wählen ist abhängig vom Fahrergewicht, überwiegend Solo- oder Zweipersonenbetrieb, mit oder ohne Gepäck und letztendlich auch von Ihrem Fahrstil.

Um die passende Einstellung zu finden hilft sowohl ein Blick in das Fahrzeug-Handbuch als auch der betreuende Yamaha-Händler. Spezialisten für Fahrwerkseinstellungen gibt es auch oft in freien Motorradwerkstätten: Wenn der Chef oder einer der Mitarbeiter Rennfahrer ist oder an Renntrainings teilnimmt, versteht er etwas davon!

Gabelöl, Ölstand, Luftpolster

Wechselintervalle, Verschleiß: Von Yamaha gibt es keine Vorschrift, das Gabelöl zu wechseln. Die Ölfüllungen der Gabelbeine sind als Dauerfüllung ausgelegt. Allerdings verschleißt Gabelöl mit der Zeit, weil es feinste Abriebpartikel von den gleitenden Oberflächen der Gabelbauteile aufnehmen muss (»Abrieb« in Bild 5) und mit zunehmendem Alter immer dünnflüssiger wird. Zum Verlust der spezifischen Eigenschaften gehört auch, dass »verbrauchtes« Gabelöl einen großen Teil seiner Schmierfähigkeit verloren hat, was erhöhten Verschleiß aller an- und aufeinander gleitenden Gabelbauteile nach sich zieht.

Bild 1: Wichtige Schraubstellen der Telegabel mit Anziehdrehmomentwerten.

Bilder 2a, 2b, 2c: Einsteller für Federvorspannung, Dämpfer-Druckstufe und Dämpfer-Zugstufe in den Gabeldeckeln und den Tauchrohren unten.

■ **Sehr wichtig:** *Wenn die Gabelbeine ausgebaut und zerlegt werden sollen, müssen die Schraubeinsteller für die Federvorspannung und die Dämpfung ganz entspannt (gelöst) werden. Notieren Sie sich die aktuellen Einstellungen, bevor Sie zu schrauben beginnen!*

Bild 1

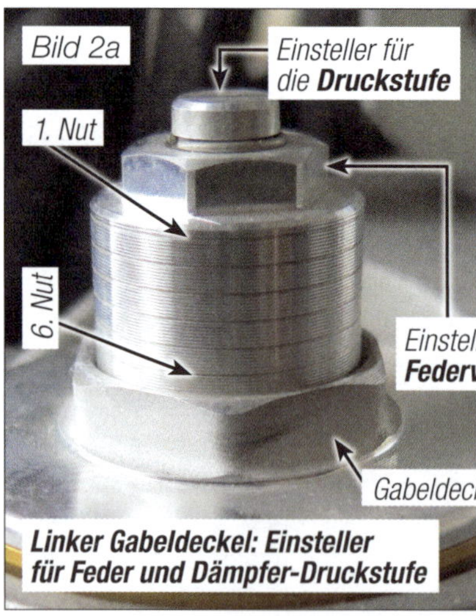

Bild 2a
Linker Gabeldeckel: Einsteller für Feder und Dämpfer-Druckstufe

Bild 2b
Rechter Gabeldeckel: Einsteller für Feder und Dämpfer-Zugstufe

Bild 2c
Gabelbein unten: Einsteller schnelle Dämpfer-Druckstufe (sd) und langsame Dämpfer-Druckstufe (sl)

Bilder 2a, 2b und 2c: Für die Einsteller links und rechts oben auf den Gabelbeinen braucht es eine Sechskant-Nuss und einen Schraubenzieher, für die Einsteller unten in beiden Gabeltauchrohren eine Sechskant-Nuss und einen Inbusschlüssel.

Laut Aussagen von Yamaha-Spezialisten behält das Gabelöl ungefähr 30 000 bis 40 000 km seine Eigenschaften, was ungefähr sechs bis acht Jahren entspricht. Wenn mit steigendem Alter der Maschine die Dämpfkraft der Gabel spürbar nachlässt und sich das Fahrverhalten verschlechtert, sollte man das Gabelöl erneuern. Yamaha schreibt als Gabelöl *»Dämpferöl 01«* vor. Man kann auch ein anderes Marken-Gabelöl in der Viskosität SAE 5 benutzen (Bild 6). Für beide Gabelbeine wird ein Liter Dämpferöl benötigt.

Bild 3: Der **Gabelöstand**, auch Luftpolster genannt, nennt das Maß in Millimeter von der Oberkante des Gabelstandrohrs bis zum Ölspiegel. Das Gabeltauchrohr ist in das Gabelstandrohr eingeschoben, die Gabelfeder nicht eingesetzt.

Spezialwerkzeuge

An der Gabel selbst arbeiten?
Die Telegabel muss zum Wechsel des Gabelöls teilzerlegt werden. Dies erfordert ein gewisses Maß an Schraubererfahrung und Werkzeug. Nachstehend die zur fachgerechten Arbeit an den Gabelbeinen benötigten Spezialwerkzeuge.

- Gabelfeder-Kompressor (Nr. 90890-01441)
- Stangen-Halter (Nr. 90890-01434)
- Stangenzieher (Nr. 90890-01437)
- Stangenzieher-Vorsatz M10 lang (Nr. 90890-01578)

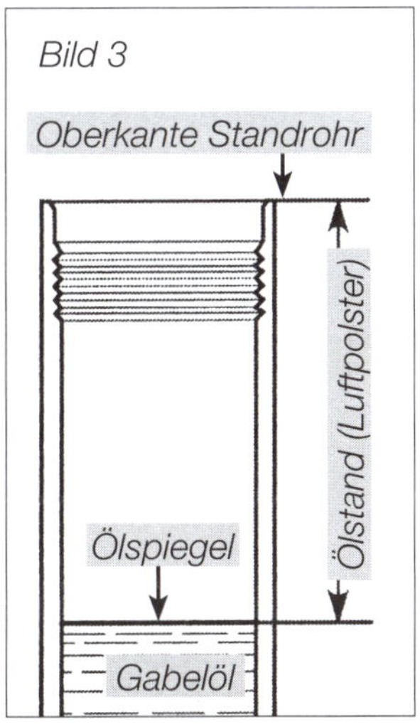

Bild 3: Skizze für Ölspiegel, Ölstand und Luftpolster.

Bild 4: Ein solcher Frontmontageständer, dessen Haltebolzen in das Lenkschaftrohr eingreift, wird zur Montage der Gabelbeine benötigt.

Bild 5: Im abgelassenen Gabelöl ist Abrieb in Form von kleinen Metallpartikeln zu sehen.

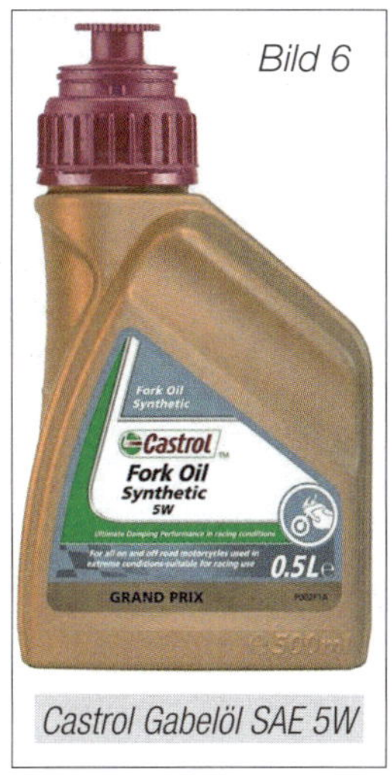

Castrol Gabelöl SAE 5W

Einstellmöglichkeiten Federvorspannung, Zug- und Druckstufen-Dämpfung

MT-09 ohne ABS Mj. 2014, 2015
MT-09A mit ABS Mj. 2014, 2015, 2016
MT-09 Street Rally Mj. 2014, 2015, 2016
MT-09 Sport Tracker Mj. 2015, 2016:
Federvorspannung an beiden Gabelbeinen oben einstellbar (Bilder 2a und 2b)
Zugstufendämpfung am rechten Gabelbein oben einstellbar (Bild 2b)

MT-09 SP Mj. 2018, 2019, 2020:
Federvorspannung an beiden Gabelbeinen oben einstellbar (Bilder 2a und 2b)
Zugstufendämpfung an beiden Gabelbeinen oben einstellbar (Bild 2a und 2b)
Druckstufendämpfung für schnelle Einfeder-Dämpfung an beiden Gabelbeinen unten einstellbar (Bild 2c)
Druckstufendämpfung für langsame Einfeder-Dämpfung an beiden Gabelbeinen unten einstellbar (Bild 2c)

MT-09 Tracer Mj. 2015, 2016, 2017
Tracer 900 Mj. 2018, 2019, 2020
XSR 900 Mj. 2016, 2017, 2018, 2019, 2020, 2021
XSR 900 60th Anniversary Mj. 2016
XSR 900 Abarth Mj. 2017:
Federvorspannung an beiden Gabelbeinen oben einstellbar (Bilder 2a und 2b)
Zugstufendämpfung am rechten Gabelbein oben einstellbar (Bild 2b)

MT-09 Mj. 2017, 2018, 2019, 2020
Tracer 900 GT Mj. 2018, 2019, 2020:
Federvorspannung an beiden Gabelbeinen oben einstellbar (Bilder 2a und 2b)
Zugstufendämpfung am rechten Gabelbein oben einstellbar (Bild 2b)
Druckstufendämpfung am linken Gabelbein oben einstellbar (Bild 2a)

Zur Liste in der linken Spalte: Noch mehr Informationen zu den Einstellmöglichkeiten an den verschiedenen Telegabeln stehen im Kapitel 30 »Technische Daten 1: Modelle, Maße, Einstellwerte«. Dort sind auch die Maßangaben für Federlängen, Füllmengen und Luftpolster zu finden.

Sichtprüfung Messen

Bilder 7 und 9: Beim Festziehen der Klemmschrauben die Anziehdrehmomente und die Reihenfolge beachten, sonst kann die Gabelbrücke reißen (Kreis in Bild 9).

Bild 8: Überstand der Gabelstandrohre über der oberen Gabelbrücke 1 mm.

- Werkzeugsatz zur Entlüftung des Dämpferrohrs (Nr. YM-A8703)

Auf die Spezialwerkzeuge, die zum Wechsel der Gabelsimmerringe und Gabelgleitbuchsen benötigt werden, gehen wir weiter hinten im entsprechenden Kapitelabsatz ein.

Gabelbeine aus- und einbauen

Gabelbeine ausbauen

1. Motorrad so aufbocken, dass das Vorderrad (und damit auch die Telegabel) frei sind: Entweder einen Frontständer benutzen, der von unten in das Lenkschaftrohr eingreift (Bild 4) oder die Maschine vorne an einen Kran hängen.

2. Aus- und abbauen: Bremssättel, Halter der Bremsleitungen, Vorderrad, Kotflügel. Die Bremssättel so zur Seite hängen, dass sie beim Montieren nicht stören (siehe dazu auch Kapitel 5 »Räder«).

Wichtig: Die Bremsleitungen an den Bremssätteln und der Bremspumpe angeschlossen lassen, also nicht abschrauben!

3. Standrohr-Klemmschrauben rechts und links in der oberen Gabelbrücke lösen und zwei bis drei Umdrehungen aufdrehen.

4. Bild 7: Standrohr-Klemmschrauben in der unteren Gabelbrücke lösen und mindestens drei Umdrehungen aufdrehen.

- Das Gabelbein mit einer Hand festhalten, damit es nicht plötzlich nach unten herausrutscht.

5. Gabelbein unter leichtem Drehen nach unten aus den Gabelbrücken herausziehen.

Wenn Gabelölwechsel gemacht werden soll und das Gabelbein deswegen teilzerlegt werden muss

- Die Bilder 2a, 2b, 7 und 8 gelten für den folgenden Arbeitsabschnitt 3.1. bis 3.5.

3.1. Wenn Schritt 3 »Standrohr-Klemmschrauben in der oberen Gabelbrücke lösen« getan ist:

- Bilder 2a und 2b: Jetzt feststellen, wie die Feder- und Dämpfereinsteller im oberen Gabeldeckel eingestellt sind. Einstellungen notieren.

3.2. Den Federeinsteller bis zum Anschlag links herum <u>aus</u>drehen. Dieser Anschlag ist »weich«: Wenn man spürt, dass der Federeinsteller am Anschlag ist und er sich nicht mehr weiterdrehen lässt, NICHT mit Gewalt versuchen, ihn noch weiter zu drehen!

3.3. Den Einsteller der <u>*Zugstufen*</u>dämpfung im rechten Federeinsteller bis an den »weichen Anschlag« <u>*aus*</u>drehen.

3.4. Den Einsteller der <u>*Druckstufen*</u>dämpfung (wenn vorhanden), bis an den »weichen Anschlag« <u>*aus*</u>drehen.

3.5. Nun den Gabeldeckel mit einem exakt passenden Schlüssel lösen, aber noch nicht ausschrauben.

Wichtig 1: Den Schlüssel am großen Sechs-

Bild 7

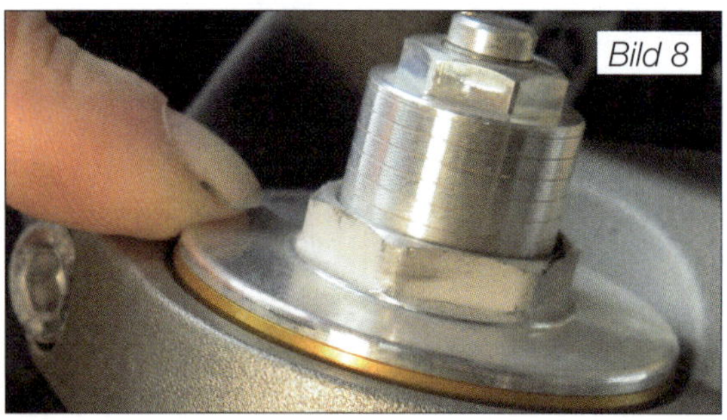

Bild 8

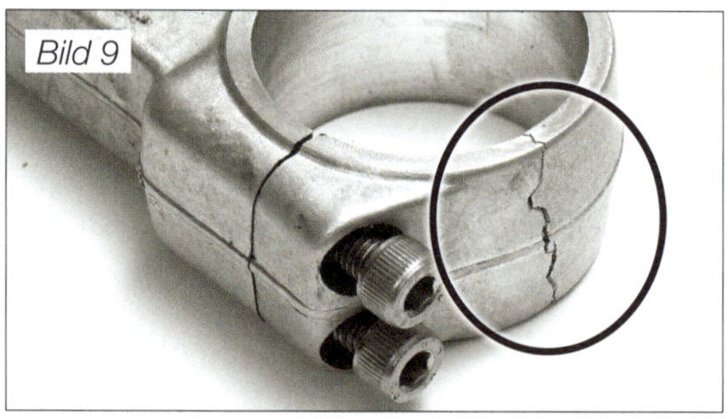

Bild 9

Bild 10a

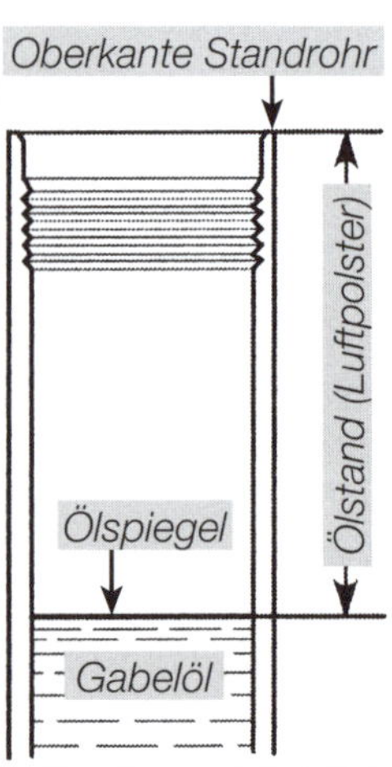

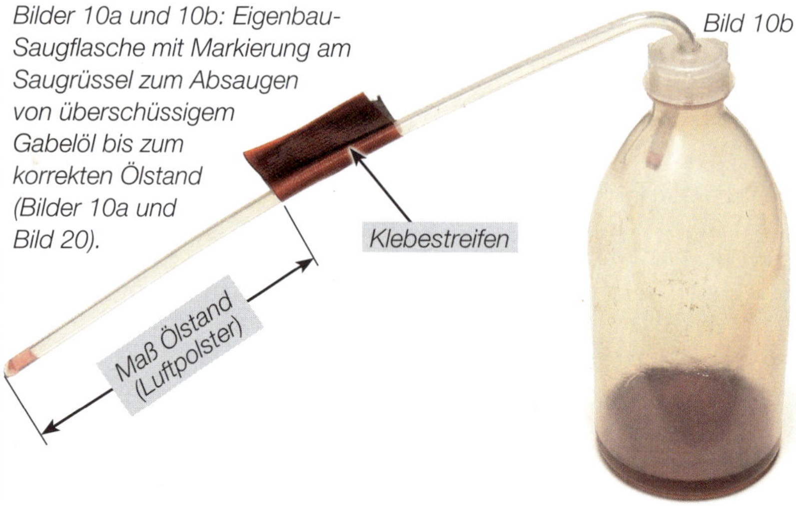

Bild 10b

Bilder 10a und 10b: Eigenbau-Saugflasche mit Markierung am Saugrüssel zum Absaugen von überschüssigem Gabelöl bis zum korrekten Ölstand (Bilder 10a und Bild 20).

kant des Gabeldeckels ansetzen, NICHT am kleineren Sechskant des Federeinstellers!
Wichtig 2: Eigentlich bräuchte man eine lange 24er-Nuss, die über die Einsteller für Federvorspannung und Dämpfung bis nach unten an das große Sechskant der Gabeldeckelschraube reicht. Eine solche Nuss ist sehr selten, weswegen man einen 24er-Sechskant-Ringschlüssel (ebenfalls selten) oder einen Gabelschlüssel (den gibt es zuhauf) nehmen muss. Bevor Sie diesen am Alu-Sechskant der Gabeldeckelschraube ansetzen, schauen Sie sich den Schlüssel an, ob er ok und »so gut wie neu« ist; denn ein vermurkster Schlüssel hinterlässt immer unschöne Montagespuren am Sechskant.

Gabelbeine einbauen
1. Gabelbeine und Klemmstellen reinigen mit Ölspray und Lappen. Die Klemmstellen der Gabelbeine in den Gabelbrücken mit etwas schwerem Fett einschmieren.
2. Gabelstandrohr unter leichtem Drehen von unten in die untere Gabelbrücke einstecken, nach oben schieben und in die Bohrung in der oberen Gabelbrücke einschieben.
2.1. Bild 8: Das Gabelstandrohr so weit durch die obere Gabelbrücke durchstecken, dass seine Oberkante einen Millimeter über die Oberkante der oberen Gabelbrücke hinaussteht. Gabelbein in dieser Position mit einer Hand festhalten.
3. Bild 7: Standrohr-Klemmschrauben in der unteren Gabelbrücke in kleinen Schritten festziehen bis auf 23 Nm.
■ Anziehreihenfolge unten – oben – unten – oben.
4. Standrohr-Klemmschrauben in der oberen Gabelbrücke festziehen mit 26 Nm.
5. Kotflügel, Rad und Bremssättel ein- und anbauen. Bitte achten Sie darauf, dass die Bremsleitungen und das Kabel des ABS-Sensors exakt verlegt sind.

Wenn ein Gabelbein nach einem Ölwechsel wieder eingebaut wird:
■ Wenn der Arbeitsschitt **3.** »untere Standrohr-Klemmschrauben festziehen« getan ist:
3.1. Bilder 2a und 2b: Gabeldeckel mit 23 Nm festziehen. ■ Erst jetzt die Standrohr-Klemmschrauben in der oberen Gabelbrücke festziehen mit 26 Nm (siehe Text weiter oben).

Abschluss: Wenn die Gabelbeine eingebaut sind, müssen die Einsteller für Federvorspannung und Dämpfung wieder auf die Stellungen gedreht werden, die vor dem Ausbau der Gabelbeine festgestellt und notiert wurden.

Gabelöl wechseln

Gabelbein zum Ölwechsel zerlegen
Das Gabelbein ist ausgebaut und gereinigt wie weiter vorne in diesem Kapitel beschrieben.
1. Bild 11: Gabelbein an der Achsfaust senkrecht in einen Schraubstock einspannen, Alubacken zum Schutz dazwischenlegen.
2. Spätestens jetzt feststellen, wie die Feder- und Dämpfereinsteller im oberen Gabeldeckel eingestellt sind und diese notieren.
■ Siehe Bilder 2a und 2b und den Bildtext.
3. Den schon beim Ausbau des Gabelbeins gelösten Gabeldeckel ganz ausdrehen. Dabei das Standrohr mit der Hand gegenhalten.
Wichtig: Merken Sie sich genau, welchen Gabeldeckel Sie von welchem Gabelbein abgebaut haben, damit jeder beim Zusammenbau wieder auf sein zugehöriges Gabelbein montiert wird. Am besten mit einem Filzstift markieren.
4. Standrohr nach unten auf das Tauchrohr schieben.
5. Bild 12: Jetzt werden »Gabelfeder-Kompressor« und »Stangenhalter« gebraucht.
5.1. Bilder 12 und 15: Gabelfederspanner an der Vorspannhülse anbringen.
■ Die seitlichen Schraubbolzen nicht zu fest

Bild 12

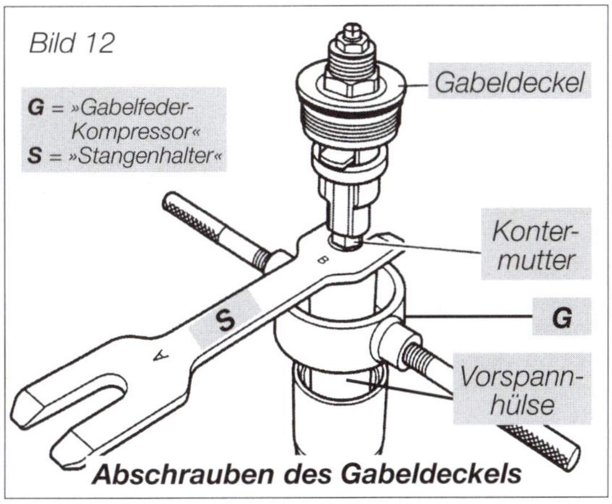

Bild 13

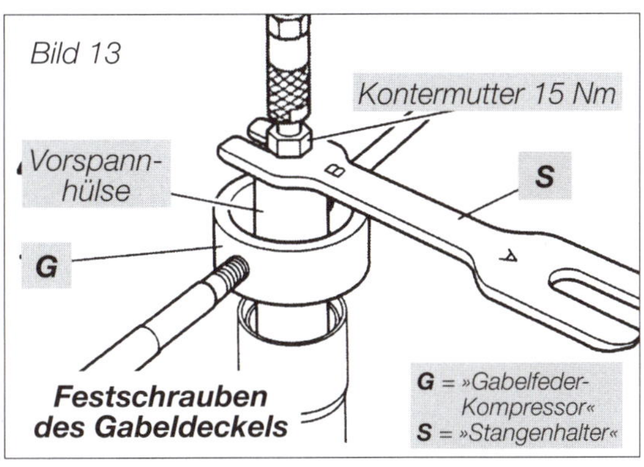

Bild 11

Bild 11: Beim Einspannen des Gabelbeins in einen Schraubstock unbedingt Alubacken benutzen.

Bilder 12 und 13: Yamaha-Spezialwerkzeuge zum Niederdrücken der Gabelfeder, damit beim Zerlegen und Zusammenbau des Gabelbeins die Kontermutter auf der Dämpferstange beschraubt werden kann.

Sichtprüfung Messen

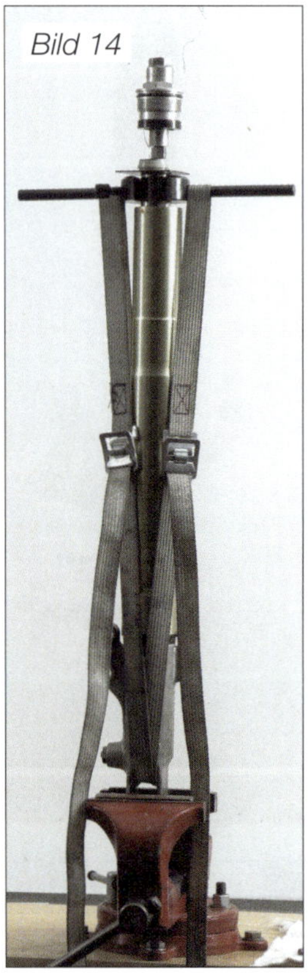
Bild 14

Bilder 14 bis 20: Im Lauftext sind die zu den Bildern gehörenden Arbeitsschritte beschrieben.

anziehen, sonst kann die Vorspannhülse zerdrückt werden!

5.2. Nun die beiden Bolzen am Gabelfeder-Kompressor mit beiden Händen fest umfassen und so weit nach unten drücken, bis die Kontermutter auf der Dämpferstange zu sehen ist. In dieser Position festhalten.

5.3. Bild 12: Stangenhalter mit der Seite »B« zwischen Gabelfeder-Kompressor und Kontermutter schieben.

■ Das muss ein Helfer machen, denn wenn man alleine arbeitet, bräuchte man eine dritte Hand.

Tipp: Mit zwei Spanngurten den Gabelfeder-Kompressor nach unten spannen (Bild 14).

6. Einen 24er-Gabelschlüssel auf das Sechskant des Gabeldeckels schieben und in dieser Position festhalten.

6.1. Auf die Kontermutter einen pasenden Gabelschlüssel schieben und die Mutter entkontern.

■ Dabei den Gabeldeckel mit dem 24er-Gabelschlüssel auf Zug gegenhalten.

6.2. Gabeldeckel abschrauben, Stangenhalter abnehmen, Gabelfeder-Kompressor abbauen. Kontermutter von der Dämpferstange abdrehen. Scheibe, Vorspannhülse und Gabelfeder herausnehmen.

7. Bild 16: Gabelbein aus dem Schraubstock nehmen, kopfüber in eine Ölablasswanne kippen und das Gabelöl auslaufen lassen.

Tipp: Jetzt werden die Spezialwerkzeuge »Stangenzieher« und »Stangenzieher-Vorsatz« benötigt. Sollten die nicht zur Verfügung stehen, dann machen Sie Folgendes:

■ Bild 17: Den Gabeldeckel provisorisch aufschrauben und darunter einen längeren, dünnen Draht um die Dämpferstange wickeln.

8. Dämpferstange mit der Hand einschieben und am Draht wieder ausziehen, damit alles Gabelöl herausgepumpt wird und ausläuft. Mindestens zehn Mal die Dämpferstange ausziehen und einschieben und zwar langsam. Das alte Öl lange genug austropfen lassen.

9. Jetzt in das Gabelbein einen guten Schuss (ca. 100 cm^3) Benzin oder Waschbenzin einfüllen und gründlich ausspülen, Dämpferstange wieder hin und her pumpen. Gabelbein und Dämpfereinheit werden so vom alten Gabelöl und Schmutz gereinigt.

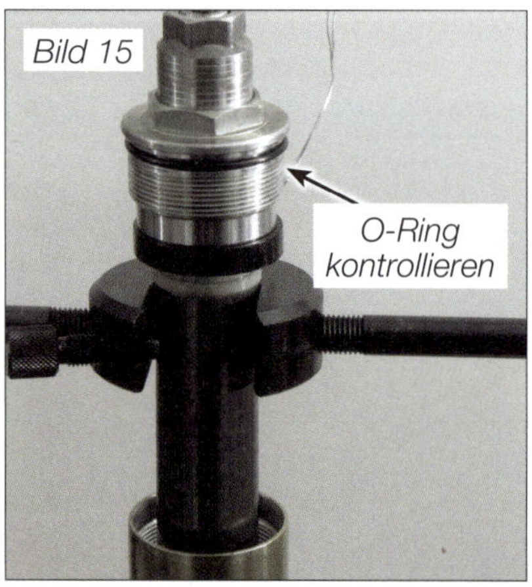

Bild 15

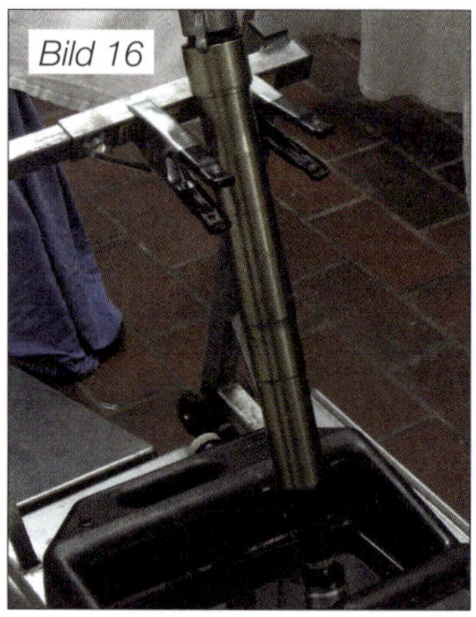
Bild 16

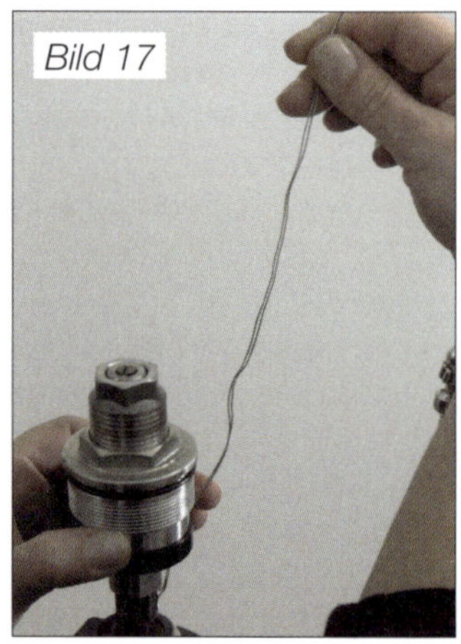
Bild 17

Bild 18

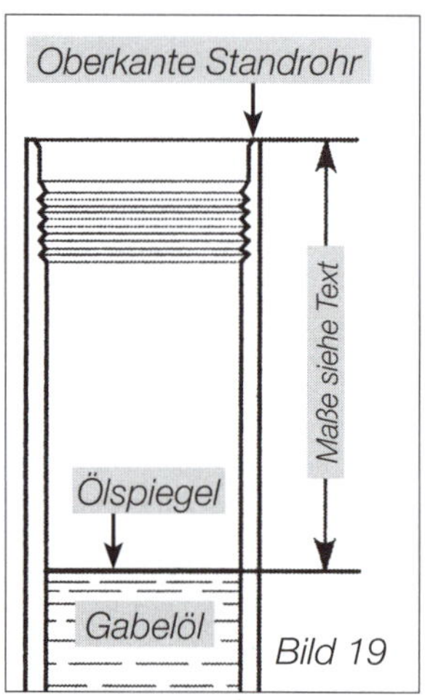

Bild 19

Bild 20

10. Bild 15: O-Ring auf dem Gabeldeckel kontrollieren. Wenn er beschädigt ist, unbedingt erneuern.
Hinweis: Das Gabelbein braucht zum Gabelölwechsel nicht weiter zerlegt werden. Wenn Sie neue Gabelsimmerringe einbauen wollen, lesen Sie bitte weiter im übernächsten Absatz »Neue Simmerringe einbauen«.
11. Nun auch das rechte Gabelbein ebenso bearbeiten bis zum Ölauskippen und Reinigen durch Spülen wie es in den Arbeitspunkten **5.** bis **10.** beschrieben ist.

Frisches Gabelöl

Ein Wort zuvor: Zum Einfüllen von neuem Gabelöl müssen verschiedene Maßangaben beachtet werden.
Gabelöl: Angaben in cm³ und mm.
■ cm³ für die Füllmenge des linken und rechten Gabelbeins.
■ mm für Millimeter für das Luftpolster im linken und rechten Gabelbein.
Gabelfeder: Angaben in mm.
■ mm für Millimeter für das Maß der ungespannten Länge einer neuen Feder, Verschleißgrenze einer gebrauchten Feder, Einbaulänge, Länge der Vorspannhülse.

Zu all diesen Punkten gibt es für jedes Modell genaue Angaben, diese finden Sie im Kapitel 30 »Technische Daten 1: Modelle, Maße, Einstellwerte«. Bitte sehen Sie dort nach und notieren Sie die Werte für Ihr Modell.

Absaug-Spezialwerkzeug

Bilder 10a, 10b und 20: Zum Einstellen des Ölstands wird eine quetschfreundliche Plastikflasche benötigt mit einem Saugrüssel. An diesem wird das vorgeschriebene Maß mit einem Stück Klebeband markiert.

Frisches Gabelöl einfüllen

1. Bild 11: Gabelbein an der Achsfaust senkrecht in einen Schraubstock spannen. Standrohr ganz auf das Tauchrohr schieben.
2. Bild 18: Frisches Gabelöl einfüllen: Füllen Sie etwas mehr als die vorgeschriebene Ölmenge ein. Das zu viel eingefüllte Öl wird ja wieder abgesaugt, wenn nachher der Ölstand korrekt eingestellt wird.
■ Wenn vorhanden: Die Spezialwerkzeuge »Stangenzieher« und »Stangenziehervorsatz« montieren und die Dämpferstange oben halten.
■ Wenn nicht vorhanden: Einen dünnen Draht um die Dämpferstange wickeln wie im Bild 17 zu sehen. Damit die Dämpferstange oben halten.
2.1. Bild 18: Dämpferstange nach oben ziehen und halten. Gabelöl langsam einfüllen.
■ Das eingefüllte Öl immer wieder einige Momente beruhigen lassen. Zuschauen wie Luftblasen aufsteigen.
3. Dämpferstange einige Male langsam (!) hin und her bewegen, ausziehen am Draht, eindrücken mit der Hand: Das Gabelöl verteilt sich jetzt gleichmäßig im Gabelbein und eventuell eingeschlossene Luft wird herausgedrückt.
3.1. Die Dämpferstange so lange langsam (!) hin und her bewegen, bis sich die Dämpfung geschmeidig anfühlt – dann ist das Dämpferelement mit Gabelöl gefüllt. Warten Sie nun noch weitere zehn Minuten.
4. Ölstand einstellen.
4.1. Standrohr auf das Tauchrohr aufschieben.
5. Bild 20: Mit dem Saugrüssel exakt senkrecht bis zur Markierung in das Gabelbein einfahren, Flasche langsam zusammendrücken und loslassen: So wird das überschüssige Öl abgesaugt.
6. Schön langsam: Jetzt die Dämpferstange einige Male wieder herausziehen und einschieben. Auch das Gabelstandrohr auf dem Gabeltauchrohr nach oben ziehen und nach unten bewegen.
■ Mit dem Saugrüssel an der Spritzflasche noch einmal kontrollieren, ob der Ölstand korrekt ist.

Gabelbein zusammenbauen

1. Dämpferstange am Draht nach oben ziehen und festhalten. Gabelstandrohr auf dem Gabeltauchrohr ganz nach oben ziehen. Draht abbauen.
2. Feder in das Gabelbein einführen: Großer Durchmesser nach unten, kleiner Durchmesser mit der engen Wicklung nach oben.
3. Bild 36: Beilagscheibe auf die Dämpferstange schieben bis nach unten auf das obere Ende der Gabelfeder.
4. Vorspannhülse mit dem Bund nach unten einführen, Kontermutter auf die Dämpferstange aufschrauben und daran die Dämpferstange nach oben ziehen und in dieser Position festhalten.

Wichtige Adressen:

■ **Motorrad-Technik Czech**
(Spezialschmiermittel für Motorräder)
Jungfernweg 2b,
D-41564 Kaarst
www.hks-czech.de

■ **Öhlins** (Federelemente)
Zupin Moto-Sport GmbH
Trostberger Straße 26
D-83301 Traunreut
www.zupin.de
www.ohlins.eu
www.oehlins.ch

■ **Wilbers Products**
(Federelemente, Lenkungsdämpfer)
Wilbers Products GmbH
Frieslandstraße 6-10,
D-48527 Nordhorn
www.wilbers.de
www.wilbers.at
www.wilbers-swiss.ch

■ **Wirth** (Gabelfedern)
Wirth Federn
Osterdiecksfeld 23
D-21274 Undeloh
www.wirth-federn.de

■ **WP Suspension GmbH**
(Federelemente, Lenkungsdämpfer)
Stallhofnerstrasse 3
A-5230 Mattighofen
www.wp-suspension.com
www.motocenterschwyz.ch

Bilder 21 und 22: Die Einstellungen der Kontermutter auf der Dämpferstange und im Dämpfereinsteller sind im Lauftext beschrieben.

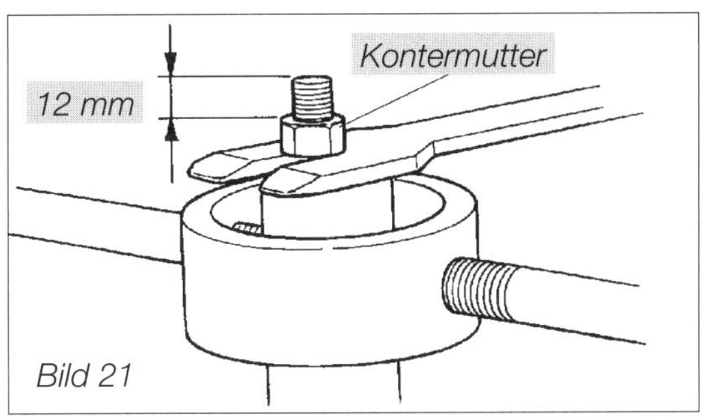

Bild 21

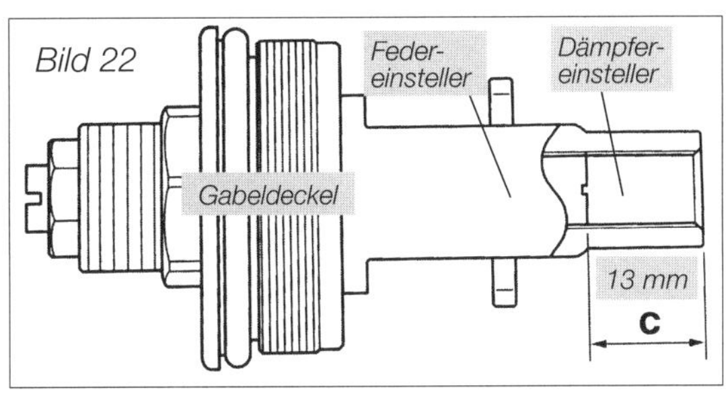

Bild 22

Sichtprüfung Messen

5. Gabelfeder-Kompressor auf die Vorspannhülse aufbauen. Mit zwei Händen nach unten drücken, bis genügend Luft zwischen Gabelfeder-Kompressor und der Kontermutter ist. Nun den Stangenhalter mit Seite »B« einführen (Bilder 12 und 13).
6. Abstand der Kontermutter einstellen (Bild 21):
- Auf der Seite mit Dämpfereinstellung beträgt das Maß 12 mm.
- Auf der Seite ohne Dämpfereinstellung wird die Mutter ganz aufgeschraubt.

Der rechte Gabeldeckel muss auf das rechte Gabelbein, der linke Gabeldeckel auf das linke Gabelbein montiert werden.
7. Bild 22: Nun die Dämpfereinstellschraube im Gabeldeckel so einstellen, dass das Maß **»c«** 13 mm beträgt.
8. Den Gabeldeckel auf die Dämpferstange aufdrehen, bis die Kontermutter erreicht ist. Kontermutter »gut handfest« (15 Nm) festziehen. Dabei den Gabeldeckel am Sechskant gegenhalten.
9. Stangenhalter oder den Draht abbauen wie auch den Gabelfeder-Kompressor.
10. Gabelstandrohr ganz nach oben ziehen, mit der Hand halten: Den Gabeldeckel am Innengewinde des Standrohres exakt ansetzen und handfest einschrauben.
Hinweis: Das Festziehen des Gabeldeckels mit dem vorgeschriebenen Drehmoment von 23 Nm wird erst dann gemacht, wenn das Gabelbein in die Gabelbrücken eingeschoben ist und die unteren Klemmschrauben festgezogen sind (siehe weiter vorne bei »Gabelbeine einbauen«).
11. Einbau der Gabelbeine und Einstellung der Federvorspannung und Dämpfung wie vorne beschrieben.

Bilder 23a und 23 b: Yamaha-Spezialwerkzeug zum Einbau von Gabelbuchse und Simmerring.

Bild 23a

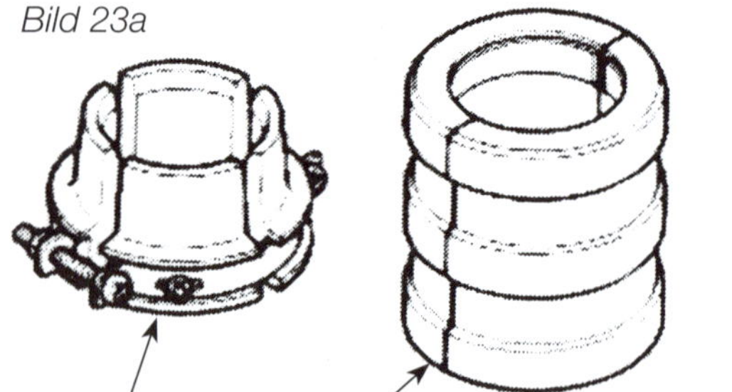

Bild 23b

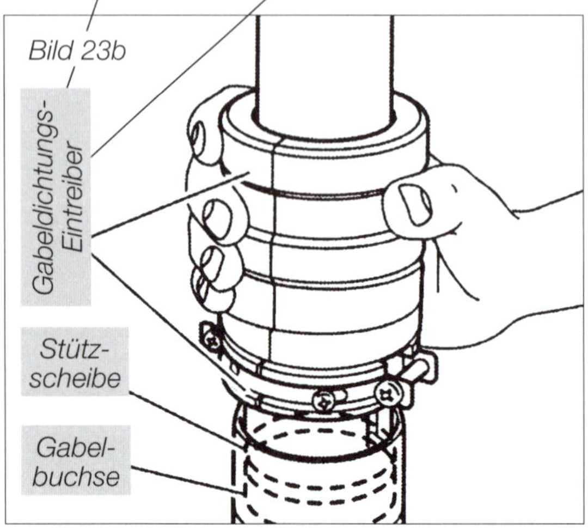

Neue Simmerringe einbauen

Ein Wort zuvor: Wenn neue Simmerringe oder auch Gabelbuchsen in die Gabelbeine eingebaut werden sollen, werden zum fachgerechten Einbau zwei weitere Spezialwerkzeuge benötigt:
- »Gabeldichtungs-Eintreiber« Bilder 23a, 23b (Nr. 90890-01442)
- «Dämpferrohr-Halter 27 mm« (Nr. 90890-01582)

Mit dem Dämpferrohr-Halter wird das im Gabelbein eingebaute Dämpferrohr gegengehalten, wenn die untere Dämpfer-Halteschraube geöffnet und ausgedreht wird, diese sich aber nicht lösen lassen will, weil sich das Dämpferrohr im Gabeltauchrohr dummerweise mitdreht – denn es ist mit Gewindekleber Loctite 243 »mittelfest« eingebaut.

Bild 24: Das Spezialwerkzeug »Gabeldichtungs-Eintreiber« kann man selbst machen:
- Die beiden kleineren Teile bilden die »Eintreibbuchse«; ihr Innen-Ø ist mit 41,5 mm um 0,5 mm größer als das Gabeltauchrohr.
- Der Rand auf der dünnen Seite ist auf 2,5 mm Wandstärke gedreht, damit wird die Gabelbuchse in das Standrohr eingepresst.
- Auf der anderen Seite der »Eintreibbuchse« ist der untere innere Rand um 45 Grad nach innen 2 mm tief angefast, damit beim Eintreiben des neuen Simmerrings dessen Dichtlippe nicht auf Druck beansprucht und beschädigt wird.
- Die »Schlaghülse« ist ein entsprechend massives Rohrstück mit 41,5 mm Innendurchmesser. Damit wird die »Eintreibbuchse« beim Einbau des Gabelsimmerrings behämmert.

Der richtige Umgang damit wird weiter hinten in diesem Kapitel gezeigt beim Einpressen von Gabelbuchse (Bild 38) und Simmerring (Bild 39).

Bild 24

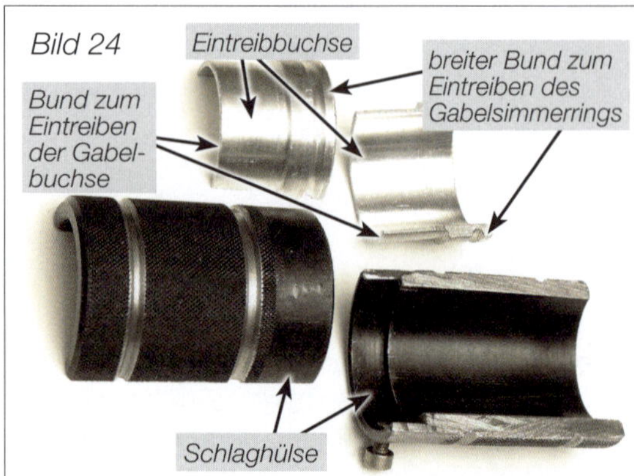

Bild 24: Eigenbau-Werkzeug zum Eintreiben von Gabelbuchse und Simmerring in das Standrohr. Es besteht aus einer doppelseitig verwendbaren Alu-Buchse und einem Stahl-Schlaggewicht. Beide sind der Länge nach geteilt.

Wenn man ein solches Spezialwerkzeug nicht hat, ist es besser, die Gabelbeine auszubauen und zum Gabelölwechsel oder Einbau neuer Gabelsimmerringe in die Werkstatt zu geben, anstatt mit anderen schlecht geeigneten Werkzeugen herumzuprobieren. Mit »Fachwerkstatt« meinen wir Yamaha-Motorradhändler oder freie Werkstätten, die sich auf Federung und Dämpfung spezialisiert haben.

Gabelbein ganz zerlegen

1. Gabelbein ist ausgebaut und so weit zerlegt, wie weiter vorne unter »Gabelbein zum Ölwechsel zerlegen« von **1.** bis **6.1.** beschrieben.

2. Bilder 29 und 30: Gabeltauchrohr am Bremssattelhalter quer in Schraubstock spannen, Alubacken dazwischenlegen.

3. Bilder 25 und 26: Staubmanschette mit kleinem Schraubenzieher ringsum aus Sitz lösen.

4. Bild 27: Sicherungsring ausbauen: Kleinen Schraubenzieher neben dem offenen Ende

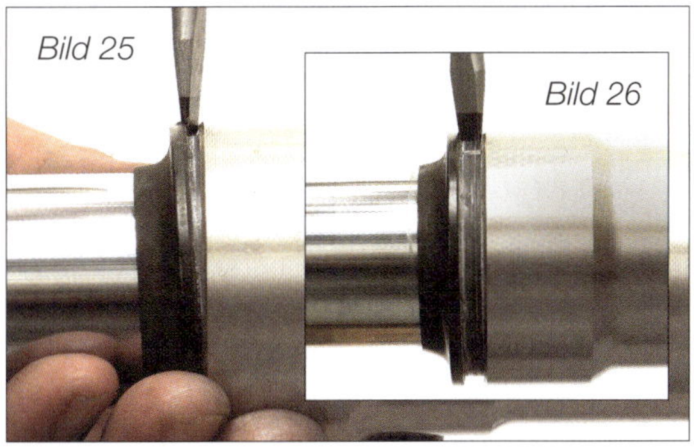
Bild 25
Bild 26

Bilder 25 bis 30: Im Lauftext sind die zu den Bildern gehörenden Arbeitsschritte nummeriert beschrieben.

Bild 27

Bild 28

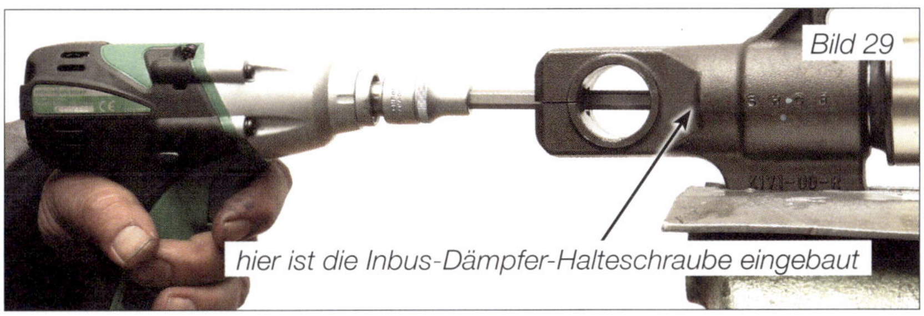

Bild 29

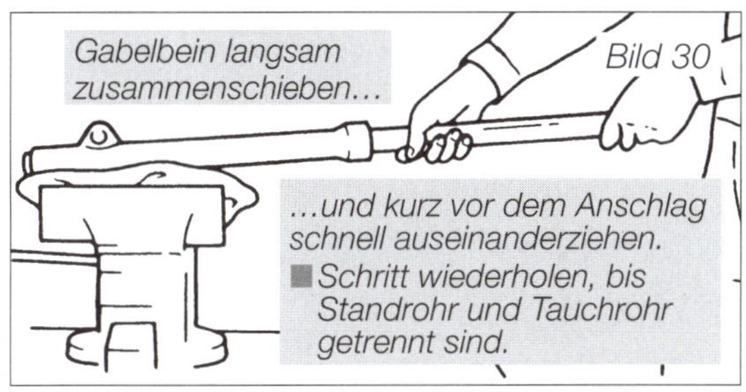

Bild 30

Bild 31

Bild 32

Bild 33

Bild 34

Bild 31: Zum Ab- und Aufbau der im Gabeltauchrohr eingesetzten Gabelbuchse diese mit den Fingernägeln etwas auseinanderziehen.

Bild 32: Sichtprüfung der Gabelbuchsen auf Verschleiß. Diese sind in Ordnung.

Bild 33: Neue Simmerringe gut mit Silikonpaste einschmieren.

Bild 34: Simmerringe mit der Aufschrift nach unten einbauen.

Sichtprüfung Messen

einstecken und jetzt den Sicherungsring heraushebeln (Bild 28).

5. Untere Dämpferhalteschraube lösen und ausschrauben:

5.1. Bild 29: Zuerst feststellen, welche Schlüsselweite die Inbus-Dämpferhalteschraube hat (meistens hat sie SW 8, die Schraube ist M10).

■ Ölauffanggefäß unterstellen; denn wenn die untere Dämpferhalteschraube gelöst wird, läuft Öl aus der Gabel.

5.2. Bild 29: Mit dem Schlüssel (lange Inbusnuss) von unten durch die Achsfaust einfahren, Dämpferhalteschraube lösen und ausdrehen.

■ Wenn sich die Schraube nicht ausschrauben lässt, auch wenn man mit dem Spezialwerkzeug »Dämpferrohr-Halter« arbeitet, dann hat das Gewinde im Dämpferelement gefressen und es muss ein neues Dämpferelement eingebaut werden. Die Inbusschraube bekommt man nur mit Gewalt aus dem defekten Gewinde: Versuchen Sie mit einem Heißluftföhn die Inbusschraube aufzuheizen auf 100 bis 120 °C und halten Sie das Dämpferelement mit einer langen Zange fest.

6. Dämpferelement aus dem Gabelbein herausziehen oder Gabelbein aus dem Schraubstock nehmen, kopfüber halten und schütteln, das Dämpferelement fällt dann heraus.

7. Bild 30: Gabeltauchrohr am Bremssattelhalter quer in Schraubstock spannen, Alubacken dazwischen legen.

7.1. Bild 30: Standrohr auf Tauchrohr aufschieben und dann beide Teile mit einem kräftigen Ruck auseinanderziehen.

Bild 35: Aufbaureihenfolge der Bauteile auf dem Tauchrohr.

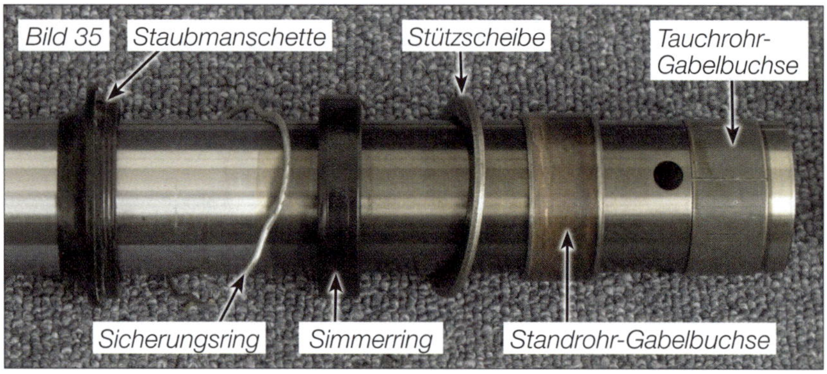

Bild 36: Explosionszeichnung eines Gabelbeines. ■ Beachten: Mit Bauteil 7 »Dämpferstange« und der Schlitzschraube im Gabeldeckel wird die Dämpfung eingestellt.

Bauteile im Bild 36

Teil 1 = Gabeldeckel
Teil 2 = O-Ring
Teil 3 = Beilagescheibe
Teil 5 = Gabelfeder
Teil 6 = Kontermutter
Teil 7 = Dämpferstange
Teile 8 = Staubmanschette
Teil 9 = Sicherungsring
Teil 10 = Standrohr
Teil 11 = Simmerring
Teil 12 = Stützscheibe
Teil 13 = Gabelbuchse im Standrohr unten
Teil 14 = Gabelbuchse auf Tauchrohr
Teil 15 = Dämpferhalteschraube
Teil 16 = Dichtscheibe
Teil 17 = Dämpferelement
Teil 18 = Tauchrohr
Teil 19 = Achsklemmschraube nur im linken Gabelbein

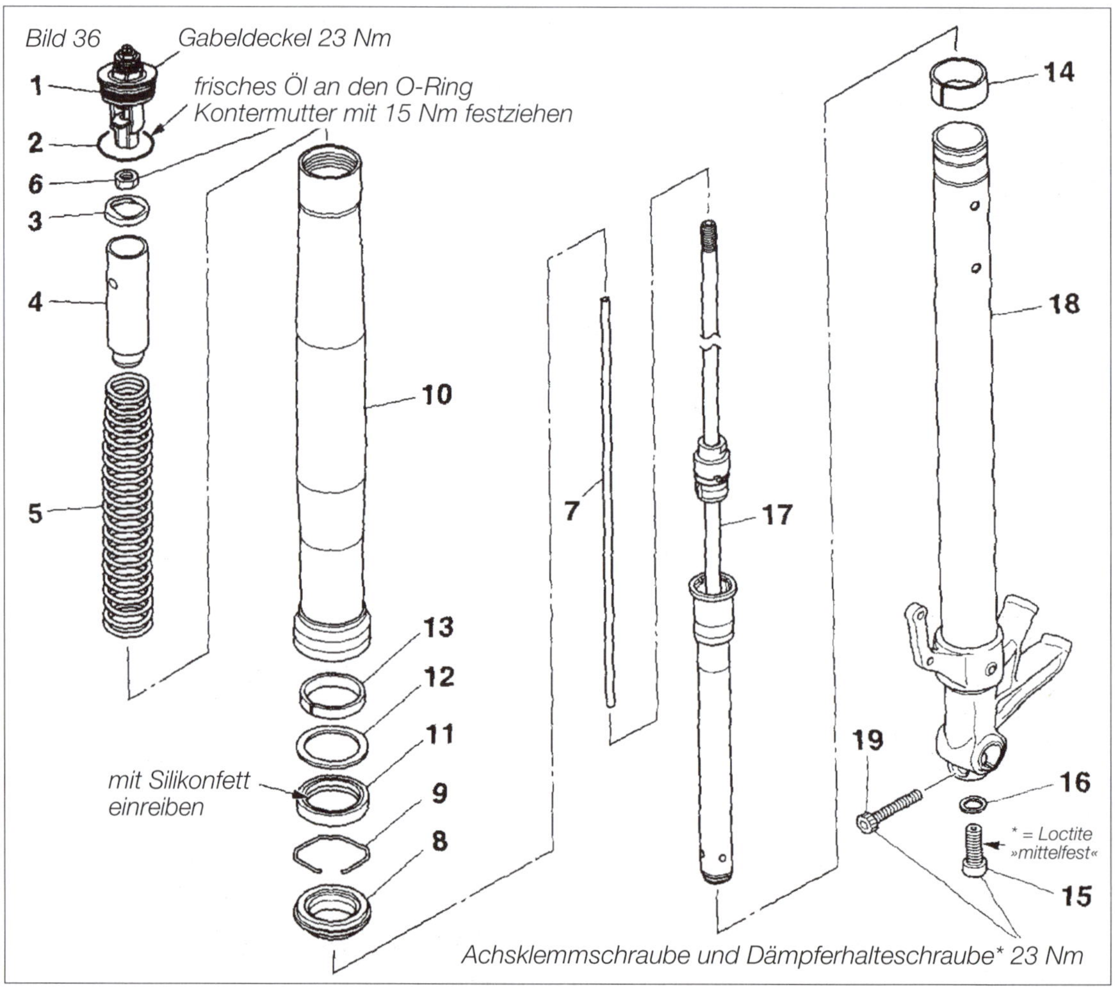

■ Es kommen heraus, Bild 35: Simmerring, Stützscheibe, Gabelbuchse.
7.2. Wenn ein einziger kräftiger Ruck nicht ausgereicht hat, um Simmerring und Gabelbuchse aus ihrem Sitz im Bund des Standrohres herauszuziehen, mehrmals versuchen.
8. Bild 31: Gabelbuchse aus ihrem Sitz in der Nut des Gabeltauchrohres ausbauen: An der Trennstelle mit den Fingernägeln packen, etwas aufbiegen und gleichzeitig abziehen.
9. Alle Teile gut reinigen.

Gabelbauteile prüfen

1. Tragbild der Gabelbuchsen prüfen (Bild 32): Buchsen erneuern, wenn ihre Gleitflächen angekratzt, riefig oder mehr als ein Fingernagel groß verschlissen sind. Immer einen kompletten Satz neuer Buchsen einbauen, also Tauchrohr- und Standrohr-Gabelbuchse erneuern.
2. Tauch- und Standrohr auf Riefen, Kratzer, Druckstellen, Korrosion, Verschleiß prüfen.
3. Gabeltauchrohr in Prismenböcke legen und mit Messuhr den Schlag messen. Beachten, dass der tatsächliche Schlag halb so groß ist wie der von Messuhr angezeigte bzw. abgelesene Wert: Verschleißgrenze 0,20 mm.
4. Gabeltragfedern beider Gabelbeine nebeneinander legen, beide Federn müssen gleich lang sein (Toleranz ± 2 mm).

Gabelbein zusammenbauen

Siehe dazu Explosionszeichnung in Bild 36.
1. Bild 30: Gabeltauchrohr am Bremssattelhalter quer in Schraubstock spannen, Alubacken dazwischen legen.
2. Bild 37: Kanten am Rand des Tauchrohres mit einem langen Stück Tesafilm umwickeln, damit die Dichtlippen von Staubmanschette und Simmerring beim Überstreifen nicht beschädigt werden.
3. Bild 33: Staubmanschette und Gabelsimmerring mit reinem Silikonfett einreiben. Das hält sie geschmeidig, lässt sie leicht gleiten und verbessert auch das Ansprechverhalten der Gabel.
4. Auf das Gabeltauchrohr aufschieben, Bild 35: Staubmanschette, Sicherungsring.
4.1. Bild 34: Gabelsimmerring mit Aufschrift auf der geschlossenen Seite nach unten.
4.2. Stützscheibe, ihre geschliffene Seite muss zum Gabelsimmerring weisen.
4.3. Tesafilm abziehen.
5. Standrohr-Gabelbuchse aufschieben.
5.1. Bild 31: Tauchrohr-Gabelbuchse von innen mit zwei Fingern vorsichtig so weit aufbiegen, dass sie über das Rohr geschoben und in die Nut eingesetzt werden kann.
6. Gabeltauchrohr ringsum etwas mit frischem Gabelöl einölen, Gabelstandrohr aufschieben.
7. Gabelbuchse und Simmerring eintreiben:
7.1. Gabelbuchse an ihren Sitz schieben, Spezialwerkzeug ansetzen, Gabelbuchse eintreiben (Bild 38). Spezialwerkzeug abnehmen.
7.2. Stützscheibe auf Gabelbuchse schieben, Gabelsimmerring an seinen Sitz schieben.
7.3. Bilder 24, 39: Spezialwerkzeug anders herum ansetzen, Simmerring in Sitz eintreiben.
8. Mit einer Taschenlampe in den Sitzbund leuchten und prüfen, ob der Simmerring so tief wie möglich eingetrieben ist: Die Nut für den Sicherungsring muss zu sehen sein.
8.1. Sicherungsring in seine Nut einsetzen. Dann die Staubmanschette eindrücken (Bild 40).
9. Dämpferelement in das Gabelbein einschieben, es muss unten zentrisch im Sitz sein.
10. Dämpferhalteschraube mit neuer Dichtscheibe bestücken, einen Tropfen Loctite 243 »mittelfest« ans Gewinde geben, eindrehen und mit 23 Nm festziehen: Dämpferelement oben zentrisch halten.
11. Gabelöl einfüllen, Gabelbein zusammenbauen und einbauen siehe weiter vorne in diesem Kapitel.

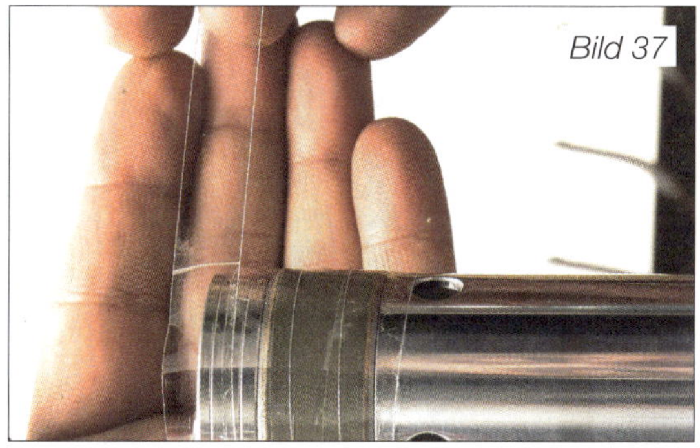
Bild 37

Bild 37: Rand des Tauchrohres mit einem Stück Tesafilm umwickeln.

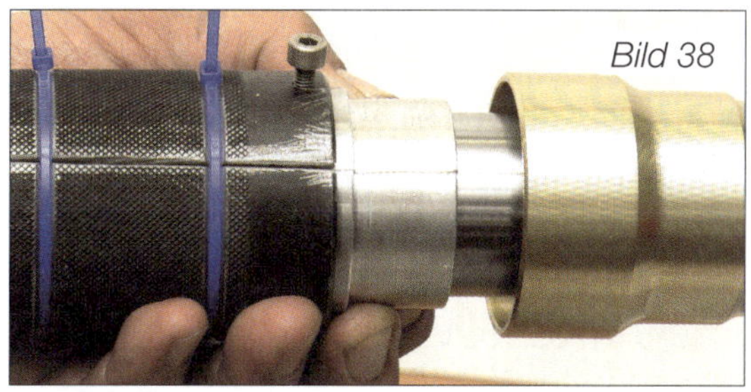
Bild 38

Bild 39

Bild 40

Bilder 38 und 39: Eintreiben von Gabelbuchse und Gabelsimmerring.

Bild 40: Eindrücken der Staubmanschette mit festem Fingerdruck.

Sichtprüfung Messen

Federbein · Schwinge

In diesem Kapitel: Federbein einstellen · Federbein aus-/einbauen · Lager prüfen, schmieren · Umlenkhebel und Schwinge aus-/einbauen.

Federbein einstellen

In der grau unterlegten Liste unten auf dieser Seite sind die Einstellmöglichkeiten der Federbeine bei allen Modellen unseres Buchs aufgeführt. Weitere, ins Detail gehende Informationen zu den Einstellmöglichkeiten finden Sie im Kapitel 30 »Technische Daten 1: Modelle, Maße, Einstellwerte«. Dort sind auch alle Maßangaben für Radfederweg, Gas-/Luftdruck, Federlängen und Federrate zu finden.

Bilder 1, 2, 3: In die Modelle unseres Buchs sind drei ver-

Bild 1

Bild 2

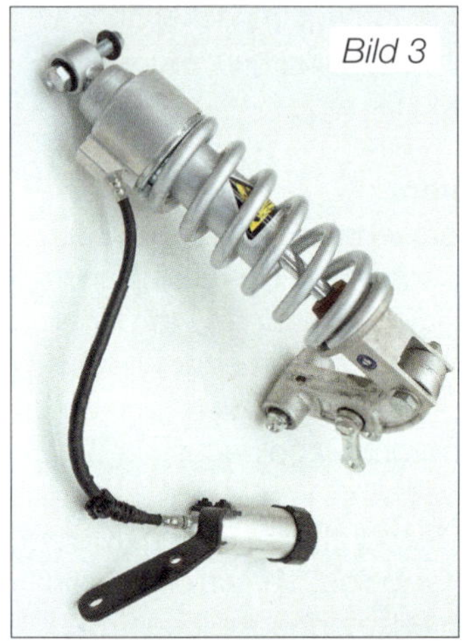
Bild 3

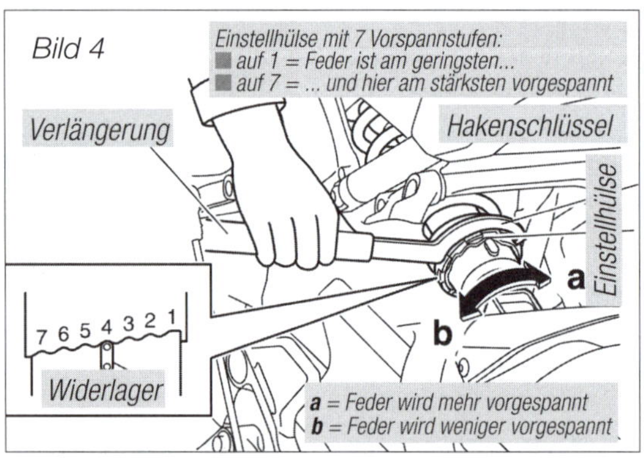

Bild 5

Bild 1: Federbein in den meisten Modellen unseres Buchs außer bei MT-09 SP und Tracer 900 GT.

Bild 2: Federbein in der MT-09 SP.

Bild 3: Federbein in der Tracer 900 GT.

Bild 4: Federvorspannung einstellen bei den meisten Modellen unseres Buchs außer bei MT-09 SP und Tracer 900 GT.

■ Vor dem Verdrehen der Einstellhülse etwas Ölspray daran geben.

■ Einstellhülse mithilfe des Hakenschlüssels verdrehen.

Bild 5: Einsteller für die Zugstufendämpfung bei allen Modellen unseres Buchs außer bei MT-09 SP.

Einstellmöglichkeiten Federvorspannung, Zug- und Druckstufen-Dämpfung

MT-09 ohne ABS Mj. 2014, 2015
MT-09A mit ABS Mj. 2014, 2015, 2016
MT-09 Mj. 2017, 2018, 2019, 2020
MT-09 Street Rally Mj. 2014, 2015, 2016
MT-09 Sport Tracker Mj. 2015, 2016
MT-09 Tracer Mj. 2015, 2016, 2017
Tracer 900 Mj. 2018, 2019, 2020
XSR 900 Mj. 2016, 2017, 2018, 2019, 2020, 2021
XSR 900 60th Anniversary Mj. 2016
XSR 900 Abarth Mj. 2017:
Federvorspannung einstellbar durch Verdrehen der Einstellhülse am Federbein mit Hakenschlüssel und Verlängerung aus dem Bordwerkzeug (Bild 4)
Zugstufendämpfung einstellbar durch Verdrehen der Einstellschraube unten am Federbein (Bild 5)

MT-09 SP Mj. 2018, 2019, 2020 (Bild 2):
Federvorspannung einstellbar durch Verdrehen des großen separaten Einstellers. Dadurch wird die Feder mehr oder weniger vorgespannt
Zugstufendämpfung einstellbar durch Ein- oder Ausdrehen des Einstellrings unten am Federbein
Druckstufendämpfung einstellbar durch Ein- oder Ausdrehen des Einstellknopfs am Ausgleichsbehälter

Tracer 900 GT Mj. 2018, 2019, 2020 (Bild 3):
Federvorspannung einstellbar durch Verdrehen des großen separaten Einstellers
Zugstufendämpfung einstellbar durch Verdrehen der Einstellschraube unten am Federbein (Bild 5)

schiedene Federbeine eingebaut. Es gelten die gleichen Voraussetzungen wie bei der Telegabel im Kapitel 9 gesagt: Die Einstellungen von Federvorspannung und Dämpfung sind abhängig vom Fahrergewicht, Solo- oder Zweipersonenbetrieb, mit oder ohne Gepäck und dem Fahrstil. Um die passende Einstellung zu finden, helfen das Fahrzeug-Handbuch als auch der betreuende Yamaha-Händler.

Federbein aus- und einbauen

Schrauben und Muttern: An der Befestigung des Federbeins, der Zugstreben und des Umlenkhebels nur originale Schrauben und Muttern verwenden! NIEmals beliebige Schrauben undefinierbarer Festigkeit und Herkunft aus einer Werkstatt-Schraubenkiste verwenden!

Federbein ausbauen

Zum Aus- und Einbau des Federbeins müssen Hinterrad, Federbein und Schwinge entlastet sein. Man kann z. B. die Maschine über Riemen, die um die oberen Rahmenrohre geschlungen werden, an einem Werkstattkran aufhängen.

Mit einem Heckmontageständer sollte man Rad und Schwinge gegen den Boden abstützen, weil sonst die Federbeinschrauben unter Druck stehen und sich nur schwer ausdrehen lassen.

1. Vorarbeiten: Sitze, Tank, Auspuff abbauen.

2. Die Schraube, mit der die Zugstreben an der Schwinge befestigt sind (Bauteil 1 in Bild 7), ausbauen: Mutter lösen, abdrehen, Schraube am Kopf gegenhalten und ausziehen.

■ Schwinge beim Ausziehen der Schraube etwas nach oben und unten bewegen, dann lässt sich die Schraube leichter ausschrauben.

3. Die Mutter auf der Schraube, mit welcher der Umlenkhebel am Rahmen befestigt ist (Bauteil 2 in Bild 7), lösen und abdrehen, Distanzhülse abnehmen. Schraube ausziehen.

4. Mutter von der Schraube, mit der das Federbein oben am Rahmen befestigt ist (Bauteil 3 in Bild 7), lösen und abdrehen, mit Scheibe abnehmen. Schraube mit Scheibe ausziehen.

5. Mutter von der Schraube, mit der das Federbein unten am Umlenkhebel befestigt ist (Bauteil 4 in Bild 7), lösen und abdrehen, mit Scheibe abnehmen. Federbein mit der Hand halten, Schraube ausziehen, Federbein nach hinten herausnehmen.

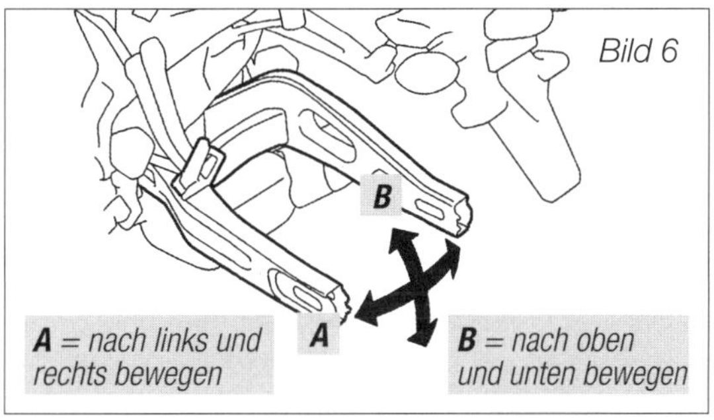

Bild 6: Schwingenlager auf Spiel prüfen. Schwinge am Ende packen und auf und ab sowie hin und her bewegen.

Tipp 1: Ein defektes Originalfederbein kann nur von Spezialisten repariert werden. Doch wenn das originale Federbein defekt ist, kann man auch ein Nachrüstfederbein einbauen, das ist nicht viel teurer als ein neues Originalteil, dafür aber vielfach einstellbar.

Tipp 2: Wenn die Schwingenlager erneuert werden müssen, sind Spezialwerkzeuge erforderlich. Lagerwechsel deswegen beim Yamaha-Händler machen lassen.

Bauteile in Bild 7
- **1** = Mutter, Schraube Zugstrebe an Schwinge
- **2** = Mutter, Distanzhülse, Schraube Umlenkhebel an Rahmen
- **3** = Mutter, Scheibe, Schraube Federbein oben an Rahmen
- **4** = Mutter, Scheiben, Schraube Federbein unten an Umlenkhebel
- **5** = Federbein
- **6** = Mutter, Schraube, Zugstrebe an Umlenkhebel
- **7** = Zugstrebe
- **8** = Umlenkhebel
- **9** = Lagerbuchse, Nadellager, Simmerring
- **10** = Lagerbuchse, Nadellager, Simmerring

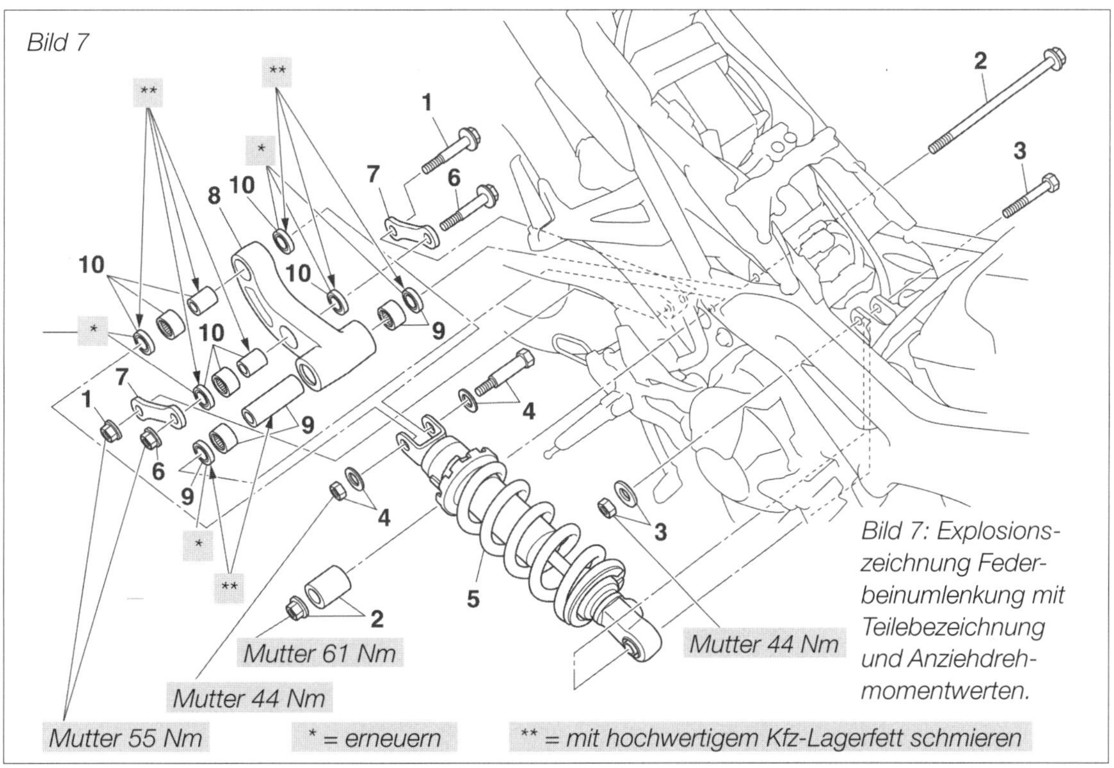

Bild 7: Explosionszeichnung Federbeinumlenkung mit Teilebezeichnung und Anziehdrehmomentwerten.

Sichtprüfung · Messen

Bild 8: Schnitt durch die Lagerung des Umlenkhebels mit Maßangaben für den Lagereinbau.
■ Die Simmerringe so einbauen, dass die Beschriftung auf der Außenseite ist.

Maßangaben und Bauteile in Bild 8
a *= Einbautiefe 6 mm*
b *= Einbautiefe 7 mm*
c *= Einbautiefe 1,5 bis 2,5 mm*
d *= Einbautiefe 1,0 bis 2,0 mm*
1 *= Nadellager*
2 *= Simmerring erneuern*
3 *= Umlenkhebel*
4 *= Zugstrebe*
5 *= Federbein*
A *= Linke Seite*
B *= Rechte Seite*

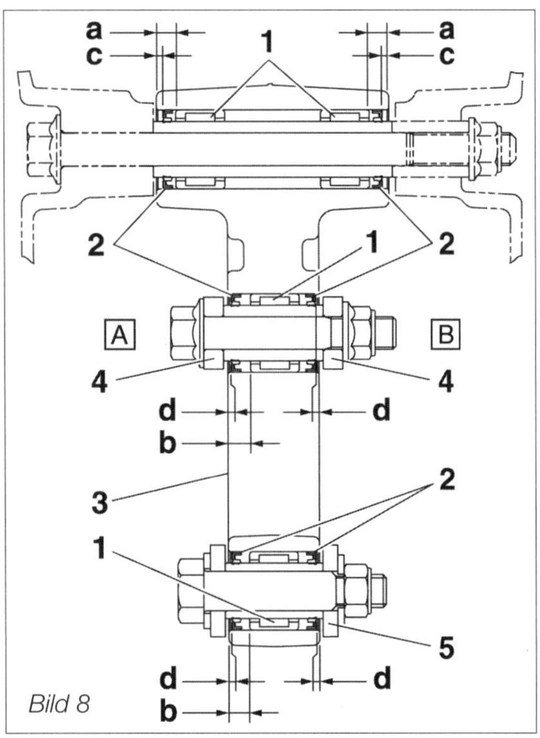

Bild 8

Schwingenlager prüfen
Bild 6: Wenn das Federbein ausgebaut ist, die Schwingenlager prüfen.
1. Schwinge muss sich gleichmäßig weich auf und ab bewegen lassen.
2. Schwinge hinten packen, hin und her bewegen. Es darf kein Spiel fühl- oder messbar sein.
■ Wenn dabei das Hinterrad eingebaut ist, nicht am Rad anfassen, sondern die Schwinge an ihren Enden anpacken und hin und her bewegen.
Hinweis: Wenn sich zeigt, dass die Schwingenlager in eingebautem Zustand kein Spiel haben, kann man sicher sein, dass sie nicht verschlissen sind und noch gut gefettet – es braucht dann also nichts weiter zerlegt zu werden.
Bei ausgebautem Federbein auch die Nadellager in der Umlenkung prüfen. Am besten zerlegen, reinigen (mit Petroleum), gut ausputzen, austrocknen lassen, mit frischem Fett einfetten (siehe dazu auch Text weiter hinten).
Gummi-Stahlbuchse im Federbeinkopf prüfen: Gummi muss formstabil vorhanden und darf nicht brüchig oder aufgequollen sein.

Federbein einbauen
Einbau des Federbeins in umgekehrter Reihenfolge des Ausbaus. Dabei Folgendes beachten:
1. Reinigen: Nadellager, Simmerringe und Lagerbuchse der Lagerstelle des Federbeins am Umlenkhebel reinigen, gut austrocknen lassen.
2. Lager prüfen: Trockene Lagerbuchse in das trockene Nadellager einsetzen und das Spiel »erfühlen« – das setzt Erfahrung voraus (!). Wenn das Spiel zu groß ist oder die Nadellager beschädigt sind, die Lager ersetzen.
3. Lager und Simmerringe satt einfetten, Lagerbuchse einschieben.
4. Federbein in Einbauposition bringen, Einstellschraube ist links (Bild 7).
4.1. Obere Federbeinschraube von links einbauen, Scheibe aufschieben, Mutter lose aufdrehen, noch nicht festziehen.
5. Umlenkhebel an seiner Rahmenaufnahme in Einbauposition bringen, Schraube von links einschieben, Mutter lose aufdrehen.
6. Zugstreben in Anbauposition an der Schwinge bringen, Schraube von links einschieben, Mutter lose aufdrehen.
7. Schwinge anheben, Umlenkhebel an unteren U-Federbeinkopf in Einbauposition bringen, Schraube mit Scheibe von links einschieben, Scheibe aufschieben, Mutter lose aufdrehen.
8. Bild 7: Muttern mit Sechkantnuss festziehen, dabei die Schrauben am Kopf mit einem passenden Ringschlüssel gegenhalten:
■ Mutter Federbein oben und unten 44 Nm.
■ Mutter Umlenkhebel an Rahmen 61 Nm.
■ Mutter Zugstreben an Schwinge und Umlenkhebel 55 Nm.

Schwingenlager schmieren

Das Abschmieren der Schwingenlager ist alle 50 000 km vorgeschrieben. Dazu muss die Schwinge ausgebaut werden.

Umlenkhebel aus- und einbauen
Motorrad wie beim Aus- und Einbau des Federbeins aufhängen, dass Hinterrad und Schwinge frei sind. **Ausbau:**
1. Federbein ausbauen wie vorne beschrieben.
2. Muttern von Schrauben zum Rahmen (Bauteil 2 in Bild 7) und zur Zugstrebe (Bauteil 6 in Bild 7) abdrehen, Schrauben nach links ausziehen. Umlenkhebel herausnehmen.

Einbau in umgekehrter Reihenfolge:
1. Schrauben zu Rahmen und Zugstreben von links einbauen.
2. Festziehen: Mutter zum Rahmen mit 61 Nm, zu den Zugstreben mit 55 Nm.
3. Wenn die Zugstreben ausgebaut waren: Schraube zur Schwinge von links einbauen (Bauteil 1 in Bild 7), Mutter mit 55 Nm festziehen.

Schwinge aus-und einbauen
Ausbau: Ab- und Ausbauen der Teile wie vorhin beim Ausbau des Federbeins.
1. Zusätzlich ab- und ausbauen: Kettenritzelabdeckung, Hinterrad, Bremsschlauchhalterungen, Umlenkhebel.
2. Kette vom Kettenritzel abnehmen.
3. Hinteren Bremssattel mit Bremsschlauch zur Seite hängen.
4. Bild 10: Mutter auf der Schwingenachse rechts lösen und abdrehen.
5. Schwingenachse ausziehen, Schwinge dazu mit der Hand halten, nach hinten herausnehmen.

Schwingenbauteile prüfen

1. Nadellager zur Prüfung nicht ausbauen (sonst sind sie kaputt!), sondern reinigen. Auf Beschädigung und Korrosion untersuchen.
■ Wenn die Lager noch gut gefettet und unbeschädigt sind und schon bei der Prüfung in eingebautem Zustand festgestellt wurde, dass sie keine Luft haben, sind sie in Ordnung.

2. Ausgebaute Schwinge auf Verzug untersuchen.

3. Zustand des Kettenschleifschutzes prüfen. Er muss erneuert werden, wenn er stark abgeschliffen oder zerfleddert ist.

4. Schwingenachse auf Schlag überprüfen, indem sie über eine ebene Fläche gerollt oder in zwei V-Messböcke gelegt und mit einer Messuhr auf Rundlauf geprüft wird.
■ Yamaha nennt kein Verschleißmaß, was so viel heißt wie: Bei geringster Verbiegung eine neue Schwingenachse einbauen.

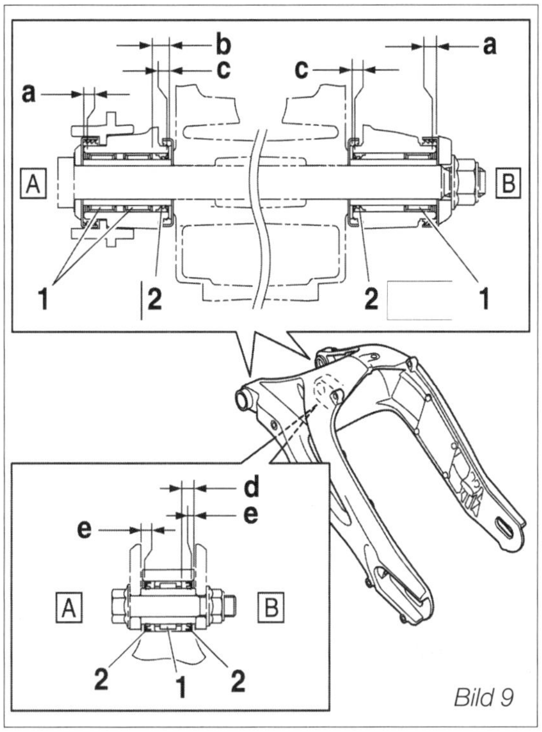

Bild 9

Bild 9: Schnitte durch die Lagerungen von Schwinge und Zugstrebe mit Maßangaben für den Lagereinbau.

Maßangaben und Bauteile in Bild 9
- ***a*** = Einbautiefe 2 mm
- ***b*** = Einbautiefe 9mm
- ***c*** = Einbautiefe 0,5 bis 1,5 mm
- ***d*** = Einbautiefe 7,0 mm
- ***e*** = Einbautiefe 1,5 bis 2,5 mm
- ***1*** = Nadellager
- ***2*** = Simmerring erneuern
- ***A*** = Linke Seite
- ***B*** = Rechte Seite

Schwinge einbauen

1. Vor dem Einbau der Schwinge alle Lager, Dichtscheiben, Simmerringe (Bild 10) und Schwingenachse mit Petroleum reinigen, mit weicher Druckluft ausblasen, trocknen lassen und mit schwerem Wälzlagerfett satt einfetten.

2. Lagerbuchsen einschieben, Dichtscheiben auf ihre Lager setzen und gut andrücken, damit sie sich nicht verschieben.

3. Schwinge von hinten in den Rahmen einschieben.

4. Schwingenachse mit Scheibe von links durch Schwingenlager und Rahmen einführen.

5. Mutter auf Schwingenachse aufdrehen, mit 110 Nm festziehen.

6. Schwinge auf Beweglichkeit nach oben und unten prüfen.

Finale: Wenn alles ok, die restlichen Teile in umgekehrter Reihenfolge des Ausbaus einbauen.

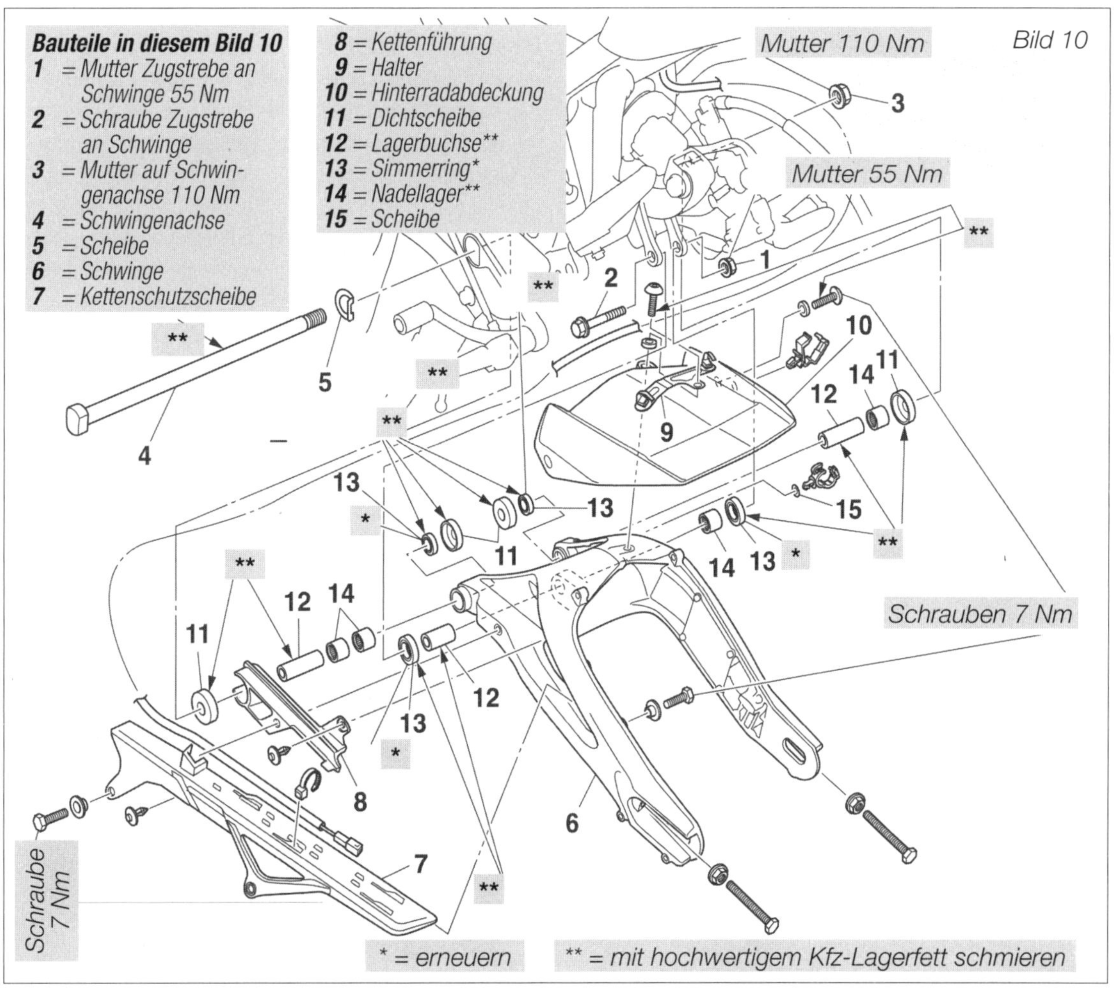

Bild 10

Ölwechsel

In diesem Kapitel: Schmiersystem · Werkzeug, Anziehdrehmomente · Motoröl · Mineral- oder Synthetiköl? · Ölstand · Ölwechsel.

Schmiersystem, Ölverbrauch

Konstruktion: Nasssumpf-Druckumlaufschmierung. Kettengetriebene Trochoidenölpumpe. Ölkühler. Ölstandschalter.

Ölverbrauch

Die Dreizylindermotoren unseres Buchs dürfen bis zu einem Liter Motoröl auf 1000 km verbrauchen. Die meisten Motoren begnügen sich mit 0,1 bis 0,3 Liter auf 1000 km Fahrstrecke – oder noch weniger. Ein neuer Motor braucht nach der Einfahrzeit (ca. 1000 km) weniger Öl als ein »alter« Motor, der schon mehr als 100 000 km gelaufen hat.

Grundsätzlich hängt der Ölverbrauch stark von den Betriebszuständen ab: Wird die Maschine vor allem auf Langstrecken und mit hohen Drehzahlen gefahren, ist der Ölverbrauch höher als bei Bummelfahrten mit niedrigen Drehzahlen.

Werkzeug, Anziehdrehmomente

Zum Ölwechsel benötigtes Werkzeug

Ölablassschraube .... Nuss SW 17
Ölfilter .... Ölfilterschlüssel
Ölablasswanne siehe Bild 1. Die anderen Werkzeuge siehe Bilder 2 und 3

Anziehdrehmomente

Schraubstopfen in der Öleinfüllöffnung..... 1,5 Nm
Ölablassschraube.................................... 43 Nm
■ *Neue Dichtscheibe verwenden.*
Ölfilter .... 17 Nm
■ *Frisches Motoröl auf den O-Ring auftragen.*

Sicherheitshinweise ⚠ Achtung und ☞ Tipps für dieses Kapitel

☞ Zur Kontrolle des Ölstands das Motorrad nicht schräg nach links geneigt auf dem Seitenständer abstellen; Motorrad muss waagerecht und senkrecht stehen.

⚠ Im Gewinde des Öleinfüllstopfens ist ein O-Ring eingesetzt (Bild 8). Diesen kontrollieren, ob er in Ordnung ist, er darf keine geklemmte oder ausgerissene Stelle haben. Sollte er beschädigt sein, unbedingt erneuern, sonst drückt es (bzw. zieht der Fahrtwind!) Öl heraus. Keine Zange benutzen, um damit den Stopfen besonders fest anzuziehen – nur handfest anziehen!

☞ Vor einer längeren Fahrt zu Hause den Ölstand kontrollieren und ggf. mit dem richtigen Öl auffüllen. Wer auf eine lange Fahrt geht, sollte sich eine flache, 0,5 bis 1,0 Liter fassende, ölfeste Plastikflasche mit öldichtem Verschluss mit dem Motoröl auffüllen, das garantiert im Motor drinnen ist, und die Flasche ins Gepäcksystem packen. Entsprechende Flaschen gibt es z. B. im Chemiefachhandel.

☞ Motoröl nur in betriebswarmem Zustand wechseln, also vorher den Motor mindestens zehn Kilometer warm fahren. Damit wird sichergestellt, dass Metallabriebteile, die sich noch nicht abgesetzt haben, sondern noch in der Schwebe sind, vom heißen Öl aufgenommen und beim Ablassen mit herausgespült werden.

⚠ Altöl niemals wegschütten, sondern an einer Sammelstelle oder Tankstelle abliefern. Jeder Ölverkäufer ist zur Rücknahme einer entsprechenden Menge Altöls verpflichtet! Beim Kauf von neuem Öl die Quittung aufbewahren und bei der Rückgabe des Altöls vorzeigen!

⚠ NIEMALS Getränkeflaschen als Altölbehälter verwenden! Besser sind etwa alte Benzinkanister, die mit einem dauerhaften Etikett »Altes Motoröl« versehen werden.

⚠ Dem Altöl keine anderen Flüssigkeiten beimischen, wie z. B. Brems- oder Kühlflüssigkeit. Diese extrem giftigen und wenig umweltfreundlichen Betriebsstoffe müssen in extra Behältern aufgefangen und zu Problemstoff-Sammelstellen gebracht werden.

⚠ Zum Ölablassen ein so großes Gefäß verwenden, das den Bereich von Ölablassöffnung und Ölfilter unterm Motor nicht nur abdeckt, sondern allseitig um mindestens zehn Zentimeter übersteht. Es gibt im Motorrad-Zubehörhandel kombinierte Ölfangwannen-Behälter, bei denen das Öl in eine Wanne und von dort direkt in den Sammelbehälter läuft (Bild 1). Dieser ist verschließbar und mit einem Griff versehen und somit leicht transportabel. Altöl zur Problemstoff- bzw. Ölsammelstelle bringen, wo es umweltgerecht entsorgt wird.

⚠ Wenn die Ölablassschraube ihren letzten Gewindegang erreicht hat, beginnt das Öl bereits zu laufen. Finger wegziehen! Es ist besser, die Ölablassschraube mit dem ersten Schuss Öl ins Auffanggefäß fallen zu lassen, als sich am heißen Öl die Finger zu verbrühen! Öl läuft erst im Strahl, nach einiger Zeit nur noch tropfenweise. Geduldig warten, bis der letzte Tropfen im Auffanggefäß gelandet ist.

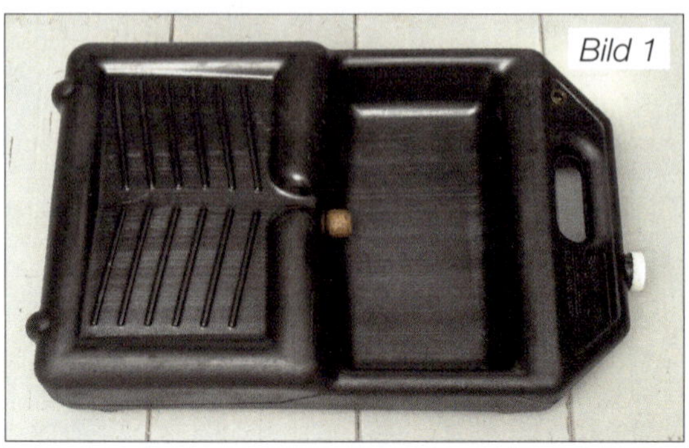

Bild 1

Bild 1: Eine solche Ölauffang-Transportwanne eignet sich prima zum Ölwechsel.

Motoröl

Füllmengen

- 2,4 Liter ohne Filterwechsel
- 2,7 Liter mit Filterwechsel
- 3,4 Liter, wenn der Motor nach einer Zerlegung wieder zusammengebaut ganz trocken ist und wieder befüllt wird.

Vorgeschriebenes Motoröl für Maschinen der Modelljahre 2014 und 2015

Yamaha schreibt für Maschinen der Modelljahre 2014 und 2015 Folgendes zum Motoröl: »*Nur Motorrad-Motorenöle verwenden der Viskositätsklassen SAE 10W-30, 10W-40, 10W-50, 15W-40, 20W-40 oder 20W-50. Empfohlene Motorölqualität API-Service SG Typ oder höher/Jaso Standard MA.*«

Abhängig von Außentemperaturen soll man folgende Öle der Viskositätsklassen verwenden:

- von –10 bis 20 °C .... SAE 10W-30
- von –10 bis 40 °C .... SAE 10W-40
- von –10 bis über 40 °C .... SAE 10W-50
- von 0 bis 40 °C .... SAE 15W-40
- von 10 bis 40 °C .... SAE 20W-40
- von 10 bis über 40 °C .... SAE 20W-50

Motoröl für Maschinen ab Modelljahr 2016

Ab Modelljahr 2016 empfiehlt Yamaha nur noch Öl der SAE-Viskositätsklasse 10W-40. Dieses Öl ist als »Ganzjahresöl« zu verstehen.

Weiterhin sagt die Yamaha-Werksvorschrift:

- Ausschließlich herkömmliche Motorrad-Motoröle verwenden.
- Keine Öle mit Graphit- oder Molybdänzusatz verwenden, sonst besteht die Gefahr, dass die Kupplung rutscht.
- Keine Ölzusätze dem Motoröl zugeben! Wir raten sogar dringend davon ab.
- Nicht verwenden sollte man die so genannten »Leichtlauföle« SAE 5 oder »Ultra-Mehrbereichsöle« wie z. B. SAE 0W50. Diese sind für Automotoren entwickelt worden, wo ja weder Kupplung noch Getriebe im Motorölbad laufen. Für Motorradmotoren sind sie nicht geeignet.
- Nicht verwendet werden dürfen Dieselöle mit der Spezifikation »CD« oder höher und Öle der Spezifikation »Energy Conserving II« bzw. »energiesparend«.

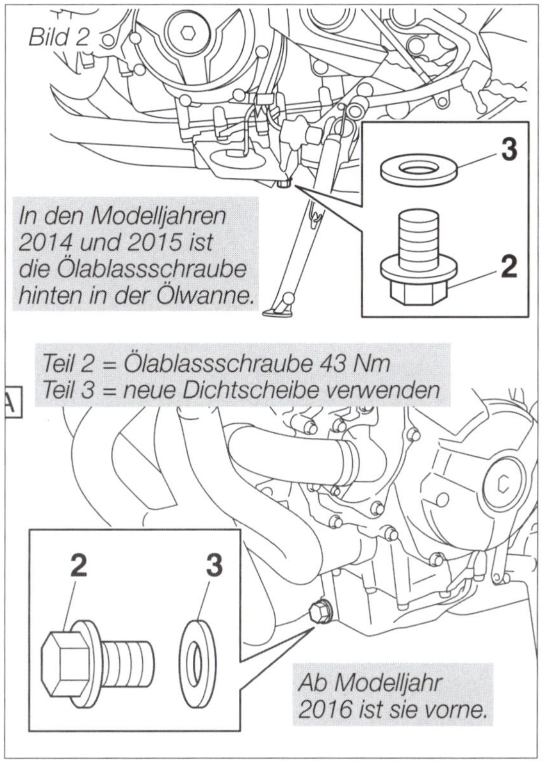

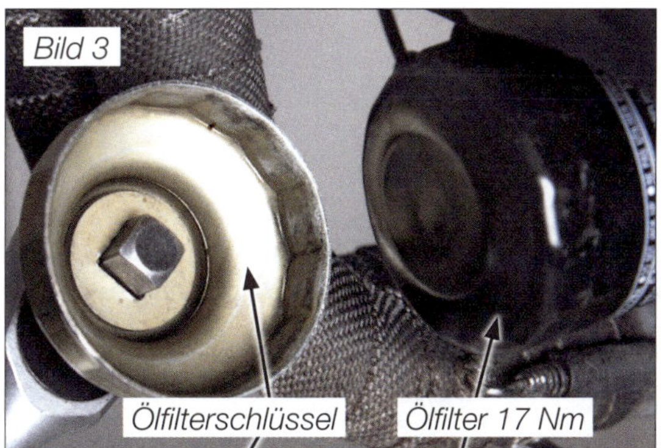

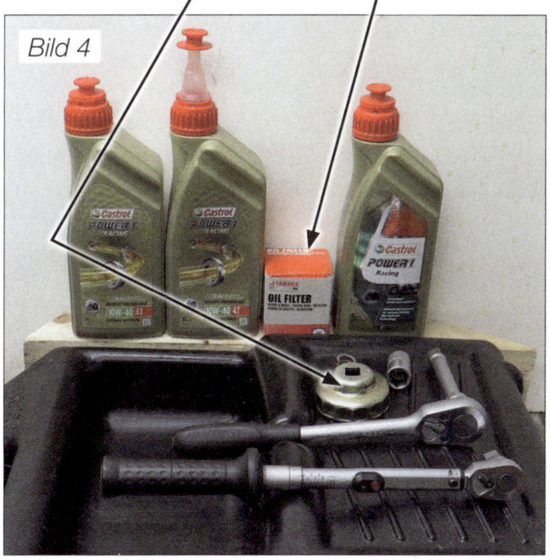

Bilder 2, 3 und 4: Ölablassschraube, Einbauort, benötigte Öle, Ölfilter, Ölfilterschlüssel, Werkzeug.

Bilder 5a und 5b: Nur spezielle Motoröle für Motorradmotoren verwenden! Hier zwei beispielhafte Motoröle von Castrol: »Power 1 4T« ist ein teilsynthetisches und »Power 1 Racing 4T« ein vollsynthetisches Öl.

Sichtprüfung Messen

Mineralöl oder Synthetiköl?

Es gibt zwei verschiedene Motorölsorten: Mineralöl und synthetisches Öl. Mineralöl ist billiger, teil- oder vollsynthetisches Öl teurer. Die Motoren der MT-09-Modelle unseres Buchs können mit beiden Ölen betrieben werden.

Für die tourensportlichen Maschinen unseres Buchs, deren Motoren sowohl im Alltag auf Kurzstrecken mit niedrigen als auch sehr sportlich mit hohen Drehzahlen gefahren werden können, empfehlen wir teil- oder vollsynthetisches Öl.

Yamaha hat seit einiger Zeit eine eigene Ölmarke namens »Yamahalube« und empfiehlt die Verwendung dieses Öls. Es können auch andere Motorrad-Markenöle verwendet werden, wie wir es hier in diesem Kapitel tun und damit Castrol-Produkte. Diese sehr traditionsbewusste Ölmarke bietet verschiedene Öle und Schmiermittel speziell für Motorräder (Bilder 5a und 5b) an. Aus diesem Programm sind besonders geeignet:
- vollsynthetisches Öl Castrol Power 1 Racing 4T,
- teilsynthetisches Öl Castrol Power 1 4T,

beide in den genannten SAE-Spezifikationen. Man kann auch Mineralöl verwenden, zu dem wir jedoch nicht unbedingt raten.

Warum wir synthetisches Öl empfehlen: Gegenüber Mineralöl ist teil- oder vollsynthetisches Motoröl zwar teurer, aber auch besser, denn es sichert selbst bei extremen Temperaturen die Schmierung, der Ölverbrauch ist niedriger und man kann auch mal die Ölwechselgrenze von 10 000 km überschreiten, weil das Öl sich nicht so schnell verbraucht.

Bild 6: Öl wird durch die Bohrung rechts unten im Kupplungsdeckel eingefüllt.

Bilder 7 und 8: Markierungen am Gehäuse für minimalen und maximalen Ölstand sind neben dem Ölstandsauge. Der tatsächliche Ölstand muss dazwischen liegen. ■ Der O-Ring im Schraubstopfen darf nicht beschädigt sein.

Ölwechsel-Intervalle

Ölwechsel ist bei 1000 km, bei 10 000 km und danach alle 10 000 km vorgeschrieben. Weiterhin schreibt Yamaha vor, bei jedem zweiten Ölwechsel (also alle 20 000 km) einen neuen Ölfilter zu montieren. Wir hingegen empfehlen bei jedem Ölwechsel einen neuen Ölfilter, weil der Ölfilter feinste Schmutzpartikel auffängt und deren Vordringen in die Lagerstellen verhindert, wo sie möglicherweise irreparable Schäden anrichten können.

Ölwechsel einmal im Jahr

Wenn man keine 10 000 km im Jahr schafft, soll einmal im Jahr ein Öl- mit Filterwechsel durchgeführt werden, weil Motoröl schon durch den Kontakt mit Luft altert (es »oxydiert«). Besonders bei Kurzstreckenbetrieb ist Motoröl starken Belastungen ausgesetzt.

Ölstand kontrollieren

Ölstand kontrollieren: Bild 7: Rechts unten am Motor kurz hinter dem Kühlflüssigkeits-Ausgleichsbehälter ist das Ölschauglas. Stellen Sie die Maschine zur Kontrolle des Ölstands senk- und waagerecht. MT-09 und XSR kann man z. B. mit dem linken Lenkerende möglichst senkrecht an eine Hauswand anlehnen. Die Tracer-Modelle auf den Hauptständer aufbocken.

1. Motor einige Minuten warm laufen lassen.
2. Motor AUSschalten. Maschine senkrecht abstellen. Einige Minuten warten, damit möglichst alles Motoröl in die Ölwanne ablaufen kann.
3. Blick auf das Ölschauglas: Der Ölstand soll sich zwischen unterer und oberer Markierung befinden, also weder bei oder unter der unteren Markierung (dann ist zu wenig Öl im Motor) noch über der oberen Markierung (dann ist zu viel Öl im Motor).

Motoröl nachfüllen

Ist der Motorölstand zu niedrig, muss entsprechend Öl durch die Einfüllöffnung (Bild 6) nachgefüllt werden: Diese befindet sich rechts unten am Motor im Kupplungsdeckel. Füllen Sie in kleinen Schritten auf, sonst leert man schnell zu viel Öl ein, denn zwischen Minimal- und Maximalmarkierung liegen nur ca. 0,3 Liter.

Während des Einfüllens nicht vergessen: Zur Beurteilung des Ölstands die Maschine in die Sekrechte bringen. Nicht den Ölstand ablesen, wenn die Maschine auf dem Seitenständer steht!

Welches Öl nachfüllen?

Wenn Sie unterwegs sind und kein Öl zum Nachfüllen dabei haben, lassen Sie sich vom Tankwart nicht einen Liter vom teuersten Öl aufschwatzen, sondern verlangen exakt die Ölsorte, die Sie im Motor drin haben, also entweder voll- oder teilsynthetisches Öl oder eben Mineralöl.

Wenn es das Öl, das bereits eingefüllt ist, nicht gibt, können Sie zum Nachfüllen folgende Motoröle miteinander mischen:

- Wenn *Mineralöl* im Motor ist: Man kann auch mit teilsynthetischem Öl auffüllen.
- Wenn *teilsynthetisches Öl* im Motor ist: Man kann auch mit vollsynthetischem oder Mineralöl auffüllen.
- Wenn *vollsynthetisches Öl* im Motor ist: Man kann auch mit teilsynthetischem Öl auffüllen.

Ölwechsel

Ganz wichtig: Ölwechsel nur bei warmem Motor durchführen. Selbst wenn der Motor einige Monate nicht mehr gelaufen ist, sollte man das Motoröl nicht kalt ablassen, sondern den Motor vorher 10 bis 15 Minuten warm laufen lassen.

Motoröl ablassen

Zum Aus- und Anschrauben des Ölfilters ist ein spezieller Ölfilterschlüssel nötig (Bilder 3, 4,12; Yamaha-Ersatzteilnummer 90890-01426). Preiswerte Ölfilterschlüssel gibt es im Zubehörhandel.

1. MT-09 und XSR auf Heckmontageständer abstellen. Die Tracer-Modelle auf den Hauptständer aufbocken.
2. Geeignetes Auffanggefäß (Bilder 1, 4) unter den Motor schieben.
3. Bild 8: Verschlussstopfen aus der Öleinfüllöffnung drehen.
4. Bilder 2, 11: Ölablassschraube unten am Motor lösen und ausdrehen. Wenn das Öl zu laufen beginnt – Finger weg, es ist heiß! Am besten die Ölablassschraube ins Auffanggefäß fallen lassen.
5. Bilder 3, 4, 12: Ölfilter mit dem Ölfilterschlüssel lösen und abschrauben.
5.1. Altöl auch aus dieser Öffnung lange genug auslaufen und abtropfen lassen.

Neuen Ölfilter anschrauben, Öl einfüllen

1. Am Motor die Anlageflächen von Ölfilter und Ölablassschraube mit einem sauberen, nicht fusselnden Lappen abwischen.
2. Bild 2: Ölablassschraube mit einem neuen Dichtring versehen, eindrehen und mit 43 Nm festziehen (Bild 11).
3. Bild 10: Dichtring und Gewinde des neuen Ölfilters mit frischem Motoröl bestreichen.
4. Ölfilter exakt am Gewinde des Motors ansetzen und von Hand andrehen, bis zu spüren ist, dass der Ölfilterdichtring an der Dichtfläche am Motor leicht anliegt.
5. Bild 12: Ölfilter mit Ölfilterschlüssel und Drehmomentschlüssel mit 17 Nm festziehen.
6. Bild 6: Durch die Einfüllöffnung im Kupplungsdeckel frisches Öl einfüllen, Füllmengen siehe Anfang dieses Kapitels.
Wichtig: Füllen Sie zu Anfang nur zwei Liter ein. Nach dem Motor-Probelauf bringt man dann den Motorölstand auf den korrekten Wert und füllt die entsprechende Ölmenge nach.
7. Schraubstopfen in Öleinfüllöffnung eindrehen, handfest anziehen.
8. Motor starten und zwei bis drei Minuten im Leerlauf laufen lassen: Der Ölfilter muss sich füllen. Ölfilterrand und Ölablassschraube auf Dichtheit prüfen.
9. Motor ausschalten. Ölstand nach einigen Minuten Wartezeit kontrollieren und durch Ölnachfüllen korrigieren: Der Ölstand sollte etwas über der Mitte im Schauglas zwischen den beiden Markierungen sein (Bild 7).

Beachten: Wenn Sie beim Festziehen des Ölfilters feststellen, dass sein Metallrand das Motorgehäuse berührt und der Ölfilter deswegen »ansteht«, ihn nicht weiter festziehen, sonst wird er zerstört. Man sollte dann überprüfen, ob der Dichtring (Bild 10) korrekt montiert oder etwa herausgefallen ist!

Bild 10: Dichtring und Gewinde des Ölfilters mit frischem Motoröl einstreichen.

Bilder 9, 11 und 12: Montieren und Festziehen von Ölablassschraube und Ölfilter mit einem Drehmomentschlüssel.

Bild 9

Bild 10
Dichtring und Gewinde mit frischem Motoröl einstreichen.

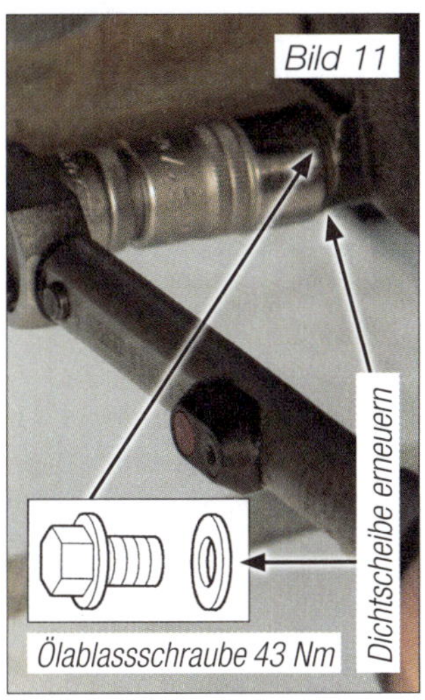

Bild 11
Ölablassschraube 43 Nm

Bild 12
Ölfilter mit 17 Nm festziehen

Kühlsystem

In diesem Kapitel: Motorkühlung · Kühlflüssigkeit prüfen, ergänzen, wechseln · Kühlerventilator und Kühlmitteltemperatur-Sensor prüfen · Thermostat aus- und einbauen, prüfen · Kühlsystem auf Druck prüfen · Wasserpumpe aus- und einbauen

Bilder 1a, 1b: Markierungen LOW und FULL am Kühlmittel-Ausgleichsbehälter, Kühlmittel auffüllen.

Bilder 2, 2a, 2b: Verschluss des Kühlmittel-Ausgleichsbehälters mit den drei Schläuchen.

Motorkühlung

Im Kühlsystem zirkuliert eine spezielle Flüssigkeit, kurz »Kühlflüssigkeit« genannt. Sie besteht aus einer Mischung verschiedener chemischer Komponenten und bleibt bis ca. –35 °C flüssig. Kühlflüssigkeit wird fertig gemischt angeboten. Wenn Sie neue Kühlflüssigkeit benötigen, entweder zum Nachfüllen oder Wechsel, achten Sie darauf, dass sie für Aluminiummotoren und Alukühler geeignet ist. Kühlflüssigkeit für (Auto-) Gussmotoren ist nicht geeignet! Die Kühlflüssigkeit muss laut Wartungsplan alle drei Jahre erneuert werden.

Kühlflüssigkeit prüfen

Bilder 1a und 1b: Der Kühlflüssigkeits-Ausgleichsbehälter ist rechts vorne am Motor angebaut.

Der Stand der Kühlflüssigkeit ist beim Blick auf den transparenten Behälter zu sehen, er muss zwischen unterer und oberer Markierungslinie sein (Bild 1a). **Beachten:** Der Stand der Kühlflüssigkeit im Ausgleichsbehälter ist bei kaltem Motor etwas niedriger als bei heißem.

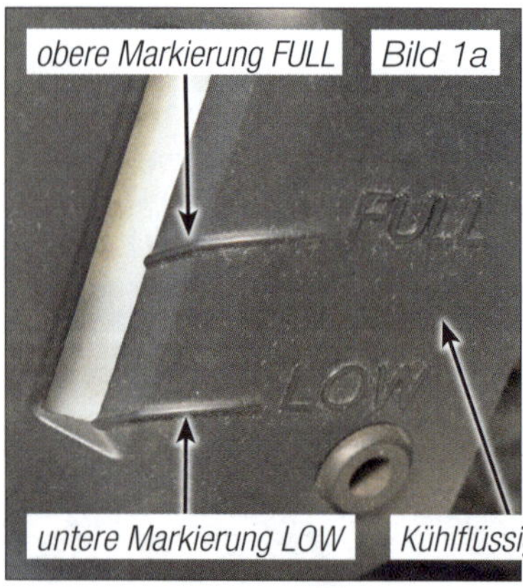

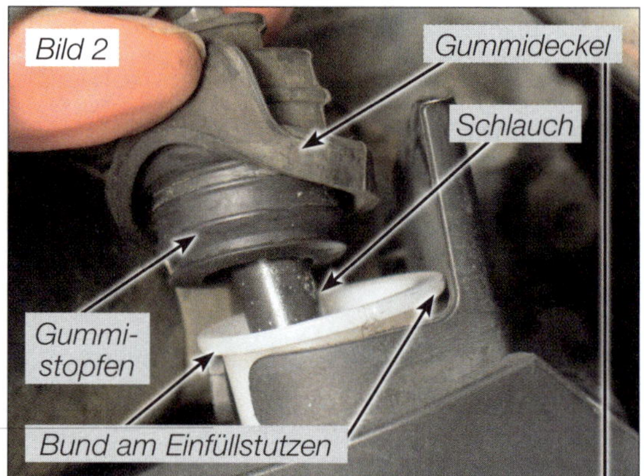

Sicherheitshinweise Achtung und Tipps für dieses Kapitel

⚠ Kühlflüssigkeit kann Lack beschädigen und auf Metall Flecken hinterlassen – nichts verschütten! Altes Kühlmittel umweltgerecht entsorgen.

⚠ Kaufen Sie neue Kühlflüssigkeit NICHT im Baumarkt oder gar in der Kfz-Abteilung eines Lebensmittel-Supermarktes, auch wenn das Preisangebot scheinbar noch so verlockend ist! Kaufen Sie Kühlflüssigkeit beim Yamaha-Händler oder im Motorrad- bzw. Kfz-Zubehör-Fachhandel!

⚠ Kühlflüssigkeit kann Haut und Augen sowie innere Organe schädigen. Jeglichen Körperkontakt vermeiden, keinesfalls trinken. Falls Haut oder Augen damit in Berührung kommen, mit reichlich klarem Wasser ab- bzw. ausspülen. Nach Verschlucken KEIN Erbrechen herbeiführen, sondern sofort Arzt bzw. Giftnotzentrale anrufen.

⚠ Weder den Deckel des Kühlers noch den Gummideckel mit Stopfen des Ausgleichsbehälters bei heißem Motor öffnen, denn das heiße Kühlmittel steht unter Druck und schießt beim Öffnen des Deckels heraus – Verbrühungen wären die Folge.

⚠ Bei Arbeiten mit laufendem Motor in geschlossenen Räumen für ausreichende Belüftung sorgen! Abgase enthalten giftiges und geruchloses Kohlenmonoxid, das Bewusstlosigkeit verursachen und zum Tod führen kann. Alle Fenster und Türen öffnen! Am sichersten ist eine Abgasabsauganlage ins Freie. Dieser Warnhinweis gilt z. B. für die Prüfung des Kühlerventilators, wobei der Motor laufen muss. Wenn keine oder ungenügende Belüftungs- und Entlüftungsmöglichkeit der Werkstatträume gegeben ist, im Freien arbeiten!

⚠ Bei einer Dichtprüfung des Kühlsystems den maximal zulässigen Prüfdruck von 1,23 bar nicht überschreiten, denn ein zu hoher Druck kann Bauteile des Kühlsystems beschädigen.

Wenn die Kühlflüssigkeit im Ausgleichsbehälter unter die untere Markierungslinie absinkt, ist entweder ein Teil davon verdunstet oder das Kühlsystem hat ein Leck. Bevor jedoch der Kühlkreislauf umgekrempelt wird, zuerst den Ausgleichsbehälter bis zur oberen Markierung FULL mit Kühlflüssigkeit auffüllen (Bild 1b), weiterfahren und beobachten, wo das Zeug bleibt: Vielleicht war nur der Deckel lose und es ist etwas Kühlflüssigkeit ausgetreten?

Bei den Inspektionen den Kühlflüssigkeitsstand, alle Schläuche, ihre Anschlüsse und die Schlauchschellen kontrollieren.

Ausgleichsbehälter-Deckel und Schläuche

Bilder 2, 2a, 2b: Der Deckel auf dem Einfüllstutzen des Kühlflüssigkeits-Ausgleichsbehälters besteht aus einem »weichen« Gummideckel und einem inneren Gummistopfen: Der Stopfen muss fest im Einfüllstutzen sitzen, der Gummideckel fest auf dem Bund des Einfüllstutzens.

Bitte beachten: Der durch Gummideckel und Gummistopfen geführte Schlauch (Bild 2) muss tief in den Ausgleichsbehälter hineinreichen. Weiterhin ist dieser Schlauch oberhalb des Gummideckels mit einem zweiten Schlauch verbunden (Bild 2a), der nach oben führt zum Einfüllstutzen des Kühlers. Und vom weichen Gummideckel des Einfüllstutzens ist ein dritter Schlauch innerhalb der Ausgleichsbehälter-Abdeckung verlegt, dessen schräges Ende unten ca. 20 mm aus der Abdeckung herausragt (Bild 2b).

Achtung: Alle diese Schläuche müssen vorhanden sein, fest auf ihren Stutzen sitzen und dürfen nicht geknickt sein.

Kühlflüssigkeit wechseln

Unabhängig vom km-Stand muss die Kühlflüssigkeit alle drei Jahre erneuert werden. Kühlkanäle im Motorbock, Wasserpumpe und Schläuche fassen 1,92 Liter; 0,25 Liter der Ausgleichsbehälter, macht zusammen 2,17 Liter. Man muss also 2,5 bis drei Liter neue Kühlflüssigkeit kaufen.

Vorbereitung

■ Kühlmittel-Auffangbehälter organisieren, wie z. B. eine gebrauchte Waschschüssel.
■ Motor muss kalt sein, höchstens handwarm.
■ Motorrad auf Heckmontageständer abstellen.

Kühlflüssigkeit ablassen

1. Bild 4: Abdeckung und Ausgleichsbehälter abschrauben.
2. Bild 2: Gummideckel vom Ausgleichsbehälter abnehmen, Gummistopfen ausziehen.
3. Behälter umdrehen, alte Kühlflüssigkeit ausgießen. ■ NICHTS verschütten, denn Kühlflüssigkeit hinterlässt hässliche Flecken!
■ Behälter mit heißem Wasser und einem Schuss Spülmittel (»Pril«) reinigen.
4. Bild 3: Sicherungsschraube oben am Kühlerdeckel ausschrauben, mit Anschlag abnehmen.
5. Kühlerdeckel links herum bis zum Anschlag drehen, dann eindrücken, weiterdrehen und herausnehmen.
6. Auffangbehälter unter den Motor stellen.
6.1. Bild 5: Ablassschraube unten im Wasserpumpendeckel lösen und ausdrehen, Kühlmittel auslaufen und austropfen lassen. Kühlwasserschläuche von Hand durchwalken.
7. Ablassschraube mit neuer Dichtscheibe versehen, eindrehen und mit 10 Nm festziehen.
7.1. Bild 4: Kühlflüssigkeits-Ausgleichsbehälter und Abdeckung anbauen.
■ Obere Befestigungsschraube 0,5 Nm.
■ Untere Befestigungsschraube 9 Nm.
■ Behälter offen lassen, Deckel nicht montieren.

Kühlflüssigkeit einfüllen

1. Durch den Einfüllstutzen des Kühlers langsam frische Kühlflüssigkeit einfüllen. Zwei bis drei Minuten warten, dann bis zur inneren Oberkante des Einfüllstutzens auffüllen.
■ Kühlerdeckel noch nicht montieren.
2. Kühlwasserschläuche von Hand durchwalken, damit vorhandene Luft entweicht.
3. In den Einfüllstutzen schauen und nachsehen, wo die Kühlflüssigkeit steht: Sie muss an der inneren Oberkante sein. Fehlende Kühlflüssigkeit auffüllen.
4. Kühlerdeckel in Stutzen einsetzen, eindrücken, rechts herum drehen: Er muss fühl- und hörbar einrasten.
4.1. Bild 3: Anschlag am Kühlerstutzen anlegen, Sicherungsschraube eindrehen und mit 5 Nm festziehen.
5. Bilder 1a und 1b: In den Ausgleichsbehälter Kühlflüssigkeit bis »FULL« einfüllen.
5.1. Den Schlauch, der durch Gummideckel und Stopfen des Ausgleichsbehälters führt, in den Behälter einführen, Stopfen eindrücken, Gummideckel auf den Stutzen drücken.
5.2. Seitlich am Deckel beginnt der Überlaufschlauch, der unter der Abdeckung nach unten verläuft (Bild 2b).

Bilder 3, 4, 5: Die zugehörigen Arbeitsschritte sind im Lauftext.

Bild 6: Einbaulage des Kühlerventilator-Relais neben der Batterie.

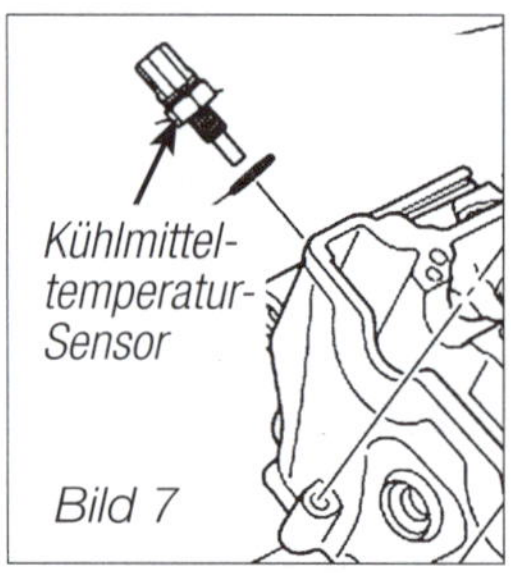

Bild 7: Einbaulage des Kühlmitteltemperatur-Sensors.

Bild 8: Einbaulage des Thermostaten.

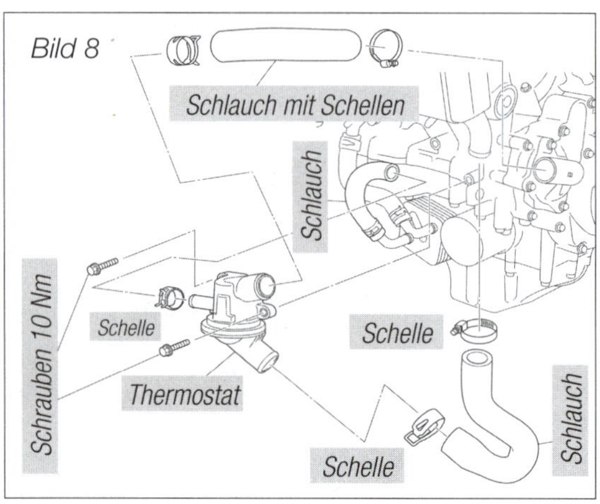

6. Getriebe in Leerlauf schalten, Motor starten und mit Standgas so lange laufen lassen, bis der Kühlerventilator anläuft. Motor abstellen.

7. Kühlflüssigkeitsstand im Ausgleichsbehälter prüfen, ggf. auffüllen.

Wichtig: Alle Stellen, die mit Kühlflüssigkeit in Berührung gekommen sind, mit reichlich klarem (warmem) Wasser abspülen. In das Spülwasser vorher einen Schuss Spülmittel (»Pril«) geben.

Kühlerventilator

Funktion: Bei sehr langsamer Fahrt bei heißer Witterung und dann noch Stau, die Motortemperatur steigt auf mehr als 100 °C. Um zu vermeiden, dass sie weiter ansteigt und es zu Motorschäden wegen Überhitzung kommt, schaltet sich ab einer Kühlmittel-Temperatur von rund 105 °C automatisch der am Kühler angebrachte Ventilator ein und bläst Luft durch den Kühler. Dadurch sinkt die Kühlmittel-Temperatur, und wenn diese auf unter ca. 95 °C gesunken ist, wird der Kühlerventilator AUSgeschaltet.

Für das Ein-und Ausschalten des Kühlerventilators ist das Kühlerventilator-Relais zuständig. Es sitzt unter dem Fahrersitz neben der Batterie (Bild 6). Wie das Relais geprüft wird steht steht in Kapitel 25 »Sicherungen · Relais«.

Kühlerventilator läuft nicht an

Wenn der Kühlerventilator sich nicht automatisch einschaltet und der Motor deswegen überhitzt:

1. Prüfen Sie die Sicherung »Kühlerventilator« im Sicherungskasten B oder C , sie hat 15 Ampere. Mehr Informationen zu dieser Sicherung steht im Kapitel 25 »Sicherungen · Relais«.

2. Wenn der Kühlerventilator trotz intakter Sicherung nicht anläuft: Steckverbindungen der Kabel vom Kühlerventilator zum Kabelbaum und am Kühlerventilator-Relais auf festen Sitz prüfen.

2.1. Wenn Korrosion festgestellt wird: Diese mit Hilfe von Kontaktspray und einer harten Zahnbürste entfernen. Stecker sicher zusammenstecken.

Kühlerventilatormotor prüfen

Wenn Sicherung und Steckverbindungen in Ordnung sind und der Kühlerventilator dreht sich immer noch nicht, Motor des Kühlerventilators mit einer externen 12-Volt-Batterie prüfen:

1. Stecker am Kabel des Ventilatormotors trennen.

2. Batterie an den Kontakten im Stecker des Kabels zum Ventilatormotor provisorisch anschließen: Motor muss sich drehen.

3. Wenn er sich nicht dreht, ist er wahrscheinlich defekt und muss ersetzt werden.

4. Wenn er sich mit externem Strom dreht, aber dann nicht mehr, wenn der Stecker wieder am Kabel, das in den Kabelbaum führt, angeschlossen ist, ist wahrscheinlich das Relais oder der Kühlmitteltemperatur-Sensor defekt oder das Kabel irgendwo unterbrochen. Siehe dazu Kapitel 29 »Fehlersuche in der Elektrik«.

Kühlmitteltemperatur-Sensor

Kühlmitteltemperatur-Sensor

Bild 7: Der Kühlmitteltemperatur-Sensor sitzt rechts hinten am Zylinderkopf. Durch eine temperaturabhängige Spannungsänderung gibt der Kühlmitteltemperatur-Sensor die aktuelle Motortemperatur an das Motorsteuergerät (ECU) zur Bestimmung der benötigten Einspritzmenge und auch an die Multifunktionsanzeige im Instrumentenblock. Wenn die Temperatur des Kühlmittels zu hoch wird, leuchtet die Warnleuchte im Instrumentenblock.

Wenn die Motorstörungs-Warnleuchte leuchtet und/oder Fehlercode 21 im Cockpit angezeigt wird (nur bis zum Modelljahr 2016), ist der Gang zum Yamaha-Händler nötig. Denn zur Feststellung, ob der Kühlmitteltemperatur-Sensor defekt ist oder andere Teile Fehlermeldungen produzieren (Kabel, Stecker, Motorsteuergerät etc.), wird das Yamaha-spezifische Werkstatt-Diagnosegerät benötigt, mit entsprechender Software.

Hier für Notfälle die Sollwerte, die man mit einem Multimeter prüfen kann. Messspitzen des Multimeters an den Kontakten in der Steckdose des Sensors anlegen:

- bei 20 °C .... 2,51 bis 2,78 kΩ
- bei 100 °C .... 210 bis 221 Ω

Thermostat

Bild 8: Der Thermostat sitzt vorne am Motorblock. **Problem:** Motor wird zu heiß und drückt Kühlflüssigkeit heraus. **Der Grund** liegt meist darin, dass der Thermostat durch Kalkablagerungen fest ist und den großen Kühlkreislauf nicht aufmacht. Er muss ausgebaut und gereinigt werden Besser ist es jedoch allemal, einen neuen Thermostaten einzubauen.

Thermostat aus- und einbauen
1. Auspuff abbauen. Kühlflüssigkeit ablassen.
2. Bild 8: Schläuche vom Thermostat abbauen. Dazu die Enden der Klemmschellen mit einer Zange zusammendrücken (Bild 9) und die Klemmschellen nach hinten abschieben.
3. Die beiden Halteschrauben des Thermostats ausschrauben und den Thermostat abnehmen.
4. Thermostat kontrollieren, ob er ringsum in Ordnung ist.
5. Wenn er ok ist, ihn einige Zeit in Haushalts-Reinigungsmittel (z. B. Essigsäure) legen.

Einbau in umgekehrter Reihenfolge.

Kühlsystem auf Druck prüfen

Kühlerdeckel prüfen
Falls Kühlflüssigkeit oben aus dem Einfüllstutzen des Kühlers gedrückt wird, ist der Kühlerdeckel entweder nicht richtig eingebaut oder defekt. Er wird in abgebautem Zustand mit einem Kühlerdruck-Prüfgerät geprüft.

1. Bild 11: Dichtflächen des Kühlerdeckels anfeuchten, Kühlerdeckel am Testgerät befestigen.
2. Druck langsam aufbauen, Manometer beobachten: Der Kühlerdeckel muss zwischen 0,93 und 1,23 bar öffnen.
3. Wenn der Kühlerdeckel früher öffnet und der Prüfdruck nicht mindestens 10 Sekunden lang gehalten wird, den Deckel erneuern.
Wichtig: Unbedingt einen originalen Yamaha-Deckel für die MT-09 kaufen. Keinen Deckel einer anderen Maschine oder von einem Autokühler verwenden, sonst besteht die Gefahr, dass der Austausch von Kühlflüssigkeit zwischen Motorkühlkreislauf über den Kühlerstutzen und dem Ausgleichsbehälter nicht richtig funktioniert.

Kühlsystem auf Druck prüfen
Wenn der Kühlerdeckel in Ordnung ist und immer noch Kühlflüssigkeit austritt, die Leckstelle durch eine Druckprüfung suchen.
1. Bild 12: Kühlerdruck-Prüfgerät am Einfüllstutzen des Kühlers anschließen.
2. Druck aufbauen bis auf 1,23 bar. Dieser Druck muss mindestens 10 Sekunden gehalten werden.
3. Wird der Druck nicht gehalten, das Leck (oder die Lecks) lokalisieren und beheben.

Wasserpumpe aus-/einbauen

Die Wasserpumpe ist als zuverlässiges Bauteil bekannt, weder Wasserpumpenantrieb noch Wasserpumpenwelle oder Flügelrad sind von Defekten bedroht. Es kann aber vorkommen, dass die mechanische Wasserpumpendichtung oder der Simmerring in der Wasserpumpe zum Motoröl hin undicht werden. Bei einem solchen Defekt ist entweder Öl in der Kühlflüssigkeit oder Kühlflüssigkeit im Öl:
■ **Öl in der Kühlflüssigkeit** schwimmt als Schicht oder Fettaugen auf der Kühlflüssigkeit.
■ **Kühlflüssigkeit im Öl:** Der Kühlflüssigkeitsstand sinkt ab und der Motorölstand steigt an. Heller, wässriger Schaum ist im Ölschauglas und innen in der Öleinfüllöffnung zu sehen.

Wasserpumpe ausbauen
1. Kühlflüssigkeit ablassen.
2. Bilder 9 und 10: Schlauchschelle am Wasserpumpen-Zulaufschlauch öffnen und abschieben, Schlauch abziehen.
3. Befestigungsschrauben ausdrehen, Wasserpumpe vom Motorgehäuse abziehen.

Wasserpumpe einbauen
1. Bild 10: Etwas Fett in die Nuten der Wasserpumpe einschmieren, neue O-Ringe einsetzen, Wasserpumpe am Motorgehäuse ansetzen.
2. Befestigungsschrauben eindrehen und mit 12 Nm festziehen.
3. Schlauch auf den Stutzen der Wasserpumpe schieben und die Schlauchschelle gefühlvoll anziehen.
4. Kühlflüssigkeit einfüllen und das Kühlsystem entlüften, siehe weiter vorne in diesem Kapitel.

Bild 9: Montage der Schlauchschellen mit einer Flachzange.

Bild 10: Einbaulage der Wasserpumpe.

Bilder 11 und 12: Kühlerdeckel und Kühlsystem prüfen.

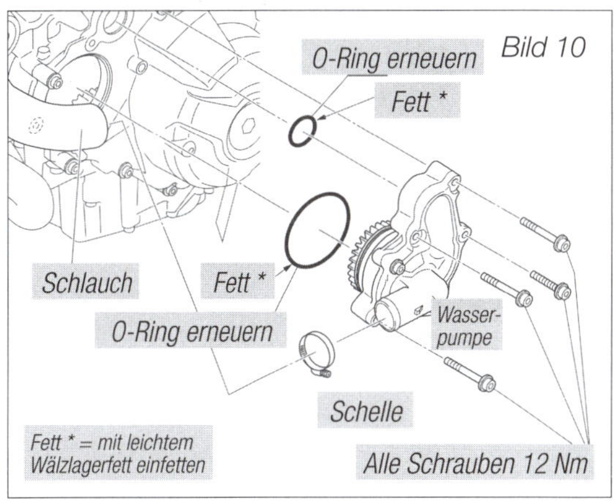

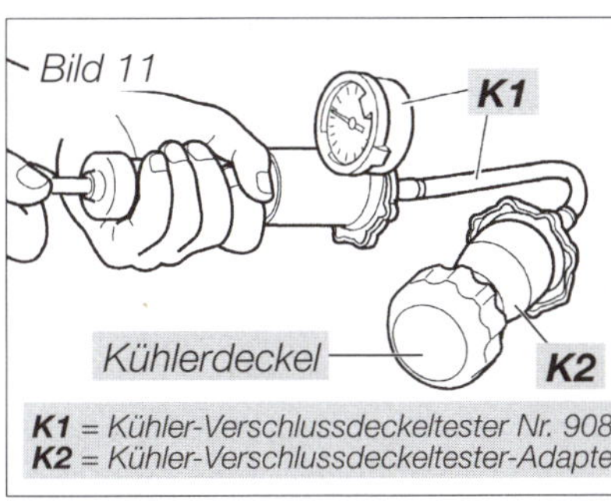

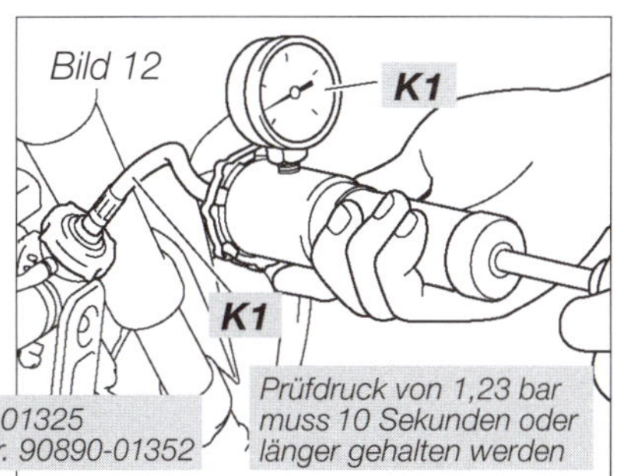

Sichtprüfung · Messen

Kupplung

In diesem Kapitel: Kupplungsspiel · Kupplungsprobleme? · Kupplungsscheiben aus- und einbauen · Paketmaß prüfen und einstellen · Bauteile prüfen und vermessen · Kupplungskorb und Kupplungsnabe aus- und einbauen.

Bilder 1a, 1b und 2: Kupplungszugspiel einstellen. Detailinformationen siehe Bildtext unten auf dieser Seite.

Kupplungsspiel

Bilder 1a, 1b: Das Spiel im Kupplungszug wird »Kupplungsspiel« genannt; es soll 2 bis 3 mm betragen. Das Maß »***x***« in Bild 1a bedeutet, dass sich die 2 bis 3 mm Spiel am Hebelhalter bis zum Ende des Kupplungshebels hin auf 10 bis 15 mm vergrößern.

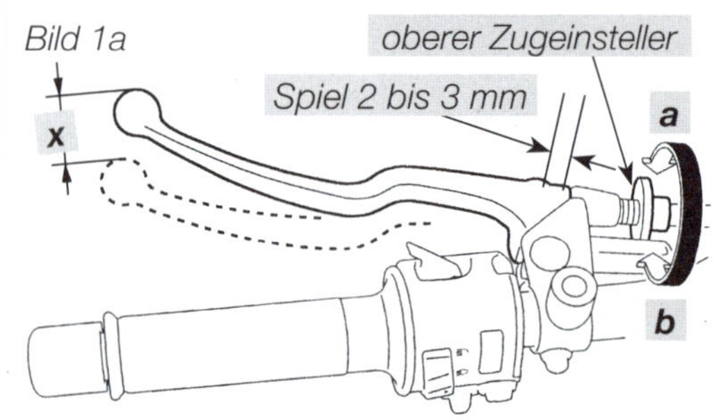

*drehen **a** = Kupplungsspiel wird größer*
*drehen **b** = Kupplungsspiel wird kleiner*

***x** = Spiel außen am Kupplungshebel 10 bis 15 mm*

Spiel einstellen (Bilder 1a, 1b) Den oberen Zugeinsteller am Halter des Kupplungs-Handhebels aus- oder eindrehen, bis der Kupplungszug so viel Spiel hat, dass der innere Abstand vom »leicht gezogenen« Kupplungshebel zum Hebelhalter 2 bis 3 mm beträgt, was außen am kugeligen Ende des Kupplungshebels ein Leerspiel von 10 bis 15 mm ergibt.

Das Außengewinde des Zugeinstellers soll mindestens 1/3 bis 1/2 seiner Länge in das Innengewinde des Widerlagers eingeschraubt sein.

Grundeinstellung des Kupplungsspiels
Wenn das Kupplungsspiel am Zugeinsteller oben am Handhebel nicht eingestellt werden kann, weil der Zugeinsteller in das Innengewinde im Hebelhalter entweder zu tief eingedreht oder zu weit ausgedreht werden muss, dann muss man eine Einstellung am Kupplungszug unten (Bild 2) machen.

1. Kontermutter mit einem Gabelschlüssel lösen.
2. Einstellmutter auf dem Gewinde drehen, bis das Kupplungsspiel oben am Handhebel korrekt eingestellt ist.
3. Bild 2: Mit einem festen Daumendruck von hinten Druck auf die Lasche geben und das Maß »***X***« zwischen Lasche und Zugwiderlager messen, es muss zwischen 47,1 und 54,8 mm betragen.
4. Kontermutter gegen das Widerlager kontern.
5. Falls noch eine Feineinstellung nötig ist: Diese am gerändelten Einsteller oben am Kupplungshandhebel (Bilder 1a, 1b) vornehmen.

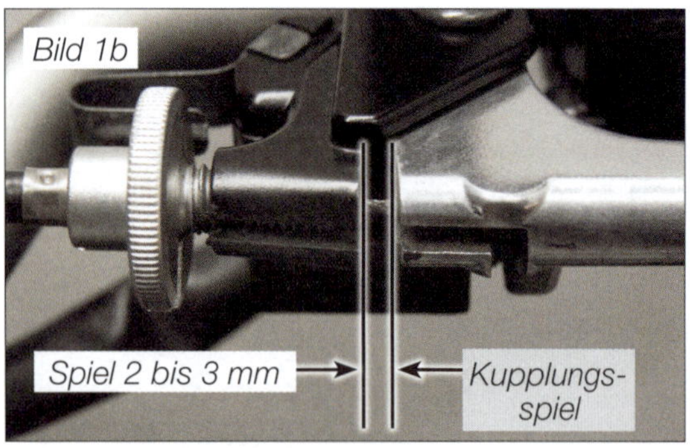

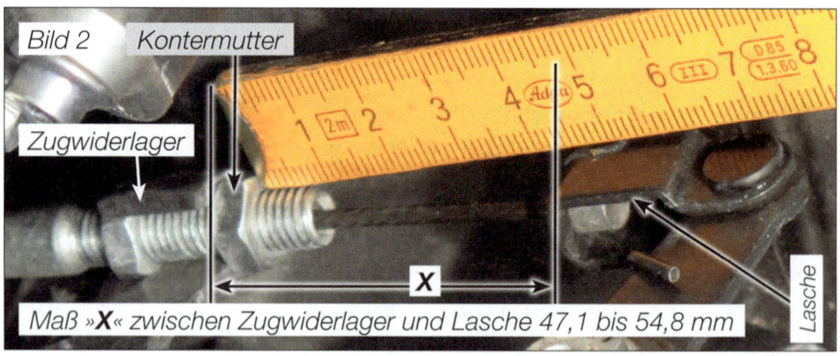

Bilder 1a und 1b: Zum Einstellen des Kupplungsspiels wird der Einsteller am Handhebel so aus- oder eingedreht, bis das Spiel innen 2 bis 3 mm und außen am Kupplungshebel 10 bis 15 mm beträgt.

Bild 2: Wenn die Einstellmöglichkeit oben am Handhebel erschöpft ist, muss eine Grundeinstellung am unteren Einsteller des Kupplungszugs gemacht werden.

Sicherheitshinweise ⚠ Achtung und ☞ Tipps

⚠ Kupplungsreibscheiben und Stahlscheiben immer im Satz auswechseln, wenn sie Riefen oder Verfärbung aufweisen. Keine gebrauchten Scheiben mit neuen mischen. Wenn die alten Kupplungs-Reib- und Stahlscheiben wieder eingebaut werden sollen, diese in der Reihenfolge der Entnahme ablegen. Zum Zusammenbau die Zeichnungen weiter hinten zu Hilfe nehmen.

☞ Wenn zur Reparatur der Kupplung das Motoröl abgelassen wird und es noch nicht zu lange im Motor war (weniger als 6 Monate/5000 km), kann man es durch ein feines Sieb wieder einfüllen. Bitte beachten: Wenn die Kupplung wegen eines Schadens repariert werden muss, befinden sich Kupplungs-Bruchteile im Motor. Dann müssen ein neuer Ölfilter angebaut und frisches Öl eingefüllt werden!

Kupplungsprobleme?

Im Vorgriff auf das Kapitel 14 »Schaltung« beschreiben wir nachstehend mögliche Probleme und Ursachen, die an Kupplung und Schaltung auftauchen können, wenn die Maschine einige Jahre alt ist und viele Kilometer gelaufen hat.

Probleme mit der Kupplung
Fehler: Kupplung rutscht beim Beschleunigen, der Motor dreht beim Gas geben zwar hoch, aber die Maschine beschleunigt nicht entsprechend.
Mögliche Ursachen:
- Kupplungsspiel falsch eingestellt
- Kupplungsfedern ermüdet
- Beläge der Reibscheiben abgenutzt
- Stahlscheibe(n) verzogen
- falsches Motoröl: zu dünn oder zu alt
- Graphit- oder Molybdänzusatz im Motoröl

Fehler: Kupplung rückt nicht aus, weswegen es beim Schalten mehr oder weniger laut kracht.
Mögliche Ursachen:
- Weg am Kupplungshebel zu gering, weil das Kupplungszugspiel zu groß eingestellt ist
- Kupplungsinnenzug ist teilweise gerissen und deswegen gelängt
- Kupplungsscheibe(n) verzogen
- Kupplungsnabenmutter locker
- Kupplungsausrückmechanismus defekt
- zu viel oder zu dickes Öl im Motor

Fehler: Kupplung rupft, das Motorrad benimmt sich bockig und hüpft beim Losfahren.
Mögliche Ursachen:
- Verzahnung der Kupplungsscheiben in Kupplungsnabe oder Kupplungskorb eingeschlagen
- Kupplungsscheiben verzogen
- Kupplungshandhebel-Gelenk schwergängig
- Kupplungsinnenzug in sich verdreckt, innen aufgespleißt und/oder geknickt und deswegen schwergängig

Fehler: Kupplung verlangt übermäßige Handkraft, der Kupplungshebel lässt sich nur sehr schwer betätigen.
Mögliche Ursachen:
- Kupplungsinnenzug in sich verdreckt und/ oder geknickt und deswegen schwergängig
- Kupplungshebellager am Handgriff gefressen, verdreckt, beschädigt
- Kupplungshebel oder Hebelaufnahme verbogen (Sturz- oder Unfall-Folgeschaden)
- Lager der Zughebelwelle am Motor defekt

Probleme mit der Schaltung
Fehler: Getriebe schwer schaltbar, die Gänge lassen sich nur schwer wechseln.
Mögliche Ursachen:
- zu viel Spiel im Kupplungszug
- innerer Kupplungszug klemmt in der Hülle
- Schalthebel und/oder Schaltstange klemmt
- Schalthebellagerung verschmutzt
- Kugelköpfe auf der Schaltstange klemmen
- zu wenig Öl im Motor
- falsche Ölviskosität (zu dickes Öl)

Kupplung aus- und einbauen

Kupplungsdeckel abbauen
1. Motoröl ablassen siehe Kapitel 11 »Ölwechsel«.
2. Bilder 1a, 2: Die Rändelschraube oben am Handhebel weit eindrehen, damit der Kupplungszug »lang« wird. Dann den Nippel des Kupplungszugs aus der Lasche des Ausrückhebels unten am Motor aushängen.
3. Bild 4: Schrauben der Kupplungsdeckel-Abdeckung ausschrauben und die Abdeckung abnehmen.
4. Bild 4: Schrauben des Lambdasonden-Steckerhalters ausschrauben, Halterung abnehmen.
5. Bild 4: Restliche Schrauben im Kupplungsdeckel über Kreuz in 1/4-Umdrehungen lösen und ausdrehen.
6. Kupplungsdeckel abnehmen. Bei älteren Maschinen ist er meist zusammen mit der Dichtung auf dem Gehäuse verklebt: Einen Gummi-

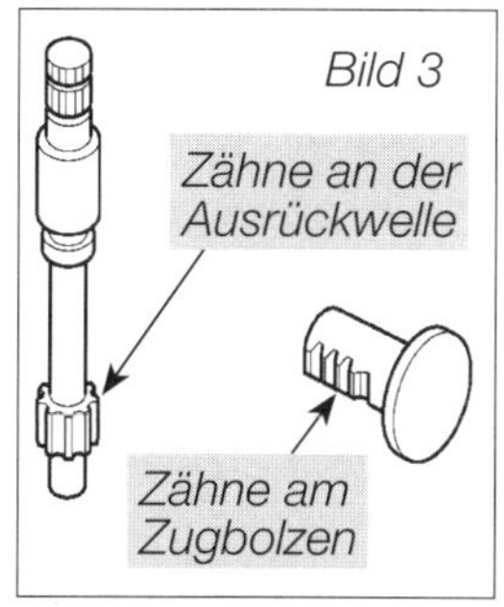

Bild 4: Explosionszeichnung des Kupplungsdeckels und der Abdeckung.

Bauteile in Bild 4
Teil 1 = Kupplungszug-Einsteller unten
Teil 2 = Abdeckung
Teil 3 = Halter für Stecker der Lambdasonde
Teil 4 = Kupplungsdeckel
Teil 5 = Dichtung
Teil 6 = Passbuchsen
Teile 7 = Gewindestopfen der Öleinfüllöffnung mit O-Ring

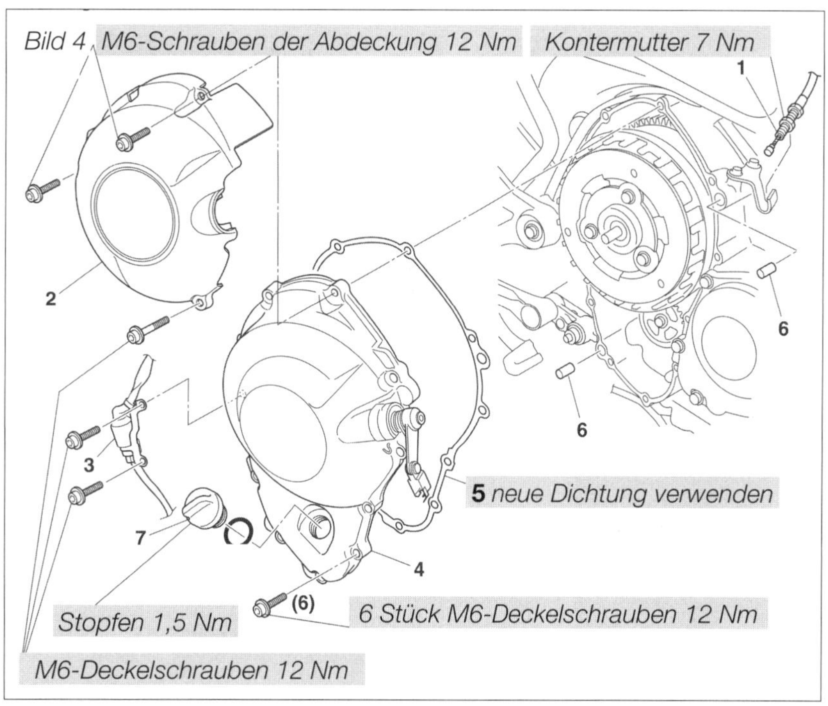

Sichtprüfung Messen

Bilder 5 bis 10: Im Lauftext sind die zu den Bildern gehörenden Arbeitsschritte nummeriert beschrieben.

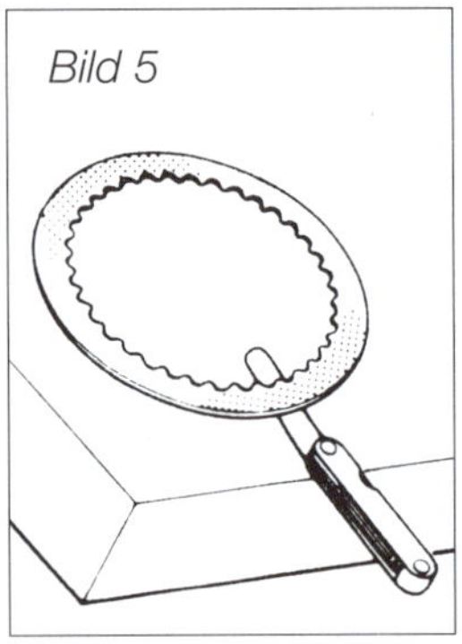
Bild 5

Bild 6

hammer zu Hilfe nehmen und damit ringsum leicht auf den Deckel klopfen.

Achtung: Deckel, Kanten von Deckel und Motorgehäuse nicht beschädigen!

6.1. Bild 3: Der Kupplungsdeckel ist zwar jetzt vom Motor gelöst, aber die Verzahnungen von Ausrückwelle und Zugbolzen sind noch in Eingriff: Deckel in einer Hand halten und mit der anderen Hand am Hebel diesen von der Verzahnung wegdrehen und so lösen. Jetzt ist der Kupplungsdeckel frei und kann abgenommen werden.

Wichtig: Passbuchsen bei »2 Uhr« und »7 Uhr« beachten, sie bleiben normalerweise fest im Motorgehäuse sitzen.

Kupplungsscheiben ausbauen

Ein Wort zuvor: Bei den Modellen unseres Buchs sind zwei in kleinen Details unterschiedliche Kupplungen eingebaut. Die Unterschiede sind in den Explosionszeichnungen in den Bildern 16 und 19 zu sehen: Verschiedene Reib- und Stahlscheiben, 3 oder 6 Kupplungsfedern und Schrauben sowie Federring und Federsitzring vor dem Paket der Reib- und Stahlscheiben.

1. Bilder 16, 19: Kupplungsfeder-Schrauben in kleinen Schritten nacheinander lösen und ausdrehen. Ab-und herausnehmen: Druckring, Dämpfer und Federn, Druckplatte.
2. Die Reib- und Stahlscheiben herausziehen und in der Reihenfolge des Ausbaus ablegen.
3. Alle Teile gut reinigen.

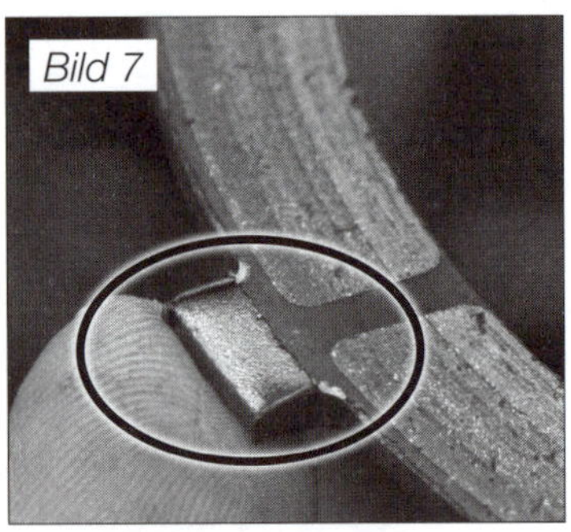
Bild 7

Bild 8

Bild 9

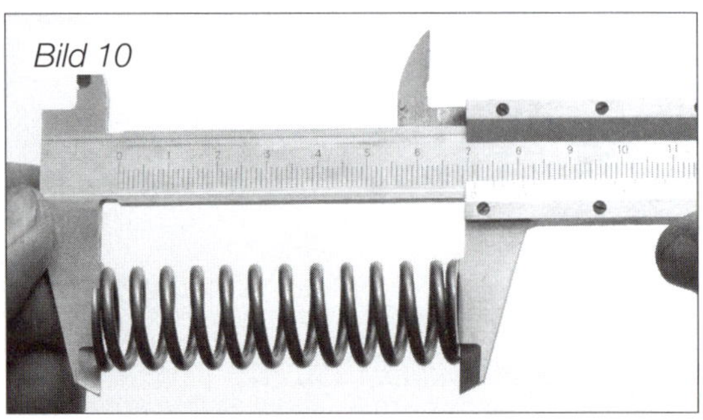
Bild 10

Kupplung prüfen und vermessen

1. Bild 5: Stahlscheiben auf Richtplatte mit Fühlerlehre auf Verzug prüfen. Sind sie mehr als 0,1 mm verzogen oder blau verfärbt, Stahl- und Reibscheiben erneuern.
2. Bild 6: Mit einem Lappen alles Öl von den Reibscheiben abwischen. Dicke der Reibscheiben mit Messschieber an mindestens vier Messstellen messen.
- Eine neue Reibscheibe ist zwischen 2,92 und 3,08 mm dick.
- Das Verschleißmaß beträgt 2,82 mm (das ist die Mindestdicke).

3. Bilder 7, 8, 9: An den Stellen, wo die äußeren Klauen der Reibscheiben (Bild 7) im Kupplungskorb (Bild 8) und die inneren Zähne der Stahlscheiben in der Kupplungsnabe (Bild 9) anliegen, sind Druckstellen zu sehen. Bis zu einer gewissen Tiefe sind das normale Gebrauchsspuren. Sind die Riefen, Kerben, Scharten oder aufgeworfenen Kanten stark ausgeprägt, müssen Kupplungsnabe, Kupplungskorb, Reib- und Stahlscheiben erneuert werden.
3.1. Bild 7: Aufgeworfene Kanten an den Klauen der Reibscheiben können abgefeilt werden.
- Die Kanten nicht stark brechen, sonst wird die Anlagefläche zu schmal und die Klauen schlagen sich wieder im Kupplungskorb ein.

4. Bild 10: Jetzt die ungespannte Länge der Kupplungsfedern messen. Wir haben zwei verschiedene Federlängen:
- Die Federn der Modelle in Bild 16 bis Modelljahr 2016 haben ein Neumaß von 52,50 mm und ein Verschleißmaß von 49,88 mm.
- Die Federn der Modelle in Bild 19 ab dem Modelljahr 2017 sind im Neumaß 45,23 mm lang und das Verschleißmaß beträgt 42,97 mm.

5. Sicht- und Fingerprobe des Kugellagers in der Druckplatte: Das Lager muss einwandfrei in Ordnung sein, muss sich leicht drehen lassen und darf keine starken Geräusche von sich geben.
6. Bild 3: Die Zähne an der Ausrückwelle und dem Zugbolzen ansehen, sie müssen formstabil vorhanden sein.

Paketmaß

Bild 11: Das »Paketmaß« ist das Summenmaß aller Reib- und Stahlscheiben. Diese Vorschrift gilt nur für die Kupplung in Bild 19 bzw. die dazu aufgeführten Maschinen. Wenn man aus irgendeinem Grund die Kupplungsscheiben ausbaut oder neue Reib- und Stahlscheiben eingebaut werden, sollte man vor dem Einbau zur Kontrolle das Paketmaß messen. Das vorgeschriebene Paketmaß beträgt 42,7 bis 43,5 mm.

■ Wenn das Paketmaß zu gering ist (also weniger als 42,7 mm beträgt), sind die Kupplungsfedern zu wenig gespannt und die Kupplung kann schleifen.

■ Wenn das Paketmaß zu groß ist (also mehr als 43,5 mm beträgt), sind die Kupplungsfedern zu stark gespannt und es ist eine zu große Handkraft zum Betätigen der Kupplung nötig.

Paketmaß messen

1. Alle Reib- und Stahlscheiben sorgfältig reinigen. **Wichtig:** Zum Reinigen der Reibscheiben keinen Bremsenreiniger verwenden, dieser kann in den Reibbelag eindringen und ihn zerstören!

2. Reib- und Stahlscheiben in der Reihenfolge des Ausbaus aufeinanderlegen.

3. Bild 11: Scheibenpaket zusammendrücken und mit einer Schieblehre messen: Das vorgeschriebene Paketmaß beträgt 42,7 bis 43,5 mm.

4. Wenn das Paket maßlich stimmt, können die Reib- und Stahlscheiben so eingebaut werden.

Paketmaß einstellen

1. Wenn das Paketmaß geringer ist als 42,7 mm, entsprechend der MaßUNTERschreitung eine 2,3 mm dicke Stahlscheibe (»Nachstellscheibe«) einbauen anstelle der Scheibe »8« in Bild 19.

2. Wenn das Paketmaß größer ist als 43,5 mm, entsprechend der MaßÜBERschreitung eine 1,6 mm dicke Nachstellscheibe anstelle der Scheibe »8« in Bild 19 einbauen.

3. Wenn die Einlage einer entsprechend dicken Nachstellscheibe nicht ausreicht, um das vorgeschriebene Paketmaß zu erreichen, kann man eine weitere Nachstellscheibe unter die erste einbauen. Damit sollte das vorgeschriebene Paketmaß erreicht werden.

Kupplung zusammenbauen

Wichtig: Wenn neue Reibscheiben eingebaut werden, diese mindestens eine halbe Stunde in frischem Motoröl »baden«. Erst wenn sie satt mit Öl vollgesogen sind, sind sie einbaufertig.

■ Wenn sie trocken montiert werden, besteht die Gefahr, dass die Beläge bei der ersten Benutzung der Kupplung regelrecht verbrennen!

Kupplungsscheiben einbauen

1. Bilder 16 und 19: In diesen beiden Explosionszeichnungen ist gut zu sehen, wie die Reibscheiben »5«/»7« bzw. »7«/»10« und die Stahlscheiben »6« bzw. »8«/»9« im Wechsel eingebaut werden.

Achtung: Die Positionen der Reibscheiben »5« und »7« müssen eingehalten werden.

■ Wir haben hier nur eine Sorte Stahlscheiben »6«, die im Wechsel mit den Reibscheiben »5« und »7« eingesetzt werden.

2. Bild 19: Die Bauteile Federring »11« und Federsitzring »12« in der angegebenen Positionierung auf die Kupplungsnabe aufsetzen.

3 Bild 19: Auch hier sind die Positionen der Reibscheiben »7« und »10« klar.

■ Hier haben wir mit den Stahlscheiben »8« und «9« zwei verschiedene Stahlscheiben.

4. Bild 12: Die letzte Reibscheibe wird um einen Klauenausschnitt versetzt eingesetzt.

5. Druckplatte einbauen: Einen kleinen Finger voll Molybdänfett auf den Zugbolzen und seine Zähne geben. ■ Normales Kfz-Fett genügt auch.

5.1. Den Zugbolzen so einsetzen, dass seine Zähne schräg nach unten zeigen und auf die Markierung zielen wie in Bild 17 gezeigt.

5.2. Druckplatte aufsetzen.

6. Kupplungsfedern einsetzen, Druckscheibe in Montageposition bringen, Schrauben einstecken, eindrehen und fingerfest anziehen.

6.1. Schrauben ringsum gleichmäßig über Kreuz in kleinen Schritten bis auf 10 Nm festziehen.

Bild 11: Paketmaß messen. Dazu sind folgende Informationen wichtig:

■ Eine normale Stahlscheibe ist 2,0 mm dick.

■ Zum Ausgleich von MaßUNTER-schreitungen oder MaßÜBERschreitungen gibt es einzelne Stahlscheiben als »Nachstellscheiben« mit 1,6 mm und 2,3 mm Dicke als originale Yamaha-Ersatzteile.

Bild 12: Die letzte Reibscheibe wird um eine Nut versetzt eingebaut.

Bild 13: Vor dem Ausbau der Kupplung zuerst das Ölpumpen-Antriebsrad ausbauen.

Bild 14: Kupplungshalter zum Lösen und Festziehen der Kupplungsnabenmutter.

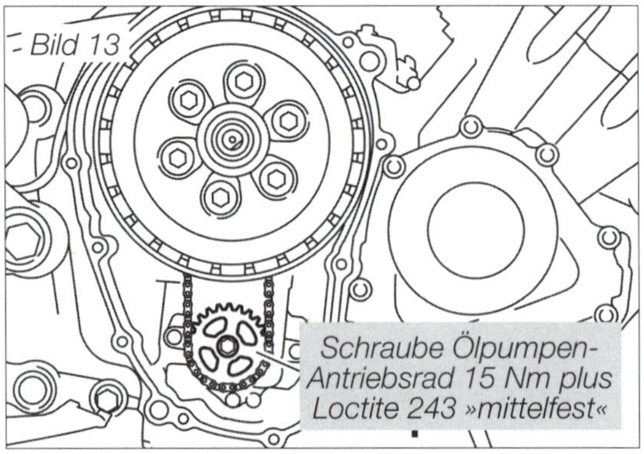

Kupplungsdeckel aufbauen

1. Dichtflächen an Motorgehäuse und Deckel gut reinigen.

2. Bild 4: Kontrollieren, ob die Passbuchsen in ihren Bohrungen sitzen bei »2« und »7« Uhr.

3. Neue Gehäusedichtung auflegen und exakt auf die Passbuchsen und die Schraubenbohrungen ausrichten.

4. Kupplungsdeckel aufsetzen, dabei darauf achten, dass die Zähne von Ausrückwelle und Zugbolzen in Eingriff kommen.

Wichtig: Wenn der Deckel ganz aufgeschoben ist, müssen die Dreieckmarkierung »Δ« auf dem Deckel und die Körnermarkierung »•« am Ausrückhebel aufeinander ausgerichtet sein (Bild 18). Wenn nicht, den Deckel wieder abziehen und die Zähne von Ausrückwelle und Zugbolzen in eine entsprechend andere Stellung zueinander bringen.

■ Wenn der Ausrückhebel von der Ausrückwelle abgebaut war, muss die »O«-Markierung nach dem Anbau nach unten weisen.

5. Bild 4: Schrauben eindrehen, schrittweise ringsum bis auf 12 Nm festziehen.

6. Kupplungszug montieren. Kupplungsspiel einstellen siehe am Anfang dieses Kapitels.

7. Öl einfüllen nicht vergessen!

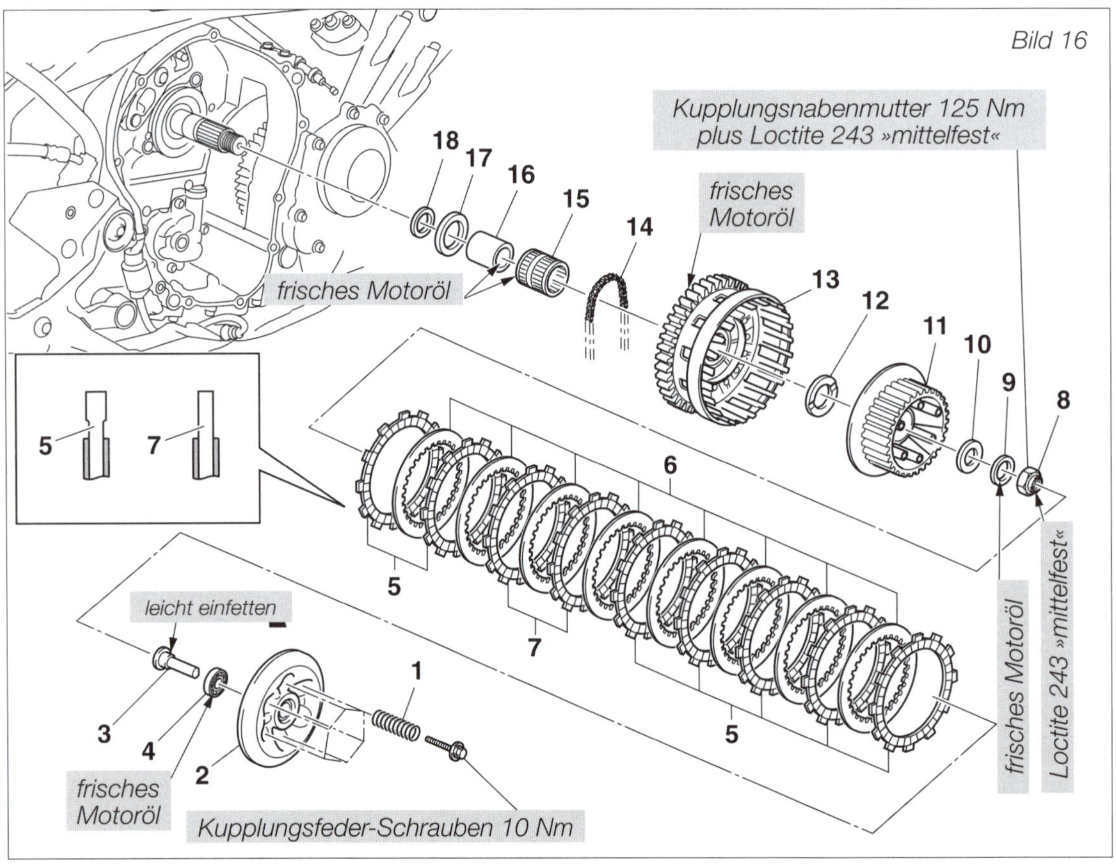

Kupplung in Bild 16 bei folgenden Modellen:

MT-09 Mj. 2014 bis 2016
MT-09 Street Rally Mj. 2014 bis 2016
MT-09 Sport Tracker Mj. 2015 und 2016
MT-09 Tracer Mj. 2015 und 2016

Bauteile in Bild 16

Teil 1 = Kupplungsfeder
Teil 2 = Druckplatte
Teil 3 = Zugbolzen
Teil 4 = Kugellager
Teil 5 = Reibscheibe
Teil 6 = Stahlscheibe
Teil 7 = Reibscheibe
Teil 8 = Kupplungsnabenmutter
Teil 9 = Tellerfeder
Teil 10 = Beilagscheibe
Teil 11 = Kupplungsnabe
Teil 12 = Druckscheibe
Teil 13 = Kupplungskorb
Teil 14 = Ölpumpenkette
Teil 15 = Nadellager
Teil 16 = Lagerbuchse
Teil 17 = Druckscheibe
Teil 18 = Druckscheibe

Kupplungsnabe, Kupplungskorb

Bild 14: Zum Aus- und Einbau von Kupplungsnabe und Kupplungskorb ist das Yamaha-Spezialwerkzeug »Kupplungshalter« nötig oder ein anderer, handelsüblicher Kupplungsnabenhalter. Bild 13: Zur Montage von Kupplungskorb und Kupplungsnabe muss das Ölpumpen-Antriebsrad abgeschraubt werden. Bei Anbau Loctite 243 »mittelfest« an die Schraube geben.

Kupplungsnabenmutter: Exakt passende Nuss verwenden, NICHT mit einem Gabelschlüssel die Mutter öffnen wollen!

■ Bild 15: Der Rand der Kupplungsnabenmutter ist in zwei Nuten der Getriebe-Eingangswelle verstemmt. Vor dem Öffnen der Mutter die Verstemmungen mit einem kleinen Meißel lösen.

■ Die Tellerfeder unter der Kupplungsnabenmutter mit Aufschrift »OUT« nach außen montieren.

■ Es soll eine neue Kupplungsnabenmutter verwendet werden. Etwas Loctite 243 »mittelfest« an ihr Gewinde geben, aufdrehen, mit 125 Nm festziehen. Rand verstemmen (siehe Bild 15).

■ Bilder 16 und 19 zeigen den Teileaufbau von Kupplungsnabe und Kupplungskorb. Bitte prüfen Sie vor dem Zusammenbau das Nadellager im Kupplungskorb: Wenn die Nadeln blau angelaufen sind, das Lager erneuern. **Wichtig:** Beim Zusammenbau reichlich frisches Motoröl an das Lager geben.

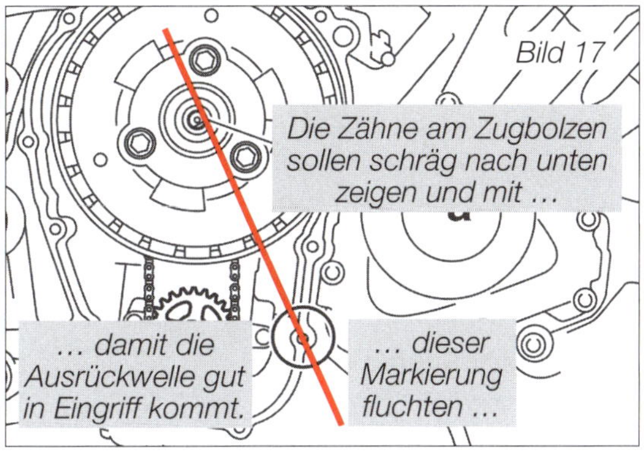

Bild 17: Ausrichtung der Zähne am Zugbolzen bei Montage des Kupplungsdeckels.

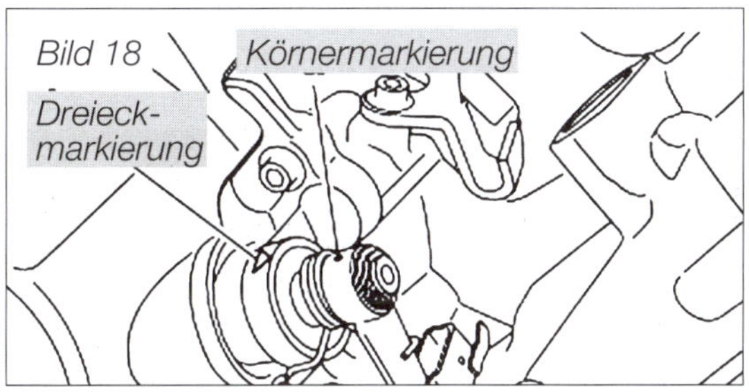

Bild 18: Dreieckmarkierung »Δ« und Körnermarkierung »•« müssen aufeinander ausgerichtet sein.

Bilder 16 auf der linken Seite und 19: Explosionszeichnungen der beiden Kupplungen. Zum Wechsel von Stahl- und Reibscheiben bleiben Kupplungskorb und Kupplungsnabe montiert.

Kupplung in Bild 19 bei folgenden Modellen:
MT-09 Mj. 2017 bis 2020
MT-09 SP Mj. 2018 bis 2020
MT-09 Tracer Mj. 2017
Tracer 900 Mj. 2018 bis 2020
Tracer 900 GT Mj. 2018 bis 2020
XSR 900 Mj. 2016 bis 2021
XSR 900 60th Anniversary im Mj. 2016
XSR 900 Abarth Mj. 2017

Bauteile in Bild 19
Teil 1 = Druckring
Teil 2 = Kupplungsfeder
Teil 3 = Dämpfer
Teil 4 = Druckplatte
Teil 5 = Zugbolzen
Teil 6 = Kugellager
Teil 7 = Reibscheibe
Teil 8 = Stahlscheibe
Teil 9 = Stahlscheibe
Teil 10 = Reibscheibe
Teil 11 = Federring
Teil 12 = Federsitzring

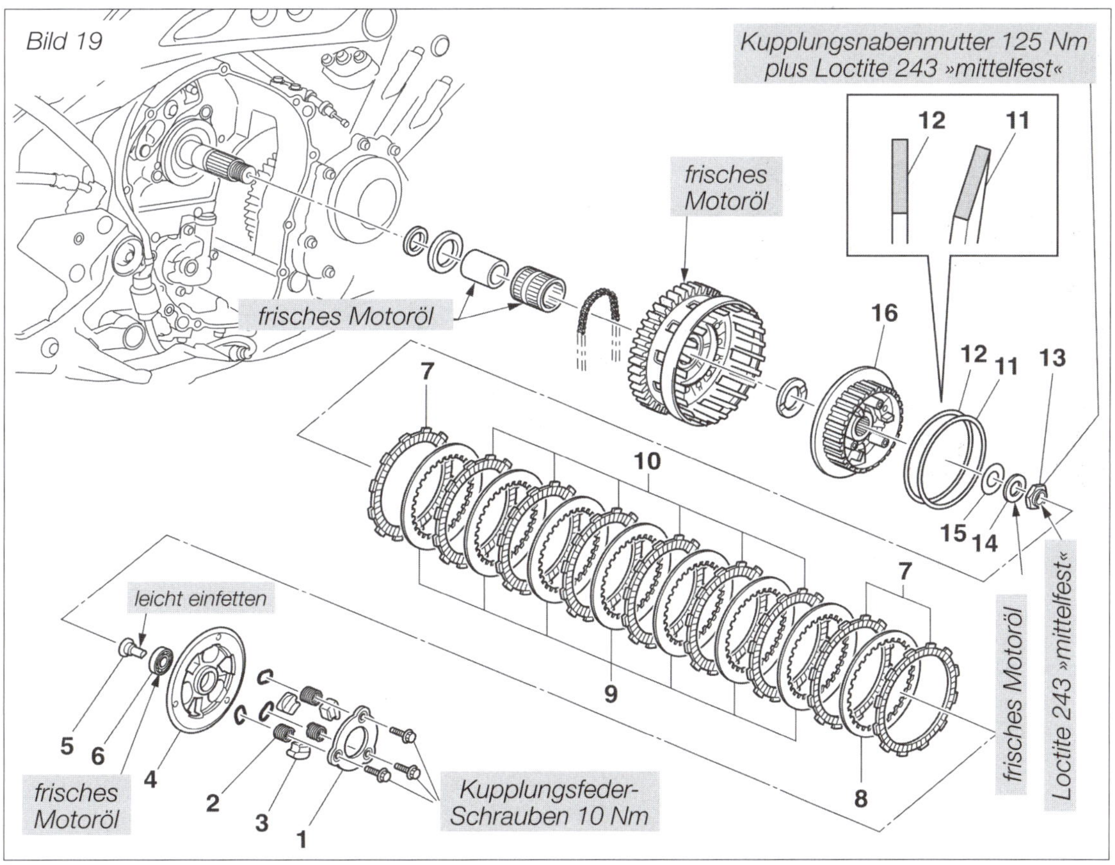

Sichtprüfung Messen

Korrespondenzkapitel:
■ 13 »Kupplung«

Schaltung

In diesem Kapitel: Fußschalthebel einstellen · Schaltung außen · Schaltung innen.

Fußschalthebel

Bild 1: Der Fußschalthebel ist auf dem Bund der linken Fußraste gelagert. Bilder 1 und 2a: Eine einstellbare Schaltstange mit Kugelköpfen an beiden Enden führt vom Fußschalthebel zum kleinen Schalthebel, welcher auf der aus dem Getriebe ragenden Schaltwelle montiert ist.

Bilder 1a bis 3b: Bauteile der äußeren Schaltung: Fußschalthebel, einstellbare Schaltstange, oberes und unteres Kugelgelenk sowie der kleine Schalthebel.

Kleiner Schalthebel

Bild 2a: Der kleine Schalthebel muss so angebaut sein, dass er zur Schaltstange einen Winkel von 90 Grad bildet. Bild 2b: Die Soll-Stellung des kleinen Schalthebels wird durch einen Körnerpunkt auf dem kleinem Schalthebel und einer Strichmarkierung auf der Schaltwelle vorgeschrieben; beide müssen fluchten. **Wichtig:** Wenn der kleine Schalthebel falsch auf der Schaltwelle montiert ist, kann das nicht durch ein entsprechendes Ein- oder Ausdrehen der Schaltstange in die Kugelgelenke korrigiert werden.

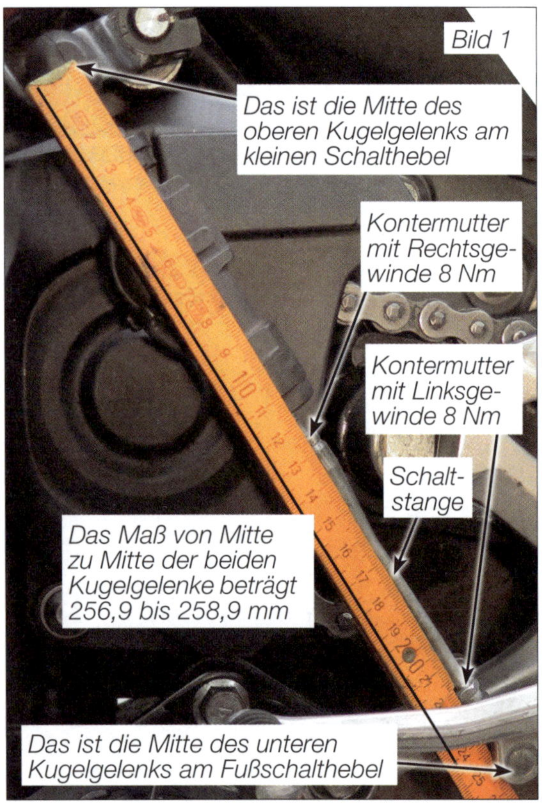

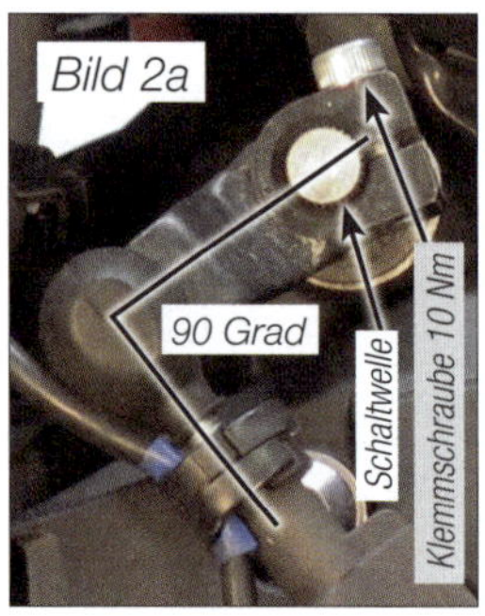

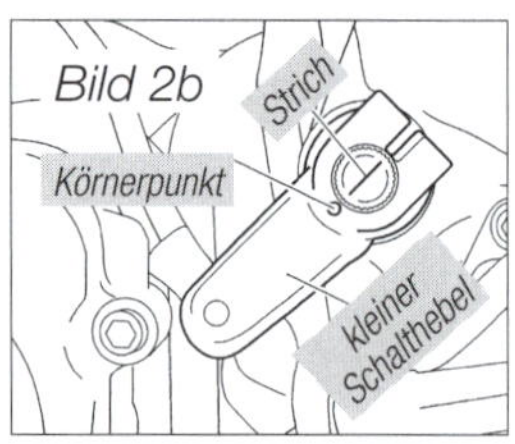

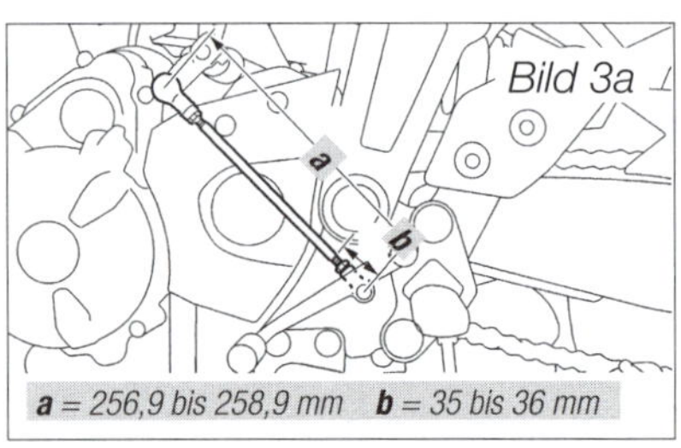

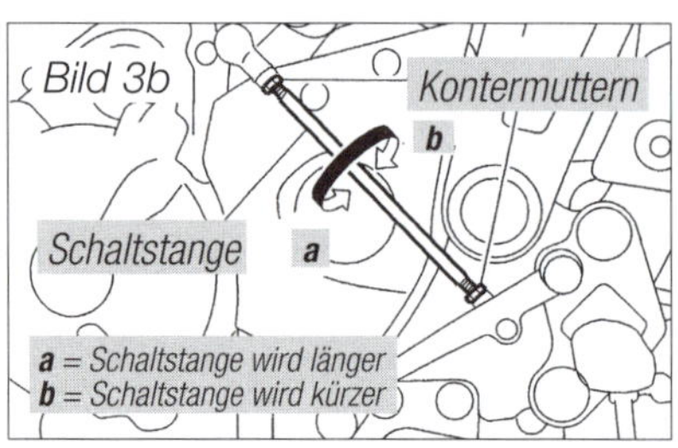

Fußschalthebel einstellen

Bilder 1 und 3a: Wenn die Schaltstange gemäß der Maßangabe »256,9 bis 258,9 mm zwischen den Mitten der Kugelgelenke« eingestellt ist, zeigt der Fußschalthebel leicht schräg nach unten, das ist die optimale Standardposition. Wenn man eine andere Position des Schalthebels einstellen möchte, also entweder mehr nach oben oder unten, muss die Länge der Schaltstange verändert werden. Und das geht so:

1. Bilder 1 und 3b: Die Kontermuttern beider Kugelgelenke an der Schaltstange lösen und mindestens zwei Umdrehungen zurückdrehen. **Wichtig:** Die untere Kontermutter hat ein Linksgewinde (Bild 1)! **Beachten:** Beim Lösen sowie später beim Festziehen der Kontermutter das jeweilige Kugelgelenk mit einem zweiten Schlüssel gegenhalten (Bild 2c), sonst wird das Kugelgelenk beschädigt!
2. Bild 3b: Durch Rechts- oder Linksdrehen der Schaltstange wird die Schaltstange länger oder kürzer und dadurch die Schräge des Fußschalthebels nach oben oder unten verändert.
3. Wenn die richtige Einstellung gefunden ist, beide Kontermuttern gegen ihre Kugelgelenke »handfest« (8 Nm) kontern.
4. Bild 3a: Jetzt kontrollieren, wie tief die Schaltstange in das Gewinde des unteren Kugelgelenks eingeschraubt ist: Das Maß von Anfang des Gewindes bis zur Mitte des Kugelgelenks soll 35 bis 36 mm betragen.

Schaltung außen

Probleme mit der Schaltung? Wenn die Schaltung nicht richtig funktioniert, kann dies an folgenden Bauteilen liegen: Schaltgestänge lose, Verzahnung des Schalthebels auf der Schaltwelle lose bzw. ausgeschlagen, Lagerung des Schalthebels fest bzw. nicht genügend leichtgängig, Schaltwelle verbogen, Schaltklinke schwergängig oder abgenutzt, Schaltfeder oder Zugfeder des Arretierhebels lahm oder gebrochen, Rolle am Arretierhebel defekt. Diese Probleme lassen sich bei eingebautem Motor beseitigen. Bei Schäden an der Schaltwalze, den Schaltgabeln oder an Getriebezahnrädern und Getriebewellen muss der Motor zerlegt werden.

Schaltgestänge prüfen, reparieren

1. Prüfen: Klemmschraube im kleinen Schalthebel gut festgezogen (Bild 2a)? Falls nicht: Mit 10 Nm festziehen.

2. Prüfen: Verzahnungen in Schalthebel und an Schaltwelle einwandfrei? Wenn lange Zeit mit loser Klemmschraube geschaltet wurde, hat sich der kleine Schalthebel unkontrolliert bewegt und deswegen sind die Außenverzahnung der Schaltwelle und die Innenverzahnung des Schalthebels beschädigt (»Spitzen abgenutzt«).

Problem beseitigen: Kleinen Schalthebel abbauen, Verzahnung mit Messingbürste putzen, dickes Fett an Verzahnung geben, Schalthebel aufbauen. Neue Klemmschraube verwenden!

Beachten: Den kleinen Schalthebel so anbauen, dass er zur Schaltstange einen Winkel von 90 Grad bildet (Bild 2a).

3. Prüfen: Lagerung des Fußschalthebels leichtgängig? Oder schwergängig, weil korrodiert?

Problem beseitigen:

3.1. Fußschalthebel abbauen: Fußraste abmontieren, Schalthebel abnehmen.

3.2. Korrosion am Bund der Raste und in Bohrung des Schalthebels mit Schmirgel beseitigen.

3.3. Lagerstelle gut einfetten, Wellenscheibe und Scheibe auf Fußraste schieben, Fußraste in Schalthebel einschieben, Scheibe aufschieben, einen kleinen Tropfen Loctite 243 »mittelfest« an das gereinigte Gewinde geben, Fußraste montieren, mit 22 Nm festziehen.

4. Prüfen: Kugelgelenke an beiden Enden der Schaltstange in Ordnung? Sie dürfen nicht zu viel »Luft« haben, müssen sich leicht bewegen. Wenn defekt, neue Teile einbauen.

5. Prüfen: Stimmt die Einstellung der Schaltung? Siehe dazu Text weiter vorne in diesem Kapitel.

Schaltung innen

Schaltung ausbauen

1. Rechte Motorseite: Kupplung ausbauen siehe Kapitel 13 »Kupplung«.

2. Linke Motorseite, Bilder 1 und 2a: Schaltstange und kleinen Schalthebel abbauen.

3. Linke Motorseite, Bild 6a: U-Sicherungsscheibe von Schaltwelle abbauen, Scheibe abziehen.

4. Rechte Motorseite, Bild 5: Zugfeder am Arretierhebel aushängen, Schaltwelle ausziehen.

Schaltung prüfen

Bilder 5 und 6: Schaltwelle mit Schaltklinke und Federn überprüfen:

- Enden der Schaltklinke dürfen nicht verschlissen, abgerundet, ab- oder ausgebrochen sein.
- Schaltklinke muss sich leicht bewegen lassen, darf nicht viel Spiel haben.
- Die kleine Feder der Schaltklinke darf nicht verbogen oder gebrochen sein; sie muss genügend Federspannung haben, um die Schaltklinke in die Mittellage zurückzuspannen.
- Ist eines der Teile verschlissen, verbogen oder defekt, muss die Schaltwelle erneuert werden.
- Die Schaltfeder muss formstabil sein und genügend Federkraft haben, beide Enden müssen sicher am Widerlager anliegen.
- Rolle am Arretierhebel muss leichtgängig sein.
- Bild 6a: Wenn Lager oder Simmerring defekt sind, beide Bauteile erneuern.

Schaltung einbauen

1. Linke Motorseite, Bild 6a: Lager und Simmerring mit leichtem Fett einschmieren.

2. Rechte Motorseite: Schaltwelle einschieben, Schenkel der Schaltfeder rechts und links am Widerlager anlegen, Schaltklinke muss an der Schaltkrone zum Eingriff kommen. Zugfeder mit Spitzzange einhängen.

3. Linke Motorseite, Bild 6a: Scheibe auf Schaltwelle schieben, U-Sicherungsscheibe montieren.

4. Schaltstange und kleinen Schalthebel montieren.

5. Kupplung einbauen. Motoröl auffüllen.

Bild 4: Schaltautomat bei drei Modellen unseres Buchs.

Bilder 5, 6 und 6a: Funktions- und Explosionszeichnungen der inneren Schaltbauteile.

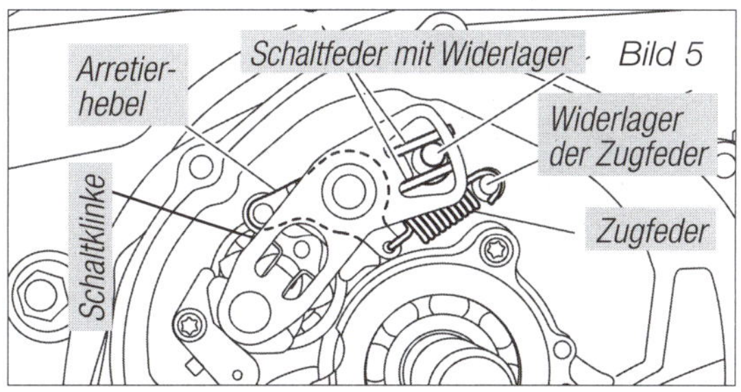

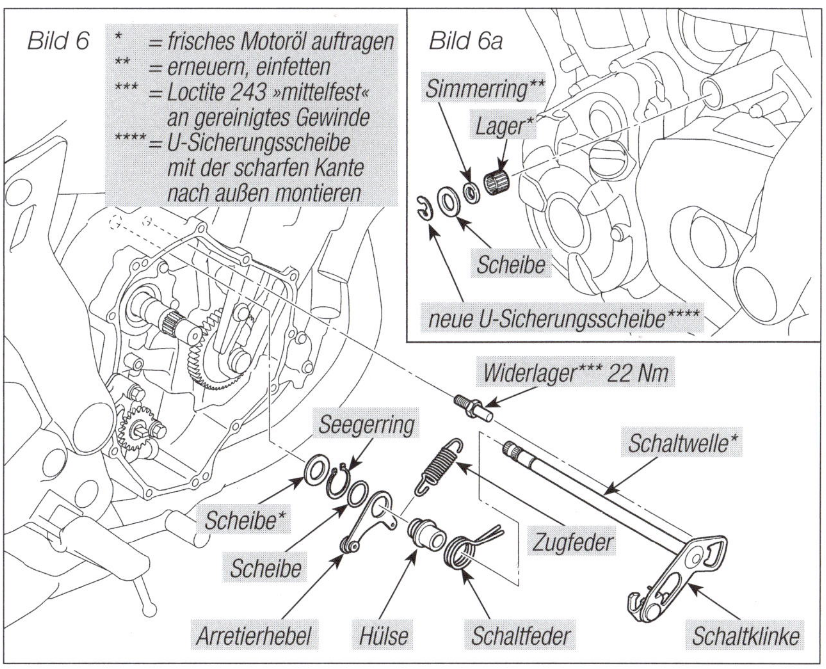

Sichtprüfung · Messen

Bild 1: Serienmäßige NGK-Zündkerze CPR9EA-9.
A = 4 mm-Gewinde für eine Anschlussmutter, wie sie in Bild 2 aufgeschraubt ist.
B = Mittelelektrode
C = Masseelektrode

Bild 1

Zündkerzen

In diesem Kapitel: Serienmäßige Zündkerzen · Zündkerzen ausbauen, reinigen, einbauen · Elektrodenabstand · Zündkerzenbild beurteilen.

Serienmäßige Zündkerzen

Bild 1: Serienmäßig sind NGK-Zündkerzen mit besonders langem Gewinde eingebaut.

- NGK CPR9EA-9
- Elektrodenabstand 0,8 bis 0,9 mm
- Gewinde M10 x 1,0, Länge 19 mm
- Sechskant SW 16
- Anziehdrehmoment 13 Nm

Diese Zündkerzen sind für alle normalen Betriebsbedingungen geeignet. Ihre Elektroden werden bei Verbrennungstemperaturen von 400 bis 800 °C so heiß, dass etwaige Rußablagerungen stets verbrennen, sie bleiben aber auch so kühl, dass Motor und Kerzen nicht beschädigt werden. Laut Wartungsplan sollen die Zündkerzen alle 10 000 km ausgebaut, gereinigt und auf Beschädigungen untersucht werden. Alle 20 000 km ist Erneuerung vorgeschrieben.

Bild 6: Die Zündkerzenstecker sind von Mitsubishi, ihre Bezeichnung lautet F6T574. Es sind kombinierte Stecker-Zündspulen. Auch für sie gilt, dass keine anderen Kerzenstecker erlaubt sind.

Zündkerzen aus- und einbauen

Im serienmäßigen Bordwerkzeug ist kein Zündkerzenschlüssel vorhanden. Wenn Sie die Zünd-

Bild 2: Moderne Zündkerze im Schnitt.

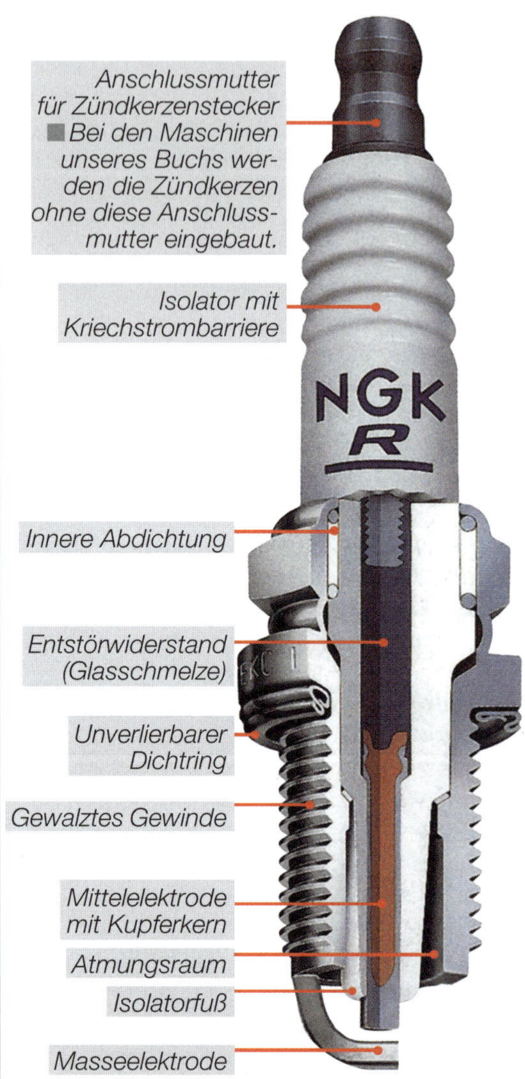

Sicherheitshinweise ⚠ Achtung und ☞ Tipps für dieses Kapitel

⚠ Bei Prüfungen von Bauteilen der Zündanlage keine Stecker bei laufendem Motor abziehen, weil dadurch elektronische Bauteile beschädigt werden können.

⚠ Zu allen Montagearbeiten an der Zündanlage muss die Zündung zuverlässig ausgeschaltet sein! Zündschlüssel am besten abziehen.

⚠ Zum Abziehen des Zündkerzensteckers keine Zange zu Hilfe nehmen! Zündkerzenstecker mit Hilfe von Schraubenzieher oder Reifenmontiereisen vorsichtig abhebeln (Bild 5), da er leicht beschädigt werden kann.

⚠ Kerzenstecker und Zündkerzen nicht fallen lassen oder hart anschlagen! Dadurch können Teile innen oder außen brechen bzw. Risse bekommen, was Stromkreisunterbrechungen bzw. Kurzschlüsse zur Folge hat.

⚠ Zündkerzenstecker nicht mit Hammer auf Zündkerzen auftreiben!

☞ Zündkerzengewinde vor dem Einbau mit einem kleinen Tropfen Kupferpaste ganz dünn einschmieren, dies verhindert Festbacken des Gewindes.

⚠ Beim Einbau einer Zündkerze unbedingt darauf achten, dass schon der erste Gewindegang richtig greift, das Außengewinde der Kerze also richtig am Innengewinde im Zylinderkopf angesetzt ist. Eine schräg angesetzte Kerze ruiniert mit ihrem harten Stahlgewinde das Alugewinde im Zylinderkopf bereits nach einer halben Umdrehung.

⚠ Eine Funkenprüfung der Zündkerze bei ausgebauter Zündkerze (Zündkerze eingesteckt in den Kerzenstecker, Sechskant an Masse, Anlasser betätigt) soll bei den Maschinen unseres Buchs nicht gemacht werden, weil dabei immer die Gefahr besteht, dass die Zündspulen in den Zündkerzensteckern und das Motorsteuergerät einen Kurzschluss bekommen und kaputt gehen.

kerzen aus- und einbauen möchten, brauchen Sie einen langen Kerzenschlüssel mit SW 16, in dem innen ein Haltegummi eingebaut ist, der die Zündkerze beim Aus- und Einbau von selbst hält, sonst bekommt man sie nicht aus der Bohrung im Zylinderkopf herausgezogen. Der Zündkerzenschlüssel sollte auch einen Vierkantanschluss für den Drehmomentschlüssel haben.

Zündkerzen ausbauen

1. Zündung AUSschalten.
2. Aus- und abbauen: Sitze, Tank (siehe Kapitel 3 »Spiegel · Tank · Verkleidung«), Luftfilterkasten, Sekundärluft-Abschaltventil (Kapitel 19 »Luftfilter · Sekundärluftsystem«).
3. Bild 4: Den am Kabel angebrachten Stecker von der Steckdose abziehen: Halteriegel des Steckers eindrücken, halten, Stecker abziehen.
4. Zündkerzenstecker an der Steckdose anpacken und in seinem Sitz hin und her drehen, damit er sich löst, denn er sitzt ziemlich fest!
4.1. Zündkerzenstecker von Hand abziehen und herausnehmen (Bild 6).
4.2. Wenn er so fest sitzt, dass er sich nicht von Hand abziehen lassen will, Bild 5: Mit einem Reifenmontiereisen vorsichtig (!) abhebeln.
5. Nun die Zündkerzenschächte mit weicher Druckluft ausblasen und sie damit von darin angesammeltem Schmutz reinigen.
6. Bild 9: Kerzenschlüssel mit entsprechender Verlängerung bestücken und ganz tief in den Schacht einstecken, Zündkerze lösen, ausdrehen und herausnehmen.
7. Die nun offene Zündkerzenbohrung mit sauberen und nicht fusselnden Lappen verstopfen, damit kein Schmutz oder Fremdteile (Schrauben, Muttern, Unterlegscheiben) in den Motor gelangen können.

Zündkerze reinigen

Wichtig: Zündkerze nicht mit einer Stahldrahtbürste reinigen! Besser (und billiger) ist eine harte Zahnbürste wie in Bild 7. Zündkerze mit Bremsenreiniger einsprühen und mit Druckluft ausblasen – Schutzbrille dabei tragen!

Zündkerze einbauen

1. Bild 8: Einen sehr kleinen Tropfen Kupferpaste an das Gewinde der Zündkerze geben. Dieses verhindert ein Festbacken des Gewindes.
2. Zündkerze in Zündkerzenschlüssel einstecken und ohne mit den Elektroden irgendwo anzuschlagen (wie in Bild 10!) in Schacht einführen.

Bilder 3 bis 9: Im Lauftext sind die zu den Bildern gehörenden Arbeitsschritte nummeriert beschrieben.

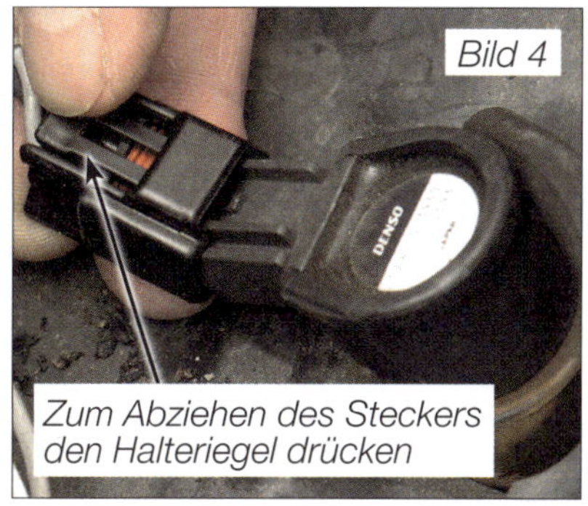

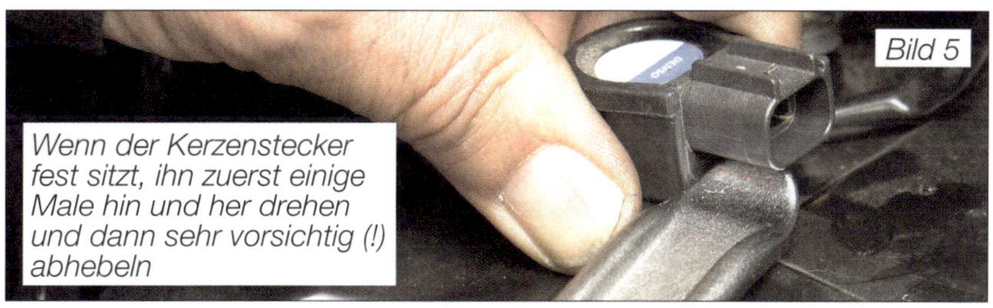

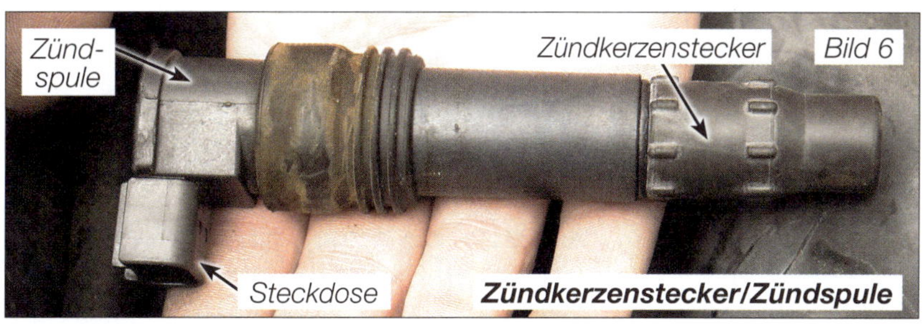

Zündkerzenstecker/Zündspule

Sichtprüfung Messen

Bild 10: Die Zündkerze beim Einbau unbedingt zentrisch in ihre Bohrung einführen und nicht schräg, wie es auf dieser Zeichnung dargestellt ist.

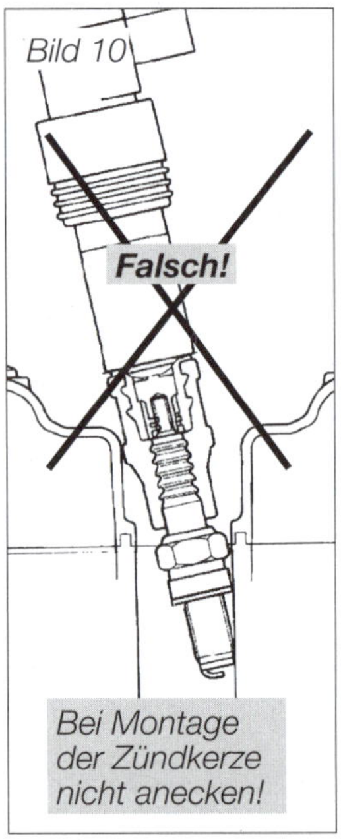

Bild 11: Steckdosen der Zündkerzenstecker ausrichten wie in der Abbildung gezeigt.

3. Wichtig: Zündkerze von Hand gefühlvoll am Gewinde ansetzen und ganz einschrauben, dann erst den Schlüssel zum Festziehen ansetzen.

4. Zündkerze festziehen:

- **Gebrauchte Zündkerze:** Wenn eine bereits benutzte Zündkerze wieder montiert wird, bei der sich der Dichtring schon gesetzt hat: Zündkerze mit 13 Nm festziehen.
- **Neue Zündkerze:** Wenn eine neue Zündkerze (die ja auch einen neuen Dichtring hat) eingebaut wird: Zündkerze von Hand 1/4 bis 1/3 Umdrehung anziehen, lösen und endgültig mit dem Drehmomentschlüssel mit 13 Nm festziehen.

5. Zündkerzenstecker in Bohrung einschieben und aufstecken, es muss hör- und fühlbar klicken.

5.1. Die Steckdosen der Zündkerzenstecker so ausrichten wie in Bild 11 gezeigt.

6. Bild 4: Stecker in ihre Steckdose einstecken, ganz einschieben, es muss klicken.

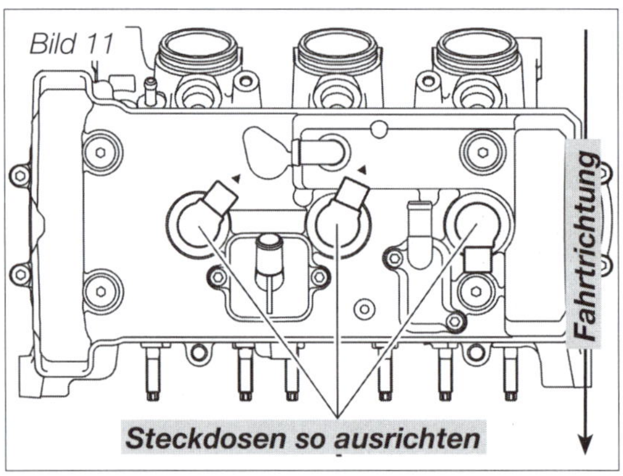

Tipp: Zündkerzengewinde im Zylinderkopf von alten Maschinen sind oft durch Unachtsamkeit beim Ein- oder Ausbau zerstört. Don't Panic: Von »HeliCoil« gibt es Reparaturkits, mit denen ein zerstörtes Zündkerzengewinde bei zusammengebautem Motor repariert werden kann.

Elektrodenabstand

Wichtig für die ordnungsgemäße Funktion der Zündkerze ist der korrekte Elektrodenabstand von 0,8 bis 0,9 mm. Er wird mit einer Fühlerlehre zwischen Mittel- und Masseelektrode gemessen. Nehmen Sie dazu eine Fühlerlehre wie in Bild 12 und keine mit breiten Blättchen.

Bild 12: Messen des Elektrodenabstands mit einer Fühlerlehre.

Elektrodenabstand korrigieren

Wenn der Elektrodenabstand zu groß ist und es nicht möglich ist, eine neue Zündkerze zu kaufen, kann man den Elektrodenabstand gefühlvoll korrigieren. Die Masseelektrode sollte eigentlich nicht nachgebogen werden, weil die Gefahr groß ist, dass sie abbricht, denn für eine zu stark oder zu oft verbogene Elektrode besteht im Betrieb höchste Bruchgefahr!

1. Bild 12: Elektrodenabstand mit Fühlerlehre messen: Sollwert beachten: 0,8 bis 0,9 mm.

2. Ist der Elektrodenabstand zu weit, was bei einer alten Zündkerze meistens der Fall ist:

- Zündkerze kopfüber in einer Hand halten.
- Mit der anderen Hand einen Schraubenzieher verkehrt herum nehmen und mit seinem Griff gaaanz leicht auf die Elektrode klopfen: Lieber einen Hau zu wenig als einen zu viel!

3. Wenn die Masseelektrode aus Versehen zu stark zusammengeklopft wurde, der Elektrodenabstand also zu eng ist, die Masseelektrode wieder vorsichtig mit einem kleinen Schraubenzieher aufbiegen. Besser noch ist es, die Masseelektrode mit einer kleinen Spitzflachzange aufzubiegen.

In jedem Falle gilt: Beim Einstellen des Elektrodenabstandes benötigt man wirklich sehr viel Feingefühl!

Das Kerzengesicht

Bei einem serienmäßigen Motor, der ohne Probleme läuft, ist es nicht nötig, eine Begutachtung der Kerzenbilder durchzuführen, weil es ja sehr viel Schraubarbeit ist, an die Zündkerzen überhaupt heranzukommen. Doch bei einer alten Mühle, die nicht richtig laufen will, kann es durchaus sinnvoll sein, eine erste subjektive Beurteilung des motorinneren Zustands über das Zündkerzengesicht durchzuführen – weil man am Kerzengesicht »ablesen« kann, ob Zündanlage, Kraftstoffsystem und Motorinnereien technisch soweit in Ordnung sind oder Macken haben.

Beurteilt werden Zustand und Farbe des Keramikmittelteils, der Mittelelektrode, der äußeren Bügelelektrode und des äußeren Zündkerzenkörpers (siehe dazu Bilder A bis H).

Zündkerzen beurteilen

Motor im mittleren Drehzahlbereich etwa 15 bis 20 Kilometer warm fahren und ohne Zwischenstopp zur Werkstatt zurück. Dort den Motor sofort abstellen, also nicht längere Zeit im Leerlauf nachlaufen lassen – und schon gar kein stoßweises Gasgeben!

1. Zündkerzen ausbauen.
2. Sind Keramikisolation und Elektrode sauber, ohne Rußbelag und zeigt das innere Keramikbauteil hellen Farbton, passt der Wärmewert der Zündkerze und die Zusammensetzung des Luft-Benzingemisches ist korrekt (Bild A).
3. Bei weißem bis aschgrauem Bild ist das Luft-/Kraftstoff-Gemisch zu mager. Dieses deutet auf mögliche Falschluft im Ansaugsystem hin, wie zum Beispiel: Ansaugstutzen lose oder gerissen oder der Luftfilterkasten sitzt nicht richtig auf der Drosselklappeneinheit.
■ Eine sehr helle, fast weiße Zündkerze ist zu sehen, wenn der Motor ohne Luftfilter betrieben wird.
4. Bild D: Bei dunkelbrauner bis schwarzer Verfärbung ist das Kraftstoff/Luft-Gemisch zu fett. Dieses Zündkerzenbild deutet auch auf einen zugesetzten Luftfilter hin.
5. Eine schwarz verrußte, feucht glänzende Kerze deutet auf verschlissene Ventilführungen oder abgenutzte Kolbenringe hin, durch die Motoröl in die Brennräume gelangt. Deswegen nennt man ein solches Kerzengesicht »verölte Zündkerze«.
6. Starke Rußablagerungen, wie sie in Bild B zu sehen sind, verhindern einen korrekten Funken zwischen äußerer und innerer Elektrode. Weiterhin können Ruß und andere Ablagerungen an der Zündkerze zu einer Kurzschlussbrücke zwischen den Elektroden oder auf der Keramikisolation führen. Verrußte Zündkerzen spürt man beim Fahren, denn der Motor dreht nur stotternd hoch und zieht nicht richtig, er fühlt sich regelrecht »zugestopft« an.
7. Bei trockenen Rußablagerungen können die Elektroden anfangen zu glühen, was zu unkontrollierten Fehlzündungen führt. Diese machen folgendermaßen auf sich aufmerksam:
■ durch »Klopfen«, das ist gut hörbar bei niedrigen Drehzahlen und starkem Beschleunigen,
■ durch »Klingeln«, es tritt bei hoher Drehzahl auf und ist deshalb kaum zu hören.
7.1. Des weiteren können Fehlzündungen sogar dazu führen, dass der Kolbenboden durchbrennt oder Ventile und Ventilsitze verschmoren.
8. Wenn die Kerzen nicht zu sehr verschmutzt sind, kann man sie mit Zündkerzenbürste oder harter Zahnbürste reinigen (siehe weiter vorne und rechts).
9. Isolator auf Risse oder Absplitterungen untersuchen. Auch der Dichtring muss einwandfrei sein.
10. Die Zündkerze muss ausgewechselt werden, wenn sie schwerwiegende Mängel aufweist:
■ Elektrode abgenutzt, verbrannt, herausgefallen
■ Isolator gebrochen
■ Gewinde beschädigt

Bild A

Bild B

Bild C

Bild D

Bild E

Bild F

Bild G

Bild H

Bilder A bis H:
A normales Zündkerzengesicht ohne Auffälligkeiten
B Isolator abgebrochen
C Isolator beschädigt mit starken Ablagerungen
D verrußte Kerze
E Anschmelzungen
F Koronafleck zwischen Isolator und Metallkörper …
G … Ursache ist Gas- und Flamm-Durchgang
H Mittelelektrode herausgefallen

Extra Informationen zu den Bildern D und F:
■ *Eine verrußte Zündkerze wie in Bild D kann man durchaus wieder sauber und funktionsfähig bekommen mit Geduld und zielgerichtetem Einsatz von Metallreiniger, Druckluft und Bürste wie in Bild 7.*
■ *Schmutz unten am Isolator wie in Bild F ist auch an einer Zündkerze zu sehen, die über lange Zeit eingebaut war und nicht kaputt ist. Sorgfältiges Reinigen hilft.*

Korrespondenzkapitel:
- 15 »Zündkerzen«
- 17 »Einspritzung«
- 23 »Batterie«
- 24 »Ladesystem«
- 25 »Sicherungen · Relais«
- 26 »Elektrische Bauteile«
- 28 »Schaltpläne«

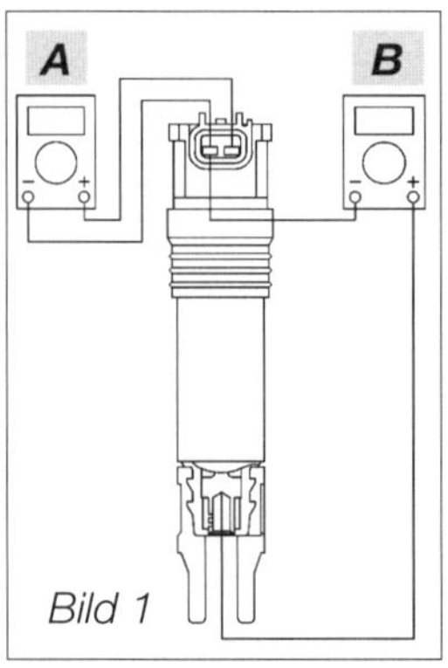

Bild 1: Messen der Widerstände der Zündspule.
*■ **A** = Widerstand der Primärwicklung*
*■ **B** = Widerstand der Sekundärwicklung*

Bilder 2 und 3: Siehe Lauftext.

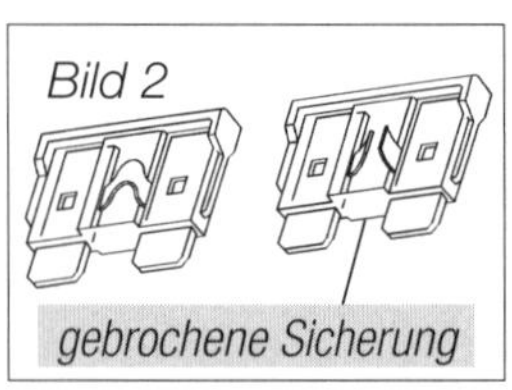

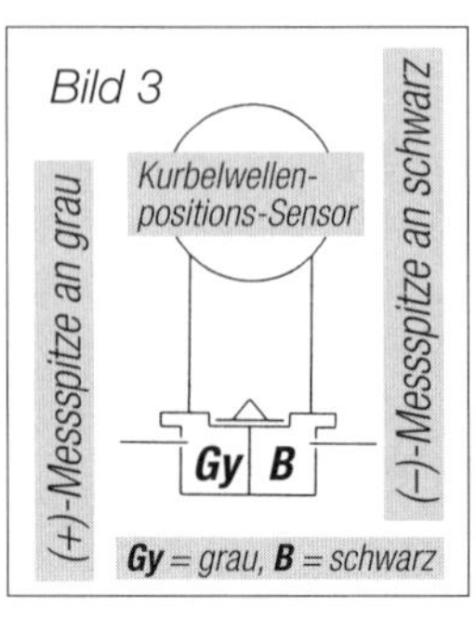

Zündanlage

In diesem Kapitel: Fehlersuche in der Zündanlage · Zündrelevante Bauteile prüfen.

Fehlersuche bei Zündproblemen

Die Definition des Begriffs »Zündprobleme« ist nicht einfach, weil Steuerung, Regelung und Überwachung der Zündanlage zusammen mit der Einspritzung durch das Motorsteuergerät ECU erfolgen.

Die Tipps in diesem Kapitel können Anhaltspunkte geben, welche Bauteile bei Zündproblemen in Frage kommen. Die Anbaulage der Bauteile ist im Kapitel 26 »Elektrische Bauteile« dargestellt. Auf dieser Seite in der Spalte ganz links außen sind Korrespondenzkapitel aufgelistet, in denen Funktion, Prüfung sowie Ein- und Ausbau beschrieben sind.

Fehlzündungen und Symptome: Wenn ein Motor typische Fehlzündungssymptome wie z. B. »Patschen« aus dem Auspuff oder »Stottern« beim Hochdrehen zeigt, kann der verursachende Fehler auch im Einspritzsystem stecken. Als Beispiel sei eine klassisch-banale Ursache erwähnt, nämlich ein geknickter oder verstopfter Schlauch der Tankentlüftung – und damit ist dieser Fehler völlig unabhängig von der Zündung!

Verkabelung: Im Kapitel 28 sind die Schaltpläne dargestellt. Zur Prüfung der Schaltkreise wird ein Multimeter benötigt.

Verkabelung der gesamten Zündanlage kontrollieren, insbesondere auf:
- Korrodierte Steckverbindungen.
- Gebrochene oder nicht fest sitzende (lose) Anschlüsse, insbesondere in den Steckern und dort, wo die Kabel mit den Steckern verbunden sind.
- Gebrochene Kabel: Einen Kabelbruch sieht man oft nicht von außen, weil geknickte oder gequetschte Kabel innen gebrochen sein können, ohne Beschädigung der Isolierung.

Zündschloss: Das Zündschloss ist oft Wurzel vieler Elektrikprobleme. Besonders wenn am Zündschlüssel ein dicker Schlüsselbund angehängt ist, besteht die Gefahr, dass das schwere Gewicht durch die beim Fahren entstehenden Vibrationen die Innereien des Zündschlosses zerbricht und dadurch Wackelkontakte entstehen.

Zündanlage prüfen

Wenn die Zündanlage nicht funktioniert, also entweder keinen oder in unregelmäßigen Abständen einen Zündfunken liefert, Folgendes auf einwandfreien Zustand kontrollieren:
- Haupt- und Zündungssicherung
- Batterie
- Zündkerzen
- Zündspulen (Anschlussbild zum Messen, Bild 1)
- Zündzeitpunkt
- Widerstand Kurbelwellenpositions-Sensor (das ist der Zündgeber, siehe Bilder 3 und 4)
- Zündschloss
- Motor-Start-/Stoppschalter
- Gangpositionsschalter
- Seitenständerschalter
- Umkipp-Sensor

Haupt- und Zündungssicherung: Die Hauptsicherung hat 50 Ampere und die Zündungssicherung 15 Ampere. Sicherungen können im Steckplatz korrodiert sein. Dagegen hilft Kontaktspray. Die Einsteckzungen vorher mit feinem Schmirgelpapier abziehen.

Bild 2: Den gebogenen Draht in der Sicherung checken, dieser kann so fein gebrochen sein, dass man die Bruchstelle kaum sieht.
- Einsteckzungen der Sicherung zwischen zwei Finger nehmen, leicht zusammendrücken: Wenn der Sicherungsdraht gebrochen ist, geht die Bruchstelle sichtbar auf.

Batterie: Batteriespannung messen, sie muss mehr als 12,7 Volt betragen (siehe dazu auch Kapitel 23 »Batterie«). Ihre Kabelanschlüsse abschrauben, Polklemmen mit Kontaktspray und Schmirgelpapier reinigen, dann die Anschlüsse sorgfältig wieder anschrauben und etwas Polfett an die Anschlussstellen geben.

Zündkerzen: Sowohl ein zu enger als auch ein zu weiter Elektrodenabstand beeinflussen einen korrekten Zündfunken. Der Elektrodenabstand muss 0,8 bis 0,9 mm betragen.

Falls die Zündkerzen verschlissen sind, also Abbrand haben und damit einen zu weiten Elektrodenabstand, erneuern (siehe dazu auch Kapitel 15 »Zündkerzen«)!

Zündspulen (Bild 1)

Widerstand Primärwicklung	1,19 bis 1,61 Ω
Widerstand Sekundärwicklung	9,35 bis 12,65 kΩ
Zündfunkenlänge	mindestens 6 mm

Motor-Start-/Stoppschalter: Der Start-/Stoppschalter (Bild 5) des Motors ist auf der rechten Lenkerarmatur. In Stellung RUN am Stecker auf Durchgang kontrollieren.

Gangpositionsschalter: Wenn der Motor im Leerlauf nur mit gezogener Kupplung startet und beim Einlegen eines Gangs und Einkuppeln abstirbt, kann der Gangpositionsschalter (Bild 6) defekt sein. Am Stecker auf Durchgang kontrollieren.

Seitenständerschalter: Funktionsprüfung siehe Kapitel 1 »Wartung · Pflege«.

Falls sich der Motor weder mit ein- noch ausgeklapptem Seitenständer im Leerlauf starten lässt und auch mit gezogener Kupplung nicht, den Seitenständerschalter prüfen:

- Durchgang bei eingeklapptem Seitenständer.
- Kein Durchgang bei ausgeklapptem Seitenständer.

Umkipp-Sensor: Der Umkipp-Sensor (Bild 7) ist unter dem Fahrersitz vor der Batterie angebaut. Er prüft permanent, ob sich das Motorrad in senkrechter Fahrposition befindet oder in Schräglage bis hin zu 65 Grad Schräglage (bezogen auf die Senkrechte), dann läuft der Motor.

Wenn der Umkipp-Sensor einen Wert von mehr als 65 Grad Schräglage (nach beiden Seiten!) misst, werden Zündung und Einspritzung abgeschaltet, weil er annimmt, dass die Maschine auf der Seite liegt. Das kann nach einem Sturz der Fall sein: Motorrad aufheben, senkrecht stellen, Zündung AUS für 60 Sekunden, dann EINschalten und den Motor starten.

Zum Durchmessen des Umkipp-Sensors empfiehlt Yamaha die Spezialwerkzeuge »Taschen-Prüfgerät« (Nr. 90890-03112) in Verbindung mit dem »Prüfkabelbaum-Neigungswinkelsensor« (Nr. 90890-03209). Es genügt aber auch ein Multimeter mit dünnen Prüfspitzen, die hinten im Stecker angelegt werden. Zur Prüfung den Umkipp-Sensor abbauen, senkrecht und entsprechend schräg halten. Multimeter anschließen:

- Positive Prüfspitze an gelb/grünes Kabel
- Negative Prüfspitze an schwarz/blaues Kabel

Messwerte

- bei weniger als 65 Grad.............0,4 bis 1,4 Volt
- bei mehr als 65 Grad.................3,7 bis 4,4 Volt

Kurbelwellenpositions-Sensor (»Zündgeber«, Bild 4): Wenn der Motor auf allen Zylindern läuft, aber stark patscht und die Vermutung besteht, dass der Zündzeitpunkt stark schwankt, kann der Kurbelwellenpositions-Sensor defekt sein oder nicht richtig festgeschraubt. Vor dem Auswechseln durchmessen, Messanschluss siehe Bild 3. Widerstand muss 228 bis 342 Ω betragen.

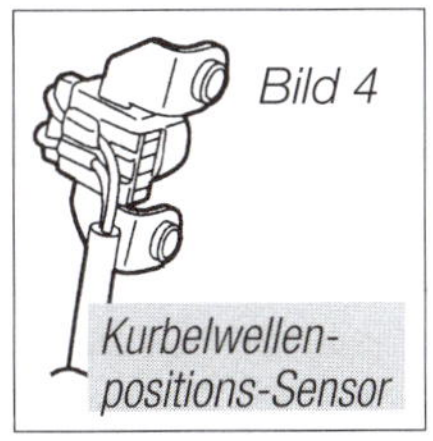

Zündzeitpunkt »abblitzen«

Zur Prüfung des Zündzeitpunkts ist eine »Zündlichtpistole« nötig (Gebrauchsanleitung des Geräts beachten!). Damit kann man einem schwankenden Zündzeitpunkt, einem defekten Zündgeber und einer defekten Zündspule auf die Spur kommen. Aber nur für Zylinder 1 (der linke), weil die beiden anderen Zylinder um je 240 Grad versetzt zünden, wofür es keine Markierungen gibt.

1. Bild 8a: Schraube aus dem Kontrollfenster ausschrauben.

2. Zündlichtpistole nach Vorschrift des Geräteherstellers anschließen.

3. Motor starten, Zündlichtpistole auf Kontrollfenster richten (Bild 8b), Markierung ***a*** muss kurz vor Kerbe ***b*** stehen bleiben.

4. Vorzündung 5 Grad vor OT bei 1200/min.

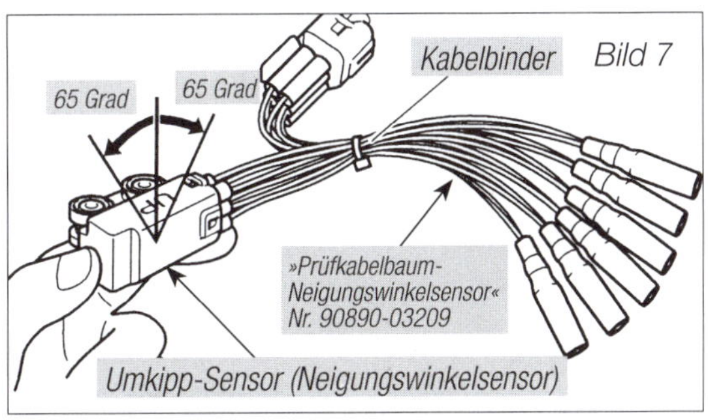

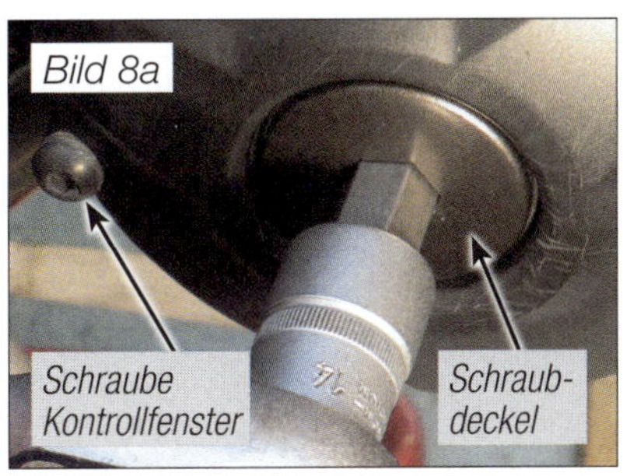

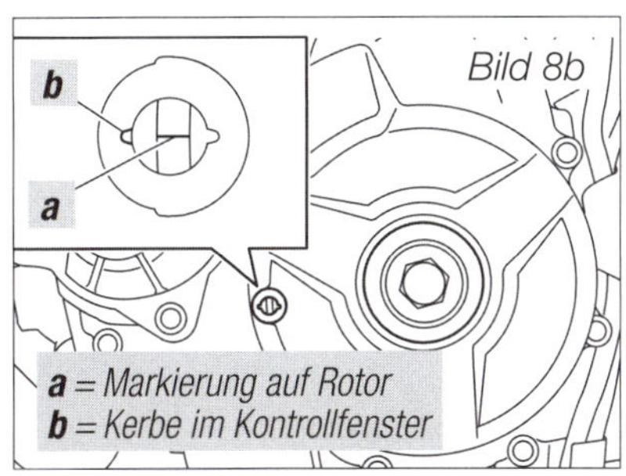

*Bilder 8a und 8b: Beim Abblitzen der Zündung für den Zylinder 1 muss die **a**-Markierung auf dem Rotor kurz vor der Kerbe **b** im Kontrollfenster stehen bleiben und darf nicht schwanken.*

Bild 4: Der Kurbelwellenpositions-Sensor ist im Lichtmaschinendeckel eingebaut.

Bild 5: Start-/Stoppschalter an der rechten Lenkerarmatur.

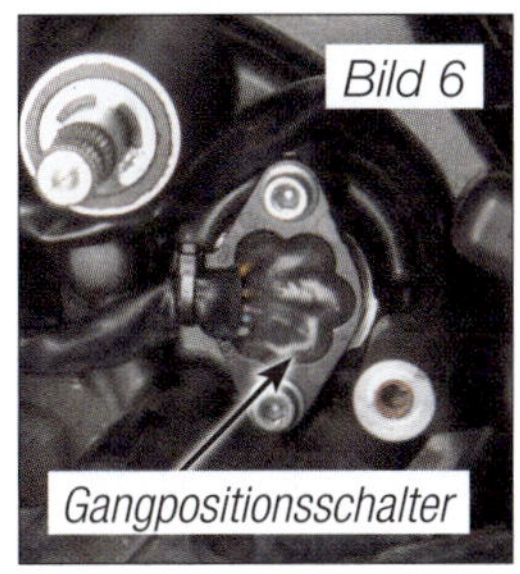

Bild 6: Gangpositionsschalter im Getriebegehäuse links.

Bild 7: Umkipp-Sensor zur Prüfung zuerst senkrecht halten, dann beidseitig um mehr als 65 Grad neigen.

Sichtprüfung   Messen

Korrespondenzkapitel:
- 16 »Zündanlage«
- 19 »Luftfilter«
- 25 »Sicherungen · Relais«
- 26 »Elektrische Bauteile«
- 28 »Schaltpläne«

Bauteile in Bild 1

1 *Motorstörungs-Warnleuchte*
2 *Motorsteuergerät ECU*
3 *Drosselklappen-positions-Sensor*
4 *Gaszugpositions-Sensor*
5 *Ansaugluftdruck-Sensor*
6 *Drosselklappen-Stellmotor*
7 *Benzinpumpe*
8 *Umkipp-Sensor*
9 *Batterie*
10 *Raddrehzahl-ABS-Sensor** am Hinterrad*
11 *Geschwindigkeits-Sensor**
12 *Lambdasonde*
13 *Kurbelwellenpositions-Sensor (»Zündgeber«)*
14 *Kühlmitteltemperatur-Sensor*
15 *Einspritzdüsen*
16 *Zündspulen*
17 *Zündkerzen*
18 *Ansauglufttemperatur-Sensor*

Bauteile in Bild 2

1 *Benzinpumpe im Tank*
2 *Einspritzventil*
3 *Motorsteuergerät ECU*
4 *Drosselklappen-positions-Sensor*
5 *Gaszugpositions-Sensor*
6 *Geschwindigkeits-Sensor* oder Raddrehzahl-ABS-Sensor** am Hinterrad*
7 *Umkipp-Sensor*
8 *Ansauglufttemperatur-Sensor*
9 *Lambdasonde*
10 *Katalysator*
11 *Kühlmitteltemperatur-Sensor*
12 *Kurbelwellenpositions-Sensor (»Zündgeber«)*
13 *Ansaugluftdruck-Sensor*
14 *Drosselklappen-Gehäuse*
15 *Luftfiltergehäuse*
16 *Drosselklappen-Stellmotor*

Einspritzung

In diesem Kapitel: Funktion der Enspritzanlage · Mögliche Störungen · Drosselklappen synchronisieren · Praktische Tipps · Benzinpumpe · Fehlercodes des Wegfahrsperren-Systems.

Funktion der Einspritzanlage

Der Dreizylindermotor ist mit einer vollelektronischen Benzineinspritzung ausgestattet, die mit der Zündung kombiniert ist. Im Bild 1 ist die Einbaulage der Bauteile zu sehen, die einen Beitrag leisten zur Funktion von Einspritzung und Zündung. Und im Bild 2 ist ihre Verknüpfung schematisch dargestellt. Herzstück ist das Motorsteuergerät »**ECU**« (**E**lectronic **C**ontrol **U**nit), es steuert und regelt Einspritzung und Zündung. Weitere Hauptfunktionen des ECU sind die fortwährende Eigendiagnose und Prüfung der einwandfreien Funktion von Einspritzung und Zündung. Zu den Hauptvorteilen dieser modernen Technik zählen Wartungsfreiheit, hohe Zuverlässigkeit, exakte Steuerung der Einspritzmengen und des Zündzeitpunkts, wodurch beste Leistung und günstiger Kraftstoffverbrauch erreicht werden.

Bild 1: Einbaulage der Bauteile

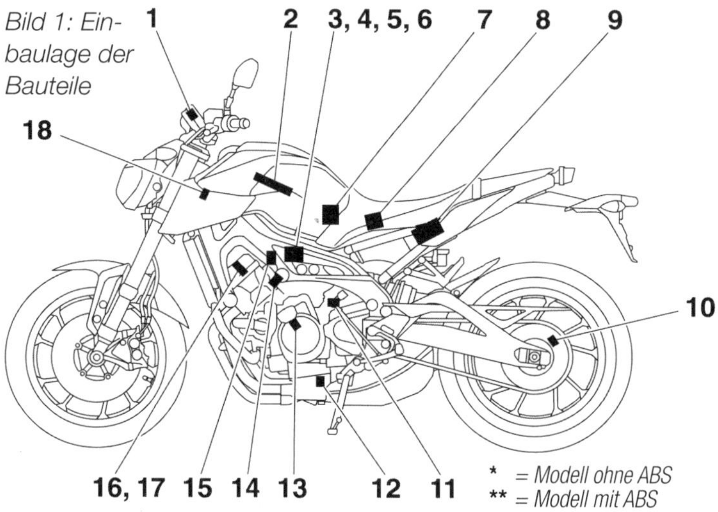

Aus einer Vielzahl von Daten errechnet das Motorsteuergerät ECU (Bauteil 3 in Bild 2) die optimale Benzinmenge pro Zylinder sowie den richtigen Zündzeitpunkt. Die zu den Rechenoperationen im Motorsteuergerät ECU notwendigen Daten werden

Bild 2: Bauteile des Einspritz-Zündsystems mit Leitungspfaden. Die Pfeilspitzen zeigen an, wohin die Daten und Messwerte geliefert werden.

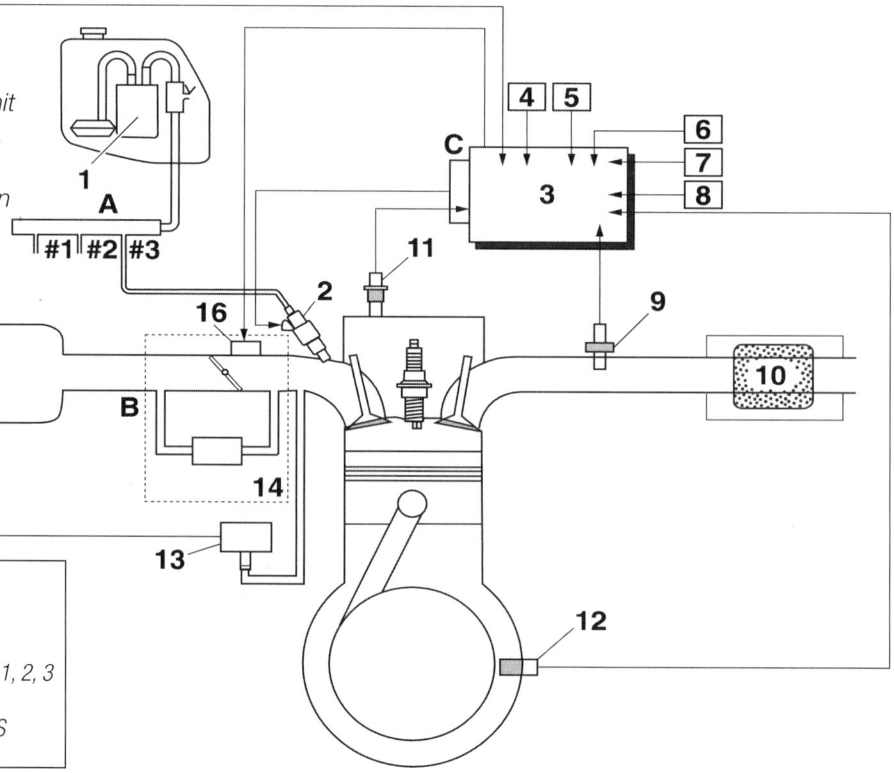

A Kraftstoffsystem
B Luftsystem
C Steuersystem

***#1, #2, #3** = Zylinder 1, 2, 3*

** = Modell ohne ABS*
*** = Modell mit ABS*

ermittelt und angeliefert von den Sensoren folgender Bauteile: 4 »Stellung der Drosselklappe«, 5 »Gasgriffstellung«, 6 »Fahrgeschwindigkeit«, 7 der »Umkipp-Sensor« meldet »Fahrzeug in Fahrstellung«, 8 »Ansauglufttemperatur«, 9 die Lambdasonde meldet »Abgaszusammensetzung«, 11 »Kühlmitteltemperatur«, 13 »Ansaugluftdruck«.

Im Drosselklappenkörper sind drei Drosselklappen eingebaut und damit für jeden Zylinder eine. Der Fahrer betätigt über den Gasgriff und zwei Gaszüge für »Gas auf« (Öffnergaszug) und »Gas zu« (Schließergaszug) den Gaszugpositions-Sensor. Dieser meldet die momentan aktuelle Stellung an das Motorsteuergerät ECU. In diesem werden innerhalb von Millisekunden der optimale Drosselklappen-Öffnungswinkel errechnet und das Ergebnis dem Drosselklappen-Servomotor gemeldet, der den passenden Drosselklappen-Öffnungswinkel einstellt.

Mögliche Störungen

Wenn ein Schaden an der Einspritzung auftritt, der sich so äußert, dass der Motor entweder stottert, nicht zieht oder immer wieder ausgeht, obwohl genügend Sprit im Tank ist (!), dann forschen Sie zuerst nach Wackelkontakten in den elektrischen Leitungen und Steckverbindern (siehe dazu Bild 4), welche mit der Spritversorgung zu tun haben. **Gut zu wissen:** Einspritzfehler sind zu 90 % auf korrodierte oder nicht richtig angeschlossene Stecker zurückzuführen und nicht auf defekte Bauteile.

Hinweis: Im Kapitel 30 »Technische Daten 2« sind alle elektrischen und elektronischen Bauteile aufgelistet, die für die Aufbereitung der Einspritzdaten am Fahrzeug angebracht sind. Dazu gibt es die Einbaulage am Fahrzeug (siehe dazu auch Bild 1) und die Sollwerte für Widerstand und Ausgangsspannung. Weitere Informationen gibt es im Kapitel 26 »Elektrische Bauteile und wo sie angebaut sind«, Kapitel 27 »Stecker und Kabel«, Kapitel 29 »Fehlersuche in der Elektrik«. Sehr wichtig ist auch das Kapitel 28 »Schaltpläne«.

Praktische Tipps für Stecker und Schläuche

Alle in Frage kommenden Steckverbinder checken, ob sie korrekt zusammengesteckt sind. Bei älteren (und besonders bei schlecht gepflegten!) Maschinen: Die Steckverbinder auseinanderziehen, ihre inneren Kontakte mit einer harten Zahnbürste und Kontaktspray reinigen, trocken ausblasen und auf Festsitz prüfen.

Alle in Frage kommenden Schläuche und Leitungen (Bild 3) auf Brüche, Knicke oder Quetschungen kontrollieren. Wenn auch nur einer der Benzin- oder Unterdruck-Luftschläuche gequetscht ist, eingerissen oder nicht auf seinem Stutzen sitzt, hat dies negative Auswirkungen auf das komplette Ansaug-Einspritzsystem. Sehr wichtig sind die in Bild 3 gezeigten Unterdruckschläuche mit ihren Kupplungen und Anschlussstücken. Extrem wichtig ist, dass Sensor 1 und Sensor 2 allseits frei sind.

Bilder 3 und 4: Explosionszeichnungen der zum Drosselklappengehäuse gehörenden Bauteile, Anbau am Zylinderkopf und elektrische Stecker.

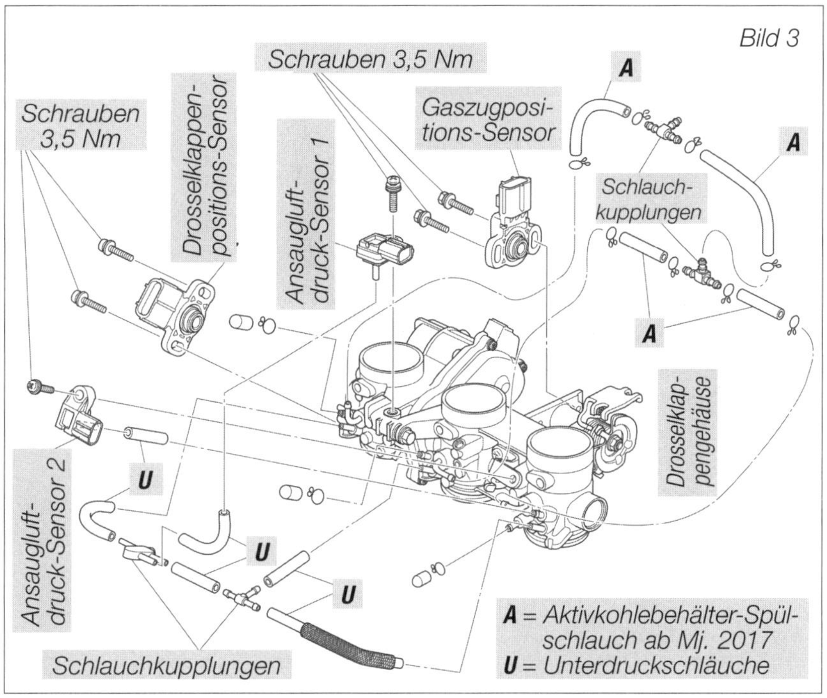

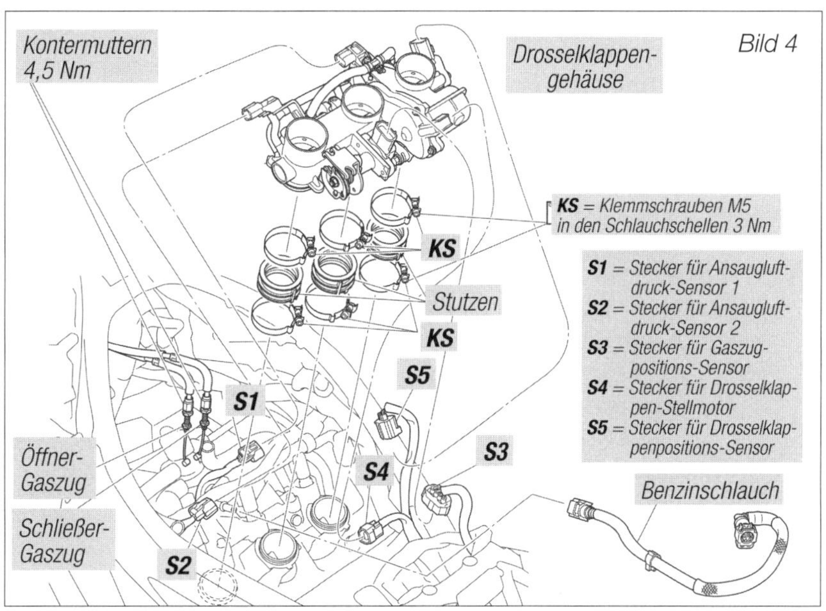

Bilder 5 und 6: Boehm-Synchrontester, Schlauchanschlüsse zu den Ansaugstutzen und Lage der Luftregulierschraube.

Drosselklappen synchronisieren

Eine wichtige Voraussetzung für runden Leerlauf, guten Motordurchzug und weitgehend vibrationsfreien Motorlauf bei höchstmöglicher Leistungsabgabe und geringem Verbrauch ist, dass die drei Drosselklappen gemeinsam (»synchron«) öffnen und schließen. Eine Überprüfung der Synchronisation ist nach den ersten 1000 km und alle weiteren 10 000 km vorgeschrieben. Dazu wird ein Synchrontester benötigt. Yamaha empfiehlt das eigene Werkzeug »Unterdruck-Messgerät« (Nr. 90890-03094).

Wir arbeiten mit dem »Boehm Synchrontester« (Bild 5, *www.boehm-synchrontester.de*). Dieses Gerät zeigt sehr genau an. Eine ausführliche Betriebsanleitung gehört ebenso dazu wie ausreichend Schläuche und Zwischenstücke.

■ Egal, welches Gerät Sie benutzen: Bitte lesen Sie die zugehörige Betriebsanleitung vor (!) Beginn der Einstellarbeiten durch.

Grundsätzliche Hinweise

■ Voraussetzung zur Synchronisation der Drosselklappen ist, dass der Motor mechanisch in Ordnung ist: Das Ventilspiel muss stimmen, die Zündkerzen sauber sein und ihr Elektrodenabstand korrekt. Deswegen wird die Synchronisation erst zum Schluss einer Inspektion geprüft und ggf. eingestellt.

■ Nicht verstellt, ausgebaut oder zerlegt werden dürfen der Drosselklappenpositions-Sensor und die Verschraubungen am

Bild 5

Messgenauigkeit je Teilstrich 0,01 bar (1 kPa)

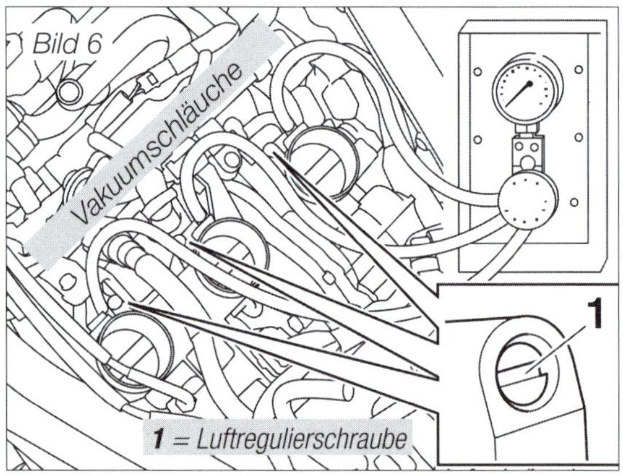

Bild 6

1 = Luftregulierschraube

Zu dieser Tabelle: Wenn der Motor beim Einschalten der Zündung nicht anspringt, kann ein Fehler im Wegfahrsperren-System die Ursache sein. Dann blinkt die Anzeigenleuchte des Wegfahrsperren-Systems im Bildschirm der Instrumenteneinheit.

■ Bis einschließlich Modelljahr 2016 wird ein Fehlercode angezeigt.

■ Ab Modelljahr 2017 wird der Fehlercode durch Blinken der Anzeigenleuchte angezeigt.

■ Beispiel für Fehlercode 52: 5 Mal langes Blinken, 2 Mal kurzes Blinken.

Fehlercodes des Wegfahrsperren-Systems

Fehlercode	Symptom	Ursache	Abhilfe
51	Code kann nicht zwischen Schlüssel und Wegfahrsperren-Einheit übertragen werden	1. Radiowellen-Störsignale durch Gegenstände in der Nähe der Schlüssel und der Antennen 2. Fehlfunktion der Wegfahrsperren-Einheit 3. Schlüssel-Fehlfunktion	1. Magnete, Metallgegenstände und andere Schlüssel entfernen 2. Wegfahrsperren-Einheit erneuern 3. Schlüssel erneuern
52	Codes zwischen Schlüssel und Wegfahrsperren-Einheit stimmen nicht überein	1. Signal von einem anderen Transponder empfangen: Der Code wurde nach zehn aufeinanderfolgenden Versuchen nicht erkannt 2. Signal wurde von einem nicht programmierten Standardschlüssel empfangen	1. Wegfahrsperren-Einheit mehr als 50 mm von Transpondern anderer Fahrzeuge entfernt halten. 2. Standardschlüssel einprogrammieren
53	Codes zwischen Steuergerät und Wegfahrsperren-Einheit können nicht übertragen werden	Störsignale oder gelöstes Kabel oder gelöster Seilzug 1. Störsignale beeinflussen das System 2. Gelöster Übertragungs-Kabelbaum 3. Fehlfunktion der Wegfahrsperren-Einheit 4. Fehlfunktion des Steuergeräts	1. Kabelbaum und Steckverbindungen kontrollieren 2. Wegfahrsperren-Einheit erneuern 3. Steuergerät erneuern
54	Codes zwischen Steuergerät und Wegfahrsperren-Einheit stimmen nicht überein	Störsignale oder gelöstes Kabel oder gelöster Seilzug. 1. Störsignale beeinflussen das System 2. Gelöster Übertragungs-Kabelbaum 3. Fehlfunktion der Wegfahrsperren-Einheit 4. Fehlfunktion des Steuergeräts Zum Beispiel: Steuergerät oder Wegfahrsperren-Einheit wurden durch Gebrauchtteile ersetzt	1. Hauptschlüssel neu einprogrammieren 2. Kabelbaum und Stecker kontrollieren 3. Wegfahrsperren-Einheit erneuern 4. Steuergerät erneuern
55	Fehlfunktion der Schlüsselcode-Registrierung	Es wurde versucht, denselben Standardschlüssel zweimal hintereinander zu programmieren	Einen anderen Standardschlüssel einprogrammieren
56	Im Steuergerät liegt ein unbekannter Code vor	Störsignale oder gelöstes Kabel oder gelöster Seilzug	1. Kabelbaum und Steckverbindungen kontrollieren 2. Wegfahrsperren-Einheit erneuern 3. Steuergerät erneuern

Drosselklappengehäuse, weil diese Teile im Werk eingestellt wurden.

■ Wenn der Motor garantiert in Ordnung ist, aber die Synchronisation sich nicht einstellen lässt, sind wahrscheinlich der Drosselklappenkörpern innen verschmutzt und die Luftkanäle verstopft. Dann muss das Drosselklappengehäuse abgebaut und in einem Ultraschallbad gereinigt werden. Jeder Yamaha-Händler hat ein solches Gerät. Eine Ultraschall-Reinigung kostet zwar Geld, wirkt aber Wunder!

Wichtig: NIEMALS harte Stahldrähte in scheinbar verschmutzte oder tatsächlich zugestopfte Bohrungen einführen!

Unterdruckmessungen durchführen

1. Motorrad auf Front- und Heckmontageständer abstellen. Sitze, Tank, Luftfilterkasten abbauen (siehe Kapitel 3 »Spiegel · Tank · Verkleidung«).

2. Verschlussstopfen von den Stutzen oben am Drosselklappengehäuse abziehen. Bild 6: Vakuumschläuche des Synchrontesters anschließen.

3. Luftfilterkasten und Tank »provisorisch« anbauen, die Befestigungsschrauben müssen nicht montiert werden.

4. Motor starten und warm laufen lassen bis auf Betriebstemperatur ca. 80 °C. Die Leerlaufdrehzahl muss 1100 bis 1300/min betragen.

5. Am Synchrontester ablesen: Die Unterdruckdifferenz zwischen den Drosselklappen soll 1,3 kPa (10 mm Hg) nicht überschreiten.

■ Wenn dieser Wert überschritten wird, müssen die Drosselklappen synchronisiert werden.

Synchronisierung vornehmen (Bilder 5 und 6)

1. Als »Eichmaß« dient der Wert der Einstelluhr von der Drosselklappe, deren Luftregulierschraube »1« in Bild 6 eine weiße Markierung hat.

■ Diese Luftregulierschraube niemals verdrehen!

2. Luftregulierschraube des nächsten Zylinders so ein- oder ausdrehen, dass sich der Messwert dem vom Zylinder mit der weißen Luftregulierschraube angleicht.

■ Differenz maximal 1,3 kPa (10 mm Hg).

3. Nach dem Verstellen einer jeden Luftregulierschraube zwei- bis dreimal Gas geben und den Motor wieder auf Leerlauf zurückfallen lassen.

■ Dabei die Zeiger der Unterdruck-Messuhren beobachten, sie müssen sich möglichst gleichmäßig (»synchron«) bewegen.

4. Mit dem dritten Zylinder genauso verfahren.

5. Zusammenbau: Synchrontester abbauen, Verschlussstopfen auf ihren Stutzen anbringen. Luftfilterkasten und Tank montieren siehe siehe Kapitel 3 »Spiegel · Tank · Verkleidung«.

Benzinpumpe

Benzindruck überprüfen: Dazu werden benötigt (Bild 7): »Druckmesser« (Yamaha-Nr. 90890-03153) und »Kraftstoffdruck-Adapter« (Yamaha-Nr. 90890-03176).

1. Tankbefestigung lösen, Tank anheben, Benzinleitung von der Benzinpumpe abnehmen.

2. Bild 7: Adapter und Messgerät wie im Bild gezeigt anbringen.

3. Motor starten und im Leerlauf laufen lassen und den Benzindruck von der Messuhr ablesen: muss 3,0 bis 3,9 bar betragen.

3.1. Wenn der Benzindruck niedriger ist:

■ Benzinleitung undicht?

■ Druckregler und Benzinpumpe in Ordnung?

3.2. Wenn der Benzindruck höher ist:

■ Druckregler und Pumpe in Ordnung?

■ Benzinfilter in Benzinpumpe verstopft?

Hinweis: Wenn die Benzinpumpe defekt ist, kann sie nicht zerlegt und repariert, sondern nur als Ganzes ausgetauscht werden.

Benzinpumpe aus- und einbauen

1. Benzin mit einer Handpumpe aus dem Tank abpumpen, er muss möglichst leer werden.

2. Tank abbauen.

3. Bild 9: Schrauben der Benzinpumpe lösen, ausdrehen, Pumpe mit Dichtung herausnehmen.

4. Einbau in umgekehrter Reihenfolge, dabei beachten:

■ Bild 8: Beim neuen Dichtring muss die Dichtlippe zum Tank hin weisen.

■ Bilder 8 und 9: Pumpe in Tank einsetzen, »a« ausrichten, Schrauben über Kreuz schrittweise bis auf 4 Nm anziehen.

Zur Synchronisierung der Drosselklappen muss der Motor laufen. Bei Arbeiten mit laufendem Motor in geschlossenen Räumen für ausreichende Belüftung sorgen! Abgase enthalten giftiges und geruchloses Kohlenmonoxid, das Bewusstlosigkeit verursachen und zum Tod führen kann. Alle Fenster und Türen öffnen! Am sichersten ist eine Abgas-Absauganlage, die die giftigen Abgase ins Freie führt. Wenn keine Belüftungs- und Entlüftungsmöglichkeit der Werkstatträume gegeben ist, im Freien arbeiten!

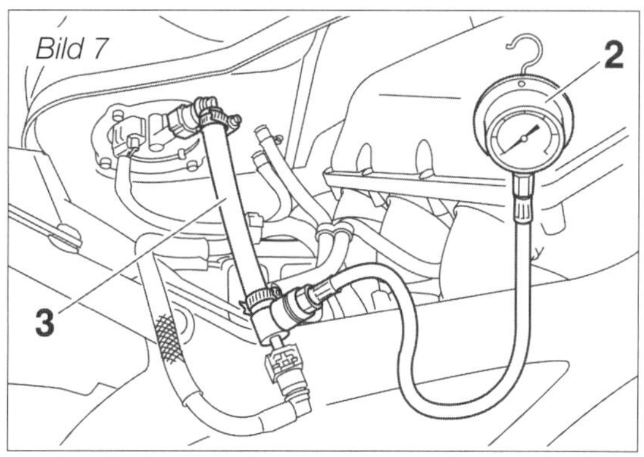

Bild 7: Anbau von Druckmesser »2« und Kraftstoffdruck-Adapter »3«.

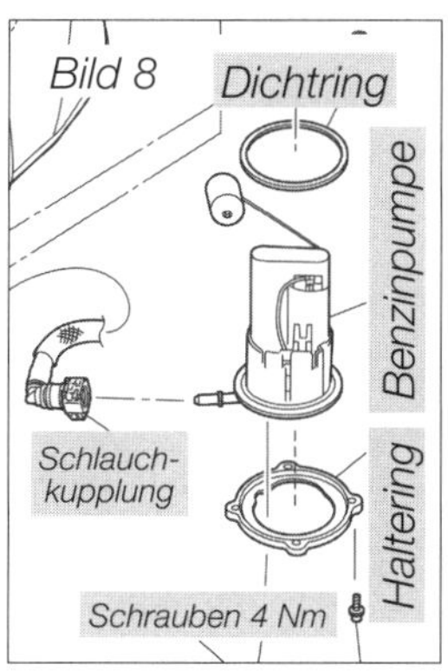

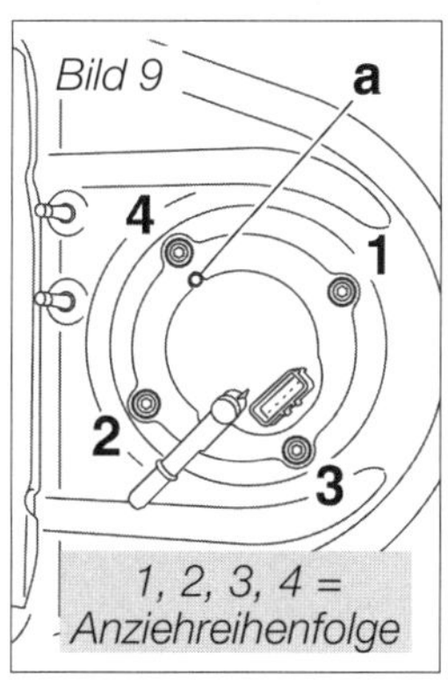

Bilder 8 und 9: Einsatz der Benzinpumpe in den Tank, Markierung »a« zur Ausrichtung des Halterings und Anziehreihenfolge der Benzinpumpenschrauben am Tank.

Sichtprüfung Messen

Gasgriff · Gaszüge

In diesem Kapitel: Leerweg am Gasgriff · Gaszüge schmieren · Gaszüge wechseln.

Bild 1: Der Leerweg am Gasgriff muss 3 bis 5 mm betragen, gemessen vom Gasgriffgummi zum Gasgriffgehäuse hin.

Bild 2: Zum Einstellen des Leerwegs wird der im Öffnergaszug eingebaute Einsteller entsprechend ein- oder ausgedreht.

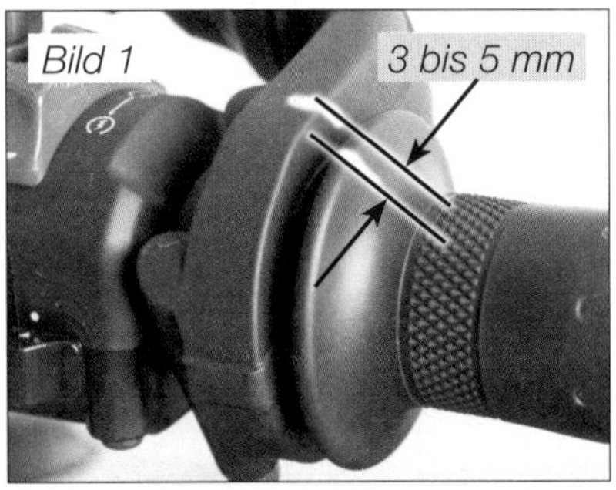

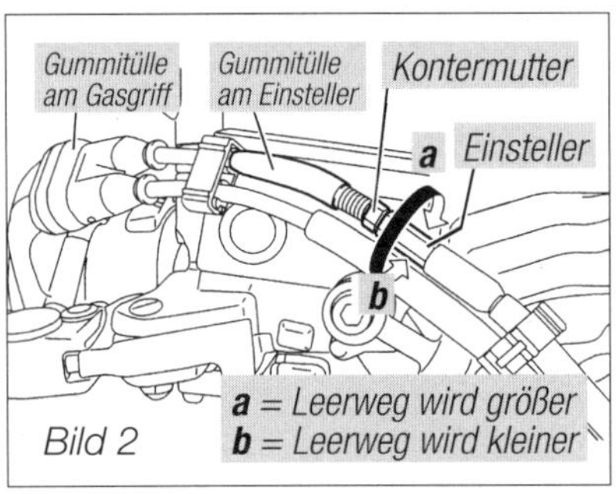

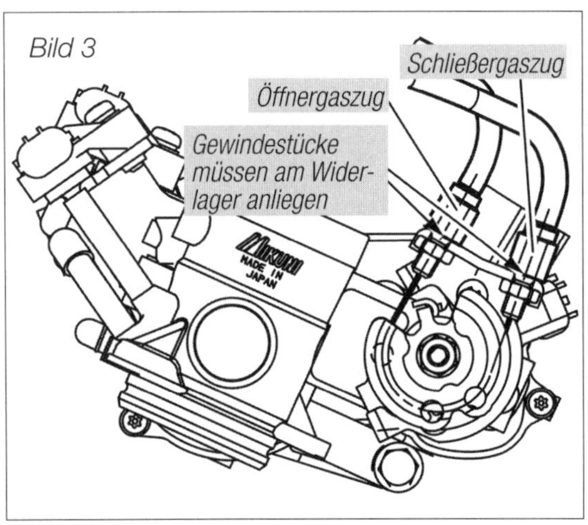

Bild 3: Verschraubungen der Gaszugführungen am Drosselklappengehäuse und Nippel der Gaszüge in der Seilzugrolle.

Leerweg am Gasgriff

Bild 1: Der Leerweg am Gasgriff ist wichtig für das Gefühl beim Gas geben, er muss 3 bis 5 mm betragen und wird am Umfang des Gasgriffgummis zum Gaszuggehäuse gemessen.

Leerweg überprüfen

1. Bild 1: Mit einem weißen Filzstift oder einem Stück feiner Kreide am Rand des Gasgriffgummis und dem Gaszuggehäuse zwei sich deckende Linien ziehen.

2. Gasgriff langsam drehen, bis der Öffnergaszug einen Widerstand bekommt.

3. Bild 1: Jetzt sollten die beiden Striche um 3 bis 5 mm zueinander verschoben sein.

3.1. Wenn »ja«, ist die Einstellung des Leerwegs ok.

4. Wenn aber die beiden Striche weniger als 3 mm oder mehr als 5 mm zueinander verschoben sind, muss man den Leerweg einstellen.

Leerweg einstellen

1. Bild 2: Die Gummitülle über dem Einsteller im Öffnergaszug abziehen.

2. Kontermutter am Einsteller mit einem Gabelschlüssel lösen, dabei den Einsteller mit einem zweiten Gabelschlüssel gegenhalten.

3. Einsteller ein- oder ausdrehen, bis der Leerweg stimmt.

4. Einsteller in Einstellposition halten und die Kontermutter mit Gefühl festziehen (4 Nm).

5. Etwas Fett in die Gummitülle einschmieren, über den Einsteller schieben.

Beachten: Zwischen dem vibrationshemmenden Gewicht am rechten Lenkerende und dem Rand des Gasgriffgummis muss ein Spalt von 1 bis 3 mm vorhanden sein (Bild 6), sonst lässt sich der Gasgriff nur schwer bewegen.

Hinweis: Wenn der Leerweg am Gasgriff sich immer wieder verändert, also der Leerweg schon nach kurzer Fahrstrecke wieder länger wird, ist dies ein deutlicher Hinweis auf einen sich längenden Öffnergaszug, der eben dabei ist, kaputt zu gehen (er »streckt« sich). Dann sollten umgehend neue Gaszüge eingebaut werden – es gibt sie als original Yamaha-Ersatzteil auch nur paarweise.

Gaszüge schmieren, wechseln

Yamaha schreibt vor, Gaszüge, Gasgriff und Gasgriffgehäuse alle 10 000 km zu schmieren. Dazu muss man den Gasgriff zerlegen und die Nippel an den Gaszügen (Bild 9) aushängen.

Gasgriff zerlegen

1. Bild 2: Zuerst den im Öffnergaszug eingebauten Einsteller bearbeiten: Gummitülle abschieben, Kontermutter lösen und den Einsteller ganz zusammendrehen, damit der Gaszug maximales Spiel bekommt.

2. Bilder 4, 8 und 10: Das am Lenkerende verschraubte Gewicht (»Vibrationskiller«) abbauen: Mit Inbusschlüssel lösen und ausdrehen, Gewicht abnehmen.

3. Bilder 2 und 4: Nun die doppelte Gummitülle auf den Gaszügen am Gasgriff zurückschieben.

4. Bild 10: Beide Schrauben, welche die Gaszuggehäusehälften zusammenhalten, ausschrauben. Gehäusehälften voneinander trennen.

■ Die Schrauben können von oben oder von unten eingeschraubt sein.

5. Nippel der Gaszüge aushängen. Gasgriff vom Lenkerrohr abziehen. Bauteile gut reinigen.

Wichtig 1: Zur Reinigung des Gasgriffs keine aggressiven Lösungsmittel wie z. B. Bremsenreiniger verwenden. Diese können die Verklebung des Griffgummis lösen! Am besten Gasgriff und Lenkerrohr mit Ölspray und Lappen reinigen.

Wichtig 2: Wenn neue Gaszüge eingebaut werden, die alten noch nicht aus dem Rahmen ziehen!

Gasgriff und Gaszüge schmieren

1. Bilder 9 und 10: Leichtes Fett dünn auf das Lenkerrohr und in die Nippelaufnahme im Gasgriff scnmieren.

2. Die beiden Gaszüge nach oben senkrecht stellen und festhalten.

2.1. Nun etwas Motoröl oder säurefreies Näh-

maschinenöl entlang der Innenzüge in die Gaszüge laufen lassen.
■ Gasgriff zusammenbauen ist im nächsten Textabschnitt beschrieben.

Gaszüge wechseln
Der Gasgriff muss über den ganzen Drehbereich leichtgängig sein. Wenn er schwer geht, muss er abgebaut, gereinigt und geschmiert werden. Und wenn man spürt, dass einer der Gaszüge in sich »reibt«, weil der Gasgriff sich nur ungleichmäßig bewegen lässt, ist ein Gaszug eben dabei, kaputt zu gehen. Dann sollte man neue Gaszüge einbauen, wozu der Tank abgebaut werden muss. Zwischen Rahmen und Seilzugrolle am Drosselklappengehäuse geht es sehr eng zu, dass man kaum umhin kommt, das Drosselklappengehäuse auszubauen, weswegen auch der Luftfilterkasten abgebaut werden muss.

Neue Gaszüge einbauen, Gasgriff zusammenbauen
1. Neue Gaszüge neben den alten verlegen.
2. Gasgriff zerlegen, siehe weiter vorne.
3. Alte Gaszüge unten am Drosselklappengehäuse ausbauen, Nippel aushängen.
4. Nippel der neuen Gaszüge einbauen. Etwas Fett in Seilzugrolle und Nippelaufnahme geben.
5. Bild 3: Gewindestücke von Öffner- und Schließergaszug in das Widerlager einsetzen, Kontermuttern handfest anziehen.
5.1. Drosselklappengehäuse einbauen.
6. Bilder 9 und 10: Lenkerrohr und Nippelaufnahme im Gasgriff schmieren.
7. Bilder 5, 6, 9 und 10: Gasgriff auf den Lenker schieben. Nippel der Gaszüge einhängen.
7.1. Gaszuggehäusehälften in Montageposition bringen: Darauf achten, dass die Gaszüge in den Nuten laufen, sonst lässt sich das Gehäuse nicht zusammenbauen.
7.2. Bild 5: Nase am Gasgriffgehäuse auf die Bohrung im Lenker ausrichten. Gehäuseschrauben eindrehen, gefühlvoll festziehen mit 3,8 Nm.
8. Bild 8: Lenkergewicht anschrauben mit 26 Nm.
9. Alte Gaszüge ausziehen. Halterungen montieren (Bilder 7 und 11). Gaszugspiel einstellen siehe weiter vorne in diesem Kapitel.
10. Abgebaute Teile wieder anbauen.

Bilder 4 bis 11: Im Lauftext sind die Arbeitsschritte beschrieben.

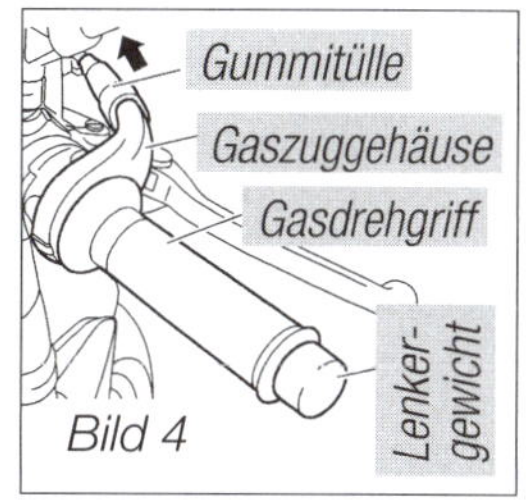

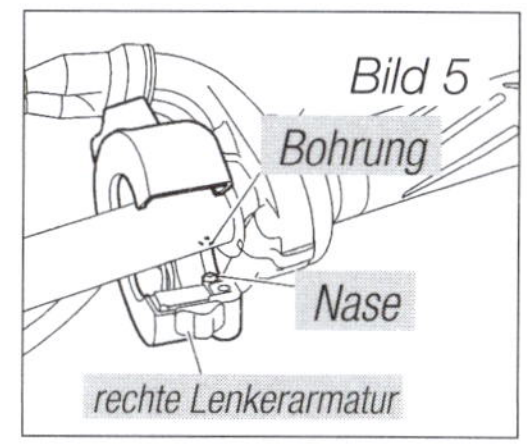

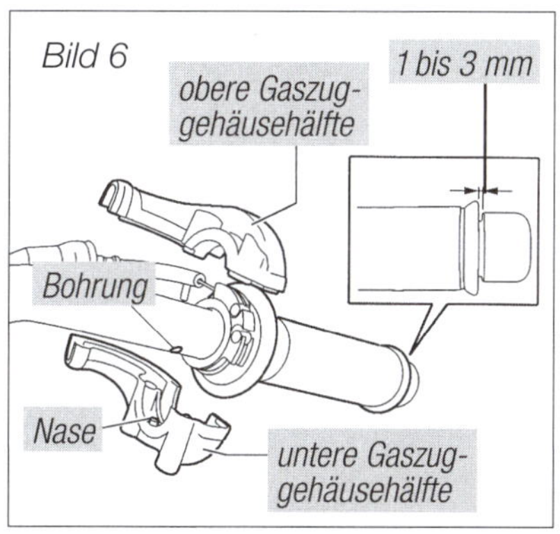

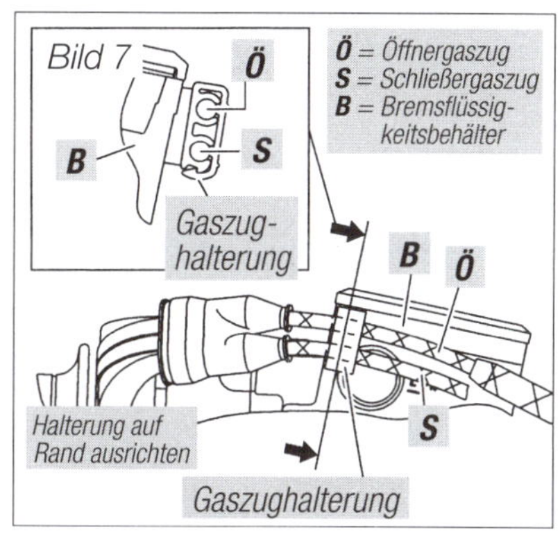

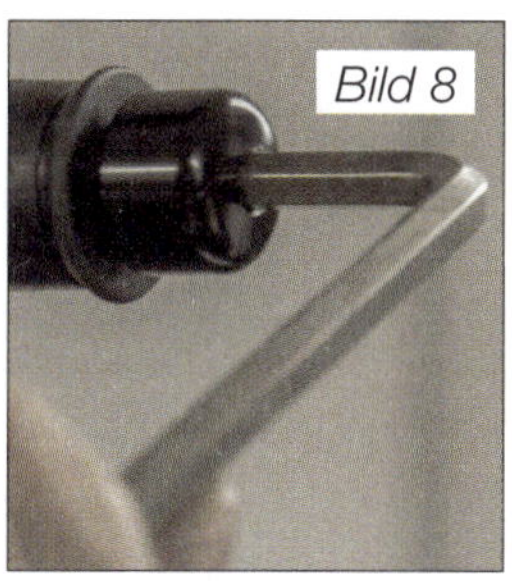

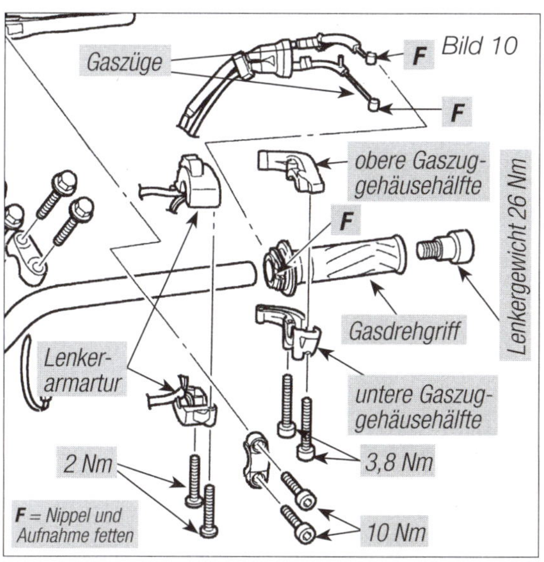

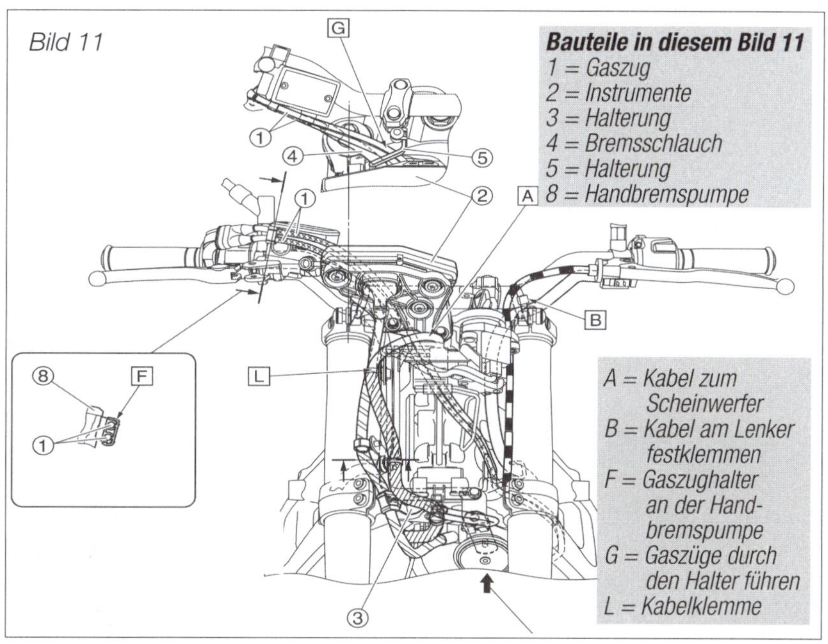

Luftfilter · Sekundärluftsystem

In diesem Kapitel: Luftfilter aus- und einbauen, reinigen · Luftfilterkasten aus-/einbauen · Sekundärluftsystem · Membranventil und Unterdruck-Schaltventil überprüfen.

Bauteile im Bild 1
Teil 1 = Motorsteuergerät
Teil 2 = Stecker
Teil 3 = Luftfilterkastendeckel
Teil 4 = Luftfilterelement
Teil 5 = Schlauchschellen
Teil 6 = Schlauch Sekundärluftsystem
Teil 7 = Entlüftungsschlauch des Kurbelgehäuses
Teil 8 = Luftfiltergehäuse

Luftfilter

Der Luftfilter muss laut Yamaha-Vorschrift alle 40 000 km erneuert werden. Feiner Schmutz wird im ölgetränkten Filterpapier gebunden, weswegen dieses mit der Zeit »verstopft« und das ganze Filterelement erneuert werden muss. Eine Reinigung ist während dieser Zeit nötig, wenn Fahrten durch Nässe oder sehr staubige Gebiete erfolgt sind. Yamaha-Spezialisten empfehlen, den Luftfilter bei den Inspektionen alle 10 000 km auf Beschädigungen zu kontrollieren und den groben Schmutz abzuklopfen oder abzusaugen.

Luftfilter ausbauen
1. Sitze und Tank abbauen (Kapitel 3 »Spiegel · Tank · Verkleidung«).
2. Bilder 1 und 2: Das Motorsteuergerät ist seitlich in den Luftfilterkastendeckel eingeschoben: Es ausziehen und zur Seite hängen. Die Stecker eingesteckt lassen.
3. Bild 1: Schrauben im Luftfilterkastendeckel lösen und ausdrehen. Deckel abnehmen.
4. Bild 3: Luftfilter herausnehmen.

Luftfilter reinigen
1. Luftfilterelement mit der Kante vorsichtig auf eine Holzunterlage abklopfen, damit der grobe Schmutz vom Filterpapier abfällt.
2. Filterpapier auffächern, Schmutz mit weicher Druckluft abblasen und das Filterpapier von außen durchblasen.
■ Man kann den Schmutz auch mit einem auf »schwache Saugleistung« eingestellten Staubsauger vorsichtig absaugen.
3. Luftfilterkasten mit einem mit Motorradreiniger getränkten Lappen ausreiben, trocken putzen.

Luftfilter einbauen
1. Bild 3: Luftfilterelement einsetzen.
2. Bilder 1 und 2: Luftfilterkastendeckel aufsetzen. Deckelschrauben eindrehen und mit 1,6 Nm (»leicht handfest«) festziehen.
3. Bilder 1 und 2: Das Motorsteuergerät in den Luftfilterkastendeckel einschieben.
4. Tank aufbauen wie in Kapitel 3 »Spiegel · Tank · Verkleidung« beschrieben.
5. Sitze aufbauen.

Luftfilterkasten: Der Luftfilterkasten muss ausgebaut werden, wenn man die Zündkerzen montieren oder die Ventile einstellen möchte. Als Montagehilfe dient die Explosionszeichnung in Bild 1.

Bilder 1, 2 und 3 sind im Lauftext erwähnt. ■ *Beim Ausbau des Motorsteuergeräts (Bild 2) die Stecker eingesteckt lassen.*

Bild 1

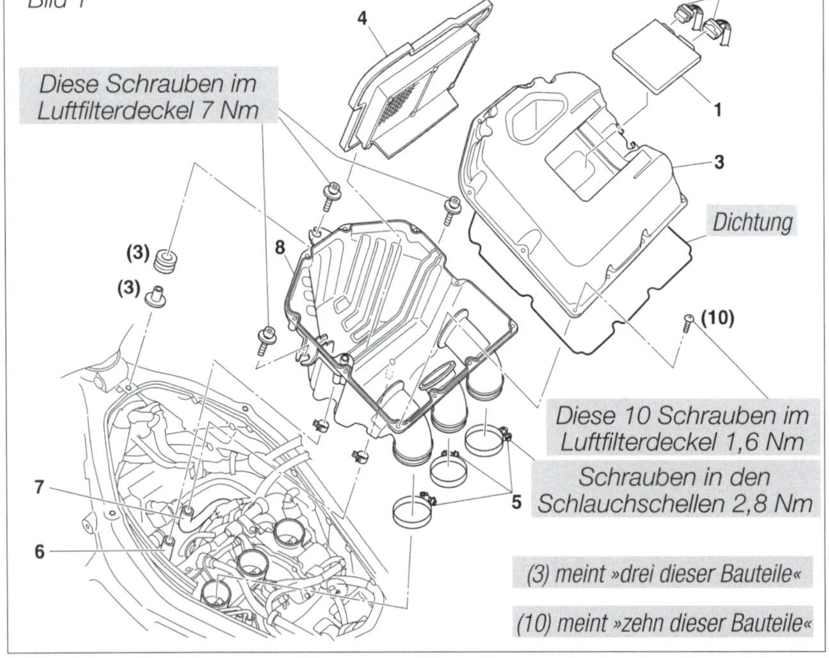

Bild 2

Bild 3

Sekundärluftsystem

Am Sekundärluftsystem gibt es nichts einzustellen, Störungen sind kaum zu befürchten.

Die Schläuche müssen fest auf ihren Stutzen am Luftfilterkasten, dem Unterdruck-Schaltventil und an den Abdeckungen der Membranventile sitzen. Sie dürfen nicht porös sein.

Patscht der Motor? Wenn der Motor im Schiebebetrieb (= so nennt man eine Fahrt bei geschlossenem Gasgriff) aus dem Auspuff patscht, können folgende Bauteile im Sekundärluftsystem defekt sein: Anschlüsse der Schläuche, Schläuche porös, Membranventil(e) oder auch das Unterdruck-Schaltventil.

Membranventile

Bilder 5 und 6: Oben im Zylinderkopfdeckel (»Ventildeckel«) sind Membranventile eingebaut.

Wenn der Ventildeckel zur Kontrolle des Ventilspiels abgenommen ist, sollte man diese Membranventile auf Risse, Verbiegungen und Ölkohlerückstände überprüfen.

■ Wenn Rückstände zu sehen sind, diese mit Bremsenreiniger und Lappen vorsichtig reinigen.

■ Bild 4: Ventilzungen nicht verbiegen, sie müssen dicht anliegen. Maximaler Verzug 0,4 mm.

■ Falls die Ventilzungen verbogen sind, muss ein neues Membranventil eingebaut werden.

Wichtig 1: Bild 5: Beim Einbau die Einkerbung, den Vorsprung am Membranventil 1 und die Öffnungen und Vorsprünge am Membranventil 2 aufeinander ausrichten.

Wichtig 2: Bild 5: Die offene Seite des Membranventils 1 zur Auslassseite hin einbauen.

Wichtig 3: Bild 5: Die offene Seite des Membranventils 2 zur Einlassseite hin einbauen.

■ Schrauben der Abdeckungen 10 Nm.

Unterdruck-Schaltventil prüfen

Der Durchfluss der vom Luftfilterkasten zu den Auslasskanälen strömenden Luft wird durch das elektrisch angesteuerte Unterdruck-Schaltventil geregelt. Es wird folgendermaßen geprüft:

1. Bild 6: Unterdruck-Schaltventil ausbauen.

2. Bild 7a: Luft in den Lufteinlass ***A*** blasen. Es muss Luft am Luftauslass ***B*** ausströmen.

3. 12-Volt-Batterie an die Klemmen im Stecker anschließen, das Ventil muss hörbar schließen.

3.1. Bild 7b: Luft in den Lufteinlass ***A*** blasen, es darf keine Luft am Luftauslass ***B*** ausströmen.

■ Wenn defekt, Schaltventil erneuern.

Und hier noch ein Tipp aus der Praxis: Weil man ja mit Lungenkraft das Unterdruck-Schaltventil auf Durchgang und Dichtheit prüft, sollte man vor der Blasaktion einen Schlauch aufstecken, damit bläst es sich etwas leichter.

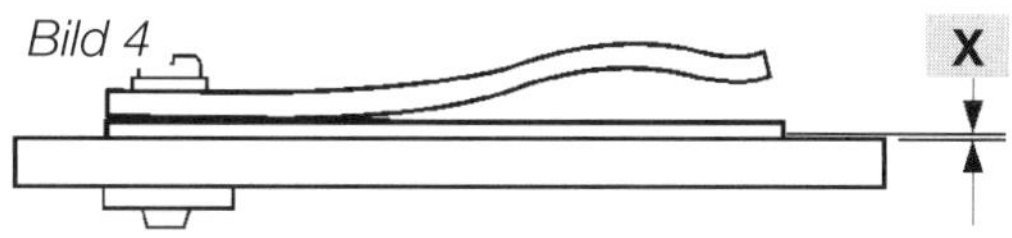

Bild 4

X = *Verzug der Ventilzunge max. 0,4 mm*

Bauteile im Bild 6

Teil 1 = Stecker Unterdruck-Schaltventil
Teile 2, 3, 4 = Schläuche
Teil 5 = Unterdruck-Schaltventil
Teil 6 = Halterung
Teil 7 = Abdeckung
Teil 8 = Membranventil 1
Teile 9, 12 = Lochplatten
Teil 10 = Abdeckung
Teil 11 = Membranventil 2

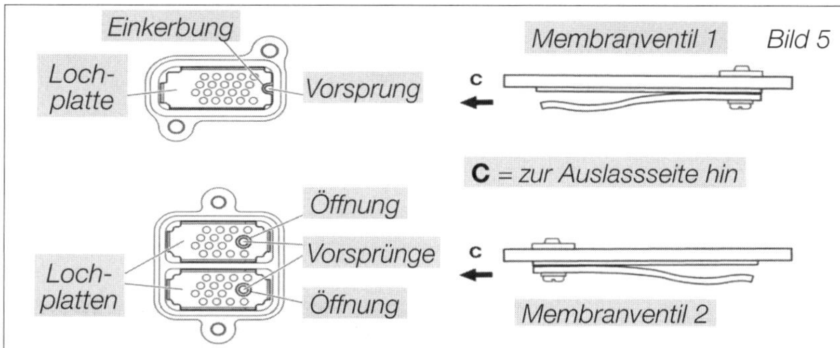

Bild 5

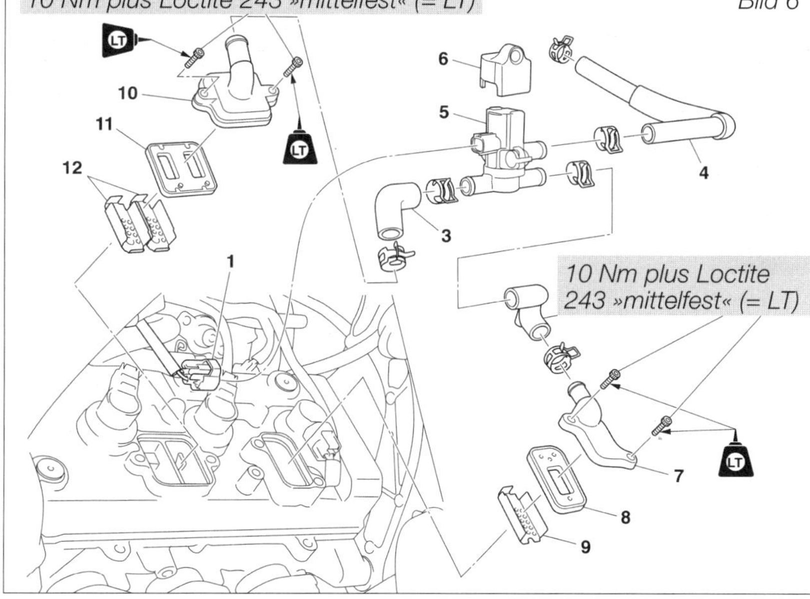

Bild 6

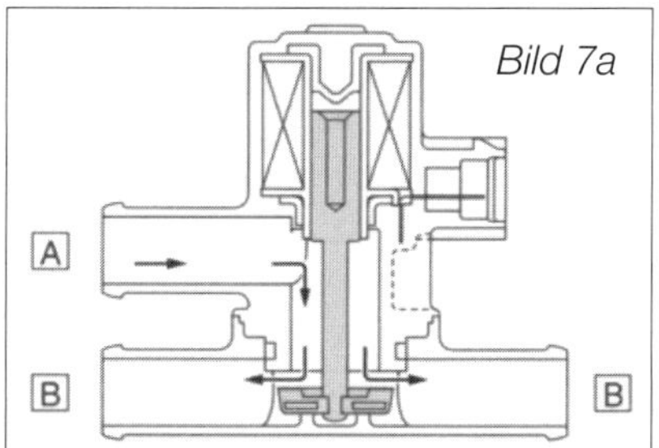

Bild 7a

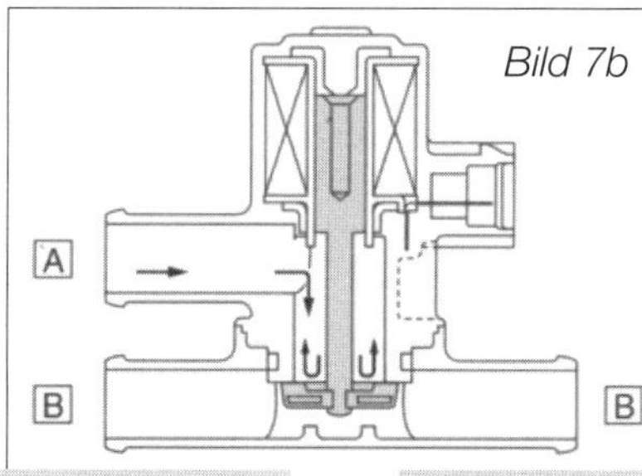

Bild 7b

Abschaltventil geöffnet = *Luft vom Luftfiltergehäuse her* = *Luft zu den Auslasskanälen* ***Abschaltventil geschlossen***

Montagepaste
Bei Montagearbeiten an der Auspuffanlage an Gewinde von Muttern und Schrauben reichlich hitzefeste Kupfer- oder Keramikpaste« (Bild 3) geben, dies verhindert Festbacken der Gewinde. NIEmals Motorenöl, Schmieröl, Kettenspray oder gar Radlagerfett verwenden, denn all das brennt sich ein und backt fest!

Auspuffanlage

In diesem Kapitel: Dichtungen prüfen · Auspuff ab- und anbauen · Zubehör-Auspuffanlagen.

Auspuffanlage, Dichtungen

Die 3-in-1-Auspuffanlage ist mit geregeltem Katalysator und Lambdasonde bestückt. Es sind vier Dichtungen verbaut: je eine Kupfer-Ringdichtung (Bild 2) oben zwischen Auspuffkrümmer und Zylinderkopf und eine Aludichtscheibe (Bild 7b) bei der Lambdasonde. Alle Dichtungen müssen wirklich abdichten, sonst blasen Abgase unkontrolliert ins Freie bzw. zieht die Auspuffanlage Falschluft an.

Dichtungen prüfen – Achtung heiß: Motor laufen lassen und eine Hand so nah wie es geht vor die jeweilige Dichtung halten. Wenn eine Dichtung defekt ist, spürt man die durchblasenden Abgase an der Hand.

Sichtprüfung: Undichte Auspuffdichtungen erkennt man an der Schwarzfärbung der entsprechenden Abblasstellen.
Wichtig: Durchblasende Dichtungen kann man nicht durch ein stärkeres Anziehen der Flansche beheben, dadurch werden die Auspuffbauteile dauerhaft verzogen. Wenn eine Dichtung defekt ist, muss sie ersetzt werden.

Bild 1: Die serienmäßige Auspuffanlage ist ein Bauteil.

Bild 2: Dichtring für Auspuffkrümmer oben an Zylinderkopf.

Bild 3: Hitzefeste Montagepaste.

Auspuff ab- und anbauen

Auspuff abbauen
1. Bild 6: Lambdastecker-Halterung am Kupplungsdeckel abschrauben.
2. Stecker im Kabel der Lambdasonde trennen.
3. Bild 6: Alle Muttern auf den Stehbolzen am Zylinderkopf lösen und abdrehen.
4. Die beiden Schrauben, mit denen der Auspuff unten am Motor befestigt ist, lösen und ausdrehen. Dabei den Auspuff oben mit der Hand halten.
5. Auspuff mit der anderen Hand an den Auspuffkrümmern oben packen, etwas daran wackeln und nach vorne unten herausziehen.
6. Alte Dichtungen aus den Auslasskanälen im Zylinderkopf herausziehen, dazu einen dicken Schraubenzieher zu Hilfe nehmen.

Auspufftopf kontrollieren
■ Sichtprüfung: Alle Schweißnähte dicht?
■ Oberfläche ohne Dellen, ohne Löcher und ohne Korrosion?
■ Hörprobe, wenn der Auspuff abgebaut ist: Auspuff schütteln, es darf nichts klappern. Wenn doch, hat sich im Inneren ein Prallblech gelöst – der Auspuff muss ersetzt werden.

Auspuff anbauen
1. Bild 2: Neue Krümmerdichtungen verwenden, dünn mit Kupferpaste einschmieren, in die Auslasskanäle des Zylinderkopfs einsetzen.
2. Den Auspuff in Montageposition halten und die Krümmer in die Auslasskanäle einschieben. Flansche nachschieben, Muttern aufdrehen.
3. Schrauben, mit denen der Auspuff unter dem Motor montiert ist, einschrauben.
4. Muttern auf Stehbolzen am Zylinderkopf Schritt für Schritt bis auf 20 Nm festziehen.
5. Schrauben, mit denen der Auspuff am Motor montiert ist, mit 20 Nm festziehen.
■ Wenn die Auspuff-Abdeckung abmontiert war, deren Schrauben mit 10 Nm festziehen.

Sicherheitshinweise ⚠ Achtung und ☞ Tipps

⚠ Zu allen Arbeiten an der Auspuffanlage diese kalt werden lassen, nicht in heißem Zustand anfassen.

☞ Bei älteren Maschinen können die Krümmermuttern so fest sitzen, dass sich beim Versuch, die Muttern zu öffnen, der Stehbolzen aus dem Zylinderkopf herausdreht. Wenn keine Möglichkeit zur Reparatur des Gewindes besteht (z. B. mit Heli-Coil) und die Gewinde am Stehbolzen und im Zylinderkopf in Ordnung sind, kann man den Stehbolzen mitsamt der darauf verklemmten Mutter wieder einschrauben. Gut mit Kupferpaste einschmieren. Das Gewinde sollte jedoch bei nächster Gelegenheit repariert werden. Vor dem Einschrauben darauf achten, dass keine herausgerissenen Teile des Zylinderkopfgewindes am Stehbolzen hängen. Wenn doch, gleich reparieren.

Lambdasonde: Bild 7a: Die Lambdasonde ist rechts unten seitlich im Sammler des Auspuffkrümmers eingeschraubt. Ihre einwandfreie Funktion ist wesentlich verantwortlich für die Gemischzusammensetzung und damit für saubere Abgase. Die Lambdasonde ist ein zuverlässiges Bauteil, Defekte sind nicht zu befürchten.

Zubehör-Auspuffanlagen

Wichtig 1: Für eine Auspuffanlage, die für den Straßenbetrieb zugelassen ist, ist eine »Allgemeine Betriebs-Erlaubnis« (ABE) Vorschrift. Diese wird vom Auspuffhersteller erstellt, liegt der Anlage bei und ist EU-weit gültig. Bild 4: Am Auspufftopf ist die Nummer der ABE aufgebracht. Wenn der Nachrüstauspuff bei einer Polizeikontrolle auffällt, genügt es normalerweise, dass man den Polizisten auf die Nummer hinweist. Das Mitführen der ABE-Bescheinigung ist nicht zwingend notwendig; es ist jedoch sinnvoll, die Bescheinigung dabei zu haben, um möglichen Stress mit dem Auge des Gesetzes zu vermeiden.

Wichtig 2: Weil in der Schweiz andere Bestimmungen gelten, gehen Schweizer (und oft auch österreichische!) Polizisten oft sehr rigide mit Ausländern um, die eine ihrer Meinung nach »zu laute Auspuffanlage« an ihrer Maschine haben, egal ob mit oder ohne EU-ABE.

Wichtig 3: Bei Montage einer »lauten« Auspuffanlage für Rennstreckenbetrieb sollte man sich dennoch um deren Lautstärke kümmern. Auf vielen Rennstrecken gelten strenge Lärmbestimmungen. Maschinen, die zu laut unterwegs sind, werden gnadenlos von der Strecke genommen. Manche Auspuffanlagen sind mit so genannten »db-Killern« (Bild 4) ausgerüstet, die je nach gewünschter (oder erlaubter) Lautstärke aus- oder eingebaut werden können.

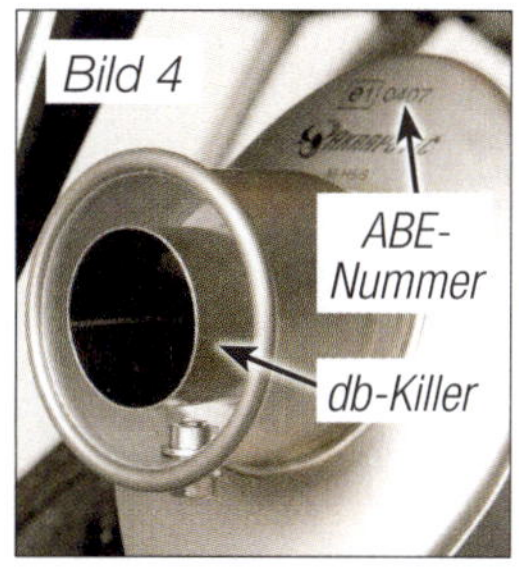

Bild 4: Mit »db-Killer« ausgerüstete Auspuffanlage mit ABE-Nummer.

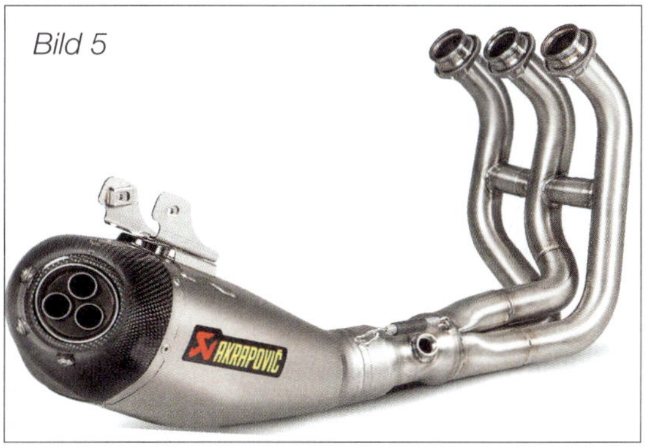

Bild 5: Akrapovic-Auspuff aus dem Yamaha-Zubehörprogramm.

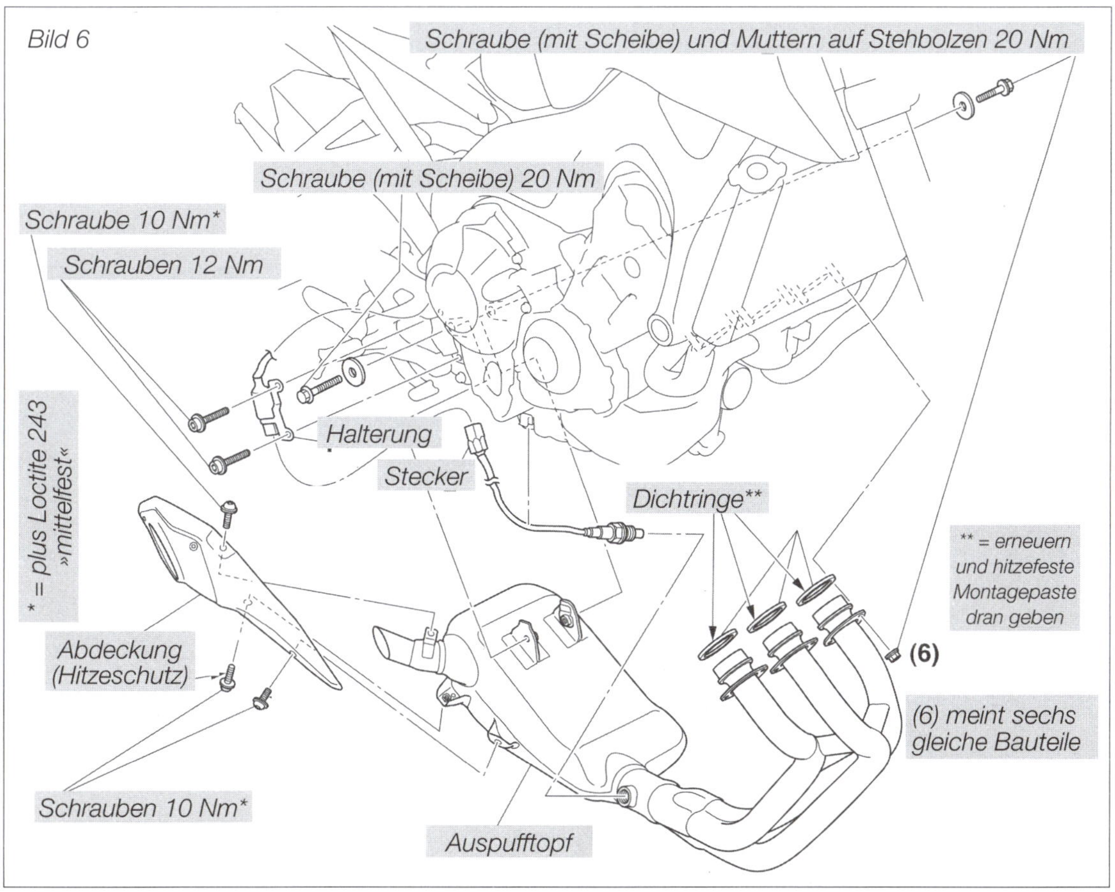

Bild 6: Explosionszeichnung der Auspuffanlage mit Anziehdrehmomentwerten.

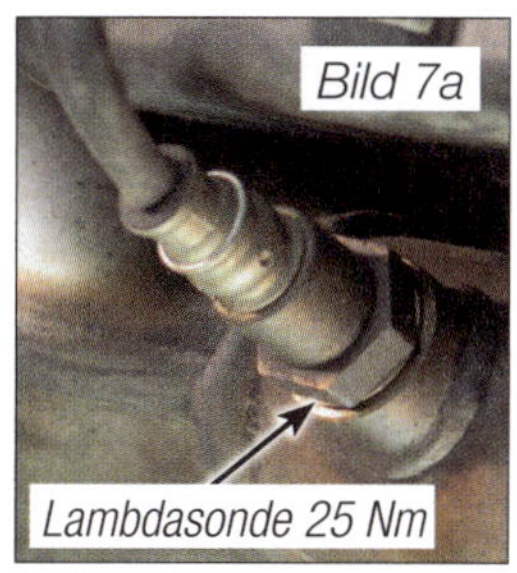

Bilder 7a und 7b: Lambdasonde in ein- und ausgebautem Zustand.

Motorrad anschieben
Wenn die Batterie keinen Totalschaden hat und noch etwas Restspannung, kann der Motor durch Anschieben gestartet werden. Wichtig ist, dass eine Batterie eingebaut ist, weil sich der Motor ohne Batterie auch durch Anschieben nicht starten lässt.
■ Zündung EIN, Motorstart-/stoppschalter am Lenker auf ON.
■ Zweiten Gang einlegen, Kupplung ziehen, Motorrad mit gezogener Kupplung etwas zurückschieben, um sicherzugehen, dass die Kupplung auch wirklich trennt.
■ Fahrer am Lenker, hinten hilft ein Freund: Gleichzeitig schieben!
■ Fahrer springt in den Sitz und lässt gleichzeitig die Kupplung los – Motor müsste kommen.
■ Falls »ja«, den Motor mit kurzen Gasstößen am Leben halten.

Bilder 1 und 2: Prüfung des Anlasser-Relais auf Stromdurchgang. ■ *In Bild 2 ist die Abdeckung vom Anlasser-Relais abgezogen.*

Anlasser

In diesem Kapitel: Motor durch Anschieben starten · Anlasserfunktion prüfen · Motor fremdstarten · Anlasserrelais prüfen · Anlasser aus- und einbauen · Anlasserfreilauf aus- und einbauen.

Anlasserfunktion prüfen

Falls der Anlasser nicht reagiert, wenn der Start-Stoppschalter in Position »Starten« gedrückt wird, zuerst Folgendes prüfen:
■ Zündschlüssel im Zündschloss sicher auf ON?
■ Leerlauf sicher eingelegt? Nicht immer ist der Leerlauf drin, wenn das grüne Licht im Armaturenbrett leuchtet!
■ Kupplungshebel ganz durchziehen und einen weiteren Startversuch machen. Wenn der Motor jetzt anspringt, ist der Gangpositionsschalter defekt und der Kupplungsschalter, der am Handkupplungshebel sitzt, hat das Problem des defekten Gangspositionsschalter überbrückt.

Wenn der Motor gestern noch problemlos angesprungen ist und heute nicht mehr will, kann auch die Batterie defekt sein (siehe Kapitel 23). Startprobleme gibt es auch dann, wenn der Strom auf seinem Weg von der Batterie über das Anlasserrelais schlechte Kontakte passieren muss. Entsprechende Steckverbindungen auf satten Sitz, Korrosion, Kabelanschlüsse an Batterie, sicheren Anschluss des Massekabels und die Sicherungen überprüfen (Kapitel 25 »Sicherungen · Relais«). Nehmen Sie bitte auch die Schaltpläne im Kapitel 28 zu Hilfe.

Motor fremdstarten

Wenn die Batterie »müde« ist und nicht genügend Strom zum Starten liefert, kann man den Motor mit Hilfe von »Fremdstartkabeln« als Verbindung zu einer externen Stromquelle fremdstarten, zum Beispiel zur Batterie eines anderen Motorrades oder eines Autos. **Sehr wichtig:** Die Stromquelle muss eine Spannung von 12 Volt liefern. Ein Lkw mit 24-Volt-System taugt also nicht zum Fremdstarten. Die Fremdstartkabel müssen kleine Zangen haben, denn mit großen Zangen erreicht man die kleinen Anschlüsse der Yamaha-Batterie nicht. Weiterhin sollten die Fremdstartkabel mit einem Überspannungsschutz ausgestattet sein (siehe Text im Kasten rechts). Im Motorrad-Fachhandel gibt es entsprechende Kabel für kleines Geld zu kaufen.

1. Sitzbank/Fahrersitz abbauen und Zugang zu den Batteriepolen schaffen.
2. Minuspole der fremden Stromquelle und der Yamaha-Batterie mit dem schwarzen Fremdstartkabel verbinden.
3. Gummikappe auf dem Pluspol der Yamaha-Batterie abschieben. Mit dem roten Fremdstartkabel die Batterie der Yamaha und die der fremden Stromquelle verbinden.
⚠ **Achtung:** Mit den Pluszangen keine metallischen Bauteile der Fahrzeuge oder eine Minuszange berühren, sonst gibt es einen satten Kurzschluss und es besteht Brandgefahr.
4. Motor der fremden Startquelle auf ungefähr 4000/min hochdrehen. Jetzt versuchen den Motor der Yamaha zu starten.
5. Wenn der Motor der Yamaha läuft, ihn mit ca. 3000/min laufen lassen.
6. Kabel abnehmen: Zuerst das Pluskabel abklemmen, dann das Minuskabel. Gummikappe auf Pluspolanschluss schieben.
7. Sitzbank/Fahrersitz aufbauen.

Wichtig: Den Motor nicht sofort ausschalten, weil die Batterie noch nicht wieder genug Strom aufbringt um den Motor aus eigener Kraft zu starten, und die Prozedur war dann umsonst.

Wenn die Batterie nur leer gewesen ist aber sonst in Ordnung, dann wird sie bei laufendem Motor von der Lichtmaschine geladen. Dennoch: Bei nächster Gelegenheit sollte man sie mit einem Ladegerät vorschriftsmäßig laden (Kapitel 23 »Batterie«).

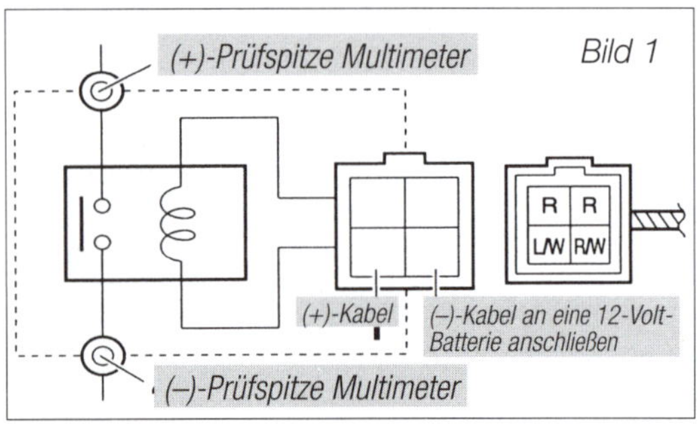

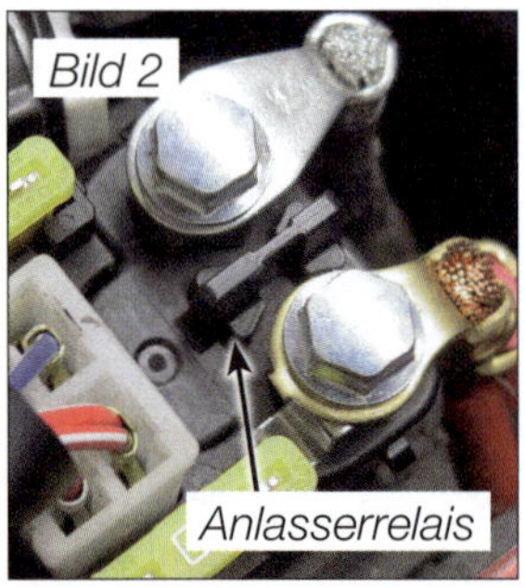

Anlasser-Relais

Anlasser-Relais prüfen
Bild 2: Zugang zum Anlasser-Relais schaffen, es ist unterm Fahrersitz hinter der Batterie (Kapitel 25 »Sicherungen · Relais«). Abdeckung abnehmen.
1. Zündung EINschalten, Anlasserknopf betätigen und genau darauf achten, ob ein Klicken aus dem Anlasser-Relais zu hören ist.

2. Falls ein Klicken zu hören ist, ist es in Ordnung.
2.1. Wenn es nicht klickt, bekommt es entweder keinen Strom oder ist defekt.
3. Prüfen Sie auch die Hauptsicherung, sie sitzt vor dem Anlasser-Relais. Kapitel 25 »Sicherungen · Relais« zu Hilfe nehmen.

Anlasser-Relais durchmessen
1. Massekabel von der Batterie abklemmen.
2. Bilder 1, 2: Kabelklemmen am Anlasser-Relais abschrauben und den Stecker abziehen.
2.1. Anlasser-Relais aus der Halterung ziehen.
3. Bild 2: Multimeter nehmen, Anzeige auf x1 Ω einstellen, Prüfspitzen an die Kabelklemmen des Anlasser-Relais anlegen wie in Bild 1 gezeigt:
- Positive Prüfspitze an den Anschluss, wo das rote (+)-Kabel angeschlossen war.
- Negative Prüfspitze an den Anschluss, wo das schwarze (–)-Kabel angeschlossen war.

4. Bild 1: An die Anschlüsse im Stecker eine voll geladene 12-Volt-Batterie anlegen bei »(+)-Kabel« und »(–)-Kabel«.
- Batteriespannung nur kurz an das Relais anlegen, keinesfalls länger als 5 Sekunden!

5. Bei angelegter Batteriespannung muss das Multimeter 4,18 bis 4,62 Ω anzeigen.
6. Defektes Relais ersetzen.

Anlasser aus- und einbauen

Yamaha schreibt vor, dass zur Anlassermontage abgebaut werden sollen: Tank, Luftfilterkasten, wenn vorhanden Aktivkohlebehälter und Drosselklappenbaugruppe. Geübte Mechaniker können sich diesen Arbeitsaufwand sparen, der Anlasser ist auch so einigermaßen gut zugänglich.

Anlasser ausbauen
1. Zugang zur Batterie schaffen. Massekabel von der Batterie abklemmen.
2. Bild 4: Gummikappe über der Pluskabelbefestigung abziehen, Mutter abdrehen, Kabelklemme abnehmen.
3. Befestigungsschrauben des Anlassers lösen und ausdrehen, Schrauben und Minuskabel abnehmen.
3.1. Anlasser aus seiner Sitzbohrung im Motorgehäuse ziehen und abnehmen.

Anlasser einbauen
1. Neuen O-Ring eingefettet in die Nut im runden Vorderteil des Anlasserdeckels einsetzen.
Wenn der alte O-Ring noch in Ordnung ist, kann er weiterverwendet werden.
2. Anlasser in das Motorgehäuse einschieben, Befestigungsböcke zur Deckung mit den Gewindebohrungen im Motorgehäuse bringen, Schrauben eindrehen (die linke zusammen mit dem Minuskabel) und mit 12 Nm festziehen.
3. Bild 4: Pluskabel anschließen, Mutter mit 7 Nm festziehen, Gummikappe aufsetzen, abgebaute Teile anbauen, Batterie anschließen.

Anlasserfreilauf

Der Anlasserfreilauf ist Bestandteil der Anlassermechanik, welche die Drehbewegung des Anlassers auf die Kurbelwelle überträgt. Der Anlasserfreilauf ist am Lichtmaschinenrotor befestigt, der auf der Kurbelwelle hinter dem linken Motorseitendeckel sitzt (Bild 5). Unter normalen Umständen geht am Anlasserfreilauf und den Zahnrädern, die zur Übertragung der Drehbewegung des Anlassermotors zum Anlasserfreilauf nötig sind, nichts kaputt. Falls doch etwas kaputt gehen sollte, kündigt sich dies durch einen immer schlechter greifenden Anlasserfreilauf an: Beim Startversuch dreht der Anlasser alleine durch, erst einmal leer, dann greift er wieder, dann zwei- bis dreimal leer, dann greift er wieder, bis bald darauf überhaupt nichts mehr geht, der Anlasser nur noch hohl dreht. Dies ist ein Zeichen dafür, dass sich die Freilaufrollen (Bild 3) in den Mitnehmerbund eingearbeitet haben; man nennt dieses »Rattermarken«. Dann müssen Anlasserfreilauf, Freilaufring und Zahnrad mit Bund für den Anlasserfreilauf erneuert werden. Bilder 6 und 7: Dazu braucht man folgende Spezialwerkzeuge:
- »Riemenscheiben-Halter« (Nr. 90890-01701)
- »Schwungradabzieher« (Nr. 90890-01362)

Richtige Fremdstartkabel verwenden
Verwenden Sie zum Fremdstarten Ihrer Maschine niemals Auto-Fremdstartkabel mit dicken Zangen, sondern nehmen Sie spezielle Motorrad-Starthilfekabel mit kleinen Zangen. Achten Sie darauf, dass ein Überspannungsschutz eingebaut ist (»Z-« oder »Zener-Diode«), der die elektronischen Bauteile der Maschine vor Überspannung schützt.

Bild 3

Bild 3: Rollenelement des Anlasserfreilaufs.

Bild 4: Einbaulage des Anlassers auf dem Motorgehäuse hinter dem Zylinderfuß.

Bild 4
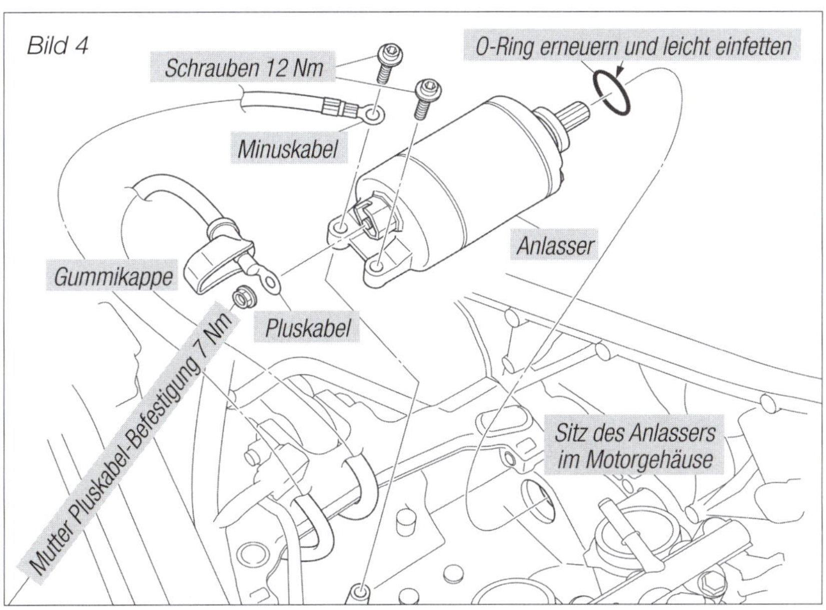

Sichtprüfung · Messen

Anlasserfreilauf ausbauen

1. Abbauen: Sitzbank/Fahrersitz, Tank, linke Heckverkleidung (Kapitel 3 »Spiegel · Tank · Verkleidung«).

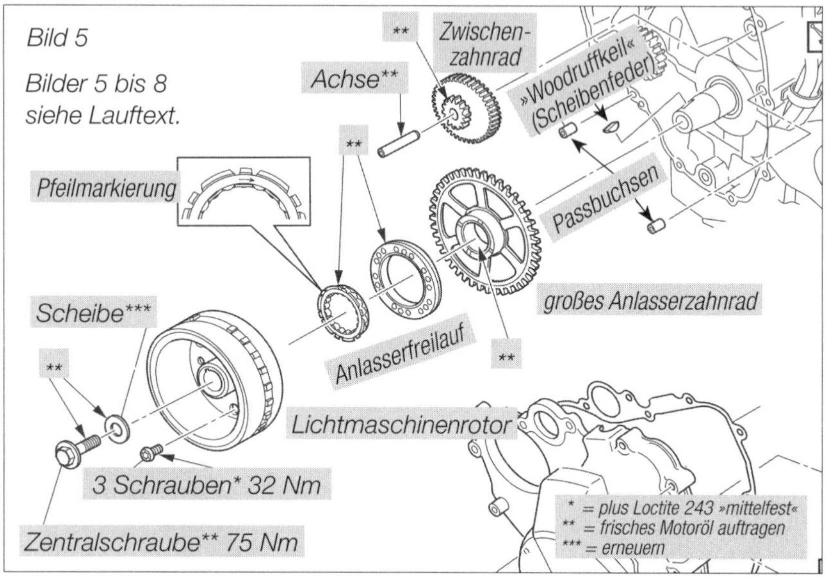

Bild 5

Bilder 5 bis 8 siehe Lauftext.

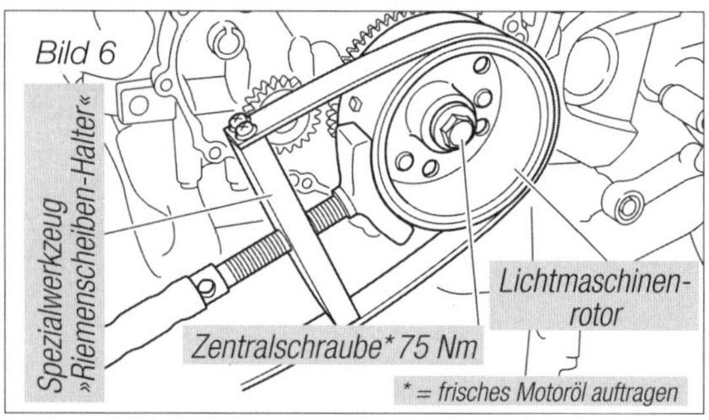

Bild 6

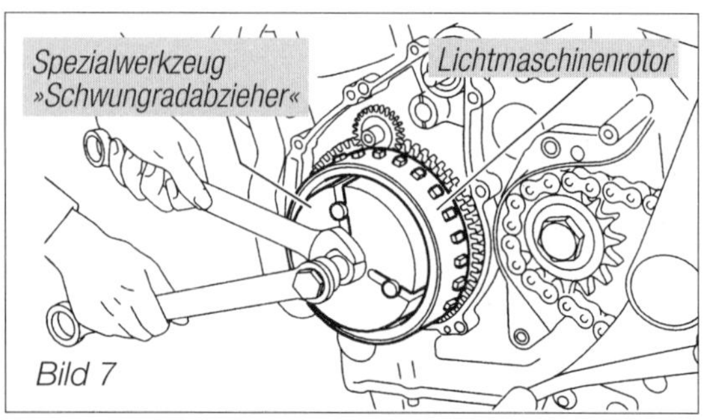

Bild 7

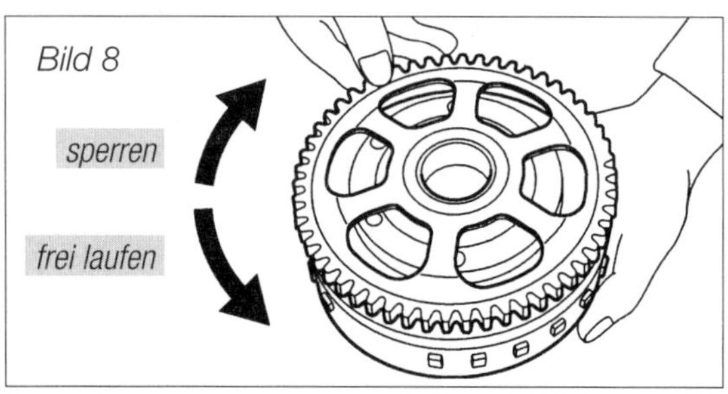

Bild 8

2. Linken Motordeckel abschrauben (Kapitel 24 »Ladesystem«).

3. Bild 6: »Riemenscheiben-Halter« aufbauen. Zentralschraube mit Sechskantnuss und langem Hebelarm öffnen und ausdrehen.

4. Bild 7: »Schwungradabzieher« aufbauen, Abdrückschraube eindrehen, festziehen, mit Ringschlüssel gegenhalten: Das Schwungrad wird so vom Konussitz der Kurbelwelle abgesprengt.

■ Damit der Kurbelwellenstumpf nicht beschädigt wird, sollte man zwischen der Abdrückschraube des »Schwungradabziehers« und der Kurbelwelle eine passende Nuss einsetzen.

4.1. »Woodruff-Keil« (Scheibenfeder, Bild 5) aus der Nut in der Kurbelwelle nehmen.

5. Den Lichtmaschinenrotor mit dem »Riemenscheiben-Halter« festhalten, die drei Halteschrauben des Anlasserfreilaufs lösen und ausdrehen.

6. Anlasserfreilauf vom Schwungrad abnehmen.

Anlasserfreilauf prüfen: 1. Bild 8: Wenn das große Anlasserzahnrad mit dem Bund in den Anlasserfreilauf eingesetzt wird, muss sich das Zahnrad …

■ … im Uhrzeigersinn (rechts herum) sperren

■ … und entgegen dem Uhrzeigersinn gleichmäßig drehen lassen. Wenn nicht, Teile ersetzen.

2. Bund des großen Zahnrads und die Rollen des Freilaufs auf Abnutzung, eingelaufene Druckstellen, Bruch, verfärbte (blaue) Stellen kontrollieren, wenn defekt ersetzen.

Anlasserfreilauf einbauen

1. Rollen des Freilaufs gut mit Motoröl einölen.

2. Freilauf so in den Freilaufring einsetzen, dass die Pfeilmarkierung auf dem Freilauf zum Lichtmaschinenrotor hin zeigen.

3. Freilaufring an den Lichtmaschinenrotor ansetzen, Gewinde der Befestigungsschrauben mit Loctite »mittelfest« bestreichen und eindrehen.

3.1. «Riemenscheiben-Halter« auf Lichtmaschinenrotor aufbauen, Schrauben mit 32 Nm festziehen.

4. Konus auf der Kurbelwelle und den Innenkonus des Rotors ölfrei reinigen.

5. »Woodruff-Keil« (Scheibenfeder) in seine Keilnut im Kurbelwellenstumpf einsetzen.

6. Lichtmaschinenrotor auf den Konus ansetzen, Nut im Innenkonus auf »Woodruff-Keil« ausrichten und jetzt den Rotor unter leichtem Druck zielsicher aufschieben.

7. Wenn möglich neue Zentralschraube und Scheibe verwenden. Einölen und eindrehen.

8. Lichtmaschinenrotor mit »Riemenscheiben-Halter« festhalten, Zentralschraube mit 75 Nm festziehen.

9. Deckel montieren: Passbuchsen (Bild 5) einsetzen, Dichtfläche gut reinigen, neue Deckeldichtung auflegen, Deckel aufsetzen.

■ Achten Sie auf Ihre Finger, die Magnetkraft ist stark und zieht den Deckel plötzlich an!

9.1. Bei den zwei unteren Schrauben etwas Loctite »mittelfest« an ihre Gewinde geben.

9.2. Alle Deckelschrauben eindrehen und über Kreuz Schritt für Schritt bis auf 12 Nm anziehen.

10. Wasserpumpe anbauen.

11. Stecker der Kabel von Lichtmaschine und Kurbelwellenpositions-Sensors zusammenstecken. Kühlflüssigkeit und Motoröl einfüllen. Restliche Teile anbauen.

Ventilspiel

In diesem Kapitel: Ventilspiel kontrollieren · Einstellplättchen auswechseln · Nockenwellen aus- und einbauen.

Ventilspiel

Ein gewisses Spiel zwischen Nocken und Tassenstößel ist nötig, damit die Ventile den Brennraum über die Ventilsitze bei allen Betriebstemperaturen dicht abschließen und kein Gas unkontrolliert entweichen kann.

Das Ventilspiel muss alle 40 000 km überprüft werden. Wenn sich dabei herausstellt, dass es eingestellt werden muss, wird das unter dem Stößel eingesetzte Ventileinstellplättchen (»Shim«) durch ein dickeres oder dünneres ersetzt. Dazu müssen die Nockenwellen ausgebaut werden.

Bild 1: Das vorgeschriebene Ventilspiel beträgt:
- Einlassventile .... 0,11 mm bis 0,20 mm
- Auslassventile .... 0,26 mm bis 0,30 mm

Bild 8c: Das bei einer Inspektion zu prüfende Ventilspiel nennt sich »Ist-Ventilspiel«. Um dieses zu ermitteln wird mit verschieden dicken Fühlerblättern geprüft bis man eines gefunden hat, das sich zwischen Nocke und Tassenstößel »satt« durchziehen lässt. Dieses festgestellte »Ist-Ventilspiel« muss mit den zugehörigen Zylinderzahlen plus »***E***« und »***A***« (für Einlass und Auslass) notiert werden, weil man es später braucht bei der Auswahl neuer Shims, mit denen das Ventilspiel auf die vorgeschriebenen Werte eingestellt wird.

Korrespondenzkapitel:
- 3 »Spiegel · Tank · Verkleidung«
- 15 »Zündkerzen«
- 19 »Luftfilter«

Bilder 1 bis 6: Markierungen, Bilder und Zeichnungen, die zum Messen und Einstellen des Ventilspiels gebaucht werden.

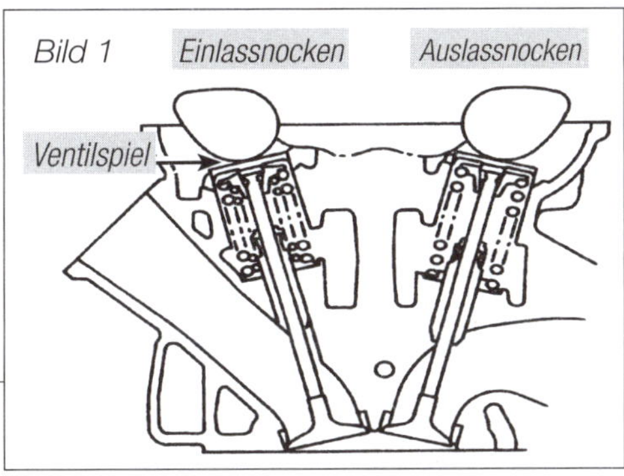

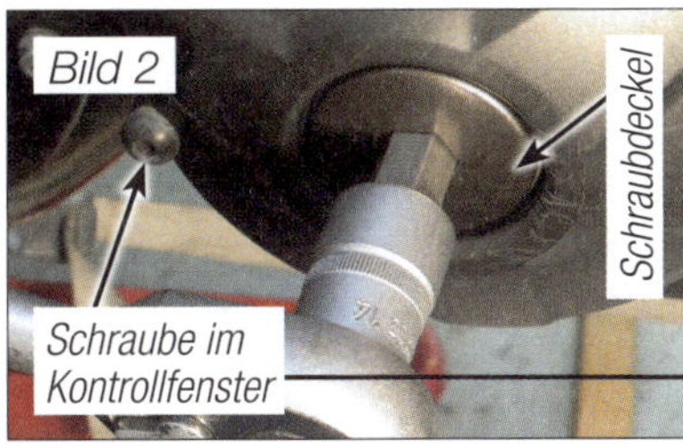

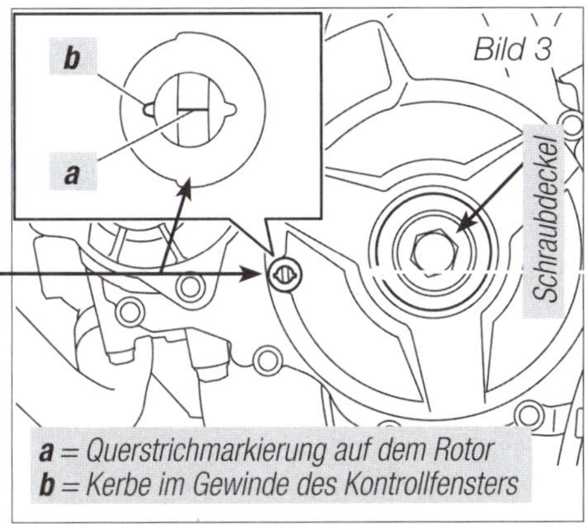

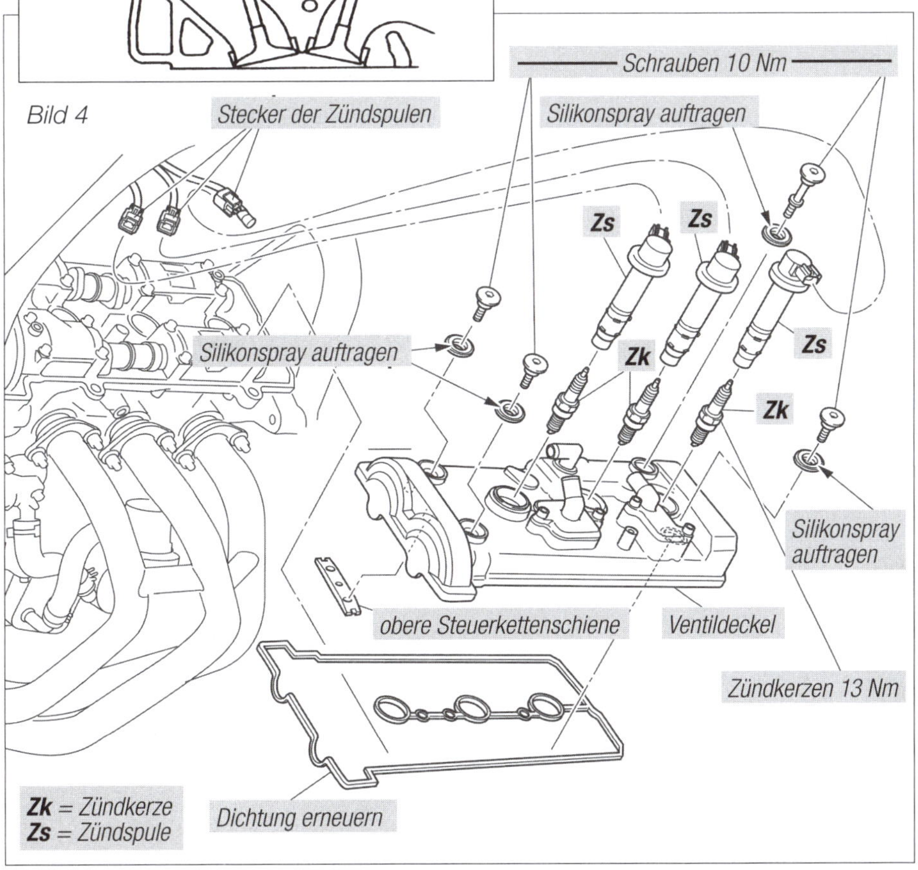

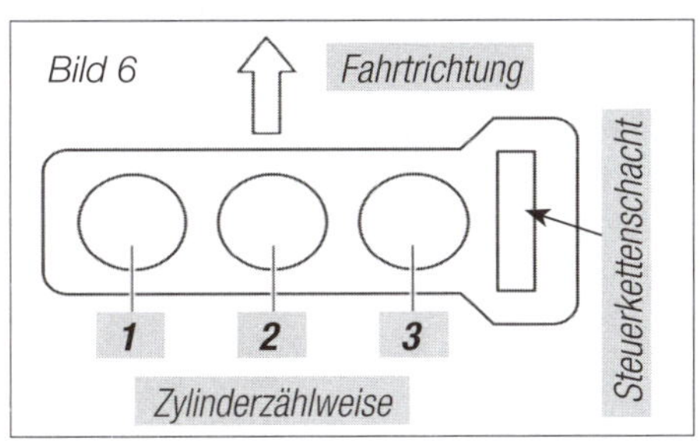

Sichtprüfung Messen

Bild 7

19er-Nuss mit Knebel zum Drehen der Kurbelwelle

Bilder 7 bis 8c auf dieser und 9a bis 12 auf der rechten Seite: Bilder, Markierungen und Zeichnungen zum Messen und Einstellen des Ventilspiels.

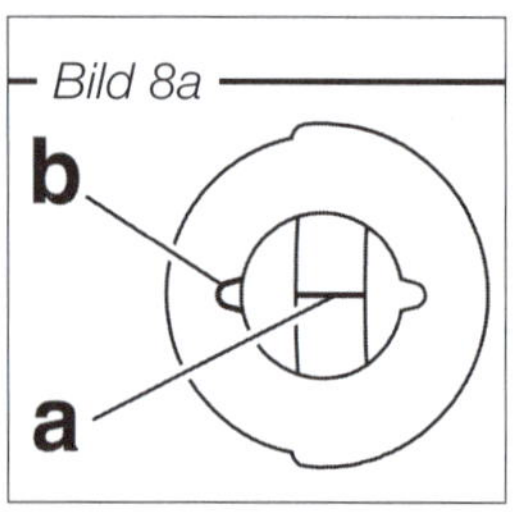

Bild 8a

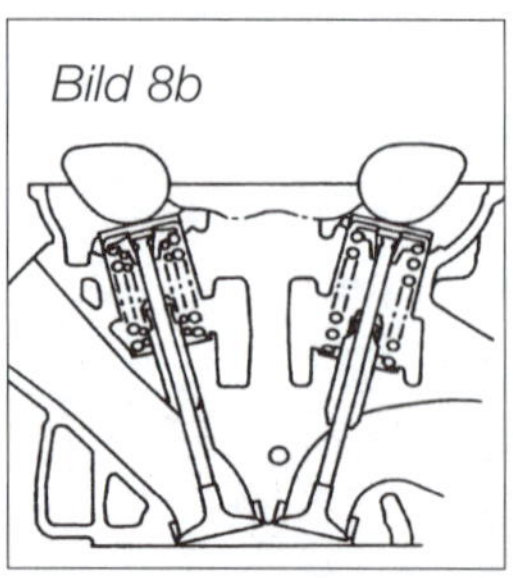
Bild 8b

Zylinderzählweise
Bild 6: Die Zylinder werden in Fahrtrichtung von links nach rechts gezählt:
- Der 1. Zylinder ist links.
- Der 2. Zylinder ist in der Mitte.
- Der 3. Zylinder ist rechts.
- Rechts außen ist der Steuerkettenschacht.

Ventilspiel kontrollieren

Vorarbeiten: Zur Kontrolle und Einstellung des Ventilspiels muss der Motor kalt sein. Weil der Ventildeckel (»Zylinderkopfdeckel«, Bild 4) abgebaut werden muss, ist guter Zugang zum Motor oben nötig. Es müssen abgebaut werden: Tank, Luftfilterkasten, Sekundärluft-Abschaltventil, Kühler, Zündkerzen ausbauen.

- Bild 5: Der Kühler muss nicht ganz abgebaut werden, es genügt, wenn er oben losgeschraubt und nach vorne gebogen wird.

1. Bild 2: Schraube im Kontrollfenster im Lichtmaschinendeckel lösen, ausdrehen.

1.1. Bild 2: Schraubdeckel im Lichtmaschinendeckel links unten am Motor lösen, ausdrehen.

- Bilder 2 und 3: Durch das kleine Loch, »Kontrollfenster« genannt, sieht man eine Markierung, durch das große Loch kommt man an die Schraube, mit der man die Kurbelwelle unter Zuhilfenahme einer 19er-Nuss (Bild 7) mit Verlängerung und Knebel drehen kann – und zwar links herum.

2. Schrauben des Ventildeckels ausdrehen. Man braucht sie nicht ganz herausziehen, sie bleiben mit den Scheiben in ihren Bohrungen sitzen.

3. Deckel mit Dichtung vorsichtig (!) abnehmen.

Die Ventildeckeldichtung und die Scheiben der Schrauben können ein weiteres Mal verwendet werden, wenn sie nicht ausgehärtet sind und deswegen erneuert werden müssen.

4. Rechts unten am Motor den dreieckigen Deckel abschrauben. Wenn die Dichtung am Motorgehäuse klebt, kann man sie dort lassen. Wenn sie nicht zerrissen ist, kann man sie ein weiteres Mal verwenden. Ansonsten beim Zusammenbau eine neue Dichtung montieren.

- An dieser Stelle sieht man das untere Kettenrad und die Steuerkette. Das ist wichtig zur Kontrolle, ob die Steuerkette korrekt auf dem Kettenrad sitzt.

Bild 8c

Ventilspiel kontrollieren, Ist-Ventilspiel ermitteln

Hinweis: Für die folgenden Arbeitsschritte »Ventilspiel« und »Nockenwellen aus-und einbauen« sind die Bilder 7, 8a, 8b und 8c wichtig:
- Bild 7 »Links unten am Motor die Kurbelwelle mit 19er-Nuss drehen«.
- Bild 8a »Strichmarkierung auf dem Rotor«.
- Bild 8b »oben am Zylinderkopf zeigen Einlass- und Auslassnocken schräg nach oben und voneinander weg«.
- Bild 8c »mit Fühlerblättern das Ventilspiel kontrollieren, ermitteln«.

Ventilspiel Zylinder 1: Links unten am Motor die Kurbelwelle links herum drehen, bis sich der Kolben im Zylinder 1 im **o**beren **T**otpunkt (»**OT**«) des Verdichtungstaktes befindet.
- Bild 8a: Die Strichmarkierung auf dem Rotor muss mit der Kerbe im Gewinde der Bohrung des Kontrollfensters fluchten.
- Bild 8b: Oben am Zylinderkopf zeigen Einlass- und Auslassnocken von Zylinder 1 schräg nach oben und voneinander weg.

Wichtige Anmerkung: Wenn sich die Strichmarkierung auf dem Rotor mit der Kerbe im Gewinde der Bohrung deckt, aber die Nocken von Zylinder 1 nicht schräg nach oben und voneinander weg zeigen (wie in den Bildern 1 und 8b), sondern nach unten und zueinander hin, dann muss man die Kurbelwelle eine weitere Umdrehung (360 Grad) links herum drehen.

Oben am Zylinderkopf: Ein- und Auslass-Ventilspiel von Zylinder 1 messen, notieren.

Ventilspiel Zylinder 2: Links unten am Motor die Kurbelwelle um 240 Grad links herum drehen. Jetzt steht der Kolben im Zylinder 2 im OT des Verdichtungstaktes.
- Bild 8b: Einlass- und Auslassnocken von Zylinder 2 zeigen nach oben voneinander weg.

Ein- und Auslass-Ventilspiel von Zylinder 2 messen und notieren.

Ventilspiel Zylinder 3: Links unten am Motor die Kurbelwelle um weitere 240 Grad links herum drehen. Jetzt steht der Kolben im Zylinder 3 im OT des Verdichtungstaktes.
- Bild 8b: Einlass- und Auslassnocken von Zylinder 3 zeigen nach oben voneinander weg.

Ein- und Auslass-Ventilspiel von Zylinder 3 messen und notieren.

Ergebnisse werten

1. Wenn die Ventilspiele innerhalb der Toleranzen liegen, braucht man nichts weiter zu tun.

2. Wenn aber nur ein Ventil das vorgeschriebene Ventilspiel unter- oder überschreitet, müssen die zugehörige Nockenwelle ausgebaut und ein neues Shim eingesetzt werden.

Einstellplättchen auswechseln

Nockenwellen ausbauen

1. Links unten am Motor die Kurbelwelle links herum drehen (Bild 7), bis die querstehende V-Markierung »a« auf dem Rotor (Bild 9a) mit der Kerbe »b« in der Bohrung des Kontrollfensters fluchtet (Bild 9a).

Gegenkontrolle: Oben auf dem Zylinderkopf genau nachschauen, ob die Körnermarkierungen »a« auf den Nockenwellen (Bild 9) auf die Strichmarkierungen »b« an den Lagerdeckeln (Bild 9) ausgerichtet sind. Das ist genau die Stellung von Kurbelwelle und Nockenwellen, in der die Lagerdeckel aus- und eingebaut werden können, was ja zum Wechseln der Shims nötig ist.

Achtung: Die Kurbelwelle darf während des Aus- und Einbaus der Nockenwellen nicht mehr gedreht werden, um Schäden und/oder falsche Steuerzeiten zu vermeiden. Ziehen Sie die 19er-Nuss von der Kurbelwellenschraube ab und die Verlängerung mit Drehknebel aus der Bohrung heraus (Bild 7).

2. Bild 10: Jetzt die Verschlussschraube des Steuerkettenspanners ausschrauben.

2.1. Bild 11: Mit Spezialwerkzeug »Sechskantschlüssel« (Nr. 1RC-12228-00) in den Steuerkettenspanner einfahren, Spannbolzen gegen den Uhrzeigersinn (links herum) bis zum Anschlag drehen: Der Steuerkettenspanner wird in sich gespannt, fährt von der Steuerkettenschiene weg und die Steuerkette wird dadurch entspannt.

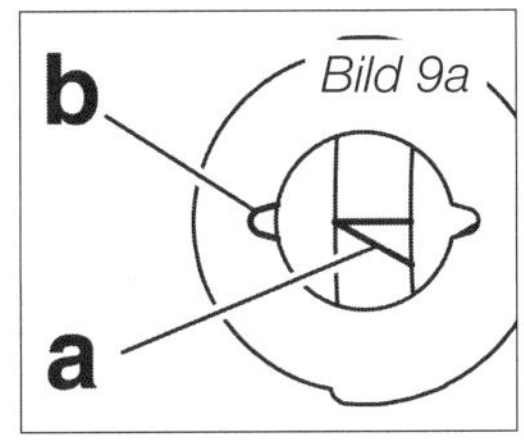

Bild 9a

Tipp: Das Spezialwerkzeug ist ein ca. 50 mm langer Inbusschlüssel mit Sechskantkopf. Ein handelsüblicher Inbusschlüssel mit SW3 ist zu lang – man kann ihn kürzen und spart sich so den Kauf des Spezialwerkzeugs »Sechskantschlüssel«.

2.2. Bild 10: Befestigungsschrauben des Steuerkettenspanners am Zylinderkopf ausdrehen. Steuerkettenspanner mit Dichtung herausnehmen und vorsichtig ablegen.

3. Bild 14: Schrauben der Lagerdeckel über Kreuz schrittweise von außen nach innen lösen, ausdrehen, Lagerdeckel abnehmen:

- Zuerst den linken großen Lagerdeckel.
- Dann den Einlassnockenwellen-Lagerdeckel.

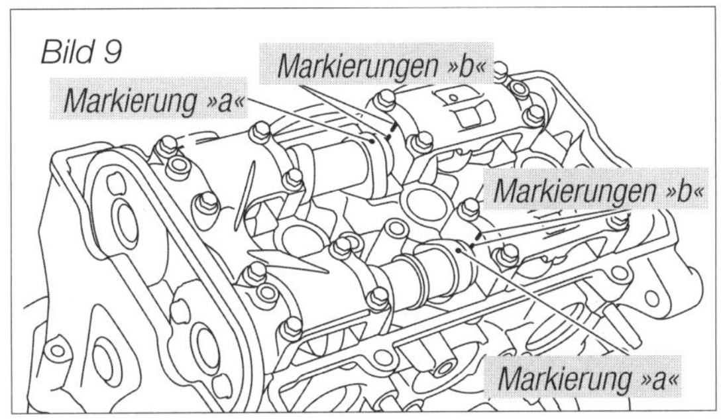

Bild 9

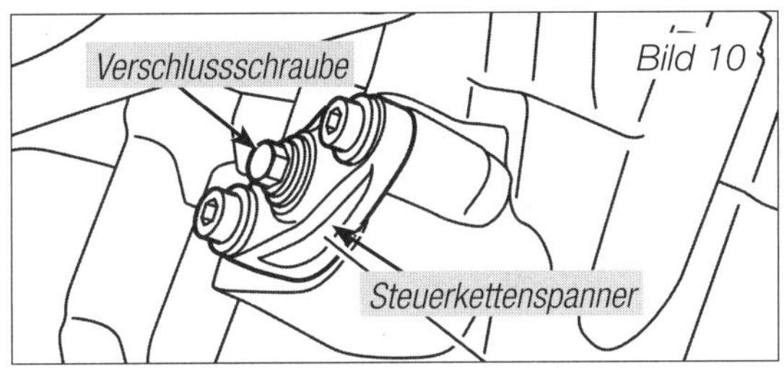

Bild 10

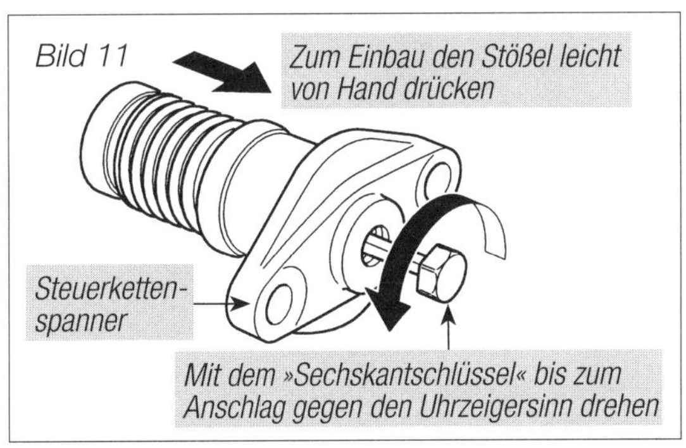

Bild 11

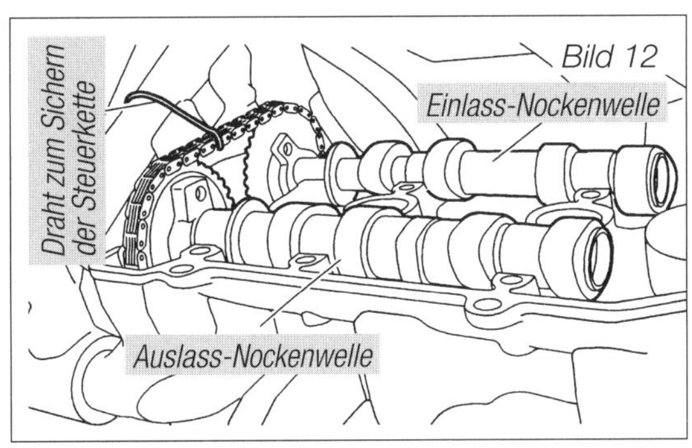

Bild 12

Ventilspiel-Einstellplättchen »Shim« auswählen

Zum Einstellen des Ventilspiels stehen 19 verschieden dicke »Shims« von 1,50 bis 2,40 mm in Abstufungen von 0,05 mm zur Verfügung. Die Dicke des benötigten neuen Shim wird folgendermaßen ermittelt:

1. Basisformel (B – C) + D = A

- Maß A = ist die gesuchte Stärke des neuen Shim
- Maß B = ist das festgestellte und notierte Ist-Ventilspiel
- Maß C = ist das vorgeschriebene neue Ventilspiel
- Maß D = ist die Stärke des ausgebauten Shim

2. Beispielrechnung für ein Auslassventilspiel:

- Maß B: 0,22 mm ist das eben festgestellte und notierte Ist-Ventilspiel
- Maß C: 0,26 bis 0,30 mm ist das vorgeschriebene Ventilspiel
- Maß D: 1,85 mm ist die Stärke des eben ausgebauten Shim

2.1. Ein benötigtes Shim errechnen:

- (B – C) = (0,22 mm – 0,26 mm) = – 0,04 mm
- A = –0,04 mm + 1,85 mm = 1,81 mm

3. Es müsste ein neues Shim mit 1,81 mm Dicke eingesetzt werden. Weil es dieses nicht gibt, wird ein dünneres mit 1,80 mm Dicke verwendet. Damit beträgt das neue Ventilspiel 0,27 mm, es liegt innerhalb der Toleranz.

Sichtprüfung Messen

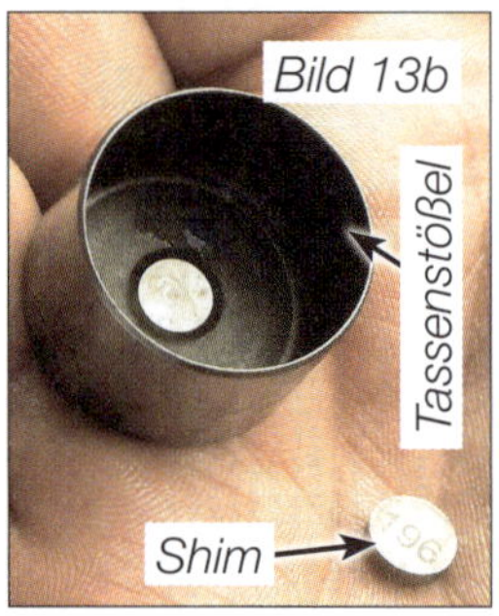

■ Dann den Auslassnockenwellen-Lagerdeckel.

4. Bild 12: Nockenwelle aus ihren Lagerstellen heben, dabei die Steuerkette vom Kettenrad abnehmen und mit einem Draht nach oben aufhängen, damit sie nicht in den Schacht fällt. **Wichtig:** Steuerkettenschacht, offene Schmierbohrungen in den Lagerschalen und Kerzenbohrungen mit Lappen abdecken! Denn wenn eine Schraube oder ein Ventilshim hineinfällt, ist es schier unmöglich, das Kleinteil wieder herauszuholen, ohne den Motor weiter zu zerlegen.

Neues Einstellplättchen: Nun muss ein neues Einstellplättchen ausgewählt werden. Auf der vorherigen Seite wird dies genau erklärt.

Bilder 13a, 13b, 13c: Tassenstößel und Einstellplättchen.

Bild 14: Explosionszeichnung des Ventiltriebs mit Detailangaben.

Einstellplättchen wechseln: Beim Herausziehen der Tassenstößel mit einem Magnetheber (Bild 13a) daran denken, dass beim Zusammenbau alle Tassenstößel wieder in die Bohrungen eingesetzt werden, aus denen sie herausgezogen wurden. Entweder oben auf der Planfläche mit Farbstift markieren oder der Ausbaureihenfolge nach ablegen.

1. Bild 13a: Tassenstößel mit einem Magnetheber herausziehen.

2. Bilder 13b und 13c: Der Shim klebt entweder im Tassenstößel oder sitzt im Ventilfederteller. Mit Magnetheber oder Pinzette herausnehmen.

3. Bild 13c: Dicke vom Shim ablesen: z. B. die Zahl 185 entspricht 1,85 mm.

4. Ein entsprechend neues Shim auswählen wie es eine Seite weiter vorne in der Beispielrechnung beschrieben ist.

■ Shim mit Molybdändisulfidöl einstreichen.

■ Bild 13c: Shim mit Zahl nach oben in den Ventilfederteller einsetzen.

5. Tassenstößel mit Motoröl einstreichen und in seine Bohrung einschieben.

Nockenwellen einbauen: Zuerst sicherstellen, dass sich die V-Markierung auf dem Rotor mit der Kerbe im Gewinde der Bohrung des Kontrollfensters fluchtet (Bild 9a). Wenn »ja«, ist die Kurbelwelle nicht gedreht worden als die Nockenwellen ausgebaut waren.

1. Nocken, Lagerzapfen und Lagerschalen gut mit Molybdändisulfidöl einschmieren.

2. Auslassnockenwelle: Drahthalterung von der Steuerkette abnehmen. Steuerkette straffen.

2.1. Nockenwelle durch die Steuerkette schräg anfädeln, Steuerkette auf das Nockenwellenrad auflegen. Steuerkette dabei gestrafft halten!

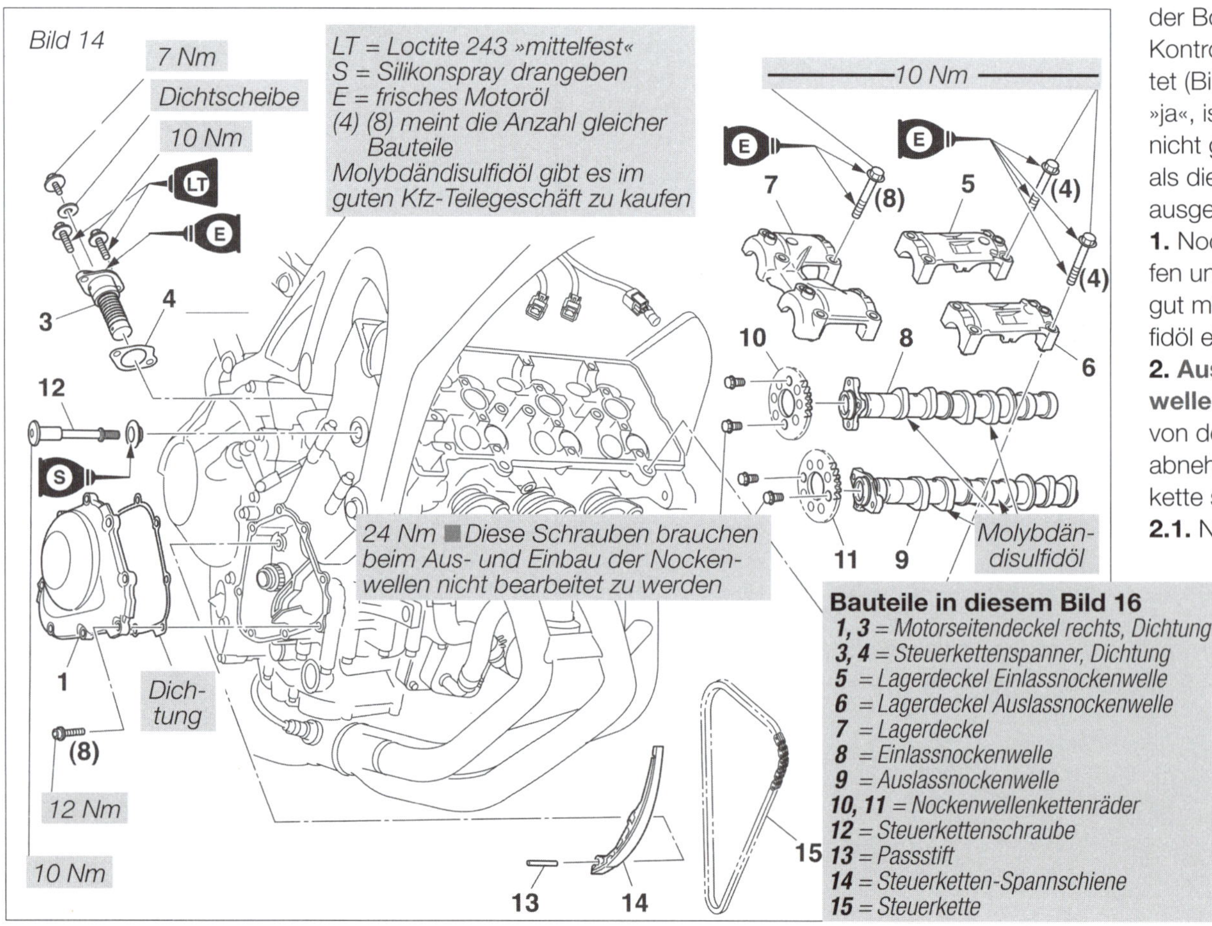

2.2. Nockenwelle so in ihre Lager einlegen, dass die Körnermarkierung »a« in Bild 9 auf der Nockenwelle nach oben zeigt.

3. Einlassnockenwelle: Steuerkette gestrafft halten. Nockenwelle schräg anfädeln, Steuerkette auf das Kettenrad auflegen und die Nockenwelle so in ihre Lager einlegen, dass die Körnermarkierung »a« in Bild 9 auf der Nockenwelle nach oben zeigt.

4. Nochmal: Körnermarkierungen auf den Nockenwellen müssen nach oben zeigen.

5. Nun folgt die Montage der Lagerdeckel. Jeder muss an seiner Stammstelle montiert werden:

- Bilder 14 und 16: Lagerdeckel mit Markierung »IL« links auf die Einlassnockenwelle. Pfeilmarkierung »a« muss nach rechts zeigen.
- Bilder 14 und 16: Lagerdeckel mit Markierung »EL« links auf die Auslassnockenwelle. Pfeilmarkierung »a« muss nach rechts zeigen.
- Bilder 14 und 16: Großer Lagerdeckel auf die rechte Seite über beide Nockenwellen.

6. Schrauben mit Motoröl einölen, eindrehen und über Kreuz gleichmäßig »leicht handfest« anziehen (Bild 14).

6.1. Körnermarkierungen »a« auf Auslass- und Einlassnockenwelle müssen nach oben zeigen und sich mit den Strichmarkierungen »b« auf den Lagerdeckeln decken (Bild 9).

7. Schrauben des großen Lagerdeckels in der in Bild 15 angegebenen Reihenfolge schrittweise bis auf 10 Nm festziehen.

7.1. Schrauben des linken Lagerdeckels der Auslassnockenwelle schrittweise über Kreuz bis auf 10 Nm festziehen.

7.2. Schrauben des linken Lagerdeckels der Einlassnockenwelle schrittweise über Kreuz bis auf 10 Nm festziehen (Bild 15).

8. Steuerkettenspanner einbauen: Dieser ist immer noch in sich gespannt. Wenn nicht, siehe Bild 11: Den Stößel von Hand eindrücken, den »Sechskantschlüssel« in den Kettenspanner einstecken, links herum bis zum Anschlag drehen.»Sechskantschlüssel« stecken lassen.

8.1. Bild 17: Den jetzt gespannten Kettenspanner mit einer neuer Dichtung einbauen.
Wichtig: Dichtung so einbauen, dass ihre Nase nach oben zeigt (Bild 17).

8.2. Etwas Loctite 243 »mittelfest« an die gereinigten (!) Gewinde der Schrauben geben, Schrauben eindrehen, mit 10 Nm festziehen.

8.3. »Sechskantschlüssel« im Uhrzeigersinn drehen, bis der Stößel die Steuerkettenschiene berührt. Dann noch eine 1/4 Umdrehung weiterdrehen. »Sechskantschlüssel« entfernen.

9. Verschlussschraube des Steuerkettenspanners mit neuer Dichtscheibe einschrauben und mit 7 Nm festziehen.

10. Nun die Kurbelwelle einige Male links herum drehen und prüfen, ob sich der Motor frei dreht.

- Wenn »ja«, stimmen die Steuerzeiten.
- Zur vorletzten Kontrolle die Kurbelwelle so drehen, dass die Strichmarkierung auf dem Rotor mit der Kerbe im Gewinde fluchtet (Bild 8a).
- Gegenkontrolle: Einlass- und Auslass-Nocken von Zylinder 1 zeigen schräg nach oben voneinander weg (Bild 8b).
- Wenn »nein« stimmen die Steuerzeiten nicht, die Nockenwellen wurden falsch eingebaut: Oft ist die Steuerkette um einen Zahn der Kettenräder versetzt, was nicht sein darf! Nockenwellen ausbauen und richtig einbauen.

Wichtig: Jetzt die Kurbelwelle einige Male links herum durchdrehen und danach die Ventilspiele noch einmal messen. Alles ok?

11. Yamaha empfiehlt, die Ventildeckeldichtung zu erneuern. Wenn sie noch in Ordnung ist, kann sie ein weiteres Mal verwendet werden. Gut reinigen! Bild 4: Dichtung auf beiden Seiten und Dichtflächen von Zylinderkopf und Ventildeckel ganz leicht mit Dichtmittel »Three Bond 1541C« oder einer anderen flüssigen Kfz-Silikondichtung einschmieren.

11.1. Ventildeckeldichtung auf den Ventildeckel auflegen.

- Bei einer neuen Dichtung den Bereich ***a*** in Bild 18 nach Auflegen der Dichtung abschneiden.

12. Ventildeckel in Montageposition auf den Zylinderkopf aufsetzen.

12.1. Dichtscheiben werden mit dem Bund nach unten eingebaut.

12.2. Schrauben einölen, eindrehen und schrittweise über Kreuz mit 10 Nm festziehen.

- Abgebaute Teile ein- und anbauen.

Wichtig: Einbau der Zündspulen/Kerzenstecker siehe Kapitel 15 »Zündkerzen«.

Bilder 15 bis 18: Im Lauftext sind die zugehörigen Arbeitsschritte erklärt.

Bild 15
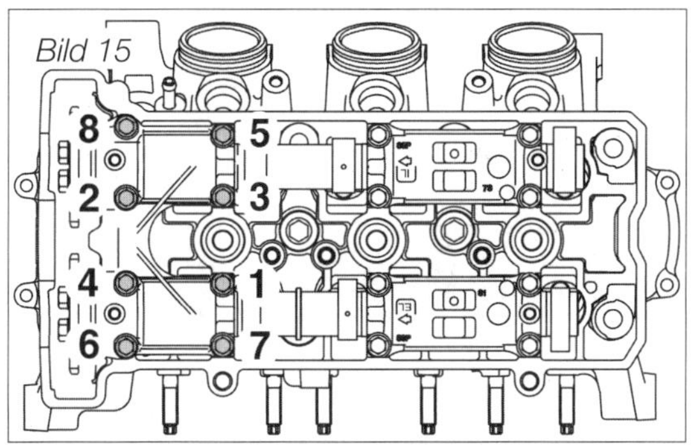

Bild 16
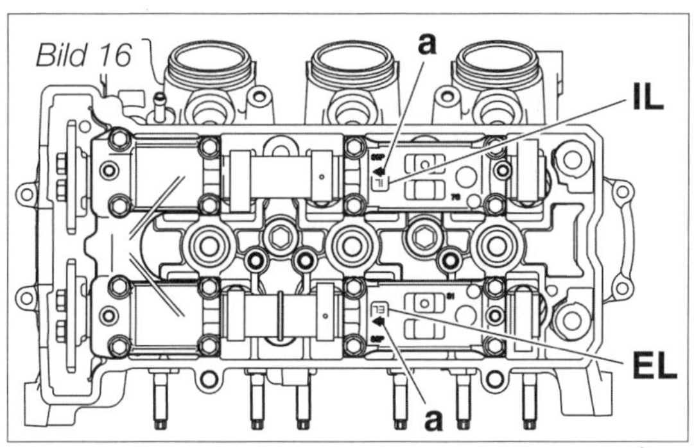

Bild 17
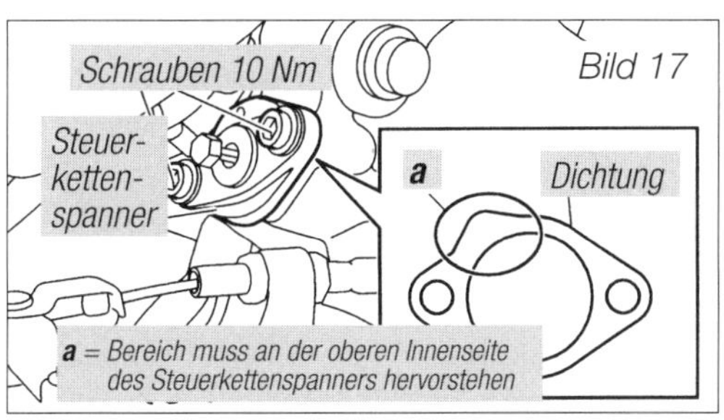

a = Bereich muss an der oberen Innenseite des Steuerkettenspanners hervorstehen

Bild 18
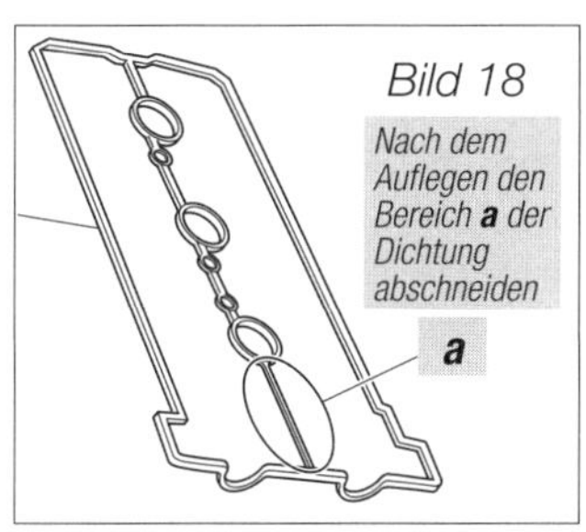

Nach dem Auflegen den Bereich ***a*** der Dichtung abschneiden

Batterie

In diesem Kapitel: Batterie prüfen, ausbauen, laden, einbauen · Eine neue MF-Batterie kaufen und erstladen.

Bilder 1 und 2: Die Batterie ist unter dem Fahrersitz im Batteriekasten quer liegend eingebaut. ■ Bitte das Distanzgummi beachten, es muss eingebaut sein, sonst sitzt die Batterie nicht fest genug!

Batterie

Die Batterie muss immer in bestem Zustand sein, damit sie auch bei kalter Witterung ausreichend Energie für den Startvorgang liefern kann. Serienmäßig ist eine MF-Batterie 12 V/8,6 Ah Yuasa YTZ10S eingebaut. Eine gute Nachrüstbatterie ist die BS Battery BTZ10S (Bilder 1, 2).

»MF« bedeutet »Maintenance Free« (wartungsfrei). Doch total wartungsfrei ist die Batterie nicht, sondern nur »wartungsarm«: Bei jeder großen Inspektion soll sie ausgebaut, gereinigt und mit einem elektronischen Ladegerät geladen werden (Bild 7).

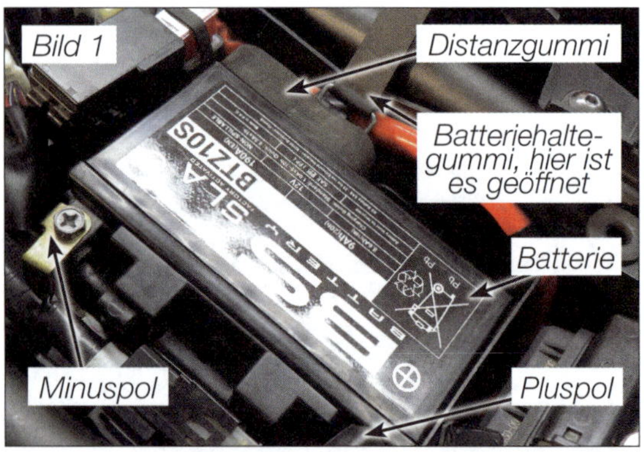

Wichtig: Die Stopfenleiste (Bild 7) nicht entfernen, denn der Säurestand kann und muss nicht überprüft werden, auch das Nachfüllen von destilliertem Wasser entfällt. Bei normaler Ladung der MF-Batterie entsteht nur Sauerstoff. Dieser reagiert an der Minusplatte mit dem dort gebundenen Wasserstoff und verwandelt sich wieder in Wasser, weswegen der Flüssigkeitsstand in der Batterie immer konstant bleibt. Weil eine MF-Batterie keinen Flüssigkeitsverlust hat, braucht sie auch keinen Entlüftungsschlauch wie eine normale Blei-Säure-Batterie, die auch Wasserstoff freisetzt.

Im weiteren Vergleich zu einer Blei-Säure-Batterie baut eine MF-Batterie kleiner, braucht also weniger Raum. Auch ist sie leichter und es wird kein Sicherheitspolster (Ausdehnungsvolumen) gebraucht. Zur Sicherheit ist ein Ventil eingebaut, das bei Überdruck öffnet und bei Erreichen des Normaldrucks wieder schließt. Weiterhin befindet sich unter dem Deckel auf dem Sicherheitsventil ein Keramikfilter, der als Schutz gegen Entzündung oder Explosion dient.

Batterie prüfen

Eine schwache Batterie ist vor allem am »müden« Elektrostarter zu spüren, der den Motor nicht mehr richtig durchdreht. Vor einer Messung der Batteriespannung soll der Motor mindestens 30 Minuten nicht gelaufen sein.

1. Zündung AUSschalten, Fahrersitz abbauen.
■ Kabel bleiben an der Batterie angeschlossen.
2. Multimeter zu Hilfe nehmen: Messspitzen an Plus- und Minuspol anlegen.
3. Spannung der Batterie messen.
3.1. 12,8 Volt oder mehr: Batterie ist gut geladen.
3.2. 12,0 bis 12,7 Volt: Batterie ist nicht ausreichend geladen, sie muss nachgeladen werden.
3.3. Weniger als 12,0 Volt: Batterie ist kaputt, verbraucht und muss ersetzt werden.

Hinweis: Dies sind die Werksangaben von Yamaha. Nach unserer Erfahrung ist eine Batterie mit 12,1 bis 12,3 Volt noch »gerade so ausreichend geladen«, dass der Motor anspringt und einwandfrei läuft.

Sicherheitshinweise ⚠ Achtung und ☞ Tipps für dieses Kapitel

⚠ Zu allen Arbeiten an der Batterie muss die Zündung ausgeschaltet sein! Zündschlüssel am besten abziehen.

⚠ Beim Laden der Batterie können aus der Batterie explosive Gase entweichen. Offenes Feuer, Funkenflug und brennende Zigaretten in weitem Umkreis von der am Ladegerät hängenden Batterie fernhalten. Für ausreichende Belüftung des Raumes sorgen, in dem die Batterie geladen wird!

⚠ Hängen Sie die Batterie Ihrer Maschine über Winter besser nicht an ein »Batterie-Frischhaltegerät«, bei dem die Batterie fortwährend im Wechsel geladen und entladen wird. Das schadet der Batterie mehr als ihr gut tut.

☞ Vor dem Überwintern Ihrer Maschine die Batterie ausbauen, mit 1,0 Ampere maximal 10 Stunden laden und in kühlem, trockenem Raum lagern. Im Frühjahr vor dem ersten Start Batterie unter fließendem Wasser gut reinigen, trocknen, vorschriftsmäßig laden und sorgfältig einbauen.

Batterie ausbauen

1. Zündung AUSschalten.
2. Sitze abbauen.
2.1. Bild 4: Bei MT-09 Tracer, Tracer 900 und Tracer 900 GT den Einsteller für die Fahrersitzhöhe ausbauen. Er sitzt mit zwei Zapfen in Gummibuchsen und wird nach oben abgezogen.
3. Bild 1: Batteriehaltegummi rechts aushängen.
4. Batteriepole abklemmen, Bild 5: Zuerst den Minuspol, dann den Pluspol abschrauben.
5. Batterie mit Distanzgummi herausnehmen.

Batterie laden

1. Batterie unter fließendem Wasser mit Bürste reinigen. Plus- und Minuspol der Batterie mit Messingbürste oder feinem Schmirgel reinigen.
2. Bild 7: Batterie an Ladegerät anschließen. Zuerst den Pluspol anklemmen, dann Minuspol.
3. Die auf der Batterie angegebenen Ladeströme und Ladezeiten soll man nicht überschreiten, sonst wird die Batterie beschädigt.
- Empfohlene Ladespannung 16 bis 17 Volt.
- Ladestrom maximal 1,0 Ampere.
- Ladezeit 5 bis 10 Stunden.

4. Schnellladung: Soll nicht vorgenommen werden. Wenn es doch sein muss, weil es nicht anders geht: 1 Stunde mit maximal 4 Ampere. Auch dazu sollte man die Batterie ausbauen!
Wichtig: Eine schnell geladene Batterie bei nächster Gelegenheit nochmal langsam laden!
5. Wenn die Batterie geladen ist:
- Ladegerät ausschalten.
- Zuerst den Minuspol abklemmen, dann den Pluspol.
- Ladedatum auf der Batterie vermerken.
- Geladene Batterie vor dem Einbau eine halbe Stunde ruhen lassen.

Batterie einbauen

1. Bild 1: Batterie in den Batteriekasten einlegen, ihre Pole zeigen in Fahrtrichtung rechts.
2. Batterie mit einer Hand nach links zur Seite drücken und das Distanzgummi einschieben.
3. Batteriehaltegummi einhängen.
4. Etwas Batteriefett an die Pole geben.
5. Bild 6: Pluskabel an Batterie anschrauben.
5.1. Minuskabel anschrauben.
6. Gummikappe über Pluspol schieben.
7. Bild 4: Bei MT-09 Tracer, Tracer 900 und Tracer 900 GT den Einsteller für die Fahrersitzhöhe anbauen: Das Bauteil zuerst in eine »fliegende« Montageposition bringen und dann die Zapfen nach unten in ihre Gummibuchsen eindrücken.
8. Sitze aufbauen.

Neue Batterie

Wenn eine neue Batterie notwendig wird, kaufen Sie im Motorrad-Fachhandel möglichst eine originale MF-Motorradbatterie guter Qualität – NIEMALS eine Billigbatterie einbauen!

Eine neue MF-Batterie ist zwar vorgeladen und theoretisch sofort einsatzbereit, jedoch sollte man sie vor dem Einbau vorschriftsmäßig laden. Auch bei der neuen Batterie gilt: Wenn sie voll geladen ist, eine halbe Stunde ruhen lassen und dann einbauen.

Bild 3

Bild 4

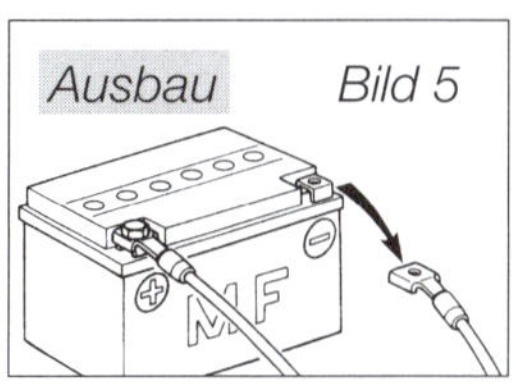
Ausbau Bild 5

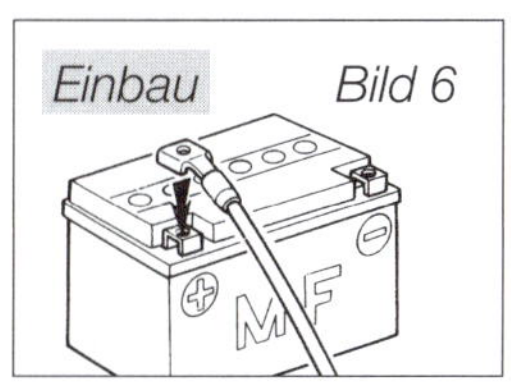
Einbau Bild 6

Bild 3: An die Batteriepole gelangt man nach Abbau der Sitze. Unter dem vorderen Schutzgummi (Fingerspitze oben) ist der Pluspol, der Minuspol (Fingerspitze unten) ist nicht abgedeckt.

Bild 4: Der Einstellrahmen für die Sitzhöhe ist einfach aufgesteckt, er kann ohne Werkzeug abgebaut werden.

Bilder 5 und 6: Beim Ausbau zuerst den Minuspol abschrauben. Beim Einbau zuerst den Pluspol anschrauben.

Bild 7: Beim Laden auf richtige Polung der Zangen achten.

Hersteller des Ladegeräts in Bild 7: **fritec Friedrich & Hitschfel GmbH**
Schlehenstrasse 26
D-90542 Ecklental
www.fritec.de

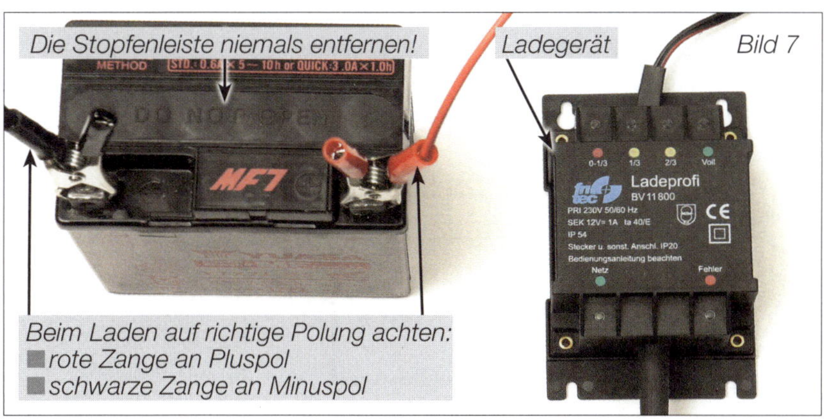

Bild 7

Ladesystem

In diesem Kapitel: Ladesystem überprüfen · Generatorstator prüfen, auswechseln.

Bilder 1, 2 und 3: Die verschiedenen Messungen sind im Lauftext erklärt.

Ladesystem überprüfen

Wenn die Batterie nicht richtig geladen wird, kann eine Störung im Ladesystem vorliegen. Zur Überprüfung der Ladespannung und der Lichtmaschine ist ein Multimeter nötig.

Bild 1

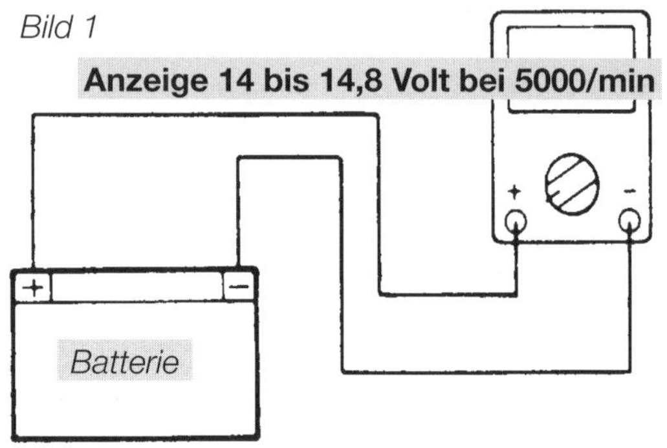

Bild 2

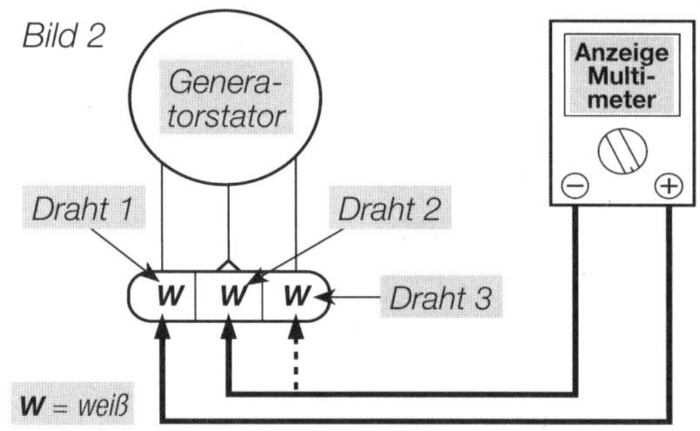

Bild 3

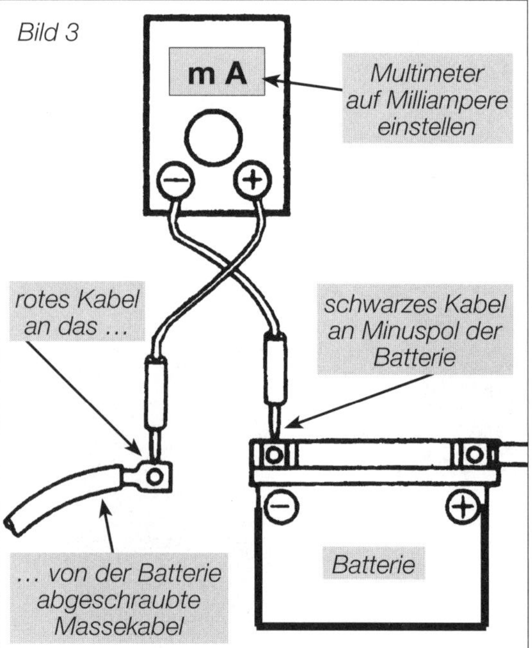

Prüfung 1: Ladespannung (Bild 1)
Batterie und Hauptsicherung müssen in Ordnung sein. Wenn die Batterie leer ist, weil es ein Problem mit der Ladespannung gibt, dann bauen Sie zur Prüfung der Ladespannung eine Batterie ein, die mindestens 12,7 Volt liefert.
1. Plus- und Minuskabel bleiben an der Batterie angeschlossen. Motor starten und auf Betriebstemperatur bringen.
2. Motor ausschalten, Multimeter an die Batterie anschließen mit Plusklemme auf Pluspol, Minusklemme auf Minuspol.
3. Batteriespannung ablesen: z.B.12,7 Volt.
4. Motor starten, Gas geben auf 5000/min. Drehzahl halten: Multimeter muss 14 Volt bis 14,8 Volt anzeigen.
5. Ergebnisse werten: Liegt die Ladespannung im Bereich 14 Volt bis 14,8 Volt, arbeiten Lichtmaschine und Regler/Gleichrichter einwandfrei.
5.1. Ist die angezeigte Spannung kleiner oder gleich der Batteriespannung, können Lichtmaschine oder Regler/Gleichrichter defekt sein.
5.2. Ist die angezeigte Spannung viel höher als 14,8 Volt, können folgende Störungen vorliegen: Batterie defekt, Masseanschluss am Regler/Gleichrichter schlecht, Regler/Gleichrichter defekt.
6. Ein Defekt im Kabelbaum oder den Steckern kann ebenfalls vorliegen. Zur Überprüfung verweisen wir auf Kapitel 27 »Stecker · Kabel«.
7. Wenn Batterie, Kabel und Stecker in Ordnung sind, den Regler/Gleichrichter gegen ein erwiesenermaßen funktionierendes Teil austauschen und die Ladespannung erneut prüfen.

Prüfung 2: Widerstand der Lichtmaschine
Der Generatorstator bleibt dazu eingebaut.
1. Den 3-poligen Stecker am Kabel, das aus der Lichtmaschine kommt (Bilder 5 und 6), aus seiner Steckdose am Regler/Gleichrichter ausziehen. Der Regler/Gleichrichter ist unter dem Soziussitz links zu finden; siehe Kapitel 26 »Elektrische Bauteile«.
2. Bild 2: Multimeter an den Kontakten im Kabelstecker wie folgt anschließen.
- Für Messung 1: (+) an Draht 1, (–) an Draht 2.
- Für Messung 2: (+) an Draht 1, (–) an Draht 3.
- Für Messung 3: (+) an Draht 2, (–) an Draht 3.

3. Widerstand zwischen den Klemmen im Stecker messen. Sollwerte 0,152 bis 0,228 Ω
4. Ergebnisse werten: Wenn die Widerstands-Messwerte außerhalb der Toleranz liegen, ist wahrscheinlich der Stator defekt und muss erneuert werden.

Prüfung 3: Batterie auf Kriechstrom prüfen
1. Zündung AUSschalten.
2. Massekabel von der Batterie abschrauben.
3. Bild 3: Multimeter auf Amperemessung einstellen und anschließen.
3.1. Schwarzes Kabel (–) an Batterie-Minuspol.
3.2. Rotes Kabel (+) an die von der Batterie abgeschraubte Anschlussöse des Massekabels.
4. Wenn das Multimeter mehr als 1,0 mA anzeigt, ist Leckstrom vorhanden.
Wichtig 1: Weil Kriechstrom (»Leckstrom«) sehr stark sein kann, das Multimeter zuerst auf einen hohen Bereich einstellen und während der Messung herunterregeln.
Wichtig 2: Zündung am Zündschloss während der Kriechstromprüfung NICHT einschalten.
5. Wenn Kriechstrom festgestellt wird, nach der Ursache suchen: Stecker im Kabelbaum der Reihe nach abtrennen und messen, bis weniger als 1,0 mA Kriechstrom angezeigt wird.

Generatorstator aus-/einbauen

Bilder 4 bis 7 gehören zu diesem Kapitelabschnitt. Wenn der Rotor abgebaut werden muss, sehen Sie bitte im Kapitel 21 »Anlasser« nach.

Vorarbeiten: Motoröl ablassen siehe Kapitel 11 »Ölwechsel«. Kühlflüssigkeit ablassen siehe Kapitel 12 »Kühlsystem«.

1. Bild 6: Stecker vom Statorkabel zum Regler/Gleichrichter und auch den Stecker des Kurbelwellenpositions-Sensors trennen.

2. Bild 7: Schelle des Wasserschlauchs am Bogen der Wasserpumpe öffnen und den Schlauch vom Stutzen abschieben/abziehen.

3. Bilder 5, 7: Schrauben der Wasserpumpe lösen und ausdrehen, Wasserpumpe herausziehen.

4. Bild 5: Schrauben des Lichtmaschinendeckels lösen und ausschrauben.

5. Deckel abnehmen. ■ Wenn sich der Deckel nicht löst, klebt er über die Dichtung am Gehäuse fest: Leichte Schläge mit einem Plastikhammer auf den Deckel lösen die Klebeverbindung.

5.1. Wenn der Deckel ab ist, achten Sie auf die Passbuchsen bei »3 Uhr« und bei »8 Uhr«.

Hinweis: Für die folgenden Arbeitspunkte 6. bis 11. den Deckel auf einer sauberen Unterlage ablegen, Lappen dazwischen legen.

6. Bild 6: Schrauben der Statorkabelhalterung ausdrehen, Kabel aus seinem Sitz nehmen.

7. Befestigungsschrauben des Stators ausdrehen, Stator herausnehmen (müsste leicht gehen).

8. Neuen Stator einsetzen: Schraubenlöcher müssen mit den Gewindebohrungen fluchten, Kabel exakt verlegen.

9. An die Gewinde der Statorschrauben etwas Loctite 243 »mittelfest« geben, eindrehen und über Kreuz zuerst handfest, dann Schritt für Schritt bis auf 14 Nm festziehen.

10. Statorkabelhalter ansetzen, Schrauben mit Loctite 243 »mittelfest« beträufeln, eindrehen und mit 10 Nm festziehen.

11. Gummitülle mit etwas Silikondichtmittel bestreichen und in Ausschnitt des Deckels eindrücken.

12. Deckel anbauen: Dichtfläche reinigen, Passbuchsen einsetzen, neue Dichtung auflegen, Deckel aufsetzen (Achtung Magnetkraft!).

12.1. Bild 5: An die beiden unteren Schrauben etwas Loctite 243 »mittelfest« geben.

12.2. Alle Schrauben eindrehen, über Kreuz Schritt für Schritt bis auf 12 Nm festziehen.

13. Stecker Statorkabel und Kurbelwellenpositions-Sensors einstecken. Wasserpumpe montieren siehe Bild 7. Kühlflüssigkeit einfüllen siehe Kapitel 12 »Kühlsystem«. Motoröl auffüllen.

Lichtmaschinenrotor: Geht normalerweise nicht kaputt, es sei denn er bekommt einen harten Schlag, wird ausgebaut fallen gelassen und dadurch entmagnetisiert. Aus- und Einbau des Rotors sind im Kapitel 21 »Anlasser« behandelt.

Bilder 4, 5, 6 und 7: Aus- und Einbau des Stators siehe Lauftext.

3 Schrauben 14 Nm plus Loctite 243 »mittelfest« Stator im Lichtmaschinendeckel

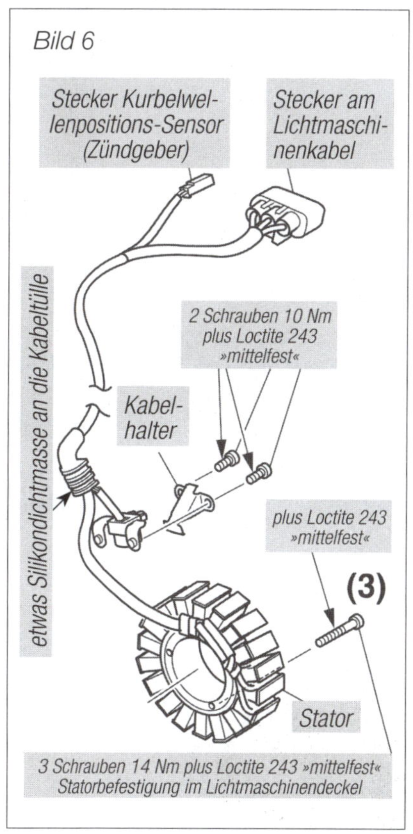

3 Schrauben 14 Nm plus Loctite 243 »mittelfest« Statorbefestigung im Lichtmaschinendeckel

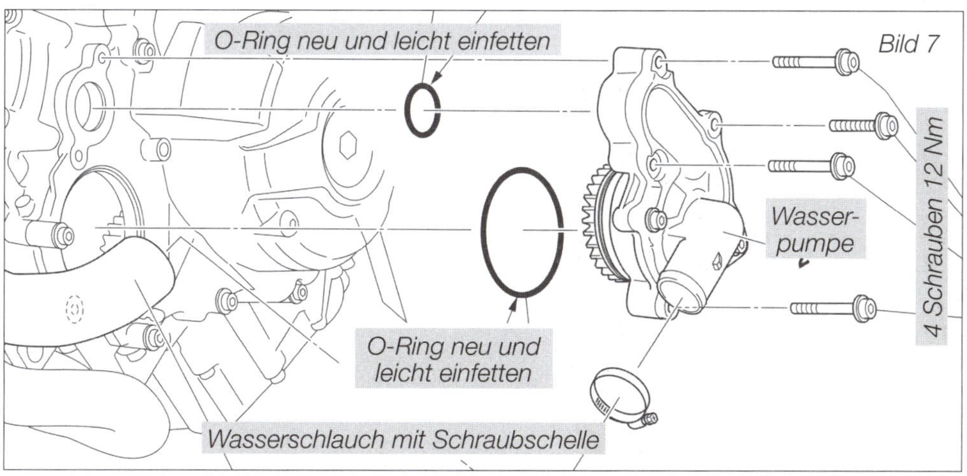

Sicherungen • Relais Zündschlüssel

In diesem Kapitel: Sicherungen · Sicherungen und ihre Einbaulagen · So funktioniert eine Sicherung · Relais · Zündschloss und Zündschlüssel · Wegfahrsperre.

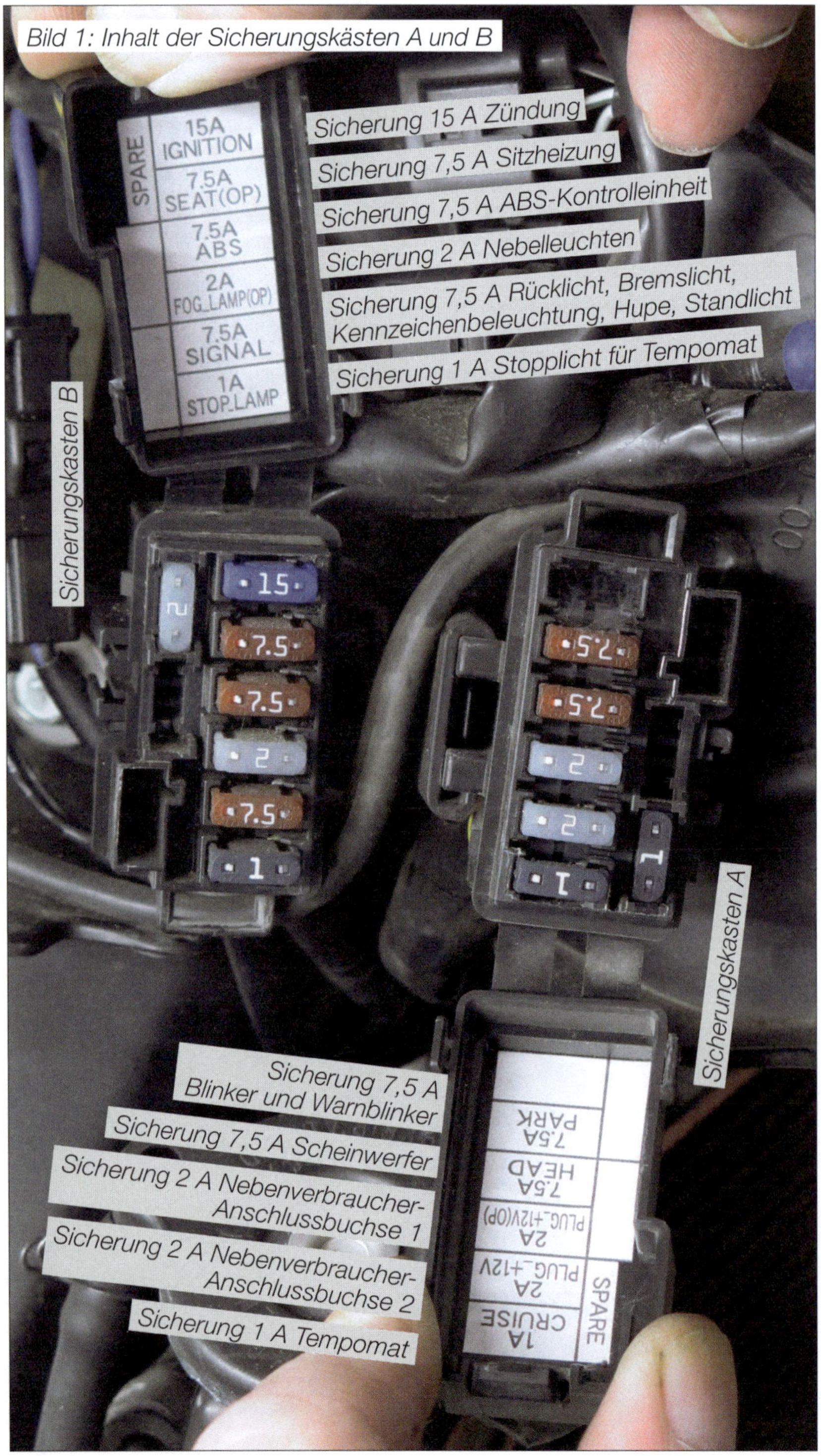

Bild 1: Inhalt der Sicherungskästen A und B

In den Bildern 1, 2, 3, 4 sind die Sicherungen der Tracer 900 GT Mj. 2018, 2019, 2020 zu sehen.

Sicherungen

Sicherungen im Sicherungskasten A:

Einbaulage rechts neben dem Kühler unter Seitenabdeckung. Siehe Kapitel 26 »Elektrische Bauteile« Bild 10, Position 22

Sicherung Blinker und Warnblinker . 7,5 Ampere
Sicherung Scheinwerfer .... 7,5 Ampere
Sicherung Nebenverbraucher-Anschlussbuchse 1 .... 2 Ampere
Sicherung Nebenverbaucher-Anschlussbuchse 2 (optional) .... 2 Ampere
Sicherung Tempomat .... 1 Ampere
Sicherung Reserve 1 Stück .... 2 Ampere

Sicherungen im Sicherungskasten B:

Einbaulage rechts neben dem Kühler unter Seitenabdeckung, in Fahrtrichtung hinter dem Sicherungskasten A. Siehe Kapitel 26 »Elektrische Bauteile« Bild 10, Position 23

Sicherung Tempomat .... 1 Ampere
Sicherung Rücklicht, Bremslicht, Kennzeichenbeleuchtung, Hupe, Standlicht ... 7,5 Ampere
Sicherung Nebelleuchten (optionales Zubehör) .... 2 Ampere
Sicherung ABS-Kontrolleinheit .... 7,5 Ampere
Sicherung Sitzheizung (optionales Zubehör) .... 7,5 Ampere
Sicherung Zündung .... 15 Ampere
Sicherung Reserve 1 Stück .... 1 Ampere

Sicherungen im Sicherungskasten C:

Einbaulage unter dem Fahrersitz. Siehe Kapitel 26 »Elektrische Bauteile« Bild 9, Position 6

Sicherung Kühlerventilator .... 15 Ampere
Sicherung Uhr und Wegfahrsperre .. 7,5 Ampere
Sicherung elektrisches Drosselventil (= »Drosselklappen-Stellmotor«) . 7,5 Ampere
Sicherung ABS-Magnetventil .... 15 Ampere
Sicherung ABS-Motor .... 30 Ampere
Sicherungen Reserve 3 St. .. 30, 15, 7,5 Ampere

Weitere Sicherungen: Einbaulage unter dem Fahrersitz im Anlasser-Relais. Siehe Kapitel 26 »Elektrische Bauteile« Bild 9, Position 8

Sicherung Benzineinspritzung« .... 20 Ampere
Sicherung Reserve 1 Stück .... 20 Ampere

Weitere Sicherung: Einbaulage unter dem Fahrersitz links neben Sicherungskasten C. Siehe Kapitel 26 »Elektrische Bauteile« Bild 9, Pos. 7

Hauptsicherung .... 50 Ampere

Sicherungen und Einbaulagen

In den Bildern 1, 2, 3 und 4 sind die Sicherungen der Maschine zu sehen, die wir in diesem Buch als Fotomodell benutzt haben, es ist eine Tracer 900 GT. Sie hat die meisten elektrischen Bauteile und somit auch die meisten Sicherungen und Relais. Im Kapitel 30 »Technische Daten 3: Sicherungen und Relais« sind alle Maschinen mit ihren Sicherungen aufgelistet. Und im Kapitel 26 »Elektrische Bauteile« sind die Einbaupositionen der Sicherungskästen und Relais zeichnerisch dargestellt. Beispiel bei der Tracer GT im Kapitelteil *»Sicherungen im Sicherungskasten A: Siehe Kapitel 26 Bild 10, Position 22«*. Mit diesen Angaben sollte es keine Schwierigkeit sein, bei einem eventuellen elektrischen Problem die entsprechenden Sicherungen und Relais an der eigenen Maschine aufzufinden.

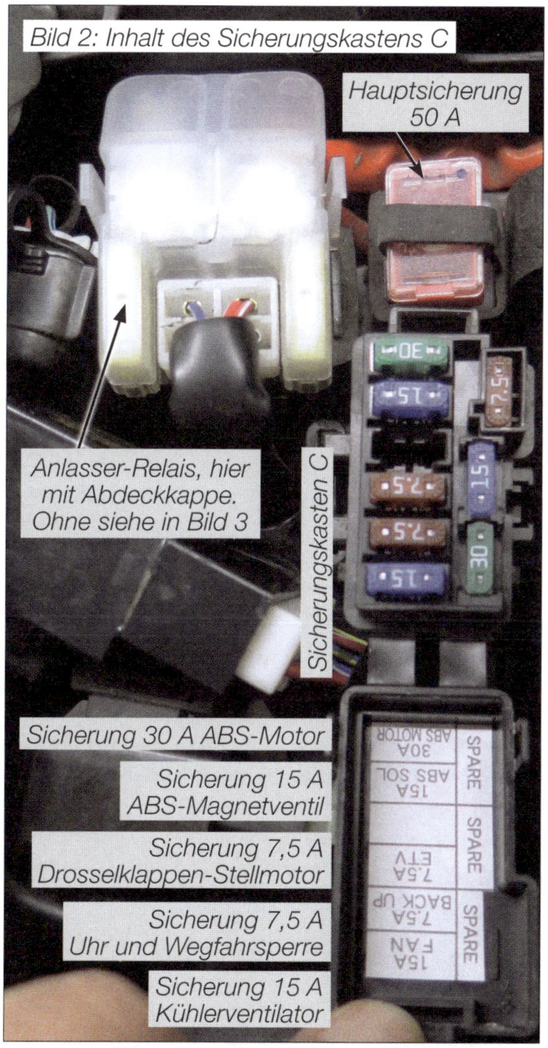

Bild 2: Inhalt des Sicherungskastens C

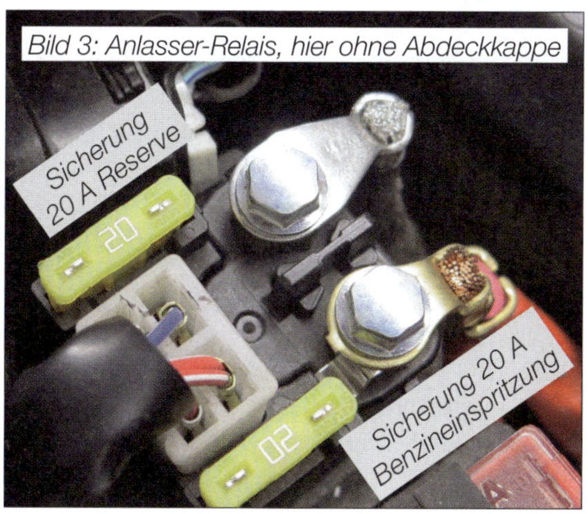

Bild 3: Anlasser-Relais, hier ohne Abdeckkappe

Sicherungsstärke: Welche Sicherung zu welchem Bauteil bzw. welcher Baugruppe gehört und welche Stärke sie hat, ist auf der Oberseite der Sicherungen und im Deckel des Sicherungskastens aufgedruckt.

Zur endgültigen Klarheit über Anzahl, Unterbringung und Inhalte der Sicherungskästen zeigen wir die der Tracer GT in aufgeklapptem Zustand: In den Deckeln sind die englischen Bezeichnungen und Stärken der Sicherungen vermerkt; wir haben die deutschen Bezeichnungen daneben geschrieben.

Defekte Sicherung auswechseln

- Deckelriegel mit kleinem Schraubenzieher oder leichtem Fingerdruck lösen, Deckel aufklappen.
- Defekte Sicherung (Bild 5) mit einer Spitzzange aus der Klemme ziehen (Bild 6).
- Neue Sicherung mit identischem Ampere-Wert in die Klemme einstecken. Deckel schließen.

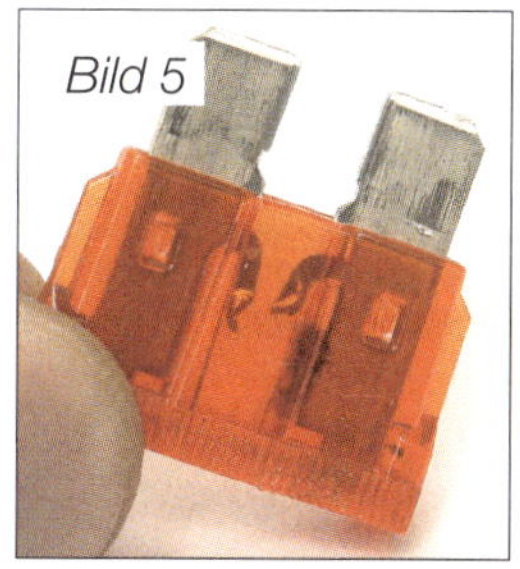

Bilder 5 und 6 siehe Lauftext.

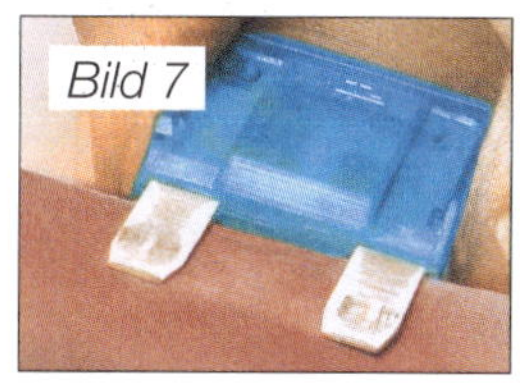

Bild 7: Korrosion an den Zungen mit Schmirgel abziehen.

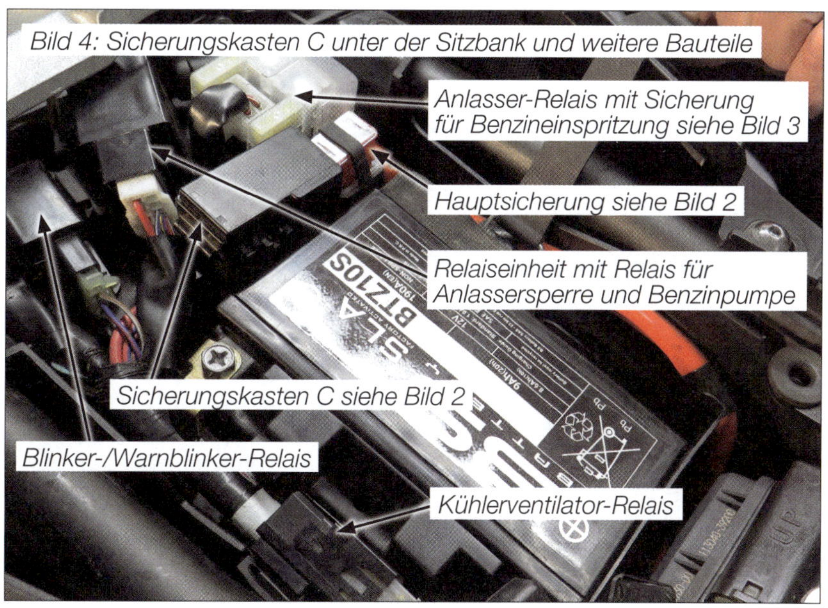

Bild 4: Sicherungskasten C unter der Sitzbank und weitere Bauteile

Kabelfarben in den Bildern 8 und 9

B	= schwarz
Br	= braun
Gy	= grau
L	= blau
O	= orange
P	= rosa
R	= rot
Sb	= himmelblau
W	= weiß
Y	= gelb
B/R	= schwarz/rot
B/Y	= schwarz/gelb
Br/W	= braun/weiß
G/L	= grün/blau
G/Y	= grün/gelb
L/B	= blau/schwarz
L/R	= blau/rot
L/W	= blau/weiß
L/Y	= blau/gelb
R/B	= rot/schwarz
R/L	= rot/blau
R/W	= rot/weiß
Sb/W	= himmelblau/weiß
W/L	= weiß/blau
W/R	= weiß/rot
Y/B	= gelb/schwarz
Y/W	= gelb/weiß

Bilder 8 und 9: Beispielhafte Prüfschaubilder. ■ Kabel an (+) und (–) zur Batterie legen. Multimeter auf Ω.

So funktioniert eine Sicherung

Für jedes elektrische und elektronische Bauteil, das für eine bestimmte Funktion an Motor (Anlasser, Benzinpumpe, Zündung), Fahrwerk (ABS) und Ausstattung (Scheinwerfer, Blinker, Bremslicht) am Fahrzeug angebaut ist, gibt es eine Sicherung. Wichtig ist zu wissen, dass eine Sicherung auch für mehrere Bauteile zuständig sein kann.

Wenn ein bestimmter Stromkreis überlastet wird, was meistens durch ein defektes elektrisches Bauteil ausgelöst wird, das nicht mehr technisch in Ordnung ist (schwergängiger Anlassermotor zum Beispiel), dann braucht dieses Bauteil, wenn es in Funktion gebracht wird, eine erhöhte Stromaufnahme. Dadurch werden die elektrischen Kabel überlastet und erhitzen sich. Bevor nun die Kabel so heiß werden, dass sie zu brennen beginnen, kollabiert die Sicherung, sie »brennt durch« – und schützt das defekte Bauteil (und auch die ganze Maschine) vor einem größeren (Brand-)Schaden.

Die Angabe der Sicherungsstärke in Ampere besagt, ab welcher Stromstärke, die bei Funktion dieses Bauteils im elektrischen Stromkeis fließt, der Sicherungsdraht schmilzt – und damit der Stromdurchgang unterbrochen wird. In unserem Beispiel »Anlassermotor schwergängig« wird das Bauteil »Anlasser« selbst nicht zerstört, funktioniert aber weiterhin nicht mehr korrekt, die nächste Sicherung brennt wieder durch.

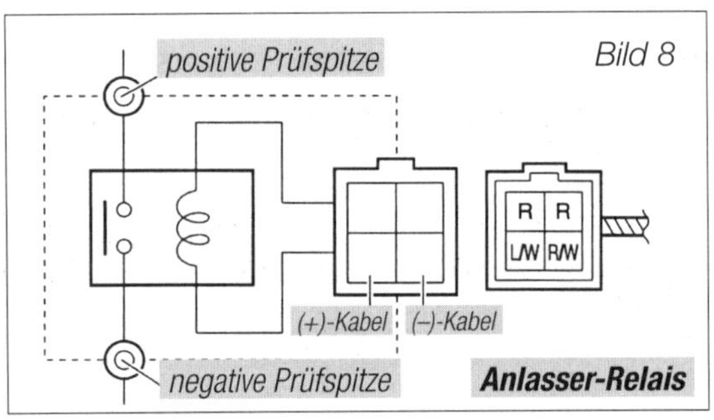

Bild 8

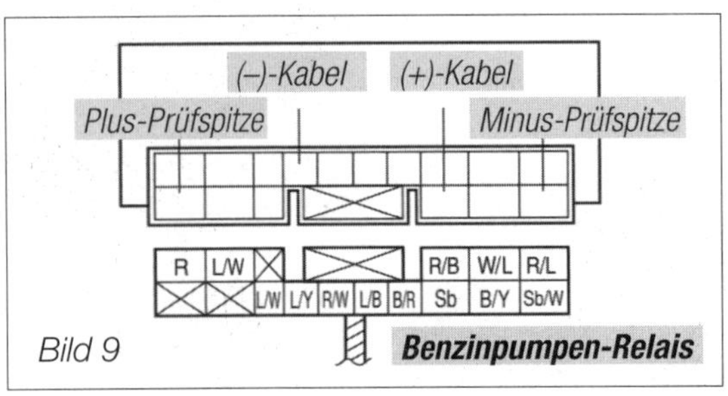

Bild 9

Damit dies nicht zur Regel wird, muss die Stromaufnahme des Anlassermotors überprüft werden. Wenn festgestellt wird, dass diese zu hoch ist, ist klar, dass der aktuelle Anlasser defekt ist. Man muss entweder einen neuen Anlasser einbauen oder den alten reparieren. Danach bleibt die Sicherung dauerhaft ganz und brennt nicht mehr durch.

Beim Arbeiten an Sicherungen beachten:

■ Vor Sicherungswechsel die Zündung sicher ausschalten, Zündschlüssel abziehen.

■ Defekte Sicherungen nicht reparieren, etwa mit alubeschichtetem Papier aus der Zigarettenschachtel: Die Gefahr, dass die Maschine anfängt zu brennen, ist ziemlich hoch!

■ In den Sicherungskästen sind Reservesicherungen eingesetzt. Wenn eine Sicherung durchbrennt und durch eine aus dem Reservefundus ersetzt wird, soll man diese umgehend ersetzen.

■ Nur vorgeschriebene Sicherungen einbauen!

■ Bild 7: Wenn die Zungen der Sicherung korrodiert sind und diese deswegen keinen zuverlässigen Kontakt haben, die Zungen mit feinem Schmirgelpapier abziehen.

⚠ **Achtung:** Falls eine Sicherung wiederholt durchbrennt, den Fehler suchen und beheben. Auf keinen Fall eine Sicherung mit einem höheren Ampere-Wert einsetzen.

Relais

Fehlersuche an einem Relais

Tipp 1: Falls eine elektrische Baugruppe nicht funktioniert, die zugehörige Sicherung jedoch in Ordnung ist und die stromzuführenden Kabel ebenfalls, kann das Relais »hängen«: Leicht gegen das Relais klopfen und erneut versuchen. Falls dann auch nichts geht, testweise ein erwiesenermaßen funktionierendes Relais einsetzen.

Tipp 2: Oft sind auf den Relaisgehäusen die Leiterbahnen eingraviert, die den Stromverlauf durch den Elektromagneten und den

Relais Tracer 900 GT Mj. 2018, 2019, 2020

Anlasser-Relais: Einbaulage unter dem Fahrersitz. Siehe Kapitel 26 »Elektrische Bauteile« Bild 9, Position 9

Relaiseinheit: Einbaulage unter dem Fahrersitz. Relaiseinheit umfasst die **Relais** für **Anlassersperre** und **Benzinpumpe**. Siehe Kapitel 26 »Elektrische Bauteile« Bild 10, Position 8

Kühlerventilator-Relais: Einbaulage unter dem Fahrersitz. Siehe Kapitel 26 »Elektrische Bauteile« Bild 10, Position 6

Blinker-/Warnblinker-Relais: Einbaulage unter dem Fahrersitz. Siehe Kapitel 26 »Elektrische Bauteile« Bild 10, Position 7

Bremslicht-Relais für Tempomat, Einbaulage unter dem Fahrersitz. Siehe Kapitel 26 »Elektrische Bauteile« Bild 10, Position 9

Schalter zeigen. Beachten Sie vor dem Durchführen von Prüfungen zunächst die Bezeichnungen der Anschlussstifte, die Leiterbahnen und ob in einer der Leiterbahnen eine Diode vorhanden ist.

Tipp 3: Prüfen Sie zunächst den Elektromagneten auf Durchgang, üblicherweise zwischen Stift 86 (Plus) und Stift 85 (Minus). Bei der Relaiseinheit mit Anlassersperr-Relais und Benzinpumpen-Relais enthält der Stromkreis eine Diode, verwenden Sie die Diodenprüfvorrichtung des Multimeters (Voltskala) in Stromlaufrichtung. Bei den übrigen Relais verwenden Sie die Widerstandsprüfeinstellung. Eventuelle Leiterunterbrechung oder ungewöhnlich hoher Widerstandswert deuten auf ein fehlerhaftes Relais hin.

Tipp 4: Legen Sie zur Überprüfung der Schalterseite 12 V Spannung einer externen Batterie zwischen Stift 86 und 85 an. Jetzt genau hinhören: Beim Anlegen der Spannung muss ein Klicken des Relais zu hören sein, und zwischen den Stiften 30 und 87 muss Stromdurchgang bestehen. Leiterunterbrechung deutet auf ein fehlerhaftes Relais hin.

Zündschlüssel, Zündschloss

Das Zündschloss kann Wurzel vieler elektrischer Übel sein – und zwar vor allem dann, wenn das Zündschloss ungepflegt und angegammelt ist:

- Zündschloss wurde nie geschmiert.
- Die Maschine stand immer draußen, wo sich Umweltschmutz, Regenwasser und Schnee darauf abgelegt haben und mit der Zeit ins Zündschloss eingedrungen sind.
- Der Zündschlüssel ist verschlissen und kann die Schlüsselstellungen im Zündschloss nicht mehr richtig betätigen, weswegen auch die elektrischen Kontakte nicht korrekt zueinander finden.
- Der Zündschlüssel wurde immer mit einem schweren Bund anderer Schlüssel ins Zündschloss eingesteckt und die Maschine wurde dann auch so gefahren.

Gebrauchs- und Behandlungstipps für den Zündschlüssel

- Keinen schweren Schlüsselanhänger und schon gar keinen dicken Schlüsselbund am Zündschlüssel anbringen, sondern den Zündschlüssel alleine ins Zündschloss stecken.
- Zündschlüssel immer exakt in Flucht des Schlitzes im Zündschloss einstecken.
- Zündschlüssel immer bis ganz nach unten in das Zündschloss einstecken.
- Zündschlüssel aus der »Abschließposition« nicht hart oder mit roher Gewalt aufdrehen, um das Schloss zu entsperren. Wenn es klemmt, die Lenkung leicht hin und her bewegen und gleichzeitig versuchen, den Zündschlüssel im Zündschloss in korrekte ON-Position zu bringen.
- Zündschlüssel nicht fallen lassen, vor Druck und harten Schlägen schützen.
- Wenn der Zündschlüssel im Zündschloss haken sollte oder wenn man spürt, dass er sich nicht mehr wie gewohnt leicht bewegen lässt: Zündschloss und Zündschlüssel NICHT mit Motoröl oder Fett schmieren, sondern nur spezielles Schlossspray auf Graphitbasis benutzen.

Schwarze und rote Zündschüssel

Zum Fahrzeug gehören zwei schwarze Zündschlüssel und ein roter: Die beiden schwarzen Zündschlüssel sind zum normalen Betrieb gedacht. Welcher benutzt wird, ist egal. Der rote Schlüssel ist quasi der »Mutterschlüssel«: Wenn einer der beiden schwarzen (oder alle beide ...) verloren gegangen sind, kann man sich neue schwarze Zündschlüssel machen lassen und braucht dazu den roten. Wichtig in diesem Zusammenhang ist es also, den roten Zündschlüssel sicher (und immer auffindbar!) aufzubewahren, damit man jederzeit einen neuen schwarzen nachfertigen lassen kann. Neue Zündschlüssel können nur über einen autorisierten Yamaha-Händler bezogen werden. Wenn dieser kein Zündschlüsselschleifgerät hat, muss man Zündschlüssel-Rohlinge als Originalersatzteile von Yamaha kaufen und unter Vorlage des roten Schlüssels bei einem Schlüsseldienst anfertigen lassen.

Wegfahrsperre

Alle Modelle unseres Buchs sind mit einer elektronischen Wegfahrsperre ausgerüstet, die Dieben das Leben schwer macht: Mit einem Schraubenzieher das Lenkschloss knacken, Kabel abzwicken und Zündung kurzschließen funktioniert nicht.
Die Sicherheits-Zündschlüssel sind mit einem Code so programmiert, dass nur durch Einstecken des Schlüssels die Wegfahrsperreneinheit entriegelt und der Motor gestartet werden kann: Vom Schlüssel werden codierte Signale an den Empfänger vorne am Zündschloss geschickt und von dort aus an das Motorsteuergerät ECU weitergeleitet. Wird der Zündschlüssel auf »OFF« gestellt, beginnt nach 30 Sekunden die Kontollleuchte kontinuierlich zu blinken. Nach Abstellen des Motors blinkt die Kontrollleuchte im Bereitschaftsmodus bis zu 24 Stunden weiter.

Fehler erkennen und beheben
Wenn an einem elektrischen Bauteil ein Fehler auftritt und die zugehörige Sicherung immer wieder durchbrennt, der Fehler sich aber mit Mechaniker-Hausmitteln nicht finden lässt, verweisen wir auf Kapitel 26 »Elektrische Bauteile« und dort in den Abschnitt »Fehlercode-Anzeigen«. Darin ist beschrieben, wie man mithilfe eines Werkstattcomputers Fehler auffindet – und ab welchem Modelljahr man zu einem autorisierten Yamaha-Händler muss, weil die Fehler anders nicht sichtbar gemacht werden als nur mit dem internen Yamaha-System. Weiterhin wurden die dortigen Mechaniker beim Importeur darauf geschult, die Motor- und Bordelektrik systematisch nach Fehlern zu durchsuchen, Fehlerquellen zu finden und zu beheben.

Bild 10

Bild 10: Zündschlüssel exakt in den Schlitz im Zündschloss einstecken bis ganz nach unten, erst dann lässt sich das Lenkschloss entriegeln und das Zündschloss betätigen.

Sichtprüfung Messen

Elektrische Bauteile, Einbaulagen, Funktion

In diesem Kapitel: Wesentliche elektrische Bauteile, ihre Einbaulage am Fahrzeug und ihre Funktion · Erklärungen zur Funktion der Bauteile und Kurzcharakteristiken geordnet nach den Hauptgruppen »Bauteile Bordelektrik«, »Bauteile Bremsen« und »Bauteile Einspritzung und Zündung« · Tabellen mit Erklärungen zu Fehlercode-Anzeigen im Instrument, ihre Auswirkungen auf die Funktion der Maschine, nötige Prüfschritte und Vorschläge zur Problembehebung.

Bauteile in Bild 1:

1: Zündschloss mit Wegfahrsperreneinheit
2: Kupplungsschalter
3: Bremslichtschalter vorne
4: Bauteil nicht vorhanden, weil die Maschine kein ABS hat
5: Batterie
6: Sicherungskasten B
7: Hauptsicherung
8: Sicherung Benzineinspritzung
9: Anlasser-Relais
10: Regler/Gleichrichter
11: Bauteil nicht vorhanden, weil die Maschine kein ABS hat
12: Bremslichtschalter hinten
13: Gangpositionsschalter
14: Seitenständerschalter
15: Lambdasonde
16: Ölstandschalter
17: Bauteil nicht vorhanden, weil die Maschine kein ABS hat
18: Zündspulen-Kerzenstecker (3 Stück)
19: Kühlerventilatormotor
20: Hupe

MT-09 ohne ABS Mj. 2014, 2015

Bild 1

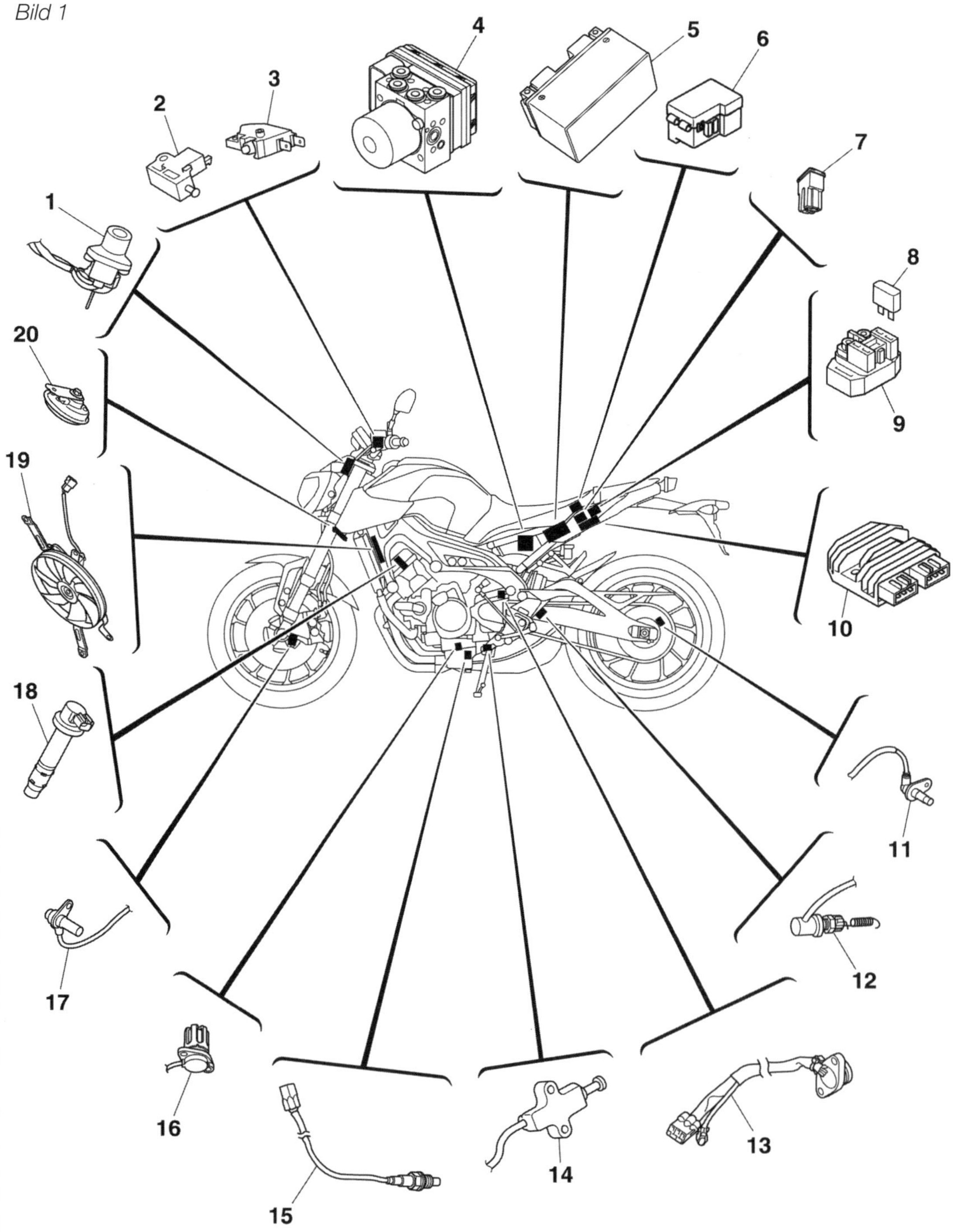

Bauteile, Einbaulagen, Funktion

Bauteile der Bordelektrik

■ **Anlasser:** Der Anlasser ist hinter dem Zylinderfuß am Motor angebaut. Er gehört zur Baugruppe »Motor« und ist in dieser Übersicht nicht aufgeführt. Der Anlasser besteht aus dem »Startermotor«, der kurzzeitig eine hohe Leistung bringen muss und den zur Übertragung der mechanischen Anlassfunktion auf die Kurbelwelle nötigen Zahnräder.

■ Zur **Baugruppe »Anlasser«** gehören auch die Bauteile **Anlasser-Relais**, die **Sicherung Benzineinspritzung** und die **Hauptsicherung**.

MT-09 ohne ABS Mj. 2014, 2015

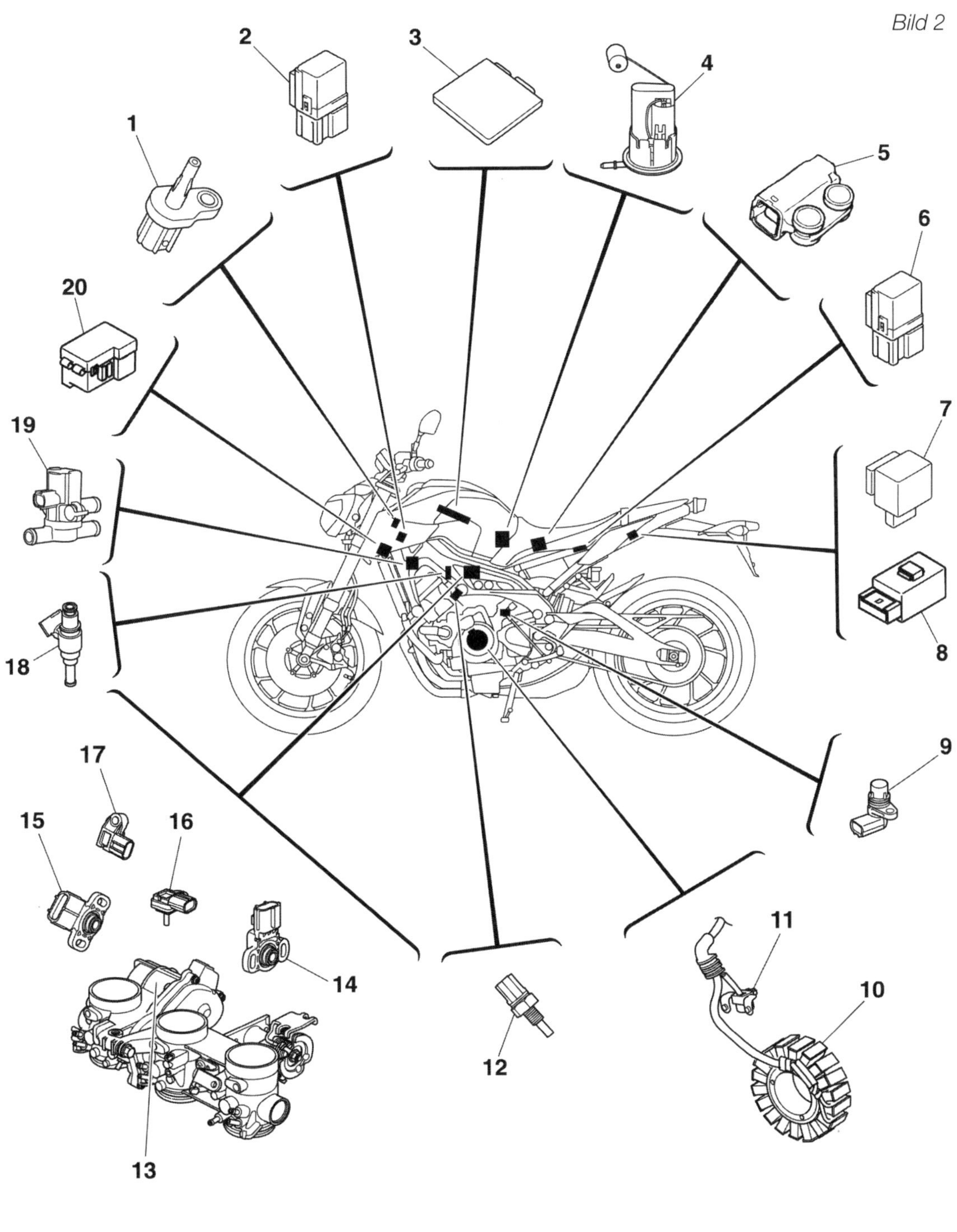

Bild 2

Bauteile in Bild 2:
1: Ansauglufttemperatur-Sensor
2: Scheinwerfer-Relais
3: Motorsteuergerät ECU
4: Benzinpumpe mit Benzinstand-Sensor
5: Umkipp-Sensor
6: Kühlerventilator-Relais
7: Blinker-/Warnblinker-Relais
8: Relaiseinheit umfasst die Relais für Anlassersperre und Benzinpumpe
9: Geschwindigkeits-Sensor
10: Lichtmaschinen-Stator
11: Kurbelwellenpositions-Sensor (= Zündgeber)
12: Kühlmitteltemperatur-Sensor
13: Drosselklappen-Stellmotor am Drosselklappen-Gehäuse
14: Gaszugpositions-Sensor
15: Drosselklappenpositions-Sensor
16: Ansaugluftdruck-Sensor 1
17: Ansaugluftdruck-Sensor 2
18: Einspritzdüsen (3 Stück)
19: Sekundärluft-Magnetventil
20: Sicherungskasten A

Sichtprüfung Messen

Zündschloss mit Wegfahrsperreneinheit: Das Zündschloss ist ein mechanischer Schlüsselschalter, mit dem der Batteriestrom für alle elektrischen Hauptstromkreise ein- und ausgeschaltet wird. Beim Einschalten der Zündung kommuniziert ein Chip im Zündschlüssel über die am Zündschloss angebrachte Wegfahrsperreneinheit mit dem Motorsteuergerät ECU und gibt den Startvorgang frei. Oder auch nicht, wenn der Chip im Zündschlüssel nicht zur Fahrzeugelektronik passt.

Bauteile in Bild 3:

1: Zündschloss mit Wegfahrsperreneinheit
2: Kupplungsschalter
3: Bremslichtschalter vorne
4: ABS-Zentraleinheit
5: Batterie
6: Sicherungskasten B
7: Hauptsicherung
8: Sicherung Benzineinspritzung
9: Anlasserrelais
10: Regler/Gleichrichter
11: ABS-Sensor hinten
12: Bremslichtschalter hinten
13: Gangpositionsschalter
14: Seitenständerschalter
15: Lambdasonde
16: Ölstandschalter
17: ABS-Sensor vorne
18: Zündspulen-Kerzenstecker (3 Stück)
19: Kühlerventilatormotor
20: Hupe

MT-09 mit ABS Mj. 2014, 2015 • MT-09 Mj. 2016
MT-09 Street Rally Mj. 2014, 2015, 2016 • MT-09 Sport Tracker Mj. 2015, 2016

Bild 3

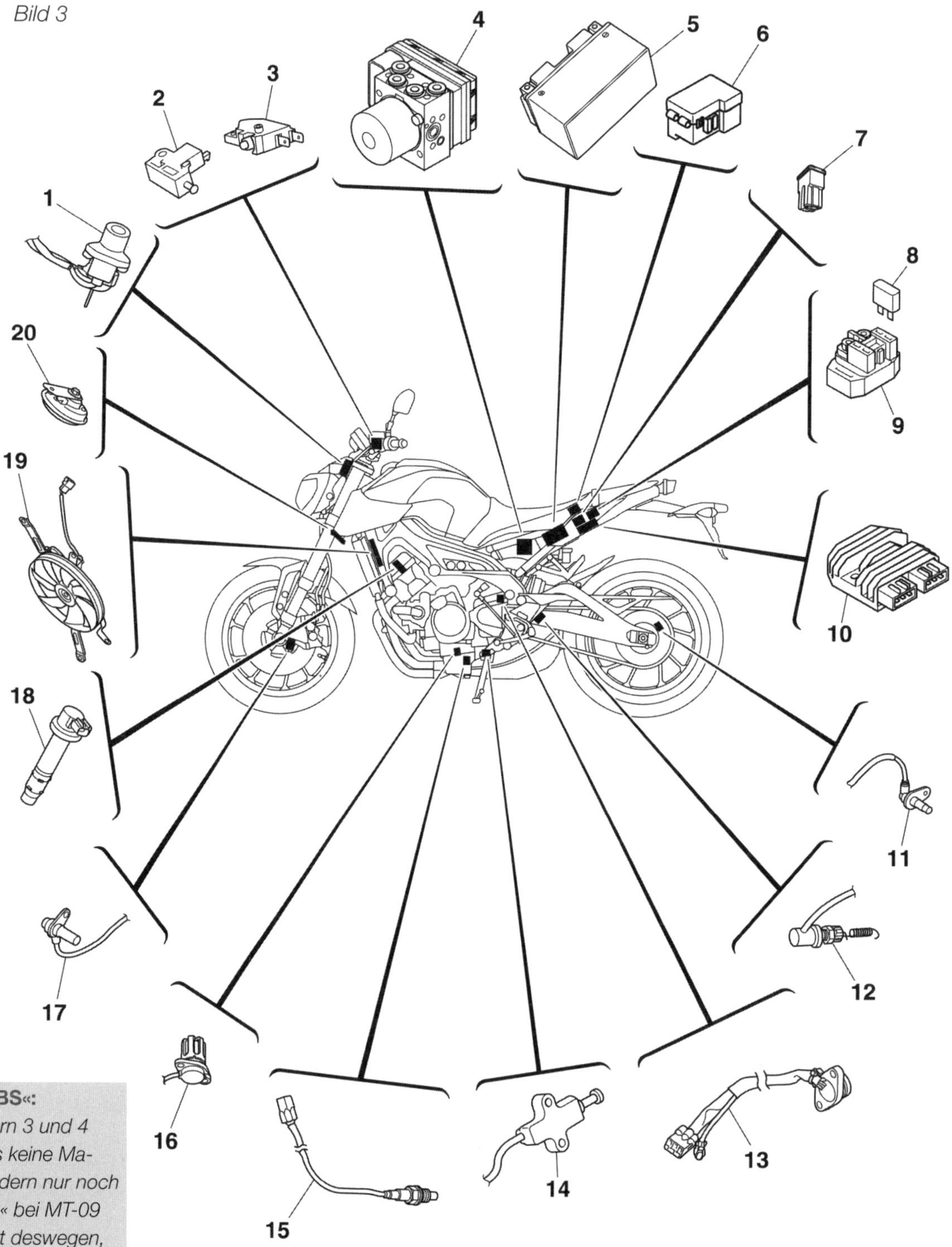

Zu »ohne ABS« und »mit ABS«:
Ab den Modellen in den Bildern 3 und 4 und deren Modelljahre gibt es keine Maschinen mehr ohne ABS, sondern nur noch mit. Die Erwähnung »mit ABS« bei MT-09 der Mj. 2014 und 2015 erfolgt deswegen, weil es sie auch ohne ABS gab.

■ **Kupplungsschalter:** Bei eingelegtem Gang gibt dieser Schalter das Startsignal nur bei gezogener Kupplung frei. Der Kupplungsschalter ist unten im lenkerfesten Halter des Kupplungshandhebels eingebaut.

■ **Batterie:** Die Batterie ist ein elektrochemischer Energiespeicher, in dem der vom Generator (dieser wird umgangssprachlich »Lichtmaschine« genannt) erzeugte elektrische Strom gespeichert wird.

MT-09 mit ABS Mj. 2014, 2015 • MT-09 Mj. 2016
MT-09 Street Rally Mj. 2014, 2015, 2016 • MT-09 Sport Tracker Mj. 2015, 2016

Bild 4

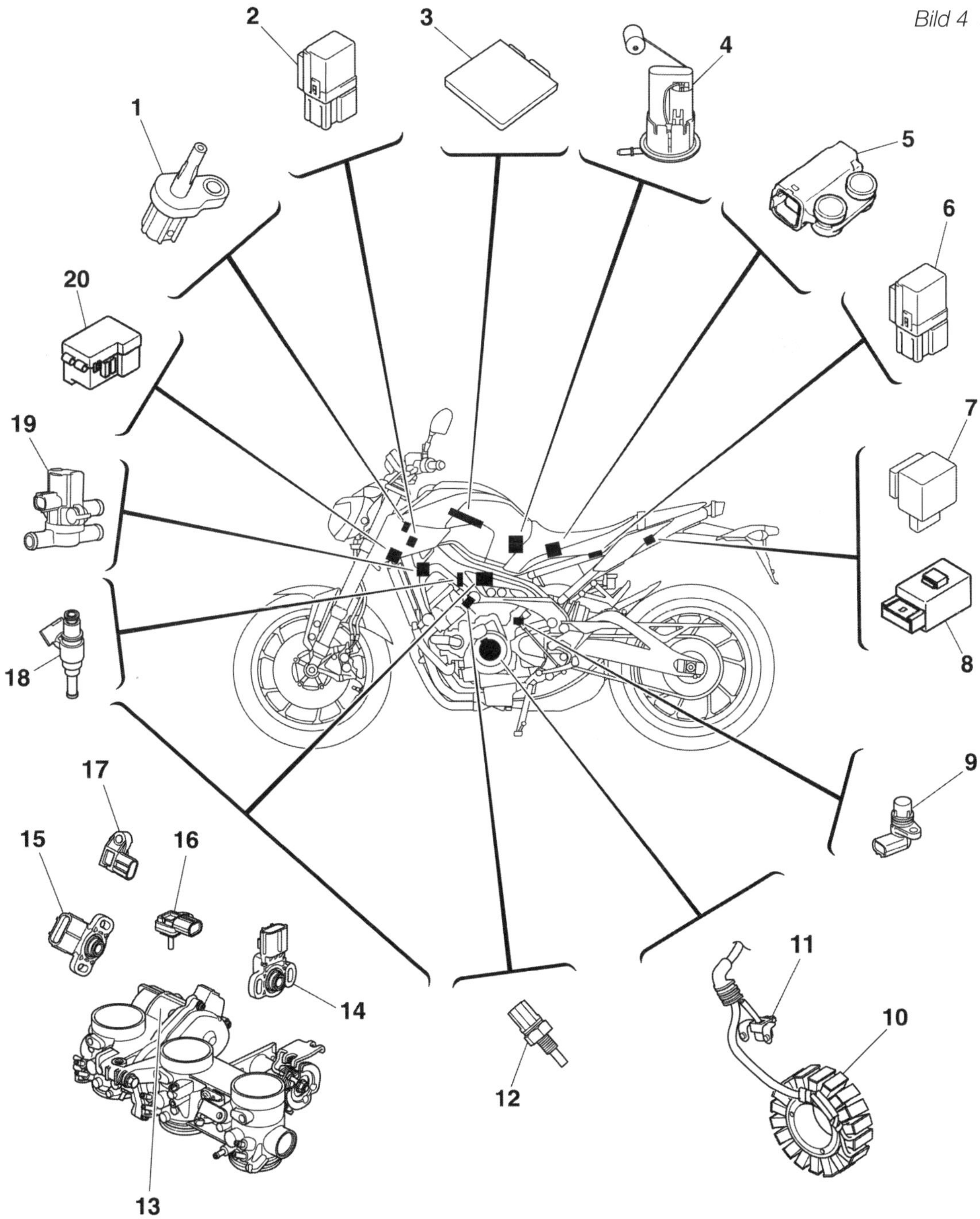

Bauteile in Bild 4:

1: Ansauglufttemperatur-Sensor
2: Scheinwerfer-Relais
3: Motorsteuergerät ECU
4: Benzinpumpe mit Benzinstand-Sensor
5: Umkipp-Sensor
6: Kühlerventilator-Relais
7: Blinker-/Warnblinker-Relais
8: Relaiseinheit umfasst die Relais für Anlassersperre und Benzinpumpe
9: Bauteil nicht vorhanden, da mit ABS
10: Lichtmaschinen-Stator
11: Kurbelwellenpositions-Sensor (= Zündgeber)
12: Kühlmitteltemperatur-Sensor
13: Drosselklappen-Stellmotor am Drosselklappen-Gehäuse
14: Gaszugpositions-Sensor
15: Drosselklappen-positions-Sensor
16: Ansaugluftdruck-Sensor 1
17: Ansaugluftdruck-Sensor 2
18: Einspritzdüse (3 Stück)
19: Sekundärluft-Magnetventil
20: Sicherungskasten A

Sichtprüfung
Messen

Lichtmaschine, wird auch »Stromgenerator« genannt: Die Lichtmaschine besteht aus den beiden Bauteilen »Rotor« und »Stator« und dient als Stromerzeuger. Bei laufendem Motor versorgt sie die Fahrzeugelektrik mit Strom. Das äußere Bauteil der Lichtmaschine wird »Rotor« oder auch »Läufer« genannt, es ist links auf der Kurbelwelle montiert. Der innere Teil ist der Stator«, er ist im linken Motordeckel eingebaut. Wenn der Motor läuft, dreht sich der Rotor um den Stator, wodurch Strom erzeugt wird. Dieser wird durch den Regler/Gleichrichter der Batterie zugeführt, sodass diese immer geladen ist.

Bauteile in Bild 5:
1: Zündschloss mit Wegfahrsperreneinheit
2: Kupplungsschalter
3: Bremslichtschalter vorne
4: ABS-Zentraleinheit
5: Batterie
6: Sicherungskasten B
7: Hauptsicherung
8: Sicherung Benzineinspritzung
9: Anlasser-Relais
10: Regler/Gleichrichter
11: ABS-Sensor hinten
12: Bremslichtschalter hinten
13: Gangpositionsschalter
14: Seitenständerschalter
15: Lambdasonde
16: Ölstandschalter
17: ABS-Sensor vorne
18: Zündspulen-Kerzenstecker (3 Stück)
19: Kühlerventilatormotor
20: Hupe

MT-09 Mj. 2017, 2018, 2019, 2020 • MT-09 SP Mj. 2018, 2019, 2020

Bild 5

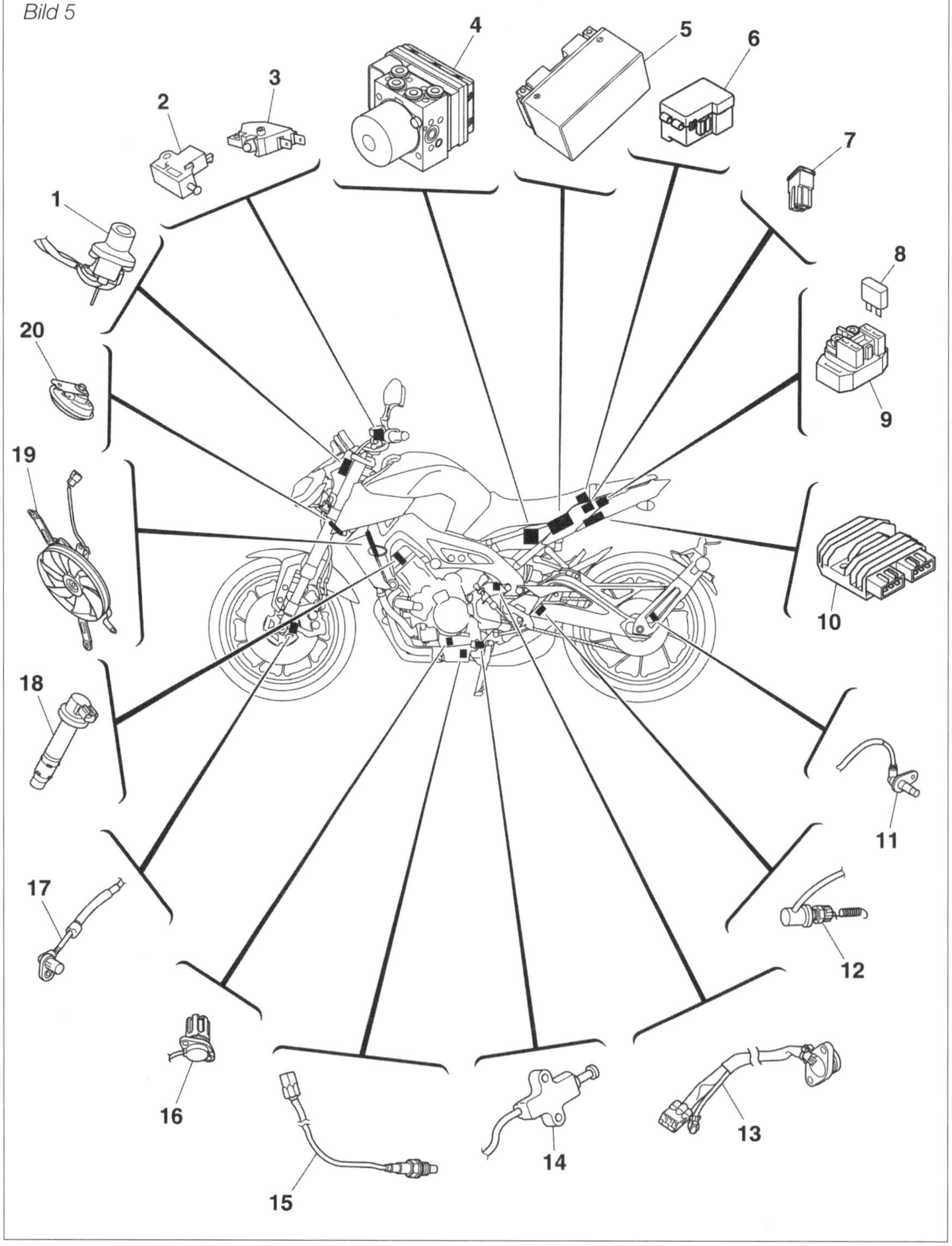

■ **Spannungsregler**, auch **»Regler/Gleichrichter«** genannt, gehört zum Ladesystem und sorgt dafür, dass die von der Lichtmaschine als Wechselstrom erzeugte Spannung auf dem Weg zur Batterie zu Gleichtstrom wird und mit einem Niveau von 12 Volt bis 14,6 gehalten wird, was die Batterie jederzeit im Zustand »voll, gut geladen« hält. Wenn die Batterie »voll« ist (bei ca. 12,7 bis13,8 Volt), wird dies vom Regler/Gleichrichter erkannt, er schaltet die Stromzufuhr zur Batterie ab und der von der Lichtmaschine erzeugte Strom läuft ins Leere. Umgekehrt ist es so, dass wenn der Regler durch seine Verbindung

MT-09 Mj. 2017, 2018, 2019, 2020 • MT-09 SP Mj. 2018, 2019, 2020

Bild 6

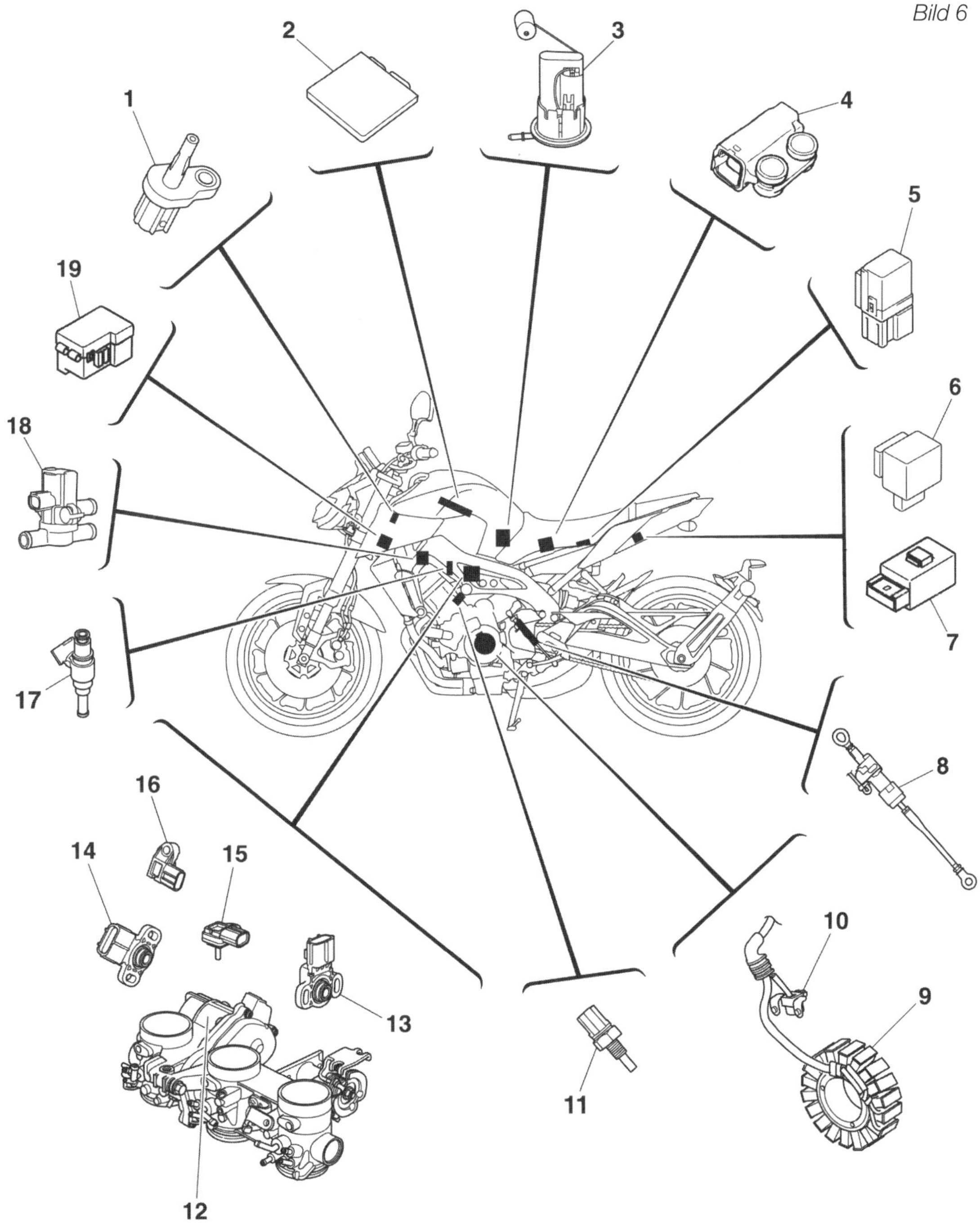

Bauteile in Bild 6:

1: Ansauglufttemperatur-Sensor
2: Motorsteuergerät ECU
3: Benzinpumpe mit Benzinstand-Sensor
4: Umkipp-Sensor
5: Kühlerventilator-Relais
6: Blinker-/Warnblinker-Relais
7: Relaiseinheit umfasst die Relais für Anlassersperre und Benzinpumpe
8: Quickshifter
9: Lichtmaschinen-Stator
10: Kurbelwellenpositions-Sensor (= »Zündgeber«)
11: Kühlmitteltemperatur-Sensor
12: Drosselklappen-Stellmotor am Drosselklappen-Gehäuse
13: Gaszugpositions-Sensor
14: Drosselklappen-positions-Sensor
15: Ansaugluftdruck-Sensor 1
16: Ansaugluftdruck-Sensor 2
17: Einspritzdüse (3 Stück)
18: Sekundärluft-Magnetventil
19: Sicherungskasten A

zur Batterie erkennt, dass die Spannung der Batterie absinkt, schaltet er um und macht wieder den Weg frei für Strom zur Batterie.

■ **Hupe (Signalhorn):** Akustische Warneinrichtung, welche durch den Fahrer aktiviert wird, wenn dieser den entsprechenden Beätigungsschalter »Hupenknopf« in der Schaltereinheit am Lenker drückt. Im Kapitel 30 »Technische Daten Teil 4« wird die Reparatur einer Hupe erklärt.

■ **Instrument (Cockpit):** Zeigt neben Basisinformationen wie Geschwindigkeit, Wegstrecke und Motordrehzahl viele weitere

Bauteile in Bild 7:
1: Zündschloss mit Wegfahrsperren-einheit
2: Kupplungsschalter
3: Bremslichtschalter vorne
4: ABS-Zentraleinheit
5: Batterie
6: Sicherungskasten C
7: Hauptsicherung
8: Sicherung Benzin-einspritzung
9: Anlasser-Relais
10: Regler/Gleichrichter
11: ABS-Sensor hinten
12: Bremslichtschalter hinten
13: Gangpositions-schalter
14: Seitenständer-schalter
15: Lambdasonde
16: Ölstandschalter
17: ABS-Sensor vorne
18: Zündspulen-Kerzen-stecker (3 Stück)
19: Kühlerventilator-motor
20: Hupe

MT-09 Tracer Mj. 2015, 2016, 2017 • Tracer 900 Mj. 2018, 2019, 2020

Bild 7

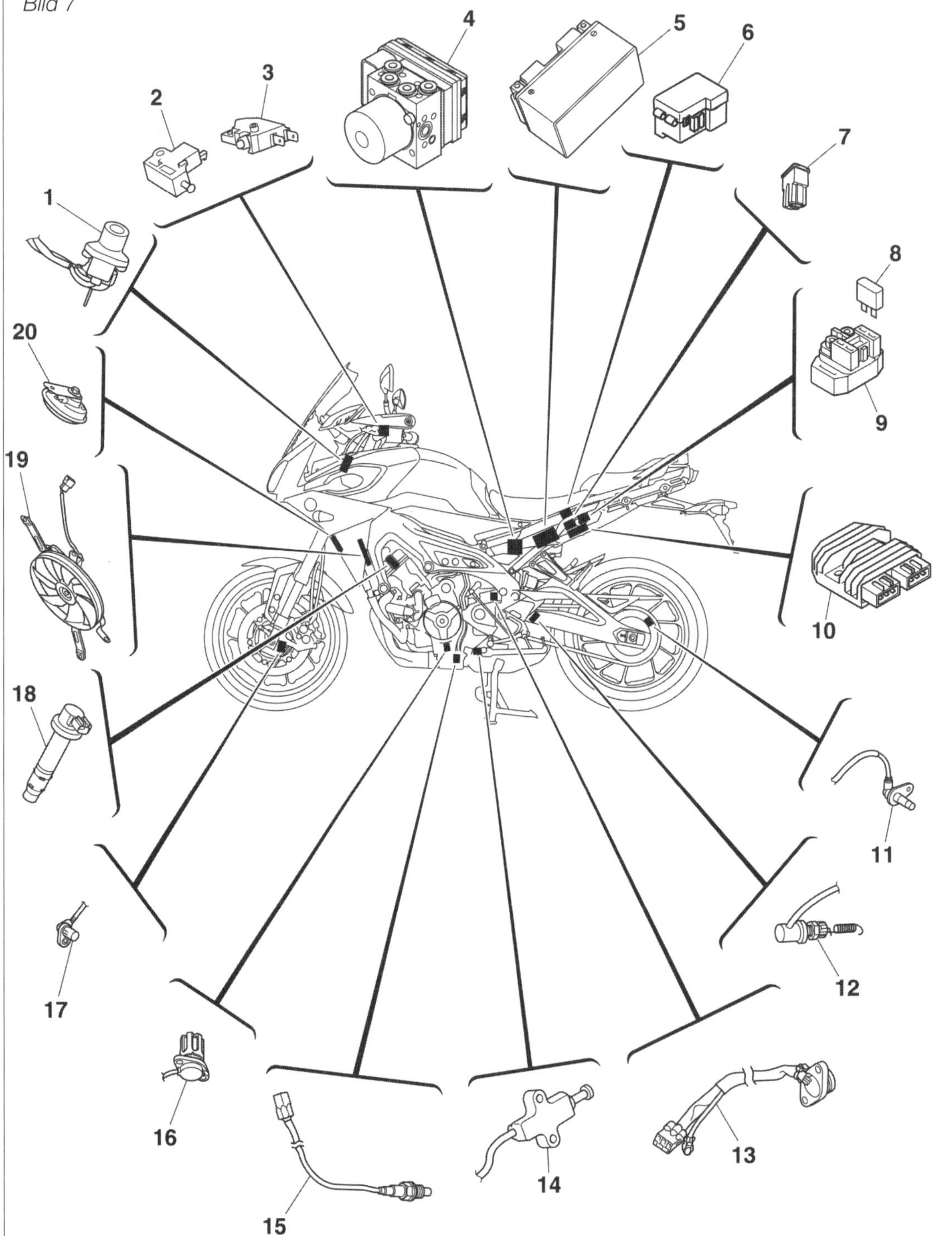

Funktionen zur Information des Fahrers an; siehe dazu das zum Fahrzeug gehörende Fahrerhandbuch.

Bauteile Bremsen

■ **ABS-Sensoren:** Die Sensoren sind Teil des **A**nti**B**lockier-**S**ystems (ABS), welches das Blockieren der Räder bei zu starkem Bremsen verhindert. Jeweils ein Sensor ist für Vorder- und Hinterrad zuständig. An jedem Rad ist ein Impulsring befestigt. Dieser sendet berührungslose Signale über die aktuelle Drehgeschwindigkeit des Rads an den ABS-Sensor,

MT-09 Tracer Mj. 2015, 2016, 2017 • Tracer 900 Mj. 2018, 2019, 2020

Bild 8

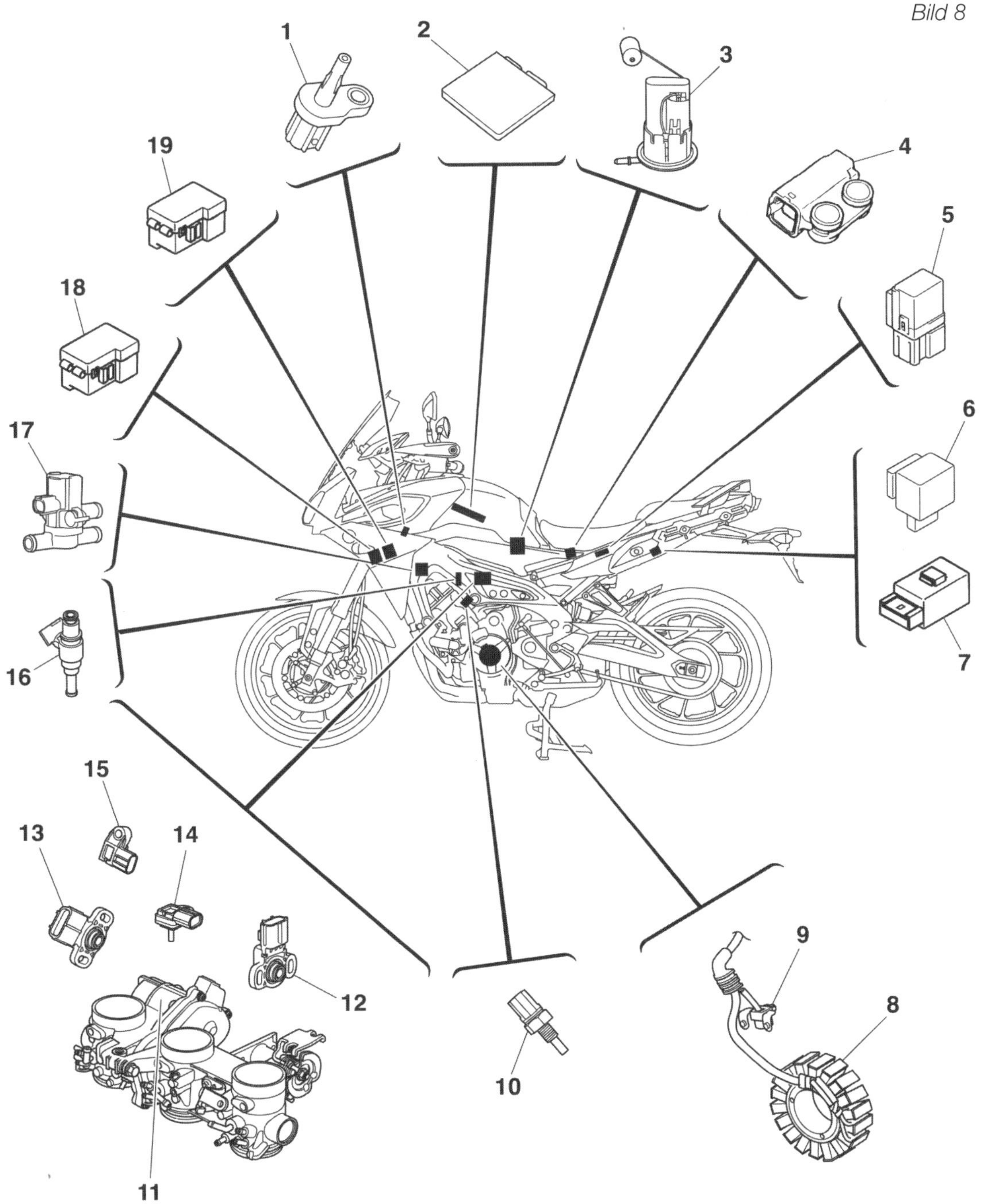

Bauteile in Bild 8:

1: Ansauglufttemperatur-Sensor
2: Motorsteuergerät ECU
3: Benzinpumpe mit Benzinstand-Sensor
4: Umkipp-Sensor
5: Kühlerventilator-Relais
6: Blinker-/Warnblinker-Relais
7: Relaiseinheit umfasst die Relais für Anlassersperre und Benzinpumpe
8: Lichtmaschinen-Stator
9: Kurbelwellenpositions-Sensor (= Zündgeber)
10: Kühlmitteltemperatur-Sensor
11: Drosselklappen-Stellmotor am Drosselklappen-Gehäuse
12: Gaszugpositions-Sensor
13: Drosselklappen-positions-Sensor
14: Ansaugluftdruck-Sensor 1
15: Ansaugluftdruck-Sensor 2
16: Einspritzdüse (3 Stück)
17: Sekundärluft-Magnetventil
18: Sicherungskasten A
19: Sicherungskasten B

der diese an das ABS-Steuergerät weiterleitet.

■ »Rad dreht« ist der normale Fahrzustand.

■ Bei »Ein Rad hat einen starken Drehunterschied zum anderen« oder gar »Rad steht« wird das ABS aktiviert. Dieses greift in den Bremsdruck ein, löst blitzschnell die blockierte Bremse, das Rad kann sich weiterdrehen und die Gefahr eines Sturzes durch ein blockiertes Rad (und damit ein ausbrechendes Motorrad) ist gebannt.

■ **ABS-Zentraleinheit:** Dieses Kombigerät vereint zwei Hauptkomponenten der ABS-Anlage, nämlich Steuergerät und Druckmodulatoren. In der Abteilung »Steuergerät« werden die Signale der beiden ABS-Radsensoren aufgenommen und im »Druckmodulator« die Magentventile angesteuert, wenn das ABS in Funktion treten muss, weil sich das Rad im Blockiermodus befindet. Die korrekte Funktion der ABS-Einheit und ihrer einzelnen Bauteile wird durch die Eigendiagnose ständig überwacht.

■ **Bremslichtschalter:** Beim Betätigen des Hand- oder Fußbremshebels wird der jeweilige Bremslichtschalter betätigt und das Bremslicht im Rücklicht wird dadurch eingeschaltet. Bei der Tracer GT wird in dem Moment, wo das Bremslicht durch den Bremslichtschalter aktiviert wird und aufleuchtet, die Einstellung des Tempomats ausgeschaltet.

Bauteile Einspritzung und Zündung

■ **Benzinpumpe:** Die Benzinpumpe hat die Aufgabe, dem Motor jederzeit ausreichend Benzin mit dem notwendigen Systemdruck zuzuführen.

Bauteile in Bild 9:
1: Zündschloss mit Wegfahrsperren-einheit
2: Kupplungsschalter
3: Bremslichtschalter vorne
4: ABS-Zentraleinheit
5: Batterie
6: Sicherungskasten C
7: Hauptsicherung
8: Sicherung Benzin-einspritzung
9: Anlasser-Relais
10: Regler/Gleichrichter
11: ABS-Sensor hinten
12: Bremslichtschalter hinten
13: Gangpositions-schalter
14: Seitenständer-schalter
15: Lambdasonde
16: Ölstandschalter
17: ABS-Sensor vorne
18: Zündspule
19: Kühlerventilator-motor
20: Hupe

Tracer 900 GT Mj. 2018, 2019, 2020

Bild 9

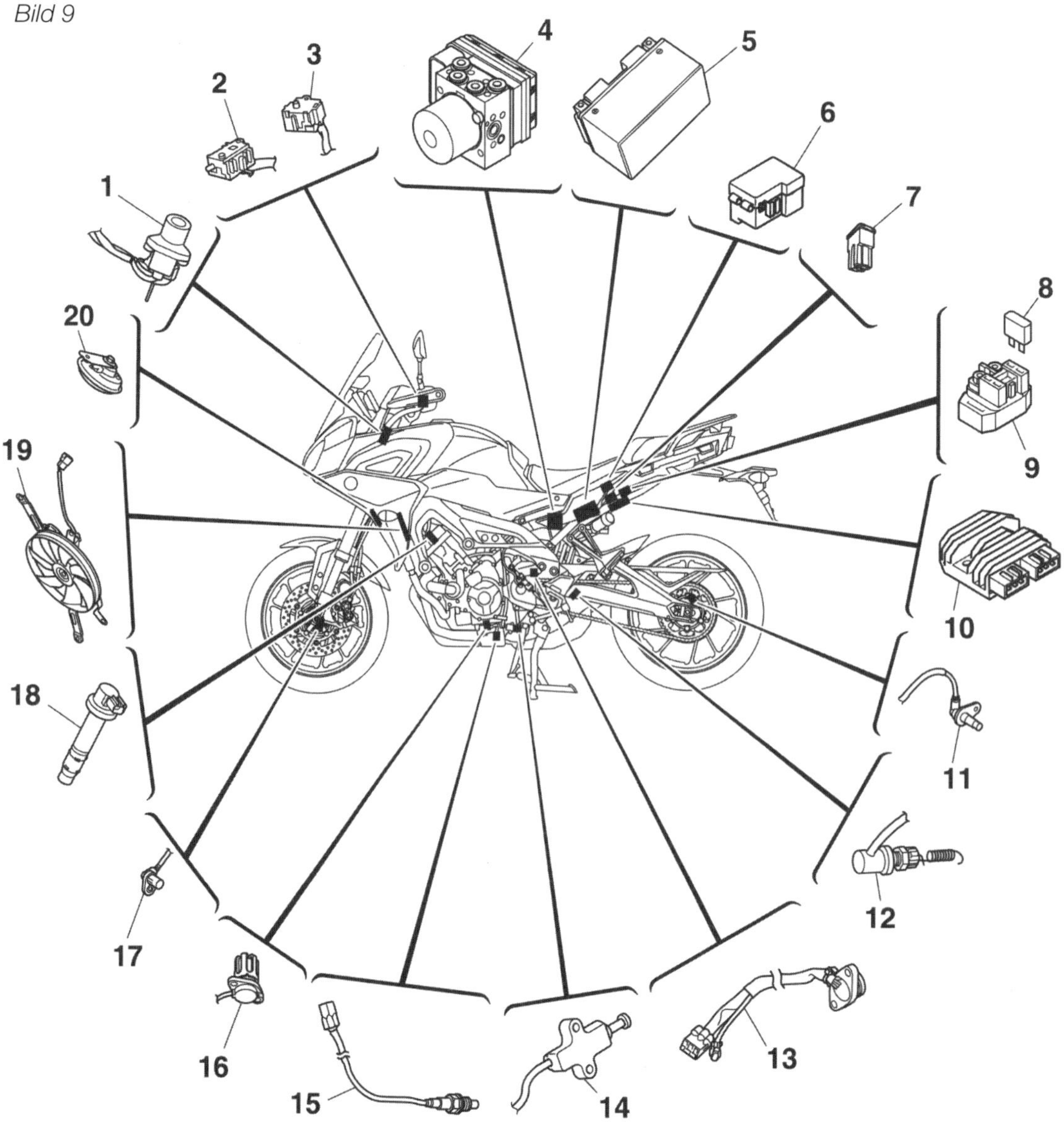

■ **Benzinpumpen-Relais:** Dieses versorgt die Benzinpumpe mit Strom, damit diese sich drehen und dadurch Benzin fördern kann. Wenn die Zündung eingeschaltet wird, läuft die Benzinpumpe für drei Sekunden an. Wird der Motor nicht umgehend gestartet, stellt das Motorsteuergerät die Stromzufuhr zur Benzinpumpe über das Relais ab – Batterie wird geschont.

■ **Benzinstandgeber:** Dieser ist in die Benzinpumpe eingebaut. Er misst die Restmenge im Tank und gibt die Informationen an das Instrument weiter, wo sie in sicht- und lesbare Information für den Fahrer umgewandelt werden.

■ **Einspritzventile:** Die Einspritzventile spritzen fein zerstäubtes Benzin hinter die Drosselklappe. Die benötigte Benzinmenge wird für jeden Arbeitstakt vom Motorsteuergerät bestimmt.

■ **Motorsteuergerät ECU:** Ist das »Herzstück« des kombinierten Zünd-Einspritzsystems. In das Motorsteuergerät sind Basiswerte fest einprogrammiert, aus denen berechnet wird: Optimale Spritmenge pro Zylinder, Einspritzzeitpunkt und den passenden Zündzeitpunkt. Korrekturinformationen erhält das Motorsteuergerät über Signale, die von Sensoren geliefert werden über die Ansauglufttemperatur, Ansaugluftdruck, Kühlmitteltemperatur, Gaszugposition, Drosselklappenposition, Lambdasonde, eingelegter Gang und die momentan gefahrene Geschwindigkeit.

■ **Drosselklappenpositions-Sensor** und **Gaszugpositions-Sensor**: Diese beiden Sensoren arbeiten zusammen, sie erfassen die Stellung der Drosselklappe und ihre Öffnungsgeschwindigkeit; beides wird vom Fahrer am Gasdrehgriff bestimmt. Die von den Sensoren gemessenen Daten werden in Form von

Tracer 900 GT Mj. 2018, 2019, 2020

Bild 10

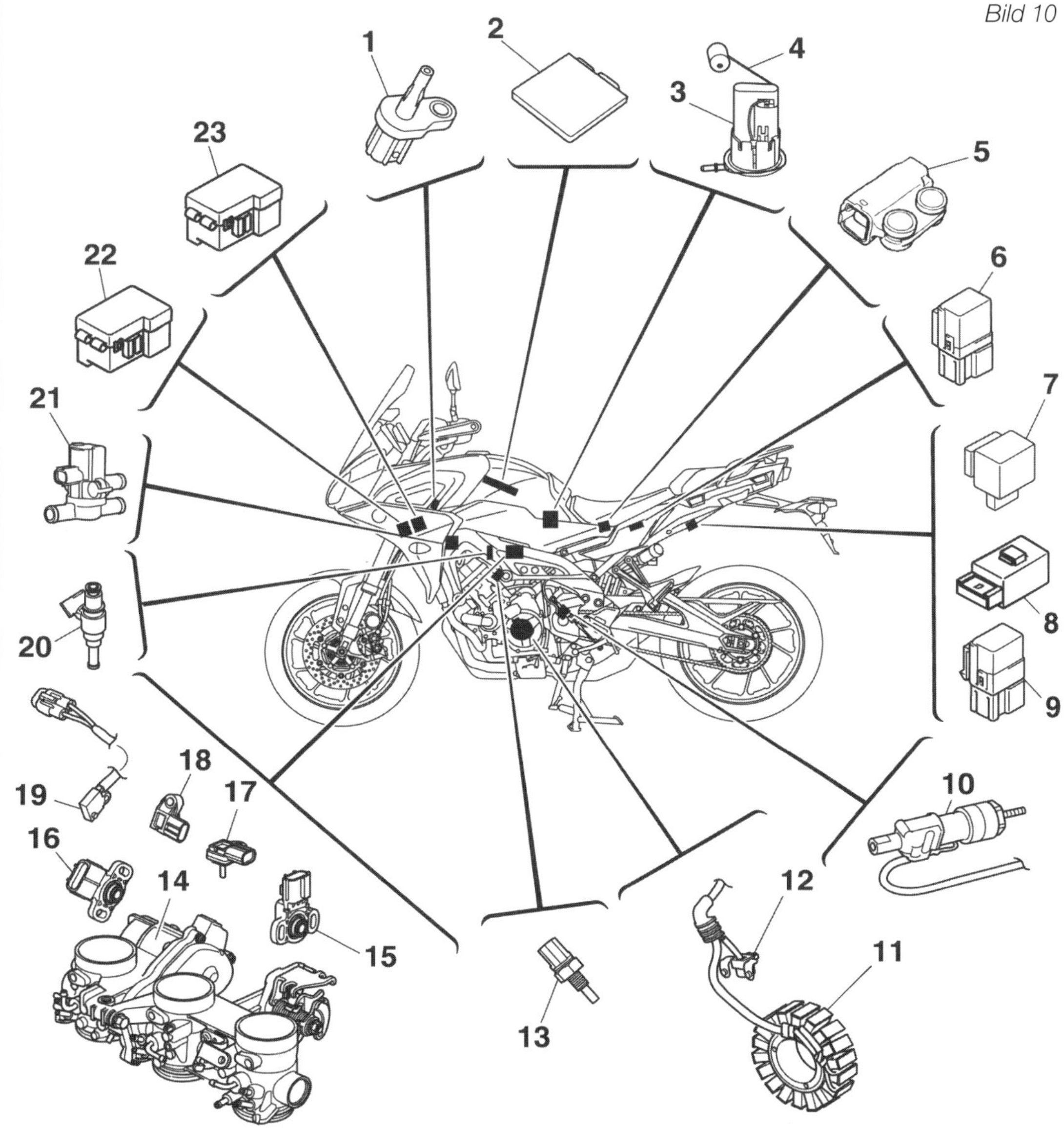

Bauteile in Bild 10:

- *1: Ansaugluft-temperatur-Sensor*
- *2: Motorsteuergerät ECU*
- *3: Benzinpumpe*
- *4: Benzinstand-Sensor*
- *5: Umkipp-Sensor*
- *6: Kühlervent.-Relais*
- *7: Blinker-/Warnblinker-Relais*
- *8: Relaiseinheit*
- *9: Bremslicht-Relais*
- *10: Quickshifter*
- *11: Lichtmaschinen-Stator*
- *12: Kurbelwellen-positions-Sensor*
- *13: Kühlmittel-temperatur-Sensor*
- *14: Drosselklappen-Stellmotor am Drosselklappen-Gehäuse*
- *15: Gaszugpositions-Sensor*
- *16: Drosselklappen-positions-Sensor*
- *17: Ansaugluftdruck-Sensor 1*
- *18: Ansaugluftdruck-Sensor 2*
- *19: Lenkergriff-Aufhebungsschalter*
- *20: Einspritzdüsen (3 St.)*
- *21: Sekundärluft-Magnetventil*
- *22: Sicherungskasten A*
- *23: Sicherungskasten B*

elektrischer Spannung an das Motorsteuergerät geschickt. Dieses berechnet anhand definierter Kennfelder den Öffnungswinkel der Drosselklappen und über die Motordrehzahl die angesaugte Luftmenge plus der dazu passenden Einspritzmenge.

■ **Ansaugluftdruck-Sensoren1 und 2:** Diese Sensoren erfassen den Luftdruck im Ansaugsystem. Die Daten gehen direkt in das Motorsteuergerät ECU ein und werden dort zur Berechnung der Einspritzmenge und der Einspritzzeit herangezogen.

Bauteile in Bild 11:
1: Zündschloss mit Wegfahrsperreneinheit
2: Kupplungsschalter
3: Bremslichtschalter vorne
4: ABS-Zentraleinheit
5: Batterie
6: Sicherungskasten B
7: Hauptsicherung
8: Sicherung Benzineinspritzung
9: Anlasser-Relais
10: Regler/Gleichrichter
11: ABS-Sensor hinten
12: Bremslichtschalter hinten
13: Gangpositionsschalter
14: Seitenständer-Schalter
15: Lambdasonde
16: Ölstandschalter
17: ABS-Sensor vorne
18: Zündspulen-Kerzenstecker (3 Stück)
19: Kühlerventilatormotor
20: Hupe

XSR 900 Mj. 2016, 2017, 2018, 2019, 2020, 2021
XSR 900 60th Anniversary Mj. 2016 • XSR 900 Abarth Mj. 2017

Bild 11

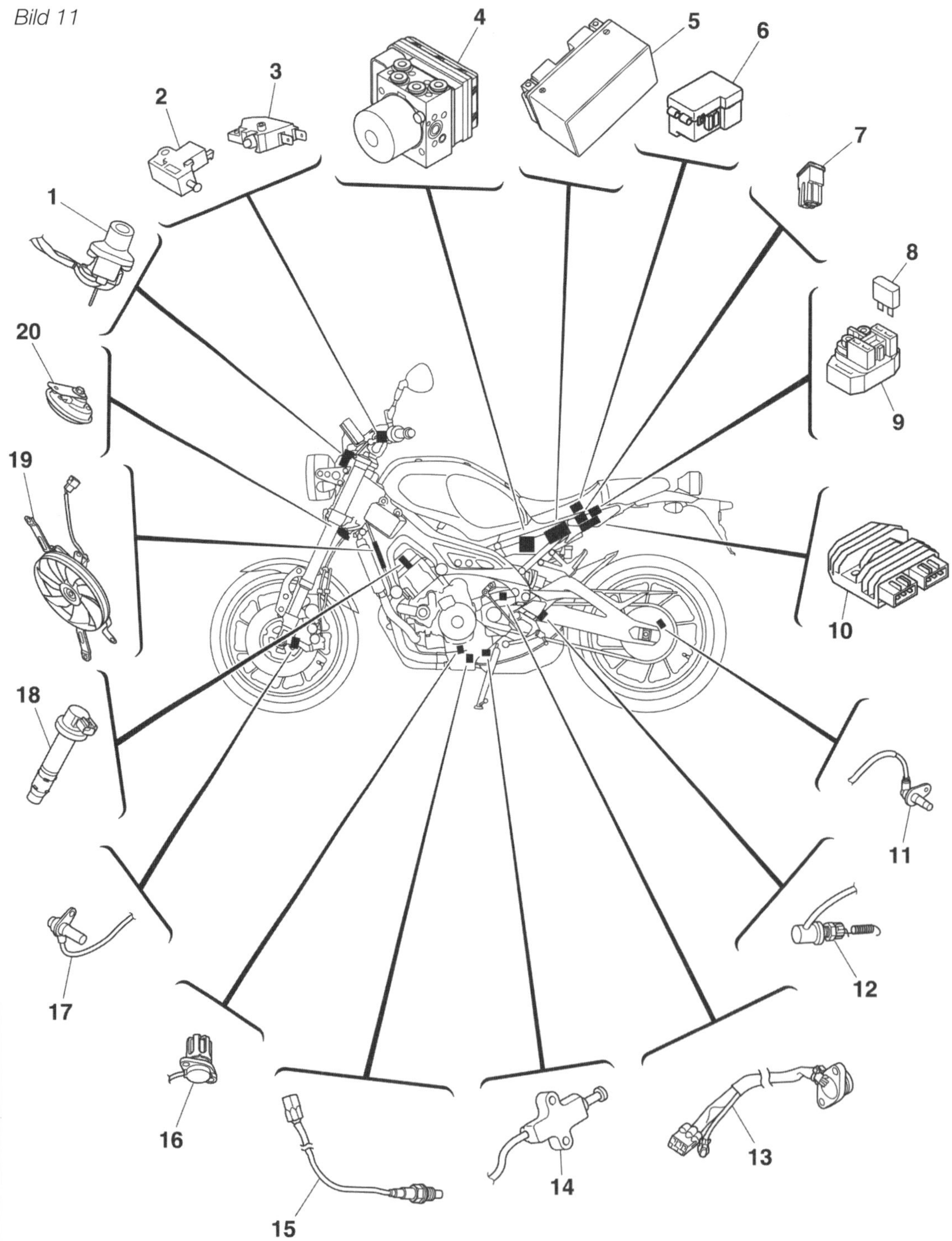

Ansauglufttemperatur-Sensor: Dieser sitzt vorne seitlich beim Lenkkopf unter einem Verkleidungsteil. Er ist so angebaut, dass genügend »beruhigte« Umgebungsluft um ihn herum ist, die Lufttemperatur also real existiert und er keine Zugluft bekommt, was die Temperaturwerte negativ beeinflussen könnte. Er ist quasi in einer offenen Zone ohne Turbulenzen. Nur so kann er seine Aufgabe erfüllen, nämlich die aktuelle Temperatur der Umgebungsluft messen und an das Motorsteuergerät ECU weitergeben. In diesem nimmt die gemessene Lufttemperatur unmittelbaren Einfluss auf das

XSR 900 Mj. 2016, 2017, 2018, 2019, 2020, 2021
XSR 900 60th Anniversary Mj. 2016 • XSR 900 Abarth Mj. 2017

Bild 12

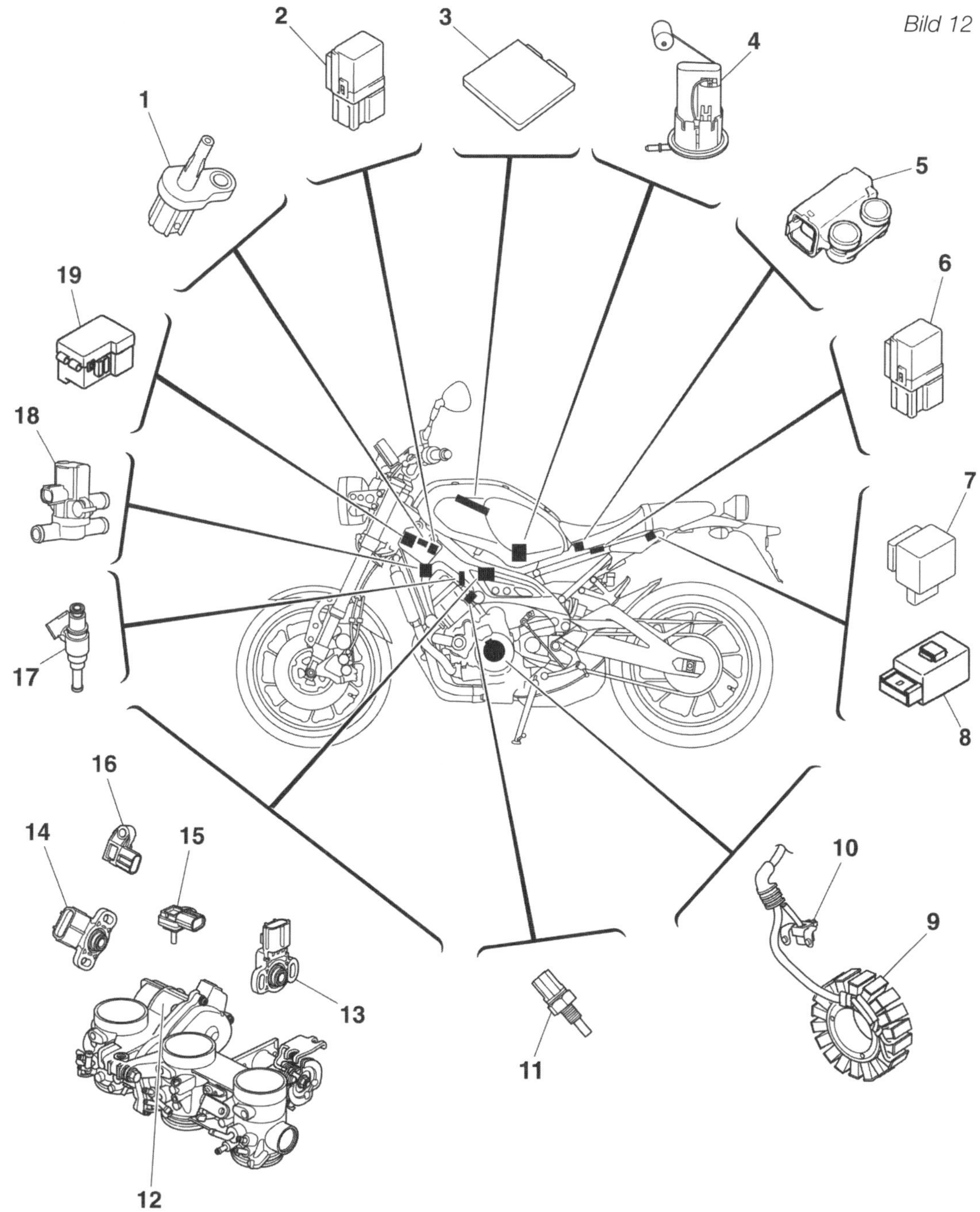

Bauteile in Bild 12:
1: Ansauglufttemperatur-Sensor
2: Scheinwerfer-Relais
3: Motorsteuergerät ECU
4: Benzinpumpe mit Benzinstand-Sensor
5: Umkipp-Sensor
6: Kühlerventilator-Relais
7: Blinker-/Warnblinker-Relais
8: Relaiseinheit umfasst die Relais für Anlassersperre und Benzinpumpe
9: Lichtmaschinenstator
10: Kurbelwellenpositions-Sensor
11: Kühlmitteltemperatur-Sensor
12: Drosselklappen-Stellmotor am Drosselklappen-Gehäuse
13: Gaszugpositions-Sensor
14: Drosselklappenpositions-Sensor
15: Ansaugluftdruck-Sensor 1
16: Ansaugluftdruck-Sensor 2
17: Einspritzdüse (3 Stück)
18: Sekundärluft-Magnetventil
19: Sicherungskasten A

Sichtprüfung Messen

Fehlercode-Anzeigen, Auswirkungen, Prüfschritte, Behebung (Teil 1)

Fehlercode 12 wird im Instrument angezeigt.
Problem am Kurbelwellenpositions-Sensor (Zündgeber).
Reaktion: Motor stoppt, geht aus.
Weitere Start- und Fahrfähigkeit: Nein
Kommentar: Wenn der Kurbelwellenpositions-Sensor kaputt ist, bleibt der Motor dauerhaft aus.
Überprüfen: Verkabelung des Sensors, Steckerverbinder, defekter oder falsch eingebauter Sensor, Verschraubung locker, Fehler im Stecker zum Motorsteuergerät ECU, Kurzschluss im Kabelbaum.

Fehlercode 13 oder 14 wird im Instrument angezeigt.
Problem am Ansaugluftdruck-Sensor 1.
Reaktion: Motor zeigt schlechte Leistung und höheren Verbrauch, weil das Luft-Benzin-Gemisch nicht mehr korrekt ist.
Weitere Start- und Fahrfähigkeit: Ja
Kommentar: Kurzschluss oder Kabelbruch im Stromkreis des Sensors, zugehöriger Schlauch ist gerissen, verstopft, geknickt oder hat sich gelöst.
Werkstattcomputer anschließen: Dieser muss »Diagnosecode 03« anzeigen.
Prüfschritte: Motor ausschalten. Überprüfen, ob der Umgebungsluftdruck angezeigt wird. Dann den Motor starten und Gas geben, jetzt muss der Ansaugluftdruck angezeigt werden.
Überprüfen: Ansaugluftdruck-Sensor, Verkabelung, Stecker, Fehler in der Verkabelung, dem Stecker des Motorsteuergeräts oder der Schlauchverbindung, falsche Spannungswerte am Ansaugluftdruck- oder Drosselklappenpositions-Sensor.

Fehlercode 15 wird im Instrument angezeigt.
Problem am Drosselklappenpositions-Sensor.
Reaktion: Motor läuft weiter.
Weitere Start- und Fahrfähigkeit: Ist abhängig von Art und Umfang der Störung.
Werkstattcomputer anschließen, Prüfschritt 1: »Diagnosecode 01« muss angezeigt werden und dazu folgende Drosselklappenstellungen:
- 11 bis 21 Grad »Drosselklappe vollständig geschlossen«
- 96 bis 106 Grad »Drosselklappe ganz geöffnet«

Werkstattcomputer anschließen, Prüfschritt 2: Wenn »Diagnosecode 13« angezeigt wird, braucht es dazu folgende Drosselklappenstellungen:
- 9 bis 23 Grad »Drosselklappen vollständig geschlossen«
- 94 bis 108 Grad »Drosselklappen ganz geöffnet«

Prüfschritte: Gasgriff betätigen, Drosselklappen vollständig schließen und öffnen.
Überprüfen: Verkabelung, Unterbrechung oder Kurzschluss im Kabelbaum, Sensorverkabelung locker, Drosselklappenpositions-Sensor defekt oder falsch eingestellt, Motorsteuergerät ECU defekt.

Fehlercode 19 wird im Instrument angezeigt.
Problem am Seitenständerschalter.
Reaktion: Motor stoppt, geht aus.
Weitere Start- und Fahrfähigkeit: Nein
Kommentar: Unterbrechung oder Kurzschluss im Stromkreis zum Motorsteuergerät.
Werkstattcomputer anschließen: »Diagnosecode 20« muss angezeigt werden. «Seitenständer eingeklappt« wird als ON angezeigt, »Seitenständer ausgeklappt« wird als OFF angezeigt.
Prüfschritte: Seitenständer ein- und ausklappen, Anzeige muss von ON auf OFF umschalten.
Überprüfen: Unterbrechung oder Kurzschluss im Kabelbaum, Verkabelung, Stecker, Funktion des Seitenständerschalters.

Fehlercode 20 wird im Instrument angezeigt.
Problem: Großer Spannungsunterschied zwischen Ansaugluftdruck-Sensor 1 und Ansaugluftdruck-Sensor 2.
Reaktion: Motor zeigt schlechte Leistung und höheren Verbrauch, weil das Luft-Benzin-Gemisch nicht mehr korrekt ist.
Weitere Start- und Fahrfähigkeit: Ja
Kommentar: Kurzschluss oder Kabelbruch im Stromkreis eines der beiden Sensoren, zugehöriger Schlauch ist gerissen, verstopft, geknickt oder hat sich gelöst.
Werkstattcomputer anschließen: Dieser muss anzeigen entweder »Diagnosecode 03« für den Ansaugluftdruck-Sensor 1 oder »Diagnosecode 04« für den Ansaugluftdruck-Sensor 2.
Prüfschritte: Motor ausschalten. Überprüfen, ob der Umgebungsluftdruck angezeigt wird. Dann den Motor starten und Gas geben, jetzt muss der Ansaugluftdruck beider Ansaugluftdruck-Sensoren angezeigt werden.
Überprüfen: Probleme an einem der beiden Ansaugluftdruck-Sensoren, dessen Verkabelung, Stecker, dem Stecker des Motorsteuergeräts, einer Schlauchverbindung, falsche Spannungswerte am Ansaugluftdruck- oder Drosselklappenpositions-Sensor.

Fehlercode 21 wird im Instrument angezeigt.
Problem am Kühlmitteltemperatur-Sensor.
Reaktion: Es werden falsche Informationen über die Kühlmitteltemperatur an das Motorsteuergerät geliefert, was die Gemischzusammensetzung beeinflusst.
Weitere Start- und Fahrfähigkeit: Ja
Kommentar: Motor startet schlecht und hat schlechte Gasannahme. In kaltem Zustand läuft der Motor zu mager, im heißen Zustand zu fett.
Werkstattcomputer anschließen: Dieser muss »Diagnosecode 06« anzeigen für »Kühlmitteltemperatur«.
Prüfschritte: Zur Sicherheit die Kühlmitteltemperatur mit einem externen Thermometer messen und prüfen, ob die Temperaturanzeige im Instrument die gemessene Kühlmitteltemperatur anzeigt.
Überprüfen: Sensor defekt? Verkabelung, Fehler im Motorsteuergerät, Steckerverbindung.

Fehlercode 22 wird im Instrument angezeigt.
Problem am Ansauglufttemperatur-Sensor.
Weitere Start- und Fahrfähigkeit: Ja
Kommentar: Motor startet schlecht und hat schlechte Gasannahme. In kaltem Zustand läuft der Motor zu mager, im heißen Zustand zu fett.
Werkstattcomputer anschließen: Dieser muss »Diagnosecode 05« anzeigen für »Ansauglufttemperatur-Sensor«.
Prüfschritte: Die Umgebungsluft mit einem externen Thermometer messen. Dann prüfen, ob die Anzeige im Werkstattcomputer der extern gemessenen Umgebungslufttemperatur entspricht. Wenn nicht, ist wahrscheinlich der Sensor defekt.
Überprüfen: Sensor defekt? Verkabelung, Fehler im Motorsteuergerät ECU, Steckerverbindung.

Fehlercode 24 wird im Instrument angezeigt.
Problem an der Lambdasonde.
Weitere Start- und Fahrfähigkeit: Ja
Kommentar: Schaltkreis der Lambdasonde ist unterbrochen.
Überprüfen: Verkabelung der Lambdasonde, defekte oder falsch eingebaute Lambdasonde, Fehler im Motorsteuergerät, Steckerverbindungen, Benzindruck kontrollieren.

Fehlercode 25 oder 26 werden im Instrument angezeigt.
Problem am Ansaugluftdruck-Sensor 2.
Reaktion: Motor zeigt schlechte Leistung und höheren Verbrauch, weil das Luft-Benzin-Gemisch nicht mehr korrekt ist.
Weitere Start- und Fahrfähigkeit: Ja
Kommentar: Kurzschluss oder Kabelbruch im Stromkreis des Sensors, zugehöriger Schlauch ist gerissen, verstopft, geknickt oder hat sich gelöst.
Werkstattcomputer anschließen: Dieser muss »Diagnosecode 04« anzeigen.
Prüfschritte: Motor ausschalten. Überprüfen, ob der Umgebungsluftdruck angezeigt wird. Dann den Motor starten und Gas geben, jetzt muss der Ansaugluftdruck angezeigt werden.
Überprüfen: Ansaugluftdruck-Sensor, Verkabelung, Stecker, Fehler in der Verkabelung, dem Stecker des Motorsteuergeräts oder der Schlauchverbindung, falsche Spannungswerte am Ansaugluftdruck- oder Drosselklappenpositions-Sensor.

Fehlercode 30 und 41 werden im Instrument angezeigt.
Problem am Umkipp-Sensor.
Reaktion: Motor geht aus, springt nicht mehr an.
Weitere Start- und Fahrfähigkeit: Nein
Kommentar: Umkipp-Sensor schaltet die Benzinpumpe ab und sorgt für einen Motorstopp, als würde das Motorrad auf der Seite liegen. Unterbrechung oder Kurzschluss im Schaltkreis.
Werkstattcomputer anschließen: Dieser muss »Diagnosecode 08« anzeigen.
Prüfschritte: Werte des Umkipp-Sensors prüfen:
- 0,4 bis 1,4 Volt wenn Motorrad senkrecht steht.
- 3,7 bis 4,4 Volt wenn Motorrad mehr als 65 Grad geneigt ist.

Überprüfungsmethode: Den Neigungswinkel vergrößern, bis das Motorrad um mindestens 65 Grad gekippt ist und dann die Anzeige auf dem Werkstattcomputer überprüfen.
Überprüfung: Umkipp-Sensor auf Einbau und Befestigung, Motorsteuergerät und Verkabelung mit Steckerverbindern.

Fehlercode 33, 34, 35 werden im Instrument angezeigt.
Problem an den Primärwicklungen der Zündspulen.
Weitere Start- und Fahrfähigkeit: Möglich, wenn nur eine Zündspule defekt ist.
Kommentar: Unterbrechung in der Primärwicklung der Zündspule.
Werkstattcomputer anschließen: Dieser muss anzeigen:
- Diagnosecode 30 für Zündspule 1
- Diagnosecode 31 für Zündspule 2
- Diagnosecode 32 für Zündspule 3

Prüfschritte: Jede Zündspule wird 5 Mal im Abstand von je einer Sekunde ein- und ausgeschaltet. Entsprechend der Ein- und Ausschaltvorgänge blinkt die Motor-Warnleuchte im Instrument.
Überprüfung optisch: Blinkt die Motor-Warnleuchte entsprechend den Ein-/Ausschaltvorgängen der Zündspulen?
Überprüfung technisch: Zündspulen und Widerstand der Primärwicklung, Verkabelung, Steckerverbindung, fehlerhaftes Motorsteuergerät, Seitenständerschalter, Start-/Stoppschalter am Lenker, Komponenten des Startsystem-Schaltkreises.

Fehlercode 39 wird im Instrument angezeigt.
Problem an den Einspritzventilen.
Weitere Start- und Fahrfähigkeit: Möglich, wenn nur ein Einspritzventil defekt ist.
Kommentar: Unterbrechung im Stromkreis der Einspritzventile.
Werkstattcomputer anschließen: Dieser zeigt an
- Diagnosecode 36 für Einspritzventil 1
- Diagnosecode 37 für Einspritzventil 2
- Diagnosecode 38 für Einspritzventil 3

Prüfschritte: Jedes Einspritzventil schaltet sich 5 Mal in Intervallen von jeweils 1 Sekunde ein und aus. Die Motorwarnleuchte blinkt entsprechend der Ein- und Ausschaltvorgänge.
Überprüfung akustisch: Überprüfen anhand des Betriebsgeräusches, ob die Einspritzdüse 5 Mal betätigt wird.
Überprüfung technisch: Einspritzventile auf Beschädigung und Widerstand, Stecker an den Kabeln, fehlerhaftes Motorsteuergerät oder Verkabelung, Komponenten des Startsystem-Schaltkreises.

Fehlercode 42 wird im Instrument angezeigt.
Problem am Geschwindigkeits-Sensor (bei ohne ABS) bzw. ABS-Sensor am Hinterrad (bei mit ABS), Gangpositionsschalter, Kupplungsschalter.
Weitere Start- und Fahrfähigkeit: Ja
Reaktion: Vom Instrument werden keine normalen Signale empfangen. Unterbrechung oder Kurzschluss im Schaltkreis von Geschwindigkeits-Sensor (bei ohne ABS) bzw. ABS-Sensor Hinterrad (bei mit ABS), Gangpositionsschalter oder Kupplungsschalter.
Kommentar: Geschwindigkeit wird nicht richtig angezeigt.
Diagnosecodes: 07 oder 21
Werkstattcomputer anschließen: Dieser zeigt an
- Fahrgeschwindigkeitsimpulse von 0 bis 999
- sonst ON bei eingelegtem Leerlauf
- oder ON bei gezogenem Kupplungshebel, eingelegtem Gang und hochgeklapptem Seitenständer
- oder OFF bei eingelegtem Gang und Kupplungshebel in Fahrposition.

Prüfschritte: Anzeigewert muss ansteigen, wenn am Hinterrad gedreht wird. Der Wert steigt weiter und wird auch dann nicht zurückgestellt, wenn das Hinterrad angehalten wird.
Überprüfung: Geschwindigkeits-Sensor (bei ohne ABS) bzw. ABS-Sensor Hinterrad (bei mit ABS), Gangpositionsschalter, Kupplungsschalter, Verkabelung, Steckerverbindung, Motorsteuergerät oder Verkabelung fehlerhaft, Störung im ABS-Steuergerät.

Fehlercode 43 wird im Instrument angezeigt.
Problem: Falsche Spannung an Einspritzventil und Benzinpumpe.
Weitere Start- und Fahrfähigkeit: Ja
Werkstattcomputer anschließen: Dieser zeigt an die Diagnosecodes 09 oder 50, Batteriespannung ca. 12 Volt.
Überprüfung: Start-/Stoppschalter auf »ON« stellen, Batteriespannung messen und mit der angezeigten Batteriespannung vergleichen. Batterie laden.
Überprüfung: Zuleitungskabel, Steckerverbindung, Benzinpumpenrelais, Motorsteuergerät oder Verkabelung fehlerhaft.

Fehlercode 44 wird im Instrument angezeigt.
Problem: Fehlerhaftes Lesen/Schreiben des CO-Wertes auf dem EEP-ROM: Das ist der elektronisch löschbare, programmierbare Lesespeicher im Motorsteuergerät ECU.
Weitere Start- und Fahrfähigkeit: Je nach Art der Störung
Kommentar: Störung im Motorsteuergerät, CO-Korrekturwerte werden nicht ordnungsgemäß in den Speicher geschrieben oder von dort aufgerufen.
Werkstattcomputer anschließen: Dieser zeigt an den Diagnosecode 60. Die im Fehlercode 44 erkannten EEP-ROM-Fehler werden angezeigt. Wenn mehrere Fehler auftreten, werden diese in Intervallen von 2 Sekunden angezeigt.
- Anzeige 00: Keine Speicherung
- Anzeige 01 bis 03: CO-Konzentration für Zylinder 1 bis 3 eingestellt.
- Anzeige 11: Datenfehler bei ISC-Lernwerten Leerlaufdrehzahl-Steuerdaten, wobei die Speicherdaten vorhanden sind.

Überprüfung: Fehlerhaftes Motorsteuergerät ECU.

Fehlercode-Anzeigen, Auswirkungen, Prüfschritte, Behebung (Teil 2)

Fehlercode 46 wird im Instrument angezeigt.
Probleme durch falsche Ladespannung.
Weitere Start- und Fahrfähigkeit: Ja, bis die Batterie kollabiert.
Kommentar: Störungen im Ladesystem.
Überprüfung: Lichtmaschine, Regler, Stromkreise, Batterie, Motorsteuergerät und dessen Verkabelung, Hauptsicherung.

Fehlercode 50 wird im Instrument angezeigt.
Probleme durch Fehlfunktionen im Motorsteuergerät und seinem Datenspeicher.
Kommentar: Wenn der Speicher defekt ist, werden die Fehlercode-Nummern nicht angezeigt.
Weitere Start- und Fahrfähigkeit: Je nach Art der Störung
Überprüfung: Motorsteuergerät ECU, Verkabelung, Stecker.

Fehlercode 59 wird im Instrument angezeigt.
Problem am Gaszugpositions-Sensor.
Reaktion: Motor läuft weiter oder geht aus.
Weitere Start- und Fahrfähigkeit: Ist abhängig von der Störung.
Werkstattcomputer anschließen, Prüfschritt 1: »Diagnosecode 14« muss angezeigt werden und folgende Drosselklappenstellungen:
- 12 bis 22 Grad »Drosselklappe vollständig geschlossen«
- 97 bis 107 Grad »Drosselklappe ganz geöffnet«

Werkstattcomputer anschließen, Prüfschritt 2: Wenn »Diagnosecode 15« angezeigt wird, braucht es dazu folgende Drosselklappenstellungen:
- 10 bis 24 Grad »Drosselklappe vollständig geschlossen«
- 97 bis 109 Grad »Drosselklappe ganz geöffnet«

Prüfschritte: Gasgriff betätigen, Drosselklappe vollständig schließen und öffnen.
Überprüfen: Verkabelung, Unterbrechung oder Kurzschluss im Kabelbaum, Sensorverkabelung locker, Drosselklappenpositions-Sensor defekt oder falsch eingestellt, Motorsteuergerät ECU defekt.

Fehlercode 60 wird im Instrument angezeigt.
Probleme durch Funktionsstörungen im YCC-T-Antriebssystem der elektrisch betätigten Drosselklappen.
Kommentar: Motor lässt sich über den Gasgriff nur noch schlecht bis nicht mehr kontrollieren.
Weitere Start- und Fahrfähigkeit: Je nach Art der Störung.
Überprüfung: Stecker zum Drosselklappen-Servomotor, den Servomotor selbst überprüfen, Stecker zum Motorsteuergerät, Verkabelung, Sicherung.

Fehlercode 89 und Err wird im Instrument angezeigt.
Problem wegen kein Signal vom Motorsteuergerät.
Kommentar: Kommunikationsstörung Motorsteuergerät zu Display
Weitere Start- und Fahrfähigkeit: Ja oder nein
Werkstattcomputer anschließen: »Fehlercode 89« muss angezeigt werden.
Überprüfung: Verkabelung, Stecker, Instrument, Motorsteuergerät.

Zu den Tabellen Teil 1 und Teil 2: Bei den MT-09-Modellen der Modelljahre 2014, 2015, 2016 werden die Fehlercodes im Instrument angezeigt und können mit einem Werkstattcomputer ausgelesen werden. Ab dem Mj. 2017 werden im Instrument keine Fehlercodes mehr angezeigt, sondern es blinkt nur die Motorstörungsleuchte ohne jede Zusatzinformation. Dann muss die Maschine zu einem autorisierten Yamaha-Händler gebracht werden, wo er unter Angabe seiner Händlernummer eine kabelgebundene Verbindung schaffen muss zwischen der Maschine, seinem Werkstattcomputer und dem Europäischen Yamaha-Technik-Zentrum. Erst dann wird der Fehlercode angezeigt.

Verhältnis des Benzin-Luft-Gemisches, welches vom Motor im nächsten Arbeitstakt angesaugt wird: Ist die Luft kühl, wird mehr Benzin eingespritzt als wenn es heiß ist.

■ **Kurbelwellenpositions-Sensor:** Dieser Drehzahl-Sensor wird auch **»Zündgeber«**, **»Zündimpulsgeber«**, **»Pick-Up«** oder **»Motorsensor«** genannt, weil er verschiedene Funktionen vereint: Er übermittelt die Kurbelwellendrehzahl an das Steuergerät, löst zu bestimmter Zeit den Zündfunken aus beim entsprechenden Kurbelwinkel oder auch »in Millimeter vor OT (Oberem Totpunkt) des Kolbens«. Auch meldet er eine stehende Kurbelwelle.

■ **Schalter:** Einfachste Form aus der Familie der Sensoren. Schalter schließen oder öffnen Schaltkreise. Sie haben die Aufgabe, in elektronisch geregelten Systemen die Betriebszustände zu erfassen und in elektrische Signalgrößen umzuwandeln. Diese geben sie an das Motorsteuergerät ECU weiter.

■ **Gangpositonschalter:** Dieser Schalter weiß, welcher Gang eingelegt ist, einschließlich des Leerlaufs. Die entsprechenden Informationen werden an das Motorsteuergerät weitergeleitet und sind dort wesentlich für die Gemischaufbereitung verantwortlich. Durch den Gangpositionschalter wird auch die grüne »Leerlauf-Anzeige« im Instrument geschaltet, wenn der Leerlauf eingelegt ist.

■ **Seitenständerschalter:** Dieser befindet sich am Gelenk des Seitenständers und verhindert das Losfahren bei ausgeklapptem Seitenständer. Bei stehendem Motor und eingelegtem Gang verhindert er das Starten des Motors. Bei laufendem Motor und dem Versuch einen Gang einzulegen und loszufahren schaltet der Seitenständerschalter den Motor in dem Moment ab.

■ **Lambdasonde:** Diese misst den Restsauerstoffgehalt im Abgas und gibt diese Information als Spannungssignal an das Steuergerät weiter. Aufgrund dieser Informationen wird im Steuergerät die Einspritzmenge geregelt.

■ **Motorstoppschalter (»Killschalter«):** Sitzt an der rechten Lenkerarmatur beim Anlasserknopf.

Zündkerzen: Über die Zündkerze wird die von der Zündspule erzeugte Zündenergie in den Brennraum eingeleitet. Durch die angelegte Hochspannung entsteht zwischen den Elektroden der Zündkerze ein elektrischer Funke, durch den das verdichtete Luft-Kraftstoff-Gemisch entzündet wird. Die Zündkerze bestimmt auch bei extremen Bedingungen entscheidend die optimale Leistung und sichere Funktion des Motors. Einbauort oben im Zylinderkopf. Bei allen Modellen unseres Buchs sind folgende Zündkerzen verbaut: NGK CPR9EA9 mit Einschraubgewinde M10 x 1 und einem vorgeschriebenen Elektrodenabstand von 0,8 bis 0,9 mm.

■ **Zündspulen/Kerzenstecker:** Die Zündspule ist ein Transformator, in dem die Zündspannung hochtransformiert und die notwendige Zündenergie und Zündspannung erzeugt wird.

■ **Sicherungen:** Die Modelle unseres Buchs haben zwei oder drei Sicherungskästen. Einer sitzt unter der Sitzbank/dem Fahrersitz neben der Batterie. Der anderen rechts vorne seitlich beim Lenkkopf unter einem Verkleidungsteil. Sicherungen haben 2, 7,5, 15, 20 und 30 Ampere. Die Tracer 900 GT hat noch je eine 1-Ampere-Sicherung für den Tempomat und das Bremslicht-Relais, welches den Tempomat abschaltet wenn es aufleuchtet. Die Sicherung für das Einspritzsystem mit 20 Ampere sitzt auf dem Anlasserrelais. Die Hauptsicherung mit 50 Ampere sitzt neben dem Sicherungskasten unter der Sitzbank/dem Fahrersitz.

Redaktioneller Hinweis: Alle Sicherungen und Relais sind Modell für Modell aufgelistet im Kapitel 30 »Technische Daten 3: Sicherungen und Relais«. Reparaturtipps zu Sicherungen und Relais siehe Kapitel 25.

Stecker · Kabel

In diesem Kapitel: Elektrische Stecker · Aufgescheuerte Kabel · Fehlersuche und Behebung.

Elektrische Stecker

Bilder 1 bis 9: Bei vielen Wartungsarbeiten oder dem Auswechseln elektrischer Bauteile müssen elektrische Stecker getrennt werden, wie zum Beispiel beim Abbau des Tanks und auch von verschiedenen Verkleidungsteilen.

⚠ **Achtung:** Niemals versuchen, durch Ziehen an den Kabeln einen Stecker zu trennen, sonst reißen die Kabel aus!

Beim Trennen von Steckern beachten:

■ Bei einfachen Steckern sind Kabelschuhe auf Kontakte aufgeschoben: Gummikappe anheben (Bild 3), Kabelschuh packen und abziehen.

■ Bei den meisten Steckern sind kleine Zapfen oder Bügel angebracht, welche die Stecker sicher zusammenhalten (Bilder 1, 4, 6, 8, 9). Sie müssen durch Nieder- oder Eindrücken zuerst entriegelt werden und erst dann kann man die Steckerhälften auseinanderziehen.

TIPP: Wenn die Finger zu dick sind, um an die kleinen, oft versteckt angebrachten Zapfen zu kommen, oder die Fingernägel sind zu kurz, dann kann man sich mit einem kleinen Schraubenzieher behelfen (Bild 2).

■ **Generell gilt:** Jeden Stecker vor dem Trennen genau ansehen, wie er zusammengesteckt ist, dann sorgsam trennen.

Bilder 1 bis 9: Bevor ein Stecker auseinandergezogen werden kann, zuerst nachsehen, ob er verriegelt ist. Wenn ja, den Verriegelungszapfen eindrücken, erst dann kann der Stecker auseinandergezogen werden.

Hier genau nachsehen, ob der kleine Stecker guten Kontakt hat!

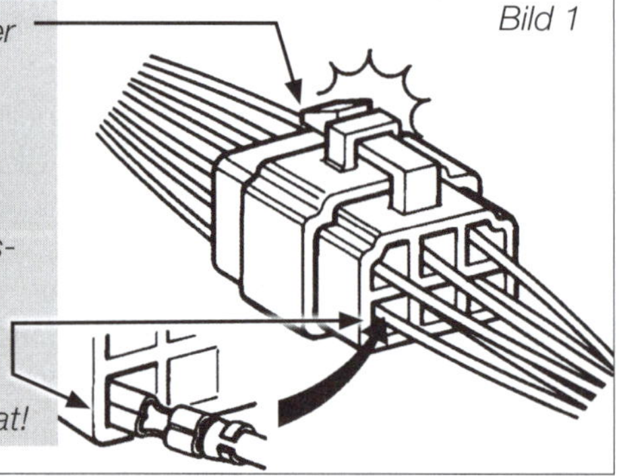

Bild 1

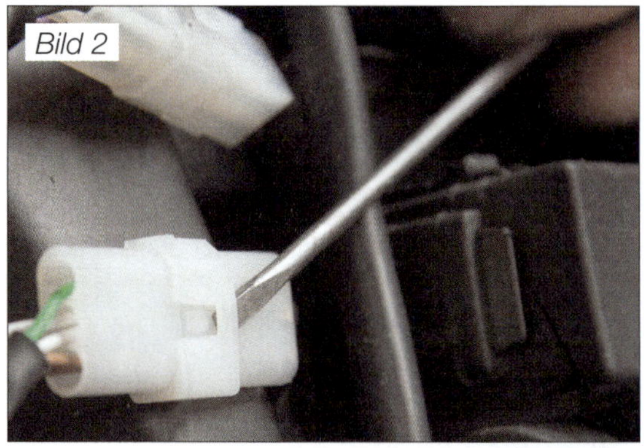

Bild 2

Bild 3

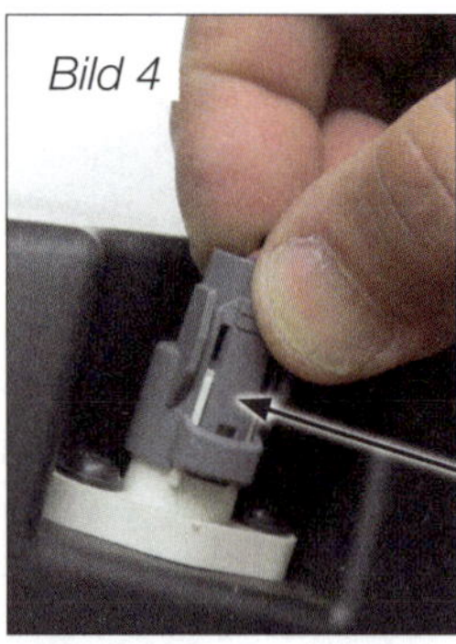

Bild 4

Bild 5

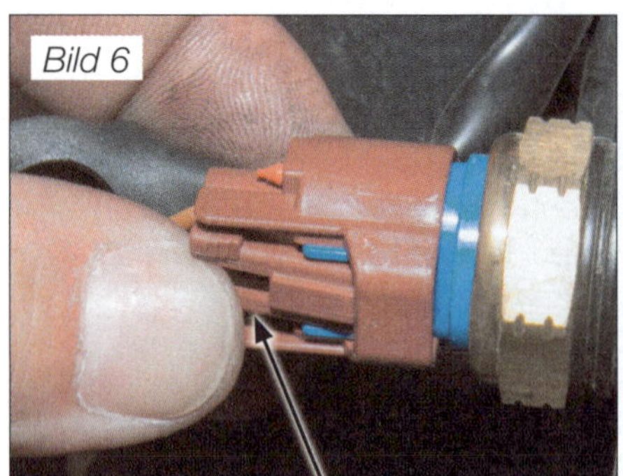

Bild 6

Bild 7

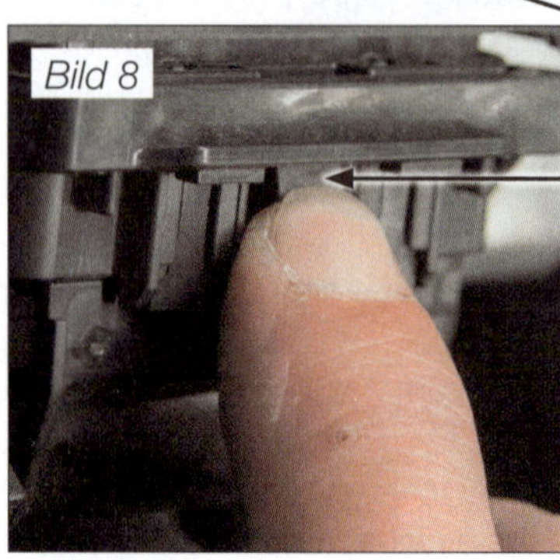

Bild 8

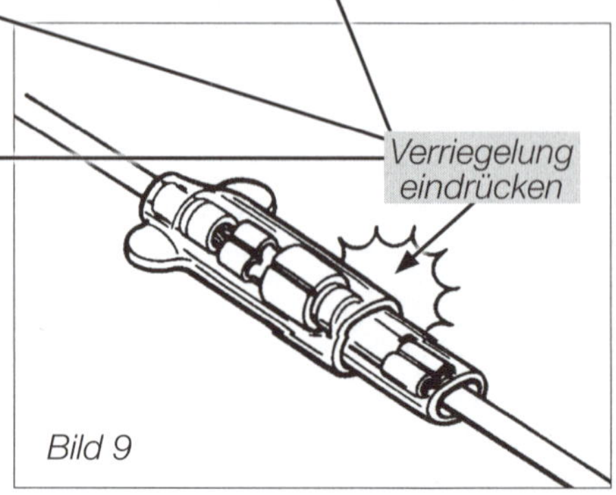

Bild 9

Aufgescheuerte Kabel

Problem: Elektrische Kabel sind mit einem Gummimantel oder einem nichtleitenden Kunststoffmaterial überzogen, man nennt diesen »Isolierung«. Falls ein Kabel eingeklemmt war oder längere Zeit an einem harten Bauteil gescheuert hat, kann die Isolierung so stark beschädigt sein, dass das Kabel gebrochen ist (Bild 10) oder der blanke Draht zu sehen ist (Bild 11).

Wenn das Kabelinnere noch in der Gänze vorhanden ist und damit nicht durchgescheuert (Bild 11), muss man solche Stellen mit einem Isolierband abkleben (Bild 12), damit kein Kurzschluss entstehen kann, was wiederum zum Durchbrennen der Sicherung führt.

Lösung: Isolierband so weit um die offene Scheuerstelle herum kleben, bis es ca. zwei Zentimeter davor und dahinter dicht anliegt. Das Kabel ist jetzt geschützt, es kann kein Wasser mehr eindringen. Und bei einem Kontakt des Kabels mit einem Metallteil (Rahmen, Motor) kann jetzt kein Kurzschluss mehr ausgelöst werden.

Wichtig: Finden Sie die Ursache der Beschädigung heraus und stellen Sie diese ab, denn der Einsatz von Isolierband ist keine Dauerlösung.

Fehlersuche und Behebung

Probleme: In den Bildern 13 und 15 sind zwei besonders heftige Kontaktfehler zu sehen: Der dick korrodierte Kabelanschluss in Bild 13 war an eine Batterie angeschraubt, deren Gehäuse einen Riss hatte. Durch die austretenden Gase und Schmutz hat sich eine dicke Oxydationsschicht gebildet. Der korrodierte Stecker in Bild 15 stammt von einer lange abgestellten Maschine. Abgestellt waren beide Maschinen in feuchten Unterkünften.

Lösungen: Schmutz vom Batteriepol und Kabelanschluss sorgfältig entfernen, feine Messingbürste oder harte Zahnbürste zu Hilfe nehmen. Kabelanschluss auf einem mittleren Schmirgel (Bild 14, Körnung 100) blank abziehen. Steckerhälften mit Kontaktspray (Bild 16) und Bürste bearbeiten, bis die Kontakte blank sind.

Hinweis: Mehr zur Fehlersuche in Elektrokabeln und Steckern steht im Kapitel 29 »Fehlersuche«.

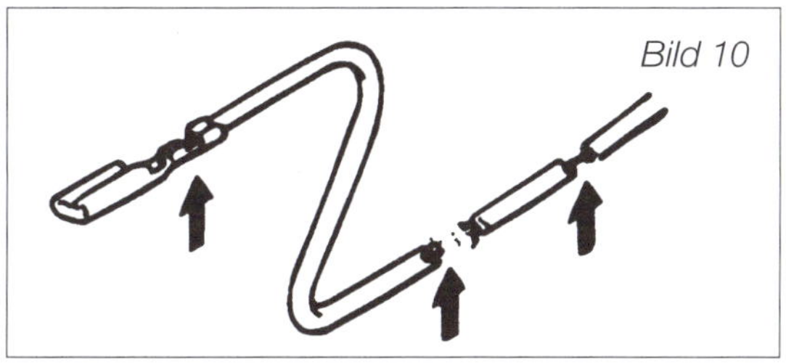
Bild 10

Bild 10: Bei Kabelbruch die Isoilierung beidseitig ca. 10 mm abschälen, Kabelenden verdrillen und mit Isolierband umwickeln (Bild 12).

Bilder 11 und 12: Wenn das Kabelinnere nicht gerissen ist, mit Isolierband umwickeln.

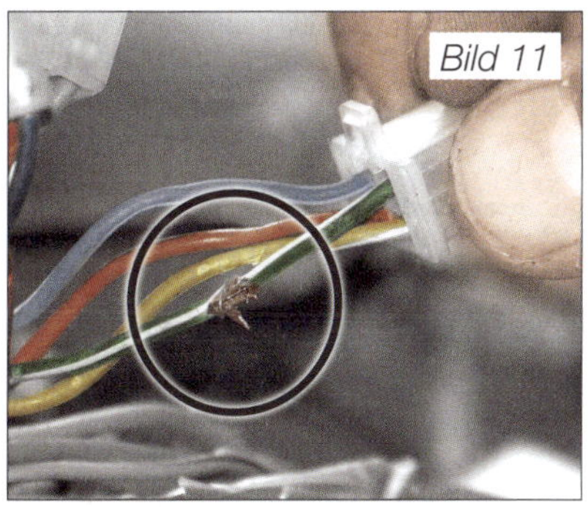
Bild 11

Bild 12

Bild 13

Bild 14

Die Bilder 1 bis 9 links zeigen gängige Verriegelungen. Erst wenn diese eingedrückt und damit gelöst sind, kann man den Stecker trennen. ■ Dabei nicht am Kabel ziehen, sondern den Stecker fest anpacken. Aller Schmutz, wie in den Bilder 13 und 15 zu sehen, muss ab, z. B. abschmirgeln (Bild 14). Zur Reinigung Kontaktspray (Bild 16) und eine Messing- oder harte Zahnbürste nehmen.

Bild 15

Bild 16

1 = Lichtmaschine (= »Drehstromgenerator«)
2 = Regler/Gleichrichter
3 = Zündschloss
4 = Hauptsicherung 50 A
5 = Sicherung 7,5 A elektrisches Drosselventil (= »Drosselklappen-Stellmotor«)
6 = Sicherung 7,5 A für Uhr und Wegfahrsperre
7 = Sicherung 15 A Kühlerventilator
8 = Sicherung 7,5 A für Blinker und Warnblinker
9 = Sicherung 15 A für Zündung und Anlasser-Relais
10 = Sicherung 7,5 A für Rücklicht, Bremslicht, Kennzeichenbeleuchtung, Hupe, Standlicht
11 = Sicherung 15 A Scheinwerfer
12 = Sicherung 2 A für Anschlussstelle von Nebenverbrauchern
13 = Batterie 12 V/8,6 Ah
14 = Massekabel an Motor
15 = Sicherung 20 A Benzineinspritzung
16 = Anlasser-Relais
17 = Anlassermotor
18 = Steckverbinder
19 = Steckverbinder
20 = Relaiseinheit umfasst die beiden Relais für Anlassersperre (21) und Benzinpumpe (22)
21 = Anlasssperr-Relais
22 = Benzinpumpen-Relais
23 = Wegfahrsperreneinheit
24 = ECU (= »Motorsteuergerät«)
25 = Zündspule Zylinder 1
26 = Zündspule Zylinder 2
27 = Zündspule Zylinder 3
28 = Zündkerzen
29 = Einspritzventil Zylinder 1
30 = Einspritzventil Zylinder 2
31 = Einspritzventil Zylinder 3
32 = Sekundärluft-Magnetventil
33 = Lambdasonde
34 = Kurbelwellenpositions-Sensor (= »Zündgeber«)
35 = Ansauglufttemperatur-Sensor
36 = Kühlmitteltemperatur-Sensor
37 = Ansaugluftdruck-Sensor 1
38 = Ansaugluftdruck-Sensor 2
39 = Umkipp-Sensor
40 = Geschwindigkeits-Sensor
41 = Drosselklappen-Stellmotor
42 = Gaszugpositions-Sensor
43 = Drosselklappen-positions-Sensor
44 = Diagnosewerkzeug-Steckverbinder (= »Steckdose für Anschlusskabel des Werkstattcomputers«)
45 = Instrumenteneinheit
46 = Wegfahrsperren-Kontrollleuchte LED
47 = Leerlauf-Kontrollleuchte LED
48 = Instrumenten-Beleuchtung LED
49 = Drehzahlmesser
50 = Multifunktionsdisplay
51 = Ölstand-Warnleuchte LED
52 = Benzinreserve-Warnleuchte LED
53 = Motorstörungs-Warnleuchte LED
54 = Kühlmitteltemperatur-Warnleuchte LED
55 = Fernlicht-Kontrollleuchte LED
56 = Blinker-Kontrollleuchte links LED
57 = Blinker-Kontrollleuchte rechts LED
58 = Ölstandschalter
59 = Gangpositions-Schalter
60 = Benzinstandgeber
61 = Benzinpumpe
62 = Seitenständerschalter
63 = Lenkerarmatur rechts
64 = Fahrmodusschalter
65 = Motor-Start-/Stoppschalter
66 = Warnblinkerschalter
67 = Bremslichtschalter vorne
68 = Bremslichtschalter hinten
69 = Blinker-/Warnblinker-Relais
70 = Lenkerarmatur links
71 = Kupplungsschalter
72 = Hupe (= »Signalhorn«)
73 = Hupenschalter
74 = Blinkerschalter
75 = Lichthupenschalter
76 = Abblendschalter
77 = Blinker hinten rechts
78 = Blinker hinten links
79 = Blinker vorne rechts
80 = Blinker vorne links
81 = Scheinwerfer (»Fernlicht/Abblendlicht«)
82 = Standlicht
83 = Kennzeichenleuchte
84 = Rücklicht/Bremslicht
85 = Scheinwerfer-Relais
86 = Kühlerventilator-Relais
87 = Kühlerventilatormotor
88 = Anschlussstelle für Nebenverbraucher (siehe Sicherung Ziffer 12)

* = die MT-09 wurde nur in den Modelljahren 2014 und 2015 ohne ABS angeboten.

MT-09 Mj. 2014, 2015 ohne ABS

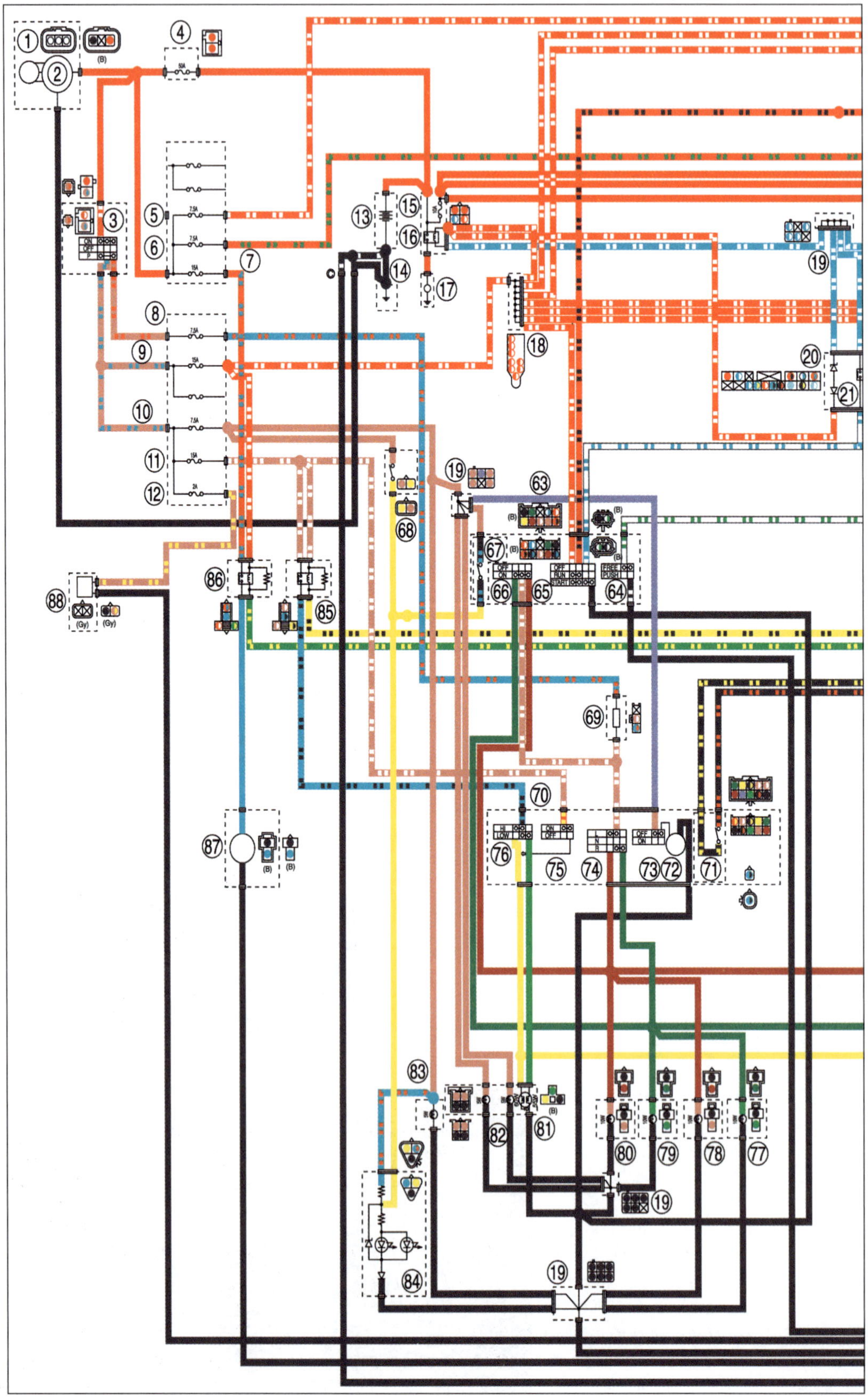

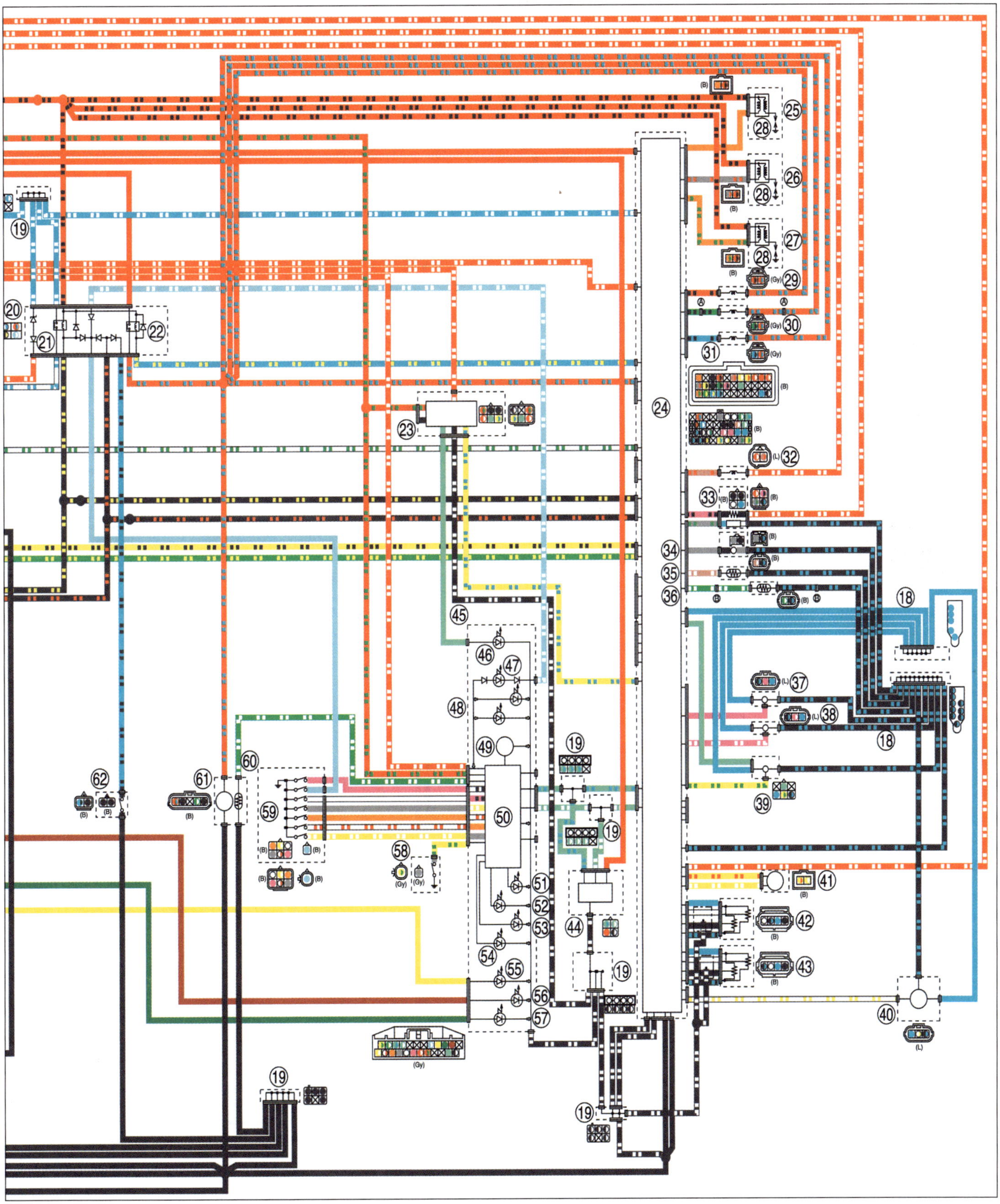
18
19
20
21
22
23
24
25
26
27
28
29
30
31
32
33
34
35
36
37
38
39
40
41
42
43
44
45
46
47
48
49
50
51
52
53
54
55
56
57
58
59
60
61
62

1 = Lichtmaschine (= »Drehstromgenerator«)
2 = Regler/Gleichrichter
3 = Zündschloss
4 = Hauptsicherung 50 A
5 = Sicherung 30 A ABS-Motor
6 = Sicherung 15 A ABS-Magnetventil
7 = Sicherung 7,5 A elektrisches Drosselventil (= »Drosselklappen-Stellmotor«)
8 = Sicherung 7,5 A für Uhr und Wegfahrsperre
9 = Sicherung 15 A Kühlerventilator
10 = Sicherung 7,5 A für Blinker und Warnblinker
11 = Sicherung 15 A für Zündung und Anlasser-Relais
12 = Sicherung 7,5 A ABS-Kontrolleinheit
13 = Sicherung 7,5 A für Rücklicht, Bremslicht, Kennzeichenbeleuchtung, Hupe, Standlicht
14= Sicherung 15 A Scheinwerfer
15= Sicherung 2 A für Anschlussstelle von Nebenverbrauchern
16 = Batterie 12 V/8,6 Ah
17 = Massekabel an Motor
18 = Sicherung 20 A Benzineinspritzung
19 = Anlasser-Relais
20 = Anlassermotor
21 = Steckverbinder
22 = Steckverbinder
23 = Relaiseinheit umfasst die beiden Relais für Anlassersperre (24) und Benzinpumpe (25)
24 = Anlasssperr-Relais
25 = Benzinpumpen-Relais
26 = Wegfahrsperreneinheit
27 = ECU (= »Motorsteuergerät«)
28 = Zündspule Zylinder 1
29 = Zündspule Zylinder 2
30 = Zündspule Zylinder 3
31 = Zündkerzen
32 = Einspritzventil Zylinder 1
33 = Einspritzventil Zylinder 2
34 = Einspritzventil Zylinder 3
35 = Sekundärluft-Magnetventil
36 = Lambdasonde
37 = Kurbelwellenpositions-Sensor (= »Zündgeber«)
38 = Ansauglufttemperatur-Sensor
39 = Kühlmitteltemperatur-Sensor
40 = Ansaugluftdruck-Sensor 1
41 = Ansaugluftdruck-Sensor 2
42 = Umkipp-Sensor
43= ABS-Sensor vorne
44= ABS-Sensor hinten
45= ABS-Steuergerät
46 = Drosselklappen-Stellmotor
47 = Gaszugpositions-Sensor
48 = Drosselklappen-positions-Sensor
49 = Diagnosewerkzeug-Steckverbinder (= »Steckdose für Anschlusskabel des Werkstattcomputers«)
50 = Instrumenteneinheit
51 = Wegfahrsperren-Kontrollleuchte LED
52 = Leerlauf-Kontrollleuchte LED
53 = Instrumenten-Beleuchtung LED
54 = Drehzahlmesser
55 = Multifunktions-display
56 = Ölstand-Warnleuchte LED
57 = Benzinreserve-Warnleuchte LED
58 = Motorstörungs-Warnleuchte LED
59 = Kühlmitteltemperatur-Warnleuchte LED
60 = Fernlicht-Kontroll-leuchte LED
61 = Blinker-Kontroll-leuchte links LED
62 = Blinker-Kontroll-leuchte rechts LED
63 = ABS-Warnleuchte LED
64 = Ölstandschalter
65 = Gangpositions-Schalter
66 = Benzinstandgeber
67 = Benzinpumpe
68 = Seitenständerschalter
69 = Lenkerarmatur rechts
70 = Fahrmodusschalter
71 = Motor-Start-/Stoppschalter
72 = Warnblinkerschalter
73 = Bremslichtschalter vorne
74 = Bremslichtschalter hinten
75 = Blinker-/Warnblinker-Relais
76 = Lenkerarmatur links
77 = Kupplungsschalter
78 = Hupe (= »Signalhorn«)
79 = Hupenschalter
80 = Blinkerschalter
81 = Lichthupenschalter
82 = Abblendschalter
83 = Blinker hinten rechts
84 = Blinker hinten links
85 = Blinker vorne rechts
86 = Blinker vorne links
87 = Scheinwerfer (»Fernlicht/Abblendlicht«)
88 = Standlicht
89 = Kennzeichenleuchte
90 = Rücklicht/Bremslicht
91 = Scheinwerfer-Relais
92 = Kühlerventilator-Relais
93 = Kühlerventilatormotor
94 = Anschlussstelle für Nebenverbraucher siehe Sicherung Ziffer 15

* = die MT-09 wurde in den Modelljahren 2014 und 2015 wahlweise ohne und mit ABS angeboten. Die Modellbezeichnung der ABS-Maschine war MT-09A.

Info zu MT-09 Street Rally und MT-09 Sport Tracker: Diese Modelle hatten ABS schon ab den Erstverkaufs-Modelljahren 2014 und 2015.

MT-09A Mj. 2014, 2015 mit ABS — MT-09 Street

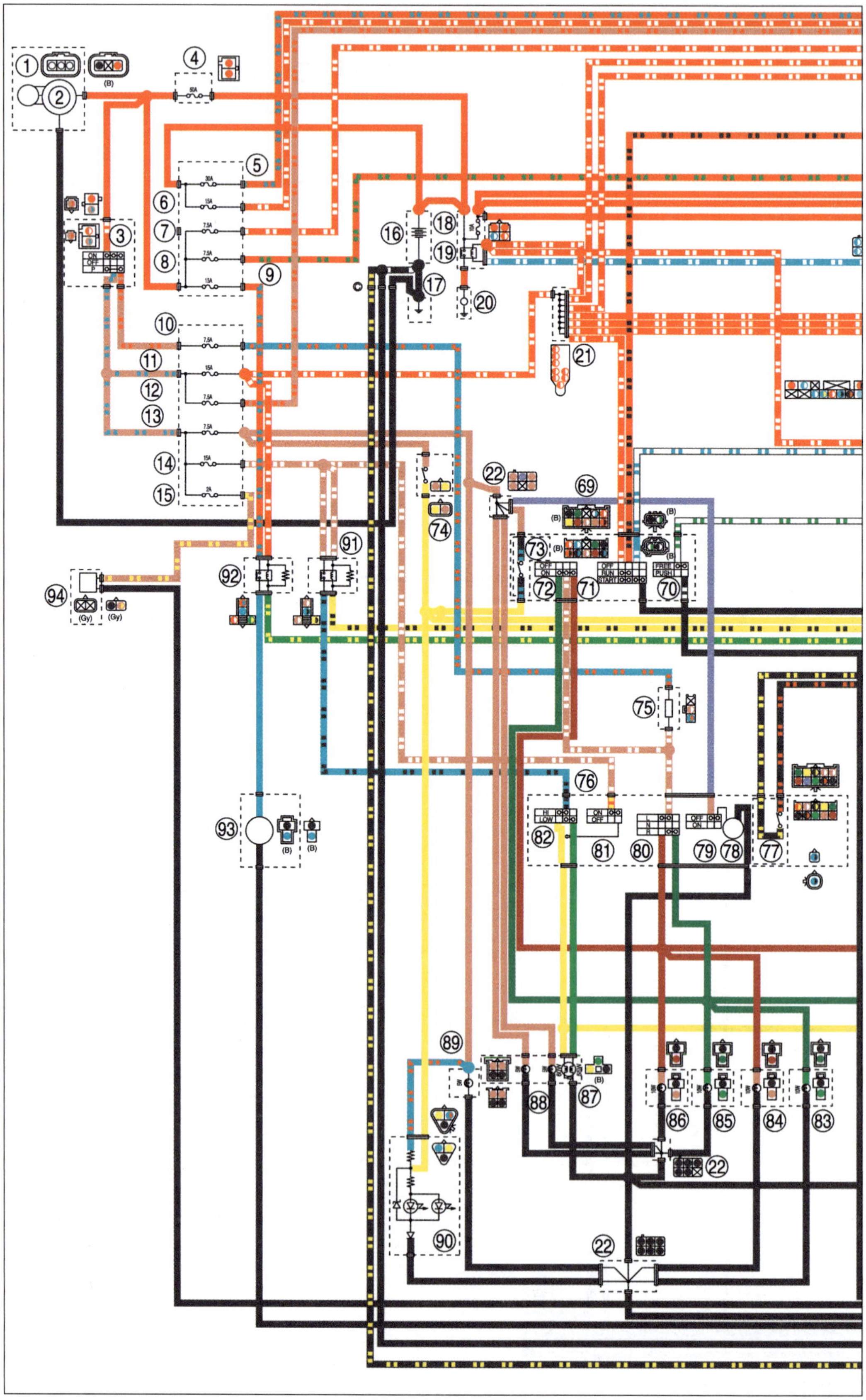

Rally Mj. 2014, 2015 MT-09 Sport Tracker Mj. 2015

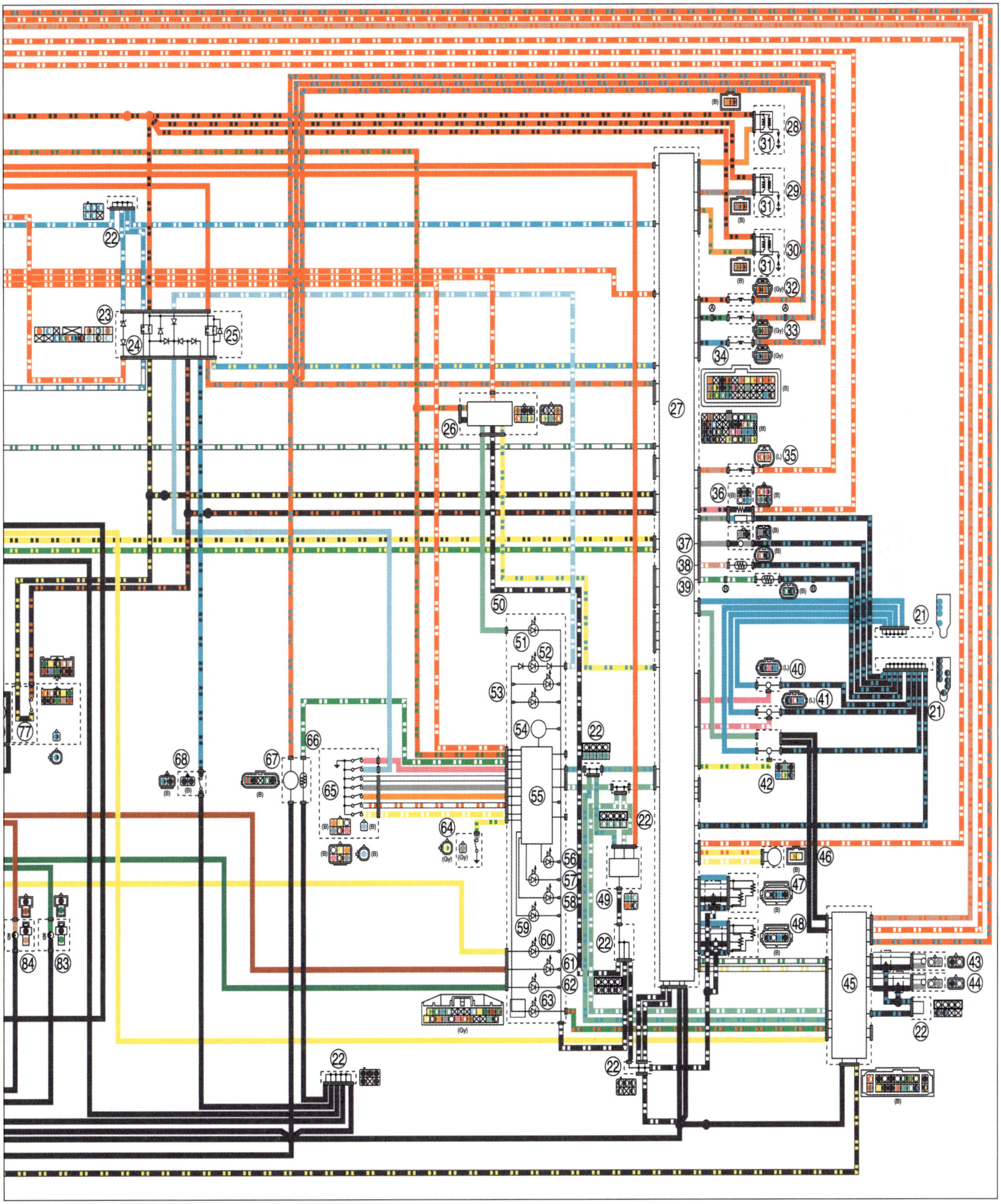

1 = Lichtmaschine (= »Drehstrom-generator«)
2 = Regler/Gleichrichter
3 = Zündschloss
4 = Hauptsicherung 50 A
5 = Sicherung 30 A ABS-Motor
6 = Sicherung 15 A ABS-Magnetventil
7 = Sicherung 7,5 A elektrisches Drossel-ventil (= »Drossel-klappen-Stellmotor«)
8 = Sicherung 7,5 A für Uhr und Wegfahrsperre
9 = Sicherung 15 A Kühlerventilator
10 = Sicherung 7,5 A für Blinker und Warnblinker
11 = Sicherung 15 A für Zündung und Anlasser-Relais
12 = Sicherung 7,5 A ABS-Kontrolleinheit
13 = Sicherung 7,5 A für Rücklicht, Bremslicht, Kennzeichenbeleuch-tung, Hupe, Standlicht
14= Sicherung 15 A Scheinwerfer
15= Sicherung 2 A für Anschlussstelle von Nebenverbrauchern
16 = Batterie 12 V/8,6 Ah
17 = Massekabel an Motor
18 = Sicherung 20 A Benzineinspritzung
19 = Anlasser-Relais
20 = Anlassermotor
21 = Steckverbinder
22 = Steckverbinder
23 = Relaiseinheit umfasst die beiden Relais für Anlassersperre (24) und Benzinpumpe (25)
24 = Anlasssperr-Relais
25 = Benzinpumpen-Relais
26 = Wegfahrsperreneinheit
27 = ECU (= »Motorsteuergerät«)
28 = Zündspule Zylinder 1
29 = Zündspule Zylinder 2
30 = Zündspule Zylinder 3
31 = Zündkerzen
32 = Einspritzventil Zylinder 1
33 = Einspritzventil Zylinder 2
34 = Einspritzventil Zylinder 3
35 = Sekundärluft-Magnet-ventil
36 = Lambdasonde
37 = Kurbelwellenpositions-Sensor (= »Zündgeber«)
38 = Ansauglufttemperatur-Sensor
39 = Kühlmitteltemperatur-Sensor
40 = Ansaugluftdruck-Sensor 1
41 = Ansaugluftdruck-Sensor 2
42 = Umkipp-Sensor
43 = ABS-Sensor vorne
44 = ABS-Sensor hinten
45 = ABS-Steuergerät
46 = Drosselklappen-Stellmotor
47 = Gaszugpositions-Sensor
48 = Drosselklappen-positions-Sensor
49 = Diagnosewerkzeug-Steckverbinder (= »Steckdose für Anschlusskabel des Werkstattcomputers«)
50 = Instrumenteneinheit
51 = Wegfahrsperren-Kontrollleuchte LED
52 = Leerlauf-Kontrollleuchte LED
53 = Instrumenten-Beleuchtung LED
54 = Drehzahlmesser
55 = Multifunktionsdisplay
56 = Ölstand-Warnleuchte LED
57 = Benzinreserve-Warnleuchte LED
58 = Motorstörungs-Warnleuchte LED
59 = Kühlmitteltemperatur-Warnleuchte LED
60 = Traktionskontrolle-Warnleuchte LED
61 = Fernlicht-Kontrollleuchte LED
62 = Blinker-Kontrollleuchte LED
63 = ABS-Warnleuchte LED
64 = Ölstandschalter
65 = Gangpositions-Schalter
66 = Benzinstandgeber
67 = Benzinpumpe
68 = Seitenständerschalter
69 = Lenkerarmatur rechts
70 = Fahrmodusschalter
71 = Motor-Start-/Stoppschalter
72 = Warnblinkerschalter
73 = Bremslichtschalter vorne
74 = Bremslichtschalter hinten
75 = Blinker-/Warnblinker-Relais
76 = Lenkerarmatur links
77 = Kupplungsschalter
78 = Traktionskontrolle-Schalter
79 = Hupe (= »Signalhorn«)
80 = Hupenschalter
81 = Blinkerschalter
82 = Lichthupenschalter
83 = Abblendschalter
84 = Blinker hinten rechts
85 = Blinker hinten links
86 = Blinker vorne rechts
87 = Blinker vorne links
88 = Scheinwerfer (»Fernlicht/Abblend-licht«)
89 = Standlicht
90 = Kennzeichenleuchte
91 = Rücklicht/Bremslicht
92 = Scheinwerfer-Relais
93 = Kühlerventilator-Relais
94 = Kühlerventilatormotor
95 = Anschlussstelle für Nebenverbraucher siehe Sicherung Ziffer 15

MT-09 Mj. 2016 MT-09 Street Rally Mj. 2016

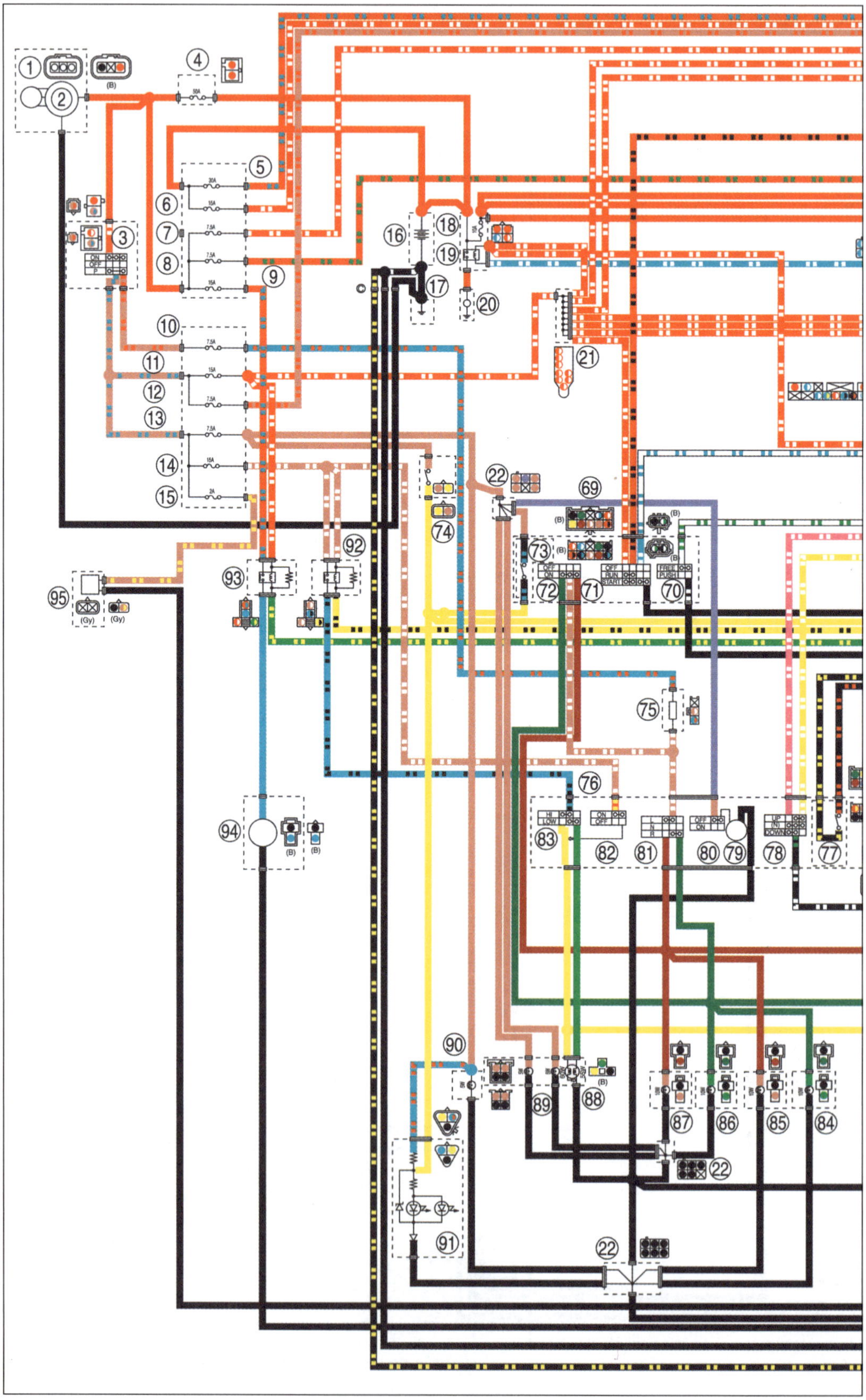

MT-09 Sport Tracker Mj. 2016

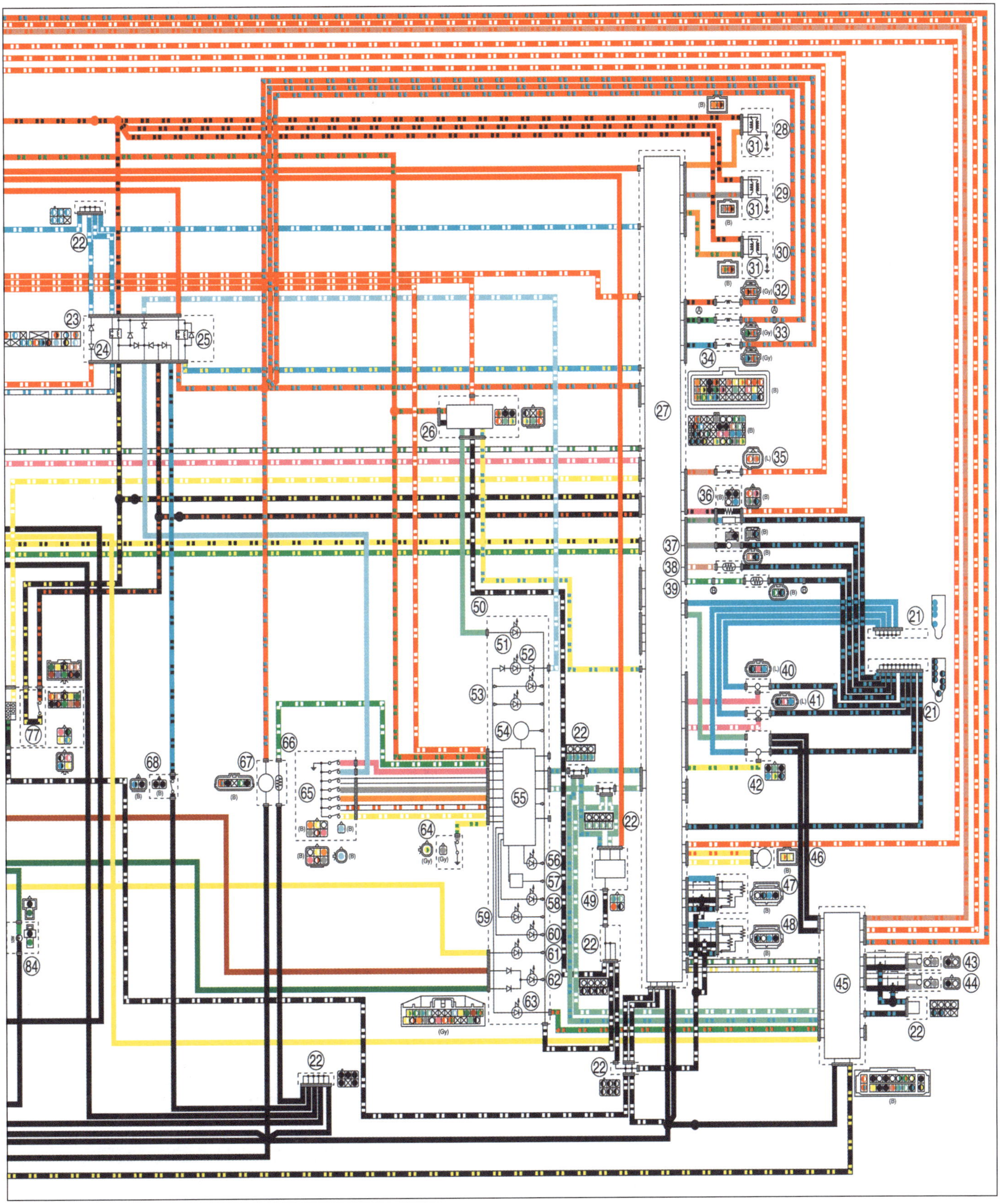

1 = Lichtmaschine (= Drehstromgenerator«)
2 = Regler/Gleichrichter
3 = Zündschloss
4 = Hauptsicherung 50 A
5 = Sicherung 30 A ABS-Motor
6 = Sicherung 15 A ABS-Magnetventill
7 = Sicherung 7,5 A elektrisches Drosselventil (= »Drosselklappen-Stellmotor«)
8= Sicherung 7,5 A für Uhr und Wegfahrsperre
9 = Sicherung 15 A Kühlerventilator
10 = Sicherung 2 A für Anschlussstelle 1 von Nebenverbrauchern (»optional«)
11 = Sicherung 7,5 A für Blinker und Warnblinker
12 = Sicherung 2 A für Anschlussstelle 2 von Nebenverbrauchern (»optional«)
13 = Sicherung 15 A für Zündung und Anlasser-Relais
14 = Sicherung 7,5 A ABS-Kontrolleinheit
15 = Sicherung 7,5 A für Rücklicht, Bremslicht, Kennzeichenbeleuchtung, Hupe, Standlicht
16= Sicherung 10 A Scheinwerfer
17= Sicherung 5 A Griffheizung (»optional«)
18 = Batterie 12 V/8,6 Ah
19 = Massekabel an Motor
20 = Sicherung 20 A Benzineinspritzung
21 = Anlasser-Relais
22 = Anlassermotor
23 = Steckverbinder
24 = Steckverbinder
25 = Relaiseinheit umfasst die beiden Relais für Anlassersperre (26) und Benzinpumpe (27)
26 = Anlasssperr-Relais
27 = Benzinpumpen-Relais
28 = Wegfahrsperreneinheit
29 = Umschalter (= »Quickshifter«)
30 = ECU (= »Motorsteuergerät«)
31 = Zündspule Zylinder 1
32 = Zündspule Zylinder 2
33 = Zündspule Zylinder 3
34 = Zündkerzen
35 = Einspritzventil Zylinder 1
36 = Einspritzventil Zylinder 2
37 = Einspritzventil Zylinder 3
38 = Sekundärluft-Magnetventil
39 = Lambdasonde
40 = Kurbelwellenpositions-Sensor (= »Zündgeber«)
41 = Ansauglufttemperatur-Sensor
42 = Kühlmitteltemperatur-Sensor
43 = Ansaugluftdruck-Sensor 1
44 = Ansaugluftdruck-Sensor 2
45 = Umkipp-Sensor
46= ABS-Sensor vorne
47= ABS-Sensor hinten
48= ABS-Steuergerät
49 = Drosselklappen-Stellmotor
50 = Gaszugpositions-Sensor
51 = Drosselklappen-positions-Sensor
52 = Diagnosewerkzeug-Steckverbinder (= »Steckdose für Anschlusskabel des Werkstattcomputers«)
53 = Instrumenteneinheit
54 = Wegfahrsperren-Kontrollleuchte LED
55 = Leerlauf-Kontroll-leuchte LED
56 = Instrumenten-Beleuchtung LED
57 = Fernlicht-Kontroll-leuchte LED
58 = Drehzahlmesser
59 = Multifunktionsdisplay
60 = Ölstand-Warnleuchte LED
61 = Benzinstandanzeige LED
62 = Motorstörungs-Warnleuchte LED
63 = Kühlmitteltemperatur-Warnleuchte LED
64 = Traktionskontrolle-Kontrollleuchte LED
65 = Quickshift-Kontrollleuchte LED
66 = Blinker-Kontroll-leuchte links LED
67 = Blinker-Kontroll-leuchte rechts LED
68 = ABS-Warnleuchte LED
69 = Ölstandschalter
70 = Gangpositions-Schalter
71 = Benzinstandgeber
72 = Benzinpumpe
73 = Seitenständerschalter
74 = Lenkerarmatur rechts
75 = Fahrmodusschalter
76 = Motor-Start-/Stoppschalter
77 = Warnblinkerschalter
78 = Bremslichtschalter vorne
79 = Bremslichtschalter hinten
80 = Blinker-/Warnblinker-Relais
81 = Lenkerarmatur links
82 = Kupplungsschalter
83 = Traktionskontrolle-schalter
84 = Hupenschalter
85 = Blinkerschalter
86 = Lichthupenschalter
87 = Abblendschalter
88 = Hupe (= »Signalhorn«)
89 = Blinker hinten rechts
90 = Blinker hinten links
91 = Blinker vorne rechts
92 = Blinker vorne links
93 = Scheinwerfer
94 = Scheinw.-Steuergerät
95 = Fernlicht
96 = Abblendlicht
97 = Standlicht
98 = Kennzeichenleuchte
99 = Rücklicht/Bremslicht
100 = Kühlerventilator-Relais
101 = Kühlerventilatormotor
102 = Anschlussstelle 1 für Nebenverbraucher siehe Sicherung Ziffer 10
103 = Stecker Griffheizung (»optional«)
104 = Anschlussstelle 2 für Nebenverbraucher siehe Sicherung Ziffer 12

MT-09 Mj. 2017, 2018, 2019, 2020

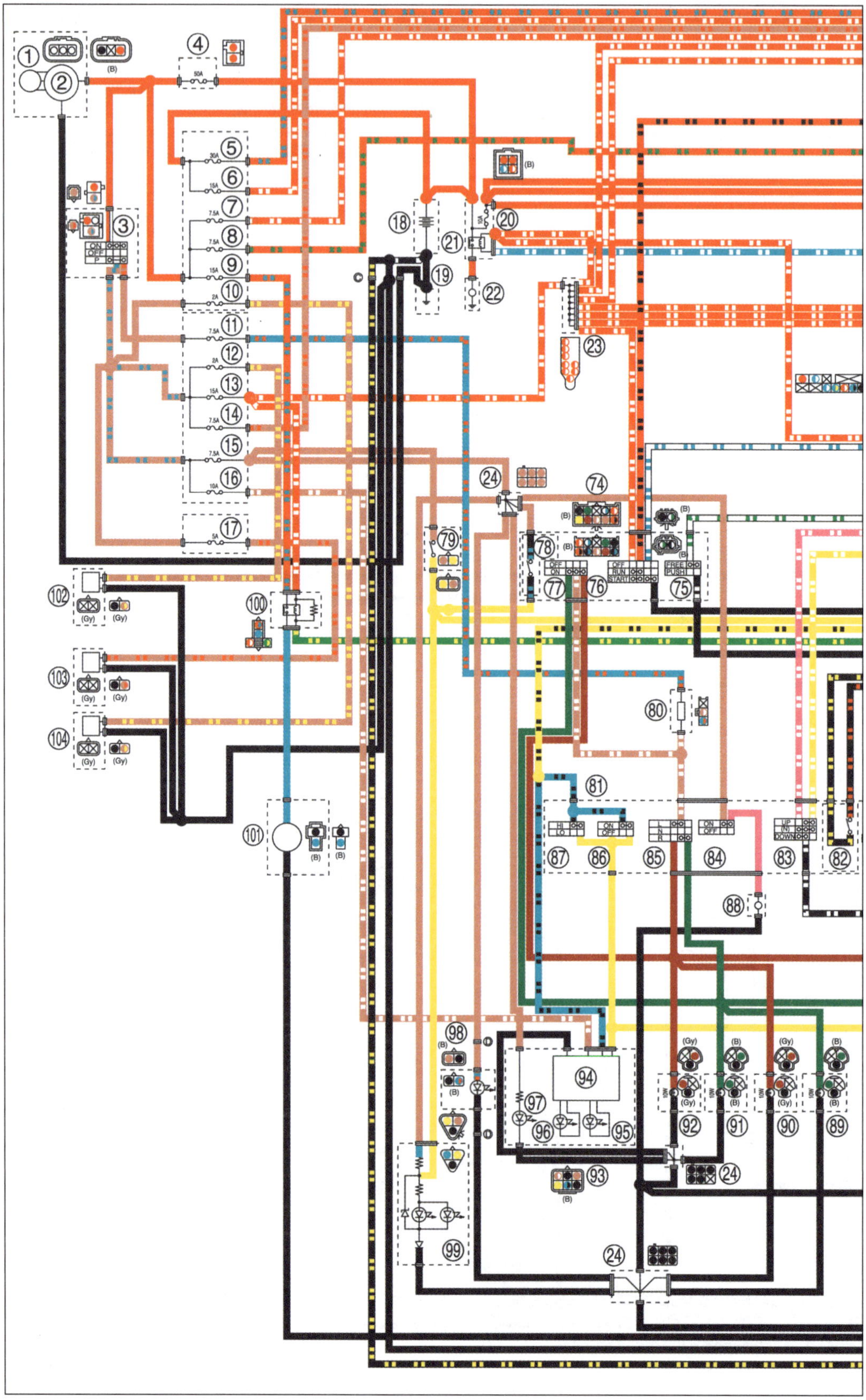

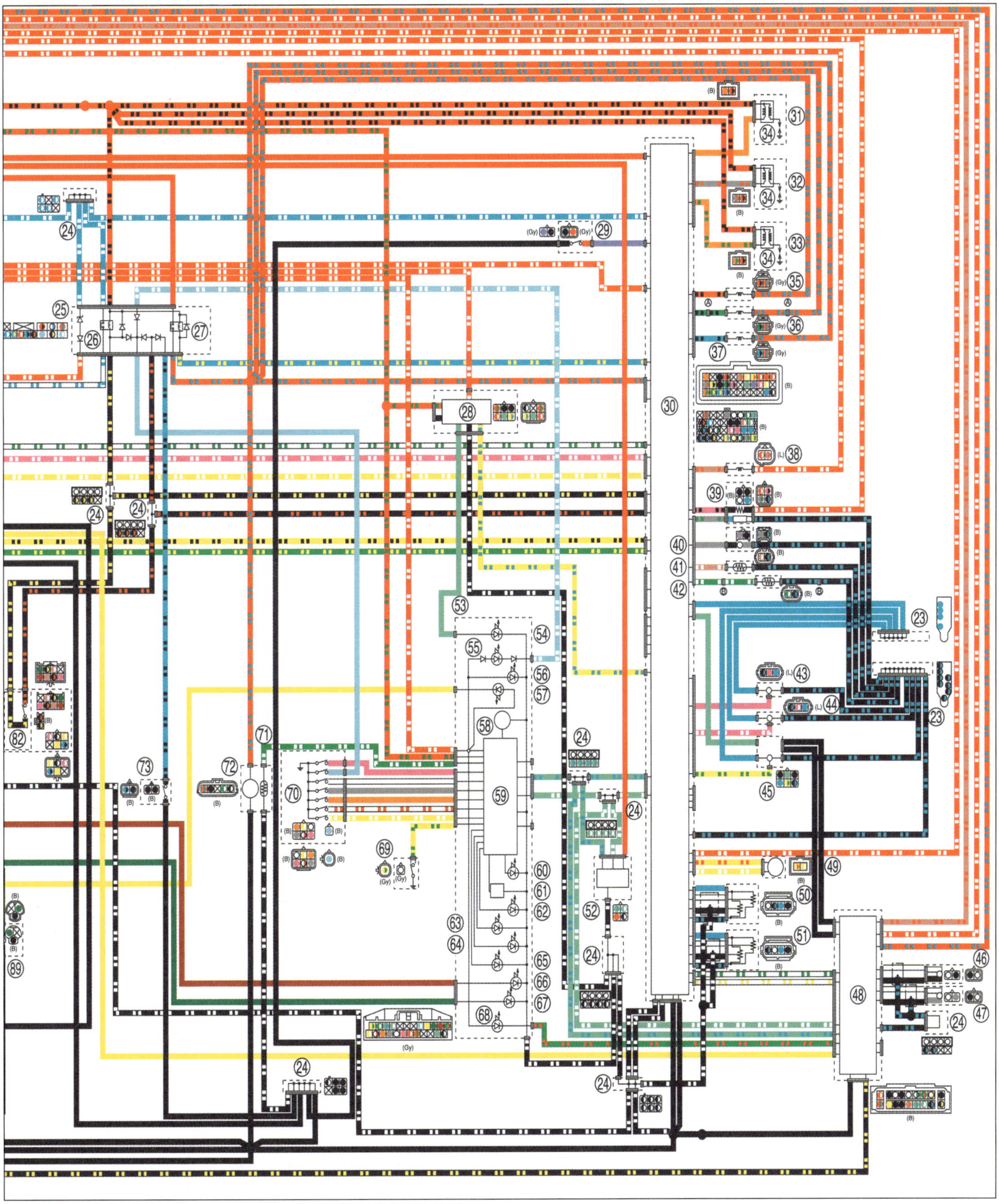

24
25
26
27
28
29
30
31
32
33
34
35
36
37
38
39
40
41
42
23
43
44
45
46
47
48
49
50
51
52
53
54
55
56
57
58
59
60
61
62
63
64
65
66
67
68
69
70
71
72
73
82
89
(B)
(Gy)
(L)

1 = Lichtmaschine (= »Drehstromgenerator«)
2 = Regler/Gleichrichter
3 = Zündschloss
4 = Hauptsicherung 50 A
5 = Sicherung 30 A ABS-Motor
6 = Sicherung 15 A ABS-Magnetventil
7 = Sicherung 7,5 A elektrisches Drosselventil (= »Drosselklappen-Stellmotor«)
8 = Sicherung 7,5 A für Uhr und Wegfahrsperre
9 = Sicherung 15 A Kühlerventilator
10 = Sicherung 2 A für Anschlussstelle 1 von Nebenverbrauchern
11 = Sicherung 7,5 A für Blinker und Warnblinker
12 = Sicherung 2 A für Anschlussstelle 2 von Nebenverbrauchern
13 = Sicherung 15 A für Zündung und Anlasser-Relais
14 = Sicherung 7,5 A ABS-Kontrolleinheit
15 = Sicherung 7,5 A für Rücklicht, Bremslicht, Kennzeichenbeleuchtung, Hupe, Standlicht
16 = Sicherung 10 A Scheinwerfer
17 = Sicherung 5 A Griffheizung (»optional«)
18 = Batterie 12 V/8,6 Ah
19 = Massekabel an Motor
20 = Sicherung 20 A Benzineinspritzung
21 = Anlasser-Relais
22 = Anlassermotor
23 = Steckverbinder
24 = Steckverbinder
25 = Relaiseinheit umfasst die beiden Relais für Anlassersperre (26) und Benzinpumpe (27)
26 = Anlasssperr-Relais
27 = Benzinpumpen-Relais
28 = Wegfahrsperreneinheit
29 = Umschalter (= »Quickshifter«)
30 = ECU (= »Motorsteuergerät«)
31 = Zündspule Zylinder 1
32 = Zündspule Zylinder 2
33 = Zündspule Zylinder 3
34 = Zündkerzen
35 = Einspritzventil Zylinder 1
36 = Einspritzventil Zylinder 2
37 = Einspritzventil Zylinder 3
38 = Sekundärluft-Magnetventil
39 = Lambdasonde
40 = Kurbelwellenpositions-Sensor (= »Zündgeber«)
41 = Ansauglufttemperatur-Sensor
42 = Kühlmitteltemperatur-Sensor
43 = Ansaugluftdruck-Sensor 1
44 = Ansaugluftdruck-Sensor 2
45 = Umkipp-Sensor
46 = ABS-Sensor vorne
47 = ABS-Sensor hinten
48 = ABS-Steuergerät
49 = Drosselklappen-Stellmotor
50 = Gaszugpositions-Sensor
51 = Drosselklappen-positions-Sensor
52 = Diagnosewerkzeug-Steckverbinder (= »Steckdose für Anschlusskabel des Werkstattcomputers«)
53 = Instrumenteneinheit
54 = Wegfahrsperren-Kontrollleuchte LED
55 = Leerlauf-Kontrollleuchte LED
56 = Instrumenten-Beleuchtung LED
57 = Fernlicht-Kontrollleuchte LED
58 = Drehzahlmesser
59 = Multifunktionsdisplay
60 = Ölstand-Warnleuchte LED
61 = Benzinreserve-Warnleuchte LED
62 = Motorstörungs-Warnleuchte LED
63 = Kühlmitteltemperatur-Warnleuchte LED
64 = Traktionskontrolle-Kontrollleuchte LED
65 = Quickshift-Kontrollleuchte LED
66 = Blinker-Kontrollleuchte links LED
67 = Blinker-Kontrollleuchte rechts LED
68 = ABS-Warnleuchte LED
69 = Ölstandschalter
70 = Gangpositions-Schalter
71 = Benzinstandgeber
72 = Benzinpumpe
73 = Seitenständerschalter
74 = Lenkerarmatur rechts
75 = Fahrmodusschalter
76 = Motor-Start-/Stoppschalter
77 = Warnblinkerschalter
78 = Bremslichtschalter vorne
79 = Bremslichtschalter hinten
80 = Blinker-/Warnblinker-Relais
81 = Lenkerarmatur links
82 = Kupplungsschalter
83 = Traktionskontrolle-Schalter
84 = Hupenschalter
85 = Blinkerschalter
86 = Lichthupenschalter
87 = Abblendschalter
88 = Hupe (= »Signalhorn«)
89 = Blinker hinten rechts
90 = Blinker hinten links
91 = Blinker vorne rechts
92 = Blinker vorne links
93 = Scheinwerfer
94 = Scheinwerfer-Steuergerät
95 = Fernlicht
96 = Abblendlicht
97 = Standlicht
98 = Kennzeichenleuchte
99 = Rücklicht/Bremslicht
100 = Kühlerventilator-Relais
101 = Kühlerventilatormotor
102 = Anschlussstelle 1 für Nebenverbraucher siehe Sicherung Ziffer 10
103 = Stecker Griffheizung (»optional«)
104 = Anschlussstelle 2 für Nebenverbraucher siehe Sicherung Ziffer 12

MT-09 SP Mj. 2018, 2019, 2020

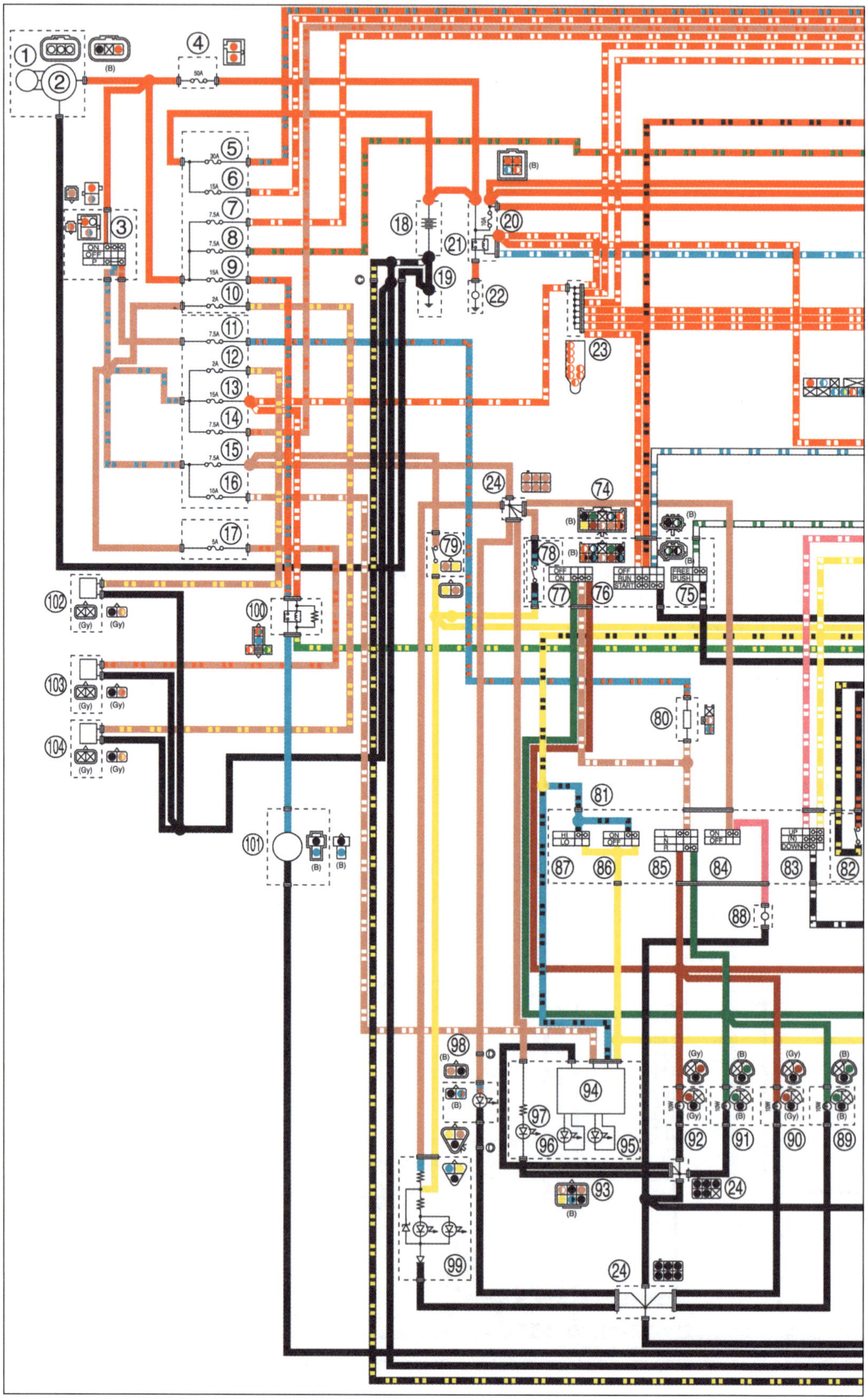

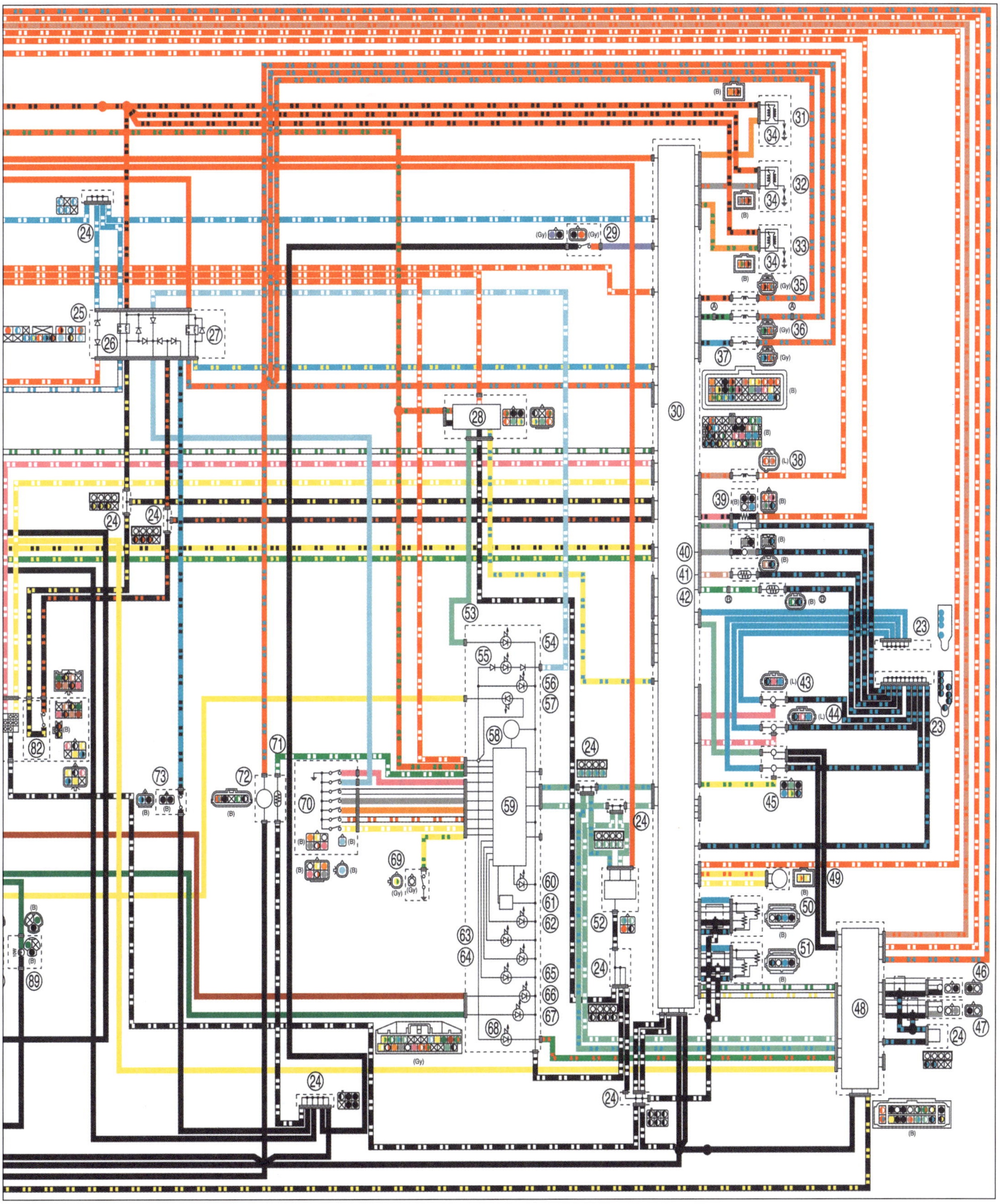

23
24
25
26
27
28
29
30
31
32
33
34
35
36
37
38
39
40
41
42
43
44
45
46
47
48
49
50
51
52
53
54
55
56
57
58
59
60
61
62
63
64
65
66
67
68
69
70
71
72
73
82
89
(B)
(Gy)
(L)

1 = Lichtmaschine (= »Drehstromgenerator«)
2 = Regler/Gleichrichter
3 = Zündschloss
4 = Hauptsicherung 50 A
5 = Sicherung 30 A ABS-Motor
6 = Sicherung 15 A ABS-Magnetventil
7 = Sicherung 7,5 A elektrisches Drosselventil (= »Drosselklappen-Stellmotor«)
8 = Sicherung 7,5 A für Uhr und Wegfahrsperre
9 = Sicherung 15 A Kühlerventilator
10 = Sicherung 2 A Nebenverbraucher 2
11 = Sicherung 15 A für Zündung und Anlasser-Relais
12 = Sicherung 7,5 A ABS-Kontrolleinheit
13 = Sicherung 7,5 A für Rücklicht, Bremslicht, Kennzeichenbeleuchtung, Hupe, Standlicht
14 = Sicherung 2 A Nebenverbraucher 1
15 = Batterie 12 V/8,6 Ah
16 = Massekabel an Motor
17 = Sicherung 20 A Benzineinspritzung
18 = Anlasser-Relais
19 = Anlassermotor
20 = Steckverbinder
21 = Steckverbinder
22 = Relaiseinheit umfasst die Relais für Anlasssperre (23), Benzinpumpe (24)
23 = Anlasssperr-Relais
24 = Benzinpumpen-Relais
25 = Seitenständerschalter
26 = Wegfahrsperreneinheit
27 = ECU (= »Motorsteuergerät«)
28 = Zündspule Zylinder 1
29 = Zündspule Zylinder 2
30 = Zündspule Zylinder 3
31 = Zündkerzen
32 = Einspritzventil Zylinder 1
33 = Einspritzventil Zylinder 2
34 = Einspritzventil Zylinder 3
35 = Griffheizung links (»optional«)
36 = Griffheizung rechts (»optional«)
37 = Sekundärluft-Magnetventil
38 = Lambdasonde
39 = Kurbelwellenpositions-Sensor (= »Zündgeber«)
40 = Ansauglufttemperatur-Sensor
41 = Kühlmitteltemperatur-Sensor
42 = Ansaugluftdruck-Sensor 1
43 = Ansaugluftdr.-Sensor 2
44 = Umkipp-Sensor
45 = ABS-Sensor vorne
46 = ABS-Sensor hinten
47 = ABS-Steuergerät
48 = Drosselklappen-Stellmotor
49 = Gaszugpositions-Sensor
50 = Drosselklappen-positions-Sensor
51 = Diagnosewerkzeug-Steckverbinder (= »Steckdose für Anschlusskabel des Werkstattcomputers«)
52 = Instrumenteneinheit
53 = Wegfahrsperren-Kontrollleuchte LED
54 = Leerlauf-Kontrollleuchte LED
55 = Instrumenten-Beleuchtung LED
56 = Drehzahlmesser
57 = Multifunktionsdisplay
58 = Ölstand-Warnleuchte LED
59 = Motorstörungs-Warnleuchte LED
60 = Traktionskontrolle-Kontrollleuchte LED
61 = Fernlicht-Kontrollleuchte LED
62 = Blinker-Kontroll-leuchte links LED
63 = Blinker-Kontroll-leuchte rechts LED
64 = ABS-Warnleuchte LED
65 = Ölstandschalter
66 = Gangpositions-Schalter
67 = Benzinstandgeber
68 = Benzinpumpe
69 = Lenkerarmatur rechts
70 = Fahrmodusschalter
71 = Motor-Start-/Stoppschalter
72 = Warnblinkschalter
73 = Bremslichtschalter vorne
74 = Bremslichtschalter hinten
75 = Blinker-/Warnblinker-Relais
76 = Lenkerarmatur links
77 = Kupplungsschalter
78 = Wahlschalter Informationsanzeige
79 = Schalter Multifunktionsmenü
80 = Hupenschalter
81 = Hupe (= »Signalhorn«)
82 = Blinkerschalter
83 = Abblend-/Lichthupen-schalter
84 = Blinker hinten rechts
85 = Blinker hinten links
86 = Blinker vorne rechts
87 = Blinker vorne links
88 = Scheinwerfer-Steuergerät
89 = Fernlicht
90 = Abblendlicht
91 = Standlicht rechts
92 = Standlicht links
93 = Kennzeichenleuchte
94 = Rücklicht/Bremslicht
95 = Kühlerventilator-Relais
96 = Kühlerventilatormotor
97 = Sicherung 7,5 A für Blinker u. Warnblinker
98 = Sicherung 2 A für Anschlussstelle Nebenverbraucherbuchse 1
99 = Sicherung 2 A für Anschlussstelle Nebenverbraucherbuchse 2
100 = Sicherung 7,5 A Scheinwerfer
101 = Anschluss 1 für Nebenverbraucher s. Sicherung Ziffer 14
102 = Anschluss 2 für Nebenverbraucher s. Sicherung Ziffer 10

MT-09 Tracer Mj. 2015, 2016

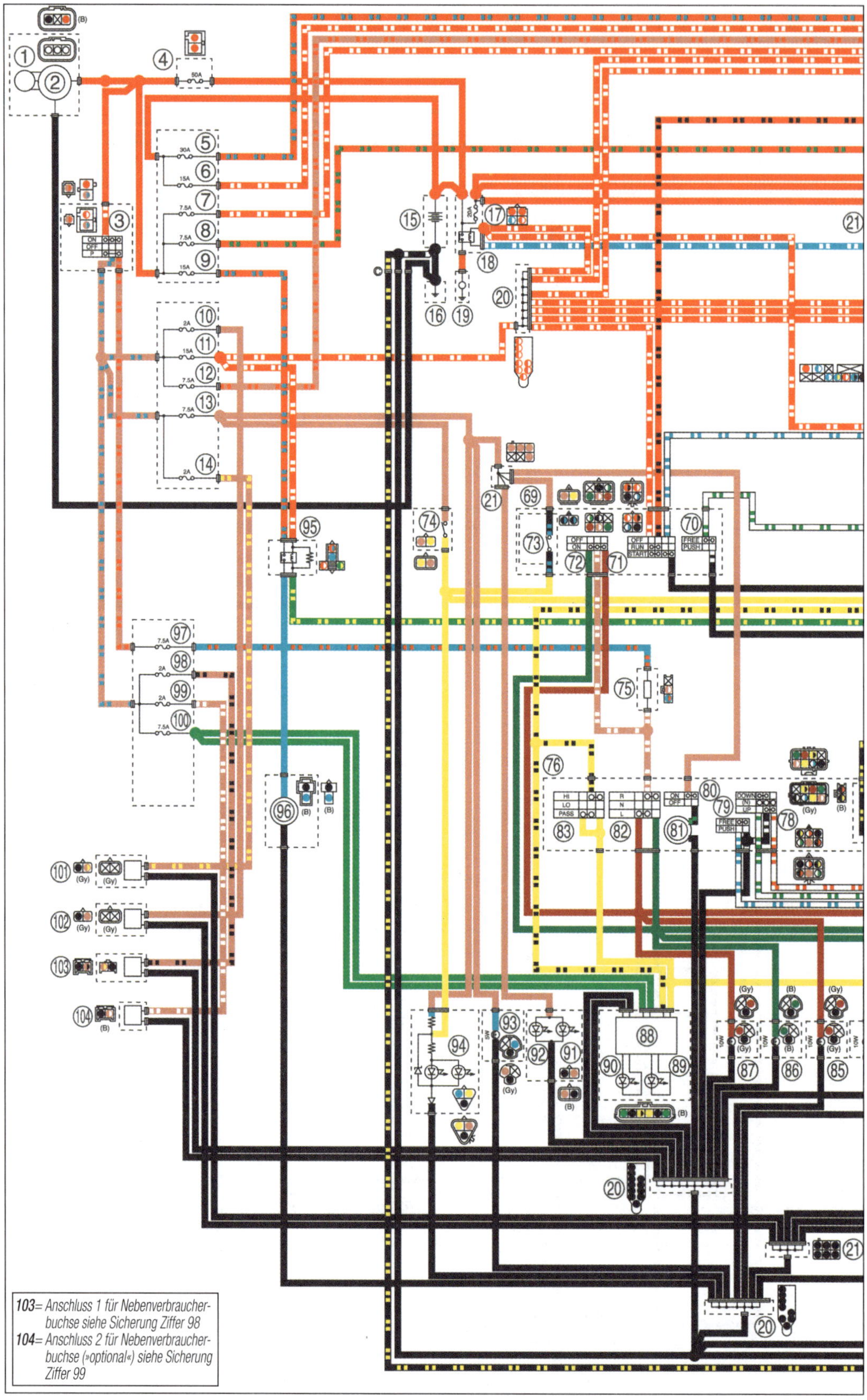

103 = Anschluss 1 für Nebenverbraucherbuchse siehe Sicherung Ziffer 98
104 = Anschluss 2 für Nebenverbraucherbuchse (»optional«) siehe Sicherung Ziffer 99

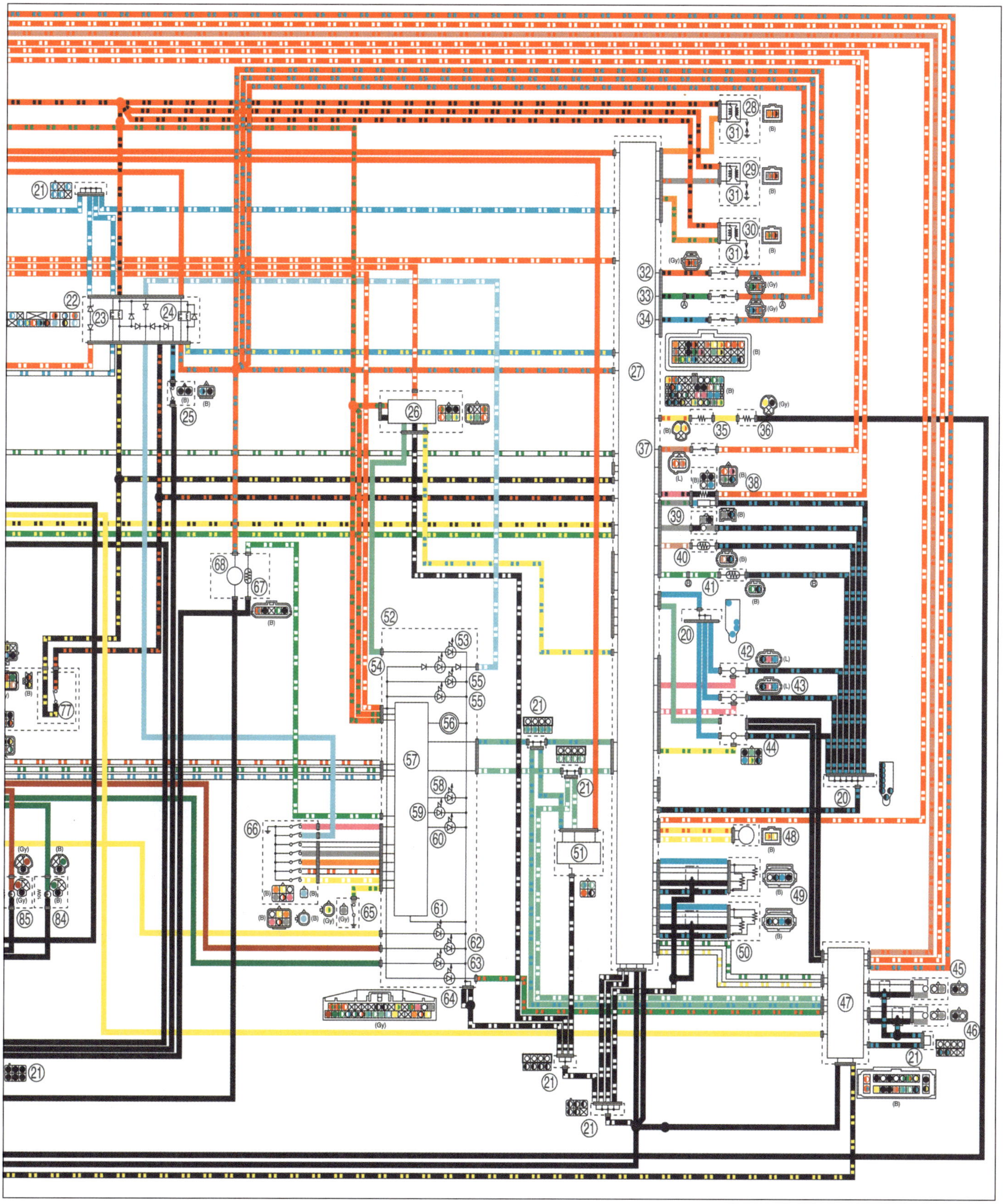
21
22
23
24
25
26
27
28
29
30
31
32
33
34
35
36
37
38
39
40
41
42
43
44
45
46
47
48
49
50
51
52
53
54
55
56
57
58
59
60
61
62
63
64
65
66
67
68
77
84
85
20
(B)
(Gy)
(L)

1 = Lichtmaschine (= »Drehstromgenerator«)
2 = Regler/Gleichrichter
3 = Zündschloss
4 = Hauptsicherung 50 A
5 = Sicherung 30 A ABS-Motor
6 = Sicherung 15 A ABS-Magnetventil
7 = Sicherung 7,5 A elektrisches Drosselventil (= »Drosselklappen-Stellmotor«)
8 = Sicherung 7,5 A für Uhr und Wegfahrsperre
9 = Sicherung 15 A Kühlerventilator
10 = Sicherung 2 A Nebenverbraucher 2
11 = Sicherung 15 A für Zündung und Anlasser-Relais
12 = Sicherung 7,5 A ABS-Kontrolleinheit
13 = Sicherung 7,5 A für Rücklicht, Bremslicht, Kennzeichenbeleuchtung, Hupe, Standlicht
14 = Sicherung 2 A Nebenverbraucher 1
15 = Batterie 12 V/8,6 Ah
16 = Massekabel an Motor
17 = Sicherung 20 A Benzineinspritzung
18 = Anlasser-Relais
19 = Anlassermotor
20 = Steckverbinder
21 = Steckverbinder
22 = Relaiseinheit mit Relais für Anlasssperre (23) und Benzinpumpe (24)
23 = Anlasssperr-Relais
24 = Benzinpumpen-Relais
25 = Seitenständerschalter
26 = Wegfahrsperreneinheit
28 = Umschalter (»Quickshifter«, »optional«)
27 = ECU (= »Motorsteuergerät«)
29 = Zündspule Zylinder 1
30 = Zündspule Zylinder 2
31 = Zündspule Zylinder 3
32 = Zündkerzen
33 = Einspritzventil Zylinder 1
34 = Einspritzventil Zylinder 2
35 = Einspritzventil Zylinder 3
36= Griffheizung links (»optional«)
37= Griffheizung rechts (»optional«)
38 = Sekundärluft-Magnetventil
39 = Lambdasonde
40 = Kurbelwellenpositions-Sensor (= »Zündgeber«)
41 = Ansaugluftemperatur-Sensor
42 = Kühlmitteltemperatur-Sensor
43 = Ansaugluftdruck-Sensor 1
44 = Ansaugluftdruck-Sensor 2
45 = Umkipp-Sensor
46 = ABS-Sensor vorne
47 = ABS-Sensor hinten
48 = ABS-Steuergerät
49 = Drosselklappen-Stellmotor
50 = Gaszugpositions-Sensor
51 = Drosselklappen-positions-Sensor
52 = Diagnosewerkzeug-Steckverbinder (= »Steckdose für Anschlusskabel des Werkstattcomputers«)
53 = Instrumenteneinheit
54 = Wegfahrsperren-Kontrollleuchte LED
55 = Leerlauf-Kontrollleuchte LED
56 = Instrumenten-Beleuchtung LED
57 = Drehzahlmesser
58 = Multifunktionsdisplay
59 = Ölstand-Warnleuchte LED
60 = Motorstörungs-Warnleuchte LED
61 = Traktionskontrolle-Kontrollleuchte LED
62 = Fernlicht-Kontrollleuchte LED
63 = Blinker-Kontroll-leuchte links LED
64 = Blinker-Kontroll-leuchte rechts LED
65 = ABS-Warnleuchte LED
66 = Ölstandschalter
67 = Gangpositions-Schalter
68 = Benzinstandgeber
69 = Benzinpumpe
70 = Lenkerarmatur rechts
71 = Fahrmodusschalter
72 = Motor-Start-/Stoppschalter
73 = Warnblinkschalter
74 = Bremslichtschalter vorne
75 = Bremslichtschalter hinten
76 = Blinker-/Warnblinker-Relais
77 = Lenkerarmatur links
78 = Kupplungsschalter
79 = Wahlschalter Informationsanzeige
80 = Schalter Multifunktionsmenü
81 = Hupenschalter
82 = Hupe (= »Signalhorn«)
83 = Blinkerschalter
84 = Abblend-/Lichthupen-schalter
85 = Blinker hinten rechts
86 = Blinker hinten links
87 = Blinker vorne rechts
88 = Blinker vorne links
89 = Scheinwerfer-Steuergerät
90 = Fernlicht
91 = Abblendlicht
92 = Standlicht rechts
93 = Standlicht links
94 = Kennzeichenleuchte
95 = Rücklicht/Bremslicht
96 = Kühlerventilator-Relais
97 = Kühlerventilatormotor
98 = Sicherung 7,5 A für Blinker, Warnblinker
99 = Sicherung 2 A Nebenverbraucher-anschlussbuchse 1
100 = Sicherung 2 A Nebenverbraucher-anschlussbuchse 2
101 = Sicherung 7,5 A Scheinwerfer
102 = Gleichstrom-Steck-verbinder 1
103= Gleichstrom-Steckverbinder 2

MT-09 Tracer Mj. 2017

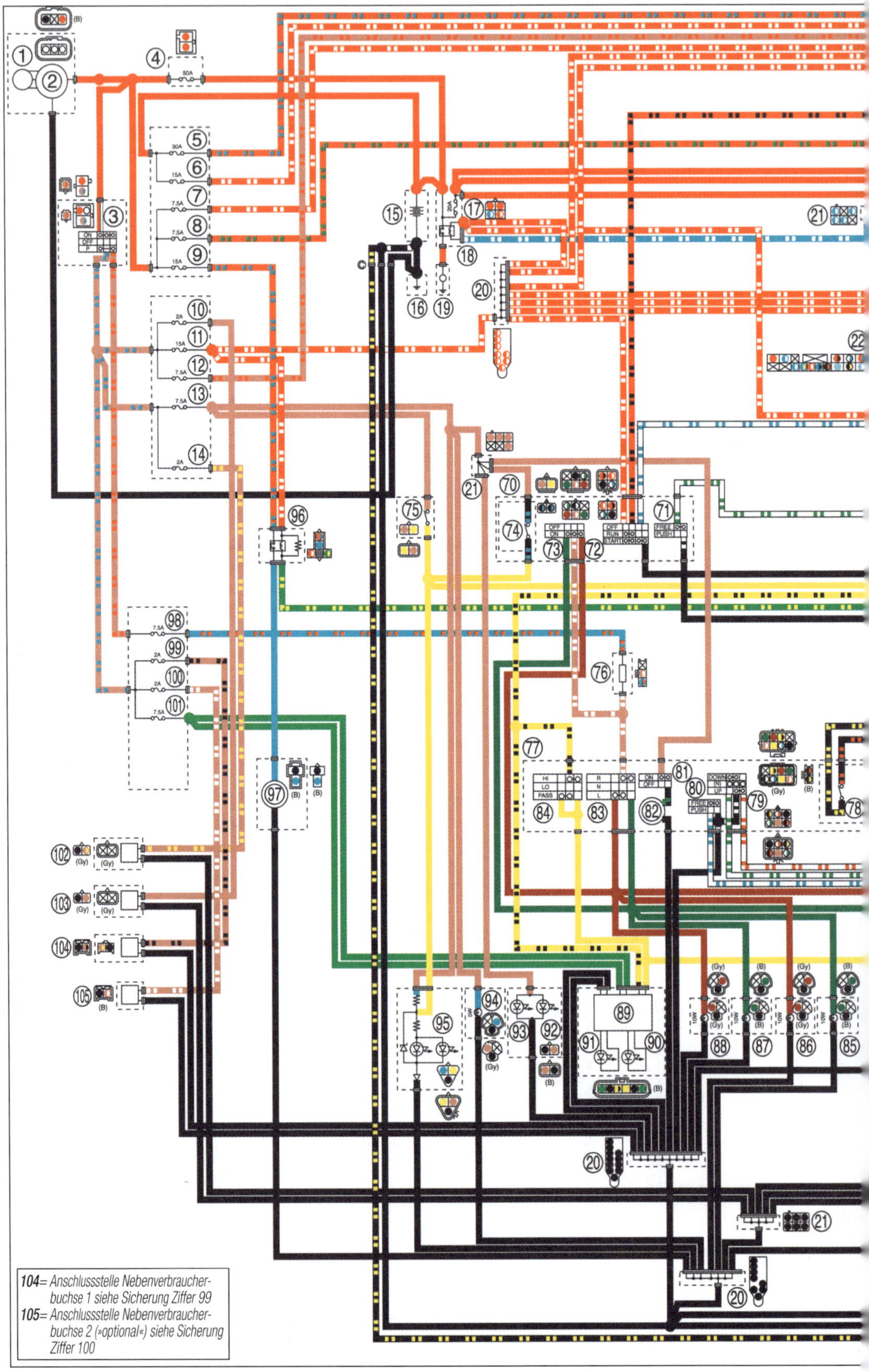

104= Anschlussstelle Nebenverbraucher-buchse 1 siehe Sicherung Ziffer 99
105= Anschlussstelle Nebenverbraucher-buchse 2 (»optional«) siehe Sicherung Ziffer 100

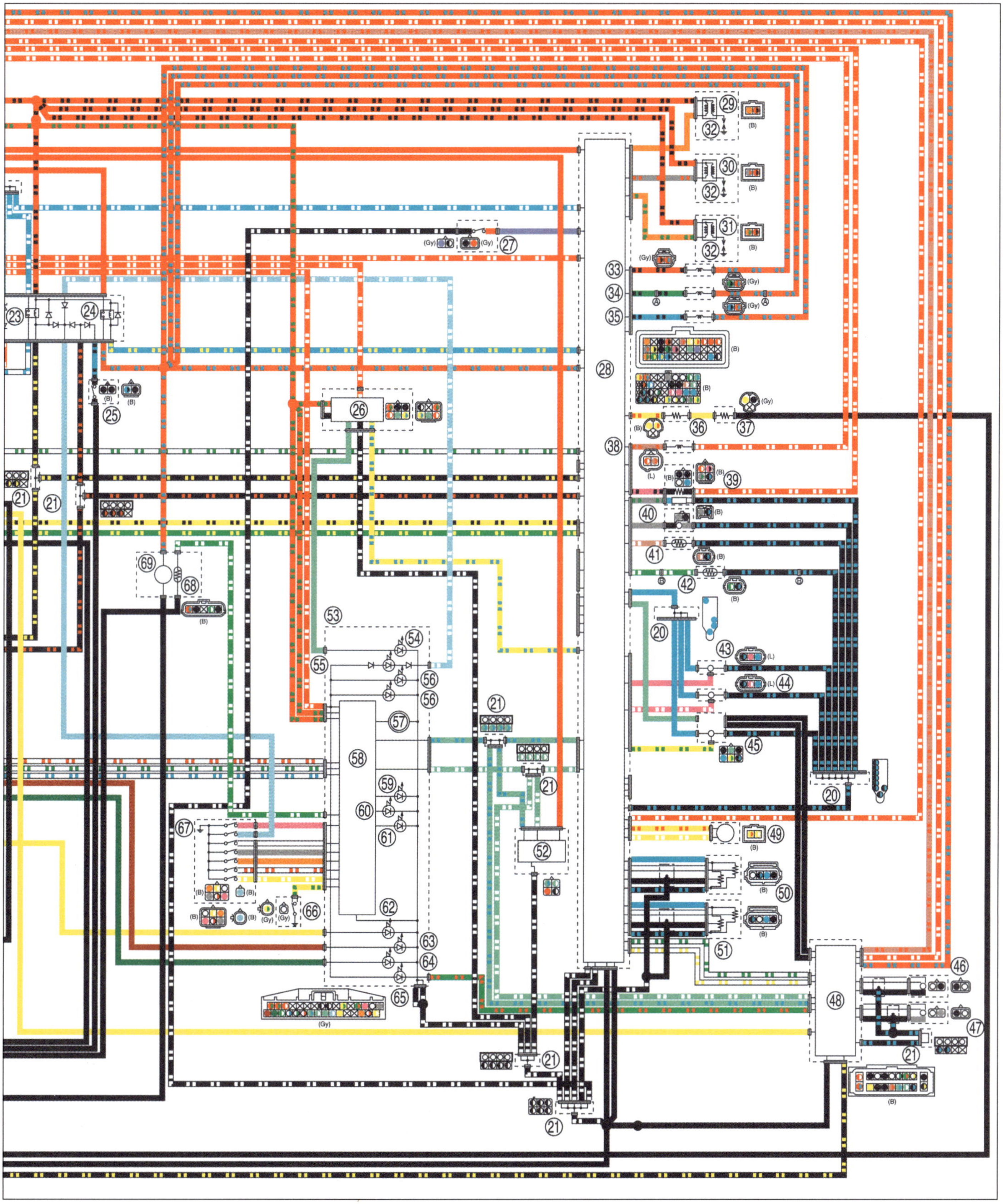

20
21
23
24
25
26
27
28
29
30
31
32
33
34
35
36
37
38
39
40
41
42
43
44
45
46
47
48
49
50
51
52
53
54
55
56
57
58
59
60
61
62
63
64
65
66
67
68
69
(B)
(Gy)
(L)

- **1** = Lichtmaschine (= »Drehstromgenerator«)
- **2** = Regler/Gleichrichter
- **3** = Zündschloss
- **4** = Hauptsicherung 50 A
- **5** = Sicherung 30 A ABS-Motor
- **6** = Sicherung 15 A ABS-Magnetventil
- **7** = Sicherung 7,5 A elektrisches Drosselventil (= »Drosselklappen-Stellmotor«)
- **8** = Sicherung 7,5 A für Uhr und Wegfahrsperre
- **9** = Sicherung 15 A Kühlerventilator
- **10** = Sicherung 7,5 A Sitzheizung (»optional«)
- **11** = Sicherung 15 A für Zündung und Anlasser-Relais
- **12** = Sicherung 7,5 A ABS-Kontrolleinheit
- **13** = Sicherung 7,5 A Rücklicht, Bremslicht, Kennzeichenleuchte, Hupe, Standlicht
- **14** = Sicherung 2 A Nebelleuchten (»optional«)
- **15** = Batterie 12 V/8,6 Ah
- **16** = Massekabel an Motor
- **17** = Sicherung 20 A Benzineinspritzung
- **18** = Anlasser-Relais
- **19** = Anlassermotor
- **20** = Kühlerventilatormotor-Relais
- **21** = Bremslichtschalter hinten
- **22** = Steckverbinder
- **23** = Lenkerarmatur rechts
- **24** = Bremslichtschalter vorne
- **25** = Warnblinkschalter
- **26** = Motor-Start-/Stopp-schalter
- **27** = Fahrmodusschalter
- **28** = Relaiseinheit umfasst die beiden Relais für Anlasssperre (29) und Benzinpumpe (30)
- **29** = Anlasssperr-Relais
- **30** = Benzinpumpen-Relais
- **31** = Seitenständerschalter
- **32** = Wegfahrsperreneinheit
- **33** = Umschalter (= »Quickshifter«, »optional«)
- **34** = ECU (= »Motorsteuergerät«)
- **35** = Zündspule Zylinder 1
- **36** = Zündspule Zylinder 2
- **37** = Zündspule Zylinder 3
- **38** = Zündkerzen
- **39** = Einspritzventil Zylinder 1
- **40** = Einspritzventil Zylinder 2
- **41** = Einspritzventil Zylinder 3
- **42** = Griffheizung links (»optional«)
- **43** = Griffheizung rechts (»optional«)
- **44** = Sekundärluft-Magnetventil
- **45** = Lambdasonde
- **46** = Kurbelwellenpositions-Sensor (= »Zündgeber«)
- **47** = Ansauglufttemperatur-Sensor
- **48** = Kühlmitteltemperatur-Sensor
- **49** = Ansaugluftdruck-Sensor 1
- **50** = Ansaugluftdruck-Sensor 2
- **51** = Umkipp-Sensor
- **52** = Drosselklappen-Stellmotor
- **53** = Gaszugpositions-Sensor
- **54** = Drosselklappen-positions-Sensor
- **55** = ABS-Sensor vorne
- **56** = ABS-Sensor hinten
- **57** = ABS-Steuergerät
- **58** = Diagnosewerkzeug-Steckverbinder (= »Steckdose für Anschlusskabel des Werkstattcomputers«)
- **59** = Instrumenteneinheit
- **60** = Wegfahrsperren-Kontrollleuchte LED
- **61** = Leerlauf-Kontrollleuchte LED
- **62** = Instrumenten-Beleuchtung LED
- **63** = Drehzahlmesser
- **64** = Ölstand-Warnleuchte LED
- **65** = Motorstörungs-Warnleuchte LED
- **66** = Traktionskontrolle-Kontrollleuchte LED
- **67** = Fernlicht-Kontrollleuchte LED
- **68** = Blinker-Kontrollleuchte links LED
- **69** = Blinker-Kontrollleuchte rechts LED
- **70** = ABS-Warnleuchte LED
- **71** = Multifunktionsdisplay
- **72** = Gangpositions-Schalter
- **73** = Ölstandschalter
- **74** = Benzinpumpe
- **75** = Benzinstandgeber
- **76** = Blinker-/Warnblinker-Relais
- **77** = Lenkerarmatur links
- **78** = Abblend-/Lichthupen-schalter
- **79** = Blinkerschalter
- **80** = Hupenschalter
- **81** = Hupe (»Signalhorn«)
- **82** = Wahlschalter Informationsanzeige
- **83** = Schalter Multifunktionsmenü
- **84** = Kupplungsschalter
- **85** = Blinker hinten rechts
- **86** = Blinker hinten links
- **87** = Blinker vorne rechts
- **88** = Blinker vorne links
- **89** = Scheinwerfer-Steuergerät
- **90** = Fernlicht
- **91** = Abblendlicht
- **92** = Standlicht rechts
- **93** = Standlicht links
- **94** = Kennzeichenleuchte
- **95** = Rücklicht/Bremslicht
- **96** = Kühlerventilatormotor
- **97** = Sicherung 7,5 A für Blinker, Warnblinker
- **98** = Sicherung 2 A Nebenverbraucher-anschlussbuchse 1
- **99** = Sicherung 2 A Nebenverbraucher-anschlussbuchse 2 (»optional«)
- **100** = Sicherung 7,5 A Scheinwerfer
- **101** = Gleichstrom-Steckverbinder 1 (»Nebelleuchte«, »optional«), siehe Sicherung Ziffer 14

Tracer 900 Mj. 2018, 2019, 2020

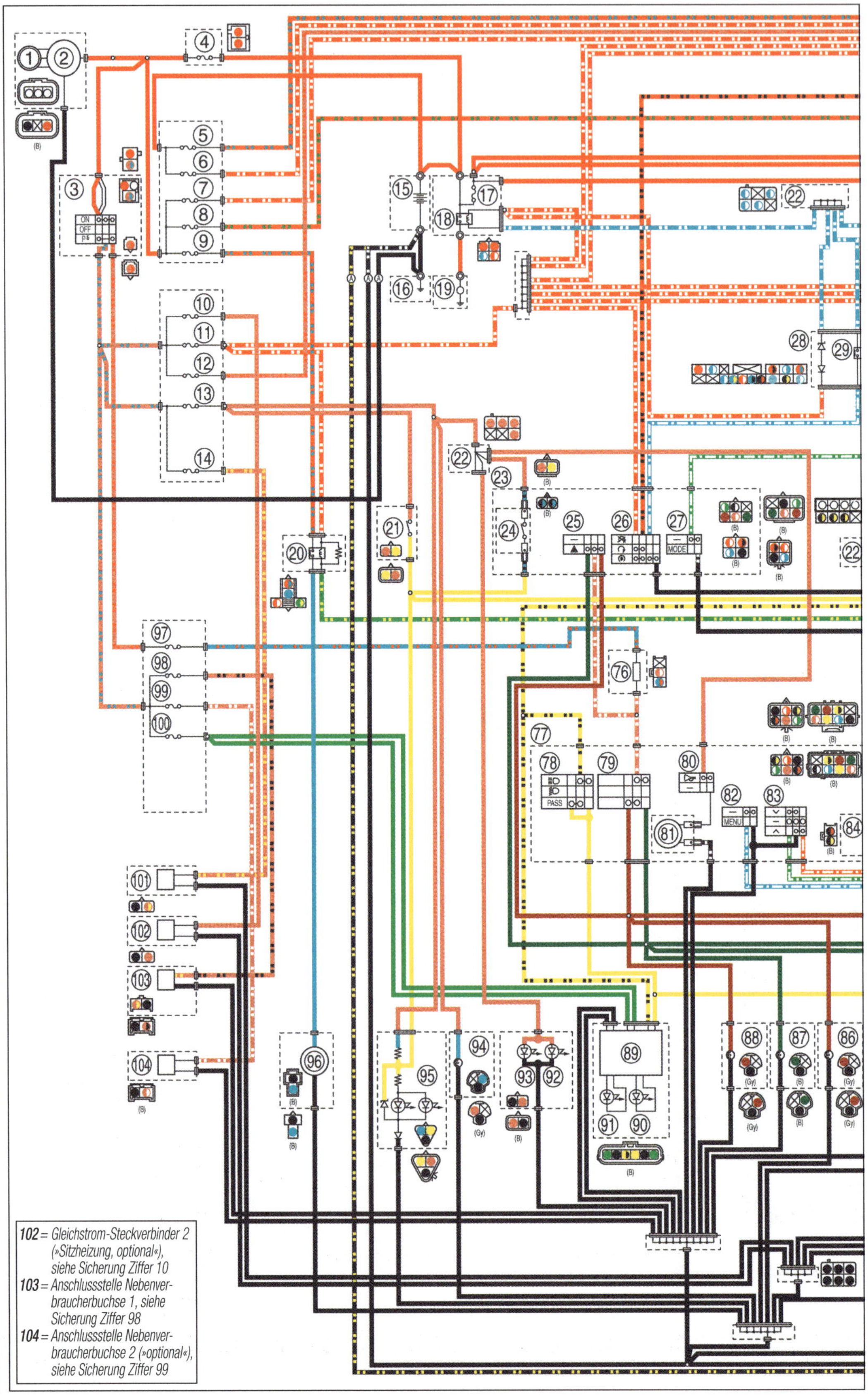

- **102** = Gleichstrom-Steckverbinder 2 (»Sitzheizung, optional«), siehe Sicherung Ziffer 10
- **103** = Anschlussstelle Nebenverbraucherbuchse 1, siehe Sicherung Ziffer 98
- **104** = Anschlussstelle Nebenverbraucherbuchse 2 (»optional«), siehe Sicherung Ziffer 99

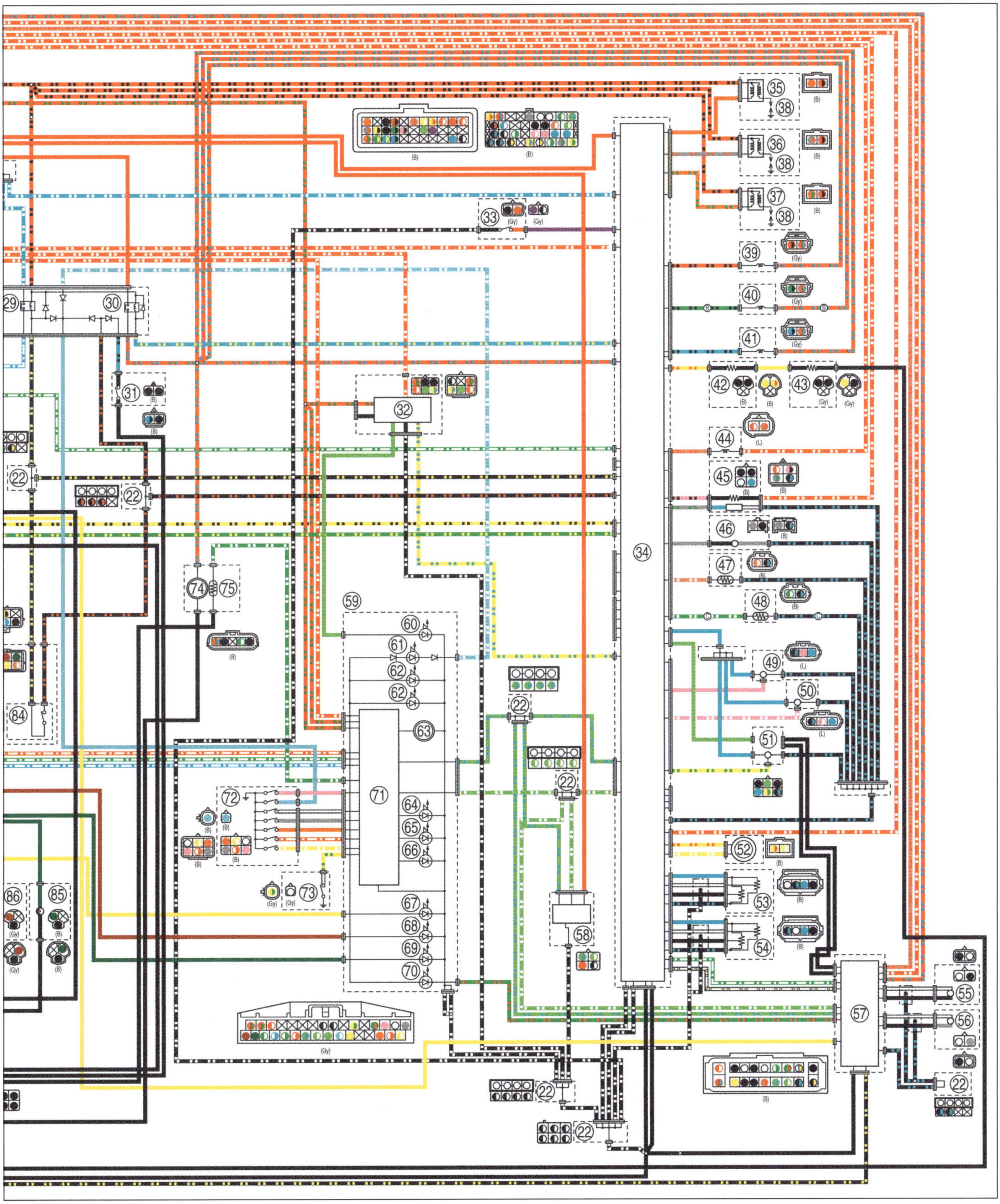
(B)
(Gy)
(L)

1 = Lichtmaschine (= »Drehstromgenerator«)
2 = Regler/Gleichrichter
3 = Zündschloss
4 = Hauptsicherung 50 A
5 = Sicherung 30 A ABS-Motor
6 = Sicherung 15 A ABS-Magnetventil
7 = Sicherung 7,5 A elektrisches Drosselventil (= »Drosselklappen-Stellmotor«)
8 = Sicherung 7,5 A für Uhr und Wegfahrsperre
9 = Sicherung 15 A Kühlerventilator
10 = Sicherung 7,5 A Sitzheizung (»optional«)
11 = Sicherung 15 A für Zündung und Anlasser-Relais
12 = Sicherung 7,5 A ABS-Kontrolleinheit
13 = Sicherung 7,5 A Rücklicht, Bremslicht, Kennzeichenbeleuchtung, Hupe, Standlicht
14 = Sicherung 1 A Tempomat
15 = Sicherung 2 A Nebelleuchten (»optional«)
16 = Batterie 12 V/8,6 Ah
17 = Massekabel an Motor
18 = Sicherung 20 A Benzineinspritzung
19 = Anlasser-Relais
20 = Anlassermotor
21 = Steckverbinder
22 = Lenkergriff-Aufhebungsschalter (= »Ausschalter für Tempomat«)
23 = Kupplungsschalter
24 = Bremslichtschalter vorne
25 = Bremslichtschalter hinten
26 = Lenkerarmatur rechts
27 = Radschalter (= »Menue-Schaltrad am Gasgriffgehäuse«)
28 = Motor-Start-/Stopp-schalter
29 = Bremslicht-Relais (für Ausschaltung der Tempomat-Einstellung)
30 = Relaiseinheit umfasst die beiden Relais für Anlasssperre (31) und Benzinpumpe (32)
31 = Anlasssperr-Relais
32 = Benzinpumpen-Relais
33 = Seitenständerschalter
34 = Wegfahrsperreneinheit
35 = Umschalter (= »Quickshifter«)
36 = ECU (»Motorsteuergerät«)
37 = Zündspule Zylinder 1
38 = Zündspule Zylinder 2
39 = Zündspule Zylinder 3
40 = Zündkerzen
41 = Einspritzventil Zylinder 1
42 = Einspritzventil Zylinder 2
43 = Einspritzventil Zylinder 3
44= Griffheizung links
45= Griffheizung rechts
46 = Sekundärluft-Magnetventil
47 = Lambdasonde
48 = Kurbelwellenpositions-Sensor (= »Zündgeber«)
49 = Ansauglufttemperatur-Sensor
50 = Kühlmitteltemperatur-Sensor
51= Ansaugluftdruck-Sensor 1
52 = Ansaugluftdruck-Sensor 2
53 = Umkipp-Sensor
54 = Drosselklappen-Stellmotor
55 = Gaszugpositions-Sensor
56 = Drosselklappen-positions-Sensor
57 = ABS-Sensor vorne
58 = ABS-Sensor hinten
59= ABS-Steuergerät
60 = Diagnosewerkzeug-Steckverbinder (= »Steckdose für Anschlusskabel des Werkstattcomputers«)
61 = Instrumenteneinheit
62 = Wegfahrsperren-Kontrollleuchte LED
63 = Motorölstand- und Kühlmitteltemperatur-Warnleuchte LED
64 = Leerlauf-Kontrollleuchte LED
65 = Schaltzeitpunkt-Kontrollleuchte LED (= »Schaltblitz«)
66 = Multifunktionsdisplay
67 = Traktionskontrolle-Kontrollleuchte LED
68= Motorstörungs-Warnleuchte LED
69 = Blinker-Kontroll-leuchte links LED
70 = Blinker-Kontroll-leuchte rechts LED
71 = Tempomat-Kontrollleuchte LED
72 = Tempomat-Einstellungsleuchte LED
73 = Instrumenten-Beleuchtung LED
74 = ABS-Warnleuchte LED
75 = Fernlicht-Kontroll-leuchte LED
76 = Ölstandschalter
77 = Gangpositions-Schalter
78 = Benzinpumpe
79 = Benzinstandgeber
80 = Blinker-/Warn-blinker-Relais
81 = Lenkerarmatur links
82 = Abblend-/Lichthupen-schalter
83 = Blinkerschalter
84 = Hupenschalter
85 = Hupe (»Signalhorn«)
86 = Fahrmodusschalter
87 = Schalter Traktions-kontrolle
88 = Tempomat-Hauptschalter
89 = Tempomat-Einstellschalter
90 = Warnblinkschalter
91 = Blinker hinten rechts
92 = Blinker hinten links
93 = Blinker vorne rechts
94 = Blinker vorne links
95 = Scheinwerfer-Steuergerät
96 = Fernlicht
97 = Abblendlicht
98 = Standlicht rechts
99 = Standlicht links
100 = Kennzeichenleuchte
101 = Rücklicht/Bremslicht
102 = Kühlerventilator-motor-Relais

Tracer 900 GT Mj. 2018, 2019, 2020

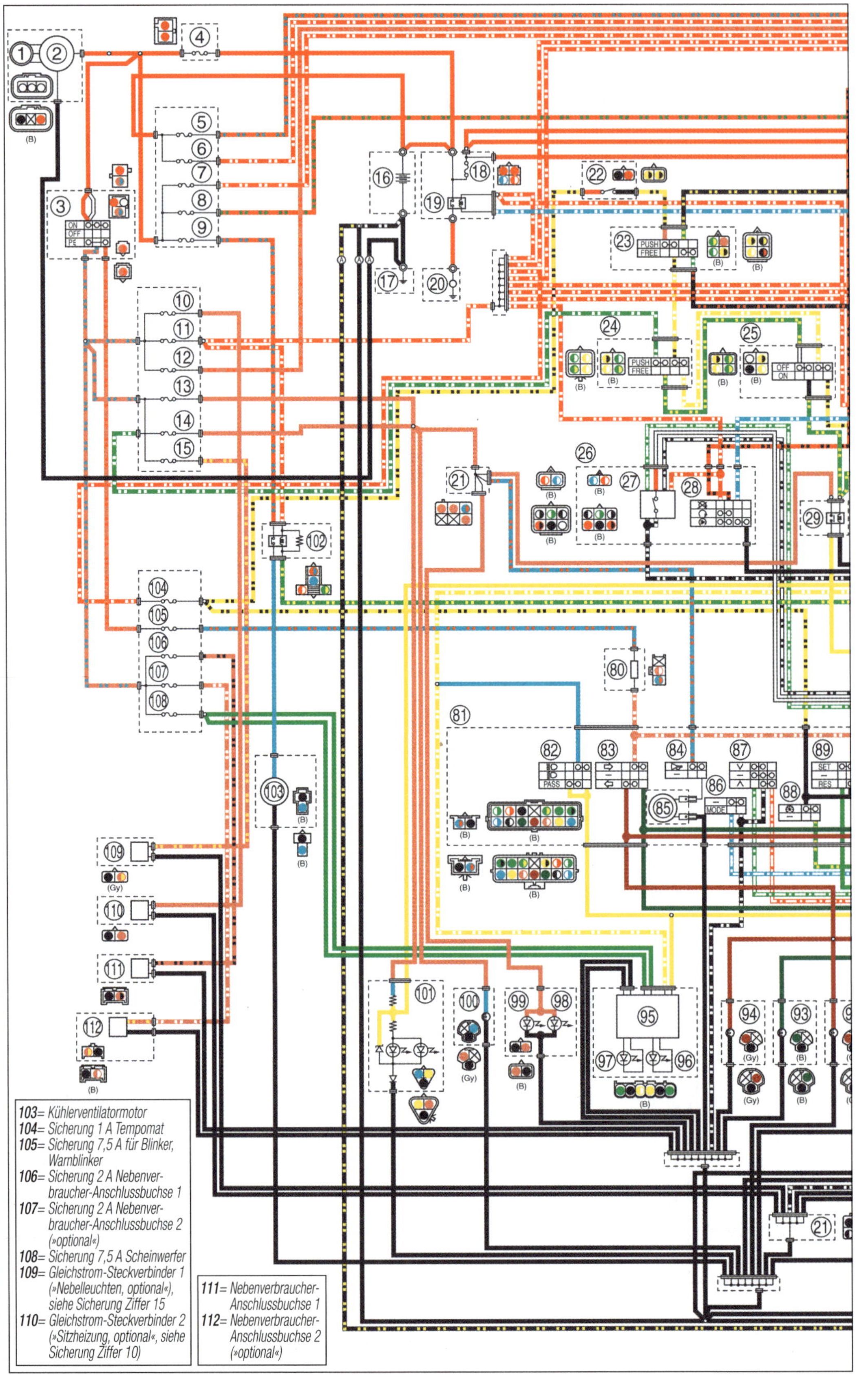

103= Kühlerventilatormotor
104= Sicherung 1 A Tempomat
105= Sicherung 7,5 A für Blinker, Warnblinker
106= Sicherung 2 A Nebenverbraucher-Anschlussbuchse 1
107= Sicherung 2 A Nebenverbraucher-Anschlussbuchse 2 (»optional«)
108= Sicherung 7,5 A Scheinwerfer
109= Gleichstrom-Steckverbinder 1 (»Nebelleuchten, optional«), siehe Sicherung Ziffer 15
110= Gleichstrom-Steckverbinder 2 (»Sitzheizung, optional«, siehe Sicherung Ziffer 10)

111= Nebenverbraucher-Anschlussbuchse 1
112= Nebenverbraucher-Anschlussbuchse 2 (»optional«)

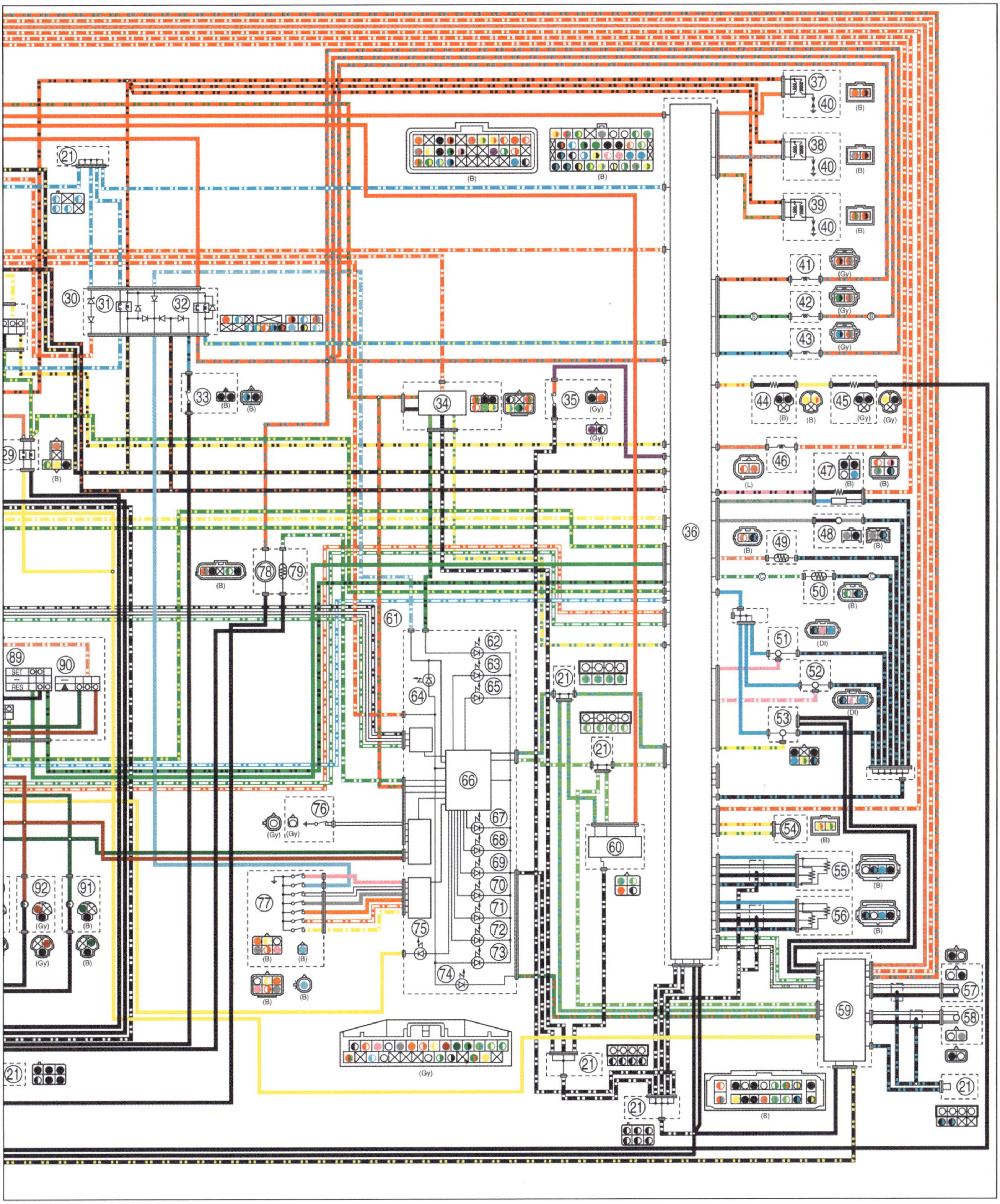
21
30
31
32
33
34
35
36
37
38
39
40
41
42
43
44
45
46
47
48
49
50
51
52
53
54
55
56
57
58
59
60
61
62
63
64
65
66
67
68
69
70
71
72
73
74
75
76
77
78
79
89
90
91
92
SET
RES
(B)
(Gy)
(L)
(Dl)

1 = Lichtmaschine (= »Drehstrom-generator«)
2 = Regler/Gleichrichter
3 = Zündschloss
4 = Hauptsicherung 50 A
5 = Sicherung 30 A ABS-Motor
6 = Sicherung 15 A ABS-Magnetventil
7 = Sicherung 7,5 A elektrisches Drosselventil (= »Drosselklappen-Stellmotor«)
8 = Sicherung 7,5 A für Uhr und Wegfahrsperre
9 = Sicherung 15 A Kühlerventilator
10 = Sicherung 7,5 A für Blinker, Warnblinker
11 = Sicherung 15 A für Zündung und Anlasser-Relais
12 = Sicherung 7,5 A ABS-Kontrolleinheit
13 = Sicherung 7,5 A Rücklicht, Bremslicht, Kennzeichenbeleuchtung, Hupe, Standlicht
14= Sicherung 15 A Scheinwerfer
15= Sicherung 2 A Nebenverbraucher
16 = Batterie 12 V/8,6 Ah
17 = Massekabel an Motor
18 = Sicherung 20 A Benzineinspritzung
19 = Anlasser-Relais
20 = Anlassermotor
21 = Steckverbinder
22 = Steckverbinder
23 = Relaiseinheit umfasst die beiden Relais für Anlasssperre (24) und Benzinpumpe (25)
24 = Anlasssperr-Relais
25 = Benzinpumpen-Relais
26 = Wegfahrsperreneinheit
27 = ECU (= »Motorsteuergerät«)
28 = Zündspule Zylinder 1
29 = Zündspule Zylinder 2
30 = Zündspule Zylinder 3
31 = Zündkerzen
32 = Einspritzventil Zylinder 1
33 = Einspritzventil Zylinder 2
34 = Einspritzventil Zylinder 3
35 = Sekundärluft-Magnetventil
36 = Lambdasonde
37 = Kurbelwellenpositions-Sensor (= »Zündgeber«)
38 = Ansauglufttemperatur-Sensor
39 = Kühlmitteltemperatur-Sensor
40 = Ansaugluftdruck-Sensor 1
41 = Ansaugluftdruck-Sensor 2
42 = Umkipp-Sensor
43= ABS-Sensor vorne
44= ABS-Sensor hinten
45= ABS-Steuergerät
46 = Drosselklappen-Stellmotor
47 = Gaszugpositions-Sensor
48 = Drosselklappen-positions-Sensor
49 = Diagnosewerkzeug-Steckverbinder (= »Steckdose für Anschlusskabel des Werkstattcomputers«)
50 = Instrumenteneinheit
51 = Wegfahrsperren-Kontrollleuchte LED
52 = Leerlauf-Kontrollleuchte LED
53 = Instrumenten-Beleuchtung LED
54 = Drehzahlmesser
55 = Multifunktionsdisplay
56 = Ölstand-Warnleuchte LED
57 = Benzinstand-anzeige LED
58 = Motorstörungs-Warnleuchte LED
59 = Kühlmitteltemperatur-Warnleuchte LED
60 = Traktionskontrolle-Warnleuchte LED
61 = Fernlicht-Kontrollleuchte LED
62 = Blinker-Kontrollleuchte links LED
63 = Blinker-Kontrollleuchte rechts LED
64 = ABS-Warnleuchte LED
65 = Ölstandschalter
66 = Gangpositions-Schalter
67 = Benzinstandgeber
68 = Benzinpumpe
69 = Seitenständerschalter
70 = Lenkerarmatur rechts
71 = Fahrmodusschalter
72 = Motor-Start-/Stopp-schalter
73 = Warnblinkschalter
74 = Bremslichtschalter vorne
75 = Bremslichtschalter hinten
76 = Blinker-/Warnblinker-Relais
77 = Lenkerarmatur links
78 = Kupplungsschalter
79 = Traktionskontrolle-schalter
80 = Hupe (= »Signalhorn«)
81 = Hupenschalter
82 = Blinkerschalter
83 = Lichthupenschalter
84 = Abblendschalter
85 = Blinker hinten rechts
86 = Blinker hinten links
87 = Blinker vorne rechts
88 = Blinker vorne links
89 = Scheinwerfer (»Fern-licht/Abblendlicht«)
90 = Standlicht
91 = Kennzeichenleuchte
92 = Rücklicht/Bremslicht
93 = Scheinwerfer-Relais
94 = Kühlerventilator-Relais
95 = Kühlerventilatormotor
96 = Anschlussstelle Nebenverbraucher siehe Sicherung Ziffer 15

XSR 900 Mj. 2016, 2017, 2018, 2019, 2020, 2021

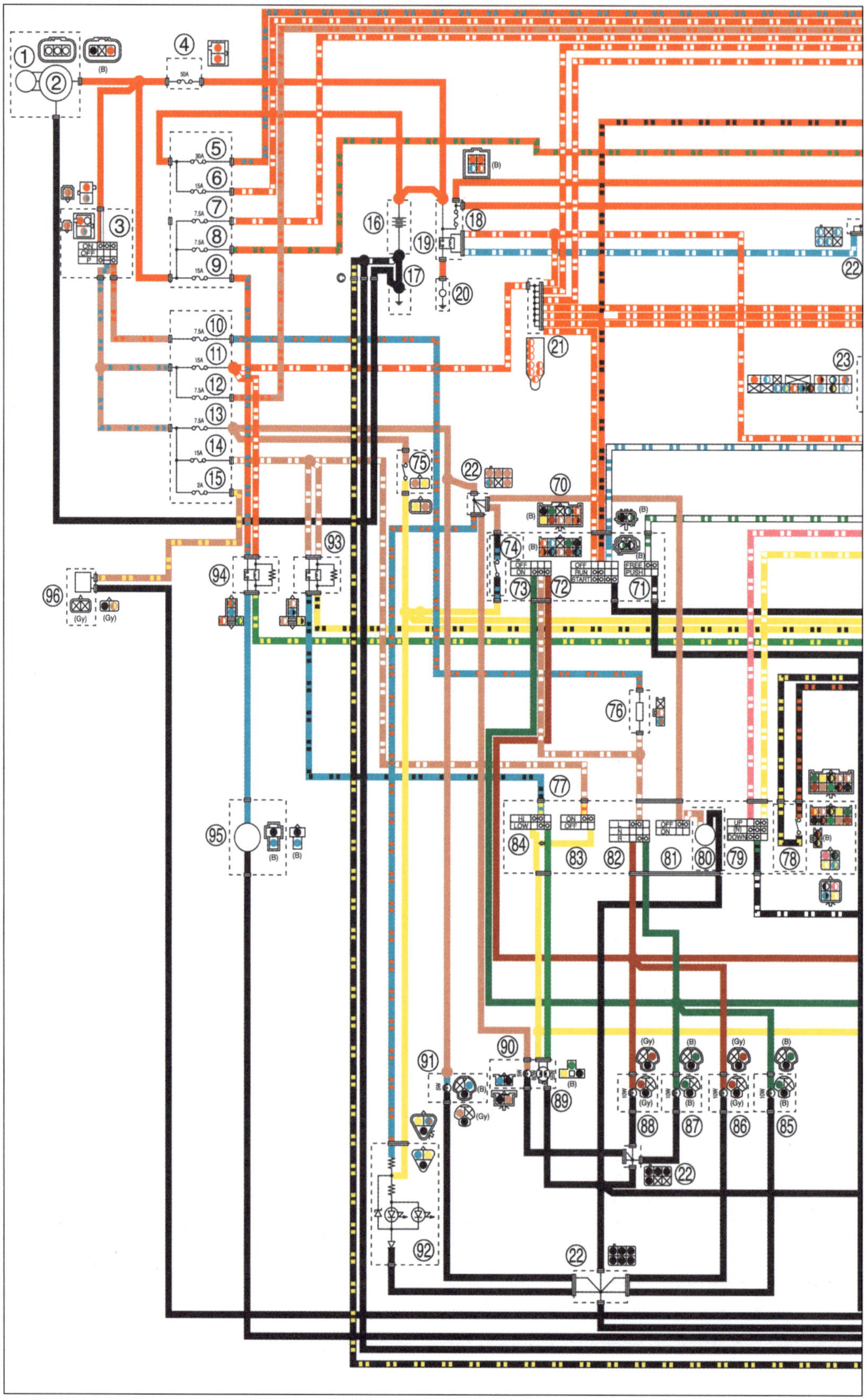

XSR 900 60th Anniversary Mj. 2016 XSR 900 Abarth Mj. 2017

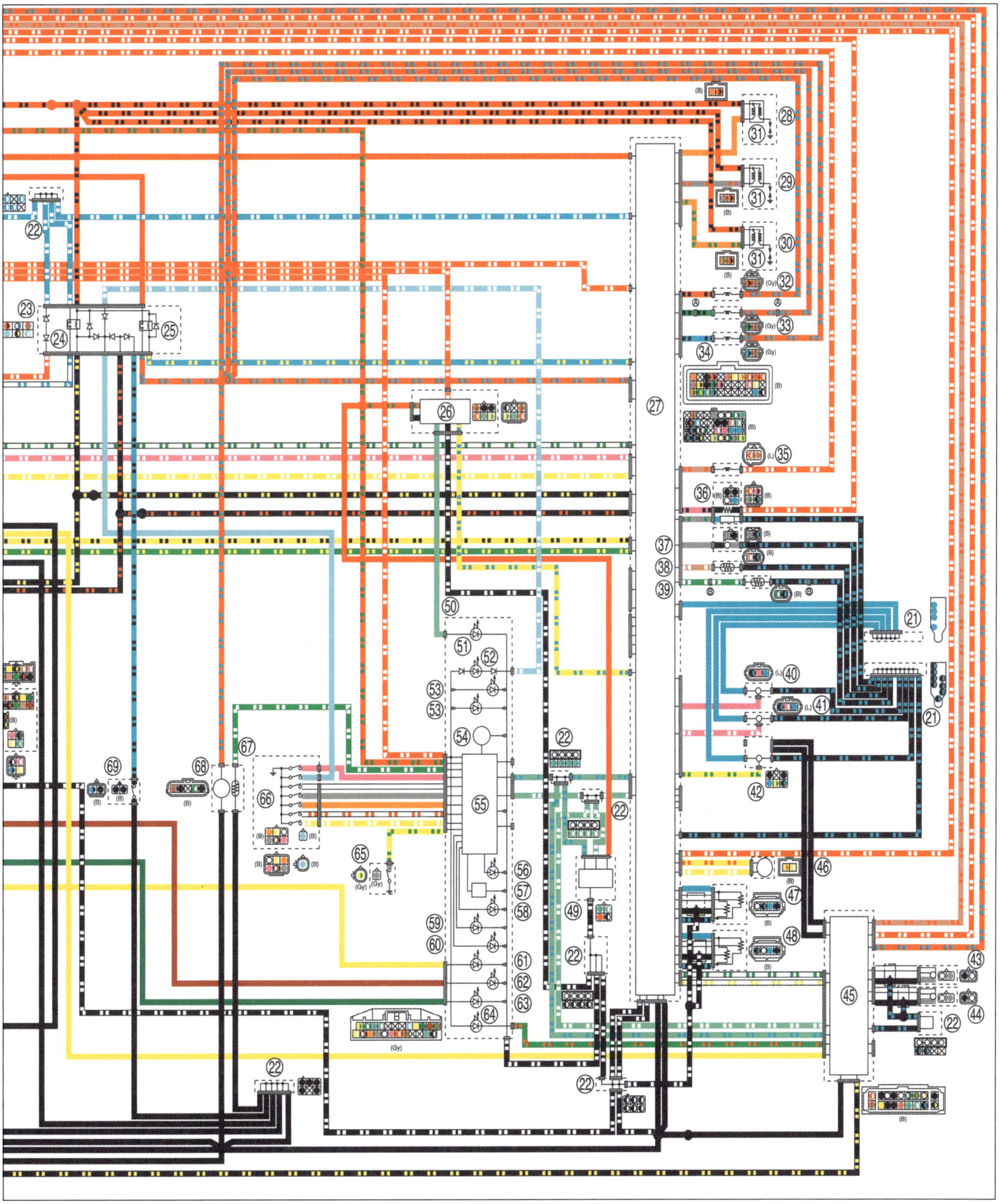

Fehlersuche

In diesem Kapitel: Fehlersuche in Stromkreisen · Tipps und Tricks zur Überprüfung.

Fehlersuche in Stromkreisen

Wichtig: Bitte die Anweisungen des Messgeräteherstellers beachten! Die »Betriebsanleitung« des Messgeräts vor Beginn der Messarbeiten sorgfältig lesen!
Stecker nicht trennen: Bei elektrischen Prüfungen müssen die Stecker im zu prüfenden Stromkreis zusammengesteckt bleiben, weil bei getrennten Steckern der zur Prüfung nötige Stromfluss unterbrochen ist. In den Bildern 3, 5 und 6 ist zu sehen, wo und wie die Prüfsspitzen des Multimeters in Steckern anlegt werden müssen.

Prüfen auf Durchgang

⚠ **Achtung:** Stellen Sie vor dem Messen sicher, dass der zu prüfende Stromkreis abgeschaltet wird und sicher abgeschaltet bleibt: Zündschlüssel abziehen, evtl. muss gar die Batterie abgeklemmt werden. Wenn z. B. mit dem auf Widerstandsmessung Ohm (Ω) eingestellten digitalen Multimeter ein unter Spannung stehender Stromkreis geprüft wird, kann dies zu Schäden am Gerät führen. Im folgenden Beispiel wird der Massestromkreis von der Batterie zum Rahmen hin auf Durchgang geprüft (Bild 1).

Messen der Spannung

Bild 2: Spannung des Stromkreises an der Plusklemme (+) der Glühlampe messen.

1. Den zu überprüfenden Stromkreis einschalten.
1.1. Den Multimeter auf »Spannungsmessung« (V) einstellen. Vergewissern Sie sich, dass das Multimeter bei Gleichspannungsstromkreisen auf **DC** (das ist der häufigste Fall) und bei Wechselspannungs-Stromkreisen auf **AC** eingestellt ist – wie das üblich ist bei der Prüfung der Lichtmaschinen-Ausgangsspannung.
2. Multimeter auf den für die Spannung des zu prüfenden Stromkreises am besten geeigneten Messbereich einstellen (meist 20 V).
3. Das schwarze Kabel (Masse) des Multimeters mit einem verlässlichen Masseanschluss verbinden, das ist normalerweise der Massepol der Batterie oder eine blanke Stelle am Rahmen.
4. Lokalisieren Sie das plusseitige Ende des zu prüfenden Drahts bzw. die Plusklemme der zu prüfenden Komponente.
5. Multimeter anschließen: Rotes Kabel (Pluskabel) mit dem Plus-Ende (Plusklemme) verbinden. Spannung vom Messgerät ablesen.

Durchgangsprüfung (Widerstandsprüfung)

1. Lokalisieren Sie die beiden Enden des Drahts.
2. Multimeter auf Widerstandsmessung Ohm (Ω) einstellen.
3. Plus- und Minusklemme des Multimeters an die Enden des Drahts anklemmen:
3.1. Bei Durchgang erfolgt normalerweise ein Piepton oder die Anzeige des Kabelwiderstands; Messgerät zeigt 0 Ω an.
3.2. Hoher Widerstandswert deutet auf eine schmutzige oder korrodierte Verbindung hin.
3.3. Wenn das Kabel gebrochen ist, erfolgen weder Piepton noch Widerstandsanzeige.
Wichtig: Durch Anlegen des Multimeters an verschiedenen Stellen des Drahts kann die genaue Position eines erhöhten Widerstands oder eines Kabelbruchs Schritt für Schritt eingegrenzt und schließlich sicher lokalisiert und damit gefunden werden.

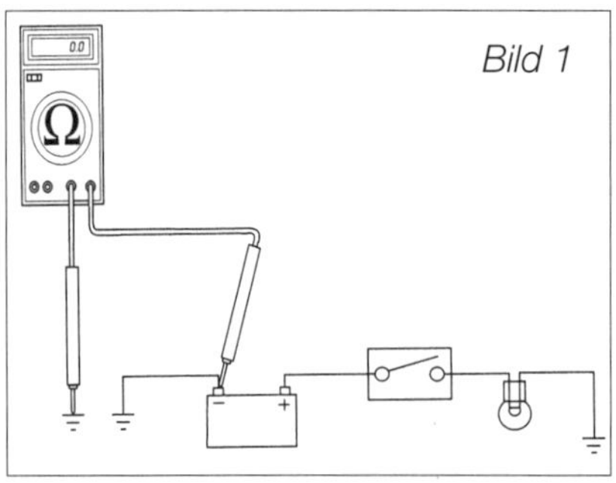

Bild 1

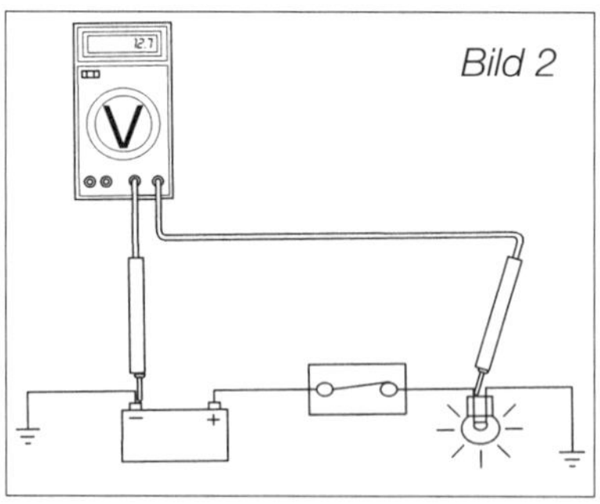

Bild 2

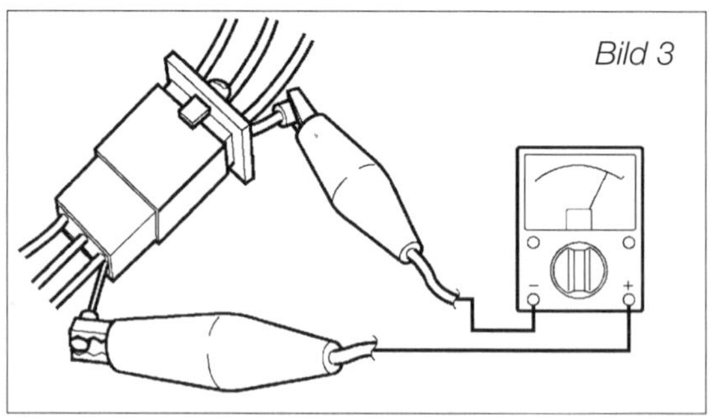
Bild 3

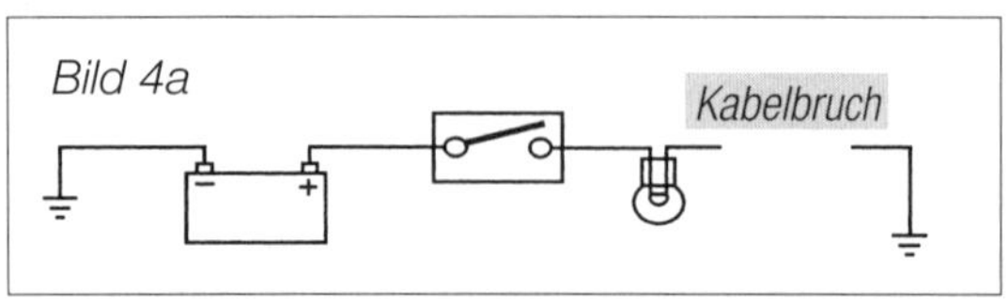

Bild 4a

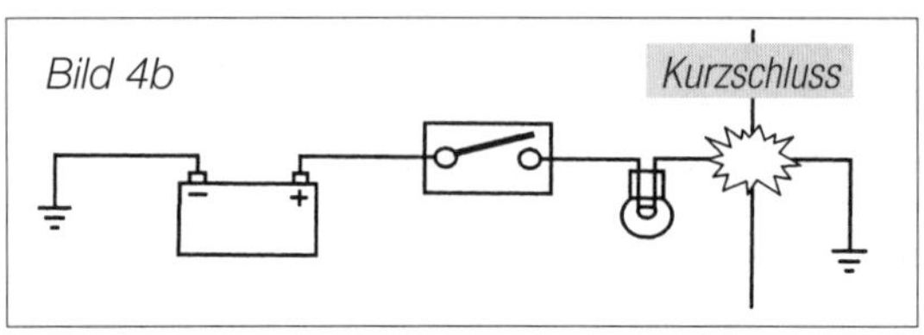

Bild 4b

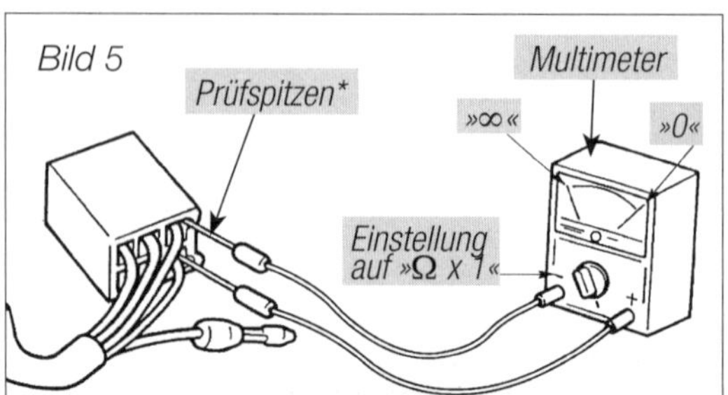

Bild 5

* = Prüfspitzen NICHT in die Steckerkontakte stecken, sondern immer am gegenüberliegenden (hinteren) Steckerende anlegen. Darauf achten, dass der Kabelanschluss nicht gelöst oder beschädigt wird.

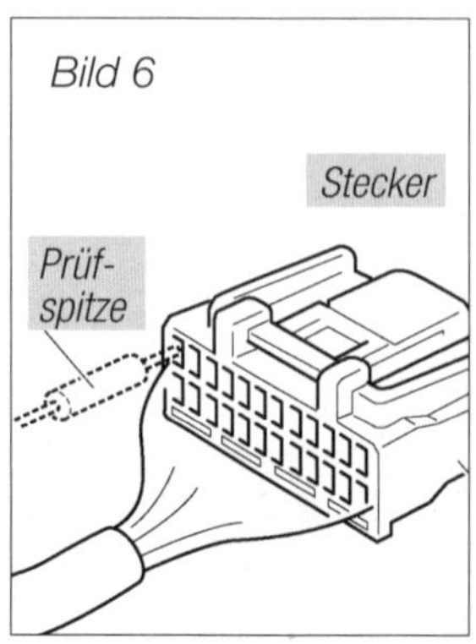

Bild 6

■ Bild 4a: Eine **Leiterunterbrechung,** auch »Kabelbruch« genannt, ist eine Unterbrechung in einem elektrischen Stromkreis, Folge: Es fließt kein Strom. Mögliche Ursachen: Bruch eines Drahts oder Kabels oder eine lockere Verbindung. Diese Fehler treten meistens nur sporadisch auf, was die Diagnose erschwert.

■ Bild 4b: Ein **Kurzschluss** ist eine Art »Abkürzung« innerhalb eines elektrischen Stromkreises, wenn der Strom aus dem Nutzstromkreis in einen anderen Stromkreis oder gegen Masse abfließt. Ursache ist häufig eine defekte Kabelisolierung wie ein durchgescheuerter oder eingeklemmter Draht (siehe Kapitel 27). Es gibt zwei verschiedene Arten von Kurzschlüssen: Kurzschluss innerhalb des Kabelbaums gegen Masse und Kurzschluss gegen Batteriespannung.

1. Kurzschluss gegen Masse: Strom fließt vor Erreichen der Komponente, die er versorgen soll, gegen Masse ab. Sicherung des betroffenen Stromkreises brennt häufig durch.

2. Kurzschluss gegen die Batteriespannung (12 V): Wird durch den Kontakt zwischen einem unter Strom stehenden Stromversorgungskabel und einem benachbarten Kabel verursacht. Beachten Sie bitte, dass auch eine 5 V-Sensor-Referenzspannung einen Kurzschluss in einem benachbarten Stromkreis hervorrufen kann, der darüber hinaus zu elektrischen Fehlfunktionen und zum Speichern von Diagnose-Fehlercodes führen kann.

Buchtipps

Hier drei Bücher, die sich mit Elektrik an Motorrädern beschäftigen. Die Bücher von Hohmann und Fischinger behandeln reine Motorrad-Elektrik, während das Bosch-Buch ausführliche Elektrik und Kraftfahrzeugtechnik bietet.

■ Hohmann: **Motorrad-Elektrik in der Praxis: Grundlagen – Pannenhilfe – Tipps.** 144 Seiten. Verlag Delius Klasing (ISBN 978-3-768-85258-6) 16,90 Euro

■ Fischinger: **Motorrad-Elektrik: Grundlagen, Funktion, Analyse, Messtechnik.** 142 Seiten. Motorbuch Verlag (ISBN 978-3-613-02405-2) 24,90 Euro

■ Robert Bosch GmbH (Hrsg.): **Kraftfahrtechnisches Taschenbuch.** 1544 Seiten. Springer Vieweg Verlag (ISBN 978-3-658-03800-7) 59,90 Euro

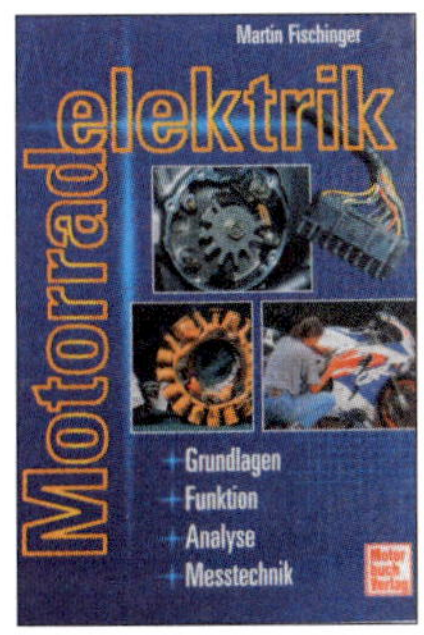

Tipps und Tricks zur Überprüfung der elektrischen Anlage

Hinweise Fehlersuche und Messungen

■ Zündung immer AUSschalten, bevor Sie Anschlüsse an der elektrischen Anlage vornehmen oder unterbrechen. Andernfalls kann dies zu Überspannungen führen, die elektronische Komponenten beschädigen können.

■ Hände und Arbeitsflächen müssen sauber sein und frei von Fett, Metallspänen usw. Fett zieht Schmutz an, der zu Kriechströmen oder hohen Kontaktwiderständen führen kann.

■ Berühren Sie vor Beginn eines Tests einen geeigneten Erdleiter, um die statische Elektrizität Ihres Körpers zu entladen, und wiederholen Sie diesen Schritt während des Tests in regelmäßigen Abständen. Dies ist erforderlich, da einige elektronische Komponenten anfällig auf statische Elektrizität reagieren.

■ Wenn an einem elektrischen Bauteil oder an der Einspritzung wiederholt ein Fehler auftritt und/oder eine Sicherung immer wieder durchbrennt, raten wir Ihnen ganz generell, umgehend eine Yamaha-Fachwerkstatt aufzusuchen, weil sie dank des Yamaha-eigenen Diagnose-Systems in der Lage ist, die Motor- und Bordelektrik nach Fehlern zu durchsuchen, Fehlerquellen zu finden und zu beheben.

Elektrische Prüfungen: Damit das elektrische System funktioniert, muss der elektrische Strom von der Spannungsquelle (Batterie) über die Komponenten und zurück zur Batterie durch einen geschlossenen Stromkreis fließen können. Ohne geschlossenen Stromkreis kein Stromfluss. Wenn der elektrische Strom die Batterie am Pluspol verlassen und die jeweilige Komponente passiert hat, muss er anschließend zum Minuspol der Batterie (»Masse« oder »Erde«) zurückgelangen.

Um Kabel, Stecker und Platz zu sparen, wird der Minuspol der Batterie direkt mit dem Rahmen oder Motor verbunden. Rund um den Rahmen und den Motor gibt es verschiedene weitere Erdungspunkte, an denen Anschlusskabel von Komponenten angeschlossen sind. Der Anlassermotor dagegen ist direkt mit dem Motor verschraubt, der wiederum mit dem Rahmen verschraubt ist. So bilden Rahmen und Motor ebenfalls einen Teil der Masseleitung.

Ohmsches Gesetz

Das Verhältnis zwischen Spannung, Stromstärke und Widerstand ist im »ohmschen Gesetz« festgelegt:

■ Die **Spannung (U)** einer Batterie wird in **Volt (V)** gemessen.

■ Die **Stärke** des in einem Stromkreis fließenden Stroms **(I)** wird in **Ampere** gemessen.

■ Die **Leistung (P)** eines Verbrauchers wird in **Watt (W)** angegeben.

■ Der **Widerstand** (R) eines Stromkreises wird in Ohm (Ω) gemessen.

■ Das ohmsche Gesetz lautet wie folgt:

$$\frac{\textbf{Spannung (U)}}{\textbf{Strom (I)}} = \textbf{Widerstand (R)}$$

Die Leistung errechnet sich durch Multiplikation von Spannung und Stromstärke:
Watt = Volt x Ampere (P = U x I)

Durch Umformen einer dieser Gleichungen kann der Wert jeder Größe berechnet werden, wenn die beiden anderen Werte bekannt sind. Wird zum Beispiel eine Glühlampe mit 60 W an eine Batterie mit 12 V angeschlossen, dann … … kann der im Stromkreis fließende Strom mit folgender Gleichung berechnet werden:

$\frac{P}{U} = I$ (60 W : 12 V = 5 A)

...kann der Widerstand der Glühlampe wie folgt berechnet werden:

$\frac{U}{I} = R$ (12 V : 5 A = 2.4 Ω)

Dreiecke: Gesuchten Wert mit dem Finger abdecken. Die verbleibenden Werte multiplizieren, wenn sie nebeneinander liegen, oder den oberen durch den unteren Wert dividieren, wenn sie übereinander liegen.

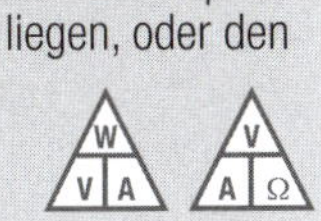

Technische Daten: Modelle, Maße, Einstellwerte

In diesem Kapitel: Dieses Kapitel »Technische Daten« gliedert sich in vier Teile: **Teil 1** enthält Modelle, Modelljahre, Abmessungen, technische Bauteile, Verschleißmaße und Einstellwerte. **Teil 2** listet die Elektrikbauteile an Motor und Fahrzeug auf. **Teil 3** listet alle Sicherungen, Relais und ihre Anbauorte auf. **Teil 4** listet die lichttechnische Bestückung auf, zeigt Bilder und nennt Montagetipps einiger Bauteile.

MODELLE UND MODELLJAHRE

- **MT-09 ohne ABS der Mj. 2014, 2015** Modellcode RN29
- **MT-09A mit ABS der Mj. 2014, 2015** Modellcode RN29

Info zu »mit ABS«: Die nachfolgenden Modelle haben alle ABS ab ihrem Verkaufsstart in den Modelljahren ab 2014.

- **MT-09 mit ABS im Mj. 2016** Modellcode RN29
- **MT-09 der Modelljahre 2017, 2018, 2019, 2020** Modellcode RN43
- **MT-09 Street Rally der Modelljahre 2014, 2015, 2016** Modellcode RN29
- **MT-09 Sport Tracker der Modelljahre 2015, 2016** Modellcode RN29
- **MT-09 SP der Modelljahre 2018, 2019, 2020** Modellcode RN43/SP
- **MT-09 Tracer der Modelljahre 2015, 2016, 2017** Modellcode RN29F
- **Tracer 900 der Modelljahre 2018, 2019, 2020** Modellcode RN438
- **Tracer 900 GT der Modelljahre 2018, 2019, 2020** Modellcode RN57
- **XSR 900 der Modelljahre 2016, 2017, 2018, 2019, 2020, 2021*** Modellcode RN431
- **XSR 900 60th Anniversary im Modelljahr 2016** Modellcode RN431
- **XSR 900 Abarth im Modelljahr 2017** Modellcode RN431

Zu dieser Modellliste

Modelljahre: Ein jedes »Modelljahr«, abgekürzt »Mj.«,beginnt immer nach den Werksferien im Spätsommer des Vorjahres. Eine Maschine aus dem »Modelljahr 2017« kann schon im September 2016 gebaut worden sein oder auch im Juli 2017. Wir benutzen folgende Kennungen:

- **»im Modelljahr«:** Dieses Modell wurde in dem angegebenen Modelljahr gebaut.
- **»der Modelljahre«:** Dieses Modell wurde ab dem und bis zu den angegebenen Modelljahren gebaut.
- **»Modellcode«:** Der Modellcode ist die interne Werksbezeichnung und Teil der Fahrgestellnummer. Unter der Sitzbank ist eine Modellcode-Plakette auf dem Rahmen.
- **Info zu *: Die XSR 900 der Mj. 2016 bis 2021*** mit dem Modellcode RN431 endet nicht 2020 mit den anderen Modellen unseres Buchs, sondern wurde auch 2021 verkauft.

ABMESSUNGEN UND GEWICHTE

Abmessungen

MT-09 ohne ABS der Mj. 2014, 2015
MT-09A und MT-09 mit ABS der Mj. 2014, 2015, 2016: Länge 2075 mm, Breite 815 mm, Höhe 1135 mm. Sitzhöhe 815 mm, Bodenfreiheit 135 mm. Radstand 1440 mm, Lenkwinkel 65,0 Grad zur Waagerechten, Nachlauf 103 mm. Tankinhalt 14 Liter, davon 2,8 Liter Reserve

MT-09 der Mj. 2017, 2018, 2019, 2020
MT-09 SP der Mj. 2018, 2019, 2020: Länge 2075 mm, Breite 815 mm, Höhe 1120 mm. Sitzhöhe 820 mm, Bodenfreiheit 135 mm. Radstand 1440 mm, Lenkwinkel 65,0 Grad, Nachlauf 103 mm. Tankinhalt 14 Liter, davon 2,8 Liter Reserve

MT-09 Street Rally der Mj. 2014, 2015, 2016: Länge 2080 mm, Breite 942 mm, Höhe 1135 mm. Sitzhöhe 850 mm, Bodenfreiheit 135 mm. Radstand 1440 mm, Lenkwinkel 65,0 Grad, Nachlauf 103 mm. Tankinhalt 14 Liter, davon 2,8 Liter Reserve

MT-09 Sport Tracker der Mj. 2015, 2016: Länge 2075 mm, Breite 815 mm, Höhe 1135 mm. Sitzhöhe 850 mm, Bodenfreiheit 135 mm. Radstand 1440 mm, Lenkwinkel 65,0 Grad, Nachlauf 103 mm. Tankinhalt 14 Liter, davon 2,8 Liter Reserve

MT-09 Tracer der Mj. 2015, 2016, 2017: Länge 2160 mm, Breite 950 mm, Höhe 1345 bis 1375 mm. Sitzhöhe 845 bis 860 mm, Bodenfreiheit 135 mm. Radstand 1440 mm, Lenkwinkel 66,0 Grad, Nachlauf 100 mm. Tankinhalt 18 Liter, davon 2,6 Liter Reserve

Tracer 900 der Mj. 2018, 2019, 2020
Tracer 900 GT der Mj. 2018, 2019, 2020: Länge 2160 mm, Breite 850 mm, Höhe 1375 bis 1430 mm. Sitzhöhe 850 bis 865 mm, Bodenfreiheit 135 mm. Radstand 1500 mm, Lenkwinkel 66,0 Grad, Nachlauf 100 mm. Tankinhalt 18 Liter, davon 2,6 Liter Reserve

XSR 900 der Mj. 2016, 2017, 2018, 2019, 2020, 2021
XSR 900 60th Anniversary im Mj. 2016: Länge 2075 mm, Breite 815 mm, Höhe 1140 mm. Sitzhöhe 830 mm, Bodenfreiheit 135 mm. Radstand 1440 mm, Lenkwinkel 65,0 Grad, Nachlauf 103 mm. Tankinhalt 14 Liter, davon 2,8 Liter Reserve

XSR 900 Abarth im Mj. 2017: Länge 2075 mm, Breite 815 mm, Höhe 1135 mm. Sitzhöhe 830 mm, Bodenfreiheit 135 mm. Radstand 1440 mm, Lenkwinkel 65,0 Grad, Nachlauf 103 mm. Tankinhalt 14 Liter, davon 2,8 Liter Reserve

Gewichte und Zuladung
MT-09 ohne ABS der Mj. 2014, 2015:
Gewicht vollgetankt / maximale Zuladung 188 kg / 177 kg

MT-09A und MT-09 mit ABS der Mj. 2014, 2015, 2016:
Gewicht vollgetankt / maximale Zuladung 191 kg / 174 kg

MT-09 der Mj. 2017, 2018, 2019, 2020
MT-09 SP der Mj. 2018, 2019, 2020:
Gewicht vollgetankt / maximale Zuladung 193 kg / 174 kg

MT-09 Street Rally der Mj. 2014, 2015, 2016
MT-09 Sport Tracker der Mj. 2015, 2016:
Gewicht vollgetankt / maximale Zuladung 191 kg / 174 kg

MT-09 Tracer der Mj. 2015, 2016, 2017:
Gewicht vollgetankt / maximale Zuladung 210 kg / 180 kg

Tracer 900 der Mj. 2018, 2019, 2020:
Gewicht vollgetankt / maximale Zuladung 214 kg / 180 kg

Tracer 900 GT der Mj. 2018, 2019, 2020:
Gewicht vollgetankt / maximale Zuladung 215 kg / 179 kg

XSR 900 der Mj. 2016, 2017, 2018, 2019, 2020, 2021
XSR 900 60th Anniversary im Mj. 2016
XSR 900 Abarth im Mj. 2017:
Gewicht vollgetankt / maximale Zuladung 195 kg / 170 kg

MOTOR

Leistung: 115 PS (85 kW) bei 10 000/min, maximales Drehmoment 88 Nm bei 8500/min

Motorbauart: Viertakt-Dreizylinder-Reihenmotor, flüssigkeitsgekühlt, quer zur Fahrtrichtung eingebaut. Eine zahnradgetriebene Ausgleichswelle mit zwei Gegengewichten vor der Kurbelwelle
Bohrung x Hub .... 78,0 x 59,1 mm
Hubraum .... 847 cm^3
Verdichtung .... 11,5 : 1

Kompressionsdruck
bei Anlassdrehzahl 680/min .... 15,3 bar
noch zulässig .... 13,3 bis 17,1 bar

Gassteuerung: Vier Ventile pro Zylinder, über zwei kettengetriebene oben liegende Nockenwellen und Tassenstößel mit innen liegenden Einstellplättchen betätigt

Ventilspiel bei kaltem Motor
Einlass 0,11 bis 0,20 mm, Auslass 0,26 bis 0,30 mm

Kraftstoffsystem: Benzineinspritzung, digitales Motormanagement. Saugrohr-Ø 41 mm, Drosselklappen über Seilzüge und Gestänge elektromechanisch betätigt. Trockenluftfilter

Leerlaufdrehzahl .... 1100 bis 1300/min
Kraftstoffdruck-Sollwert
bei Leerlaufdrehzahl............ 300 bis 390 kPa (3,0 bis 3,9 bar)

Kraftstoff: Super bleifrei, mindestens 95 ROZ. E10 zulässig

Auspuffanlage: Einteilige 3-in-1-Auspuffanlage. Dreiwege-Katalysator mit Lambdaregelung

Kraftübertragung

Primärantrieb: Zahnräder, Z 79/47, i_{prim} = 1,681

Kupplung: Mehrscheibenkupplung im Ölbad, über Seilzug betätigt. Kupplungsspiel 1 bis 2 mm innen am Handhebel zum Hebelhalter hin gemessen ergibt 10 bis 15 mm außen am Handhebel zum Lenkerende hin gemessen

Kupplungsdruckfedern (6 Stück)
ungespannte Länge neue Feder .... 52,50 mm
Verschleißgrenze gebrauchte Feder............ 49,88 mm

MT-09 ohne ABS der Mj. 2014, 2015
MT-09A und MT-09 mit ABS der Mj. 2014, 2015, 2016
MT-09 Street Rally der Mj. 2014, 2015, 2016
MT-09 Sport Tracker der Mj. 2015, 2016
MT-09 Tracer der Mj. 2015, 2016:
Reibscheiben (9 Stück)
Dicke neue Reibscheibe Nr. 1 (7 Stück) .... 2,92 bis 3,08 mm
Verschleißgrenze 2,82mm
Dicke neue Reibscheibe Nr. 2 (2 Stück) ....2,92 bis 3,08 mm
Verschleißgrenze .... 2,82 mm

Stahlscheiben (8 Stück)
Dicke neue Stahlscheibe (8 Stück)............1,9 bis 2,1 mm
maximal zulässiger Verzug............ 0,1 mm

MT-09 der Mj. 2017, 2018, 2019, 2020
MT-09 SP der Mj. 2018, 2019, 2020
MT-09 Tracer im Mj. 2017
Tracer 900 der Mj. 2018, 2019, 2020
Tracer 900 GT der Mj. 2018, 2019, 2020
XSR 900 der Mj. 2016, 2017, 2018, 2019, 2020, 2021
XSR 900 60th Anniversary im Mj. 2016
XSR 900 Abarth im Mj. 2017:
Reibscheiben (9 Stück)
Dicke neue Reibscheibe Nr. 1 (3 Stück) .... 2,92 bis 3,08 mm
Verschleißgrenze 2,82mm
Dicke neue Reibscheibe Nr. 2 (6 Stück) ....2,92 bis 3,08 mm
Verschleißgrenze .... 2,82 mm

Stahlscheiben (8 Stück)
Dicke neue Stahlscheibe Nr. 1 (1 Stück) .... 2,2 bis 2,4 mm
maximal zulässiger Verzug .... 0,1 mm
Dicke neue Stahlscheibe Nr. 2 (7 Stück) .... 1,9 bis 2,1 mm
maximal zulässiger Verzug .... 0,1 mm

Getriebe: Klauengeschaltetes Sechsganggetriebe mit den Abstufungen:

- 1. Gang 2,667 (Z 40/15)
- 2. Gang 2,000 (Z 38/19)
- 3. Gang 1,619 (Z 34/21)
- 4. Gang 1,381 (Z 29/21)
- 5. Gang 1,190 (Z 25/21)
- 6. Gang 1,037 (Z 27/28)

Zulässiger Schlag der Ein- und Ausgangswelle ..max. 0,08 mm
Dicke der Schaltgabelzinken .... 5,76 bis 5,89 mm
Einbaulänge der Schaltstange .... 256,9 bis 258,9 mm

Hinterradantrieb
Bei allen Modellen unseres Buchs
- außer bei **Tracer 900** der Mj. 2018, 2019, 2020 und bei **Tracer 900 GT** der Mj. 2018, 2019, 2020:

Kettenräder Z 45/16, i_{sec} = 2,813. Endlos vernietete Rollenkette mit X-Ringen zwischen den Laschen, 110 Rollen. Kettentyp DAIDO 525V10, Kettendurchhang (Kettenspannung) 5 bis 15 mm. Verschleißmaß zwischen 1. und 16. Bolzen maximal 239,3 mm

Hinterradantrieb
Bei Tracer 900 der Mj. 2018, 2019, 2020
und bei Tracer 900 GT der Mj. 2018, 2019, 2020:
Kettenräder Z 45/16, i_{sec} = 2,813. Endlos vernietete Rollenkette mit X-Ringen zwischen den Laschen, 118 Rollen. Kettentyp DAIDO 525V11, Kettendurchhang (Kettenspannung) 35 bis 45 mm. Verschleißmaß zwischen 1. und 16. Bolzen maximal 239,3 mm

SCHMIERSYSTEM UND MOTORÖL

Schmiersystem, Motoröl: Nasssumpf-Druckumlaufschmierung mit einer Trochoidenölpumpe. Motorrad-Motorenöl der API-Service-Klassifikation SG oder höher mit JASO MA benutzen. Keine chemischen Zusätze hinzufügen. Keine Motoröle mit CD-Klassifizierung oder »Energy Conserving II« benutzen.

Ölmenge: bei Ölwechsel ohne Filterwechsel .... 2,4 Liter
bei Ölwechsel mit Filterwechsel .... 2,7 Liter
nach Zerlegung .... 3,4 Liter

Viskositätsklassen abhängig von den Außentemperaturen:
- von –10 bis 20 °C .... SAE 10W-30
- von –10 bis 40 °C .... SAE 10W-40
- von –10 bis 45 °C .... SAE 10W-50
- von 0 bis 40 °C .... SAE 15W-40
- von 10 bis 40 °C .... SAE 20W-40
- von 10 bis 45 °C .... SAE 20W-50

Verschleißmaße der Ölpumpe (Rotorpumpe)
Radialspiel Innenrotor zu Außenrotor .... weniger als 0,12 mm
Verschleißgrenze .... 0,20 mm
Radialspiel Außenrotor zu Pumpengehäuse .. 0,09 bis 0,19 mm
Verschleißgrenze .... 0,21 mm
Rotorlaufspiel .... 0,06 bis 0,13 mm
Verschleißgrenze .... 0,16 mm

KRAFTSTOFFSYSTEM

Leerweg am Gasgriff (= Seilzugspiel) .... 3 bis 5 mm
Leerlaufdrehzahl .... 1100 bis 1300/min
CO-Gehalt .... 1,5 bis 3,5%

Benzinpumpe: Förderdruck .... 3,0 bis 3,9 bar
Maximaler Stromverbrauch .... 3,3 Ampere

MT-09 ohne ABS der Mj. 2014, 2015
MT-09A und MT-09 mit ABS der Mj. 2014, 2015, 2016
MT-09 Street Rally der Mj. 2014, 2015, 2016
MT-09 Sport Tracker der Mj. 2015, 2016
MT-09 Tracer der Mj. 2015, 2016:
Drosselklappengehäuse, Kennzeichnung 1RC1 00 mit drei Einspritzdüsen Modell 297500-1110

MT-09 der Mj. 2017, 2018, 2019, 2020
MT-09 SP der Mj. 2018, 2019, 2020
MT-09 Tracer im Mj. 2017
Tracer 900 der Mj. 2018, 2019, 2020
XSR 900 der Mj. 2016, 2017, 2018, 2019, 2020, 2021
XSR 900 60th Anniversary im Mj. 2016
XSR 900 Abarth im Mj. 2017:
Drosselklappengehäuse, Kennzeichnung B901 00 mit drei Einspritzdüsen Modell 297500-1110

Tracer 900 GT der Mj. 2018, 2019, 2020:
Drosselklappengehäuse, Kennzeichnung B1J1 00 mit drei Einspritzdüsen Modell 297500-1110

MT-09 ohne ABS der Mj. 2014, 2015
MT-09A und MT-09 mit ABS der Mj. 2014, 2015, 2016
MT-09 Street Rally der Mj. 2014, 2015, 2016
MT-09 Sport Tracker der Mj. 2015, 2016
MT-09 Tracer der Mj. 2015, 2016:
Einlassunterdruck im Leerlauf .... 30,5 bis 34,5 kPa

MT-09 der Mj. 2017, 2018, 2019, 2020
MT-09 SP der Mj. 2018, 2019, 2020
MT-09 Tracer im Mj. 2017
Tracer 900 der Mj. 2018, 2019, 2020
Tracer 900 GT der Mj. 2018, 2019, 2020
XSR 900 der Mj. 2016, 2017, 2018, 2019, 2020, 2021
XSR 900 60th Anniversary im Mj. 2016
XSR 900 Abarth im Mj. 2017:
Lufteinlasssystem ist hier nicht aktiv

KÜHLSYSTEM

Bauart: Flüssigkeitskühlung, zahnradgetriebene Flügelpumpe, Thermostat. Temperaturabhängig automatisch zuschaltender Kühlerventilator. Maße des Kühlers: Breite 340,0 mm, Höhe 222,6 mm, Dicke 22,0 mm

Kühlmittel: Qualitätsfrostschutzmittel auf Ethylenglykol-Basis mit Rostschutz für Aluminiummotoren, Mischungsverhältnis 1:1 mit destilliertem Wasser. Kühlmittelmenge: im Kühler, Motor, Leitungen 1,93 Liter, im Ausgleichsbehälter 0,25 Liter

Normale Kühlmitteltemperatur .... 90 bis 110 °C

Kühlmitteltemperatur-Sensor
Widerstand bei Messtemperatur 20 °C........ 2,51 bis 2,78 kΩ
Widerstand bei Messtemperatur 100 °C.......... 210 bis 221 Ω

Thermostat
Öffnungstemperatur.. 69 bis 73 °C
vollständig geöffnet bei .... 85 °C
Ventilhub... 8 mm

Kühlerverschlussdeckel
Ansprechdruck........... 93,3 bis 122,7 kPa (0,93 bis 1,23 bar)

Wasserpumpe
Wasserpumpenantrieb............................... Z 47/47 x Z 29/22
Übersetzung.. i = 1,318
Laufradwellen-Kippgrenzwert .... 0,15 mm

RAHMEN UND FEDERUNG

Rahmen: Unten offener Rahmen aus Aluminiumguss

Federung vorne: Upside-Down-Gabel, Standrohr-Ø 41 mm. Radfederweg 137 mm

Federung hinten
Aluminium-Druckguss-Schwinge. Ein Gasdruck-Federbein, Radfederweg 130 mm

RÄDER UND REIFEN

Räder: Leichtmetallgussräder mit zehn Speichen
Vorne 17 M/C x MT 3.50, hinten 17 M/C x MT 5.50
Maximal zulässiger Radialschlag (Höhenschlag)........... 1,0 mm
Maximal zulässiger Axialschlag (Seitenschlag)............. 0,5 mm

Reifen: Schlauchlose Reifen. Mindestprofiltiefe .... 1,6 mm
vorne....................................... 120/70 ZR17 M/C (58W) TL
hinten .... 180/55 ZR17 M/C (73W) TL

Luftdruck: Werte gelten für solo, mit Sozius, mit Zuladung
vorne / hinten ....2,5 bar / 2,9 bar

Serienmäßig montierte Reifen
MT-09 ohne ABS der Mj. 2014, 2015
MT-09A und MT-09 mit ABS der Mj. 2014, 2015, 2016
MT-09 der Mj. 2017, 2018, 2019, 2020
MT-09 Street Rally der Mj. 2014, 2015, 2016
MT-09 Sport Tracker der Mj. 2015, 2016:
vorne........................Bridgestone S20F oder Dunlop D214F
hinten .... Bridgestone S20R oder Dunlop D214

MT-09 SP der Mj. 2018, 2019, 2020:
vorne/hinten .... Bridgestone S20F / S20R

MT-09 Tracer der Mj. 2015, 2016, 2017
Tracer 900 der Mj. 2018, 2019, 2020
Tracer 900 GT der Mj. 2018, 2019, 2020:
vorne / hinten ....Dunlop D222F / D222

XSR 900 der Mj. 2016, 2017, 2018, 2019, 2020, 2021
XSR 900 60th Anniversary im Mj. 2016
XSR 900 Abarth im Mj. 2017:
vorne / hinten .... Bridgestone S20F M / S20R M

BREMSEN

Bremse vorne: Doppelscheibenbremse, Ø 298 mm, gelocht.
Vierkolben-Bremssättel, Bremsflüssigkeit DOT 4.
Bremsscheibendicke / Verschleißgrenze.......4,5 mm / 4,0 mm
zulässiger Schlag...max. 0,1 mm
Bremsbelagstärke / Verschleißgrenze .... 4,5 mm / 0,5 mm
Hauptbremszylinder in der Handpumpe................... Ø 15 mm
Radbremszylinder.............. 2 x Ø 30,23 mm, 2 x Ø 27,00 mm

Bremse hinten: Scheibenbremse, Ø 245 mm, gelocht.
Einkolben-Bremssattel. Bremsflüssigkeit DOT 4.
Bremsscheibendicke / Verschleißgrenze.......5,0 mm / 4,5 mm
zulässiger Schlag...max. 0,15 mm
Bremsbelagstärke / Verschleißgrenze ....6,0 mm / 1,0 mm
Hauptbremszylinder in der Fußpumpe .... Ø 12,7 mm
Radbremszylinder... Ø 38,18 mm

TELEGABEL, FÜLLMENGEN, EINSTELLUNGEN

Federung vorne: Upside-Down-Gabel, Standrohr-Ø 41 mm. Radfederweg 137 mm. Zulässiger Schlag der Gabeltauchrohre maximal 0,2 mm

Telegabelöl: Yamaha-Gabelöl »01« oder gleichwertiges der Viskosität SAE 5

Füllmengen und Ölstände: Füllmengen-Angaben bei Wechsel. »Luftpolster« ist das Maß »Gabelölstand« von der Oberkante des Gabelstandrohrs auf den Ölspiegel. Das Gabelbein ist ganz zusammengeschoben, die Gabelfeder ist nicht eingesetzt.

MT-09 ohne ABS der Mj. 2014, 2015
MT-09A und MT-09 mit ABS der Mj. 2014, 2015, 2016
MT-09 Street Rally der Mj. 2014, 2015, 2016
MT-09 Sport Tracker der Mj. 2015, 2016:
Füllmenge links 472 cm^3, rechts 458 cm^3
Luftpolster links 147 mm, rechts 148 mm

MT-09 der Mj. 2017, 2018, 2019, 2020:
Füllmenge links 458 cm^3, rechts 462 cm^3
Luftpolster links und rechts 148 mm

MT-09 SP der Mj. 2018, 2019, 2020:
Füllmenge links und rechts 438 cm^3
Luftpolster inks und rechts 174 mm

MT-09 Tracer der Mj. 2015, 2016, 2017
Tracer 900 der Mj. 2018, 2019, 2020
XSR 900 der Mj. 2016, 1017, 2018, 2019, 2020, 2021
XSR 900 60th Anniversary im Mj. 2016
XSR 900 Abarth im Mj. 2017:
Füllmenge links 444 cm^3, rechts 431 cm^3
Luftpolster links 174 mm, rechts 175 mm

Tracer 900 GT der Mj. 2018, 2019, 2020:
Füllmenge links 439 cm^3, rechts 443 cm^3
Luftpolster links und rechts 175 mm

Gabelfeder
MT-09 ohne ABS der Mj. 2014, 2015
MT-09A mit ABS der Mj. 2014, 2015
MT-09 der Mj. 2016, 2017, 2018, 2019, 2020
MT-09 Street Rally der Mj. 2014, 2015, 2016
MT-09 Sport Tracker der Mj. 2015, 2016:
Ungespannte Länge einer neuen Feder .... 300,3 mm
Verschleißgrenze.. 294,3 mm
Einbaulänge... 295,3 mm
Länge der Distanz-Vorspannhülse .... 120,0 mm
Federrate »K1« .... 7,35 N/mm

MT-09 SP der Mj. 2018, 2019, 2020
MT-09 Tracer im Mj. 2017
Tracer 900 der Mj. 2018, 2019, 2020
Tracer 900 GT der Mj. 2018, 2019, 2020
XSR 900 60th Anniversary im Mj. 2016
XSR 900 Abarth im Mj. 2017:
ungespannte Länge einer neuen Feder .... 305,3 mm
Verschleißgrenze.. 299,1 mm

MT-09 Tracer der Mj. 2015, 2016:
ungespannte Länge einer neuen Feder .... 305,3 mm
Verschleißgrenze.. 299,3 mm
Einbaulänge... 295,3 mm
Länge der Distanz-Vorspannhülse .... 120,0 mm
Federrate »K1« / »K2«...................... 6,86 N/mm / 9,32 N/mm

Einstellmöglichkeiten Federvorspannung, Dämpfung
MT-09 ohne ABS im Mj. 2014
MT-09A mit ABS im Mj. 2014
MT-09 Street Rally im Mj. 2014:
Federvorspannung an beiden Gabelbeinen oben einstellbar
Minimale Vorspannung: Einstellschraube 19 mm AUSgedreht
Standardeinstellung: Einstellschraube 16 mm AUSgedreht
Maximale Vorspannung: Einstellschraube 4 mm AUSgedreht

Zugstufendämpfung am rechten Gabelbein oben einstellbar
Minimale Dämpfung: Einstellschraube 3 Umdr. AUSgedreht
Standardeinstellung: Einstellschraube 1 3/4 Umdr. AUSgedreht
Maximale Dämpfung: Einstellschraube vollständig EINgedreht

MT-09 ohne ABS im Mj. 2015
MT-09A und MT-09 mit ABS im Mj. 2015, 2016
MT-09 Street Rally der Mj. 2015, 2016
MT-09 Sport Tracker der Mj. 2015, 2016:
Federvorspannung an beiden Gabelbeinen oben einstellbar
Minimale Vorspannung: Einstellschraube 19 mm AUSgedreht
Standardeinstellung: Einstellschraube 16 mm AUSgedreht
Maximale Vorspannung: Einstellschraube 4 mm AUSgedreht

Zugstufendämpfung am rechten Gabelbein oben einstellbar
Minimale Dämpfung: Einstellschraube 11 Klicks AUSgedreht
Standardeinstellung: Einstellschraube 8 Klicks AUSgedreht
Maximale Dämpfung: Einstellschraube 1 Klick AUSgedreht

MT-09 der Mj. 2017, 2018, 2019, 2020:
Federvorspannung an beiden Gabelbeinen oben einstellbar
Minimale Vorspannung: Einstellschraube 19 mm AUSgedreht
Standardeinstellung: Einstellschraube 16 mm AUSgedreht
Maximale Vorspannung: Einstellschraube 4 mm AUSgedreht

Zugstufendämpfung am rechten Gabelbein oben einstellbar
Minimale Dämpfung: Einstellschraube 11 Klicks AUSgedreht
Standardeinstellung: Einstellschraube 8 Klicks AUSgedreht
Maximale Dämpfung: Einstellschraube vollständig EINgedreht

Druckstufendämpfung am linken Gabelbein oben einstellbar
Minimale Dämpfung: Einstellschraube 11 Klicks AUSgedreht
Standardeinstellung: Einstellschraube 8 Klicks AUSgedreht
Maximale Dämpfung: Einstellschraube vollständig EINgedreht

MT-09 SP der Mj. 2018, 2019, 2020:
Federvorspannung an beiden Gabelbeinen oben einstellbar
Minimale Vorspannung: Einstellschraube 19 mm AUSgedreht
Standardeinstellung: Einstellschraube 18 mm AUSgedreht
Maximale Vorspannung: Einstellschraube 4 mm AUSgedreht

Zugstufendämpfung an beiden Gabelbeinen oben einstellbar
Minimale Dämpfung: Einstellschraube 26 Klicks AUSgedreht
Standardeinstellung: Einstellschraube 17 Klicks AUSgedreht
Maximale Dämpfung: Einstellschraube vollständig EINgedreht

Druckstufendämpfung für schnelle Einfeder-Dämpfung
an beiden Gabelbeinen unten einstellbar
Minimale Dämpfung: Einstellschr. 5 1/2 Umdr. AUSgedreht
Standardeinstellung: Einstellschr. 3 Umdr. AUSgedreht
Maximale Dämpfung: Einstellschraube vollständig EINgedreht

Druckstufendämpfung für langsame Einfeder-Dämpfung
an beiden Gabelbeinen unten einstellbar
Minimale Dämpfung: Einstellschraube 18 Klicks AUSgedreht
Standardeinstellung: Einstellschraube 11 Klicks AUSgedreht
Maximale Dämpfung: Einstellschraube vollständig EINgedreht

MT-09 Tracer der Mj. 2015, 2016:
Federvorspannung an beiden Gabelbeinen oben einstellbar
Minimale Vorspannung: Einstellschraube 19 mm AUSgedreht
Standardeinstellung: Einstellschraube 16 mm AUSgedreht
Maximale Vorspannung: Einstellschraube 4 mm AUSgedreht

Zugstufendämpfung am rechten Gabelbein oben einstellbar
Minimale Dämpfung: Einstellschraube 11 Klicks AUSgedreht
Standardeinstellung: Einstellschraube 7 Klicks AUSgedreht
Maximale Dämpfung: Einstellschraube 1 Klick AUSgedreht

MT-09 Tracer im Mj. 2017
Tracer 900 der Mj. 2018, 2019, 2020
XSR 900 der Mj. 2016, 2017, 2018, 2019, 2020, 2021
XSR 900 60th Anniversary im Mj. 2016
XSR 900 Abarth im Mj. 2017:
Federvorspannung an beiden Gabelbeinen oben einstellbar
Minimale Vorspannung: Einstellschraube 19 mm AUSgedreht
Standardeinstellung: Einstellschraube 16 mm AUSgedreht
Maximale Vorspannung: Einstellschraube 4 mm AUSgedreht

Zugstufendämpfung am rechten Gabelbein oben einstellbar.
Minimale Dämpfung: Einstellschraube 12 Klicks AUSgedreht
Standardeinstellung: Einstellschraube 7 Klicks AUSgedreht
Maximale Dämpfung: Einstellschraube 1 Klick AUSgedreht

Tracer 900 GT der Mj. 2018, 2019, 2020:
Federvorspannung an beiden Gabelbeinen oben einstellbar
Minimale Vorspannung: Einstellschraube 19 mm AUSgedreht
Standardeinstellung: Einstellschraube 16 mm AUSgedreht
Maximale Vorspannung: Einstellschraube 4 mm AUSgedreht

Zugstufendämpfung am rechten Gabelbein oben einstellbar
Minimale Dämpfung: Einstellschraube 11 Klicks AUSgedreht
Standardeinstellung: Einstellschraube 7 Klicks AUSgedreht
Maximale Dämpfung: Einstellschraube 1 Klick AUSgedreht

Druckstufendämpfung am linken Gabelbein oben einstellbar
Minimale Dämpfung: Einstellschraube 11 Klicks AUSgedreht
Standardeinstellung: Einstellschraube 7 Klicks AUSgedreht
Maximale Dämpfung: Einstellschraube 1 Klick AUSgedreht

HINTERRADFEDERUNG, EINSTELLUNGEN

Federung hinten: Radfederweg 130 mm. Aluminium-Druckguss-Schwinge. Ein Gasdruck-Federbein, Hub 55 mm, oben rahmenfest montiert, unten über Umlenkhebel mit Rahmen und Schwinge verbunden. Gas-/Luftdruck 980 kPa
Feder: ungespannte Länge 191,4 mm
Einbaulänge 179,8 mm Federrate »K1« 99,96 N/mm

Einstellmöglichkeiten
MT-09 ohne ABS der Mj. 2014, 2015
MT-09A und MT-09 mit ABS der 2014, 2015, 2016
MT-09 der Mj. 2017, 2018, 2019. 2020
MT-09 Street Rally der Mj. 2014, 2015, 2016
MT-09 Sport Tracker der Mj. 2015, 2016:
MT-09 Tracer der Mj. 2015, 2016, 2017
Tracer 900 der Mj. 2018, 2019, 2020
XSR 900 der Mj. 2016, 2017, 2018, 2019, 2020, 2021
XSR 900 60th Anniversary im Mj. 2016
XSR 900 Abarth im Mj. 2017:
Federvorspannung: Minimal .... auf Stufe 1
Standard .... auf Stufe 4
Maximal .... auf Stufe 7

Zugstufendämpfung:
Minimale Dämpfung: Einstellschraube 3 Umdrehungen AUSgedreht
Standardeinstellung: Einstellschraube 1 1/2 Umdrehungen AUSgedreht
Maximale Dämpfung: Einstellschraube vollständig EINgedreht

MT-09 SP der Mj. 2018, 2019, 2020:
Federvorspannung: Minimal mit Federlänge 156 mm
Standard mit Federlänge 156 mm
Maximal mit Federlänge 148 mm

Zugstufendämpfung:
Minimale Dämpfung: Einstellknopf 30 Klicks AUSgedreht
Standardeinstellung: Einstellknopf 12 Klicks AUSgedreht
Maximale Dämpfung: Einstellknopf vollständig EINgedreht

Druckstufendämpfung:
Minimale Dämpfung: Einstellknopf 20 Klicks AUSgedreht
Standardeinstellung: Einstellknopf 10 Klicks AUSgedreht
Maximale Dämpfung: Einstellknopf vollständig EINgedreht

Tracer 900 GT der Mj. 2018, 2019, 2020:
Federvorspannung: Minimal Einstellknopf: 1 Klick AUSgedreht
Standard Einstellkn.: 11 Klicks AUSgedreht
Maximal Einstellkn.: 24 Klicks AUSgedreht

Zugstufendämpfung:
Minimale Dämpfung: Einstellschraube 18 Klicks AUSgedreht
Standardeinstellung: Einstellschraube 7 Klicks AUSgedreht
Maximale Dämpfung: Einstellschraube 1 Klick AUSgedreht

Technische Daten: Elektrik Motor und Fahrzeug

Zu diesem Kapitelabschnitt: Hier sind die Bauteile der Elektrik an Motor und Fahrzeug aufgelistet mit ihren Messwerten. Sie finden weitere Einzelheiten und Messungen in den entsprechenden Kapiteln, wo die Bauteilfunktion und das Auffinden von Defekten beschrieben wird. Im Kapitel 26 finden Sie die genauen Einbaulagen der Bauteile Modell für Modell.

Motorsteuergeräte Einbaulage unter Sitzbank/dem Fahrersitz
MT-09 ohne ABS der Mj. 2014, 2015 .... Denso TBDFK2
MT-09A mit ABS der Mj. 2014, 2015 .... Denso TBDFK7
MT-09 Street Rally der Mj. 2014, 2015 .... Denso TBDFK7
MT-09 Sport Tracker im Mj. 2015 .... Denso TBDFK7
MT-09 im Mj. 2016 .... Denso TBDFW1 oder TBDFW2
MT-09 Street Rally im Mj. 2016 .... Denso TBDFW1 oder TBDFW2
MT-09 Sport Tracker im Mj. 2016 .... Denso TBDFW1 oder TBDFW2
MT-09 der Mj. 2017, 2018, 2019, 2020 .... Denso TBDFZ1
MT-09 SP der Mj. 2018, 2019, 2020 .... Denso TBDFZ1
MT-09 Tracer der Mj. 2015, 2016 .... Denso TBDFN6
MT-09 Tracer im Mj. 2017 .... Denso TBDFZ7
Tracer 900 der Mj. 2018, 2019, 2020 .... Denso TBDFZ7
Tracer 900 GT der Mj. 2018, 2019, 2020 ...... Denso TBDF2C
XSR 900 der Mj. 2016, 2017, 2018, 2019, 2020, 2021 .... Denso TBDFU5
XSR 900 60 th Anniversary im Mj. 2016 ...... Denso TBDFU5
XSR 900 Abarth im Mj. 2017 .... Denso TBDFU5

Anlasser (»Elektrostarter«) Einbaulage auf dem Motorgehäuse hinter der Zylinderbank
Leistung .... 0,7 kW
Länge neue Kohlebürsten .... 12,0 mm
Verschleißgrenze .... 6,5 mm
Druck der Bürstenfeder .... 6,03 bis 6,52 N
Widerstand der Ankerwicklung .... 0,005 bis 0,015 Ω
Kollektor-Unterschneidung .... 0,7 mm

Anlasser-Relais Einbaulage unter der Sitzbank/dem Fahrersitz hinter der Batterie
Stromstärke .... 180 Ampere
Widerstand der Isolierung .... 4,18 bis 4,62 Ω

Anlassersperr-Relais eingebaut in die Relaiseinheit unter der Sitzbank/dem Fahrersitz hinter der Batterie
Durchgangsmessung siehe Kapitel 25 »Sicherungen · Relais«

Batterie: YTZ10S, wartungsfrei 12 Volt/8,6 Ah. Einbaulage unter der Sitzbank/dem Fahrersitz
Nennleistung über 10 Stunden .... 0,86 Ampere
Spannungsprüfung bei Messtemperatur 20 °C
voll geladen .... 12,8 Volt oder mehr
ladebedürftig .... bei weniger als 12,7 Volt
defekte Batterie .... bei weniger als 12 Volt

Lichtmaschine (»Drehstromgenerator«). Einbaulage auf dem Kurbelwellenstumpf (Rotor) und im linken Motordeckel (Stator)
Ausgangsleistung .... 14,0 Volt, 415 Watt bei 5000/min.
Widerstand der Statorwicklung
bei Messtemperatur 20 °C .... 0,152 bis 0,228 Ω

Regler/Gleichrichter Einbaulage im hinteren Kotflügeldeckel
Halbleiter-Kurzschluss, Ruhespannung 14,3 bis 14,7 Volt, Nennstromstärke 50 Ampere

Benzinstandgeber Einbaulage in der Benzinpumpe
Widerstand bei Messtemperatur 20 °C:
bei vollem Tank .... 9 bis 11 Ω
bei leerem Tank .... 213 bis 219 Ω

Benzinpumpe Einbaulage im Tank unten links
Maximaler Stromverbrauch .... 3,3 Ampere
Förderdruck .... 3,0 bis 3,9 bar

Benzinpumpen-Relais eingebaut in die Relaiseinheit unter der Sitzbank/dem Fahrersitz hinter der Batterie

Drosselklappen-Stellmotor Einbaulage am Drosselklappengehäuse rechts hinten

Einspritzdüsen Einbaulagen am Drosselklappengehäuse vorne oben

Drosselklappenpositions-Sensor Einbaulage am Drosselklappengehäuse rechts
Widerstand .... 1,2 bis 2,8 kΩ
Ausgangsspannung (im Leerlauf) .... 0,63 bis 0,73 Volt

Gaszugpositions-Sensor Einbaulage am Drosselklappengehäuse hinten
Widerstand .... 1,08 bis 2,52 kΩ
Ausgangsspannung .... 0,63 bis 0,73 Volt

Ansaugluftdruck-Sensor 1 Einbaulage im Drosselklappengehäuse oben
Ausgangsspannung .... 3,57 bis 3,71 Volt

Ansaugluftdruck-Sensor 2 Einbaulage im Drosselklappengehäuse vorne
Ausgangsspannung .... 3,57 bis 3,71 Volt

Ansauglufttemperatur-Sensor Einbaulage unter der rechten Lufthutze/Seitenabdeckung
Widerstand bei Messtemperatur 0 °C .... 5,40 bis 6,60 kΩ
Widerstand bei Messtemperatur 80 °C .... 290 bis 390 Ω

Kühlmitteltemperatur-Sensor Einbaulage im Zylinderkopf rechts hinten
Widerstand bei Messtemperatur 20 °C......... 2,51 bis 2,78 kΩ
Widerstand bei Messtemperatur 100 °C........... 210 bis 221 Ω

Kühlerventilator-Relais Einbaulage unter der Sitzbank/dem Fahrersitz rechts neben der Batterie

Ölstand-Schalter Einbaulage unten in der Ölwanne
Widerstand bei Messtemperatur 20 °C:
bei Maximalstand-Stellung................................ 484 bis 536 Ω
bei Minimalstand-Stellung................................ 114 bis 126 Ω

Gangpositions-Schalter Einbaulage links im Motorgehäuse über der Getriebe-Ausgangswelle und der Schaltwelle

Umkipp-Sensor (= »Neigungswinkel-Sensor«) Einbaulage unter der Sitzbank/dem Fahrersitz vor der Batterie
Ausgangsspannung bei weniger als 65 Grad Schräglage.. 0,4 bis 1,4 Volt
Ausgangsspannung bei mehr als 65 Grad Schräglage .... 3,7 bis 4,4 Volt

Geschwindigkeits-Sensor bei Modellen ohne ABS. Einbaulage im Motorgehäuse über der Getriebe-Ausgangswelle. Messmethode: Bei jeder vollen Umdrehung des Hinterrads muss sich der Spannungswert ändern von 0,6 bis 4,8 Volt

Sekundärluft-Magnetventil Einbaulage unter der rechten Lufthutze/Seitenabdeckung
Widerstand des Elektromagneten.......................... 20 bis 24 Ω

Kühlerventilator-Motor Einbaulage hinter dem Kühler

Lambdasonde Einbaulage im Sammler (»Hosenrohr«) der Auspuffkrümmer vor dem Auspufftopf

Zündung: Transistorzündung (TCI), digitale Zündverstellung
Zündzeitpunkt .... 5 Grad vor OT bei 1200/min

Zündkerzen: NGK CPR9EA9 Einbaulage oben im Zylinderkopf
Elektrodenabstand .... 0,8 bis 0,9 mm

Zündspulen Einbaulage auf den Zündkerzen
Widerstände bei Messtemperatur 20 °C:
Primärwicklung in der Zündspule................ 1,19 bis 1,61 Ω
Sekundärwicklung in der Zündspule....... 9,35 bis 12,65 kΩ
Zündfunken-Mindestlänge .... 6 mm

Kurbelwellenpositions-Sensor (= »Zündgeber«) Einbaulage im linken Motordeckel vor der Lichtmaschine
Widerstand bei Messtemperatur 20 °C............ 228 bis 342 Ω

Zündschloss mit Wegfahrsperreneinheit Einbaulage in der oberen Gabelbrücke

Kupplungsschalter Einbaulage im Kupplungshebel

ABS-Zentraleinheit mit ABS-Steuergerät Einbaulage unter dem Tank

ABS-Sensor vorne Einbaulage im Halter des rechten Bremssattels hinter der Gabelfaust

ABS-Sensor hinten Einbaulage im Bremssattel-Halter

Blinker-/Warnblinker-Relais Einbaulage unter der Sitzbank/dem Fahrersitz hinter der Batterie
Ein-/Ausgangsspannung .... 12 Volt

Hupe Einbaulage unter der unteren Gabelbrücke
maximale Stromstärke.. 3 Ampere
Spulenwicklungs-Widerstand .... 1,07 bis 1,11 Ω

Scheinwerfer-Relais Einbaulage unter der rechten Lufthutze/Seitenabdeckung bei folgenden Modellen:
MT-09 ohne und mit ABS der Mj. 2014, 2015
MT-09 im Mj. 2016
MT-09 Street Rally der Mj. 2014, 2015, 2016
MT-09 Sport Tracker der Mj. 2015, 2016
XSR 900 der Mj. 2016, 2017, 2018, 2019, 2020, 2021
XSR 900 60th Anniversary im Mj. 2016
XSR 900 Abarth im Mj. 2017

Bremslicht-Relais: Dieses Relais gehört zur Baugruppe »Tempomat« und ist eingebaut bei **Tracer 900 GT** der Mj. 2018, 2019, 2020. Einbaulage unter der Konsole der Sitzbefestigung

Bremslichtschalter vorne Einbaulage im Halter des Handbremshebels

Bremslichtschalter hinten Einbaulage hinter dem Fußbremshebel

Seitenständerschalter Einbaulage im Seitenständerhalter

Quickshifter bei **MT-09** der Mj. 2017, 2018, 2019, 2020, **MT-09 SP** in den Mj. 2018, 2019, 2020 und **Tracer 900 GT** in den Mj. 2018, 2019, 2020. Einbaulage in der Schaltstange zwischen Schalthebel und Schaltwelle

Lenkergriff-Aufhebungsschalter = AUSschalter für die aktuelle Tempomat-Einstellung bei **Tracer 900 GT** der Mj. 2018, 2019, 2020: Einbaulage im Gasgriff (Funktion bei »Gas ganz zu«), der AUSschalter selbst sitzt am Drosselklappengehäuse hinten rechts

Lenkerschalter rechts und links am Lenker: Ihre Funktionen entnehmen Sie bitte dem Fahrzeughandbuch

Technische Daten: Sicherungen und Relais

Zu diesem Kapitelabschnitt: Auf den folgenden vier Seiten finden Sie alle Sicherungen mit Bauteil-Zugehörigkeiten und Stärken sowie Relais und Einbaulagen. Im Kapitel 26 »Elektrische Bauteile« finden Sie die zugehörigen Skizzen der Bauteile, zugehörige Umrisszeichnungen und Anbauorte.

MT-09 ohne ABS der Mj. 2014, 2015

Sicherungen

Sicherungen im Sicherungskasten A: Einbaulage rechts zwischen Tank und Lenkkopf unter der Seitenabdeckung. Siehe Kapitel 26 »Elektrische Bauteile« Bild 2, Position 20

Sicherung Zündung .... 15 Ampere
Sicherung für Blinker und Warnblinker .... 7,5 Ampere
Sicherung für Anschlussstelle von Nebenverbrauchern .... 2 Ampere
Sicherung für Rücklicht, Bremslicht, Kennzeichenbeleuchtung, Hupe, Standlicht .... 7,5 Ampere
Sicherung Scheinwerfer .... 15 Ampere
Sicherung Reserve 1 Stück .... 2 Ampere

Sicherungen im Sicherungskasten B: Einbaulage unter der Sitzbank. Siehe Kapitel 26 »Elektrische Bauteile« Bild 1, Position 6

Sicherung Kühlerventilator 15 Ampere
Sicherung für Uhr und Wegfahrsperre .... 7,5 Ampere
Sicherung elektrisches Drosselventil (= »Drosselklappen-Stellmotor«) .... 7,5 Ampere
Sicherung Reserve 2 Stück .... 15 und 7,5 Ampere

Weitere Sicherungen: Einbaulage unter der Sitzbank im Anlasser-Relais. Siehe Kapitel 26 »Elektrische Bauteile« Bild 1, Position 8

Sicherung Benzineinspritzung .... 20 Ampere
Sicherung Reserve 1 Stück .... 20 Ampere

Weitere Sicherung: Einbaulage unter der Sitzbank links neben Sicherungskasten B. Siehe Kapitel 26 »Elektrische Bauteile« Bild 1, Position 7

Hauptsicherung .... 50 Ampere

Relais

Anlasser-Relais: Einbaulage unter der Sitzbank. Siehe Kapitel 26 »Elektrische Bauteile« Bild 1, Position 9

Relaiseinheit: Einbaulage unter der Sitzbank. Relaiseinheit umfasst die **Relais** für **Anlassersperre** und **Benzinpumpe**. Siehe Kapitel 26 »Elektrische Bauteile« Bild 2, Position 8

Scheinwerfer-Relais: Einbaulage unter der rechten Lufthutze. Siehe Kapitel 26 »Elektrische Bauteile« Bild 2, Position 2

Kühlerventilator-Relais: Einbaulage unter der Sitzbank. Siehe Kapitel 26 »Elektrische Bauteile« Bild 2, Position 6

Blinker-/Warnblinker-Relais: Einbaulage unter der Sitzbank. Siehe Kapitel 26 »Elektrische Bauteile« Bild 2, Position 7

MT-09A mit ABS der Mj. 2014, 2015
MT-09 im Mj. 2016
MT-09 Street Rally der Mj. 2014, 2015, 2016
MT-09 Sport Tracker der Mj. 2015, 2016

■ Info zu »ohne und mit ABS«: Die MT-09 im Mj. 2016, MT-09 Street Rallye ab Mj. 2014 und MT-09 Sport Tracker ab Mj. 2015 haben alle ABS ab ihrem Verkaufsstart in den genannten Modelljahren. Dies gilt auch für die weiter folgenden Modelle in diesem Kapitel.

Sicherungen

Sicherungen im Sicherungskasten A: Einbaulage rechts zwischen Tank und Lenkkopf unter der Seitenabdeckung. Siehe Kapitel 26 »Elektrische Bauteile« Bild 4, Position 20

Sicherung Zündung .... 15 Ampere
Sicherung ABS-Kontrolleinheit .... 7,5 Ampere
Sicherung für Blinker und Warnblinker .... 7,5 Ampere
Sicherung für Anschlussstelle von Nebenverbrauchern .... 2 Ampere
Sicherung für Rücklicht, Bremslicht, Kennzeichenbeleuchtung, Hupe, Standlicht .... 7,5 Ampere
Sicherung Scheinwerfer .... 15 Ampere
Sicherung Reserve 1 Stück .... 2 Ampere

Sicherungen im Sicherungskasten B: Einbaulage unter der Sitzbank. Siehe Kapitel 26 »Elektrische Bauteile« Bild 3, Position 6

Sicherung Kühlerventilator .... 15 Ampere
Sicherung für Uhr und Wegfahrsperre .... 7,5 Ampere
Sicherung elektrisches Drosselventil (= »Drosselklappen-Stellmotor«) .... 7,5 Ampere
Sicherung ABS-Magnetventil .... 15 Ampere
Sicherung ABS-Motor .... 30 Ampere
Sicherungen Reserve 3 Stück .... 30, 15 und 7,5 Ampere

Weitere Sicherungen: Einbaulage unter der Sitzbank im Anlasser-Relais. Siehe Kapitel 26 »Elektrische Bauteile« Bild 3, Position 8

Sicherung Benzineinspritzung .... 20 Ampere
Sicherung Reserve 1 Stück .... 20 Ampere

Weitere Sicherung: Einbaulage unter der Sitzbank links neben Sicherungskasten B. Siehe Kapitel 26 »Elektrische Bauteile« Bild 3, Position 7

Hauptsicherung .... 50 Ampere

Relais

Anlasser-Relais: Einbaulage unter der Sitzbank. Siehe Kapitel 26 »Elektrische Bauteile« Bild 3, Position 9

Relaiseinheit: Einbaulage unter der Sitzbank. Relaiseinheit umfasst die **Relais** für **Anlassersperre** und **Benzinpumpe**. Siehe Kapitel 26 »Elektrische Bauteile« Bild 4, Position 8

Scheinwerfer-Relais: Einbaulage unter der rechten Lufthutze. Siehe Kapitel 26 »Elektrische Bauteile« Bild 4, Position 2

Kühlerventilator-Relais: Einbaulage unter der Sitzbank. Siehe Kapitel 26 »Elektrische Bauteile« Bild 4, Position 6

Blinker-/Warnblinker-Relais: Einbaulage unter der Sitzbank. Siehe Kapitel 26 »Elektrische Bauteile« Bild 4, Position 7

MT-09 im Mj. 2017, 2018, 2019, 2020
MT-09 SP der Mj. 2018, 2019, 2020

Sicherungen

Sicherungen im Sicherungskasten A: Einbaulage rechts zwischen Tank und Lenkkopf unter der Seitenabdeckung. Siehe Kapitel 26 »Elektrische Bauteile« Bild 6, Position 19

Sicherung Zündung .... 15 Ampere
Sicherung ABS-Kontrolleinheit .... 7,5 Ampere
Sicherung für Anschlussstelle 1 von Nebenverbrauchern (bei MT-09 optional) .... 2 Ampere
Sicherung für Blinker und Warnblinker .... 7,5 Ampere
Sicherung für Rücklicht, Bremslicht, Kennzeichenbeleuchtung, Hupe, Standlicht .... 7,5 Ampere
Sicherung Scheinwerfer .... 10 Ampere
Sicherungen Reserve 3 Stück .... 10, 5 und 2 Ampere

Weitere Sicherung: Sicherung unter dem Sicherungskasten A, Einbaulage rechts zwischen Tank und Lenkkopf unter der Seitenabdeckung.

Sicherung Griffheizung .... 5 Ampere

Sicherungen im Sicherungskasten B: Einbaulage unter der Sitzbank. Siehe Kapitel 26 »Elektrische Bauteile« Bild 5, Position 6.

Sicherung Kühlerventilator .... 15 Ampere
Sicherung für Uhr und Wegfahrsperre .... 7,5 Ampere
Sicherung elektrisches Drosselventil (= »Drosselklappen-Stellmotor«) .... 7,5 Ampere
Sicherung für Nebenverbraucher-Anschlussstelle 2 (bei MT-09 optional) .... 2 Ampere
Sicherung ABS-Magnetventil .... 15 Ampere
Sicherung ABS-Motor .... 30 Ampere
Sicherungen Reserve 3 Stück .... 30, 15 und 7,5 Ampere

Weitere Sicherungen: Einbaulage unter der Sitzbank im Anlasser-Relais. Siehe Kapitel 26 »Elektrische Bauteile« Bild 5, Position 8

Sicherung Benzineinspritzung .... 10 Ampere
Sicherung Reserve 1 Stück .... 10 Ampere

Weitere Sicherung: Einbaulage unter der Sitzbank links neben Sicherungskasten B. Siehe Kapitel 26 »Elektrische Bauteile« Bild 5, Position 7

Hauptsicherung .... 50 Ampere

Relais

Anlasser-Relais: Einbaulage unter der Sitzbank. Siehe Kapitel 26 »Elektrische Bauteile« Bild 5, Position 9

Relaiseinheit: Einbaulage unter der Sitzbank. Diese Relaiseinheit umfasst die **Relais** für **Anlassersperre** und **Benzinpumpe**. Siehe Kapitel 26 »Elektrische Bauteile« Bild 6, Position 7

Kühlerventilator-Relais: Einbaulage unter der Sitzbank. Siehe Kapitel 26 »Elektrische Bauteile« Bild 6, Position 5

Blinker-/Warnblinker-Relais: Einbaulage unter der Sitzbank. Siehe Kapitel 26 »Elektrische Bauteile« Bild 6, Position 6

XSR 900 der Mj. 2016, 2017, 2018, 2019, 2020, 2021
XSR 900 60th Anniversary im Mj. 2016
XSR 900 Abarth im Mj. 2017

Sicherungen

Sicherungen im Sicherungskasten A: Einbaulage rechts zwischen Tank und Lenkkopf unter der kleinen Seitenabdeckung und einer Gummiabdeckung. Siehe Kapitel 26 »Elektrische Bauteile« Bild 12, Position 19

Sicherung Zündung .... 15 Ampere
Sicherung ABS-Kontrolleinheit .... 7,5 Ampere
Sicherung für Blinker und Warnblinker .... 7,5 Ampere
Sicherung für Anschlussstelle von Nebenverbrauchern .... 2 Ampere
Sicherung für Rücklicht, Bremslicht, Kennzeichenbeleuchtung, Hupe, Standlicht .... 7,5 Ampere
Sicherung Scheinwerfer .... 15 Ampere
Reservesicherung 1 Stück .... 2 Ampere

Sicherungen im Sicherungskasten B: Einbaulage unter der Sitzbank. Siehe Kapitel 26 »Elektrische Bauteile« Bild 11, Position 6

Sicherung Kühlerventilator .... 15 Ampere
Sicherung für Uhr und Wegfahrsperre .... 7,5 Ampere
Sicherung elektrisches Drosselventil (= »Drosselklappen-Stellmotor«) .... 7,5 Ampere
Sicherung ABS-Magnetventil .... 15 Ampere
Sicherung ABS-Motor .... 30 Ampere
Reservesicherungen 3 Stück .... 30, 15 und 7,5 Ampere

Weitere Sicherungen: Einbaulage unter der Sitzbank im Anlasser-Relais. Siehe Kapitel 26 »Elektrische Bauteile« Bild 11, Position 8

Sicherung Benzineinspritzung .... 10 Ampere
Reservesicherung 1 Stück .... 10 Ampere

Weitere Sicherung: Einbaulage unter der Sitzbank links neben Sicherungskasten B. Siehe Kapitel 26 »Elektrische Bauteile« Bild 5, Position 7
Hauptsicherung .... 50 Ampere

Relais
Anlasserrelais: Einbaulage unter der Sitzbank. Siehe Kapitel 26 »Elektrische Bauteile« Bild 11, Position 9
Relaiseinheit: Einbaulage unter der Sitzbank. Relaiseinheit umfasst die **Relais** für **Anlassersperre** und **Benzinpumpe**. Siehe Kapitel 26 »Elektrische Bauteile« Bild 12, Position 8
Scheinwerfer-Relais: Einbaulage unter der rechten Seitenabdeckung. Siehe Kapitel 26 »Elektrische Bauteile« Bild 12, Position 2
Kühlerventilator-Relais: Einbaulage unter der Sitzbank. Siehe Kapitel 26 »Elektrische Bauteile« Bild 12, Position 6
Blinker-/Warnblinker-Relais: Einbaulage unter der Sitzbank. Siehe Kapitel 26 »Elektrische Bauteile« Bild 12, Position 7

MT-09 Tracer der Mj. 2015, 2016, 2017

Sicherungen
Sicherungen im Sicherungskasten A, Einbaulage rechts neben dem Kühler unter der Seitenabdeckung. Siehe Kapitel 26 »Elektrische Bauteile« Bild 8, Position 18
Sicherung für Blinker und Warnblinker .... 7,5 Ampere
Sicherung Scheinwerfer .... 7,5 Ampere
Sicherung Nebenverbraucher-Anschlussbuchse 1 .... 2 Ampere
Sicherung Nebenverbraucher-Anschlussbuchse 2 .... 2 Ampere

Sicherungen im Sicherungskasten B, Einbaulage rechts neben dem Kühler unter der Seitenabdeckung, in Fahrtrichtung hinter dem Sicherungskasten A. Siehe Kapitel 26 »Elektrische Bauteile« Bild 8, Position 19
Sicherung für Rücklicht, Bremslicht, Kennzeichenbeleuchtung, Hupe, Standlicht .... 7,5 Ampere
Sicherung Nebenverbraucher-Anschlussstelle 1 .... 2 Ampere
Sicherung ABS-Kontrolleinheit .... 7,5 Ampere
Sicherung Nebenverbraucher-Anschlussstelle 2 .... 2 Ampere
Sicherung Zündung .... 15 Ampere
Sicherung Reserve .... 2 Ampere

Sicherungen im Sicherungskasten C, Einbaulage unter dem Fahrersitz. Siehe Kapitel 26 »Elektrische Bauteile« Bild 7, Position 6
Sicherung Kühlerventilator .... 15 Ampere
Sicherung für Uhr und Wegfahrsperre .... 7,5 Ampere
Sicherung elektrisches Drosselventil (= »Drosselklappen-Stellmotor«) .... 7,5 Ampere
Sicherung ABS-Magnetventil .... 15 Ampere
Sicherung ABS-Motor .... 30 Ampere
Sicherungen Reserve 3 Stück .... 30, 15 und 7,5 Ampere

Weitere Sicherungen: Einbaulage unter Fahrersitz im Anlasser-Relais. Siehe Kapitel 26 »Elektrische Bauteile« Bild 7, Pos.8
Sicherung Benzineinspritzung .... 20 Ampere
Sicherung Reserve 1 Stück .... 20 Ampere

Weitere Sicherung: Einbaulage unter dem Fahrersitz links neben Sicherungskasten C. Siehe Kapitel 26 »Elektrische Bauteile« Bild 7, Position 7
Hauptsicherung .... 50 Ampere

Relais
Anlasser-Relais: Einbaulage unter dem Fahrersitz. Siehe Kapitel 26 »Elektrische Bauteile« Bild 7, Position 9
Relaiseinheit: Einbaulage unter dem Fahrersitz. Relaiseinheit umfasst die **Relais** für **Anlassersperre** und **Benzinpumpe**. Siehe Kapitel 26 »Elektrische Bauteile« Bild 8, Position 7
Kühlerventilator-Relais: Einbaulage unter dem Fahrersitz. Siehe Kapitel 26 »Elektrische Bauteile« Bild 8, Position 5
Blinker-/Warnblinker-Relais: Einbaulage unter dem Fahrersitz. Siehe Kapitel 26 »Elektrische Bauteile« Bild 8, Position 6

MT-09 Tracer der Mj. 2018, 2019, 2020

Sicherungen
Sicherungen im Sicherungskasten A: Einbaulage rechts neben dem Kühler unter der Seitenabdeckung. Siehe Kapitel 26 »Elektrische Bauteile« Bild 8, Position 18
Sicherung für Blinker und Warnblinker .... 7,5 Ampere
Sicherung Scheinwerfer .... 7,5 Ampere
Sicherung Nebenverbraucher-Anschlussbuchse 1 .... 2 Ampere
Sicherung Nebenverbraucher-Anschlussbuchse 2 (optional) .... 2 Ampere

Sicherungen im Sicherungskasten B: Einbaulage rechts neben dem Kühler unter der Seitenabdeckung, in Fahrtrichtung hinter dem Sicherungskasten A. Siehe Kapitel 26 »Elektrische Bauteile« Bild 8, Position 19
Sicherung für Rücklicht, Bremslicht, Kennzeichenbeleuchtung, Hupe, Standlicht .... 7,5 Ampere
Sicherung Nebelleuchten (optionales Zubehör) .... 2 Ampere
Sicherung ABS-Kontrolleinheit .... 7,5 Ampere
Sicherung Sitzheizung (optionales Zubehör) .... 7,5 Ampere
Sicherung Zündung .... 15 Ampere
Sicherungen Reserve 2 Stück .... 7,5 und 2 Ampere

Sicherungen im Sicherungskasten C: Einbaulage unter dem Fahrersitz. Siehe Kapitel 26 »Elektrische Bauteile« Bild 7, Position 6
Sicherung Kühlerventilator .... 15 Ampere
Sicherung für Uhr und Wegfahrsperre .... 7,5 Ampere
Sicherung elektrisches Drosselventil (= »Drosselklappen-Stellmotor«) .... 7,5 Ampere
Sicherung ABS-Magnetventil .... 15 Ampere

Sicherung ABS-Motor .... 30 Ampere
Sicherungen Reserve 3 Stück............. 30, 15 und 7,5 Ampere

Weitere Sicherungen: Einbaulage unter dem Fahrersitz im Anlasser-Relais. Siehe Kapitel 26 »Elektrische Bauteile« Bild 7, Position 8
Sicherung Benzineinspritzung................................ 20 Ampere
Sicherung Reserve 1 Stück .... 20 Ampere

Weitere Sicherung: Einbaulage unter dem Fahrersitz links neben Sicherungskasten C. Siehe dazu auch Kapitel 26 »Elektrische Bauteile« Bild 7, Position 7
Hauptsicherung .... 50 Ampere

Relais

Anlasser-Relais: Einbaulage unter dem Fahrersitz. Siehe Kapitel 26 »Elektrische Bauteile« Bild 7, Position 9
Relaiseinheit: Einbaulage unter dem Fahrersitz. Relaiseinheit umfasst die **Relais** für **Anlassersperre** und **Benzinpumpe**. Siehe Kapitel 26 »Elektrische Bauteile« Bild 8, Position 7
Kühlerventilator-Relais: Einbaulage unter dem Fahrersitz. Siehe Kapitel 26 »Elektrische Bauteile« Bild 8, Position 5
Blinker-/Warnblinker-Relais: Einbaulage unter dem Fahrersitz. Siehe Kapitel 26 »Elektrische Bauteile« Bild 8, Position 6

Tracer 900 GT der Mj. 2018, 2019, 2020

Sicherungen

Sicherungen im Sicherungskasten A: Einbaulage rechts neben dem Kühler unter der Seitenabdeckung. Siehe Kapitel 26 »Elektrische Bauteile« Bild 10, Position 22
Sicherung für Blinker und Warnblinker .... 7,5 Ampere
Sicherung Scheinwerfer.. 7,5 Ampere
Sicherung Nebenverbraucher-Anschlussbuchse 1 .... 2 Ampere
Sicher. Nebenverbr.-Anschlussbuchse 2 (optional).... 2 Ampere
Sicherung Tempomat .... 1 Ampere
Sicherung Reserve 1 Stück .... 2 Ampere

Sicherungen im Sicherungskasten B: Einbaulage rechts neben dem Kühler unter der Seitenabdeckung, in Fahrtrichtung hinter dem Sicherungskasten A. Siehe Kapitel 26 »Elektrische Bauteile« Bild 10, Position 23
Sicherung Tempomat .... 1 Ampere
Sicherung für Rücklicht, Bremslicht, Kennzeichenbeleuchtung, Hupe, Standlicht .... 7,5 Ampere
Sicherung Nebelleuchten (optionales Zubehör) .... 2 Ampere
Sicherung ABS-Kontrolleinheit.............................. 7,5 Ampere
Sicherung Sitzheizung (optionales Zubehör)........... 7,5 Ampere
Sicherung Zündung .... 15 Ampere
Sicherung Reserve 1 Stück .... 1 Ampere

Sicherungen im Sicherungskasten C: Einbaulage unter dem Fahrersitz. Siehe Kapitel 26 »Elektrische Bauteile« Bild 9, Position 6
Sicherung Kühlerventilator .... 15 Ampere
Sicherung für Uhr und Wegfahrsperre................... 7,5 Ampere
Sicherung elektrisches Drosselventil (= »Drosselklappen-Stellmotor«) .... 7,5 Ampere
Sicherung ABS-Magnetventil .... 15 Ampere
Sicherung ABS-Motor .... 30 Ampere
Sicherungen Reserve 3 Stück............. 30, 15 und 7,5 Ampere

Weitere Sicherungen: Einbaulage unter dem Fahrersitz im Anlasser-Relais. Siehe Kapitel 26 »Elektrische Bauteile« Bild 9, Position 8
Sicherung Benzineinspritzung................................ 20 Ampere
Sicherung Reserve 1 Stück .... 20 Ampere

Weitere Sicherung: Einbaulage unter dem Fahrersitz links neben Sicherungskasten C. Siehe Kapitel 26 »Elektrische Bauteile« Bild 9, Position 7
Hauptsicherung .... 50 Ampere

Relais

Anlasser-Relais: Einbaulage unter dem Fahrersitz. Siehe Kapitel 26 »Elektrische Bauteile« Bild 9, Position 9
Relaiseinheit: Einbaulage unter dem Fahrersitz. Relaiseinheit umfasst die **Relais** für **Anlassersperre** und **Benzinpumpe**. Siehe Kapitel 26 »Elektrische Bauteile« Bild 10, Position 8
Kühlerventilator-Relais: Einbaulage unter dem Fahrersitz. Siehe Kapitel 26 »Elektrische Bauteile« Bild 10, Position 6
Blinker-/Warnblinker-Relais: Einbaulage unter dem Fahrersitz. Siehe Kapitel 26 »Elektrische Bauteile« Bild 10, Position 7
Bremslicht-Relais für Tempomat, Eiinbaulage unter dem Fahrersitz. Siehe Kapitel 26 »Elektrische Bauteile« Bild 10, Position 9

Technische Daten: Leuchten, Lampen, LEDs

Zu diesem Kapitelabschnitt: Leuchten, Lampen und LEDs am Fahrzeug dienen der Sicherheit und müssen jederzeit funktionieren – ohne Wenn und Aber.

Leuchte oder Lampe defekt?: Wenn eine Leuchte oder Lampe nicht mehr funktioniert, weil das Bauteil ein »inneres Problem hat«, umgangssprachlich also »durchgebrannt« ist, kann es durch eine neue Lampe ersetzt werden. Problemlos funktioniert dies bei herkömmlichen Lampen mit einem Glühfaden. Solche sind eingebaut als:

- Fernlicht/Abblendlichtlampe 12 Volt 60/55 Watt H4 bei vielen MT-09 und XSR 900 (siehe folgende Auflistung)
- Standlichtlampe 12 Volt 5 Watt (siehe ebenfalls Auflistung)
- Blinklampen 12 Volt 10 Watt bei allen Modellen

Was man alles abschrauben muss um an die defekte Lampe heranzukommen, ist in dem zum jeweiligen Fahrzeugtyp gehörenden Handbuch (»Betriebsanleitung«) genau beschrieben. Bitte sehen Sie dort nach.

LED defekt? In der Auflistung sind die LED-Bauteile Standlicht, Bremslicht, Rücklicht, Kennzeichenleuchte und Kontrollleuchten aufgeführt mit dem jeweiligen Zusatz wie viel Stück LED die Einheit hat; z. B. »8 Stück« beim Rücklicht oder »24 Stück« beim Bremslicht. Theoretisch hat eine LED eine Brenndauer von 10 000 Stunden. Wenn nun aber doch ein LED in der Reihe der 8 Stück beim Rücklicht oder der 24 Stück beim Bremslicht kaputt geht, brennen die anderen weiter. Eine defekte LED kann nicht ersetzt werden, zumindest nicht auf einem herkömmlichen Reparaturweg. Außerdem sind die LED-Bauteile verschweißt, sie lassen sich also nicht öffnen, um die defekten LEDs austauschen zu können. Es muss ein neues Komplettbauteil angebaut werden.

TIPP: Wie für viele andere defekte Bauteile, die man nicht reparieren kann, gibt es irgendwo einen Geheimtipp zur Reparatur. Fragen Sie Ihren Yamaha-Händler, ob er dazu etwas weiß, oder informieren Sie sich in einschlägigen Foren.

Blinker-/Warnblinker-Relais ohne Abschaltautomatik
Ein-/Ausgangsspannung .... 12 Volt

Hupe: maximale Stromstärke................................. 3 Ampere
Spulenwicklungs-Widerstand .... 1,07 bis 1,11 Ω

Scheinwerfer-Relais haben folgende Modellen:
MT-09 ohne und mit ABS der Mj. 2014, 2015
MT-09 im Mj. 2016
MT-09 Street Rally der Mj. 2014, 2015, 2016
MT-09 Sport Tracker der Mj. 2015, 2016
XSR 900 der Mj. 2016, 2017, 2018, 2019, 2020, 2021
XSR 900 60th Anniversary im Mj. 2016
XSR 900 Abarth im Mj. 2017

MT-09 ohne ABS der Mj. 2014, 2015:
Fernlicht/Abblendlicht .... 12 Volt 60/55 Watt H4 (1 Stück)
Standlicht .... 12 Volt 5 Watt (2 Stück)
Blinklampen....................................... 12 Volt 10 Watt (4 Stück)
Bremslicht .... LED (24 Stück)
Rücklicht .... LED (8 Stück)
Kennzeichenleuchten............................ 12 Volt 5 Watt (1 Stück)
LED-Kontrollleuchten für Blinker, Fernlicht , Leerlauf, Motorstörung, Ölstand, Kühlmitteltemperatur, Wegfahrsperre, Instrumentenbeleuchtung

MT-09A mit ABS der Mj. 2014, 2015
MT-09 im Mj. 2016
MT-09 Street Rally der Mj. 2014, 2015, 2016
MT-09 Sport Tracker der Mj. 2015, 2016:

- Info zu »mit ABS«: MT-09 Mj. 2016, MT-09 Street Rallye ab Mj. 2014 und MT-09 Sport Tracker ab Mj. 2015 haben ABS ab ihrem Verkaufsstart in den genannten Modelljahren. Dies gilt auch für die weiter folgenden Modelle in diesem Kapitel.

Fernlicht/Abblendlicht .... 12 Volt 60/55 Watt (H4, 1 Stück)
Standlicht .... 12 Volt 5 Watt (2 Stück)
Blinklampen....................................... 12 Volt 10 Watt (4 Stück)
Bremslicht .... LED (24 Stück)
Rücklicht .... LED (8 Stück)
Kennzeichenleuchte .... 12 Volt 5 Watt (1 Stück)
LED-Kontrollleuchten für Blinker, Fernlicht, Leerlauf, Motorstörung, Ölstand, Kühlmitteltemperatur, ABS, Wegfahrsperre, Instrumentenbeleuchtung

MT-09 der Mj. 2017, 2018, 2019, 2020
MT-09 SP der Mj. 2018, 2019, 2020:
Fernlicht/Abblendlicht .... LED (4 Stück)
Standlicht .... LED (2 Stück)
Blinklampen..................................... 12 Volt 10 Watt (4 Stück)
Bremslicht .... LED (24 Stück)
Rücklicht .... LED (8 Stück)
Kennzeichenleuchte .... LED (1 Stück)
LED-Kontrollleuchten für Blinker, Fernlicht, Leerlauf, Motorstörung, Ölstand, Kühlmitteltemperatur, ABS, Traktionskontrollsystem, Quickshifter, Wegfahrsperre, Instrumentenbeleuchtung

MT-09 Tracer der Mj. 2015, 2016, 2017
Tracer 900 der Mj. 2018, 2019, 2020:
Fernlicht/Abblendlicht .... LED (4 Stück)
Standlicht .... LED (2 Stück)
Blinklampen..................................... 12 Volt 10 Watt (4 Stück)
Bremslicht .... LED (24 Stück)
Rücklicht .... LED (8 Stück)
Kennzeichenleuchten.......................... 12 Volt 5 Watt (1 Stück)
LED-Kontrollleuchten für Blinker, Fernlicht, Leerlauf, Motorstörung, Ölstand, ABS, Traktionskontrollsystem, Wegfahrsperre, Instrumentenbeleuchtung

Tracer 900 GT der Mj. 2018, 2019, 2020:
Fernlicht/Abblendlicht .... LED (4 Stück)
Standlicht .... LED (2 Stück)
Blinklampen .... 12 Volt 10 Watt (4 Stück)
Bremslicht .... LED (24 Stück)
Rücklicht .... LED (8 Stück)
Kennzeichenleuchte .... 12 Volt 5 Watt (1 Stück)
LED-Kontrollleuchten für Blinker, Fernlicht, Leerlauf, Motoröl- und Kühlmitteltemperatur, Motorstörung, Quickshifter, ABS-Warnleuchte, Tempomat »SET«, Tempomat »ON«, Traktionskontrollsystem, Wegfahrsperre, Instrumentenbeleuchtung

XSR 900 Mj. 2016, 2017, 2018, 2019, 2020, 2021
XSR 900 60th Anniversary im Mj. 2016
XSR 900 Abarth im Mj. 2017:
Fernlicht/Abblendlicht .... 12 Volt 60/55 Watt H4 (1 Stück)
Standlicht .... 12 Volt 5 Watt (1 Stück)
Blinklampen .... 12 Volt 10 Watt (4 Stück)
Bremslicht .... LED (24 Stück)
Rücklicht .... LED (8 Stück)
Kennzeichenleuchte .... 12 Volt 5 Watt (1 Stück)
LED-Kontrollleuchten für Blinker, Fernlicht, Leerlauf, Motorstörung, ABS, Ölstand, Kühlmitteltemperatur, Wegfahrsperre, Traktionskontrolle, Instrumentenbeleuchtung

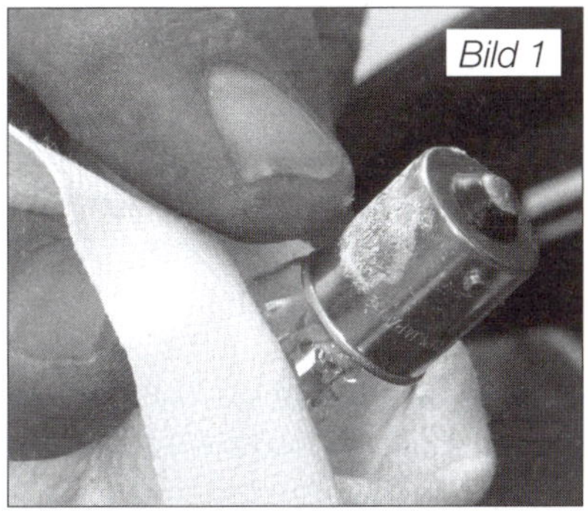

Bild 1

Bild 1: Korrosion ist der größte Feind aller guten Kontakte. Mit feinem Schmirgel und Kontaktspray entfernen. Die Bilder 2 bis 9 zeigen wichtige Lichtbauteile und Montagetipps. Lampenglas mit sauberem Lappen anfassen!

Bild 2

Bild 3

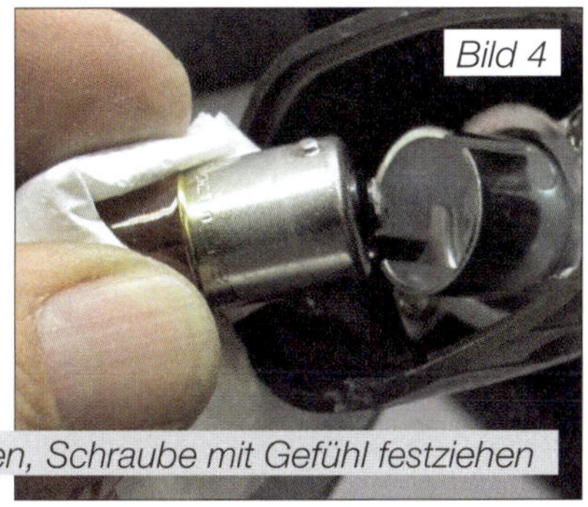

Bild 4

Schraube raus, Blinkerglas abnehmen, Lampe wechseln: Vor Zusammenbau Teile reinigen, Schraube mit Gefühl festziehen

Bild 5

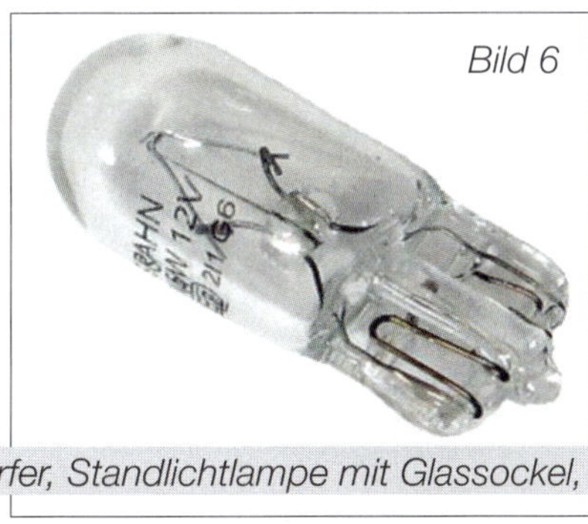

Bild 6

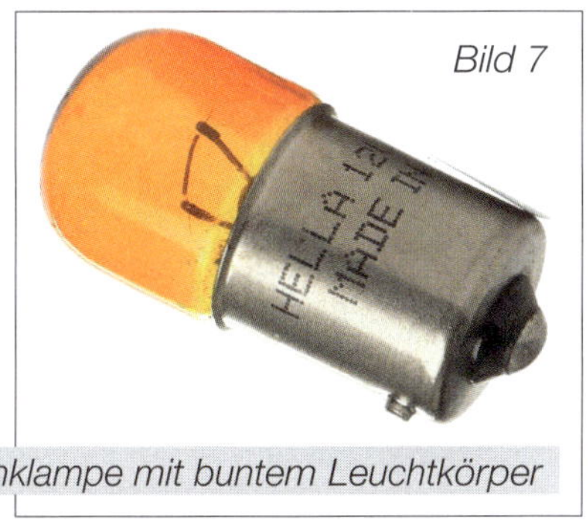

Bild 7

H4-Lampe für den Hauptscheinwerfer, Standlichtlampe mit Glassockel, Blinklampe mit buntem Leuchtkörper

Bild 8

Bild 9

Wenn die Hupe nicht mehr richtig trötet: Kontakte auf Sauberkeit überprüfen und reinigen. Mit der Einstellschraube kann man Lautstärke und Hupenton einstellen. Wenn nichts hilft – Hupe erneuern

Anziehdrehmomente

In diesem Kapitel sind die von Yamaha vorgeschriebenen Anziehdrehmomentwerte für alle Schraubverbindungen der Modelle MT-09, Tracer und XSR aufgelistet. Wenn für ein Bauteil bzw. eine Schraubverbindung kein eigener Wert aufgeführt ist, gelten die Anziehdrehmomente für Schrauben (Muttern) entsprechender Größe, wie sie unten rechts auf dieser Seite aufgeführt sind unter »Allgemeine Schrauben und Muttern«.

Warum ist ein bestimmtes Anziehdrehmoment nötig? Schraubverbindungen müssen mit einem festgelegten Drehmomentwert angezogen werden, damit die Bauteile sicher miteinander verbunden sind. Die genannten Werte müssen möglichst genau eingehalten werden, sonst besteht die Gefahr, dass sich die Schraubverbindung lockert (wenn zu lose angezogen) oder die Schrauben bzw. ihre Gegengewinde oder die Bauteile zu stark belastet werden (wenn zu fest angezogen) und sie dann im Betrieb reißen oder brechen.

■ **Bauteilbezeichnungen:** Bei den Bezeichnungen der Bauteile in der Tabelle richten wir uns nach den Vorgaben von Yamaha, sofern diese allgemein verständlich gehalten sind.
■ **Sauberkeit:** Eine wichtige Voraussetzung zum korrekten Anziehen aller Schrauben und Muttern ist, dass ihre Gewinde und Anlageflächen unbeschädigt und frei von Schmutz sind.
⚠ Verschmutzte Schraubengewinde soll man NICHT mit einer Stahlbürste reinigen, denn diese kann die Oberflächen der Gewinde beschädigen. Verwenden Sie eine Messingbürste mit feinen Borsten (»Zündkerzenbürste«).
■ **Beschädigte Gewinde:** Schrauben und Muttern mit verrosteten oder beschädigten Gewinden, defekten Schraubenköpfen bzw. Muttern-Außenseiten müssen durch Neuteile ersetzt werden.
■ **Schmieren:** Schraubverbindungen sollen vor dem Zusammenbau leicht geschmiert werden, dazu nimmt man entweder Kfz-Wälzlagerfett oder frisches Motoröl.

Flüssige Schraubensicherung: An einigen Schraubverbindungen ist flüssige Schraubensicherung vorgeschrieben. Yamaha empfiehlt ausschließlich »Loctite« der Klebequalität »mittelfest« mit dem Ziffernzusatz »Loctite 243«. Dieses »Loctite 243 mittelfest« garantiert hohe Festigkeit im Betrieb sowie zerstörungsfreies Lösen der Schraubverbindung, die Gewinde der Schrauben und Muttern bleiben intakt und müssen nicht erneuert werden.

Eine Ausnahme bilden die Bremsscheibenschrauben: Bei Montage der Bremsscheiben an die Radnaben sollen diese Schrauben grundsätzlich erneuert und ihr Gewinde mit einer kleinen Menge »Loctite 243 mittelfest« bestrichen werden.

Vorarbeit: Ausgedrehte Schrauben, an denen Reste von Schraubensicherung oder Dichtmittel hängen, müssen vor dem Aufbringen von frischem Loctite oder Dichtmittel gereinigt und entfettet werden. Verwenden Sie dazu eine Messingbürste und Bremsenreiniger oder Aceton zur Unterstützung. Die Angabe zur Verwendung in diesem Kapitel lautet:
■ *plus Loctite »mittelfest«*

Andere Schrauben und Muttern als serienmäßig: Bei einer Maschine, die gebraucht erstanden wurde und zuvor durch mehrere Hände gegangen ist, können andere Schrauben und Muttern als die serienmäßigen eingebaut sein. Sofern diese qualitativ einwandfrei und gegen Korrosion geschützt sind und damit den Serienbauteilen entsprechen, gelten die angegebenen Anziehdrehmomente.

Allgemeine Schrauben und Muttern

Die nachstehenden Werte gelten für Schraubverbindungen und weitere Schrauben/Muttern, welche in der Auflistung nicht näher bezeichnet sind:
■ Der Begriff »SW« steht für »Schlüsselweite« (siehe dazu auch Bild 1a unten).
Schraube/Mutter M6 mit SW 8 oder 10 .... 6 Nm
Schraube/Mutter M8 mit SW 12 oder 13 .... 15 Nm
Schraube/Mutter M10 mit SW 14 .... 30 Nm
Schraube/Mutter M12 mit SW 17 .... 55 Nm
Schraube/Mutter M14 mit SW 19 .... 85 Nm
Schraube/Mutter M16 mit SW 22 .... 130 Nm

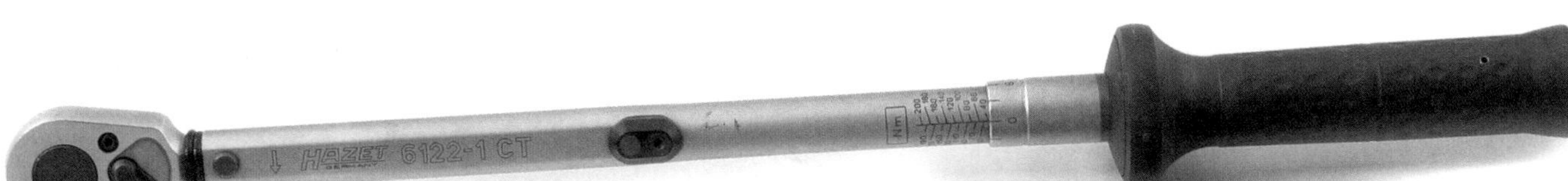

Bild 1: Großer Drehmomentschlüssel von 40 bis 200 Nm und kleiner von 5 bis 50 Nm.

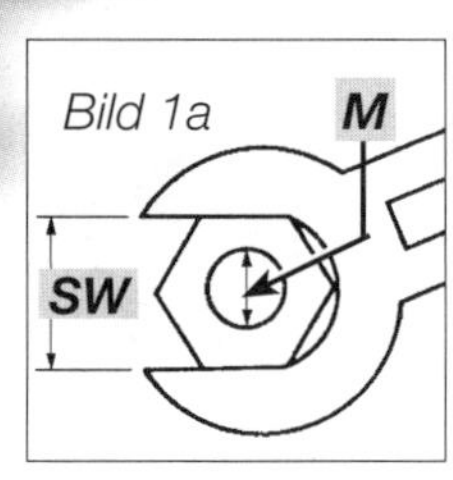

*Bild 1a: **SW** = Schlüsselweite und **M** = Gewindedurchmesser; beides wird in Millimeter angegeben.*

Baugruppen und Anziehdrehmomente

LICHT, SCHEINWERFER, SPIEGEL

Rücklicht

Muttern M6 Rück-/Bremslicht an Heckrahmen .... 7 Nm

Scheinwerfer

Bei MT-09 Mj. 2014 bis 2016
MT-09 Street Rally Mj. 2014 bis 2016
MT-09 Sport Tracker Mj. 2015 und 2016:

Schraube M6 Scheinwerferhalter an untere Gabelbrücke .... 7 Nm
Schrauben M6 Scheinwerfer an seitliche Scheinwerfer-abdeckung und diese an obere Gabelbrücke .... 7 Nm
Schrauben M6 seitliche Scheinwerferabdeckung an obere Scheinwerferabdeckung .... 1 Nm

Bei MT-09 Mj. 2017 bis 2020
MT-09 SP Mj. 2018 bis 2020:

Muttern M6 Scheinwerfer an Scheinwerferhalter .... 7 Nm
Schrauben M6 Scheinwerferhalter an obere Gabelbrücke .... 7 Nm
Muttern M6 Scheinwerferhalter an untere Gabelbrücke .... 7 Nm
Schrauben M5 Scheinwerferabdeckung an Scheinwerfer .... 2 Nm

Bei MT-09 Tracer Mj. 2015 bis 2017
Tracer 900 Mj. 2018 bis 2020
Tracer 900 GT Mj. 2018 bis 2020:

Schrauben M6 Scheinwerfer an Scheinwerferhalter .... 7 Nm
Schrauben M6 Vordere Abdeckung an Stütze .... 7 Nm
Schrauben M6 Stütze an Scheinwerferhalter .... 9 Nm
Schrauben M8 Scheinwerferhalter an Rahmen .... 33 Nm

Bei XSR 900 Mj. 2016 bis 2021
XSR 900 60th Anniversary Mj. 2016
XSR 900 Abarth Mj. 2017:

Muttern M6 Scheinwerfer an linken und rechten Scheinwerferhalter .... 7 Nm
Schrauben M6 linker und rechter Scheinwerferhalter an Scheinwerferhalterung .... 7 Nm
Schrauben M6 Scheinwerferhalterung an obere und untere Gabelbrücke .... 7 Nm
Schrauben M5 Scheinwerfereinsatz an Scheinwerfertopf .... 7 Nm

Spiegel: Schraube M10 Rückspiegel .... 17 Nm

TANK, VERKLEIDUNG

Tank

Schrauben M6 Tankhalterung an Tank .... 7 Nm
Schrauben M6 hintere Tankhalterung an Rahmen .... 7 Nm
Schrauben M6 vordere Tankhalterung an Rahmen .... 7 Nm
Schrauben M5 Benzinpumpe an Tank .... 4 Nm
■ *Über Kreuz in mehreren Schritten anziehen.*
Schrauben M5 Tankverschluss an Tank .... 6 Nm

Verkleidung

Bei MT-09 Mj. 2014 bis 2020
MT-09 Street Rally Mj. 2014 bis 2016
MT-09 Sport Tracker Mj. 2015 und 2016
MT-09 SP Mj. 2018 bis 2020:

Schrauben M6 Sitzbankhalterung an Heckrahmen .... 7 Nm
Muttern M6 Kotflügel-Baugruppe an Heckrahmen .... 7 Nm
Schrauben M6 Lufthutzenhalterung an Rahmen .... 7 Nm
Schrauben M6 Lufthutze an Lufthutzenhalterung .... 1,5 Nm

Bei MT-09 Mj. 2014 bis 2016
MT-09 Street Rally Mj. 2014 bis 2016
MT-09 Sport Tracker Mj. 2015 und 2016:

Schrauben M6 linke und rechte Heckverkleidung an Heckrahmen .... 7 Nm
Schrauben M6 linke und rechte vordere Seitenverkleidungen an Scheinwerfer und obere Gabelbrücke ...... 7 Nm

Bei MT-09 Mj. 2017 bis 2020
MT-09 SP Mj. 2018 bis 2020:

Vordere Schrauben M6 linke und rechte Heckverkleidung an Heckrahmen .... 4 Nm
Hintere Schrauben M5 linke und rechte Heckverkleidung an Heckrahmen .... 1,5 Nm
Schrauben M6 linke und rechte vordere Seitenverkleidungen an Kühler .... 7 Nm

Bei MT-09 Tracer Mj. 2015 bis 2017
Tracer 900 Mj. 2018 bis 2020
Tracer 900 GT Mj. 2018 und 2020:

Schrauben M8 Soziusgriff vorne .... 25 Nm
Schrauben M10 Soziusgriff hinten .... 32 Nm
Schrauben M5 linke und rechte Heckverkleidung an Heckrahmen .... 3,5 Nm
Schrauben M6 Sitzbankschlosshalterung an Heckrahmen .... 13 Nm
Muttern M6 Sitzbankschloss an Sitzbankschlosshalterung .... 7 Nm
Muttern M6 Kotflügel-Baugruppe an Heckrahmen .... 7 Nm
Schrauben M5 linke und rechte Seitenverkleidung an Tank .... 4 Nm
Schrauben M5 linke und rechte Seitenverkleidung an Scheinwerferverkleidung .... 1,5 Nm
Schrauben M5 linke und rechte untere Tankverkleidung an Tank und Rahmen .... 4 Nm
Schrauben M5 obere Tankverkleidung an Tank .... 4 Nm
Schrauben M6 vordere Abdeckung an Scheinwerferhalter .... 7 Nm
Schrauben M5 Verkleidungsscheibe an vordere Abdeckung .... 0,5 Nm

Schrauben M8 Scheinwerferhalter an Rahmen .... 33 Nm
Schrauben M6 linker und rechter
Elektrikkomponententräger an Rahmen .... 7 Nm

Bei MT-09 Tracer Mj. 2015 bis 2017:
Schrauben M8 linker und rechter Kofferhalter
an Heckrahmen .... 26 Nm

Bei Tracer 900 Mj. 2018 bis 2020
Tracer 900 GT Mj. 2018 bis 2020:
Schrauben M8 linker und rechter Kofferhalter
an Heckrahmen .... 35 Nm

Bei XSR 900 Mj. 2016 bis 2021
XSR 900 60th Anniversary Mj. 2016
XSR 900 Abarth Mj. 2017:
Schrauben M5 Deckel an linke
und rechte Seitenabdeckung.................................. 0,7 Nm
Schrauben M6 linke und rechte Seitenabdeckung
an Heckrahmen .... 7 Nm
Muttern M6 Kotflügel-Baugruppe an Heckrahmen .... 6 Nm
Schrauben M6 Sitzbankhalterung an Heckrahmen .... 7 Nm
Schrauben M6 linke und rechte Scheinwerfer-
halterung an mittlere Scheinwerferhalterung .... 7 Nm
Schrauben M6 mittlere Scheinwerferhalterung
an obere und untere Gabelbrücke .... 7 Nm
Muttern M6 linke und rechte vordere
Seitenabdeckungen an Rahmen................................ 7 Nm
Schrauben M6 linke, rechte und mittlere
Tankabdeckungen an Tank .... 7 Nm

FUSSRASTEN, STÄNDER, RAHMEN

Fußrasten
Schrauben M10 Fußrastenhalter an Rahmen .... 55 Nm
■ *plus Loctite »mittelfest«*
Schrauben M8 Hauptbremszylinder
an Fußrastenhalter ....23 Nm
Schrauben M8 Soziusfußrastenhalter an Heckrahmen .. 28 Nm
■ *plus Loctite »mittelfest«*

Seitenständer
Mutter M10 auf Seitenständer-Lagerbolzen .... 48 Nm
Schraube M6 Seitenständerhalterung an Rahmen .... 12 Nm
Schrauben M5 Seitenständerschalter .... 4 Nm
■ *plus Loctite »mittelfest«*

Hauptständer
Bei MT-09 Tracer Mj. 2015 bis 2017
Tracer 900 Mj. 2018 bis 2020
Tracer 900 GT Mj. 2018 bis 2020:
Schrauben M10 Hauptständer an Rahmen.................. 48 Nm
■ *plus Loctite »mittelfest«*
■ *Lithiumseifenfett auf Gleitflächen auftragen.*

Rahmenheck
Schrauben M10 Heckrahmen an Hauptrahmen .... 50 Nm
■ *plus Loctite »mittelfest«*

RÄDER

Vorderrad
Vorderachse M16 (Gewinde im rechten Gabelbein)....... 65 Nm
Vorderachs-Klemmschraube Inbus M8 .... 23 Nm

Hinterrad
Hinterachsmutter .... 150 Nm
Kettenspanner-Kontermutter .... 16 Nm

BREMSEN, ABS

Vorderradbremse
Bundschrauben M10 Bremssattel an Gabeltauchrohr... 35 Nm
Schraube M6 ABS-Sensor .... 7 Nm
Inbusschrauben M6 Bremsscheiben an Radnabe .... 18 Nm
■ *Schrauben erneuern plus Loctite »mittelfest«.*
Hohlschrauben M10 der Bremsschlauch-Anschlüsse
an Bremspumpe, Bremssättel, ABS-Einheit.............. 30 Nm
■ *Neue Dichtscheiben verwenden*

Hinterradbremse
Schraube M6 ABS-Sensor .... 7 Nm
Bremsklotz-Haltestift M10.. 17 Nm
Kontermadenschraube M10 an Bremsklotz-Haltestift... 2,5 Nm
Entlüfternippel M8 im Bremssattel.................................. 5 Nm
Vordere Schraube (Gleitstift) M12
Bremssattel an Halteplatte.. 27 Nm
■ *Silikonfett auf Gleitfläche auftragen*
Hintere Schraube M8 Bremssattel an Halteplatte .... 22 Nm
■ *plus Loctite »mittelfest«*
■ *Silikonfett auf Gleitfläche auftragen*
Mutter M5 Bremsflüssigkeitsbehälter an Halterung.......... 4 Nm
Hohlschrauben M10 Bremsschlauch-Anschlüsse
an Bremspumpe und Bremssattel .... 30 Nm
■ *Neue Dichtscheiben verwenden.*
Inbusschrauben M8 Bremsscheibe an Radnabe........... 30 Nm
■ *Schrauben erneuern plus Loctite »mittelfest«*
Schrauben M8 Hauptbremszylinder an Halteplatte .... 23 Nm
Einstellkontermutter M8 an Hauptbremszylinder .... 18 Nm
Schraube M6 hintere Bremsschlauch-Halterung .... 11 Nm
Schraube M6 vordere Bremsschlauch-Halterung............ 7 Nm
Mutter M8 auf Schraube Fußbremshebel an Halteplatte 30 Nm

HINTERRAD-ANTRIEBSKETTE

Hinterrad-Antriebskette
Hinterachsmutter M18... 150 Nm
Schraube M6 ABS-Sensor .... 7 Nm
Kontermuttern M8 auf Kettenspannschrauben .... 16 Nm
Bundmuttern M10 hinteres Kettenrad .... 80 Nm

Schrauben M6 Ritzelabdeckung .... 8 Nm
Ritzelmutter M22 auf Getriebewelle .... 95 Nm
■ *Neue Mutter verwenden, Rand der Mutter in Nut verstemmen*
■ *Etwas Motoröl auf das Gewinde der Ritzelmutter auftragen*

LENKUNG, TELEGABEL

Lenkung

Schrauben M8 Lenkerklemmung .... 22 Nm
Muttern M10 Lenkerklemmbock an obere Gabelbrücke
.... 40 Nm
Lenkergewichte M16 .... 26 Nm
Schraube M10 Rückspiegel .... 17 Nm
Schrauben M4 Lenkerarmaturen .... 2 Nm
Schraube M5 Gasgriffgehäuse .... 4 Nm
Lenkschaftrohr-Kopfmutter M22 .... 110 Nm
Einstellanweisung untere Nutmutter M25 (»Einstellmutter«):
■ *Festziehen mit ca. 52 Nm*
■ *danach um eine Umdrehung lösen*
■ *und dann mit 18 Nm endgültig festziehen*

Telegabel

Standrohr-Klemmschrauben M8
in oberer Gabelbrücke .... 26 Nm
in unterer Gabelbrücke .... 23 Nm
Schrauben M6 Vorderradkotflügel an Gabelbeine .... 7 Nm
Deckelschrauben M46 in Gabelstandrohren oben .... 23 Nm
Kontermuttern M10 der Deckelschrauben .... 15 Nm
Inbusschraube M10 Dämpfer unten in Gabeltauchrohr .. 23 Nm
■ *Loctite »mittelfest« auf gereinigtes Gewinde auftragen.*
■ *Neue Dichtscheibe verwenden.*
Klemmschraube M6 Kupplungshebelhalterung .... 11 Nm
Mutter M6 auf Schraube Kupplungs-
hebel an Kupplungshebelhalter .... 7 Nm
Schraube M6 Bremsschlauch-Halterung .... 7 Nm
Lenkschaftrohr-Kopfmutter M22 .... 110 Nm

FEDERBEIN, SCHWINGE

Mutter M10 auf Schraube Umlenkhebel an Rahmen ..... 61 Nm
Mutter M10 auf Schraube Zughebel an Schwinge .... 55 Nm
Mutter M10 auf Schraube Zughebel an Umlenkhebel .... 55 Nm
Muttern M10 auf Schrauben Federbeinbefestigung ...... 44 Nm
Mutter M14 Schwingenachse in Rahmen .... 110 Nm
■ *Kfz-Schmierfett in Schwingenlager.*
Schrauben M6 Kettenschutz und Hinterradabdeckung
an Schwinge .... 7 Nm

ÖLWECHSEL, SCHMIERSYSTEM

Ölwechsel

Schraubstopfen M20 Öleinfüllöffnung .... 1,5 Nm
Ölablassschraube M14 .... 43 Nm
■ *Neue Dichtscheibe verwenden*
Ölfilter mit Gewinde M20 .... 17 Nm
■ *Frisches Motoröl auf O-Ring auftragen*

Schmiersystem

Ölfilter-Hohlschraube M20 an Motorgehäuse .... 70 Nm
■ *Frisches Motoröl auf Gewinde auftragen.*
Schrauben M6 Ölsieb im Motor .... 10 Nm
■ *Loctite »mittelfest« auf gereinigte Gewinde auftragen.*
Schrauben M6 Ölwanne an Motor .... 10 Nm
■ *Dichtung erneuern.*
Schrauben M6 Ölpumpe an Motorgehäuse .... 10 Nm
Schraube M6 Ölpumpen-Antriebsrad .... 15 Nm
■ *Loctite »mittelfest« auf gereinigtes Gewinde auftragen.*
Schraube M5 Ölpumpendeckel .... 4 Nm
Öldruck-Kontrollschraube M16 .... 8 Nm
Verschlussschraube M14 Ölnebenkanal .... 6 Nm

KÜHLSYSTEM

Schraube M6 Kühlflüssigkeits-Ausgleichsbehälter
an Rahmen .... 9 Nm
Schrauben M6 Thermostatgehäuse an Motor .... 10 Nm
Schrauben M6 Kühlerbefestigung .... 10 Nm
Kühlerdeckel-Sicherungsschraube M5 .... 5 Nm
Schrauben M6 Stutzen des Kühlwasser-
schlauchs an Kurbelgehäuse .... 10 Nm
■ *Loctite »mittelfest« auf gereinigte Gewinde auftragen.*
Schraube M6 Kühlerventilator-Abdeckung an Kühler ...... 7 Nm
■ *plus Loctite »mittelfest«*
Schraube M6 Wasserpumpendeckel an Wasserpumpe 10 Nm
Schraube M6 Wasserpumpen an Motor .... 12 Nm
Kühlflüssigkeit-Ablassschraube M6 .... 10 Nm
■ *Neue Dichtscheibe verwenden.*
Hohlschraube M20 Ölkühler an Motorgehäuse .... 35 Nm
■ *Etwas Motoröl auf die Hohlschraube auftragen*
■ *O-Ring erneuern und mit Lithiumseifenfett einschmieren*

KUPPLUNG, SCHALTUNG

Kupplung

Klemmschraube M6 Kupplungshebel-Aufnahme .... 11 Nm
Kontermutter M8 an Kupplungshebel-Aufnahme .... 7 Nm
Schrauben M6 Kupplungsdeckel an Motor .... 12 Nm
Kontermutter M8 Kupplungszugeinsteller .... 7 Nm
Schrauben M6 Kupplungszughalterung .... 12 Nm
■ *plus Loctite »mittelfest«*
Schrauben M6 Kupplungsdruckfedern .... 10 Nm
Kupplungsnabenmutter M20 .... 125 Nm
■ *Öl auf Sitzfläche der Federscheibe auftragen*
■ *Mutter erneuern*
■ *Loctite »mittelfest« in das Gewinde der Mutter auftragen*
■ *Rand der Mutter in eine Nut der Welle verstemmen*

Schaltung

Klemmschraube M6 im kleinen Schalthebel .... 14 Nm
Kontermuttern M6 Schaltgestänge .... 8 Nm
■ *Achtung: Untere Kontermutter hat Linksgewinde!*
Schraube M6 Kugelgelenk an kleinen Schalthebel .... 10 Nm

■ *plus Loctite »mittelfest«*
Schrauben M6 Eingangswellensicherung .... 12 Nm
■ *plus Loctite »mittelfest«*
Schrauben M6 Schaltwalzensicherung .... 10 Nm
■ *plus Loctite »mittelfest«*
Schraube M8 Schaltwellen-Federanschlag .... 22 Nm
■ *plus Loctite »mittelfest«*
Schrauben M6 Gangpositions-Schalter
in Motorgehäuse .... 4 Nm
■ *plus Loctite »mittelfest«*

ZÜNDUNG, EINSPRITZUNG, AUSPUFF

Zündung
Zündkerzen M10 .... 13 Nm
Schrauben M6 Kurbelwellenpositions-Sensor .... 10 Nm
■ *plus Loctite »mittelfest«*

Einspritzung
Schrauben M5 in Schlauchschellen Luftfilter-
kasten an Drosselklappengehäuse .... 3 Nm
Schrauben M5 Benzinpumpe an Tank .... 4 Nm
■ *Über Kreuz in mehreren Schritten anziehen*
Schrauben M5 in Schlauchschellen
Drosselklappengehäuse an Zylinderkopf .... 3 Nm
Kontermuttern M6 Gaszugspiel (Drosselklappenseite)..... 4 Nm
Schrauben M6 Einspritzdüsen-Adapter
an Drosselklappengehäuse .... 12 Nm
Schrauben M6 Kraftstoffverteilerleitung
an Drosselklappengehäuse .... 5 Nm
Schellenschrauben M5 Drosselklappen-
gehäuse an Zylinderkopf .... 3 Nm
Schraube M5 Ansaugluftdruck-Sensor 1 und 2 .... 4 Nm
Schrauben M5 Gangpositions-Schalter .... 4 Nm
Schrauben M5 Drosselklappenpositions-Sensor .... 4 Nm
Schrauben M5 Gaszugpositions-Sensor .... 4 Nm
Kühlmitteltemperatur-Sensor M10 .... 16 Nm
Schrauben M6 Kurbelwellenpositions-Sensor .... 10 Nm
■ *plus Loctite »mittelfest«*
Lambdasonde M12 in Auspuffkrümmer .... 25 Nm
Schraube M6 Halter Lambdasondenkabel .... 12 Nm

Gasgriff und Gaszüge
Schraube M5 Gasgriffgehäuse .... 4 Nm
Kontermuttern M6 Gaszugspiel (Drosselklappenseite)..... 4 Nm
Kontermutter M6 Gaszugspiel (Lenkerseite) .... 4 Nm

Luftfilter und Sekundärluftsystem
Schrauben M5 Deckel Luftfilterkasten .... 1,6 Nm
Schrauben M5 in Schlauchschellen Luftfilter-
kasten an Drosselklappengehäuse .... 3 Nm
Schrauben M6 Luftfilterkasten an Rahmen .... 7 Nm
Schrauben M6 Membranventil-Abdeckung
an Zylinderkopf .... 10 Nm
■ *plus Loctite »mittelfest«*

Auspuffanlage
Bundmuttern M8 auf Stehbolzen Auspuff-
krümmer an Zylinderkopf .... 20 Nm
■ *Kupferpaste an gereinigte Gewinde, neue Dichtringe*
Stehbolzen Auspuffkrümmer M8 in Zylinderkopf .... 15 Nm
Schrauben M8 Auspufftopf an Motorgehäuse...... .... 20 Nm
Schrauben M6 Auspufftopfabdeckung .... 10 Nm
Bei MT-09 ab Mj. 2017: ■ *plus Loctite »mittelfest«*

ANLASSER

Schrauben M6 Anlasser an Kurbelgehäuse 12 Nm
Schrauben M5 Anlasser-Frontdeckel an Gehäuse........... 5 Nm
Mutter M6 Anlasserkabel .... 7 Nm
Mutter M6 Anschlussklemme .... 11 Nm

VENTILE EINSTELLEN

Anmerkung: Arbeitsschritte und Anziehdrehmoment-Werte für die Schraubverbindungen der Bauteile, die zum Ventileinstellen montiert werden müssen, siehe in den Kapiteln 3 »Spiegel · Tank · Verkleidung«, 12 »Kühlsystem« und 19 »Luftfilter · Sekundärluftsystem«. Es handelt sich um die Bauteile Sitzbank, Sozius- und Fahrersitz, Tank, Luftfiltergehäuse, Sekundärluft-Abschaltventil, Kühler. Zusätzlich kommen weitere modellabhängige Bauteile wie Lufthutzen, Tankabdeckungen und Tankverkleidungen, Seitenabdeckungen und Seitenverkleidungen hinzu.

Schrauben M6 Zylinderkopfdeckel .... 10 Nm
Schrauben M6 Nockenwellen-Lagerdeckel
in Fahrtrichtung rechts (8 Stück) .... 10 Nm
■ *Öl auf Gewinde auftragen*
■ *Schrittweise in der in Bild 2 angegebenen Reihenfolge anziehen*
Schrauben M6 Nockenwellen-Lagerdeckel
in Fahrtrichtung links (8 Stück) .... 10 Nm
■ *Öl auf Gewinde auftragen.*
■ *Schrittweise über Kreuz von innen nach außen anziehen.*
Schrauben M7 Nockenwellenrad .... 24 Nm
Stehbolzen Auspuffkrümmer M8 in Zylinderkopf .... 15 Nm
Schrauben M6 Membranventil-Abdeckung
an Zylinderkopf .... 10 Nm
■ *Loctite »mittelfest« auf gereinigte Gewinde auftragen.*
Schrauben M6 Kraftstoffverteilerleitung
an Drosselklappengehäuse .... 5 Nm
Schellenschrauben M5 Drosselklappen-
gehäuse an Zylinderkopf .... 3 Nm
Schraube M6 Steuerkettenspanner
(an rechter Seite des Zylinderkopfs) .... 10 Nm
Schrauben M6 Steuerkettenspanner .... 10 Nm
■ *plus Loctite »mittelfest«*
Schraubverschluss M6 Steuerkettenspanner .... 7 Nm
Schrauben M6 Motordeckel rechts .... 12 Nm

BATTERIE, ELEKTRISCHE BAUTEILE

Schrauben M6 Klemmen an Batteriepole........................ 2 Nm
Schrauben M6 Batteriekasten an Rahmen...................... 7 Nm
Schrauben M6 ABS-Sensor vorne und hinten...... ....7 Nm
Schraube M6 Geschwindigkeitssensor
(bei Modellen ohne ABS)... 10 Nm
Schraube M5 Ansaugluftdruck-Sensor 1 und 2 .... 4 Nm
Schrauben M5 Gangpositions-Schalter .... 4 Nm
Schrauben M5 Drosselklappenpositions-Sensor............ 4 Nm
Schrauben M5 Gaszugpositions-Sensor......................... 4 Nm
Kühlmitteltemperatur-Sensor M10 .... 16 Nm
Schrauben M6 Ölstandschalter..................................... 10 Nm
Schrauben M6 Kurbelwellenpositions-
Sensor (Zündgeber)... 10 Nm
■ *plus Loctite »mittelfest«*
Lambdasonde M12... 25 Nm
Schraube M6 Halter Lambdasondenkabel.................... 12 Nm
Schrauben M6 Regler/Gleichrichter an
Heckrahmen .... 7 Nm

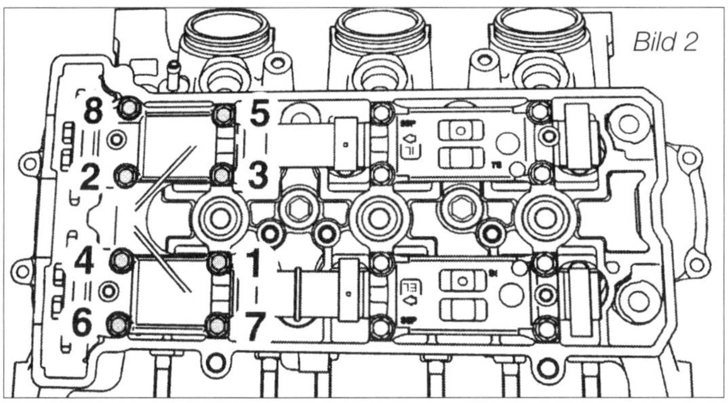

Bild 2

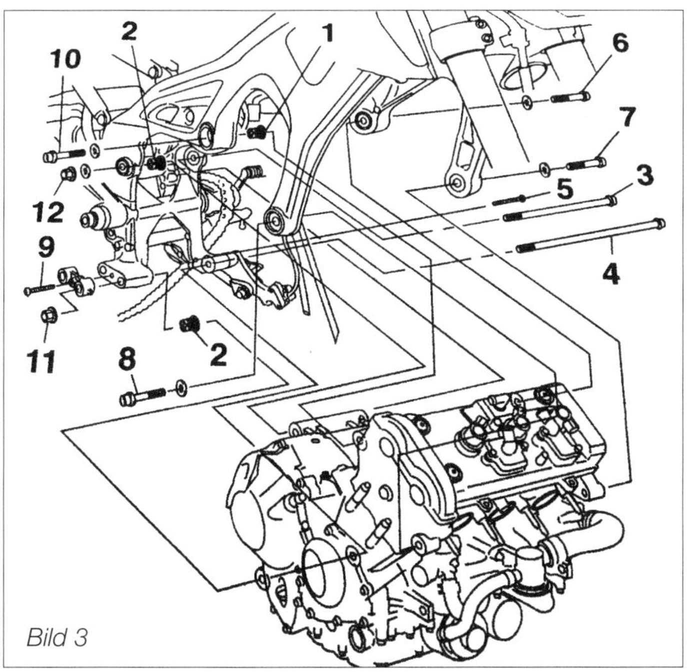

Bild 3

LADESYSTEM, LICHTMASCHINE

Schrauben M6 Stator an Lichtmaschinendeckel............14 Nm
■ *plus Loctite »mittelfest«*
Schraube M12 Lichtmaschinenrotor .... 75 Nm
■ *Öl auf Gewinde, Sitzfläche und Scheibe auftragen.*
Schrauben M8 Anlasserfreilauf an Lichtmaschinenrotor 32 Nm
■ *plus Loctite »mittelfest«*
Schrauben M6 Lichtmaschinendeckel
(Lichtmaschinenrotor-Abdeckung)............................ 12 Nm
■ *plus Loctite »mittelfest« auf die zwei unteren Schrauben*
Großer Verschluss M36 im Lichtmaschinendeckel .... 10 Nm
■ *O-Ring erneuern.*
Verschlussschraube M8 im Lichtmaschinendeckel........ 15 Nm
■ *Dichtscheibe erneuern.*
Schrauben M6 Kurbelwellenpositions-Sensor
(Zündgeber) an Lichtmaschinendeckel .... 10 Nm
■ *plus Loctite »mittelfest«*

MOTOR IN RAHMEN

Motor-Halteschrauben M10..45 Nm
Motor-Montagemutter M10 hinten oben/unten .... 45 Nm
Motor-Einstellschraube M18 vorne .... 7 Nm
Motor-Einstellschrauben M16 hinten............................... 7 Nm
Adapter-Schrauben M6 links/rechts............................. 12 Nm
Montagevorgaben und Anziehreihenfolge (Bild 3):

1. *Einschrauben und handfest anziehen: Motor-Einstellschraube vorne »1«, Motor-Einstellschrauben hinten »2«*
2. *Motor in Montageposition bringen*
3. *Einbauen: Motor-Halteschrauben »3« und »4«*
4. *Einschrauben und handfest anziehen: Adapterschraube »5«*
5. *Einschrauben und handfest anziehen: Motor-Halteschrauben »6«, »7« und »8«*
6. *Motor-Einstellschraube vorne »1«, dann Motor-Einstellschrauben hinten »2« festziehen mit 7 Nm*

■ *Motor-Einstellschrauben festziehen mit Yamaha-Spezialwerkzeug »Schwingenachsen-Schlüssel« Nr. 90890-01485 und »Rahmenaufhängungs-Einsatzschlüssel« Nr. YM-01485*
■ *Sicherstellen, dass die Flansche der Motor-Einstellschrauben am Motor anliegen*

7. *Einschrauben und handfest anziehen: Adapterschraube »9«*
8. *Einschrauben: Motor-Halteschraube »10*
9. *Muttern »11« und »12« aufschrauben und in folgender Anziehreihenfolge festziehen mit 45 Nm: Motor-Montagemutter »11«, Motor-Montagemutter »12«*
10. *In folgender Anziehreihenfolge festziehen mit 45 Nm: Motor-Halteschraube »10«, Motor-Halteschraube »6« Motor-Halteschraube »7«, Motor-Halteschraube »8«*
11. *In folgender Anziehreihenfolge festziehen mit 12 Nm: Adapter-Schraube »5«, Adapter-Schraube »9«*

Bilder 2 und 3: Zu beachtende Anziehreihenfolge der Nockenwellen-Lagerdeckelschrauben (siehe dazu Kapitel 22 »Ventilspiel«) und Motorhalteschrauben bei der Motormontage.

Stichwortverzeichnis